祝贺《物理学大题典》
在中国科学技术大学
六十周年校庆之际
再次出版

李政道

二〇一八年五月

物理学大题典①/张永德主编

力　学

（下册）

（第二版）

强元棨　程稼夫　潘海俊　编著

科 学 出 版 社

中国科学技术大学出版社

内 容 简 介

“物理学大题典”是一套大型工具性、综合性物理题解丛书. 丛书内容涵盖综合性大学本科物理课程内容：从普通物理的力学、热学、光学、电学、近代物理到“四大力学”，以及原子核物理、粒子物理、凝聚态物理、等离子体物理、天体物理、激光物理、量子光学、量子信息等. 内容新颖、注重物理、注重学科交叉、注重与科研结合.

《力学(第二版)》下册共3章，包括力学的拉格朗日表述、有限多自由度系统的小振动、力学的哈密顿表述等内容.

本丛书可作为物理类本科生的学习辅导用书、研究生的入学考试参考书和各类高校物理教师的教学参考书.

图书在版编目(CIP)数据

力学. 下册/强元棨，程稼夫，潘海俊编著. —2版. —北京：科学出版社，2018.9

(物理学大题典/张永德主编；1)

ISBN 978-7-03-058346-8

Ⅰ. ①力… Ⅱ. ①强… ②程… ③潘… Ⅲ. ①力学-题解 Ⅳ. ①O3-44

中国版本图书馆CIP数据核字(2018)第165873号

责任编辑：昌 盛 窦京涛/责任校对：张凤琴

责任印制：赵 博/封面设计：华路天然工作室

科学出版社 出版

北京东黄城根北街16号

邮政编码：100717

http://www.sciencep.com

中国科学技术大学出版社

安徽省合肥市金寨路96号

邮政编码：230026

三河市春园印刷有限公司印刷

科学出版社发行 各地新华书店经销

*

2005年9月第 一 版 开本：787×1092 1/16

2018年9月第 二 版 印张：23 3/4

2024年11月第十二次印刷 字数：563 000

定价：59.00元

(如有印装质量问题，我社负责调换)

“物理学大题典”编委会

丛书序

这套“物理学大题典”源自20世纪80年代末期的“美国物理试题与解答”,而那套丛书则源自 80 年代的 CUSPEA 项目（China-United States Physical Examination and Application Program). 这套丛书收录的题目主要源自美国各著名大学物理类研究生入学试题，经筛选后由中国科学技术大学近百位高年级学生和研究生解答，再经中科大数十位老师审定. 所以这套丛书是中国改革开放初期中美文化交流的成果，是中美物理教学合作的结晶，是 CUSPEA 项目丰硕成果的一朵花絮.

贯穿整个 80 年代的 CUSPEA 项目是由李政道先生提出的. 1979 年李先生为了配合中国刚刚开始实施的改革开放方针，向中国领导建言，逐步实施美国著名大学在中国高校联合招收赴美攻读物理博士研究生计划. 经李先生与我国各级领导和美国各著名大学反复多次磋商研究，1979 年教育部和中国科学院联合发文《关于推荐学生参加赴美研究生考试的通知》，紧接着同年 7 月 14 日又联合发出补充通知《关于推荐学生参加赴美物理研究生考试的通知》，直到 1980 年 5 月 13 日，教育部和中国科学院再次联合发文《关于推荐学生参加赴美物理研究生考试的通知》，神州大地正式全面启动这一计划.

1979 年最初实施的是 Pre-CUSPEA，从李先生任教的哥伦比亚大学开始，通过考试选录了 5 名同学进入哥大. 此后计划迅速扩大，包括了美国所有著名大学在内的 53 所大学，后期还包括了加拿大的大学，总数达到 97 所. 10 年 CUSPEA 共计录取 915 名中国各高校应届学生，进入所有美国著名大学. 迄今项目过去 30 年，当年赴美的青年学子早已各有所成，展布全球，许多人回国报效，成绩斐然，可喜可慰.

李先生在他总结文章中回忆说①：“ 在 CUSPEA 实施的 10 年中，粗略估计每年都用去了我约三分之一的精力. 虽然这对我是很重的负担，但我觉得以此回报给我创造成长和发展机会的祖国母校和老师是完全应该的. ”文中李先生两次提及他已故夫人秦惠箬女士和助理 Irene 女士，为赴美中国年轻学子勤勤恳恳、默默无闻地做了大量细致的服务工作. 编者读到此处，深为感动！这次丛书再版适逢中国科学技术大学 60 周年校庆，又承李先生题词祝贺，中科大、科学出版社以及丛书编者同仁都十分感谢！

苏轼《花影》诗：“重重叠叠上瑶台，几度呼童扫不开. 刚被太阳收拾去，却教明月送将来.”聚中科大百多位师生之力，历二十余载，唯愿这套丛书对中美教育和文化交流起一点奠基作用，有助于后来学者踏着这些习题有形无迹的斑驳花影，攀登瑶台，观看无边深邃的美景.

张永德　谨识

2018 年 6 月 29 日

---

① 李政道，《我和 CUSPEA》,载于“知识分子”公众号，2016 年 11 月 30 日.

前　言

物理学，由于它在自然科学中所具有的主导作用，在人类文明史，特别是在人类物质文明史中，占据着极其重要的地位. 经典物理学的诞生和发展曾经直接推动了欧洲物质文明的长期飞跃. 20 世纪初诞生并蓬勃发展起来的近代物理学，又造就了上个世纪物质文明的辉煌. 自 20 世纪末到 21 世纪初的当前时代，物理学正以空前的活力，广阔深入地开创着向化学、生物学、生命科学、材料科学、信息科学和能源科学渗透和应用的新局面. 在本世纪里，物理学再一次直接推动新一轮物质文明飞跃的伟大进程已经开始.

然而，经历长足发展至今的物理学，宽广深厚浩瀚无垠. 教授和学习物理学都是相当艰苦而漫长的过程. 在教授和学习过程许多环节中，做习题是其中必要而又重要的环节. 做习题是巩固所学知识的必要手段，是深化拓展所学知识的重要练习，是锻炼科学思维的体操.

但是，和习题有关的事有时并不被看重，似乎求解和编纂练习题是全部教学活动中很次要的环节. 但丛书编委会同仁们觉得，这件事是教学双方的共同需要，只要是需要的，就是合理的，有益的，应当有人去做. 于是大家本着甘为孺子牛的精神，平时在科研教学中一道题一道题地积累，现在又一道题一道题地编审，花费了大量时间做着这种不起眼的事. 正如一个城市的基础建设，不能只去建地面上摩天大楼和纪念碑等“抢眼球”的事，也同样需要去做修马路、建下水道等基础设施的事.

这套“物理学大题典”的前身是中国科技大学出版社出版的“美国物理试题与解答”丛书(7 卷). 那套丛书于 20 世纪 80 年代后期由张永德发起并组织完成，内容包括普通物理的力、热、光、电、近代物理到四大力学的全部基础物理学. 出版时他选择了“中国科学技术大学物理辅导班主编”的署名方式. 自那套丛书出版之后，历经 10 余年，仍然有不断的需求，于是就有了现在的这套丛书——“物理学大题典”.

“题典”编审的大部分教师仍为原来的，只增加了少许新成员. 经过大家着力重订和大量扩充，耗时近两年而成. 现在这次再版，编审工作又增加了几位新成员，复历一年而再成. 此次再版除在原来基础上适当修订审校之外，还有少量扩充，增加了第 6 卷《相对论物理学》，第 7 卷《量子力学》扩充为上、下两分册. 丛书最终为 8 卷 10 分册. 总计起来，丛书编审历时近 20 年，耗费近 40 位富有科研和教学经验的教授、约 150 位 20 世纪 80 年代和现在的研究生及高年级本科生的巨大辛劳. 丛书确实是众人长期合作辛劳的结晶!

现在的再版，题目主要来源当然依旧是美国所有著名大学物理类研究生的入学试题，但也收录了部分编审老师的积累. 内容除涵盖力、热、光、电、近代物理到四大力学全部基础物理学之外，还包括了原子核物理、粒子物理、凝聚态物理、等离子体物理、天体物理、激光物理、量子光学和量子信息物理. 于是，追踪不断发展的科学轨迹，现在这套丛书仍然大体涵盖了综合性大学全部本科物理课程内容.

这里应当强调指出两点：其一，一般地说，人们过去熟悉的苏联习题模式常常偏重基础知识、偏于计算推导、偏向基本功训练；与此相比，美国物理试题涉及的数学并不繁难，但却或多或少具有以下特色：内容新颖，富于“当代感”，思路灵活，涉及面宽广，方法和结论简单实用，试题往往涉及新兴和边沿交叉学科，不少试题本身似乎显得粗糙但却抓住了物理本质，显得“物理味”很足！ 纵观比较，编审者深切感到，这些考题的集合在一定程度上体现着美国科学文化个性及思维方式特色！唯鉴于此，大家不惮繁重，集众多人力而不怯，耗漫长岁月而不辍，是值得的！另外，扩充修订中增添的题目，也是本着这种精神，摘自编审老师各自科研工作成果，或是来自各人教学心得，实是点滴聚成.

其二，对于学生，的确有一个正确使用习题集的问题. 有的同学，有习题集也不参考，咬牙硬顶，一个晚上自习时间只做了两道题. 这种精神诚应嘉勉，但效率不高，也容易挫伤积极性，不利于培养学习兴趣；另有些同学，逮到合适解答提笔就抄，这样做是浮躁不踏实的. 两种学习方法都不可取. 编审者认为，正确使用习题集是一个“三步曲”过程：遇到一道题，先自己想一想，想出来了自己做最好；如果认真想了些时间还想不出来，就不要老想了，不妨翻开习题集找寻答案，看懂之后，合上书自己把题目做出来；最后，要是参考习题集做出来的，花费一两分钟时间分析解剖一下自己，找找存在的不足，今后注意. 如此“三步曲”下来，就既踏实又有效率. 本来，效率和踏实是一对矛盾，在这一类“治学小道”之下，它俩就统一起来了. 总之，正确使用之下的习题集肯定能够成为学生们有用的“爬山”拐杖.

丛书第一版是在科学出版社胡升华博士倡议和支持下进行的，同时也获得刘万东教授、杜江峰教授的支持. 没有他们推动和支持，丛书面世是不可能的. 这次再版工作又承科学出版社昌盛先生全力支持，并再次获得中国科技大学物理学院和教务处的支持. 对于这些宝贵支持，编审同仁们表示深切谢意.

※　※　※　※　※　※　※　※

丛书第一版的《力学》卷共计 12 章，题目总数由原来 413 道增扩为 1070 道. 原《美国物理试题与解答 • 力学》由强元棨、顾恩普、程稼夫、李泽华、杨德田编，参加解题的人有马干乘、邓悠平、杨仲侠、季澍、杜英磊、杨德田、王平、李晓平、王琛、强元棨、陈伟、斯其苗、陈兵、李泽华、肖旭东、任勇、董志华、伍昌鸿、杨永安、何小东、黄剑辉、程稼夫、郭志椿. 原《力学》卷题目来自美国几所著名大学(包括普林斯顿大学、麻省理工学院、哥伦比亚大学、加州大学伯克利分校、威斯康星大学、芝加哥大学、纽约州立大学布法罗分校)的试题和 CUSPEA 试题. 本卷对原力学卷作了大幅度的改写. 增加的题目来自强元棨《经典力学》(科学出版社，2003)上、下册全部习题(其中不少选自 E.A.Desloge《Classical Mechanics》、周衍柏《理论力学教程》等，部分是自拟的). 此外，还选自 D.A.Wells《Theory and Problems of Lagrangian Dynamics》、B.B.巴蒂金、И.И.托普蒂金《电动力学习题集》、E.Г.维克斯坦《电动力学习题汇编》和 R.高特里奥、W.萨文《近代物理学理论和习题》等.

第二版修订把原第一版第 12 章狭义相对论力学移出本卷，与丛书另外两卷中的相对论部分一起独立成为《相对论物理学》卷.张鹏飞、潘海俊参与了该卷的修订.我们纠正了所发现的各种疏漏、印刷问题等错误，在文字表达上也作了改进.除了原有 11 章 943 道题全部保留以外，又新增 34 道题.

编审者谨识

2005 年 5 月

2018 年 8 月修改

目　　录

丛书序
前言
第九章　力学的拉格朗日表述……1
9.1　广义力、虚功原理……1
9.2　达朗贝尔原理、达朗贝尔——拉格朗日方程……36
9.3　拉格朗日方程……43
9.4　冲击运动　机电模拟……108
第十章　有限多自由度系统的小振动……135
10.1　自由的小振动……135
10.2　有阻尼和(或)有周期性外力作用下的小振动……217
第十一章　力学的哈密顿表述……235
11.1　哈密顿正则方程……235
11.2　泊松括号和泊松定理……260
11.3　哈密顿原理……275
11.4　正则变换……293
11.5　哈密顿-雅可比方程……310
11.6　作用变量、角变量及其应用……334

第九章　力学的拉格朗日表述

9.1　广义力、虚功原理

9.1.1　一半径为 R 的圆盘在水平的 xy 平面上做纯滚动，盘面保持竖直，可绕竖直轴自由转动. 试写出质心的 x、y、z 坐标 x_c、y_c、z_c，绕盘面的对称轴的转角 θ 以及绕铅直直径的转角 φ 之间满足的约束关系、虚位移满足的关系，并说明此系统具有多少个独立的广义坐标和多少个独立的虚位移？

解　xyz 是静坐标系，z 轴竖直向上，原点取在水平面上.

盘面保持竖直，有约束关系.

$$z_c = R$$

$$\boldsymbol{v}_c = \dot{x}_c \boldsymbol{i} + \dot{y}_c \boldsymbol{j} \tag{1}$$

纯滚动，圆盘与水平面的接触点速度为零，

$$\boldsymbol{v}_c + \boldsymbol{\omega} \times (-R\boldsymbol{k}) = 0 \tag{2}$$

用关于定点转动的角速度在静坐标系中分量表达式(欧拉运动学方程)

$$\omega_\xi = \dot{\theta}\cos\varphi + \dot{\psi}\sin\theta\sin\varphi$$

$$\omega_\eta = \dot{\theta}\sin\varphi - \dot{\psi}\sin\theta\cos\varphi$$

$$\omega_\zeta = \dot{\varphi} + \dot{\psi}\cos\theta$$

用于本题，上述欧拉运动学方程中的 ξ、η、ζ 分别改为 x、y、z，ψ 改为 θ，φ 不变，公式中的 $\theta = \dfrac{\pi}{2}$，$\dot{\theta} = 0$，

$$\omega_x = \dot{\theta}\sin\varphi$$

$$\omega_y = -\dot{\theta}\cos\varphi$$

$$\omega_z = \dot{\varphi}$$

φ 角如图 9.1 所示，O 为圆盘中心，ζ 轴固连于圆盘，取圆盘的对称轴，x、y 分别与前述的静坐标 x、y 平行，ζ、x、y 三轴均在同一水平面上，ON 为固连于圆盘的 $\xi\eta\zeta$ 坐标与部分固连于圆盘(O 点固连)的平动坐标系的 xy 平面的交线，自然，ON 也在 ζ、x、y 所在的水平面上；φ 是 ON 与 x 轴的夹角，ON 与 ζ 轴垂直.

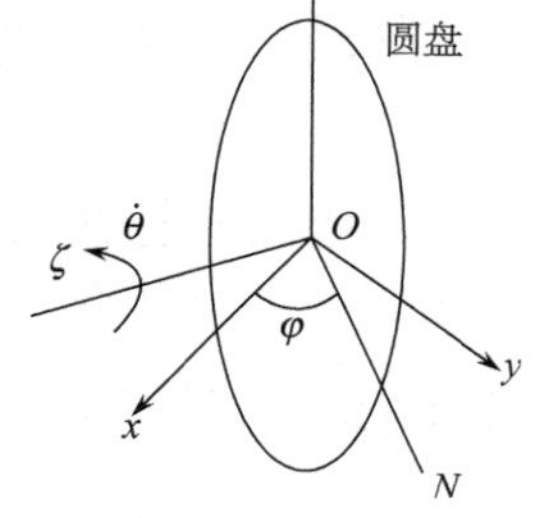

图 9.1

$$\begin{aligned}\boldsymbol{\omega} &= \dot{\varphi}\boldsymbol{k} + \dot{\theta}\left[\cos\left(\frac{\pi}{2} - \varphi\right)\boldsymbol{i} + \cos(\pi - \varphi)\boldsymbol{j}\right] \\ &= \dot{\varphi}\boldsymbol{k} + \dot{\theta}(\sin\varphi\boldsymbol{i} - \cos\varphi\boldsymbol{j})\end{aligned} \tag{3}$$

与用欧拉运动学方程得到的 $\boldsymbol{\omega}$ 完全相同.

将式(1)、(3)代入式(2)，

$$\dot{x}_c \boldsymbol{i} + \dot{y}_c \boldsymbol{j} + R\dot{\theta}\sin\varphi \boldsymbol{j} + R\dot{\theta}\cos\varphi \boldsymbol{i} = 0$$

$$\dot{x}_c + R\dot{\theta}\cos\varphi = 0$$

$$\dot{y}_c + R\dot{\theta}\sin\varphi = 0$$

三个约束关系中只有一个是完整约束，后两个是微分约束(非完整约束)，五个坐标 x_c、y_c、z_c、θ、φ 中独立的广义坐标有 4 个，它们是 x_c、y_c、θ 和 φ.

虚位移满足的关系为

$$\delta z_c = 0$$

$$\delta x_c + R\cos\varphi\delta\theta = 0$$

$$\delta y_c + R\sin\varphi\delta\theta = 0$$

五个虚位移满足三个约束关系，独立的虚位移有两个，它们是 $\delta\varphi$ 和 δx_c、δy_c、$\delta\theta$ 三个虚位移中的任一个.

9.1.2　如图 9.2 所示，一个均质的、半径为 R 的圆盘沿水平的 x 轴做纯滚动，一根长 $2l$ 的均质细棒与圆盘保持无滑动接触，一端沿 x 轴滑动. 运动时，圆盘与棒保持在同一竖直平面内，选取适当的坐标，写出约束关系，并说明描述系统需用多少个独立坐标.

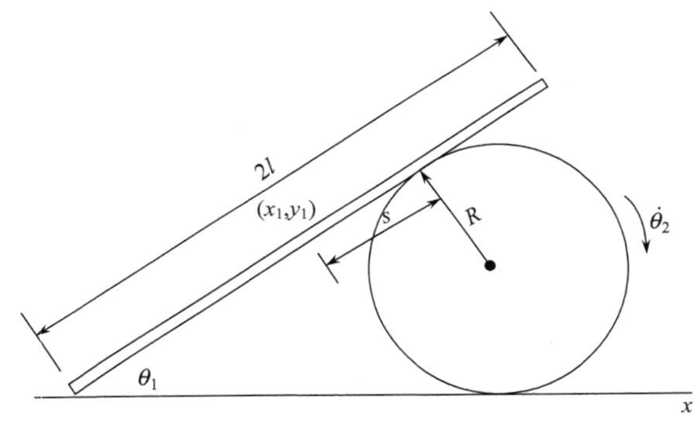

图 9.2

解法一　选 x_1、y_1 表示细棒的质心的位置，细棒与 x 轴的夹角 θ_1 表示细棒绕质心的转角，选 x_2 表示圆盘的质心位置，θ_2 表示圆盘绕其质心的转角，用棒与圆盘的切点至棒的质心的距离 s，共六个原用坐标.

显然 y_1 与 θ_1 之间有约束关系

$$y_1 = l\sin\theta_1 \tag{1}$$

圆盘做纯滚动，圆盘与 x 轴的接触点速度为零.

$$\dot{x}_2 - R\dot{\theta}_2 = 0$$

选择 x_2 和 θ_2 的零点，可积出

$$x_2 - R\theta_2 = 0 \tag{2}$$

考虑棒与圆盘间做纯滚动，两接触点有相同的速度，

$$\dot{x}_1\boldsymbol{i}+\dot{y}_1\boldsymbol{j}+\dot{\theta}_1\boldsymbol{k}\times s(\cos\theta_1\boldsymbol{i}+\sin\theta_1\boldsymbol{j})$$
$$=\dot{x}_2\boldsymbol{i}-\dot{\theta}_2\boldsymbol{k}\times R(-\sin\theta_1\boldsymbol{i}+\cos\theta_1\boldsymbol{j})$$

可得

$$\dot{x}_1-s\dot{\theta}_1\sin\theta_1=\dot{x}_2+R\dot{\theta}_2\cos\theta_1 \tag{3}$$

$$\dot{y}_1+s\dot{\theta}_1\cos\theta_1=R\dot{\theta}_2\sin\theta_1 \tag{4}$$

式(3)、(4)两个约束关系均为微分约束.

六个原用坐标，已写出两个几何约束，两个微分约束，是否有四个独立的广义坐标？回答是否定的，还有一个几何约束，它是

$$x_2-x_1+l\cos\theta_1=l+s$$

因此独立的广义坐标是三个.

解法二　由式(3)、(4)可消去 s，式(3)乘 $\cos\theta_1$ 加式(4)乘 $\sin\theta_1$，则式(3)、(4)的约束关系变为

$$\dot{x}_1\cos\theta_1+\dot{y}_1\sin\theta_1=\dot{x}_2\cos\theta_1+R\dot{\theta}_2 \tag{5}$$

仍是微分约束，但现在原用坐标只有五个(不再取 s). 两个几何约束、一个微分约束，独立的广义坐标为三个.

解法三　前两种方法都先引入广义坐标 s，这里一开始就不引入 s，用圆盘质心平动参考系来获得式(5)的约束关系.

在圆盘质心平动参考系中，棒的质心的速度为 $(\dot{x}_1-\dot{x}_2)\boldsymbol{i}+\dot{y}_1\boldsymbol{j}$，两接触点的速度均沿圆盘的切线方向，也是沿棒的方向，考虑到刚体上任何两点在其连线方向的速度分量相等，由此可写棒上接触点的速度大小为

$$(\dot{x}_1-\dot{x}_2)\cos\theta_1+\dot{y}_1\sin\theta_1$$

圆盘上接触点的速度大小为 $R\dot{\theta}_2$，所以

$$(\dot{x}_1-\dot{x}_2)\cos\theta_1+\dot{y}_1\sin\theta_1=R\dot{\theta}_2$$

这就得到了式(5)的约束关系.

9.1.3　一根长为 $2a$、质量为 m 的杆 BC 用一根未伸长时长为 b、劲度系数为 k 的系在杆的 B 端的弹簧悬于固定点 A，如图 9.3 所示. 系统的运动限于包含杆与弹簧的铅直平面内，选择适当的广义坐标，求作用于杆上的广义力分量.

解　取图 9.4 中 r、θ、φ 为广义坐标，弹簧的作用力必沿弹簧的方向，取杆的质心为 D，

$$x_D=r\cos\theta+a\cos\varphi$$
$$\delta x_D=\cos\theta\delta r-r\sin\theta\delta\theta-a\sin\varphi\delta\varphi$$

作用于杆的弹簧力和重力做的虚功为

$$\delta W=-k(r-b)\delta r+mg\delta x_D$$
$$=[-k(r-b)+mg\cos\theta]\delta r-mgr\sin\theta\delta\theta-mga\sin\varphi\delta\varphi$$

所以作用于杆的广义力分量为

$$Q_r=-k(r-b)+mg\cos\theta$$

$$Q_\theta = -mgr\sin\theta$$
$$Q_\varphi = -mga\sin\varphi$$

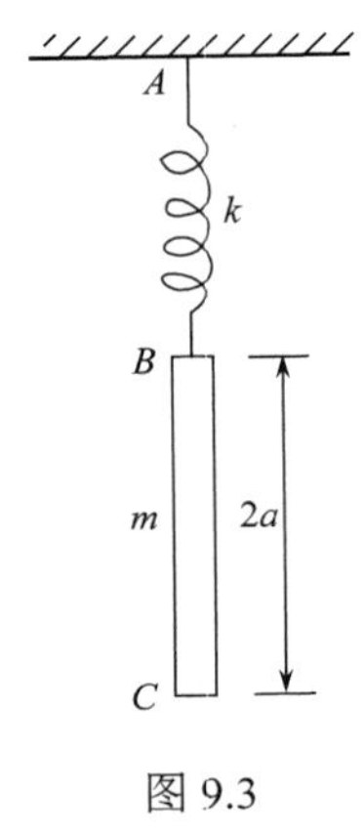

图 9.3

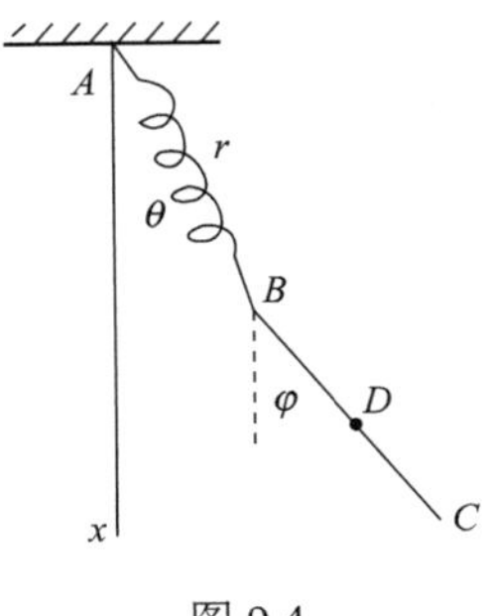

图 9.4

9.1.4 一个在均匀重力场中运动的质点，如用球坐标来描述质点的运动，取竖直向上方向为极轴，求重力的三个广义力分量.

解
$$\delta W = -mg\delta z$$
$$z = r\cos\theta$$
$$\delta z = \cos\theta\delta r - r\sin\theta\delta\theta$$
$$\delta W = -mg\cos\theta\delta r + mgr\sin\theta\delta\theta$$

所以

$$Q_r = -mg\cos\theta$$
$$Q_\theta = mgr\sin\theta$$
$$Q_\varphi = 0$$

9.1.5 一个质量为 m、半径为 a 的均质薄圆筒，在另一个质量为 M、半径为 $2a$ 的均质薄圆筒内部做无滑滚动，后者又在水平面上做无滑滚动. 选大圆筒的角位移 θ 以及两圆筒的轴构成的平面与铅直面的夹角 φ 为广义坐标，求作用于系统的所有力的广义力分量 Q_θ 和 Q_φ.

解 作用于系统的主动力只有作用于小圆筒的重力，水平面对大圆筒的支持力和静摩擦力均不做功，作用于大圆筒的重力也不做功，大圆筒对小圆筒的支持力及其反作用力(小圆筒对大圆筒的压力)，由于在它们的作用线方向两接触点无相对速度，做功之和为零，两圆筒之间的一对静摩擦力也因在作用线方向两接触点无相对速度，做功之和为零. 由于与这些力有关的约束都是稳定的双面几何约束，可能位移与虚位移完全一致，约束力在一切可能位移时不做实功，也对一切虚位移不做虚功.

取 z 轴竖直向上，原点取在水平面上，小圆筒质心的坐标为

$$z = 2a - a\cos\varphi$$

小圆筒所受重力做的虚功为

$$\delta W = -mg\delta z = -mga\sin\varphi\delta\varphi$$

作用于系统的所有力的广义力分量为

$$Q_\theta = 0, \quad Q_\varphi = -mga\sin\varphi$$

9.1.6　如图 9.5 所示，一个质量为 m、半径为 a 的均质圆柱体，在一个质量为 M 的木块中割出一个半径为 b 的半圆柱形空心槽内做纯滚动，木块又由一个劲度系数为 k 的弹簧支承着，可沿竖直导轨做无摩擦运动. 取木块的竖直向上的位移 x 和圆柱中心的角位移 θ 为广义坐标，x 和 θ 的零点选在系统的平衡位置. 求作用于系统的所有力的广义力分量.

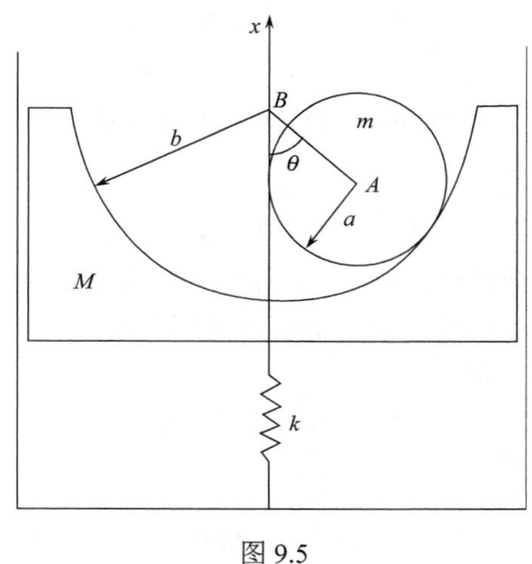

图 9.5

解法一　作用于系统的主动力，有作用于圆柱的重力 mg，作用于木块的重力 Mg 和弹簧力.

用木块中割出的半圆柱形空槽的圆心 B 表示木块的位置，A 为圆柱的对称轴.

设弹簧原长为 l_0，平衡时的弹簧长度为 l，则

$$(M+m)g = k(l_0 - l)$$

$$\delta W = -Mg\delta x_B - mg\delta x_A - k(l + x - l_0)\delta(l + x - l_0)$$

处于平衡时，B 点的 x 为零，

$$x_B = x, \qquad \delta x_B = \delta x$$

$$x_A = x_B - (b-a)\cos\theta = x - (b-a)\cos\theta$$

$$\delta x_A = \delta x + (b-a)\sin\theta\delta\theta$$

$$\begin{aligned}\delta W &= -Mg\delta x - mg[\delta x + (b-a)\sin\theta\delta\theta] - k(l - l_0 + x)\delta x \\ &= -mg(b-a)\sin\theta\delta\theta - kx\delta x\end{aligned}$$

所以

$$Q_x = -kx, \quad Q_\theta = -mg(b-a)\sin\theta$$

解法二　求 Q_x 时，令 $\delta\theta = 0$，

$$\delta W = Q_x\delta x = -(Mg + mg)\delta x - k(l + x - l_0)\delta(l + x - l_0)$$

用平衡时，

$$(M + m)g = k(l_0 - l)$$

得到

$$Q_x\delta x = -kx\delta x$$

所以

$$Q_x = -kx$$

求 Q_θ 时，令 $\delta x = 0$，

$$\delta W = Q_\theta\delta\theta = -mg\delta x_A$$

$$x_A = x - (b - a)\cos\theta$$

$$Q_\theta\delta\theta = -mg(b - a)\sin\theta\delta\theta$$

所以

$$Q_\theta = -mg(b - a)\sin\theta$$

9.1.7 xy 平面内的任何点可改用 c、y 为坐标或 c、x 为坐标，其中 c 满足 $xy=c$. 如重力沿 y 轴负向，求质量为 m 的质点所受重力的广义力.

解 取 c、y 为广义坐标时，

$$Q_c = 0,\quad Q_y = -mg$$

取 c、x 为广义坐标时，

$$\delta W = -mg\delta y$$

因为

$$y = \frac{c}{x},\quad \delta y = \frac{1}{x}\delta c - \frac{1}{x^2}c\delta x$$

$$\delta W = -mg\left(\frac{1}{x}\delta c - \frac{1}{x^2}c\delta x\right)$$

所以

$$Q_c = -\frac{mg}{x}$$

$$Q_x = \frac{mgc}{x^2}$$

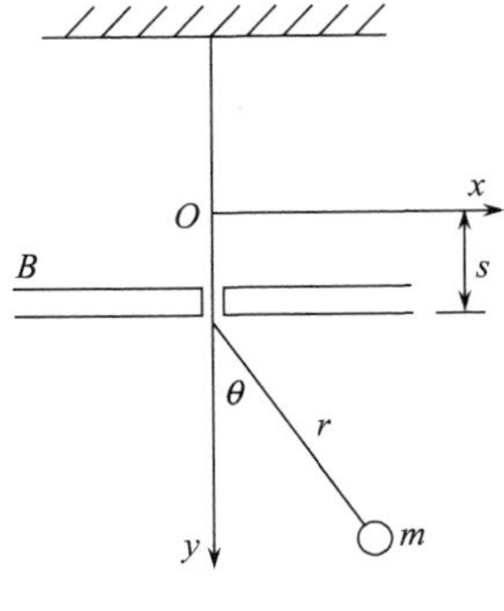

图 9.6

9.1.8 一个质量为 m 的质点系在不可伸长的绳子上，绳子穿过板 B 的小孔栓于固定点，板以 $s = A\sin\omega t$ 沿竖直轴 y 做上下运动，其中 A、ω 为常量，质点在图 9.6 所示的 xy 平面内运动，求质点受到的广义力(不计小孔处的摩擦力).

解 可以证明绳子张力 T 仍然是约束力. 设图中从固定的 O 点到质点这一段绳子长度为 l，$l = s + r =$ 常量，

$$x = r\sin\theta = (l - s)\sin\theta = (l - A\sin\omega t)\sin\theta$$

$$y = s + r\cos\theta = A\sin\omega t + (l - A\sin\omega t)\cos\theta$$

$$\delta x = (l - A\sin\omega t)\cos\theta\delta\theta$$

$$\delta y = -(l - A\sin\omega t)\sin\theta\delta\theta$$

$$\begin{aligned}\delta W &= mg\delta y - T\sin\theta\delta x - T\cos\theta\delta y \\ &= -mg(l - A\sin\omega t)\sin\theta\delta\theta - T\sin\theta(l - A\sin\omega t)\cos\theta\delta\theta \\ &\quad - T\cos\theta[-(l - A\sin\omega t)\sin\theta\delta\theta] \\ &= -mg(l - A\sin\omega t)\sin\theta\delta\theta\end{aligned}$$

所以

$$Q_\theta = -mg(l - A\sin\omega t)\sin\theta$$

注意：该系统只有一个自由度，r 随 t 的变化是给定的，可把 $r = l - A\sin\omega t$ 视为约束.故 $\delta r = 0$，绳子张力的虚功 $-T\delta r = 0$.

9.1.9　图 9.7 中木块 A、B 淹没在黏性液体中，黏性力与速度成正比，比例系数分别为 α_1、α_2，用图中 y、y_3 为广义坐标，求广义黏性力.

解

$$\delta W = -\alpha_1\dot{y}_1\delta y_1 - \alpha_2\dot{y}_2\delta y_2$$

$$y_1 = y + y_3$$

$$\delta y_1 = \delta y + \delta y_3$$

考虑到绳子不可伸长，

$$y_3 + y_2 - y = \text{常量}$$

$$\delta y_3 + \delta y_2 - \delta y = 0$$

$$\delta y_2 = \delta y - \delta y_3$$

$$\delta W = -\alpha_1\dot{y}_1(\delta y + \delta y_3) - \alpha_2\dot{y}_2(\delta y - \delta y_3)$$

又

$$\dot{y}_2 = \dot{y} - \dot{y}_3,\quad \dot{y}_1 = \dot{y} + \dot{y}_3$$

$$\begin{aligned}\delta W &= -\alpha_1(\dot{y} + \dot{y}_3)(\delta y + \delta y_3) - \alpha_2(\dot{y} - \dot{y}_3)(\delta y - \delta y_3) \\ &= [-\alpha_1(\dot{y} + \dot{y}_3) - \alpha_2(\dot{y} - \dot{y}_3)]\delta y \\ &\quad + [-\alpha_1(\dot{y} + \dot{y}_3) + \alpha_2(\dot{y} - \dot{y}_3)]\delta y_3\end{aligned}$$

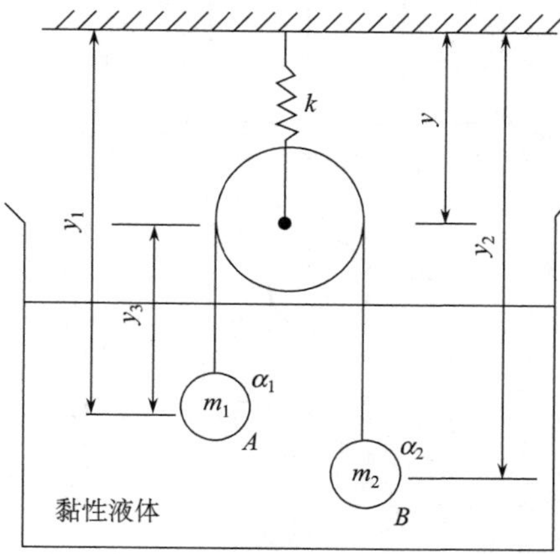

图 9.7

所以

$$Q_y = -\alpha_1(\dot{y}+\dot{y}_3) - \alpha_2(\dot{y}-\dot{y}_3)$$

$$Q_{y_3} = -\alpha_1(\dot{y}+\dot{y}_3) + \alpha_2(\dot{y}-\dot{y}_3)$$

9.1.10 图 9.8 中棒形磁铁和两个单个磁极均受到铁质薄板的黏性阻力，阻力与相对速度成正比，比例系数分别为α_1、α_2、α_3. 设磁棒、磁极和薄板均只做竖直方向的运动，运动中，磁棒、磁极均与薄板保持接触. 求广义黏性力Q_{y_1}和Q_{y_2}.

解 薄板的速度为$\dot{y}_1$时，磁棒的速度为$-\dot{y}_1$，磁极 A 的速度为$\dot{y}_2-\dot{y}_1$，磁极 B 的速度为$-\dot{y}_2-\dot{y}_1$.

磁棒受到的黏性力为$-\alpha_1(-\dot{y}_1-\dot{y}_1)=2\alpha_1\dot{y}_1$，薄板受到磁棒给予的力是上述力的反作用力，为$-2\alpha_1\dot{y}_1$. 磁极 A 受到薄板的黏性力为$-\alpha_2(\dot{y}_2-\dot{y}_1-\dot{y}_1)=-\alpha_2(\dot{y}_2-2\dot{y}_1)$，薄板受到磁极 A 的反作用力为$\alpha_2(\dot{y}_2-2\dot{y}_1)$；磁极 B 受到薄板的黏性力为$-\alpha_3(-\dot{y}_2-\dot{y}_1-\dot{y}_1)=\alpha_3(2\dot{y}_1+\dot{y}_2)$，薄板受到磁极 B 的反作用力为$-\alpha_3(2\dot{y}_1+\dot{y}_2)$.

薄板的虚位移为δy_1，磁棒的虚位移为$-\delta y_1$，磁极 A 的虚位移为$\delta y_2-\delta y_1$，磁极 B 的虚位移为$-\delta y_1-\delta y_2$.

$$\begin{aligned}\delta W &= 2\alpha_1\dot{y}_1(-\delta y_1) - \alpha_2(\dot{y}_2-2\dot{y}_1)(\delta y_2-\delta y_1) + \alpha_3(2\dot{y}_1+\dot{y}_2)(-\delta y_1-\delta y_2)\\ &\quad + [-2\alpha_1\dot{y}_1 + \alpha_2(\dot{y}_2-2\dot{y}_1) - \alpha_3(2\dot{y}_1+\dot{y}_2)]\delta y_1\\ &= [-4(\alpha_1+\alpha_2+\alpha_3)\dot{y}_1 + 2(\alpha_2-\alpha_3)\dot{y}_2]\delta y_1\\ &\quad + [2(\alpha_2-\alpha_3)\dot{y}_1 - (\alpha_2+\alpha_3)\dot{y}_2]\delta y_2\end{aligned}$$

所以

$$Q_{y_1} = -4(\alpha_1+\alpha_2+\alpha_3)\dot{y}_1 + 2(\alpha_2-\alpha_3)\dot{y}_2$$

$$Q_{y_2} = 2(\alpha_2-\alpha_3)\dot{y}_1 - (\alpha_2+\alpha_3)\dot{y}_2$$

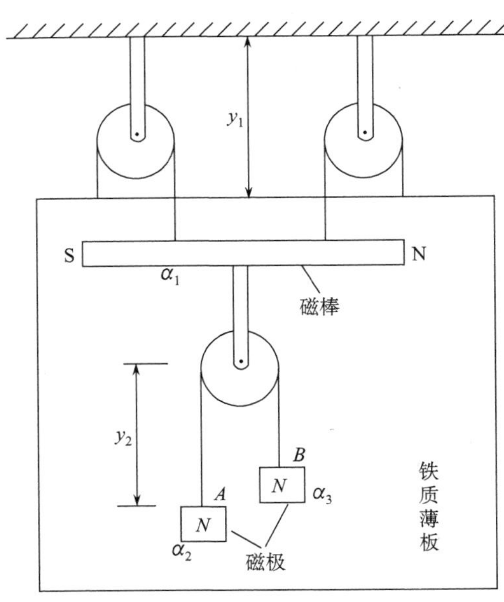

图 9.8

9.1.11　图 9.9 中 m_1、m_2 限于在光滑的水平线上运动，m_1、m_2 均固连着一个减震器，活塞 P_1、P_2 和 m_3 固连于水平棒上，活塞的作用力大小与相对速度的 n 次方成正比，方向与相对速度方向相反. 求广义力 Q_{x_1}、Q_{q_1}、Q_{q_2}（弹簧力用势能处理）.

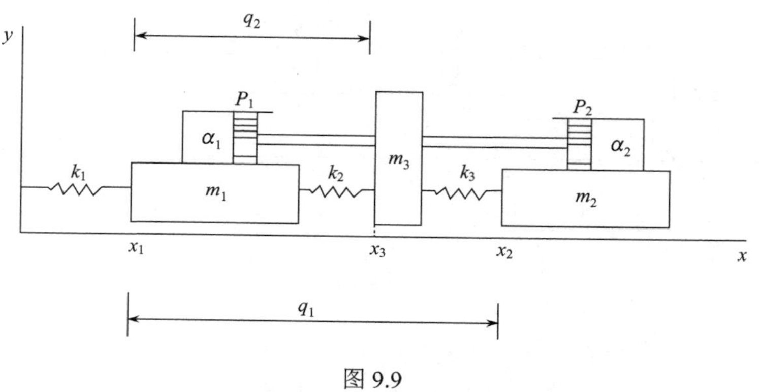

图 9.9

解　$\delta W=\alpha_1|\dot{x}_3-\dot{x}_1|^{n-1}(\dot{x}_3-\dot{x}_1)\delta x_1-\alpha_2|\dot{x}_2-\dot{x}_3|^{n-1}(\dot{x}_2-\dot{x}_3)\delta x_2$

$$-\alpha_1|\dot{x}_3-\dot{x}_1|^{n-1}(\dot{x}_3-\dot{x}_1)\delta x_3+\alpha_2|\dot{x}_2-\dot{x}_3|^{n-1}(\dot{x}_2-\dot{x}_3)\delta x_3$$

$$x_2=x_1+q_1,\qquad \delta x_2=\delta x_1+\delta q_1$$

$$x_3=x_1+q_2,\qquad \delta x_3=\delta x_1+\delta q_2$$

$$\begin{aligned}\delta W=&[\alpha_1|\dot{x}_3-\dot{x}_1|^{n-1}(\dot{x}_3-\dot{x}_1)-\alpha_2|\dot{x}_2-\dot{x}_3|^{n-1}(\dot{x}_2-\dot{x}_3)\\&-\alpha_1|\dot{x}_3-\dot{x}_1|^{n-1}(\dot{x}_3-\dot{x}_1)+\alpha_2|\dot{x}_2-\dot{x}_3|^{n-1}(\dot{x}_2-\dot{x}_3)]\delta x_1\\&-[\alpha_2|\dot{x}_2-\dot{x}_3|^{n-1}(\dot{x}_2-\dot{x}_3)]\delta q_1-[\alpha_1|\dot{x}_3-\dot{x}_1|^{n-1}(\dot{x}_3-\dot{x}_1)\\&-\alpha_2|\dot{x}_2-\dot{x}_3|^{n-1}(\dot{x}_2-\dot{x}_3)]\delta q_2\\=&-\alpha_2|\dot{x}_2-\dot{x}_3|^{n-1}(\dot{x}_2-\dot{x}_3)\delta q_1-[\alpha_1|\dot{x}_3-\dot{x}_1|^{n-1}(\dot{x}_3-\dot{x}_1)\\&-\alpha_2|\dot{x}_2-\dot{x}_3|^{n-1}(\dot{x}_2-\dot{x}_3)]\delta q_2\end{aligned}$$

$$\dot{x}_2-\dot{x}_3=\dot{x}_1+\dot{q}_1-(\dot{x}_1+\dot{q}_2)=\dot{q}_1-\dot{q}_2$$

$$\dot{x}_3-\dot{x}_1=\dot{x}_1+\dot{q}_2-\dot{x}_1=\dot{q}_2$$

$$\begin{aligned}\delta W=&-\alpha_2|\dot{q}_1-\dot{q}_2|^{n-1}(\dot{q}_1-\dot{q}_2)\delta q_1\\&+[\alpha_2|\dot{q}_1-\dot{q}_2|^{n-1}(\dot{q}_1-\dot{q}_2)-\alpha_1|\dot{q}_2|^{n-1}\dot{q}_2]\delta q_2\end{aligned}$$

所以

$$Q_{q_1}=-\alpha_2|\dot{q}_1-\dot{q}_2|^{n-1}(\dot{q}_1-\dot{q}_2)$$

$$Q_{q_2}=\alpha_2|\dot{q}_1-\dot{q}_2|^{n-1}(\dot{q}_1-\dot{q}_2)-\alpha_1|\dot{q}_2|^{n-1}\dot{q}_2$$

$$Q_{x_1}=0$$

9.1.12　图 9.10 中质量分别为 m_1、m_2、m_3 的三滑块在水平面上沿一条直线滑动，滑块与水平面间的阻力与速度成正比，比例系数分别为α_1、α_2、α_3，磁铁A、B与m_2间的黏性阻力与相对速度成正比，比例系数分别为α_4、α_5. 分别用两组广义坐标 x_1、x_2、x_3和x_1、q_1、q_2，求广义力(弹簧力用势能处理).

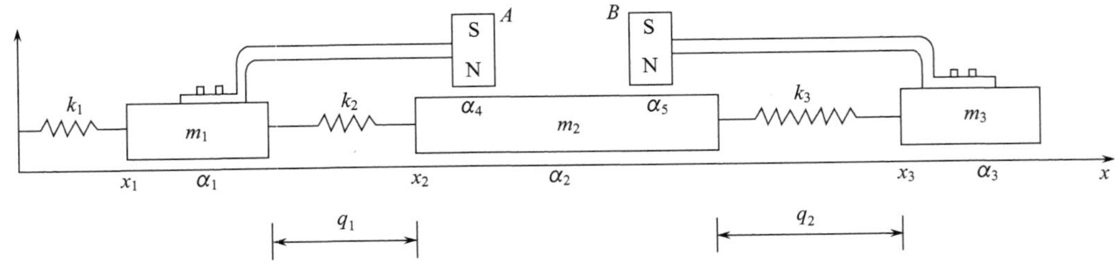

图 9.10

解

$$\begin{aligned}\delta W &= -\alpha_1\dot{x}_1\delta x_1 - \alpha_2\dot{x}_2\delta x_2 - \alpha_4(\dot{x}_1-\dot{x}_2)\delta x_1 - \alpha_4(\dot{x}_2-\dot{x}_1)\delta x_2\\ &\quad -\alpha_5(\dot{x}_2-\dot{x}_3)\delta x_2 - \alpha_5(\dot{x}_3-\dot{x}_2)\delta x_3 - \alpha_3\dot{x}_3\delta x_3\\ &=[-\alpha_1\dot{x}_1-\alpha_4(\dot{x}_1-\dot{x}_2)]\delta x_1+[-\alpha_2\dot{x}_2-\alpha_4(\dot{x}_2-\dot{x}_1)\\ &\quad -\alpha_5(\dot{x}_2-\dot{x}_3)]\delta x_2+[-\alpha_5(\dot{x}_3-\dot{x}_2)-\alpha_3\dot{x}_3]\delta x_3\end{aligned}$$

用x_1、x_2、x_3为广义坐标时，

$$Q_{x_1}=-\alpha_1\dot{x}_1-\alpha_4(\dot{x}_1-\dot{x}_2)$$

$$Q_{x_2}=-\alpha_2\dot{x}_2-\alpha_4(\dot{x}_2-\dot{x}_1)-\alpha_5(\dot{x}_2-\dot{x}_3)$$

$$Q_{x_3}=-\alpha_3\dot{x}_3-\alpha_5(\dot{x}_3-\dot{x}_2)$$

用x_1、q_1、q_2为广义坐标时，

$$\dot{q}_1=\dot{x}_2-\dot{x}_1,\quad \dot{x}_2=\dot{q}_1+\dot{x}_1,\quad \delta x_2=\delta q_1+\delta x_1$$

$$\dot{q}_2=\dot{x}_3-\dot{x}_2=\dot{x}_3-(\dot{q}_1+\dot{x}_1)=\dot{x}_3-\dot{q}_1-\dot{x}_1$$

$$\dot{x}_3=\dot{x}_1+\dot{q}_1+\dot{q}_2,\delta x_3=\delta x_1+\delta q_1+\delta q_2$$

$$\begin{aligned}\delta W&=[-\alpha_1\dot{x}_1-\alpha_4(-\dot{q}_1)]\delta x_1+[-\alpha_2(\dot{x}_1+\dot{q}_1)-\alpha_4\dot{q}_1-\alpha_5(-\dot{q}_2)](\delta q_1+\delta x_1)\\ &\quad+[-\alpha_5\dot{q}_2-\alpha_3(\dot{x}_1+\dot{q}_1+\dot{q}_2)](\delta x_1+\delta q_1+\delta q_2)\\ &=[-\alpha_1\dot{x}_1-\alpha_2(\dot{x}_1+\dot{q}_1)-\alpha_3(\dot{x}_1+\dot{q}_1+\dot{q}_2)]\delta x_1+[-\alpha_2(\dot{x}_1+\dot{q}_1)\\ &\quad-\alpha_3(\dot{x}_1+\dot{q}_1+\dot{q}_2)-\alpha_4\dot{q}_1]\delta q_1+[-\alpha_5\dot{q}_2-\alpha_3(\dot{x}_1+\dot{q}_1+\dot{q}_2)]\delta q_2\end{aligned}$$

所以

$$Q_{x_1}=-\alpha_1\dot{x}_1-\alpha_2(\dot{x}_1+\dot{q}_1)-\alpha_3(\dot{x}_1+\dot{q}_1+\dot{q}_2)$$

$$Q_{q_1}=-\alpha_2(\dot{x}_1+\dot{q}_1)-\alpha_3(\dot{x}_1+\dot{q}_1+\dot{q}_2)-\alpha_4\dot{q}_1$$

$$Q_{q_2}=-\alpha_5\dot{q}_2-\alpha_3(\dot{x}_1+\dot{q}_1+\dot{q}_2)$$

9.1.13　作用在xy平面上的哑铃的黏性阻力与其速度成正比，比例系数分别为α_1、α_2，以图 9.11 所示的x_1、y_1、φ为广义坐标，求广义力.

解

$$\begin{aligned}\delta W&=-\alpha_1\dot{x}_1\delta x_1-\alpha_1\dot{y}_1\delta y_1\\ &\quad-\alpha_2\dot{x}_2\delta x_2-\alpha_2\dot{y}_2\delta y_2\end{aligned}$$

$$x_2 = x_1 - l\cos\varphi$$
$$\dot{x}_2 = \dot{x}_1 + l\sin\varphi\,\dot{\varphi}$$
$$\delta x_2 = \delta x_1 + l\sin\varphi\,\delta\varphi$$
$$y_2 = y_1 - l\sin\varphi$$
$$\dot{y}_2 = \dot{y}_1 - l\cos\varphi\,\dot{\varphi}$$
$$\delta y_2 = \delta y_1 - l\cos\varphi\,\delta\varphi$$

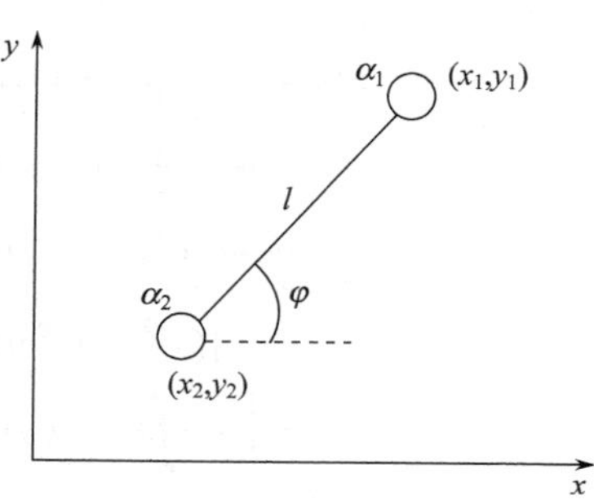

图 9.11

$$\begin{aligned}\delta W &= -\alpha_1\dot{x}_1\delta x_1 - \alpha_1\dot{y}_1\delta y_1 - \alpha_2(\dot{x}_1 + l\sin\varphi\,\dot{\varphi})(\delta x_1 \\ &\quad + l\sin\varphi\,\delta\varphi) - \alpha_2(\dot{y}_1 - l\cos\varphi\,\dot{\varphi})(\delta y_1 - l\cos\varphi\,\delta\varphi) \\ &= [-\alpha_1\dot{x}_1 - \alpha_2(\dot{x}_1 + l\dot{\varphi}\sin\varphi)]\delta x_1 \\ &\quad + [-\alpha_1\dot{y}_1 - \alpha_2(\dot{y}_1 - l\dot{\varphi}\cos\varphi)]\delta y_1 \\ &\quad + [-\alpha_2(\dot{x}_1 + l\dot{\varphi}\sin\varphi)l\sin\varphi \\ &\quad - \alpha_2(\dot{y}_1 - l\dot{\varphi}\cos\varphi)(-l\cos\varphi)]\delta\varphi\end{aligned}$$

所以

$$Q_{x_1} = -(\alpha_1 + \alpha_2)\dot{x}_1 - \alpha_2 l\dot{\varphi}\sin\varphi$$
$$Q_{y_1} = -(\alpha_1 + \alpha_2)\dot{y}_1 + \alpha_2 l\dot{\varphi}\cos\varphi$$
$$Q_\varphi = -\alpha_2 l^2\dot{\varphi} - \alpha_2 l(\dot{x}_1\sin\varphi - \dot{y}_1\cos\varphi)$$

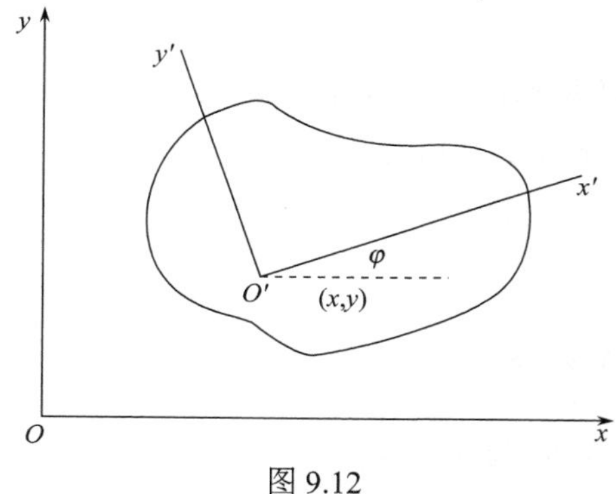

图 9.12

9.1.14　如图 9.12 所示，平板在 xy 平面上运动，坐标系 $O'x'y'$ 固连于平板，用 O' 点在静坐标系 Oxy 中的坐标 x、y 及 x'、x 轴的夹角 φ 表示平板的位形，面元 $\mathrm{d}x'\mathrm{d}y'$ 受到的黏性阻力为

$$\mathrm{d}f_x = -\alpha\dot{x}\mathrm{d}x'\mathrm{d}y', \quad \mathrm{d}f_y = -\alpha\dot{y}\mathrm{d}x'\mathrm{d}y'$$

其中 $\dot{x}$、$\dot{y}$ 分别是 $\dot{x}(x',y')$、$\dot{y}(x',y')$ 的缩写，不要与 O' 点的速度分量 $\dot{x}$、$\dot{y}$ 发生混淆. 求平板受到的广义力.

解　$x(x',y') = x + x'\cos\varphi - y'\sin\varphi$

$$y(x',y') = y + x'\sin\varphi + y'\cos\varphi$$
$$\dot{x}(x',y') = \dot{x} - x'\dot{\varphi}\sin\varphi - y'\dot{\varphi}\cos\varphi \tag{1}$$
$$\dot{y}(x',y') = \dot{y} + x'\dot{\varphi}\cos\varphi - y'\dot{\varphi}\sin\varphi \tag{2}$$
$$\delta x(x',y') = \delta x - (x'\sin\varphi + y'\cos\varphi)\delta\varphi \tag{3}$$
$$\delta y(x',y') = \delta y + (x'\cos\varphi - y'\sin\varphi)\delta\varphi \tag{4}$$

面元 $\mathrm{d}x'\mathrm{d}y'$ 所受的黏性阻力做的虚功为

$$-\alpha\dot{x}(x'y')\mathrm{d}x'\mathrm{d}y'\delta x(x',y') - \alpha\dot{y}(x',y')\mathrm{d}x'\mathrm{d}y'\delta y(x',y')$$

平板所受的黏性阻力做的虚功为

$$\delta W = -\alpha\int[\dot{x}(x',y')\delta x(x',y') + \dot{y}(x',y')\delta y(x',y')]\mathrm{d}x'\mathrm{d}y'$$

将(1)至(4)式代入上式，

$$\begin{aligned}\delta W = &-\alpha\int\{(\dot{x}-x'\dot{\varphi}\sin\varphi-y'\dot{\varphi}\cos\varphi)[\delta x-(x'\sin\varphi+y'\cos\varphi)\delta\varphi] \\ &+(\dot{y}+x'\dot{\varphi}\cos\varphi-y'\dot{\varphi}\sin\varphi)[\delta y+(x'\cos\varphi-y'\sin\varphi)\delta\varphi]\}\,\mathrm{d}x'\mathrm{d}y' \\ =&-\alpha\int\{(\dot{x}-x'\varphi\sin\varphi-y'\dot{\varphi}\cos\varphi)\delta x+(\dot{y}+x'\dot{\varphi}\cos\varphi-y'\dot{\varphi}\sin\varphi)\delta y \\ &+[(x'^2+y'^2)\dot{\varphi}+(\dot{y}\,x'-\dot{x}\,y')\cos\varphi-(\dot{x}\,x'+\dot{y}\,y')\sin\varphi]\delta\varphi\}\mathrm{d}x'\mathrm{d}y' \\ =&\left[-\alpha\int(\dot{x}-x'\dot{\varphi}\sin\varphi-y'\dot{\varphi}\cos\varphi)\mathrm{d}x'\mathrm{d}y'\right]\delta x \\ &+\left[-\alpha\int(\dot{y}+x'\dot{\varphi}\cos\varphi-y'\dot{\varphi}\sin\varphi)\mathrm{d}x'\mathrm{d}y\right]\delta y \\ &+\left\{-\alpha\int[(x'^2+y'^2)\dot{\varphi}+(\dot{y}\,x'-\dot{x}\,y')\cos\varphi-(\dot{x}\,x'+\dot{y}\,y')\sin\varphi]\mathrm{d}x'\mathrm{d}y'\right\}\delta\varphi\end{aligned}$$

所以

$$Q_x=-\alpha\int(\dot{x}-x'\dot{\varphi}\sin\varphi-y'\dot{\varphi}\cos\varphi)\mathrm{d}x'\mathrm{d}y'$$

$$Q_y=-\alpha\int(\dot{y}+x'\dot{\varphi}\cos\varphi-y'\dot{\varphi}\sin\varphi)\mathrm{d}x'\mathrm{d}y'$$

$$Q_\varphi=-\alpha\int[(x'^2+y'^2)\dot{\varphi}+(\dot{y}\,x'-\dot{x}\,y')\cos\varphi-(\dot{x}\,x'+\dot{y}\,y')\sin\varphi]\mathrm{d}x'\mathrm{d}y'$$

注意：在得到式(1)、(2)时，x'、y'是参量，求导时它们是常量. 在Q_x、Q_y、Q_φ的积分中，$\dot{x}$、$\dot{y}$、$\dot{\varphi}$以及φ均是参量，积分时是常量.

9.1.15 若上题所述的平板是边长为 $2a$ 和 $2b$ 的矩形板，取O'在其中心，x'、y'轴平行于矩形的边，x'轴平行于边长为$2a$的边，y'轴平行于边长为$2b$的边，求黏性阻力的广义力.

解 用上题导出的Q_x、Q_y、Q_φ三个积分式子，

$$\begin{aligned}Q_x&=-\alpha\int_{-b}^{b}\mathrm{d}y'\int_{-a}^{a}(\dot{x}-x'\dot{\varphi}\sin\varphi-y'\dot{\varphi}\cos\varphi)\mathrm{d}x' \\ &=-\alpha\int_{-b}^{b}\left(2a\dot{x}-\frac{1}{2}x'^2\Big|_{-a}^{a}\dot{\varphi}\sin\varphi-2ay'\dot{\varphi}\cos\varphi\right)\mathrm{d}y' \\ &=-\alpha\left(4ab\dot{x}-ay'^2\Big|_{-b}^{b}\dot{\varphi}\cos\varphi\right)=-4ab\alpha\dot{x}\end{aligned}$$

同样可得

$$Q_y=-4ab\alpha\dot{y}$$

$$\begin{aligned}Q_\varphi=&-\alpha\int_{-b}^{b}\mathrm{d}y'\int_{-a}^{a}(x'^2+y'^2)\dot{\varphi}+(\dot{y}\,x'-\dot{x}\,y')\cos\varphi \\ &-(\dot{x}\,x'+\dot{y}\,y')\sin\varphi]\mathrm{d}x' \\ =&-\alpha\int_{-b}^{b}\left[\left(\frac{1}{3}x'^3\Big|_{-a}^{a}+2ay'^2\right)\dot{\varphi}+\left(\frac{1}{2}\dot{y}\,x'^2\Big|_{-a}^{a}-2a\dot{x}\,y'\right)\cos\varphi\right. \\ &\left.-\left(\frac{1}{2}\dot{x}\,x'^2\Big|_{-a}^{a}+2a\dot{y}\,y'\right)\sin\varphi\right]\mathrm{d}y'\end{aligned}$$

$$=-\alpha\left[\left(\frac{2}{3}a^3\cdot 2b+\frac{2}{3}a\cdot 2b^3\right)\dot{\varphi}\right]$$

$$=-\frac{4}{3}\alpha ab(a^2+b^2)\dot{\varphi}$$

9.1.16　一个半径为 r 的薄圆盘在一块涂油的平板上运动，设圆盘的面元受到油的黏性阻力，每单位面积、每单位速度受到的黏性力为 α，证明广义黏性力为

$$Q_x=-\alpha A\dot{x},\quad Q_y=-\alpha A\dot{y},\quad Q_\varphi=-\frac{1}{2}\alpha Ar^2\dot{\varphi}$$

其中 $A=\pi r^2$，x、y 是盘心的位置坐标，φ 表示圆盘的角位置.

证明　用 9.1.14 导出的公式，

$$Q_x=-\alpha\int(\dot{x}-x'\dot{\varphi}\sin\varphi-y'\dot{\varphi}\cos\varphi)\mathrm{d}x'\mathrm{d}y'$$

$$Q_y=-\alpha\int(\dot{y}+x'\dot{\varphi}\cos\varphi-y'\dot{\varphi}\sin\varphi)\mathrm{d}x'\mathrm{d}y'$$

$$Q_\varphi=-\alpha\int\Big[(x'^2+y'^2)\dot{\varphi}+(\dot{y}\,x'-\dot{x}\,y')\cos\varphi$$
$$-(\dot{x}\,x'+\dot{y}\,y')\sin\varphi\Big]\mathrm{d}x'\mathrm{d}y'$$

改用极坐标 r'、φ'，

$$x'=r'\cos\varphi',\qquad y'=r'\sin\varphi'$$

$$\mathrm{d}x'\mathrm{d}y'=|J|\mathrm{d}r'\mathrm{d}\varphi'$$

$$J=\begin{vmatrix}\dfrac{\partial x'}{\partial r'} & \dfrac{\partial x'}{\partial\varphi'}\\ \dfrac{\partial y'}{\partial r'} & \dfrac{\partial y'}{\partial\varphi'}\end{vmatrix}=\begin{vmatrix}\cos\varphi' & -r'\sin\varphi'\\ \sin\varphi & r'\cos\varphi\end{vmatrix}=r'$$

$$Q_x=-\alpha\int(\dot{x}-r'\cos\varphi'\cdot\dot{\varphi}\sin\varphi-r'\sin\varphi'\dot{\varphi}\cos\varphi)r'\mathrm{d}r'\mathrm{d}\varphi'$$

$$=-\alpha\int_0^r\dot{x}\cdot 2\pi r'\mathrm{d}r'=-\alpha\pi r^2\dot{x}=-\alpha A\dot{x}$$

同样可得

$$Q_y=-\alpha A\dot{y}$$

$$Q_\varphi=-\alpha\int\Big[r'^2\dot{\varphi}+(\dot{y}\,r'\cos\varphi'-\dot{x}\,r'\sin\varphi')\cos\varphi$$
$$-(\dot{x}\,r'\cos\varphi'+\dot{y}\,r'\sin\varphi')\sin\varphi\Big]r'\mathrm{d}r'\mathrm{d}\varphi'$$
$$=-\alpha\int_0^r 2\pi r'^3\dot{\varphi}\mathrm{d}r'=-\frac{1}{2}\alpha\pi r^4\dot{\varphi}=-\frac{1}{2}\alpha Ar^2\dot{\varphi}$$

9.1.17　若 9.1.10 题中磁铁与铁质薄板间的阻力与相对速度的平方成正比，求 Q_{y_1} 和 Q_{y_2}.

解　磁棒受到的阻力为

$$-\alpha_1|-\dot{y}_1-\dot{y}_1|(-\dot{y}_1-\dot{y}_1)=4\alpha_1|\dot{y}_1|\dot{y}_1$$

磁极 A 受到的阻力为

$$-\alpha_2|\dot{y}_2-\dot{y}_1-\dot{y}_1|(\dot{y}_2-\dot{y}_1-\dot{y}_1)=-\alpha_2|\dot{y}_2-2\dot{y}_1|(\dot{y}_2-2\dot{y}_1)$$

磁极 B 受到的阻力为

$$-\alpha_3|-(\dot{y}_1+\dot{y}_2)-\dot{y}_1|[-(\dot{y}_1+\dot{y}_2)-\dot{y}_1]=\alpha_3|2\dot{y}_1+\dot{y}_2|(2\dot{y}_1+\dot{y}_2)$$

薄板的虚位移为δy_1，磁棒的虚位移为$-\delta y_1$，磁极 A 的虚位移为$\delta y_2-\delta y_1$，磁极 B 的虚位移为$-(\delta y_1+\delta y_2)$，

$$\begin{aligned}\delta W=&4\alpha_1|\dot{y}_1|\dot{y}_1(-\delta y_1)-\alpha_2|\dot{y}_2-2\dot{y}_1|(\dot{y}_2-2\dot{y}_1)(\delta y_2-\delta y_1)\\&+\alpha_3|2\dot{y}_1+\dot{y}_2|(2\dot{y}_1+\dot{y}_2)[-(\delta y_1+\delta y_2)]+[-4\alpha_1|\dot{y}_1|\dot{y}_1\\&+\alpha_2|\dot{y}_2-2\dot{y}_1|(\dot{y}_2-2\dot{y}_1)-\alpha_3|2\dot{y}_1+\dot{y}_2|(2\dot{y}_1+\dot{y}_2)]\delta y_1\\=&[-8\alpha_1|\dot{y}_1|\dot{y}_1+2\alpha_2|\dot{y}_2-2\dot{y}_1|(\dot{y}_2-2\dot{y}_1)-2\alpha_3|2\dot{y}_1+\dot{y}_2|(2\dot{y}_1+\dot{y}_2)]\delta y_1\\&-[\alpha_2|\dot{y}_2-2\dot{y}_1|(\dot{y}_2-2\dot{y}_1)+\alpha_3|2\dot{y}_1+\dot{y}_2|(2\dot{y}_1+\dot{y}_2)]\delta y_2\end{aligned}$$

$$Q_{y_1}=-8\alpha_1|\dot{y}_1|\dot{y}_1+2\alpha_2|\dot{y}_2-2\dot{y}_1|(\dot{y}_2-2\dot{y}_1)-2\alpha_3|2\dot{y}_1+\dot{y}_2|(2\dot{y}_1+\dot{y}_2)$$

$$Q_{y_2}=-\alpha_2|\dot{y}_2-2\dot{y}_1|(\dot{y}_2-2\dot{y}_1)-\alpha_3|2\dot{y}_1+\dot{y}_2|(2\dot{y}_1+\dot{y}_2)$$

9.1.18　图 9.13 中木块 A、B 固连于长度为 l 的轻棒的两端，在木块 C 和 D 上沿棒的方向滑动，木块 C 在水平面上也可沿棒的方向滑动，D 是固定的. 图中画出了各接触面间的摩擦因数 μ_1、μ_2、μ_3，套在棒上的木块 E 可沿棒无摩擦滑动. 木块 A、B、C、D、E 的质量分别为 m_1、m_2、m_3、m_4、m_5，如运动中 $\dot{x}_1>\dot{x}_3>0$，求这些摩擦力的广义力 Q_{x_1}、Q_{q_1} 和 Q_{q_2}.

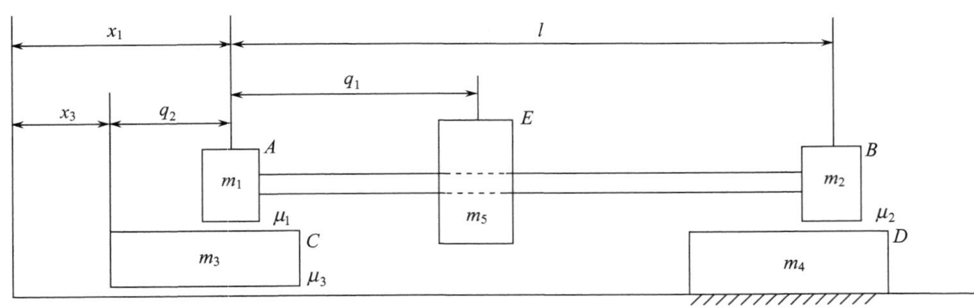

图 9.13

解　木块 A、B、E 组成的系统在竖直方向无加速度.

$$N_1+N_2=(m_1+m_2+m_5)g \tag{1}$$

其中 N_1 是木块 C 对木块 A 的支持力，N_2 是木块 D 对木块 B 的支持力.

木块 A、B、E 均沿棒的方向运动，对与棒重合的空间中的直线上任何固定点的角动量恒为零，因此作用于此系统的力对此线上的任何固定点的力矩为零. 考虑对与 N_1 的作用点重合的固定点的力矩为零，

$$(N_2-m_2g)l-m_5gq_2=0 \tag{2}$$

由(1)、(2)两式解出，

$$N_2 = m_2 g + m_5 g \frac{q_2}{l}$$

$$N_1 = m_1 g + m_5 g \frac{l - q_2}{l}$$

因运动中 $\dot{x}_1 > \dot{x}_3 > 0$，木块 A 受到木块 C 的摩擦力为 $-\mu_1 N_1$，负号表示力的方向与 x_1 的正向相反，木块 B 受到木块 D 的摩擦力为 $-\mu_2 N_2$，木块 C 受到水平面的摩擦力为 $-\mu_3(N_1 + m_3 g)$，

$$\begin{aligned}\delta W = & -\mu_1\left(m_1 + m_5 \frac{l-q_2}{l}\right)g(\delta x_1 - \delta x_3) - \mu_2\left(m_2 + m_5\frac{q_2}{l}\right)g\delta x_1 \\ & + \mu_1\left(m_1 + m_5\frac{l-q_2}{l}\right)g(\delta x_3 - \delta x_1) - \mu_3\left(m_1 + m_3 + m_5\frac{l-q_2}{l}\right)g\delta x_3\end{aligned}$$

因为

$$x_3 = x_1 - q_1, \qquad \delta x_3 = \delta x_1 - \delta q_1$$

$$\begin{aligned}\delta W = & \left[-\mu_2\left(m_2 + m_5\frac{q_2}{l}\right)g - \mu_3\left(m_1 + m_3 + m_5 - m_5\frac{q_2}{l}\right)g\right]\delta x_1 \\ & + \left[-2\mu_1\left(m_1 + m_5 - m_5\frac{q_2}{l}\right)g + \mu_3\left(m_1 + m_3 + m_5 - m_5\frac{q_2}{l}\right)g\right]\delta q_1\end{aligned}$$

所以

$$Q_{x_1} = -\mu_2\left(m_2 + m_5\frac{q_2}{l}\right)g - \mu_3\left(m_1 + m_3 + m_5 - m_5\frac{q_2}{l}\right)g$$

$$Q_{q_1} = -2\mu_1\left(m_1 + m_5 - m_5\frac{q_2}{l}\right)g + \mu_3\left(m_1 + m_3 + m_5 - m_5\frac{q_2}{l}\right)g$$

$$Q_{q_2} = 0$$

注意：因摩擦力与相对速度的方向相反，上述的广义力表达式是在 $\dot{x}_1 > \dot{x}_3 > 0$ 的情况下适用的. $\dot{x}_1$、$\dot{x}_3$ 的正负号发生变化或 $\dot{x}_1$、$\dot{x}_3$ 正负号没变但大小关系发生变化，都会使摩擦力的方向改变，因而影响 Q_{x_1}、Q_{q_1} 式中各项的正负号.

9.1.19　一个半径为 R 的圆环在一个粗糙的平面上运动，用环心的坐标 x、y 及圆环的角位移 φ 为广义坐标，设 f 是单位长度的环受到的摩擦力的大小，求环受到的广义摩擦力(不要求算出积分).

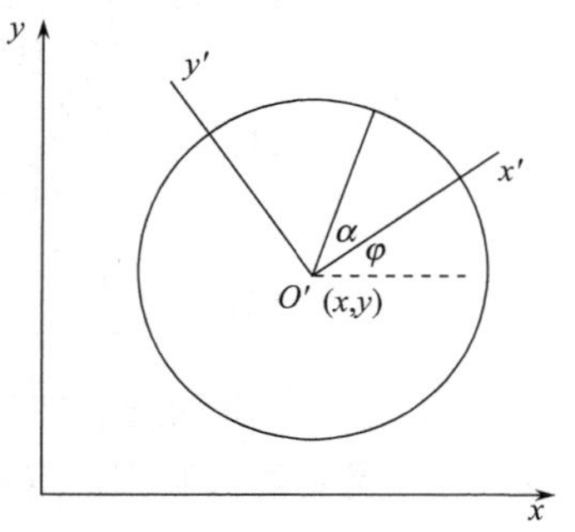

图 9.14

解　考虑图 9.14 中位于 $\alpha \sim \alpha + \mathrm{d}\alpha$ 的环元的速度

$$\begin{aligned}\boldsymbol{v}(\alpha) &= \dot{x}\,\boldsymbol{i} + \dot{y}\,\boldsymbol{j} + \dot{\varphi}\boldsymbol{k} \times [R\cos(\varphi+\alpha)\boldsymbol{i} + R\sin(\varphi+\alpha)\boldsymbol{j}] \\ &= [\dot{x} - R\dot{\varphi}\sin(\varphi+\alpha)]\boldsymbol{i} + [\dot{y} + R\dot{\varphi}\cos(\varphi+\alpha)]\boldsymbol{j}\end{aligned}$$

此环元受到的摩擦力为

$$-f\frac{\boldsymbol{v}(\alpha)}{v(\alpha)}R\mathrm{d}\alpha=-f\frac{[\dot{x}-R\dot{\varphi}\sin(\varphi+\alpha)]\boldsymbol{i}+[\dot{y}+R\dot{\varphi}\cos(\varphi+\alpha)]\boldsymbol{j}}{\{[\dot{x}-R\dot{\varphi}\sin(\varphi+\alpha)]^2+[\dot{y}+R\dot{\varphi}\cos(\varphi+\alpha)]^2\}^{1/2}}R\mathrm{d}\alpha$$

此环元的位矢为

$$\boldsymbol{r}(\alpha)=[x+R\cos(\varphi+\alpha)]\boldsymbol{i}+[y+R\sin(\varphi+\alpha)]\boldsymbol{j}$$

$$\delta\boldsymbol{r}(\alpha)=[\delta x-R\sin(\varphi+\alpha)\delta\varphi]\boldsymbol{i}+[\delta y+R\cos(\varphi+\alpha)\delta\varphi]\boldsymbol{j}$$

摩擦力对此环元做的虚功为

$$\begin{aligned}
&-f\frac{\boldsymbol{v}(\alpha)\cdot\delta\boldsymbol{r}(\alpha)}{v(\alpha)}R\mathrm{d}\alpha\\
&=-f\frac{[\dot{x}-R\dot{\varphi}\sin(\varphi+\alpha)](\delta x-R\sin(\varphi+\alpha)\delta\varphi]}{\{[\dot{x}-R\dot{\varphi}\sin(\varphi+\alpha)]^2+[\dot{y}+R\dot{\varphi}\cos(\varphi+\alpha)]^2\}^{1/2}}R\mathrm{d}\alpha\\
&\quad-f\frac{[\dot{y}+R\dot{\varphi}\cos(\varphi+\alpha)](\delta y+R\cos(\varphi+\alpha)\delta\varphi]}{\{[\dot{x}-R\dot{\varphi}\sin(\varphi+\alpha)]^2+[\dot{y}+R\dot{\varphi}\cos(\varphi+\alpha)]^2\}^{1/2}}R\mathrm{d}\alpha\\
&=-f\frac{[\dot{x}-R\dot{\varphi}\sin(\varphi+\alpha)]\delta x+[\dot{y}+R\dot{\varphi}\cos(\varphi+\alpha)]\delta y}{\{[\dot{x}-R\dot{\varphi}\sin(\varphi+\alpha)]^2+[\dot{y}+R\dot{\varphi}\cos(\varphi+\alpha)]^2\}^{1/2}}R\mathrm{d}\alpha\\
&\quad-f\frac{\{R^2\dot{\varphi}+R[\dot{y}\cos(\varphi+\alpha)-\dot{x}\sin(\varphi+\alpha)]\}\delta\varphi}{\{[\dot{x}-R\dot{\varphi}\sin(\varphi+\alpha)]^2+[\dot{y}+R\dot{\varphi}\cos(\varphi+\alpha)]^2\}^{1/2}}R\mathrm{d}\alpha
\end{aligned}$$

摩擦力对圆环做的虚功为

$$\begin{aligned}
\delta W&=-f\int_0^{2\pi}\frac{\boldsymbol{v}(\alpha)\cdot\delta\boldsymbol{r}(\alpha)}{v(\alpha)}R\mathrm{d}\alpha\\
&=-f\int_0^{2\pi}\frac{\dot{x}-R\dot{\varphi}\sin(\varphi+\alpha)}{\{[\dot{x}-R\dot{\varphi}\sin(\varphi+\alpha)]^2+[\dot{y}+R\dot{\varphi}\cos(\varphi+\alpha)]^2\}^{1/2}}R\mathrm{d}\alpha\delta x\\
&\quad-f\int_0^{2\pi}\frac{\dot{y}+R\dot{\varphi}\cos(\varphi+\alpha)}{\{[\dot{x}-R\dot{\varphi}\sin(\varphi+\alpha)]^2+[\dot{y}+R\dot{\varphi}\cos(\varphi+\alpha)]^2\}^{1/2}}R\mathrm{d}\alpha\delta y\\
&\quad-f\int_0^{2\pi}\frac{R^2\dot{\varphi}+R[\dot{y}\cos(\varphi+\alpha)-\dot{x}\sin(\varphi+\alpha)]}{\{[\dot{x}-R\dot{\varphi}\sin(\varphi+\alpha)]^2+[\dot{y}+R\dot{\varphi}\cos(\varphi+\alpha)]^2\}^{1/2}}R\mathrm{d}\alpha\delta\varphi
\end{aligned}$$

所以

$$Q_x=-f\int_0^{2\pi}\frac{\dot{x}-R\dot{\varphi}\sin(\varphi+\alpha)}{\{[\dot{x}-R\dot{\varphi}\sin(\varphi+\alpha)]^2+[\dot{y}+R\dot{\varphi}\cos(\varphi+\alpha)]^2\}^{1/2}}R\mathrm{d}\alpha$$

$$Q_y=-f\int_0^{2\pi}\frac{\dot{y}+R\dot{\varphi}\cos(\varphi+\alpha)}{\{[\dot{x}-R\dot{\varphi}\sin(\varphi+\alpha)]^2+[\dot{y}+R\dot{\varphi}\cos(\varphi+\alpha)]^2\}^{1/2}}R\mathrm{d}\alpha$$

$$Q_\varphi=-f\int_0^{2\pi}\frac{R^2\dot{\varphi}+R[\dot{y}\cos(\varphi+\alpha)-\dot{x}\sin(\varphi+\alpha)]}{\{[\dot{x}-R\dot{\varphi}\sin(\varphi+\alpha)]^2+[\dot{y}+R\dot{\varphi}\cos(\varphi+\alpha)]^2\}^{1/2}}R\mathrm{d}\alpha$$

9.1.20　一个均质的三脚架，三只脚长度相等，置于光滑的水平面上，为使它不致滑下，用一绳套住三脚架的底部. 若平衡时，每只脚与铅直线的夹角为θ. 试用虚功原理证明：绳中张力T与三脚架重量W之比为$\frac{T}{W}=\frac{1}{6\sqrt{3}}\tan\theta$.

证明　取图 9.15 所示的坐标 x、y 轴，原点取在绳圈三角形的重心，y 轴竖直向上，x 轴沿一条中线.

三脚架的质心位于 OD 的中点. 重力做虚功为 $-W\delta(\frac{1}{2}y_D)$，作用于 C 的两边绳子张力做虚功为 $-2T\cos 30°\delta x_C$. 考虑对称性，绳子张力做的虚功为 $3(-2T\cos 30°)\delta x_C$.

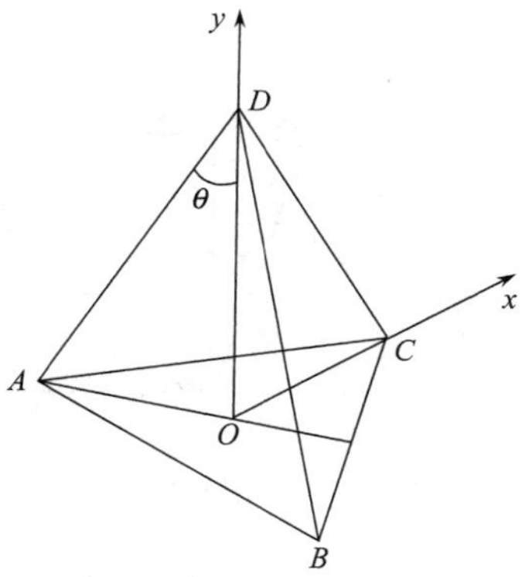

图 9.15

平衡时，主动力做的虚功之和等于零，

$$\delta A = -W\delta(\frac{1}{2}y_D) + 3(-2T\cos 30°)\delta x_C = 0$$

取 θ 为广义坐标，设三脚架每只脚长 l，

$$y_D = l\cos\theta,\quad x_C = l\sin\theta$$

$$\delta y_D = -l\sin\theta\delta\theta,\quad \delta x_C = l\cos\theta\delta\theta$$

代入 $\delta A = 0$ 的式子，

$$\left(\frac{1}{2}Wl\sin\theta - 6T\cdot\frac{\sqrt{3}}{2}l\cos\theta\right)\delta\theta = 0$$

$$\frac{T}{W} = \frac{1}{6\sqrt{3}}\tan\theta$$

9.1.21　长度均为 l 的四根轻棒用光滑铰链构成一菱形 $ABCD$，AB 和 AD 两边支在同一水平线相距为 $2a$ 的两个钉子上，BD 间用一轻绳连接，C 点处挂一重量为 W 的重物，若 A 的顶角为 2α. 如图 9.16 所示. 试用虚功原理求绳中的张力.

解　取两钉子连线的中点为 x 轴、y 轴的零点，x 轴沿水平方向，y 轴竖直向下，取 α 为广义坐标.

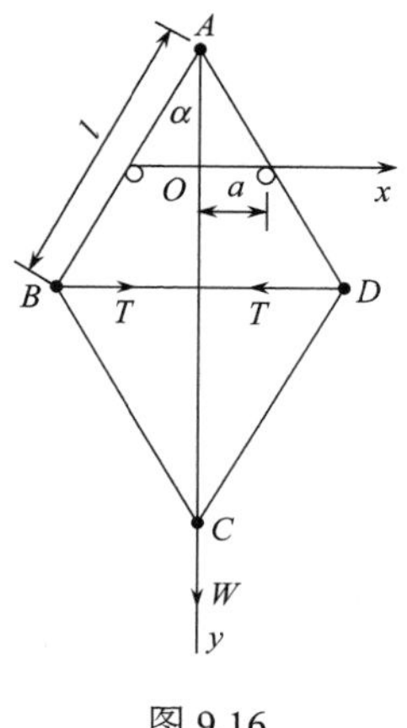

图 9.16

$$x_D = l\sin\alpha,\quad \delta x_D = l\cos\alpha\delta\alpha$$

$$y_C = 2l\cos\alpha - a\cot\alpha$$

$$\delta y_C = \left(-2l\sin\alpha + \frac{a}{\sin^2\alpha}\right)\delta\alpha$$

$$W\delta y_C - 2T\delta x_D = 0$$

$$W\left(-2l\sin\alpha + \frac{a}{\sin^2\alpha}\right)\delta\alpha - 2Tl\cos\alpha\delta\alpha = 0$$

$$T = \frac{W}{2l\cos\alpha}(a\csc^2\alpha - 2l\sin\alpha)$$

$$= W\tan\alpha\left(\frac{a}{2l}\csc^3\alpha - 1\right)$$

9.1.22　线密度为 σ、长度为 l 的均质链条两端分别连接重量分别为 P 和 Q 的两个球，放在半径为 R 的光滑半圆柱面上，平衡时链条和两球处在与圆柱轴线垂直的铅直面上，试用虚功原理求平衡位置.

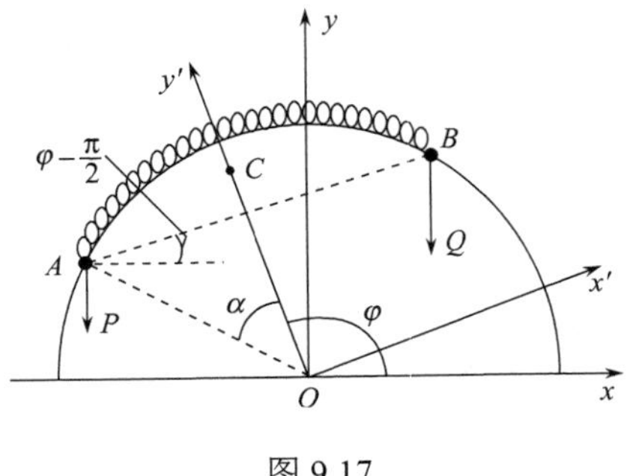

图 9.17

解　取 y 轴竖直向上，原点取在圆柱轴线上，如图 9.17 所示. 设链条对 O 点的张角为 2α，

$$\alpha = \frac{l}{2R}$$

图中 C 点是链条的质心位置.

由虚功原理，

$$-P\delta y_A - Q\delta y_B - \sigma l g \delta y_C = 0 \tag{1}$$

$$y_A = R\sin(\pi - \alpha - \varphi) = R\sin(\alpha + \varphi) = R(\sin\alpha\cos\varphi + \cos\alpha\sin\varphi)$$

$$\delta y_A = R(-\sin\alpha\sin\varphi + \cos\alpha\cos\varphi)\delta\varphi \tag{2}$$

$$y_B = y_A + 2R\sin\alpha\sin\left(\varphi - \frac{\pi}{2}\right) = y_A - 2R\sin\alpha\cos\varphi$$

$$\delta y_B = \delta y_A + 2R\sin\alpha\sin\varphi\delta\varphi = R(\sin\alpha\sin\varphi + \cos\alpha\cos\varphi)\delta\varphi \tag{3}$$

为求 y_C，取坐标 $Ox'y'$，y' 轴通过链条的质心 C，由质心的定义

$$y'_C = \frac{1}{\sigma l}\int y'\sigma \mathrm{d}s = \frac{1}{l}\int y'\sqrt{1 + \left(\frac{\mathrm{d}x'}{\mathrm{d}y'}\right)^2}\mathrm{d}y'$$

$$x'^2 + y'^2 = R^2, \quad x' = \sqrt{R^2 - y'^2}$$

$$\frac{\mathrm{d}x'}{\mathrm{d}y'} = -\frac{y'}{\sqrt{R^2 - y'^2}}$$

$$y'_C = \frac{2}{l}\int_{R\cos\alpha}^{R} y'\sqrt{1 + \left(-\frac{y'}{\sqrt{R^2 - y'^2}}\right)^2}\mathrm{d}y'$$

这里乘 2 是考虑到 y' 轴两边的链条是对 y' 轴对称的. 经计算可得

$$y'_C = \frac{R\sin\alpha}{\alpha}$$

$$y_C = y'_C\cos\left(\varphi - \frac{\pi}{2}\right) = y'_C\sin\varphi = \frac{R\sin\alpha}{\alpha}\sin\varphi$$

$$\delta y_C = \frac{R\sin\alpha}{\alpha}\cos\varphi\delta\varphi \tag{4}$$

将式(2)、(3)、(4)代入式(1)，并用 $l = 2R\alpha$，

$$\left[-PR(-\sin\alpha\sin\varphi + \cos\alpha\cos\varphi) - QR(\sin\alpha\sin\varphi + \cos\alpha\cos\varphi) - 2R\alpha\sigma g\frac{R\sin\alpha}{\alpha}\cos\varphi\right]\delta\varphi = 0$$

可得

$$\tan\varphi = \frac{(P+Q)\cos\alpha + 2R\sigma g\sin\alpha}{(P-Q)\sin\alpha}$$

其中 $\alpha=\dfrac{l}{2R}$，φ 如图所示，是在链条所在铅直面内两球连线的垂线与 x 轴的夹角.

9.1.23　两球 A 和 B 分别重 P 和 Q，用长为 $2l$ 的轻杆连接后放在一光滑的、半径为 R 的球壳内，求平衡时杆与水平线的交角 α 和 A、B 处的约束力.

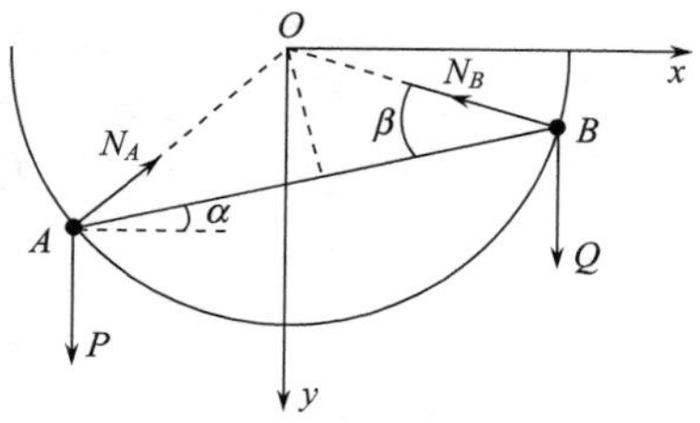

图 9.18

解　取图 9.18 所示的 xy 坐标，

$$y_A=R\sin\left(\alpha+\arccos\frac{l}{R}\right)$$

$$y_B=R\sin\left(\arccos\frac{l}{R}-\alpha\right)$$

$$\delta y_A=R\cos\left(\alpha+\arccos\frac{l}{R}\right)\delta\alpha$$

$$\delta y_B=-R\cos\left(\arccos\frac{l}{R}-\alpha\right)\delta\alpha$$

$$P\delta y_A+Q\delta y_B=0$$

$$\left[PR\cos\left(\alpha+\arccos\frac{l}{R}\right)-QR\cos\left(\alpha-\arccos\frac{l}{R}\right)\right]\delta\alpha=0$$

$$P\left[\cos\alpha\cos\left(\arccos\frac{l}{R}\right)-\sin\alpha\sin\left(\arccos\frac{l}{R}\right)\right]$$

$$-Q\left[\cos\alpha\cos\left(\arccos\frac{l}{R}\right)+\sin\alpha\sin\left(\arccos\frac{l}{R}\right)\right]=0$$

$$\sin\left(\arccos\frac{l}{R}\right)=\sqrt{1-\frac{l^2}{R^2}}=\frac{1}{R}\sqrt{R^2-l^2}$$

$$(P-Q)l\cos\alpha-(P+Q)\sin\alpha\cdot\sqrt{R^2-l^2}=0$$

$$\tan\alpha=\frac{(P-Q)l}{(P+Q)\sqrt{R^2-l^2}}$$

方法一：用矢量力学的办法求约束力 N_A 和 N_B.

由系统在 x、y 方向所受合力分别为零得

$$N_A\cos(\beta+\alpha)-N_B\cos(\beta-\alpha)=0 \tag{1}$$

$$N_A\sin(\beta+\alpha)+N_B\sin(\beta-\alpha)=P+Q \tag{2}$$

其中 $\beta=\arccos\dfrac{l}{R}$.

式(1) × $\sin(\beta-\alpha)$+式(2) × $\cos(\beta-\alpha)$，可得

$$N_A=\frac{\cos(\beta-\alpha)}{\sin2\beta}(P+Q)$$

将上式代入式(1)，得

$$N_B = \frac{\cos(\beta+\alpha)}{\sin 2\beta}(P+Q) \tag{3}$$

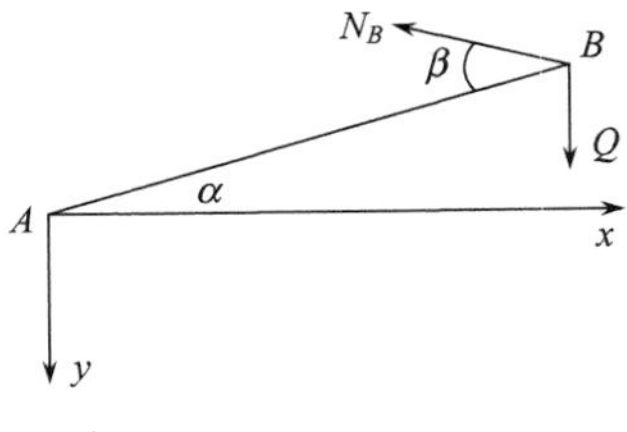

图 9.19

方法二：用分析力学的办法求约束力.

解除 B 球处约束，取图 9.19 所示的坐标 Axy，主动力为 Q 和 N_B，A 点看作固定点，因而 P 和 N_A 为约束力.

$$x_B = 2l\cos\alpha$$

$$y_B = -2l\sin\alpha$$

$$\delta x_B = -2l\sin\alpha\delta\alpha,\quad \delta y_B = -2l\cos\alpha\delta\alpha$$

$$\begin{aligned}\delta W &= Q\delta y_B - N_B\cos(\beta-\alpha)\delta x_B \\ &\quad - N_B\sin(\beta-\alpha)\delta y_B = 0 \\ &\quad -2Ql\cos\alpha + N_B\cos(\beta-\alpha)\cdot 2l\sin\alpha \\ &\quad + N_B\sin(\beta-\alpha)\cdot 2l\cos\alpha = 0\end{aligned}$$

可得

$$N_B = \frac{\cos\alpha}{\sin\beta}Q = \frac{(P+Q)QR}{\sqrt{(P+Q)^2R^2 - 4PQl^2}} \tag{4}$$

得到上述结果时用了前面已求得的平衡位置，

$$\tan\alpha = \frac{(P-Q)l}{(P+Q)\sqrt{R^2-l^2}}$$

下面验算一下式(3)、(4)的两个结果的一致性.

$$\begin{aligned}\cos(\beta+\alpha) &= \cos\beta\cos\alpha - \sin\beta\sin\alpha \\ &= \frac{l}{R}\cos\alpha - \sqrt{1-\frac{l^2}{R^2}}\sin\alpha \\ &= \frac{l}{R}\sqrt{\frac{(P+Q)^2(R^2-l^2)}{(P+Q)^2R^2-4PQl^2}} - \sqrt{1-\frac{l^2}{R^2}}\frac{(P-Q)l}{\sqrt{(P+Q)^2R^2-4PQl^2}} \\ &= \sqrt{1-\frac{l^2}{R^2}}\frac{2Ql}{\sqrt{(P+Q)^2R^2-4PQl^2}}\end{aligned}$$

$$\sin 2\beta = 2\sin\beta\cos\beta = \frac{2l}{R}\sqrt{1-\frac{l^2}{R^2}}$$

$$N_B = \frac{\cos(\beta+\alpha)}{\sin 2\beta}(P+Q) = \frac{QR}{\sqrt{(P+Q)^2R^2-4PQl^2}}(P+Q)$$

这就证明了式(3)、(4)的结果是一致的.

同样办法，固定 B 端，解除 A 端的约束，可得 N_A，根据对称考虑，可写出

$$N_A = \frac{(P+Q)PR}{\sqrt{(P+Q)^2R^2-4PQl^2}}$$

9.1.24　图 9.20 所示的系统，均质杆 AB、CD 质量均为 m，均质杆 BD 质量为 M，三杆长度均为 l，弹簧的劲度系数为 k，$\theta=0$ 时，弹簧为原长，弹簧用不可伸长的绳子跨过固定点 E 与 D 端相连，A、B、C、D 用铰链相接，不计一切摩擦，求平衡时的角度 θ.

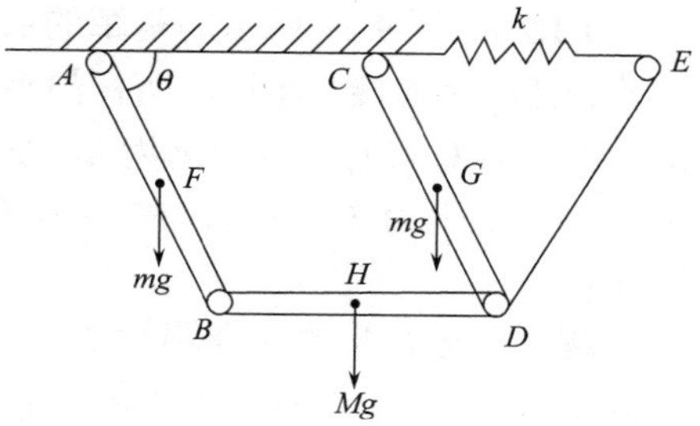

图 9.20

解法一　取竖直向下为 y 轴，A、C、E 的 y 坐标为零，

$$y_F=y_G=\frac{1}{2}l\sin\theta,\quad y_H=l\sin\theta$$

$$\overline{DE}=2l\sin\frac{1}{2}\theta$$

$$\delta y_F=\delta y_G=\frac{1}{2}l\cos\theta\delta\theta,\quad \delta y_H=l\cos\theta\delta\theta$$

$$\delta\overline{DE}=2l\cos\frac{1}{2}\theta\cdot\frac{1}{2}\delta\theta=l\cos\frac{1}{2}\theta\delta\theta$$

$$\delta W=mg\delta y_F+mg\delta y_G+Mg\delta y_H-k\overline{DE}\delta\overline{DE}=0$$

$$\left(\frac{1}{2}mgl\cos\theta+\frac{1}{2}mgl\cos\theta+Mgl\cos\theta-2kl^2\sin\frac{1}{2}\theta\cos\frac{1}{2}\theta\right)\delta\theta=0$$

$$(m+M)g\cos\theta-kl\sin\theta=0$$

$$\tan\theta=\frac{(m+M)g}{kl}$$

$$\theta=\arctan\left[\frac{(m+M)g}{kl}\right]$$

解法二

$$V=-mgy_F-mgy_G-Mgy_H+\frac{1}{2}k(\overline{DE})^2$$

$$=-mg\cdot\frac{1}{2}l\sin\theta-mg\cdot\frac{1}{2}l\sin\theta-Mgl\sin\theta+\frac{1}{2}k\left(2l\sin\frac{1}{2}\theta\right)^2$$

$$=-(m+M)gl\sin\theta+2kl^2\sin^2\frac{1}{2}\theta$$

在平衡位置，$\frac{\mathrm{d}V}{\mathrm{d}\theta}=0$ 给出平衡时 θ 满足的方程为

$$-(m+M)gl\cos\theta+4kl^2\sin\frac{1}{2}\theta\cdot\cos\frac{1}{2}\theta\cdot\frac{1}{2}=0$$

可得

$$\tan\theta=\frac{(m+M)g}{kl}$$

9.1.25 图 9.21 所示的是犁的后轮机构. 直杆 AB 和曲杆 CO_2D 通过铰链 B 和 C 分别与连杆 BC 相连接，连杆与两杆的夹角分别为 φ_1 和 φ_2，当机构在图示位置时，BC 是水平的，O_1、A 两点的铅直距离为 h，O_2、D 两点的水平距离为 H，$\overline{O_1B}=r_1$，$\overline{O_2C}=r_2$，在 A 点有一水平力 F_A 作用，在 D 点有一铅直力 F_D 作用，此时系统处于平衡，求此两力的比值.

解 考虑在平衡位置附近的一虚位移，如图 9.22 所示，BC 杆与水平线的夹角为 ψ，自固定点 O_1、O_2 分别取图示的 x 轴(水平向左)和 y 轴(竖直向上). 与主动力做虚功有关的坐标为 x_A 和 y_D，

$$x_A=-\overline{O_1A}\cos(\varphi_1-\psi)$$

$$y_D=-\overline{O_2D}\sin\theta$$

$$\delta x_A=\overline{O_1A}\sin(\varphi_1-\psi)\delta(\varphi_1-\psi)$$

$$\delta y_D=-\overline{O_2D}\cos\theta\delta\theta$$

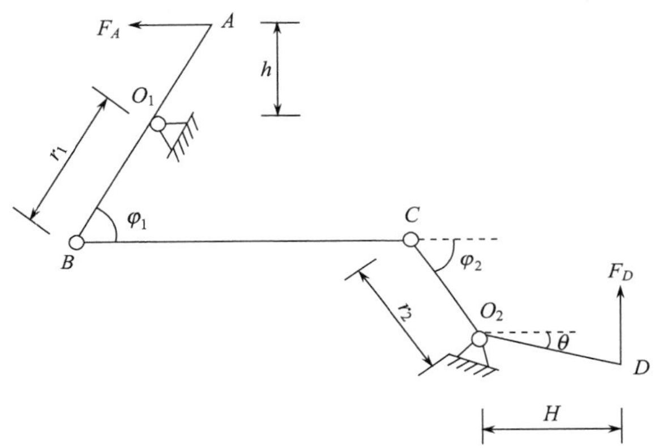

图 9.21

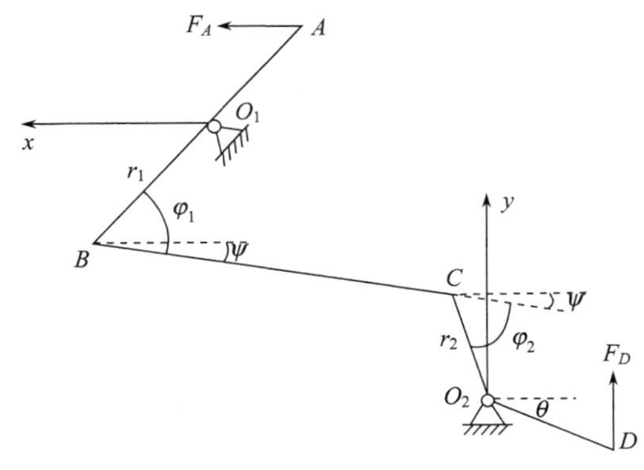

图 9.22

O_1、O_2 是固定点，两点的水平距离不变，

$$-r_1\cos(\varphi_1-\psi)+BC\cos\psi+r_2\cos(\varphi_2+\psi)=\text{常量}$$

曲杆的角度 $\angle CO_2D$ 不变，

$$\theta + \pi - (\varphi_2 + \psi) = \text{常量}$$

对上述两个约束关系进行变分，可得虚位移间满足的关系

$$r_1 \sin(\varphi_1 - \psi)\delta(\varphi_1 - \psi) - \overline{BC}\sin\psi\delta\psi - r_2\sin(\varphi_2 + \psi)\delta(\varphi_2 + \psi) = 0 \tag{1}$$

$$\delta\theta - \delta(\varphi_2 + \psi) = 0 \tag{2}$$

在平衡位置，$\psi = 0$，但 $\delta\psi \neq 0$，$\delta(\varphi_1 - \psi) \neq \delta\varphi_1$，由式(1)，得到在平衡位置有

$$r_1 \sin\varphi_1\delta(\varphi_1 - \psi) - r_2\sin\varphi_2\delta(\varphi_2 + \psi) = 0 \tag{3}$$

$$\delta x_A = \overline{O_1A}\sin\varphi_1\delta(\varphi_1 - \psi) = h\delta(\varphi_1 - \psi)$$

$$\delta y_D = -\overline{O_2D}\cos\theta\delta\theta = -H\delta\theta = -H\delta(\varphi_2 + \psi)$$

这里用了式(2).

在平衡位置，主动力做的虚功为零，

$$\begin{aligned}\delta W &= F_A\delta x_A + F_D\delta y_D \\ &= F_A h\delta(\varphi_1 - \psi) - F_D H\delta(\varphi_2 + \psi) = 0\end{aligned}$$

$$\frac{F_D}{F_A} = \frac{h\delta(\varphi_1 - \psi)}{H\delta(\varphi_2 + \psi)} = \frac{hr_2\sin\varphi_2}{Hr_1\sin\varphi_1}$$

这里用了式(3).

9.1.26　图 9.23 所示为一拔桩装置，在木桩的上端 A 点上系一绳，将绳的另一端固定在 C 点，又在绳上一点 B 系另一绳，此绳另一端固定在 E 点，然后在绳的 D 点用力向下拉，这时绳的 BD 段是水平的，AB 段是铅垂的，CB 段与铅垂线的夹角为 α_1，DE 段与水平线的夹角为 α_2，向下拉力为 F，求 AB 绳作用在桩上的拉力 T.

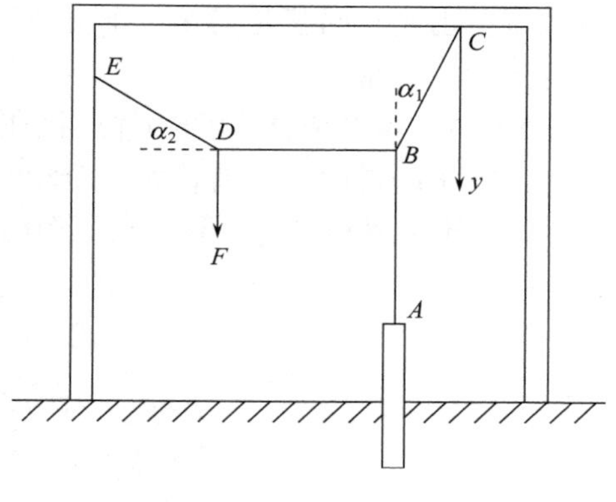

图 9.23

解　系统是 $EDBC$ 绳子，主动力为 F 和 T，T 作用于 B 点，向下.

图中竖直向下的 y 轴，取 C 为原点，设 BC 段绳长为 l_1，ED 段绳长为 l_2，

$$y_B = l_1\cos\alpha_1$$

$$y_D = l_2\sin\alpha_2 + \text{常量}$$

$$\delta y_B = -l_1\sin\alpha_1\delta\alpha_1$$

$$\delta y_D = l_2\cos\alpha_2\delta\alpha_2$$

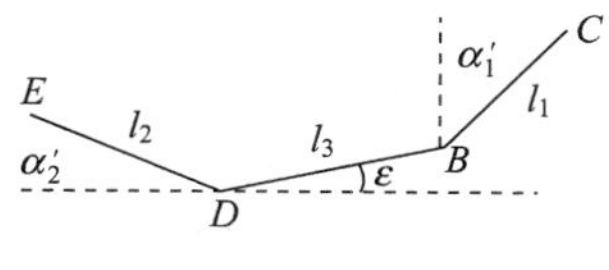

图 9.24

$\delta\alpha_1$、$\delta\alpha_2$ 间存在着一定的关系，可由 C、E 间水平距离不变获得. 考虑一般情况，DB 段绳子与水平线的夹角为 ε，如图 9.24 所示，并设 DB 段绳子长为 l_3，

$$l_1\sin\alpha_1' + l_3\cos\varepsilon + l_2\cos\alpha_2' = \text{常量}$$

$$l_1\cos\alpha_1'\delta\alpha_1' - l_3\sin\varepsilon\delta\varepsilon - l_2\sin\alpha_2'\delta\alpha_2' = 0$$

今考虑在平衡位置处虚位移间的关系. 此时，

$$\varepsilon = 0, \quad \alpha_1' = \alpha_1, \quad \alpha_2' = \alpha_2$$

$$l_1 \cos\alpha_1 \delta\alpha_1 - l_2 \sin\alpha_2 \delta\alpha_2 = 0$$

$$\delta\alpha_1 = \frac{l_2 \sin\alpha_2}{l_1 \cos\alpha_1} \delta\alpha_2$$

$$\begin{aligned}
\delta W &= F\delta y_D + T\delta y_B \\
&= Fl_2 \cos\alpha_2 \delta\alpha_2 - Tl_1 \sin\alpha_1 \delta\alpha_1 \\
&= Fl_2 \cos\alpha_2 - Tl_1 \sin\alpha_1 \frac{l_2 \sin\alpha_2}{l_1 \cos\alpha_1} \delta\alpha_2 \\
&= 0
\end{aligned}$$

$$Fl_2 \cos\alpha_2 - Tl_2 \tan\alpha_1 \sin\alpha_2 = 0$$

$$T = F \cot\alpha_1 \cdot \cot\alpha_2$$

说明：现在处于平衡时，DB 是水平的，只有一个自由度. 若处于平衡时 DB 不是水平的，即图 9.24 中的 $\varepsilon \neq 0$，是否有两个自由度？否！仍只有一个自由度，因为还可以写 C、E 间的竖直距离不变的约束关系，从两个 $\delta\alpha_1$、$\delta\alpha_2$ 和 $\delta\varepsilon$ 间的关系中消去 $\delta\varepsilon$，仍然有 $\delta\alpha_1$、$\delta\alpha_2$ 间的一个关系，那么，在 ε=0 处于平衡的情况，考虑这个约束关系，岂不变成零自由度？回答是仍是一个自由度，因为这个约束关系仍然是 C、E 间的水平距离不变得到的关系.

9.1.27　重 P_1 和 P_2 的两物体连接在不可伸长的轻绳的两端，分放在倾角为 α、β 的斜面上，绳子绕过两个定滑轮和一个动滑轮，动滑轮的轴上挂一个重 P 的物体，如图 9.25 所示. 不计摩擦和滑轮质量，求平衡时 P_1、P_2 的值.

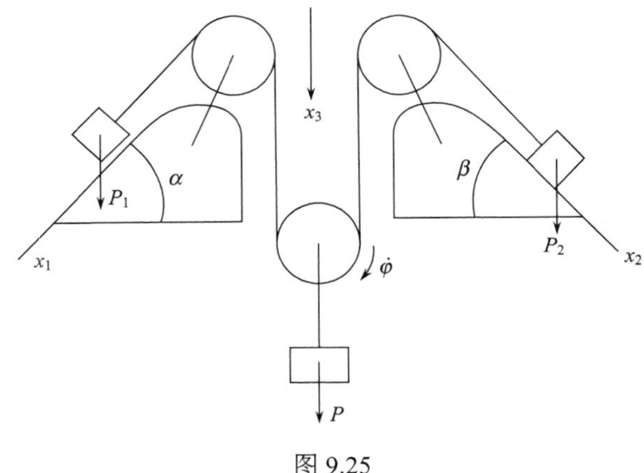

图 9.25

解　取图中 x_1、x_2、x_3 坐标，平衡时，

$$\delta W = P_1 \sin\alpha \delta x_1 + P_2 \sin\beta \delta x_2 + P\delta x_3 = 0$$

设动滑轮半径为 r，设绳子围绕动滑轮的轴的角速度为 $\dot{\varphi}$ (顺时针方向为正)，则

$$\dot{x}_1 = -\dot{x}_3 + r\dot{\varphi}, \qquad \dot{x}_2 = -\dot{x}_3 - r\dot{\varphi}$$

$$\delta x_1 = -\delta x_3 + r\delta\varphi, \quad \delta x_2 = -\delta x_3 - r\delta\varphi$$

消去 $r\delta\varphi$，有

$$\delta x_1 + \delta x_2 = -2\delta x_3$$

三个虚位移满足一个关系，两个虚位移是独立的，取 δx_1、δx_2 为独立的虚位移，

$$\delta x_3 = -\frac{1}{2}(\delta x_1 + \delta x_2)$$

代入 $\delta W = 0$ 的式子，

$$\delta W = \left(P_1 \sin\alpha - \frac{1}{2}P\right)\delta x_1 + \left(P_2 \sin\beta - \frac{1}{2}P\right)\delta x_2 = 0$$

$$Q_{x_1} = P_1 \sin\alpha - \frac{1}{2}P = 0$$

$$Q_{x_2} = P_2 \sin\beta - \frac{1}{2}P = 0$$

所以

$$P_1 = \frac{1}{2}P\csc\alpha, \quad P_2 = \frac{1}{2}P\csc\beta$$

说明：系统处于平衡，系统的各部分是静止不动的，但用虚功原理，找虚位移满足的关系时，可用运动学中的关系，设想存在着某种运动，这里写的速度、角速度关系并不要求绳子与动滑轮间无相对运动.

9.1.28　图 9.26 所示的装置中，鼓轮 I 和 II 上分别有力矩 M_1、M_2 作用，物体 A 重 P，放在斜面上，它与斜面间的摩擦因数为 μ，斜面倾角为 α，鼓轮的半径分别为 r_1 和 r_2，动滑轮 B 重 Q. 试用虚功原理求平衡时 M_1、M_2 需满足的关系. 忽略所有轴承处的摩擦.

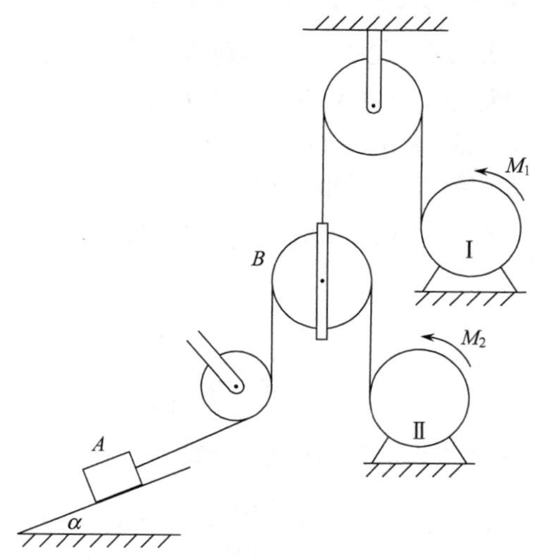

图 9.26

解　取 x 坐标沿斜面向下，y 轴竖直向下，零点均取固定点，φ_1、φ_2 分别表示鼓轮 I 、II 的转角，逆时针转动方向为正.

$$y_B = -r_1\varphi_1 + 常量$$

$$x_A = 2y_B - r_2\varphi_2 + 常量 = -2r_1\varphi_1 - r_2\varphi_2 + 常量$$

$$\delta y_B = -r_1\delta\varphi_1$$

$$\delta x_A = -r_2\delta\varphi_2 - 2r_1\delta\varphi_1$$

若处于物体 A 有下滑趋势的临界平衡状态，

$$\delta W = (P\sin\alpha - \mu P\cos\alpha)\delta x_A + Q\delta y_B + M_1\delta\varphi_1 + M_2\delta\varphi_2 = 0$$

$$(P\sin\alpha - \mu P\cos\alpha)(-r_2\delta\varphi_2 - 2r_1\delta\varphi_1) + Q(-r_1\delta\varphi_1) + M_1\delta\varphi_1 + M_2\delta\varphi_2 = 0$$

$$Q_{\varphi_1} = -2r_1(P\sin\alpha - \mu P\cos\alpha) - Qr_1 + M_1 = 0$$

$$Q_{\varphi_2} = -r_2(P\sin\alpha - \mu P\cos\alpha) + M_2 = 0$$

得

$$M_1 = Qr_1 + 2r_1(P\sin\alpha - \mu P\cos\alpha)$$

$$M_2 = r_2(P\sin\alpha - \mu P\cos\alpha)$$

若处于物体 A 有上滑趋势的临界平衡状态，将上述结果中的 μ 改成 $-\mu$ 即可，相当于摩擦力反向，

$$M_1 = Qr_1 + 2r_1(P\sin\alpha + \mu P\cos\alpha)$$

$$M_2 = r_2(P\sin\alpha + \mu P\cos\alpha)$$

处于平衡，也可以在上述两种情况之间的非临界平衡状态. M_1、M_2 处于下列范围，系统均能处于平衡状态：

$$Qr_1 + 2Pr_1(\sin\alpha - \mu\cos\alpha) \leqslant M_1 \leqslant Qr_1 + 2Pr_1(\sin\alpha + \mu\cos\alpha)$$

$$Pr_2(\sin\alpha - \mu\cos\alpha) \leqslant M_2 \leqslant Pr_2(\sin\alpha + \mu\cos\alpha)$$

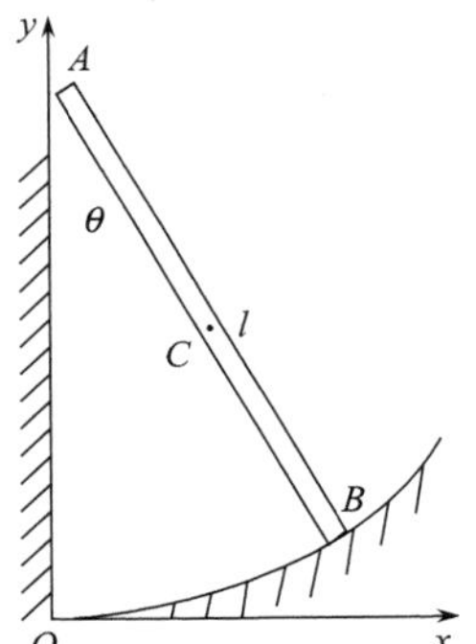

图 9.27

9.1.29 均质长方形薄板长为 l、宽为 b、质量为 m，宽度为 b 的两对边，一边靠在光滑的墙上，一边搁在固定的光滑的柱面上，如图 9.27 所示. 如果要使板在任意位置处于平衡，柱面应取何种形状，并求柱面和墙对板的约束力.

解 用 x、y 表示 B 端的坐标，用 θ 作为广义坐标，C 为质心，

$$y_C = y + \frac{1}{2}l\cos\theta$$

$$\delta y_C = \left(\frac{\mathrm{d}y}{\mathrm{d}\theta} - \frac{1}{2}l\sin\theta\right)\delta\theta$$

平衡时，主动力的虚功为零，

$$\delta W = -mg\delta y_C = -mg\left(\frac{\mathrm{d}y}{\mathrm{d}\theta} - \frac{1}{2}l\sin\theta\right)\delta\theta = 0$$

$$\frac{\mathrm{d}y}{\mathrm{d}\theta} - \frac{1}{2}l\sin\theta = 0$$

$$y = -\frac{1}{2}l\cos\theta + C$$

由$\theta=0$，$y=0$，定出$C=\frac{1}{2}l$，所以

$$y=-\frac{1}{2}l\cos\theta+\frac{1}{2}l$$

$$x=l\sin\theta$$

消去两式中的θ得

$$x^2+(2y-l)^2=l^2 \quad 或 \quad y=\frac{1}{2}\left(l-\sqrt{l^2-x^2}\right)$$

这就是要使板能在柱面上的任意位置处于平衡柱面必须满足的方程.

下面用虚功原理求B端受到柱面的约束力. 解除B端的约束，δx、δy均是独立的，

$$y_C=y+\sqrt{\left(\frac{1}{2}l\right)^2-\left(\frac{1}{2}x\right)^2}=y+\frac{1}{2}\sqrt{l^2-x^2}$$

$$\delta y_C=\delta y-\frac{x}{2\sqrt{l^2-x^2}}\delta x$$

$$\delta W=-mg\delta y_C+N_x\delta x+N_y\delta y=0$$

$$-mg\left(\delta y-\frac{x}{2\sqrt{l^2-x^2}}\delta x\right)+N_x\delta x+N_y\delta y=0$$

$$N_x+\frac{mgx}{2\sqrt{l^2-x^2}}=0$$

$$N_y-mg=0$$

所以

$$N_x=-\frac{mgx}{2\sqrt{l^2-x^2}},\quad N_y=mg$$

$$N=\sqrt{N_x^2+N_y^2}=\frac{1}{2}mg\sqrt{\frac{4l^2-3x^2}{l^2-x^2}}$$

用矢量力学的平衡方程，立即可得墙对板的约束力R，

$$R+N_x=0$$

$$R=-N_x=\frac{mgx}{2\sqrt{l^2-x^2}}$$

9.1.30　半径为R、鼓轮半径为r的匀质轮轴，重量为Q，通过鼓轮上缠绕的绳子挂一重物P，置于倾角为α的粗糙的斜面上，如图9.28所示，轮轴与斜面间的摩擦因数为μ，求轮轴处于平衡的条件.

解　平衡要求轮轴无纯滑动，无纯滚动，也无有滑动的滚动.

先考虑无纯滑动的要求. 假设斜面对轮轴的摩擦力为f,沿x负向(即有下滑的趋势)，

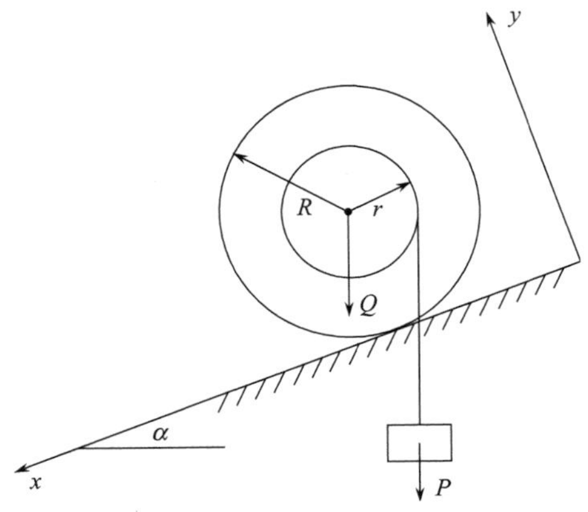

图 9.28

$$\delta W = Q\sin\alpha\delta x - Q\cos\alpha\delta y + P\sin\alpha\delta x - P\cos\alpha\delta y - f\delta x + N\delta y = 0$$

其中 N 是斜面对轮轴的支持力，也是轮轴对斜面的正压力，

$$(Q+P)\sin\alpha - f = 0$$

$$N - (Q+P)\cos\alpha = 0$$

解得

$$f = (Q+P)\sin\alpha, \quad N = (Q+P)\cos\alpha$$

平衡时，摩擦力为静摩擦力，不能超过最大静摩擦力，即

$$f \leqslant \mu N$$

所以

$$\mu \geqslant \frac{f}{N} = \tan\alpha$$

这是对摩擦因数的要求，可以看出，纯滑动的趋势只能是如假设的那样下滑的趋势.

再考虑无纯滚动，斜面对轮轴的摩擦力和支持力均不做虚功，均为约束力.

设轮轴的质心为 C，重物为 B. 轮轴沿斜面下滚的转角为 φ，C 与 B 间的竖直距离为 l，

$$x_B = x_C - r\cos\alpha + l\sin\alpha$$

$$y_B = y_C - r\sin\alpha - l\cos\alpha$$

$$l = -r\varphi + \text{常量}$$

由纯滚动条件，

$$\dot{x}_C - R\dot{\varphi} = 0$$

$$\delta x_C = R\delta\varphi, \quad \delta\varphi = \frac{1}{R}\delta x_C$$

$$\delta l = -r\delta\varphi = -\frac{r}{R}\delta x_C$$

$$\delta x_B = \delta x_C + \sin\alpha\delta l = \left(1 - \frac{r\sin\alpha}{R}\right)\delta x_C$$

$$\delta y_B = \delta y_C - \cos\alpha\delta l = \frac{r\cos\alpha}{R}\delta x_C$$

这里用了 $\delta y_C = 0$，

$$\delta W = Q\sin\alpha\delta x_C - Q\cos\alpha\delta y_C + P\sin\alpha\delta x_B - P\cos\alpha\delta y_B$$

$$= \left[Q\sin\alpha + P\sin\alpha\left(1 - \frac{r\sin\alpha}{R}\right) - P\cos\alpha\frac{r\cos\alpha}{R}\right]\delta x_C = 0$$

$$Q\sin\alpha + P\sin\alpha - \frac{Pr}{R} = 0$$

$$P = \frac{R\sin\alpha}{r - R\sin\alpha}Q$$

因 P、Q 均大于零，且有限，从上式还可看出，要求分母必须大于零，即

$$r > R\sin\alpha$$

最后，再考虑轮轴无有滑动的滚动，此时系统有两个自由度，取 δx_C 与 $\delta\varphi$ 为独立的虚位移，

$$\delta l = -r\delta\varphi$$

$$\delta x_B = \delta x_C + \sin\alpha\delta l = \delta x_C - r\sin\alpha\delta\varphi$$

$$\delta y_B = \delta y_C - \cos\alpha\delta l = r\cos\alpha\delta\varphi$$

$$\delta W = Q\sin\alpha\delta x_C - \mu(P+Q)\cos\alpha\delta x_C + \mu(P+Q)\cos\alpha \cdot R\delta\varphi$$

$$+ P\sin\alpha(\delta x_C - r\sin\alpha\delta\varphi) - P\cos\alpha \cdot r\cos\alpha\delta\varphi = 0$$

$$Q\sin\alpha - \mu(P+Q)\cos\alpha + P\sin\alpha = 0$$

$$\mu(P+Q)R\cos\alpha - Pr = 0$$

由前式得 $\mu = \tan\alpha$.

将 $\mu = \tan\alpha$ 代入后式得

$$P = \frac{R\sin\alpha}{r - R\sin\alpha}Q$$

μ 必大于零，由此可证明不可能有向上滑动的趋势，这里对 μ 和 P、Q 关系以及 r、R 大小关系的要求都已在考虑前两种情况的要求之内. 因此系统平衡的条件为

$$\mu \geqslant \tan\alpha,\quad P = \frac{R\sin\alpha}{r - R\sin\alpha}Q \quad 和 \quad r > R\sin\alpha$$

9.1.31　图 9.29 所示为一差动滑轮，需用多大的力 F 才能将重物 P 吊起来.

解　取 x 轴竖直向下，定滑轮顺时针转动的角度为 φ，设动滑轮半径为 r，顺时针转动的角度为 θ，重物的坐标为 x，则

$$\dot{x} - r\dot{\theta} = -r_2\dot{\varphi}$$

$$\dot{x} + r\dot{\theta} = r_1\dot{\varphi}$$

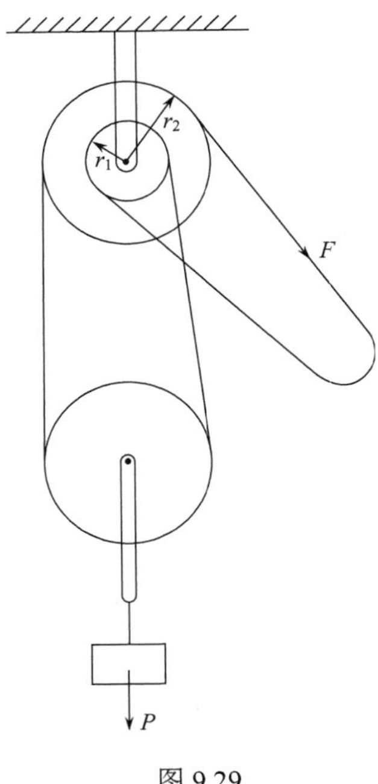

图 9.29

消去 $r\dot{\theta}$，可得

$$2\dot{x}=(r_1-r_2)\dot{\varphi}$$

$$\delta x=\frac{1}{2}(r_1-r_2)\delta\varphi$$

$$\begin{aligned}\delta W&=Fr_2\delta\varphi+P\delta x\\&=\left[Fr_2+\frac{1}{2}P(r_1-r_2)\right]\delta\varphi=0\end{aligned}$$

所以

$$Fr_2+\frac{1}{2}P(r_1-r_2)=0,\quad F=\frac{r_2-r_1}{2r_2}P$$

这个 F 是使重物处于平衡状态或匀速上升所需的力.

9.1.32　半径为 r 的均质半圆柱体 A，置于另一个半径为 R 的固定的半圆柱体 B 的顶端，如图 9.30 所示. 若 A 在 B 上做纯滚动，问 R 与 r 满足什么关系时，顶端这个平衡位置是稳定平衡位置.

解　稳定平衡位置处，其势能为极小值. 要写半圆柱的势能，得找出其质心位置.

取半圆柱的对称轴为 x 轴，零点取平面表面的中心，如图 9.31 所示，由对称性可知，质心位于 x 轴上. 设密度为 ρ，质量为 m，则

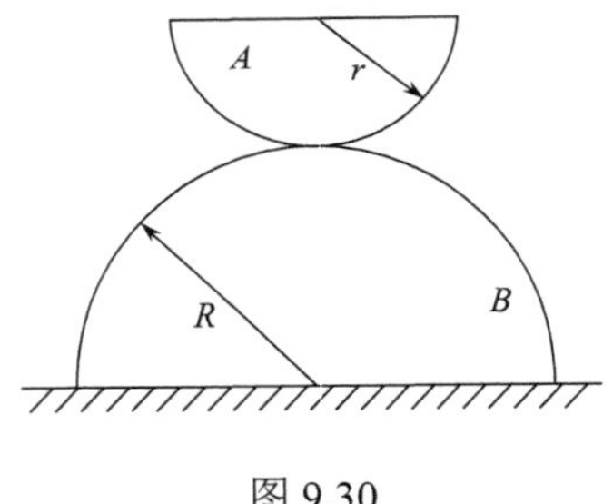

图 9.30

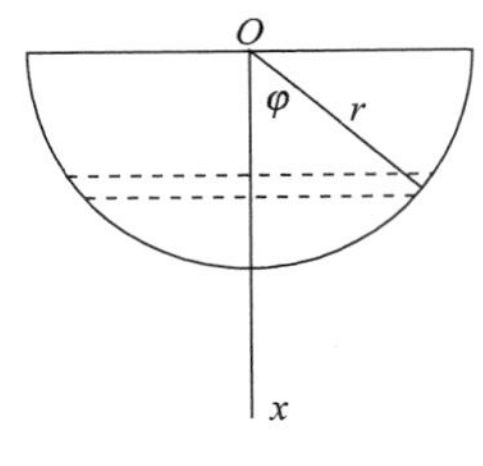

图 9.31

$$x_C=\frac{1}{m}\int x\mathrm{d}m$$

$$x=r\cos\varphi,\quad \mathrm{d}x=-r\sin\varphi\mathrm{d}\varphi$$

在 $x\sim x+\mathrm{d}x$ 处质元质量为

$$\mathrm{d}m=\rho\cdot 2r\sin\varphi\cdot h\mathrm{d}x=-2\rho hr^2\sin^2\varphi\mathrm{d}\varphi$$

其中 h 是半圆柱的长度

$$m=\int\mathrm{d}m=\int_0^r\rho\cdot 2r\sin\varphi h\mathrm{d}x=\int_{\frac{\pi}{2}}^0(-2\rho hr^2)\sin^2\varphi\mathrm{d}\varphi$$

$$x_C=\frac{\int_{\frac{\pi}{2}}^{0}r\cos\varphi(-2\rho hr^2)\sin^2\varphi\mathrm{d}\varphi}{\int_{\frac{\pi}{2}}^{0}(-2\rho hr^2)\sin^2\varphi\mathrm{d}\varphi}$$

$$=\frac{r\int_{0}^{\frac{\pi}{2}}\cos\varphi\sin^2\varphi\mathrm{d}\varphi}{\int_{0}^{\frac{\pi}{2}}\sin^2\varphi\mathrm{d}\varphi}$$

经计算可得 $x_C=\dfrac{4}{3\pi}r$.

由于均质半圆柱的质心位置与均质半圆盘的质心位置相同，可用巴普斯定理很方便地求出质心位置，参看 7.4.34 题.

考虑 A 在 B 上纯滚动到图 9.32 所示的位置，OO' 转过 θ 角(顺时针转动)，A 围绕 O' 点转过 ψ 角(顺时针转动)，此时 A 的势能为

$$V=mg(R+r)\cos\theta-mgx_C\cos\psi$$

$$\approx mg(R+r)(1-\frac{1}{2}\theta^2)-mg\bullet\frac{4}{3\pi}r(1-\frac{1}{2}\psi^2)$$

$$=V_0+\frac{1}{2}mg\left[\frac{4}{3\pi}r\psi^2-(R+r)\theta^2\right]$$

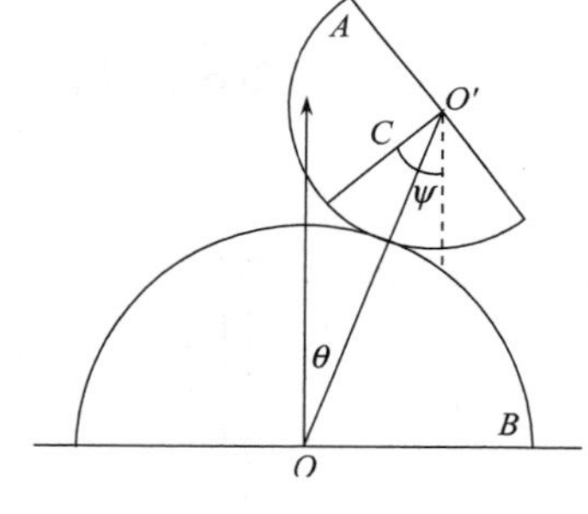

图 9.32

这里已用了 θ、φ 均为小量. 只保留到二级小量.

由纯滚动条件，

$$(R+r)\dot{\theta}-r\dot{\psi}=0$$

$$\theta=\frac{r}{R+r}\psi$$

上式也可由纯滚动，两段弧相等，$R\theta=r(\psi-\theta)$ 得到.

$$V=V_0+\frac{1}{2}mg\left[\frac{4}{3\pi}r-\frac{r^2}{R+r}\right]\psi^2$$

$\psi=0$ 为平衡位置，稳定平衡位置要求在 $\psi=0$，势能为极小值，即 $\left.\dfrac{\mathrm{d}^2V}{\mathrm{d}\psi^2}\right|_{\psi=0}>0$. 由此得

$$\frac{4}{3\pi}r-\frac{r^2}{R+r}>0$$

$$R>\left(\frac{3\pi}{4}-1\right)r$$

9.1.33 如图 9.33 所示，均质的汽车库大门 AB 质量为 m、长 $2r$、A 边可沿光滑水平滑槽运动，B 边两端各连一个弹簧，弹簧原长为 $r-a$，即当 $\theta=\pi$ 时，弹簧不受力的作用，B 边与曲柄 OB 用铰链连接，$OB=r$，其质量可忽略不计，OB 可绕固定点 O 转动. 为了保证大门转到铅直位置 $(\theta=0)$ 时平衡地关闭，弹簧的劲度系数 k 应多大？

解法一　大门要在 $\theta=0$ 处平衡地关闭，即要在 $\theta=0$ 附近处于随遇平衡，也即在 θ 很小时，$\dfrac{\mathrm{d}V}{\mathrm{d}\theta}=0$，因此必有

$$\left.\frac{\mathrm{d}^2V}{\mathrm{d}\theta^2}\right|_{\theta=0}=0$$

$$V=2\times\frac{1}{2}k\left[\sqrt{r^2+a^2+2ra\cos\theta}-(r-a)\right]^2+mgy_C$$

$$y_B=-r\cos\theta$$

$$y_C=y_B+\frac{1}{2}(r-y_B)=\frac{1}{2}(r+y_B)=\frac{1}{2}r(1-\cos\theta)$$

$$V=k\left[\sqrt{r^2+a^2+2ra\cos\theta}-(r-a)\right]^2+\frac{1}{2}mgr(1-\cos\theta)$$

$$\frac{\mathrm{d}V}{\mathrm{d}\theta}=2k\left[\sqrt{r^2+a^2+2ra\cos\theta}-(r-a)\right]\frac{1}{2}\frac{-2ra\sin\theta}{\sqrt{r^2+a^2+2ra\cos\theta}}+\frac{1}{2}mgr\sin\theta$$

$$=-2kar\sin\theta\left(1-\frac{r-a}{\sqrt{r^2+a^2+2ra\cos\theta}}\right)+\frac{1}{2}mgr\sin\theta$$

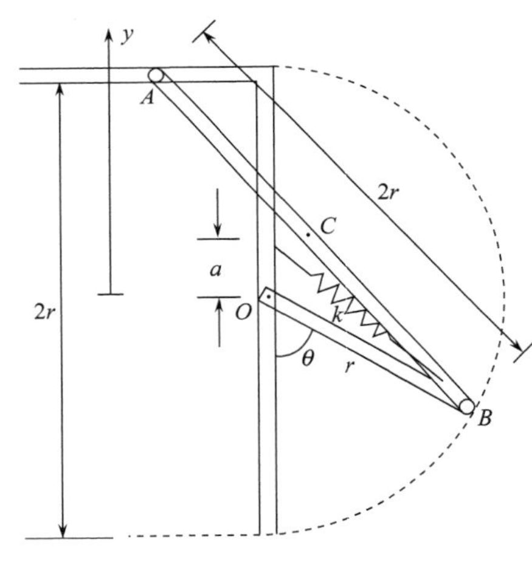

图 9.33

$\theta=0$ 和 $\theta=\pi$ 时，均有 $\dfrac{\mathrm{d}V}{\mathrm{d}\theta}=0$，均为平衡位置.

在 θ 很小时，$\sin\theta\approx\theta$，$\cos\theta\approx1$，

$$\frac{\mathrm{d}V}{\mathrm{d}\theta}\approx-2kar\theta\left(1-\frac{r-a}{r+a}\right)+\frac{1}{2}mgr\theta$$

$$=-4ka^2r\frac{\theta}{r+a}+\frac{1}{2}mgr\theta$$

要求在 θ 很小时，均为平衡位置，$\dfrac{\mathrm{d}V}{\mathrm{d}\theta}=0$，

$$-4ka^2r\frac{1}{r+a}+\frac{1}{2}mgr=0$$

$$k=\frac{mg(r+a)}{8a^2}$$

解法二　由 $\left.\dfrac{\mathrm{d}^2V}{\mathrm{d}\theta^2}\right|_{\theta=0}=0$ 求 k.

前已求得

$$\frac{\mathrm{d}V}{\mathrm{d}\theta}=-2kra\sin\theta\left(1-\frac{r-a}{\sqrt{r^2+a^2+2ra\cos\theta}}\right)+\frac{1}{2}mgr\sin\theta$$

$$\frac{\mathrm{d}^2V}{\mathrm{d}\theta^2}=-2kra\cos\theta\left(1-\frac{r-a}{\sqrt{r^2+a^2+2ra\cos\theta}}\right)$$
$$+2kra\cos\theta\frac{\mathrm{d}}{\mathrm{d}\theta}\left(\frac{r-a}{\sqrt{r^2+a^2+2ra\cos\theta}}\right)+\frac{1}{2}mgr\cos\theta$$

由 $\left.\frac{\mathrm{d}^2V}{\mathrm{d}\theta}\right|_{\theta=0}=0$ 给出

$$-2kra\left(1-\frac{r-a}{r+a}\right)+\frac{1}{2}mgr=0$$

解出

$$k=\frac{mg(r+a)}{8a^2}$$

9.1.34　二铰拱受集中负载 ***P*** 和 ***Q*** 作用，各部分尺寸如图 9.34 所示. 求铰链 B 处约束力的水平分量.

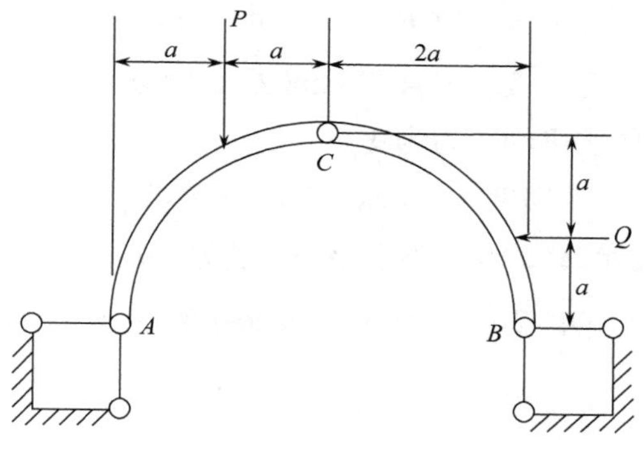

图 9.34

解法一　取图 9.35 所示的 x、y 坐标，平衡时，

$$\triangle ADG\cong\triangle CHE$$
$$\theta=\theta'=60°,\quad \angle DAC=15°$$
$$\overline{AD}=\overline{CE}=2a$$
$$\overline{AC}=2\sqrt{2}a$$

解除 B 处水平方向的约束，

$$y_D=2a\sin\theta$$
$$x_E=\overline{AC}\cos(\theta-15°)+\overline{CE}\sin\theta'$$
$$=2\sqrt{2}a\cos(\theta-15°)+2a\sin\theta'$$

注意：$x_E\neq 2a+2a\sin\theta'$，因为解除了 B 在水平方向的约束，应参照解图 9.36 写 x_E、y_D、x_B，

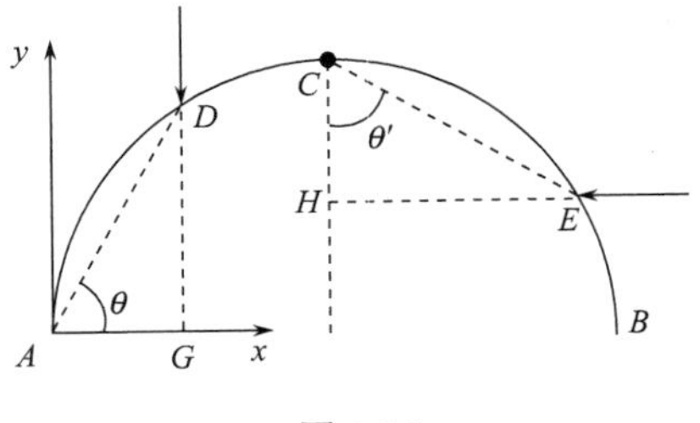

图 9.35

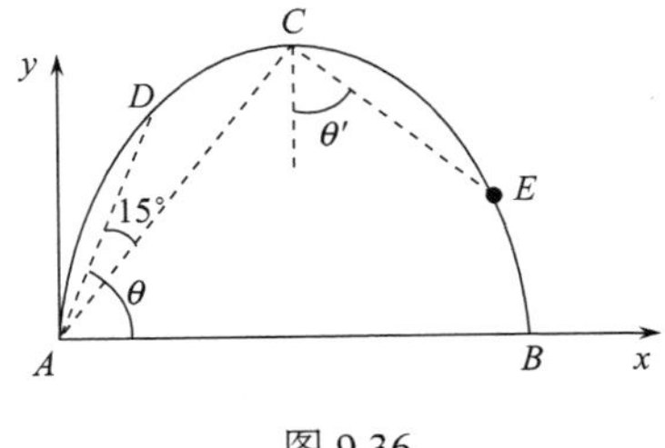

图 9.36

$$x_B = 2 \cdot AC\cos(\theta - 15°) = 4\sqrt{2}a\cos(\theta - 15°)$$

$$\delta y_D = 2a\cos\theta\delta\theta \tag{1}$$

$$\delta x_E = -2\sqrt{2}a\sin(\theta - 15°)\delta\theta + 2a\cos\theta'\delta\theta'$$

由 $\widehat{ADC}$ 和 $\widehat{CEB}$ 均为四分之一的圆周，从对称考虑，从几何上不难证明

$$\theta + \theta' = 常量, \qquad \delta\theta' = -\delta\theta$$

$$\delta x_E = -2\sqrt{2}a\sin(\theta - 15°)\delta\theta - 2a\cos\theta'\delta\theta \tag{2}$$

$$\delta x_B = -4\sqrt{2}a\sin(\theta - 15°)\delta\theta \tag{3}$$

设铰链 B 处给予二铰拱的水平约束力为 X_B，

$$\delta W = -P\delta y_D - Q\delta x_E + X_B\delta x_B \tag{4}$$

将式(1)、(2)、(3)代入式(4)，并考虑在平衡位置 $\theta = \theta' = 60°$，$\delta W = 0$，

$$-P \cdot 2a\cos 60° - Q\left[-2\sqrt{2}a\sin 45° - 2\alpha\cos 60°\right] + X_B(-4\sqrt{2}\sin 45°) = 0$$

解得

$$X_B = \frac{1}{4}(3Q - P)$$

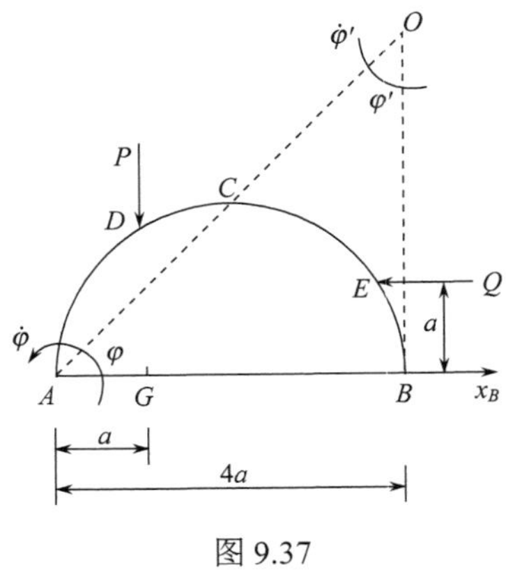

图 9.37

解法二 解除 B 处水平方向的约束. 考虑在平衡位置处做虚运动，B 点的虚速度若沿 x 的负方向，则 C 点虚速度沿与 AC 垂直的向左上方方向，CB 段的虚运动的瞬心位于图 9.37 中的 O 点，在平衡位置，

$$\overline{OB} = \overline{AB} = 4a$$

AC 段的虚运动是绕 A 点的转动，D 点在 $\boldsymbol{P}$ 的作用线方向的虚位移与 G 点的虚位移相同，在平衡位置时 A、C、O 在同一条直线上，虚位移后，AC 与 CO 不在同一条直线上，但仍有 $\varphi = \varphi'$，故 $\delta\varphi' = \delta\varphi$.

在平衡位置处，

$$\varphi = \varphi' = 45°$$

$$\begin{aligned}\delta W &= -Pa\delta\varphi + Q \cdot 3a\delta\varphi' - X_B \cdot 4a\delta\varphi' \\ &= (-Pa + 3Qa - 4X_B a)\delta\varphi = 0\end{aligned}$$

$$-Pa+3Qa-4X_Ba=0$$

$$X_B=\frac{1}{4}(3Q-P)$$

9.1.35　图 9.38 所示的平面桁架中各杆重量不计，求 AC 杆和 BC 杆的内力.

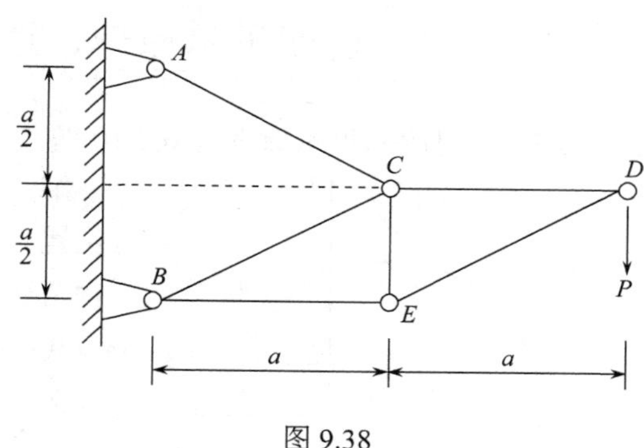

图 9.38

解　解除 A 处竖直方向的约束，取 y 轴竖直向下，B 为原点. 设 $\angle ABC=\varphi$，则

$$y_A=-2BC\cos\varphi=-\sqrt{5}a\cos\varphi$$

$$\delta y_A=\sqrt{5}a\sin\varphi\delta\varphi$$

A 做虚位移 δy_A 时，$BCDE$ 绕 B 点做 $\delta\varphi$ 的虚位移. 设 $\angle CDB=\angle DBE=\alpha$（$\alpha$ 为常量）.

$$\delta y_D=BD\delta\varphi\bullet\cos\alpha=2a\sec\alpha\bullet\delta\varphi\cos\alpha=2a\delta\varphi$$

平衡时

$$\sin\varphi=\frac{a}{BC}=\frac{a}{\frac{1}{2}\sqrt{5}a}=\frac{2}{\sqrt{5}}$$

$$\begin{aligned}\delta W&=P\delta y_D+Y_A\delta y_A\\&=P\bullet 2a\delta\varphi+Y_A\sqrt{5}a\bullet\frac{2}{\sqrt{5}}\delta\varphi=0\end{aligned}$$

$$2aP+2Y_Aa=0$$

$$Y_A=-P$$

AC 杆是二力杆，在 A 端，AC 杆受外力必沿杆的方向，今沿 CA 的方向，可见 AC 杆的内力 N_{AC} 为

$$N_{AC}=-Y_A\sec\varphi=P\bullet\left(\frac{\frac{\sqrt{5}}{2}a}{\frac{a}{2}}\right)=\sqrt{5}P$$

为张力.

对整个桁架用平衡条件，

$$\sum_i Y_i=0$$

$$Y_A+Y_B+P=0$$

得

$$Y_B=0$$

考虑到 BC 杆、BE 杆均为二力杆，如 BC 杆的内力不为零，Y_B 也一定不为零，今 $Y_B=0$，可见 $N_{BC}=0$.

注意：在 B 处，桁架受到水平向右方向的力，在 A 处，桁架受到水平向左的力，其值为 $P\cot\varphi=2P$，故在 B 处，桁架受到水平向右，其值为 $2P$ 的力，BE 杆的内力为压力.

9.2　达朗贝尔原理、达朗贝尔——拉格朗日方程

9.2.1　用达朗贝尔原理解 6.3.10 题.

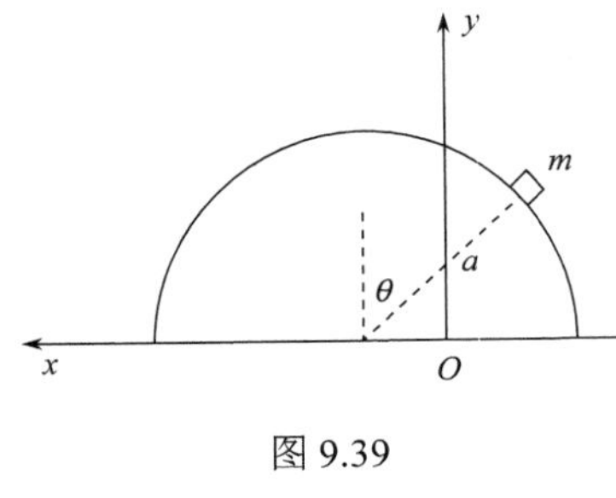

图 9.39

解　取图 9.39 所示的 xy 坐标，用 x_1 表示半球的球心位置，x_2、y_2 表示质点的位置，

$$x_2 = x_1 - a\sin\theta$$

$$y_2 = a\cos\theta$$

$$\dot{x}_2 = \dot{x}_1 - a\dot{\theta}\cos\theta, \quad \dot{y}_2 = -a\dot{\theta}\sin\theta$$

$$\ddot{x}_2 = \ddot{x}_1 - a\ddot{\theta}\cos\theta + a\dot{\theta}^2\sin\theta \tag{1}$$

$$\ddot{y}_2 = -a\ddot{\theta}\sin\theta - a\dot{\theta}^2\cos\theta \tag{2}$$

$$\delta x_2 = \delta x_1 - a\cos\theta\delta\theta \tag{3}$$

$$\delta y_2 = -a\sin\theta\delta\theta \tag{4}$$

由

$$\sum_{i=1}^{3n}(F_i - m_i\ddot{x}_i)\cdot\delta x_i = 0$$

得

$$-M\ddot{x}_1\delta x_1 - m\ddot{x}_2\delta x_2 + (-mg - m\ddot{y}_2)\delta y_2 = 0$$

将式(1)、(2)、(3)、(4)代入上式得

$$\left[-(M+m)\ddot{x}_1 + ma\ddot{\theta}\cos\theta - ma\dot{\theta}^2\sin\theta\right]\delta x_1 + \left[m\ddot{x}_1 a\cos\theta - ma^2\ddot{\theta} + mga\sin\theta\right]\delta\theta = 0$$

因为 δx_1、$\delta\theta$ 相互独立，它们的系数分别为零，

$$(M+m)\ddot{x}_1 - ma\ddot{\theta}\cos\theta + ma\dot{\theta}^2\sin\theta = 0 \tag{5}$$

$$m\ddot{x}_1\cos\theta - ma\ddot{\theta} + mg\sin\theta = 0 \tag{6}$$

从(5)、(6)两式中消去 $\ddot{x}_1$，经整理后可得

$$\frac{M+m\sin^2\theta}{m+M}a\ddot{\theta} + \frac{m}{m+M}a\dot{\theta}^2\sin\theta\cos\theta = g\sin\theta$$

用 $\ddot{\theta}=\dfrac{\mathrm{d}\dot{\theta}}{\mathrm{d}\theta}\dot{\theta}$，上式可改写为

$$\frac{M+m\sin^2\theta}{2(m+M)}a\mathrm{d}\dot{\theta}^2 + \frac{m}{m+M}a\dot{\theta}^2\sin\theta\cos\theta\mathrm{d}\theta = g\sin\theta\mathrm{d}\theta$$

左边是恰当微分，积分得

$$\frac{M+m\sin^2\theta}{2(m+M)}a\dot{\theta}^2=-g\cos\theta+C$$

由初始条件：$\theta=\alpha$ 时，$\dot{\theta}=0$ 定出 $C=g\cos\alpha$.

将 C 的式子代入上式，解出 $\dot{\theta}$，得

$$\dot{\theta}=\left[\frac{2g}{a}\frac{m+M}{M+m\sin^2\theta}(\cos\alpha-\cos\theta)\right]^{1/2}$$

与 6.3.10 题解得的结果

$$\dot{\theta}=\left[\frac{2g}{a}\cdot\frac{\cos\alpha-\cos\theta}{1-\frac{m}{m+M}\cos^2\theta}\right]^{1/2}$$

是相同的.

9.2.2　用达朗贝尔原理解 7.4.2 题.

解　取图 9.40 所示的 x、y 和 φ 坐标，图中画出了系统受到的主动力的情况. 由

$$\sum_{i=1}^{n}(\boldsymbol{F}_i-m_i\ddot{\boldsymbol{r}}_i)\cdot\delta\boldsymbol{r}_i=0$$

$$(Mg\sin\alpha-T-Ma)\delta x+\left(Tr-\frac{1}{2}Mr^2\beta\right)\delta\varphi+(mg-T-ma')\delta y=0 \quad (1)$$

其中 a 是圆柱质心沿斜面向下的加速度，a' 是重物竖直向下的加速度.

x、y、φ 间有约束关系，考虑到绳子不可伸长，

$$x+y-r\varphi=\text{常量} \quad (2)$$

$$\delta x+\delta y-r\delta\varphi=0$$

取 δx、$\delta\varphi$ 为独立的虚位移，

$$\delta y=r\delta\varphi-\delta x \quad (3)$$

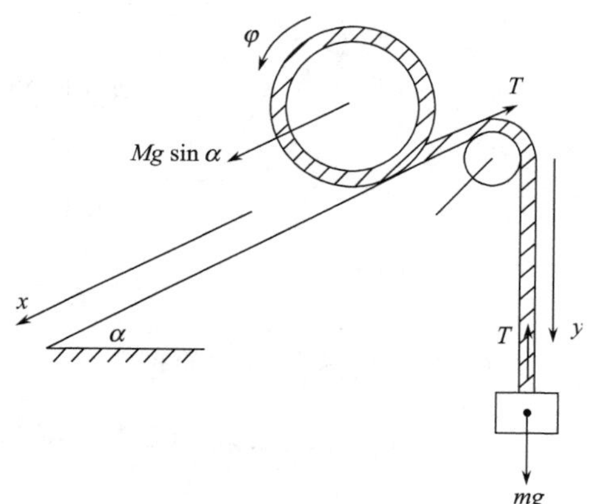

图 9.40

将式(3)代入式(1)可得

$$(Mg\sin\alpha-Ma-mg+ma')\delta x+\left(-\frac{1}{2}Mr^2\beta+mgr-ma'r\right)\delta\varphi=0$$

δx、$\delta\varphi$ 的系数分别为零，得

$$Ma-ma'=Mg\sin\alpha-mg \quad (4)$$

$$-\frac{1}{2}Mr\beta-ma'=-mg \quad (5)$$

由式(2)对 t 求导两次，得

$$a + a' - r\beta = 0$$

$$r\beta = a + a' \tag{6}$$

用式(6)，式(5)可改写为

$$\frac{1}{2}Ma + \left(m + \frac{1}{2}M\right)a' = mg \tag{7}$$

由(4)、(7)两式解出

$$a' = \frac{3m - M\sin\alpha}{M + 3m}g$$

$$a = \frac{(M+2m)\sin\alpha - m}{M + 3m}g$$

$$\beta = \frac{1}{r}(a + a') = \frac{2mg(1 + \sin\alpha)}{(M + 3m)r}$$

再对重物用牛顿第二定律或用达朗贝尔原理，可求绳子张力 T.

如果系统包括绳子，绳子张力不做虚功，可作为约束力处理. 可更容易地得到式(4)、(5).

9.2.3 用达朗贝尔原理解 7.4.40 题.

解 各杆的角速度的正向规定如图 9.41 所示. 此时，用 7.4.40 题的办法求得 BD 杆的质心 C 的加速度

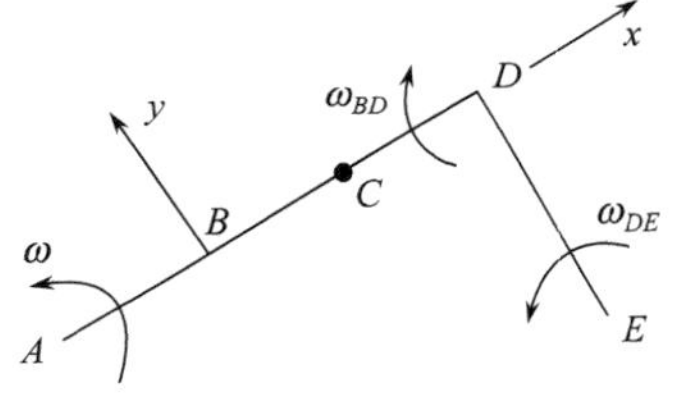

图 9.41

$$\boldsymbol{a}_C = -a\left(1 + \frac{a}{2b}\right)\omega^2\boldsymbol{i}$$

BD 杆的角加速度

$$\beta_{BD} = 0$$

DE 杆的角加速度

$$\beta_{DE} = \frac{a}{d}\left(1 + \frac{a}{b}\right)\omega^2$$

对 BD 杆用达朗贝尔原理，

$$\left[X_B + X_D + ma\left(1 + \frac{a}{2b}\right)\omega^2\right]\delta x + (Y_B + Y_D)\delta y + \left(Y_B \cdot \frac{b}{2} - Y_D \cdot \frac{d}{2}\right)\delta\theta = 0$$

其中 θ 是 BD 在质心平动参考系中绕 C 点的转角.

$$X_B + X_D + ma\left(1 + \frac{a}{2b}\right)\omega^2 = 0 \tag{1}$$

$$Y_B + Y_D = 0 \tag{2}$$

$$Y_B \cdot \frac{b}{2} - Y_D \cdot \frac{b}{2} = 0 \tag{3}$$

由式(2)、(3)可得

$$Y_B = Y_D = 0$$

对 DE 杆用达朗贝尔原理，

$$\left(X_D d-\frac{1}{3}md^2\beta_{DE}\right)\delta\psi=0$$

这里的 X_D 是(1)式中的 X_D 的反作用力，ψ 是 DE 杆绕 E 点逆时针转动的角度.

$$X_D d-\frac{1}{3}md^2\beta_{DE}=0$$

$$X_D=\frac{1}{3}md\beta_{DE}=\frac{1}{3}ma\left(1+\frac{a}{b}\right)\omega^2 \tag{4}$$

由式(1)、(4)得

$$X_B=-\frac{1}{3}ma\left(4+\frac{5a}{2b}\right)\omega^2$$

9.2.4 均匀细杆 AB 可绕通过其杆上的固定点 O 的水平轴自由转动，此水平轴又绕通过 O 点的竖直轴做恒定角速度为 ω 的转动，如 $OA=a$，$OB=b$，试用达朗贝尔原理求 AB 杆绕竖直轴做稳定转动时它与竖直轴所成的角 α .

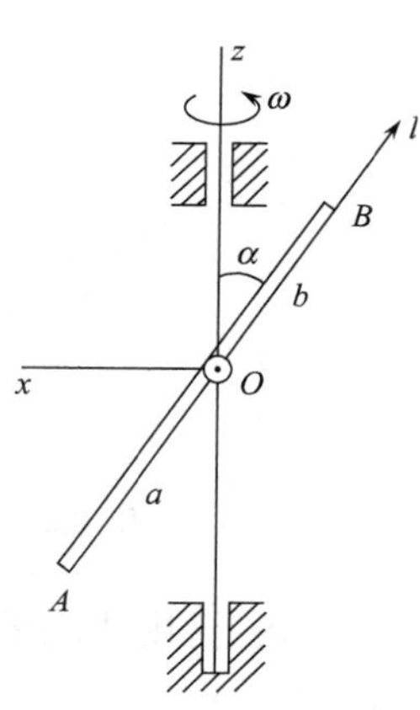

图 9.42

解 取 O 为 x、z 轴的原点，z 轴竖直向上，x 轴水平，并使 z 轴、x 轴和杆在同一竖直平面内，取此竖直平面为参考系，要在此参考系中，求杆的平衡位置，即求图 9.42 中的 α 角.

用 δW_1、δW_2 分别表示杆在 α 处做虚位移 $\delta\alpha$ 时重力和惯性离轴力对整个杆做的虚功.

设杆的线密度为 η，做上述虚位移时，重力对杆的 $l\sim l+\mathrm{d}l$ 段质元做的虚功为

$$\eta g\mathrm{d}l\cdot\sin\alpha\cdot l\delta a$$

$$\delta W_1=\int_{-a}^{b}\eta g\sin\alpha\cdot l\mathrm{d}l\delta\alpha=\frac{1}{2}\eta g\sin\alpha(b^2-a^2)\delta\alpha$$

做上述虚位移时，惯性离轴力对杆的 $l\sim l+\mathrm{d}l$ 段质元做的虚功为

$$\eta\mathrm{d}l\cdot l\sin\alpha\cdot\omega^2\cos\alpha\cdot l\delta\alpha$$

$$\delta W_2=\int_{-a}^{b}\eta\omega^2\sin\alpha\cos\alpha\cdot l^2\mathrm{d}l\delta\alpha=\frac{1}{3}\eta\omega^2\sin\alpha\cos\alpha(b^3+a^3)\delta\alpha$$

由在平衡位置 $\delta W=\delta W_1+\delta W_2=0$ 得

$$\frac{1}{2}\eta g\sin\alpha(b^2-a^2)+\frac{1}{3}\eta\omega^2\sin\alpha\cos\alpha(b^3+a^3)=0$$

可得

$$\cos\alpha=\frac{\frac{1}{2}\eta g(a^2-b^2)}{\frac{1}{3}\eta\omega^2(a^3+b^3)}=\frac{3g(a-b)}{2\omega^2(a^2-ab+b^2)}$$

注意：计算重力对整个杆做的虚功，因为各质元受到的重力与质元的质量成正比，可以用作用于杆的质心的合重力做的虚功，而计算惯性离轴力对整个杆做的虚功，因为各质元受到的惯性离轴力并不与质元的质量成正比，不等于作用于杆的质心的合惯性力做的虚功，也不等于位于质心、质量等于杆的质量的质点所受的惯性离轴力做的虚功.

9.2.5 重量为 P 的均质圆柱沿与水平面夹角为 α 的轻悬臂梁做无滑动的滚动，如图 9.43 所示. 用达朗贝尔原理求悬臂梁在 O 点受到的约束力.

解 取图 9.44 所示的 x、y 和 φ、α 坐标，图 9.44(a)画出了悬臂梁所受的主动力、约束力和约束力矩，图 9.44(b)画出了圆柱受到的真实力和达朗贝尔惯性力，其中 f 是圆柱和悬臂梁相互作用的静摩擦力，N 是圆柱对梁的正压力及其反作用力.

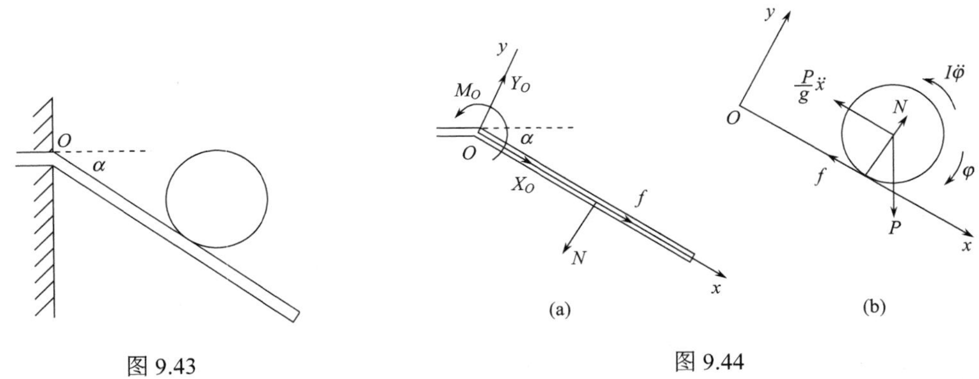

图 9.43　　　　图 9.44

对悬臂用达朗贝尔原理，解除 O 点处的约束，X_O、Y_O 和 M_O 均视为主动力，x、y、α 为广义坐标.

$$\delta W=(X_O+f)\delta x+(Y_O-N)\delta y+(Nx-M_O)\delta\alpha=0$$

δx、δy、$\delta\alpha$ 均独立，得

$$X_O=-f,\quad Y_O=N,\quad M_O=Nx$$

对圆柱用达朗贝尔原理，因需求 f 和 N，暂不考虑纯滚动这个约束，也不考虑 y 方向对圆柱质心的约束，

$$\delta W=\left(P\sin\alpha-\frac{P}{g}\ddot{x}-f\right)\delta x+(N-P\cos\alpha)\delta y+\left(fr-\frac{1}{2}\frac{P}{g}r^2\ddot{\varphi}\right)\delta\varphi=0$$

其中用了圆柱对其对称轴的转动惯量 $I=\frac{1}{2}\frac{P}{g}r^2$，$r$ 是圆柱的半径.

δx、δy、$\delta\varphi$ 均独立，得

$$\frac{P}{g}\ddot{x}=P\sin\alpha-f \tag{1}$$

$$N=P\cos\alpha$$

$$\frac{1}{2}\frac{P}{g}r^2\ddot{\varphi}=fr \tag{2}$$

再用纯滚动得到的约束关系，

$$\dot{x}-r\dot{\varphi}=0,\quad \ddot{x}=r\ddot{\varphi}$$

与式(1)、(2)联立可解出

$$f=\frac{1}{3}P\sin\alpha$$

所以

$$X_O = -\frac{1}{3}P\sin\alpha, \quad Y_O = P\cos\alpha, \quad M_O = Px\cos\alpha$$

9.2.6 一个质量为 m 的质点通过一根无重量的不可伸长的绳子系在半径为 R、竖直放置的固定圆柱边缘，绳子紧缠在圆柱上，质点与圆柱相接触. 给质点一个沿径向方向的水平冲量，使质点获得一个初速度 $\boldsymbol{v}_0$，质点被约束在与圆柱垂直的光滑水平面内运动. 用达朗贝尔原理求以后未缠在圆柱体上的绳子长度 l 与时间 t 的关系.

解法一 考虑以未缠在圆柱上的绳子为参考系，其原点在绳子的未缠部分与尚缠在圆柱上部分的分界点，质点与此原点的距离 l 是随时间变化的，有速度 $\dot{l}$ 和加速度 $\ddot{l}$. 这个参考系相对于静止的惯性参考系既有平动，又有转动，取坐标系的极轴总平行于 $t=0$ 时圆柱的切线方向，在图 9.45 中画出了在 $t(\neq 0)$ 时刻坐标系的极轴. 这个坐标系的运动是参考系的平动部分，图中还画出了质点的对静参考系的绝对加速度的各个组成部分，$\ddot{l}$ 是相对加速度（对（动）参考系的加速度）$R\ddot{\psi}$、$R\dot{\psi}^2$ 是与参考系的平动关联的牵连加速度，$l\ddot{\theta}$、$l\dot{\theta}^2$ 是与参考系的转动关联的牵连加速度，与质点所在位置有关，故画在质点处，而 $R\ddot{\psi}$、$R\dot{\psi}^2$ 与质点所在位置无关，故画在坐标系的原点 O' 处. 由于参考系有转动，转动角速度为 $\dot{\theta}$，方向垂直纸面向下，质点对参考系有速度 $\dot{l}$，故有科里奥利加速度 $2\dot{l}\dot{\theta}$.

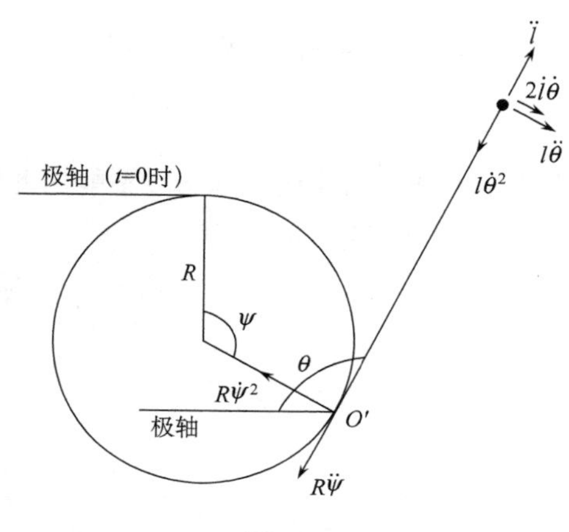

图 9.45

取极坐标系的 l、θ 为广义坐标，质点所受的主动力有绳子张力 T 和图中所画的与各加速度分量相应的达朗贝尔惯性力，分别为质量与加速度的乘积的负值，各力的正向规定与图中所画的各加速度方向相反.

$$\delta W = (mR\ddot{\psi} + ml\dot{\theta}^2 - m\ddot{l} - T)\delta l + (mR\dot{\psi}^2 - ml\ddot{\theta} - 2m\dot{l}\dot{\theta})l\delta\theta = 0$$

因为 δl、$\delta\theta$ 相对独立，可得

$$m(R\ddot{\psi} + l\dot{\theta}^2 - \ddot{l}) - T = 0 \tag{1}$$

$$R\dot{\psi}^2 - l\ddot{\theta} - 2\dot{l}\,\dot{\theta} = 0 \tag{2}$$

θ 角的两条边与 ψ 角的两条边分别垂直，

$$\theta = \psi \tag{3}$$

又有约束关系

$$l = R\psi \tag{4}$$

从式(3)、(4)得

$$R\ddot{\psi} = \ddot{l}, \quad l\dot{\theta}^2 = \frac{1}{R^2}l\dot{l}^2$$

$$R\dot{\psi}^2=\frac{1}{R}\dot{l}^2,\quad l\dot{\theta}=\frac{1}{R}l\ddot{l},\quad 2\dot{l}\dot{\theta}=\frac{2}{R}\dot{l}^2$$

代入式(1)、(2)得

$$T=\frac{m}{R^2}l\dot{l}^2 \tag{5}$$

$$l\ddot{l}+\dot{l}^2=0 \tag{6}$$

用$\ddot{l}=\frac{\mathrm{d}\dot{l}}{\mathrm{d}l}\dot{l}$，可将式(6)积分，得

$$l\dot{l}=C$$

因为$t=0$时，$l=0$，$\dot{l}=\infty$，不能由此定出 C.

再用式(3)、(4)，得

$$C=l\dot{l}=lR\dot{\psi}=lR\dot{\theta}=R(l\dot{\theta})_{t=0}=Rv_0$$

所以

$$l\dot{l}=Rv_0$$

$$\int_0^l l\mathrm{d}l=\int_0^t Rv_0\mathrm{d}t$$

$$\frac{1}{2}l^2=Rv_0t,\quad l=\sqrt{2Rv_0t}$$

解法二　用静参考系，取静坐标系Oxy，O是$t=0$时质点所在位置，x轴沿切线方向，即图 9.45 中$t=0$时的极轴，y轴沿圆柱的半径方向，向外为正. t时刻，质点的x、y坐标为

$$x=x_{O'}+l\cos\theta=-R\sin\psi+l\cos\theta$$

$$y=y_{O'}+l\sin\theta=-R+R\cos\psi+l\sin\theta$$

$$\dot{x}=-R\cos\psi\dot{\psi}+\dot{l}\cos\theta-l\sin\theta\dot{\theta}$$

$$\begin{aligned}\ddot{x}=&-R\cos\psi\ddot{\psi}+R\sin\psi\dot{\psi}^2+\ddot{l}\cos\theta-\dot{l}\dot{\theta}\sin\theta\\&-\dot{l}\dot{\theta}\sin\theta-l\cos\theta\dot{\theta}^2-l\sin\theta\ddot{\theta}\end{aligned} \tag{7}$$

$$\dot{y}=-R\sin\psi\dot{\psi}+\dot{l}\sin\theta+l\cos\theta\dot{\theta}$$

$$\begin{aligned}\ddot{y}=&-R\cos\psi\dot{\psi}^2-R\sin\psi\ddot{\psi}+\ddot{l}\sin\theta+\dot{l}\cos\theta\dot{\theta}\\&+\dot{l}\dot{\theta}\cos\theta+l\ddot{\theta}\cos\theta-l\dot{\theta}^2\sin\theta\end{aligned} \tag{8}$$

$$\delta W=(-T\cos\theta-m\ddot{x})\delta x+(-T\sin\theta-m\ddot{y})\delta y=0$$

$$m\ddot{x}=-T\cos\theta \tag{9}$$

$$m\ddot{y}=-T\sin\theta \tag{10}$$

式(9)×$\sin\theta$−式(10)×$\cos\theta$，得

$$\ddot{x}\sin\theta-\ddot{y}\cos\theta=0 \tag{11}$$

将式(7)、(8)代入式(11)，并用$\psi=\theta$，化简后得

$$R\dot{\psi}^2-l\ddot{\theta}-2\dot{l}\,\dot{\theta}=0$$

正是方法一中的式(2)，以下与方法一的做法相同.

9.3　拉格朗日方程

9.3.1　一个质量为 m 的质点在平面上运动，不采用极坐标 r、φ，而用 r 和 $\sin\varphi$ 为广义坐标，写出此质点的动能.

解

$$x = r\cos\varphi,\quad y = r\sin\varphi$$

今用 r 和 $q=\sin\varphi$ 为广义坐标，

$$x = r\cos\varphi = r\sqrt{1-q^2}$$

$$y = r\sin\varphi = rq$$

$$\dot{x} = \dot{r}\sqrt{1-q^2} - \frac{rq\dot{q}}{\sqrt{1-q^2}}$$

$$\dot{y} = \dot{r}q + r\dot{q}$$

$$T = \frac{1}{2}m(\dot{x}^2+\dot{y}^2) = \frac{1}{2}m\left[\left(\dot{r}\sqrt{1-q^2} - \frac{rq\dot{q}}{\sqrt{1-q^2}}\right)^2 + (\dot{r}q + r\dot{q})^2\right]$$

$$= \frac{1}{2}m\left(\dot{r}^2 + \frac{r^2\dot{q}^2}{1-q^2}\right)$$

9.3.2　在一根拉紧的弹性绳上等距离(距离为 a)地连着小球，两端固定，平衡时，弹性绳是水平的(重力可忽略不计)，小球仅限于垂直方向运动，位移很小，即图 9.46 中 y_1，y_2，…，y_5 均为小量，平衡时绳子张力为 τ，写出系统的势能.

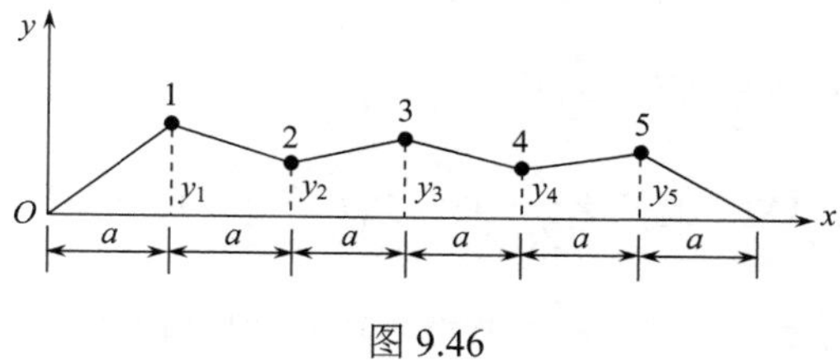

图 9.46

解　考虑球 1、球 2 沿 y 方向的受力 f_1、f_2，图 9.47(a)、(b)分别画出了球 1 和球 2 受两边绳子张力的情况，

$$f_1 = f_{10} + f_{12} = -T_{10}\sin\alpha - T_{12}\sin\beta$$

$$= -T_{10}\cos\alpha\tan\alpha - T_{12}\cos\beta\cdot\tan\beta$$

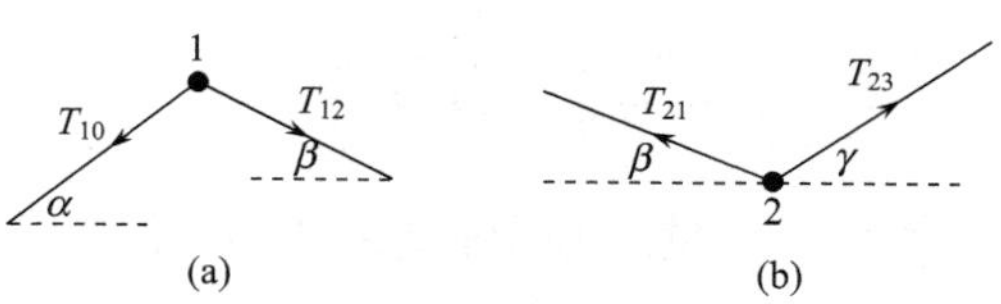

(a)　　(b)

图 9.47

α，β均为小量. 又因水平方向合力为零，

$$T_{10}\cos\alpha = T_{12}\cos\beta = \tau$$

所以

$$f_1 = -\tau\tan\alpha - \tau\tan\beta = -\tau\frac{y_1}{a} - \tau\frac{y_1 - y_2}{a}$$

同样可写出球 2 受到左边绳子在 y 方向的力为

$$f_{21} = \tau\frac{y_1 - y_2}{a} \quad \text{或} \quad -\tau\frac{y_2 - y_1}{a}$$

对于 f_{10} 可引入势能

$$V_{10} = \frac{\tau}{2a}y_1^2$$

$$f_{10} = -\frac{\partial V_{10}}{\partial y_1} = -\frac{\tau}{a}y_1$$

对于 f_{12} 和 f_{21} 可引入势能

$$V_{12} = \frac{\tau}{2a}(y_1 - y_2)^2$$

$$f_{12} = -\frac{\partial V_{12}}{\partial y_1} = -\frac{\tau}{a}(y_1 - y_2)$$

$$f_{21} = -\frac{\partial V_{12}}{\partial y_2} = \frac{\tau}{a}(y_1 - y_2)$$

照此办法可得系统的势能为

$$\begin{aligned} V &= V_{10} + V_{12} + V_{23} + V_{34} + V_{45} + V_{56} \\ &= \frac{\tau}{2a}y_1^2 + \frac{\tau}{2a}(y_1 - y_2)^2 \\ &\quad + \frac{\tau}{2a}(y_2 - y_3)^2 + \frac{\tau}{2a}(y_3 - y_4)^2 + \frac{\tau}{2a}(y_4 - y_5)^2 + \frac{\tau}{2a}y_5^2 \\ &= \frac{\tau}{a}(y_1^2 + y_2^2 + \cdots + y_5^2 - y_1y_2 - y_2y_3 - y_3y_4 - y_4y_5). \end{aligned}$$

9.3.3　如图 9.48 所示，劲度系数分别为 $k_i(i=1,2,3,4)$ 的四根弹簧，原长分别为 l_{i0}，一端连在 P 点，另一端分别连在固定点 A、B、C、D. 取 x，y 坐标，其原点是四个弹簧系统的平衡位置，A、B、C、D 和 P 点的坐标分别为 (x_1,y_1)，(x_2,y_2)，(x_3,y_3)，(x_4,y_4) 和 (x,y)，平衡时，即 P 位于原点时，各弹簧的长度分别为 l_i，α_i、β_i 分别是 OA、OB、OC、OD 的方向余弦，即

$$\alpha_i = \frac{x_i}{l_i}, \quad \beta_i = \frac{y_i}{l_i}$$

P 点偏离原点很小，即 x、y 均为小量. 证明弹簧系统的势能的近似表达式为

$$V=\sum_{i=1}^{4}\left[\frac{1}{2}k_i(x^2+y^2)-\frac{k_i l_{i0}}{2l_i}(\beta_i x-\alpha_i y)^2\right]$$

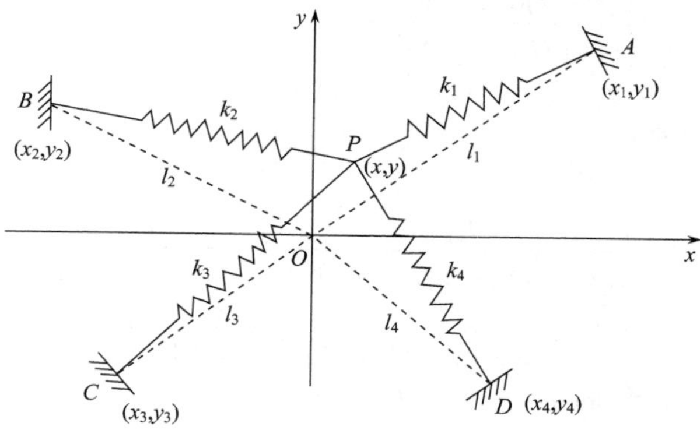

图 9.48

证明　$V=\sum_{i=1}^{4}V_i=\frac{1}{2}\sum_{i=1}^{4}k_i\left[\sqrt{(l_i\alpha_i-x)^2+(l_i\beta_i-y)^2}-l_{i0}\right]^2$

对

$$V_i=\frac{1}{2}k_i\left[\sqrt{(l_i\alpha_i-x)^2+(l_i\beta_i-y)^2}-l_{i0}\right]^2$$

在(0，0)处作泰勒展开，保留到二级小量，且选择$V_i(0,0)=0$，得

$$V_i(x,y)\approx\left.\frac{\partial V_i}{\partial x}\right|_{(0,0)}x+\left.\frac{\partial V_i}{\partial y}\right|_{(0,0)}y+\frac{1}{2}\left[\left.\frac{\partial^2 V}{\partial x^2}\right|_{(0,0)}x^2\right.$$

$$\left.+2\left.\frac{\partial^2 V}{\partial x\partial y}\right|_{(0,0)}xy+\left.\frac{\partial^2 V}{\partial y^2}\right|_{(0,0)}y^2\right]$$

$$\frac{\partial V_i}{\partial x}=k_i\left[\sqrt{(l_i\alpha_i-x)^2+(l_i\beta_i-y)^2}-l_{i0}\right]\frac{(-1)(l_i\alpha_i-x)}{\sqrt{(l_i x_i-x)^2+(l_i\beta_i-y)^2}}$$

$$=k_i\left[-(l_i\alpha_i-x)+\frac{l_{i0}(l_i\alpha_i-x)}{\sqrt{(l_i\alpha_i-x)^2+(l_i\beta_i-y)^2}}\right]$$

$$\left.\frac{\partial V_i}{\partial x}\right|_{(0,0)}=-k_i(l_i-l_{i0})\alpha_i$$

同样可得

$$\left.\frac{\partial V_i}{\partial y}\right|_{(0,0)}=-k_i(l_i-l_{i0})\beta_i$$

$$\frac{\partial^2 V_i}{\partial x \partial y} = k_i l_{i0}(l_i\alpha_i - x) \bullet \frac{(-2)(l_i\beta_i - y)(-1)}{2[(l_i\alpha_i - x)^2 + (l_i\beta_i - y)^2]^{3/2}}$$

$$= \frac{k_i l_{i0}(l_i\alpha - x)(l_i\beta_i - y)}{[(l_i\alpha_i - x)^2 + (l_i\beta_i - y)^2]^{3/2}}$$

$$\left.\frac{\partial^2 V_i}{\partial x \partial y}\right|_{(0,\ 0)} = \frac{k_i l_{i0}}{l_i}\alpha_i\beta_i$$

$$\frac{\partial^2 V_i}{\partial x^2} = k_i\left\{1 - \frac{l_{i0}}{[(l_i\alpha_i - x)^2 + (l_i\beta_i - y)^2]^{1/2}} + \frac{l_{i0}(l_i\alpha_i - x)^2}{[(l_i\alpha_i - x)^2 + (l_i\beta_i - y)^2]^{3/2}}\right\}$$

$$\left.\frac{\partial^2 V_i}{\partial x^2}\right|_{(0,\ 0)} = k_i\left(1 - \frac{l_{i0}}{l_i} + \frac{l_{i0}}{l_i}\alpha_i^2\right) = k_i\left(1 - \frac{l_{i0}}{l_i}\beta_i^2\right)$$

同样可得

$$\left.\frac{\partial^2 V_i}{\partial y^2}\right|_{(0,\ 0)} = k_i\left(1 - \frac{l_{i0}}{l_i}\alpha_i^2\right)$$

$$V_i = -k_i(l_i - l_{i0})(\alpha_i x + \beta_i y) + \frac{1}{2}\left[k_i\left(1 - \frac{l_{i0}}{l_i}\beta_i^2\right)x^2\right.$$

$$\left. + 2k_i\frac{l_{i0}}{l_i}\alpha_i\beta_i xy + k_i\left(1 - \frac{l_{i0}}{l_i}\alpha_i^2\right)y^2\right]$$

$$= -k_i(l_i - l_{i0})(\alpha_i x + \beta_i y) + \frac{1}{2}k_i\left(x^2 + y^2\right) - \frac{k_i l_{i0}}{2l_i}(\beta_i x - \alpha_i y)^2$$

$$V = -\sum_{i=1}^{4}k_i(l_i - l_{i0})(\alpha_i x + \beta_i y) + \sum_{i=1}^{4}\left[\frac{1}{2}k_i(x^2 + y^2) - \frac{k_i l_{i0}}{2l_i}(\beta_i x - \alpha_i y)^2\right]$$

$$= \sum_{i=1}^{4}\left[\frac{1}{2}k_i(x^2 + y^2) - \frac{k_i l_{i0}}{l_i}(\beta_i x - \alpha_i y)^2\right]$$

这里用了在(0，0)处是平衡位置

$$\sum_{i=1}^{4}k_i(l_i - l_{i0})\alpha_i = 0,\quad \sum_{i=0}^{4}k_i(l_i - l_{i0})\beta_i = 0$$

9.3.4　如图 9.49 所示，双摆中质量为 m_1 的质点与劲度系数分别为 k_1 和 k_2、原长分别为 l_{10} 和 l_{20} 的两弹簧相连，弹簧的另一端分别固定于 A 和 B，m_1、m_2 两质点和两弹簧处在同一竖直平面内运动，当 m_1 处于 O 点时，且 $\varphi = 0$，双摆处于平衡位置，弹簧处于拉紧情况. 求两弹簧的势能及其在 θ 很小时的近似表达式.

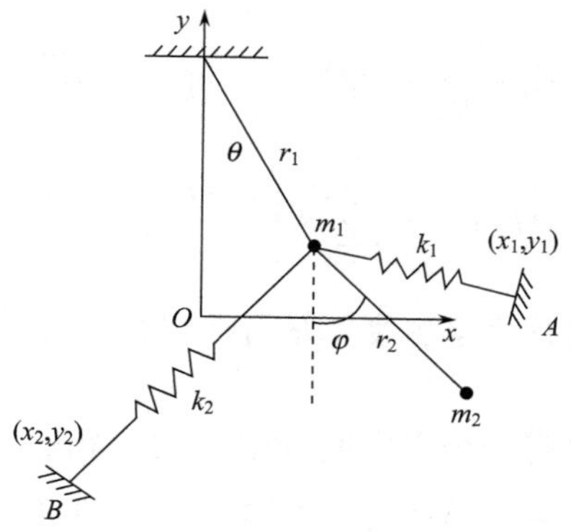

图 9.49

解　两弹簧的势能为

$$V=\frac{1}{2}k_1\left[\sqrt{(x_1-x)^2+(y_1-y)^2}-l_{10}\right]^2+\frac{1}{2}k_2\left[\sqrt{(x_2-x)^2+(y_2-y)^2}-l_{20}\right]^2$$

$$x=r_1\sin\theta,\quad y=r_1(1-\cos\theta)$$

$$V=\frac{1}{2}k_1\left[\sqrt{(x_1-r_1\sin\theta)^2+(y_1-r_1+r_1\cos\theta)^2}-l_{10}\right]^2+\frac{1}{2}k_2\left[\sqrt{(x_2-r_1\sin\theta)^2+(y_2-r_1+r_1\cos\theta)^2}-l_{20}\right]^2$$

当θ很小时，可用上题结果，但连在(0，0)点即$\theta=0$处，有$\frac{\partial V}{\partial x}=0$，而$\frac{\partial V}{\partial y}\neq 0$(因为$V$中没包括重力势能)，所以

$$V=\sum_{i=1}^{2}\left[-k_i(l_i-l_{i0})\beta_i y+\frac{1}{2}k_i(x^2+y^2)-\frac{k_i l_{i0}}{2l_i}(\beta_i x-\alpha_i y)^2\right]$$

这里

$$\alpha_i=\frac{x_i}{l_i},\quad \beta_i=\frac{y_i}{l_i}$$

$$x=r_1\sin\theta\approx r_1\theta$$

$$y=r_1(1-\cos\theta)\approx\frac{1}{2}r_1\theta^2$$

$$x^2+y^2\approx r_1^2\theta^2$$

$$(\beta_i x-\alpha_i y)^2\approx\left(\beta_i r_1\theta-\alpha_i\cdot\frac{1}{2}r_1\theta^2\right)^2\approx\beta_i r_1^2\theta^2=\frac{y_i^2}{l_i^2}r_1^2\theta^2$$

所以

$$V=\sum_{i=1}^{2}\left[-k_i\frac{l_i-l_{i0}}{2l_i}y_ir_1\theta^2+\frac{1}{2}k_ir_1^2\theta^2-\frac{k_il_{i0}}{2l_i^3}y_i^2r_1^2\theta^2\right]$$
$$=\left[\frac{1}{2}(k_1+k_2)r_1^2-\frac{1}{2}\sum_{i=1}^{2}k_i\left(\frac{l_i-l_{i0}}{l_i}y_ir_1+\frac{l_{i0}}{l_i^3}y_i^2r_1^2\right)\right]\theta^2$$

9.3.5　9.2.6 题的系统有几个自由度？是否保守系？选用适当的广义坐标，由拉格朗日方程得到运动微分方程.

解　9.2.6 题所述系统只有一个自由度. 用解 9.2.6 题的方法二，

$$\dot{x}=-R\cos\psi\dot{\psi}+\dot{l}\cos\theta-l\dot{\theta}\sin\theta$$
$$\dot{y}=-R\sin\psi\dot{\psi}+\dot{l}\sin\theta+l\dot{\theta}\cos\theta$$
$$\delta x=-R\cos\psi\delta\psi+\cos\theta\delta l-l\sin\theta\delta\theta$$
$$\delta y=-R\sin\psi\delta\psi+\sin\theta\delta l+l\cos\theta\delta\theta$$

δx、δy 不是相互独立的，或 $\delta\psi$、δl、$\delta\theta$ 不是都独立的，有下列两个约束关系：

$$l=R\psi,\qquad \psi=\theta$$
$$\delta l=R\delta\psi=R\delta\theta,\qquad \delta\psi=\delta\theta$$

今取 θ 为广义坐标，

$$\delta x=-R\cos\theta\delta\theta+R\cos\theta\delta\theta-l\sin\theta\delta\theta=-l\sin\theta\delta\theta$$
$$\delta y=-R\sin\theta\delta\theta+R\sin\theta\delta\theta+l\cos\theta\delta\theta=l\cos\theta\delta\theta$$

拉格朗日函数为

$$L=\frac{1}{2}m(\dot{x}^2+\dot{y}^2)=\frac{1}{2}mR^2\theta^2\dot{\theta}^2$$

这里又用了 $l=R\psi$，$\psi=\theta$ 两个约束关系.

系统是否保守系，要看用什么参考系. 对静参考系，$\dfrac{\partial L}{\partial t}=0$，或者说有稳定约束，坐标变换关系（$x$、$y$ 与 θ 的变换关系）不显含时间，又不存在主动力（绳子张力是约束力），系统是保守系. 可对于 9.2.6 题解中所用的对静参考系既有平动又有转动的参考系（方法一），若采用同样的广义坐标，仍可得到相同的运动微分方程，但拉格朗日函数不一样，受力情况不一样，做虚功的惯性力不是保守力，因此是非保守系.

用静参考系，已得

$$L=\frac{1}{2}mR^2\theta^2\dot{\theta}^2$$
$$\frac{\partial L}{\partial\theta}=mR^2\theta\dot{\theta}^2,\qquad \frac{\partial L}{\partial\dot{\theta}}=mR^2\theta^2\dot{\theta}$$
$$\frac{\mathrm{d}}{\mathrm{d}t}\left(\frac{\partial L}{\partial\dot{\theta}}\right)=mR^2\theta^2\ddot{\theta}+2mR^2\theta\dot{\theta}^2$$

由 $\dfrac{\mathrm{d}}{\mathrm{d}t}\left(\dfrac{\partial L}{\partial\dot{\theta}}\right)-\dfrac{\partial L}{\partial\theta}=0$，得

$$\theta\ddot{\theta}+\dot{\theta}^2=0$$

如用 $l=R\psi=R\theta$，改用 l 作广义坐标，上式可改为

$$l\ddot{l}+\dot{l}^2=0$$

即解 9.2.6 题中的(6)式.

9.3.6　一个珠子套在一条光滑的锥形螺旋线上，在重力的作用下运动. 用柱坐标，锥形螺旋线方程为

$$\rho=az,\quad \varphi=-bz$$

a、b 为常量，z 轴竖直向上. 证明：珠子的运动微分方程为

$$\ddot{z}(a^2+1+a^2b^2z^2)+a^2b^2z\dot{z}^2=-g$$

证明　设珠子质量为 m，

$$T=\frac{1}{2}m(\dot{\rho}^2+\rho^2\dot{\varphi}^2+\dot{z}^2)=\frac{1}{2}m(a^2+1+a^2b^2z^2)\dot{z}^2$$

$$V=mgz$$

$$L=T-V=\frac{1}{2}m(a^2+1+a^2b^2z^2)\dot{z}^2-mgz$$

$$\frac{\partial L}{\partial z}=ma^2b^2z\dot{z}^2-mg$$

$$\frac{\partial L}{\partial \dot{z}}=m(a^2+1+a^2b^2z^2)\dot{z}$$

$$\frac{\mathrm{d}}{\mathrm{d}t}\left(\frac{\partial L}{\partial \dot{z}}\right)=m(a^2+1+a^2b^2z^2)\ddot{z}+2ma^2b^2z\dot{z}^2$$

由 $\frac{\mathrm{d}}{\mathrm{d}t}\left(\frac{\partial L}{\partial \dot{z}}\right)-\frac{\partial L}{\partial z}=0$，得

$$(a^2+1+a^2b^2z^2)\ddot{z}+a^2b^2z\dot{z}^2=-g$$

9.3.7　三个相互啮合的齿轮 G_1、G_2、G_3 通过三个扭转弹簧与三个圆盘 D_4、D_5、D_6 耦合，如图 9.50 所示. 三个齿轮的半径分别为 r_1、r_2、r_3，围绕对称轴的转动惯量分别为 I_1、I_2、I_3，三个圆盘绕其对称轴的转动惯量分别为 I_4、I_5、I_6，它们偏离平衡位置的转角分别为 θ_1，θ_2，…，θ_6，如图 9.50 所示. 三个扭转弹簧扭转单位角度时受到的扭力矩大小分别为 k_1、k_2、k_3，求此系统的拉格朗日函数.

解　$T=\frac{1}{2}I_1\dot{\theta}_1^2+\frac{1}{2}I_2\dot{\theta}_2^2+\frac{1}{2}I_3\dot{\theta}_3^2+\frac{1}{2}I_4\dot{\theta}_4^2+\frac{1}{2}I_5\dot{\theta}_5^2+\frac{1}{2}I_6\dot{\theta}_6^2$

三个齿轮相互啮合，接触点无相对运动，

$$r_1\dot{\theta}_1=r_2\dot{\theta}_2,\quad r_2\dot{\theta}_2=r_3\dot{\theta}_3$$

$$\dot{\theta}_1=\frac{r_2}{r_1}\dot{\theta}_2,\quad \dot{\theta}_3=\frac{r_2}{r_3}\dot{\theta}_2$$

取平衡位置时，

$$\theta_1=\theta_2=\theta_3=\theta_4=\theta_5=\theta_6=0$$

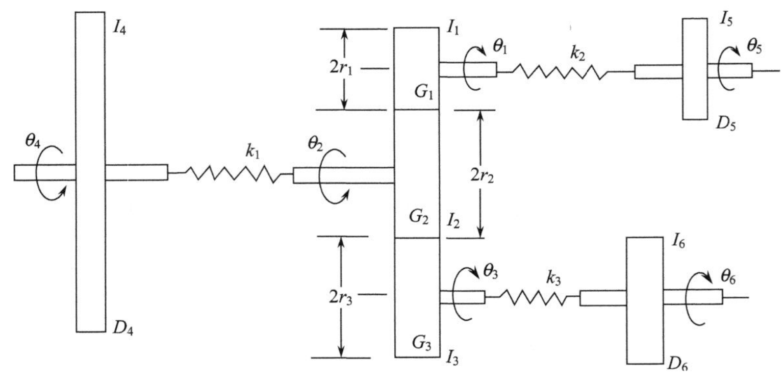

图 9.50

$$\theta_1=\frac{r_2}{r_1}\theta_2,\quad \theta_3=\frac{r_2}{r_3}\theta_2$$

$$T=\frac{1}{2}I_1\left(\frac{r_2}{r_1}\right)^2\dot{\theta}_2^2+\frac{1}{2}I_2\dot{\theta}_2^2+\frac{1}{2}I_3\left(\frac{r_2}{r_3}\right)^2\dot{\theta}_2^2+\frac{1}{2}I_4\dot{\theta}_4^2+\frac{1}{2}I_5\dot{\theta}_5^2+\frac{1}{2}I_6\dot{\theta}_6^2$$

$$=\frac{1}{2}r_2^2\left(\frac{I_1}{r_1^2}+\frac{I_2}{r_2^2}+\frac{I_3}{r_3^2}\right)\dot{\theta}_2^2+\frac{1}{2}I_4\dot{\theta}_4^2+\frac{1}{2}I_5\dot{\theta}_5^2+\frac{1}{2}I_6\dot{\theta}_6^2$$

$$V=\frac{1}{2}k_1(\theta_4-\theta_2)^2+\frac{1}{2}k_2(\theta_1-\theta_5)^2+\frac{1}{2}k_3(\theta_3-\theta_6)^2$$

$$=\frac{1}{2}k_1(\theta_4-\theta_2)^2+\frac{1}{2}k_2\left(\frac{r_2}{r_1}\theta_2-\theta_5\right)^2+\frac{1}{2}k_3\left(\frac{r_2}{r_3}\theta_2-\theta_6\right)^2$$

$$=\frac{1}{2}k_1(\theta_4-\theta_2)^2+\frac{1}{2}k_2r_2^2\left(\frac{\theta_2}{r_1}-\frac{\theta_5}{r_2}\right)^2+\frac{1}{2}k_3r_2^2\left(\frac{\theta_2}{r_3}-\frac{\theta_6}{r_2}\right)^2$$

$$L=T-V=\frac{1}{2}r_2^2\left(\frac{I_1}{r_1^2}+\frac{I_2}{r_2^2}+\frac{I_3}{r_3^2}\right)\dot{\theta}_2^2+\frac{1}{2}I_4\dot{\theta}_4^2+\frac{1}{2}I_5\dot{\theta}_5^2+\frac{1}{2}I_6\dot{\theta}_6^2$$

$$-\frac{1}{2}k_1(\theta_4-\theta_2)^2-\frac{1}{2}k_2r_2^2\left(\frac{\theta_2}{r_1}-\frac{\theta_5}{r_2}\right)^2-\frac{1}{2}k_3r_2^2\left(\frac{\theta_2}{r_3}-\frac{\theta_6}{r_2}\right)^2$$

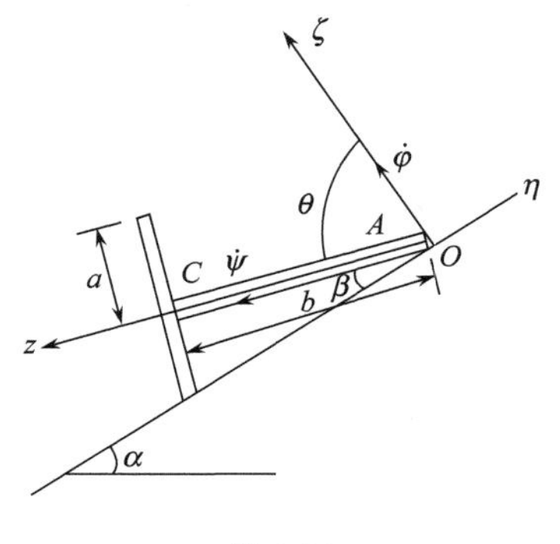

图 9.51

9.3.8　如图 9.51，一个质量为 m、半径为 a 的均质薄圆盘的质心 C 固连一根不计质量的、长为 b 的细杆 AC，细杆垂直于盘面. 此系统放在粗糙的、倾角为 α 的斜面上，杆的 A 端在斜面上的 O 点保持不动，圆盘沿半径为 $R=(a^2+b^2)^{1/2}$ 的圆周在平衡位置附近做小振动(纯滚动). 选 O 点为坐标系原点，ζ 轴垂直于斜面，η 轴沿斜面向上，固连于圆盘的动坐标系原点也在 O 点，AC 方向为 z 轴. 求：

(1)系统的动能；

(2) 系统的势能；

(3) 证明欧拉角 φ 的运动方程如同一个角频率为 $\Omega=\left(\dfrac{4gR\sin\alpha}{a^2+6b^2}\right)^{1/2}$ 的单摆.

解　(1) $T=\dfrac{1}{2}(I_1\omega_x^2+I_2\omega_y^2+I_3\omega_z^2)$

$$I_1=I_2=\frac{1}{4}ma^2+mb^2$$

$$I_3=\frac{1}{2}ma^2$$

$$\omega_z=\dot{\psi}+\dot{\varphi}\cos\theta=\dot{\psi}+\dot{\varphi}\sin\beta$$

圆盘与斜面的接触点速度为零

$$b\sin\theta\dot{\varphi}+a\omega_z=0$$

$$b\cos\beta\dot{\varphi}+a(\dot{\psi}+\dot{\varphi}\sin\beta)=0$$

将 $\cos\beta=\dfrac{b}{\sqrt{a^2+b^2}}$， $\sin\beta=\dfrac{a}{\sqrt{a^2+b^2}}$ 代入上式，可得

$$\dot{\psi}=-\frac{\sqrt{a^2+b^2}}{a}\dot{\varphi}$$

$$\omega_z=-\frac{\sqrt{a^2+b^2}}{a}\dot{\varphi}+\dot{\varphi}\frac{a}{\sqrt{a^2+b^2}}=-\frac{b^2}{a\sqrt{a^2+b^2}}\dot{\varphi}$$

$$\sqrt{\omega_x^2+\omega_y^2}=\omega_z\tan\beta=\frac{a}{b}\omega_z=-\frac{b}{\sqrt{a^2+b^2}}\dot{\varphi}$$

$$\begin{aligned}T&=\frac{1}{2}\left(\frac{1}{4}ma^2+mb^2\right)(\omega_x^2+\omega_y^2)+\frac{1}{2}\cdot\frac{1}{2}ma^2\omega_z^2\\&=\frac{1}{8}(ma^2+4mb^2)\cdot\frac{b^2}{a^2+b^2}\dot{\varphi}^2+\frac{1}{4}ma^2\cdot\frac{b^4}{a^2(a^2+b^2)}\dot{\varphi}^2\\&=\frac{1}{8}m\frac{(a^2+6b^2)b^2}{a^2+b^2}\dot{\varphi}^2\end{aligned}$$

(2)

$$V=mg\eta_C\sin\alpha+C$$

取平衡位置处为势能零点，由此定出 C 值.

$$\eta_C=-b\cos\varphi\cos\beta=-\frac{b^2}{\sqrt{a^2+b^2}}\cos\varphi$$

$$V=-mg\frac{b^2}{\sqrt{a^2+b^2}}\sin\alpha\cos\varphi+C$$

平衡位置处， $\varphi=0$，

$$0=-mg\frac{b^2}{\sqrt{a^2+b^2}}\sin\alpha+C$$

$$C = mg\frac{b^2}{\sqrt{a^2+b^2}}\sin\alpha$$

$$V = \frac{mgb^2}{\sqrt{a^2+b^2}}\sin\alpha(1-\cos\varphi)$$

在平衡位置附近做小振动时，φ很小，

$$\cos\varphi \approx 1-\frac{1}{2}\varphi^2$$

$$V = \frac{mgb^2\sin\alpha}{2\sqrt{a^2+b^2}}\varphi^2$$

(3)
$$L = T-V = \frac{m(a^2+6b^2)b^2}{8(a^2+b^2)}\dot{\varphi}^2 - \frac{mgb^2\sin\alpha}{2\sqrt{a^2+b^2}}\varphi^2$$

由

$$\frac{\mathrm{d}}{\mathrm{d}t}\left(\frac{\partial L}{\partial\dot{\varphi}}\right)-\frac{\partial L}{\partial\varphi}=0$$

$$\frac{m(a^2+6b^2)b^2}{4(a^2+b^2)}\ddot{\varphi}+\frac{mgb^2\sin\alpha}{\sqrt{a^2+b^2}}\varphi=0$$

欧拉角φ满足的微分方程和单摆满足的微分方程一样. 角频率Ω为

$$\Omega=\left[\frac{mgb^2\sin\alpha}{\sqrt{a^2+b^2}}\middle/\frac{m(a^2+6b^2)b^2}{4(a^2+b^2)}\right]^{1/2}$$

$$=\left(\frac{4g\sqrt{a^2+b^2}\sin\alpha}{a^2+6b^2}\right)^{1/2}=\left(\frac{4gR\sin\alpha}{a^2+6b^2}\right)^{1/2}$$

9.3.9　一个质量为m的质点受到势能为$V(r)$(r是球坐标)的力作用.

(1)用一个绕z轴以角速度ω转动的球坐标系写出其拉格朗日函数;

(2)证明上面写出的拉格朗日函数和用上述的转动参考系引入与速度有关的广义势(它来自惯性离轴力和科里奥利力)的拉格朗日函数是相同的.

解　(1)参考系仍是静止的惯性参考系，但用的广义坐标是转动的球坐标系r、θ和φ. 质点的绝对速度为

$$\boldsymbol{v}=\boldsymbol{v}'+\boldsymbol{\omega}\times\boldsymbol{r}=\dot{r}\boldsymbol{e}_r+r\dot{\theta}\boldsymbol{e}_\theta+r\sin\theta\dot{\varphi}\boldsymbol{e}_\varphi+\boldsymbol{\omega}\times r\boldsymbol{e}_r$$

$$\boldsymbol{\omega}=\omega(\cos\theta\boldsymbol{e}_r-\sin\theta\boldsymbol{e}_\theta)$$

所以

$$\boldsymbol{v}=\dot{r}\boldsymbol{e}_r+r\dot{\theta}\boldsymbol{e}_\theta+(r\dot{\varphi}\sin\theta+\omega r\sin\theta)\boldsymbol{e}_\varphi$$

$$T=\frac{1}{2}m\boldsymbol{v}\cdot\boldsymbol{v}=\frac{1}{2}m[\dot{r}^2+r^2\dot{\theta}^2+(r\dot{\varphi}\sin\theta+\omega r\sin\theta)^2]$$

$$=\frac{1}{2}m(\dot{r}^2+r^2\dot{\theta}^2+r^2\dot{\varphi}^2\sin^2\theta+\omega^2r^2\sin^2\theta+2\omega r^2\sin^2\theta\dot{\varphi})$$

$$L=T-V=\frac{1}{2}m(\dot{r}^2+r^2\dot{\theta}^2+r^2\dot{\varphi}^2\sin^2\theta)-V(r)$$

$$+\frac{1}{2}m(\omega^2r^2\sin^2\theta+2\omega r^2\sin^2\theta\dot{\varphi})$$

(2)采用绕 z 轴以角速度 ω 转动的参考系，采用球坐标 r、θ、φ 为广义坐标，

$$T=\frac{1}{2}m(\dot{r}^2+r^2\dot{\theta}^2+r^2\sin^2\theta\dot{\varphi}^2)$$

$$V=V(r)$$

引入广义势 U，

$$U=-\frac{1}{2}m(\omega^2r^2\sin^2\theta+2\omega r^2\sin^2\theta\dot{\varphi})$$

则 $L=T-V-U$，与用静参考系写出的拉格朗日函数相同. 或反过来讲，采用同样的广义坐标，不论用什么参考系，应有相同的拉格朗日函数，由此需引入上述广义势.

采用转动参考系，必须引入惯性力，它们是惯性离轴力和科里奥利力，因此需引入的广义势必来自这两个力. 下面来验证这一点.

先由广义势 U 求广义力.

$$Q_r=-\frac{\partial U}{\partial r}+\frac{\mathrm{d}}{\mathrm{d}t}\left(\frac{\partial U}{\partial \dot{r}}\right)=m\omega^2r\sin^2\theta+2m\omega r\sin^2\theta\dot{\varphi}$$

$$Q_\theta=-\frac{\partial U}{\partial \theta}+\frac{\mathrm{d}}{\mathrm{d}t}\left(\frac{\partial U}{\partial \dot{\theta}}\right)=m\omega^2r^2\sin\theta\cos\theta+2m\omega r^2\sin\theta\cos\theta\dot{\varphi}$$

$$Q_\varphi=-\frac{\partial U}{\partial \varphi}+\frac{\mathrm{d}}{\mathrm{d}t}\left(\frac{\partial U}{\partial \dot{\varphi}}\right)=-\frac{\mathrm{d}}{\mathrm{d}t}(m\omega r^2\sin^2\theta)$$

$$=-2m\omega r\dot{r}\sin^2\theta-2m\omega r^2\sin\theta\cos\theta\dot{\theta}$$

再由惯性离轴力和科里奥利力求广义力

$$-m\boldsymbol{\omega}\times(\boldsymbol{\omega}\times\boldsymbol{r})=m\omega^2r\sin^2\theta\boldsymbol{e}_r+m\omega^2r\sin\theta\cos\theta\boldsymbol{e}_\theta$$

$$-2m\omega\times\boldsymbol{v}=-2m\omega(\cos\theta\boldsymbol{e}_r-\sin\theta\boldsymbol{e}_\theta)\times(\dot{r}\boldsymbol{e}_r+r\dot{\theta}\boldsymbol{e}_\theta+r\sin\theta\dot{\varphi}\boldsymbol{e}_\varphi$$

$$=2m\omega r\sin^2\theta\dot{\varphi}\boldsymbol{e}_r+2m\omega r\sin\theta\cos\theta\dot{\varphi}\boldsymbol{e}_\theta$$

$$+(-2m\omega\dot{r}\sin\theta-2m\omega r\dot{\theta}\cos\theta)\boldsymbol{e}_\varphi$$

惯性离轴力和科里奥利力的合力的三个分量为

$$F_r=m\omega^2r\sin^2\theta+2m\omega r\sin^2\theta\dot{\varphi}$$

$$F_\theta=m\omega^2r\sin\theta\cos\theta+2m\omega r\sin\theta\cos\theta\dot{\varphi}$$

$$F_\varphi=-2m\omega\dot{r}\sin\theta-2m\omega r\dot{\theta}\cos\theta$$

用球坐标，力和广义力的关系为

$$Q_r=F_r,\quad Q_\theta=rF_r,\quad Q_\varphi=r\sin\theta F_\varphi$$

与由广义势算出的广义力完全一致.

9.3.10　一个由 x、y、z 轴构成的直角坐标系，相对于惯性系以匀角速 ω 绕 z 轴转动. 一个质量为 m 的质点在势能 $V(x,y,z)$ 的力的作用下运动. 试用 x,y,z 为广义坐标，写出此质点的拉格朗日函数及拉格朗日方程，并证明这些方程与在惯性参考系中这个质点受到一个力 $-\nabla V$ 及另一个可用广义势 U 导出的力作用下的运动微分方程是一样的，写出这个广义势.

解法一　用惯性参考系，但用转动的 x,y,z 作为广义坐标，

$$\begin{aligned}\boldsymbol{v} &= \dot{x}\,\boldsymbol{i} + \dot{y}\,\boldsymbol{i} + \dot{z}\,\boldsymbol{k} + \omega\boldsymbol{k}\times(x\boldsymbol{i} + y\boldsymbol{j} + z\boldsymbol{k}) \\ &= (\dot{x} - \omega y)\boldsymbol{i} + (\dot{y} + \omega x)\boldsymbol{j} + \dot{z}\boldsymbol{k}\end{aligned}$$

$$\begin{aligned}T &= \frac{1}{2}mv^2 = \frac{1}{2}m[(\dot{x}-\omega y)^2 + (\dot{y}+\omega x)^2 + \dot{z}^2] \\ &= \frac{1}{2}m(\dot{x}^2 + \dot{y}^2 + \dot{z}^2) + \frac{1}{2}m\omega^2(x^2+y^2) + m\omega(x\dot{y} - y\dot{x})\end{aligned}$$

$$\begin{aligned}L &= T - V \\ &= \frac{1}{2}m(\dot{x}^2 + \dot{y}^2 + \dot{z}^2) + \frac{1}{2}m\omega^2(x^2+y^2) + m\omega(x\dot{y} - y\dot{x}) - V(x,y,z)\end{aligned}$$

$$\frac{\partial L}{\partial \dot{x}} = m\dot{x} - m\omega y, \qquad \frac{\partial L}{\partial x} = m\omega^2 x + m\omega\dot{y} - \frac{\partial V}{\partial x}$$

$$\frac{\partial L}{\partial \dot{y}} = m\dot{y} + m\omega x, \qquad \frac{\partial L}{\partial x} = m\omega^2 y - m\omega\dot{x} - \frac{\partial V}{\partial y}$$

$$\frac{\partial L}{\partial \dot{z}} = m\dot{z}, \qquad \frac{\partial L}{\partial z} = -\frac{\partial V}{\partial z}$$

由 $\dfrac{\mathrm{d}}{\mathrm{d}t}\left(\dfrac{\partial L}{\partial q_i}\right) - \dfrac{\partial L}{\partial q_i} = 0$，得

$$m\ddot{x} = -\frac{\partial V}{\partial x} + m\omega^2 x + 2m\omega\dot{y}$$

$$m\ddot{y} = -\frac{\partial V}{\partial y} + m\omega^2 y - 2m\omega\dot{x}$$

$$m\ddot{z} = -\frac{\partial V}{\partial z}$$

用上述绕 z 轴以角速度 ω 转动的 x、y、z 坐标系作为参考系，

$$T = \frac{1}{2}m(\dot{x}^2 + \dot{y}^2 + \dot{z}^2), \quad V = V(x,y,z)$$

用同样的广义坐标，把惯性力用广义势来处理，可有同样的拉格朗日函数.

$$L = T - V - U = \frac{1}{2}m(\dot{x}^2 + \dot{y}^2 + \dot{z}^2) - V(x,y,z) - U$$

与上面写出的 L 比较，可得

$$U = -\frac{1}{2}m\omega^2(x^2+y^2) - m\omega(x\dot{y} - y\dot{x})$$

显然，用此广义势可得广义力

$$Q_x=-\frac{\partial U}{\partial x}+\frac{\mathrm{d}}{\mathrm{d}t}\left(\frac{\partial U}{\partial \dot{x}}\right)=m\omega^2 x+2m\omega\dot{y}$$

$$Q_y=-\frac{\partial U}{\partial y}+\frac{\mathrm{d}}{\mathrm{d}t}\left(\frac{\partial U}{\partial \dot{y}}\right)=m\omega^2 y-2m\omega\dot{x}$$

$$Q_z=-\frac{\partial U}{\partial z}+\frac{\mathrm{d}}{\mathrm{d}t}\left(\frac{\partial U}{\partial \dot{z}}\right)=0$$

这些广义力正是惯性离轴力和科里奥利力引起的，

$$\begin{aligned}&-m\boldsymbol{\omega}\times(\boldsymbol{\omega}\times\boldsymbol{r})-2m\boldsymbol{\omega}\times\boldsymbol{v}\\&=m\omega^2 x\boldsymbol{i}+m\omega^2 y\boldsymbol{j}+2m\omega\dot{y}\,\boldsymbol{i}-2m\omega\dot{x}\,\boldsymbol{j}\\&=(m\omega^2 x+2m\omega\dot{y})\boldsymbol{i}+(m\omega^2 y-2m\omega\dot{x})\boldsymbol{j}\end{aligned}$$

可见，引入的广义势正是用来处理惯性离轴力和科里奥利力这两个惯性力的.

解法二　广义势 U 的表达式可以写成不同的表达式. 只要满足下列三式即可：

$$-\frac{\partial U}{\partial x}+\frac{\mathrm{d}}{\mathrm{d}t}\left(\frac{\partial U}{\partial \dot{x}}\right)=m\omega^2 x+2m\omega\dot{y}$$

$$-\frac{\partial U}{\partial y}+\frac{\mathrm{d}}{\mathrm{d}t}\left(\frac{\partial U}{\partial \dot{y}}\right)=m\omega^2 y-2m\omega\dot{x}$$

$$-\frac{\partial U}{\partial z}+\frac{\mathrm{d}}{\mathrm{d}t}\left(\frac{\partial U}{\partial \dot{z}}\right)=0$$

把 U 写成 $U=U_1+U_2$，其中 $U_1=-\frac{1}{2}m\omega^2(x^2+y^2)$；它是惯性离轴力势能. 则 U_2 应满足

$$-\frac{\partial U_2}{\partial x}+\frac{\mathrm{d}}{\mathrm{d}t}\left(\frac{\partial U_2}{\partial \dot{x}}\right)=2m\omega\dot{y}$$

$$-\frac{\partial U_2}{\partial y}+\frac{\mathrm{d}}{\mathrm{d}t}\left(\frac{\partial U_2}{\partial \dot{y}}\right)=-2m\omega\dot{x}$$

$$-\frac{\partial U_2}{\partial z}+\frac{\mathrm{d}}{\mathrm{d}t}\left(\frac{\partial U_2}{\partial \dot{z}}\right)=0$$

$2m\boldsymbol{v}\times\boldsymbol{\omega}$ 可与 $q\boldsymbol{v}\times\boldsymbol{B}$ 相比拟，$\boldsymbol{B}=\nabla\times\boldsymbol{A}$，其中 $\boldsymbol{A}$ 是矢势. 可以证明，$q\boldsymbol{v}\times\boldsymbol{B}=q\boldsymbol{v}\times(\nabla\times\boldsymbol{A})$ 的广义势为

$$U=-q\boldsymbol{v}\cdot\boldsymbol{A}$$

今 $\boldsymbol{\omega}=\omega\boldsymbol{k}$，也可写成 $\boldsymbol{\omega}=\nabla\times\boldsymbol{A}$ 的形式，$\boldsymbol{A}=-\omega y\boldsymbol{i}$，$\boldsymbol{A}=\omega x\boldsymbol{j}$ 或 $\boldsymbol{A}=\frac{1}{2}\omega(-y\boldsymbol{i}+x\boldsymbol{j})$，都可得到 $\nabla\times\boldsymbol{A}=\omega\boldsymbol{k}$. 第三个 $\boldsymbol{A}$ 是第一、第二个 $\boldsymbol{A}$ 各取一半相加而得，由此可见还可以写出无穷个 $\boldsymbol{A}$ 的表达式，例如第一个的 $\frac{1}{n}$ 与第二个的 $\frac{n-1}{n}$ 之和.

$$U_2=-2m\boldsymbol{v}\cdot\boldsymbol{A}$$

可写成$U_2 = 2m\omega y\dot{x}$，$U_2 = -2m\omega x\dot{y}$，$U_2 = m\omega(\dot{x}y - x\dot{y})$等，因而$U = U_1 + U_2$可写成不同的表达式. 方法一写出的 U 是这里 U_2 的第三个写法.

9.3.11　质量为 m、荷电为 q 的粒子在柱坐标中有轴对称的电场$\boldsymbol{E} = \dfrac{E_0}{r}\boldsymbol{e}_r$和均匀磁场$\boldsymbol{B} = B_0\boldsymbol{k}$，$E_0$、$B_0$均为常量. 求此粒子的拉格朗日函数和运动微分方程.

解法一　引入电磁场的标势ϕ和矢势$\boldsymbol{A}$，今电场、磁场都不随时间而变，故有

$$\boldsymbol{E} = -\nabla\phi,\quad \boldsymbol{B} = \nabla\times\boldsymbol{A}$$

用柱坐标，

$$\nabla\phi = \frac{\partial\phi}{\partial r}\boldsymbol{e}_r + \frac{1}{r}\frac{\partial\phi}{\partial\varphi}\boldsymbol{e}_\varphi + \frac{\partial\phi}{\partial z}\boldsymbol{k}$$

$$\nabla\times\boldsymbol{A} = \left(\frac{1}{r}\frac{\partial A_z}{\partial\varphi} - \frac{\partial A_\varphi}{\partial z}\right)\boldsymbol{e}_r + \left(\frac{\partial A_r}{\partial z} - \frac{\partial A_z}{\partial r}\right)\boldsymbol{e}_\varphi + \left[\frac{1}{r}\frac{\partial(rA_\varphi)}{\partial r} - \frac{1}{r}\frac{\partial A_r}{\partial\varphi}\right]\boldsymbol{k}$$

可取

$$\phi = -E_0\ln r,\quad \boldsymbol{A} = \frac{1}{2}rB_0\boldsymbol{e}_\varphi$$

$$U = q\phi - q\boldsymbol{v}\cdot\boldsymbol{A} = -qE_0\ln r - q(\dot{r}\boldsymbol{e}_r + r\dot{\varphi}\boldsymbol{e}_\varphi + \dot{z}\boldsymbol{k})\cdot\frac{1}{2}rB_0\boldsymbol{e}_\varphi$$

$$= -qE_0\ln r - \frac{1}{2}qB_0r^2\dot{\varphi}$$

$$T = \frac{1}{2}m(\dot{r}^2 + r^2\dot{\varphi}^2 + \dot{z}^2)$$

$$L = T - U = \frac{1}{2}m(\dot{r}^2 + r^2\dot{\varphi}^2 + \dot{z}^2) + qE_0\ln r + \frac{1}{2}qB_0r^2\dot{\varphi}$$

由

$$\frac{\mathrm{d}}{\mathrm{d}t}\left(\frac{\partial L}{\partial\dot{r}}\right) - \frac{\partial L}{\partial r} = 0,\quad \frac{\mathrm{d}}{\mathrm{d}t}\left(\frac{\partial L}{\partial\dot{\varphi}}\right) - \frac{\partial L}{\partial\varphi} = 0,\quad \frac{\mathrm{d}}{\mathrm{d}t}\left(\frac{\partial L}{\partial\dot{z}}\right) - \frac{\partial L}{\partial z} = 0$$

可得运动微分方程为

$$m\ddot{r} - mr\dot{\varphi}^2 - \frac{qE_0}{r} - qB_0r\dot{\varphi} = 0$$

$$mr^2\ddot{\varphi} + 2mr\dot{r}\dot{\varphi} + qB_0r\dot{r} = 0$$

$$m\ddot{z} = 0$$

解法二　先用直角坐标的旋度表达式求$\boldsymbol{A}$，再变换为柱坐标的表达式，

$$\boldsymbol{A} = -B_0y\boldsymbol{i} = -B_0r\sin\varphi(\cos\varphi\boldsymbol{e}_r - \sin\varphi\boldsymbol{e}_\varphi)$$

$$U = q\phi - q\dot{\boldsymbol{r}}\cdot\boldsymbol{A} = -qE_0\ln r + qB_0r\sin\varphi(\dot{r}\cos\varphi - r\dot{\varphi}\sin\varphi)$$

$$L = \frac{1}{2}m(\dot{r}^2 + r^2\dot{\varphi}^2 + \dot{z}^2) + qE_0\ln r - qB_0r\sin\varphi(\dot{r}\cos\varphi - r\dot{\varphi}\sin\varphi)$$

以下略，可得与解法一相同的运动微分方程.

9.3.12　当电磁场的矢势和标势受到规范变换

$\boldsymbol{A}$ 换为
$$\boldsymbol{A}' = \boldsymbol{A} + \nabla \Lambda$$

ϕ 换为
$$\phi' = \phi - \frac{\partial \Lambda}{\partial t}$$

时，它们所描述的电磁场不变，可是拉格朗日函数显然要改变. 证明：用新的拉格朗日函数仍然给出与原来相同的运动微分方程.

证明　只要证明规范变换后的广义势得到的广义力仍和变换前的一样，就证明了可得相同的运动微分方程.

$$\begin{aligned} U &= q\phi' - q\dot{\boldsymbol{r}} \cdot \boldsymbol{A}' \\ &= q\phi - q\frac{\partial \Lambda}{\partial t} - q\dot{\boldsymbol{r}} \cdot \boldsymbol{A} - q\dot{\boldsymbol{r}} \cdot \nabla \Lambda \end{aligned}$$

要证明附加项

$$U^* = -q\frac{\partial \Lambda}{\partial t} - q\dot{\boldsymbol{r}} \cdot \nabla \Lambda = -q\frac{\partial \Lambda}{\partial t} - q\left(\dot{x}\frac{\partial \Lambda}{\partial x} + \dot{y}\frac{\partial \Lambda}{\partial y} + \dot{z}\frac{\partial \Lambda}{\partial z}\right)$$

对广义力没有贡献，

$$\frac{\partial U^*}{\partial \dot{x}} = -q\frac{\partial \Lambda}{\partial x}$$

$$\frac{\mathrm{d}}{\mathrm{d}t}\left(\frac{\partial U^*}{\partial \dot{x}}\right) = -q\left[\frac{\partial^2 \Lambda}{\partial t \partial x} + \frac{\partial^2 \Lambda}{\partial x^2}\dot{x} + \frac{\partial^2 \Lambda}{\partial y \partial x}\dot{y} + \frac{\partial^2 \Lambda}{\partial z \partial x}\dot{z}\right]$$

$$\frac{\partial U^*}{\partial x} = -q\frac{\partial^2 \Lambda}{\partial x \partial t} - q\left(\dot{x}\frac{\partial^2 \Lambda}{\partial x^2} + \dot{y}\frac{\partial^2 \Lambda}{\partial x \partial y} + \dot{z}\frac{\partial^2 \Lambda}{\partial x \partial z}\right)$$

$$\frac{\mathrm{d}}{\mathrm{d}t}\left(\frac{\partial U^*}{\partial \dot{x}}\right) - \frac{\partial U^*}{\partial x} = 0$$

同样可证：

$$\frac{\mathrm{d}}{\mathrm{d}t}\left(\frac{\partial U^*}{\partial \dot{y}}\right) - \frac{\partial U^*}{\partial y} = 0, \quad \frac{\mathrm{d}}{\mathrm{d}t}\left(\frac{\partial U^*}{\partial \dot{z}}\right) - \frac{\partial U^*}{\partial z} = 0$$

即由附加项 U^* 得到的广义力 $Q_x^* = Q_y^* = Q_z^* = 0$.

上题两种方法给出了两个 $\boldsymbol{A}$，

$$\boldsymbol{A} = \frac{1}{2} r B_0 \boldsymbol{e}_\varphi$$

$$\boldsymbol{A}' = -B_0 r \sin\varphi(\cos\varphi \boldsymbol{e}_r - \sin\varphi \boldsymbol{e}_\varphi).$$

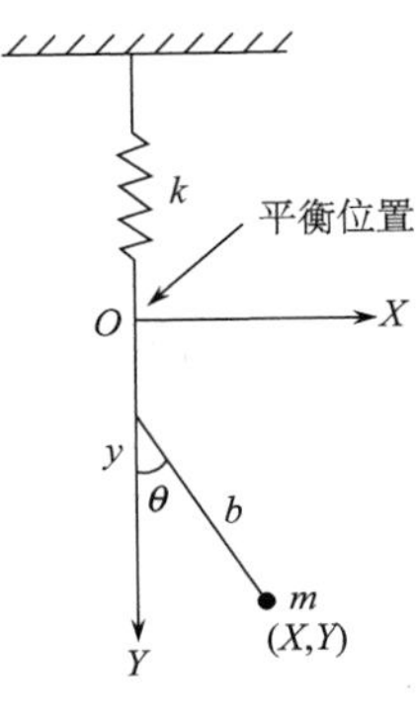

图 9.52

可以找到 Λ，使 $\boldsymbol{A}'=\boldsymbol{A}+\nabla\Lambda$，这个 Λ 为

$$\Lambda=-\frac{1}{2}B_0r^2\sin\varphi\cos\varphi$$

9.3.13 一个长度为 b、摆锤质量为 m 的单摆悬于原长为 a、劲度系数为 k 的弹簧上，悬点限于在竖直方向运动. 摆锤处于黏性介质中，受到的阻力其大小与摆锤的速率成正比，比例系数为 γ. 用摆的悬点在系统的平衡位置下的距离 y 和摆与铅垂线的夹角 θ 为广义坐标，写出耗散函数和运动微分方程.

解法一 取平衡位置为坐标系原点. X 轴沿水平方向，Y 轴竖直向下，如图 9.52 所示.

$$\begin{aligned}T&=\frac{1}{2}m(\dot{X}^2+\dot{Y}^2)\\&=\frac{1}{2}m[(b\dot{\theta}\cos\theta)^2+(\dot{y}-b\dot{\theta}\sin\theta)^2]\\&=\frac{1}{2}m(b^2\dot{\theta}^2+\dot{y}^2-2b\dot{y}\dot{\theta}\sin\theta)\end{aligned}$$

$$\begin{aligned}V&=\frac{1}{2}k\left[\left(\frac{mg}{k}+y\right)^2-\left(\frac{mg}{k}\right)^2\right]-mg\left[y-b(1-\cos\theta)\right]\\&=\frac{1}{2}ky^2+mgb(1-\cos\theta)\end{aligned}$$

这里取平衡位置 $y=0,\theta=0$ 为势能的零点，但这不是必须的，

$$L=T-V=\frac{1}{2}m(\dot{y}^2+b^2\dot{\theta}^2-2b\dot{y}\dot{\theta}\sin\theta)-\frac{1}{2}ky^2-mgb(1-\cos\theta)$$

摆锤的速度

$$\boldsymbol{v}=b\dot{\theta}\cos\theta\boldsymbol{i}+(\dot{y}-b\dot{\theta}\sin\theta)\boldsymbol{j}$$

阻力

$$\boldsymbol{f}=-\gamma\boldsymbol{v}=-\gamma b\dot{\theta}\cos\theta\boldsymbol{i}-\gamma(\dot{y}-b\dot{\theta}\sin\theta)\boldsymbol{j}$$

$$f_X=-\gamma b\dot{\theta}\cos\theta$$

$$f_Y=-\gamma(\dot{y}-b\dot{\theta}\sin\theta)$$

耗散函数

$$R=\frac{1}{2}\gamma[(b\dot{\theta}\cos\theta)^2+(\dot{y}-b\dot{\theta}\sin\theta)^2]=\frac{1}{2}\gamma(\dot{y}^2+b^2\dot{\theta}^2-2b\dot{y}\dot{\theta}\sin\theta)$$

解法二

$$Q_y=f_X\frac{\partial X}{\partial y}+f_Y\frac{\partial Y}{\partial y}$$

$$X=b\sin\theta,\quad Y=y+b\cos\theta$$

$$\begin{aligned}Q_y&=-\gamma b\dot{\theta}\cos\theta\cdot 0-\gamma(\dot{y}-b\dot{\theta}\sin\theta)\cdot 1\\&=-\gamma(\dot{y}-b\dot{\theta}\sin\theta)\end{aligned}$$

$$Q_\theta = f_X \frac{\partial X}{\partial \theta} + f_Y \frac{\partial Y}{\partial \theta}$$

$$= -\gamma b\dot{\theta}\cos\theta \cdot b\cos\theta - \gamma(\dot{y} - b\dot{\theta}\sin\theta)(-b\sin\theta)$$

$$= \gamma b\dot{y}\sin\theta - \gamma b^2\dot{\theta}$$

$$\mathrm{d}R = \frac{\partial R}{\partial \dot{y}}\mathrm{d}\dot{y} + \frac{\partial R}{\partial \dot{\theta}}\mathrm{d}\dot{\theta} = -Q_y\mathrm{d}\dot{y} - Q_\theta\mathrm{d}\dot{\theta}$$

$$= \gamma(\dot{y} - b\dot{\theta}\sin\theta)\mathrm{d}\dot{y} - (\gamma b\dot{y}\sin\theta - \gamma b^2\dot{\theta})\mathrm{d}\dot{\theta}$$

$$= \mathrm{d}\left(\frac{1}{2}\gamma\dot{y}^2 + \frac{1}{2}\gamma b^2\dot{\theta}^2 - \gamma b\dot{y}\dot{\theta}\sin\theta\right)$$

$$R = \frac{1}{2}\gamma(\dot{y}^2 + b^2\dot{\theta}^2 - 2b\dot{y}\dot{\theta}\sin\theta)$$

由

$$\frac{\mathrm{d}}{\mathrm{d}t}\left(\frac{\partial L}{\partial \dot{y}}\right) - \frac{\partial L}{\partial y} = -\frac{\partial R}{\partial \dot{y}} \quad \text{或} \quad Q_y$$

$$\frac{\mathrm{d}}{\mathrm{d}t}\left(\frac{\partial L}{\partial \dot{\theta}}\right) - \frac{\partial L}{\partial \theta} = -\frac{\partial R}{\partial \dot{\theta}} \quad \text{或} \quad Q_\theta$$

得

$$m\ddot{y} - mb\ddot{\theta}\sin\theta - mb\dot{\theta}^2\cos\theta + ky = -\gamma\dot{y} + \gamma b\dot{\theta}\sin\theta$$

$$mb\ddot{\theta} - m\ddot{y}\sin\theta + mg\sin\theta = \gamma\dot{y}\sin\theta - \gamma b\dot{\theta}$$

9.3.14　求 9.1.9 题所述系统的耗散函数，并由此求 Q_y、Q_{y_3} .

解　$$R = -\int(-\alpha_1\dot{y}_1\mathrm{d}\dot{y}_1 - \alpha_2\dot{y}_2\mathrm{d}\dot{y}_2) = \frac{1}{2}(\alpha_1\dot{y}_1^2 + \alpha_2\dot{y}_2^2)$$

$$y_1 = y + y_3,\quad \dot{y}_1 = \dot{y} + \dot{y}_3,\quad \dot{y}_2 = \dot{y} - \dot{y}_3$$

$$R = \frac{1}{2}\alpha_1(\dot{y} + \dot{y}_3)^2 + \frac{1}{2}\alpha_2(\dot{y} - \dot{y}_3)^2$$

$$Q_y = -\frac{\partial R}{\partial \dot{y}} = -\alpha_1(\dot{y} + \dot{y}_3) - \alpha_2(\dot{y} - \dot{y}_3)$$

$$Q_{y3} = -\frac{\partial R}{\partial \dot{y}_3} = -\alpha_1(\dot{y} + \dot{y}_3) + \alpha_2(\dot{y} - \dot{y}_3)$$

9.3.15　求 9.1.12 题所述系统的耗散函数 $R(\dot{x}_1, \dot{q}_1, \dot{q}_2)$，并由此求 Q_{x_1}、Q_{q_1}、Q_{q_2} .

解　$$R = -\int(Q_{x_1}\mathrm{d}\dot{x}_1 + Q_{x_2}\mathrm{d}\dot{x}_2 + Q_{x_3}\mathrm{d}\dot{x}_3)$$

$$= \int\{[\alpha_1\dot{x}_1 - \alpha_4(\dot{x}_2 - \dot{x}_1)]\mathrm{d}\dot{x}_1 + [\alpha_2\dot{x}_2 + \alpha_4(\dot{x}_2 - \dot{x}_1)$$

$$- \alpha_5(\dot{x}_3 - \dot{x}_2)]\mathrm{d}\dot{x}_2 + [\alpha_2\dot{x}_3 + \alpha_5(\dot{x}_3 - \dot{x}_2)]\mathrm{d}\dot{x}_3\}$$

$$= \int(\alpha_1 + \alpha_4)\dot{x}_1\mathrm{d}\dot{x}_1 + \int(\alpha_2 + \alpha_4 + \alpha_5)\dot{x}_2\mathrm{d}\dot{x}_2 + \int(\alpha_3 + \alpha_5)\dot{x}_3\mathrm{d}\dot{x}_3$$

$$+ \int[-\alpha_4\dot{x}_2\mathrm{d}\dot{x}_1 - (\alpha_4\dot{x}_1 + \alpha_5\dot{x}_3)\mathrm{d}\dot{x}_2 - \alpha_5\dot{x}_2\mathrm{d}\dot{x}_3]$$

$$=\frac{1}{2}(\alpha_1+\alpha_4)\dot{x}_1^2+\frac{1}{2}(\alpha_2+\alpha_4+\alpha_5)\dot{x}_2^2+\frac{1}{2}(\alpha_3+\alpha_5)\dot{x}_3^2$$

$$-\alpha_4\dot{x}_1\dot{x}_2-\alpha_5\dot{x}_2\dot{x}_3$$

因为 $\dot{x}_2=\dot{x}_1+\dot{q}_1$，　$\dot{x}_3=\dot{x}_1+\dot{q}_1+\dot{q}_2$，所以

$$R(\dot{x}_1,\dot{q}_1,\dot{q}_2)=\frac{1}{2}(\alpha_1+\alpha_4)\dot{x}_1^2+\frac{1}{2}(\alpha_2+\alpha_4+\alpha_5)(\dot{x}_1+\dot{q}_1)^2$$

$$+\frac{1}{2}(\alpha_3+\alpha_5)(\dot{x}_1+\dot{q}_1+\dot{q}_2)^2-\alpha_4\dot{x}_1(\dot{x}_1+\dot{q}_1)-\alpha_5(\dot{x}_1+\dot{q}_1)(\dot{x}_1+\dot{q}_1+\dot{q}_2)$$

$$Q_{x_1}=-\frac{\partial R(\dot{x}_1,\dot{q}_1,\dot{q}_2)}{\partial \dot{x}_1},\quad Q_{q_1}=-\frac{\partial R(\dot{x}_1,\dot{q}_1,\dot{q}_2)}{\partial \dot{q}_1}$$

$$Q_{q_2}=-\frac{\partial R(\dot{x}_1,\dot{q}_1,\dot{q}_2)}{\partial \dot{q}_2}$$

计算略.

9.3.16　求 9.1.19 题所述系统的耗散函数.

解　为了不与耗散函数 R 相混淆，将圆环的半径改为 r.

$$R=-\iint(F_{x'}\mathrm{d}\dot{x}'+F_{y'}\mathrm{d}\dot{y}')$$

两个积分符号，一个是对恰当微分的积分，另一个是因为系统是连续分布的，阻力也是连续分布于各质元的，对受到阻力的所有区域积分.

今系统是半径为 r 的圆环，9.1.19 题图 9.14 中处于 $\alpha\sim\alpha+\mathrm{d}\alpha$ 的环元所受的摩擦力为

$$-f\frac{[\dot{x}-r\dot{\varphi}\sin(\varphi+\alpha)\boldsymbol{i}]+[\dot{y}+r\dot{\varphi}\cos(\varphi+\alpha)]\boldsymbol{j}}{\{[\dot{x}-r\dot{\varphi}\sin(\varphi+\alpha)]^2+[\dot{y}+r\dot{\varphi}\cos(\varphi+\alpha)]^2\}^{1/2}}r\mathrm{d}\alpha$$

$$\dot{x}'=\dot{x}-r\dot{\varphi}\sin(\varphi+\alpha)$$

$$\dot{y}'=\dot{y}+r\dot{\varphi}\cos(\varphi+\alpha)$$

$$R=\int_0^{2\pi}\left(\int f\frac{[\dot{x}-r\dot{\varphi}\sin(\varphi+\alpha)]\mathrm{d}[\dot{x}-r\dot{\varphi}\sin(\varphi+\alpha)]}{\{[\dot{x}-r\dot{\varphi}\sin(\varphi+\alpha)]^2+[\dot{y}+r\dot{\varphi}\cos(\varphi+\alpha)]^2\}^{1/2}}\right.$$

$$\left.+\int f\frac{[\dot{y}+r\dot{\varphi}\cos(\varphi+\alpha)]\mathrm{d}[\dot{y}+r\dot{\varphi}\cos(\varphi+\alpha)]}{\{[\dot{x}-r\dot{\varphi}\sin(\varphi+\alpha)]^2+[\dot{y}+r\dot{\varphi}\cos(\varphi+\alpha)]^2\}^{1/2}}\right)r\mathrm{d}\alpha$$

$$=rf\int_0^{2\pi}\int\frac{\frac{1}{2}\mathrm{d}\{[\dot{x}-r\dot{\varphi}\sin(\varphi+\alpha)]^2+[\dot{y}+r\dot{\varphi}\cos(\varphi+\alpha)]^2\}}{\{[\dot{x}-r\dot{\varphi}\sin(\varphi+\alpha)]^2+[\dot{y}+r\dot{\varphi}\cos(\varphi+\alpha)]^2\}^{1/2}}\mathrm{d}\alpha$$

$$=rf\int_0^{2\pi}\{[\dot{x}-r\dot{\varphi}\sin(\varphi+\alpha)]^2+[\dot{y}+r\dot{\varphi}\cos(\varphi+\alpha)]^2\}^{1/2}\mathrm{d}\alpha$$

由

$$Q_x=-\frac{\partial R(\dot{x},\dot{y},\dot{\varphi})}{\partial \dot{x}},\quad Q_y=-\frac{\partial R(\dot{x},\dot{y},\dot{\varphi})}{\partial \dot{y}},\quad Q_\varphi=-\frac{\partial R(\dot{x},\dot{y},\dot{\varphi})}{\partial \dot{\varphi}}$$

可得 9.1.19 题的结果.

9.3.17　上题的圆环改为半径为 r 的圆盘，f 改为相接触的单位面积所受的摩擦力的大小，证明耗散函数为

$$R = f\int_0^r\int_0^{2\pi}\{[\dot{x} - r'\dot{\varphi}\sin(\varphi+\alpha)]^2 + [\dot{y} + r'\dot{\varphi}\cos(\varphi+\alpha)]^2\}^{1/2} r'\mathrm{d}r'\mathrm{d}\alpha$$

证明　在 $r' \sim r' + \mathrm{d}r'$，$\alpha \sim \alpha + \mathrm{d}\alpha$ 的面元受到的摩擦力为

$$-f\frac{[\dot{x} - r'\dot{\varphi}\sin(\varphi+\alpha)]\boldsymbol{i} + [\dot{y} + r'\dot{\varphi}\cos(\varphi+\alpha)]\boldsymbol{j}}{\{[\dot{x} - r'\dot{\varphi}\sin(\varphi+\alpha)]^2 + [\dot{y} + r'\dot{\varphi}\cos(\varphi+\alpha)]^2\}^{1/2}} r'\mathrm{d}r'\mathrm{d}\alpha$$

类似上题做法，可得要证明的式子.

9.3.18　假定图 9.53 中的减震器引入的力与相对速度的立方成正比，比例系数为 b，各对接触平面间的阻力是正比于相对速度的黏性阻力，比例系数分别为 α_1、α_2、α_3. 求系统的耗散函数.

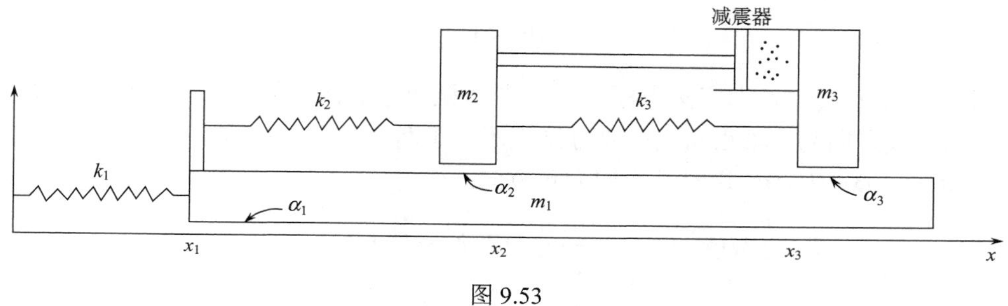

图 9.53

解　设 f_1、f_2、f_3 分别为 m_1、m_2、m_3 受到的阻力，

$$f_1 = -\alpha_1\dot{x}_1 - \alpha_2(\dot{x}_1 - \dot{x}_2) - \alpha_3(\dot{x}_1 - \dot{x}_3)$$

$$f_2 = -\alpha_2(\dot{x}_2 - \dot{x}_1) - b(\dot{x}_2 - \dot{x}_3)^3$$

$$f_3 = -\alpha_3(\dot{x}_3 - \dot{x}_1) - b(\dot{x}_3 - \dot{x}_2)^3$$

$$\begin{aligned}
\mathrm{d}R &= -f_1\mathrm{d}\dot{x}_1 - f_2\mathrm{d}\dot{x}_2 - f_3\mathrm{d}\dot{x}_3 \\
&= [\alpha_1\dot{x}_1 + \alpha_2(\dot{x}_1 - \dot{x}_2) + \alpha_3(\dot{x}_1 - \dot{x}_3)]\mathrm{d}\dot{x}_1 \\
&\quad + [\alpha_2(\dot{x}_2 - \dot{x}_1) + b(\dot{x}_2 - \dot{x}_3)^3]\mathrm{d}\dot{x}_2 \\
&\quad + [\alpha_3(\dot{x}_3 - \dot{x}_1) + b(\dot{x}_3 - \dot{x}_2)^3]\mathrm{d}\dot{x}_3 \\
&= \alpha_1\dot{x}_1\mathrm{d}\dot{x}_1 + \alpha_2(\dot{x}_2 - \dot{x}_1)\mathrm{d}(\dot{x}_2 - \dot{x}_1) + \alpha_3(\dot{x}_3 - \dot{x}_1)\mathrm{d}(\dot{x}_3 - \dot{x}_1) \\
&\quad + b(\dot{x}_3 - \dot{x}_2)^3\mathrm{d}(\dot{x}_3 - \dot{x}_2)
\end{aligned}$$

$$R = \frac{1}{2}\alpha_1\dot{x}_1^2 + \frac{1}{2}\alpha_2(\dot{x}_2 - \dot{x}_1)^2 + \frac{1}{2}\alpha_3(\dot{x}_3 - \dot{x}_1)^2 + \frac{1}{4}b(\dot{x}_3 - \dot{x}_2)^4$$

9.3.19　如图 9.54，一个质量为 M、半径为 R 的圆盘在一个光滑的水平面上滑动，另有一个质量为 m、半径为 r 的圆盘，将其中心钉在前一圆盘上离中心距离 b 处，它可在前一圆盘上围绕该点无摩擦地转动. 选取适当的广义坐标，写出该系统的拉格朗日函数，给出一切可以直接写出的运动积分.

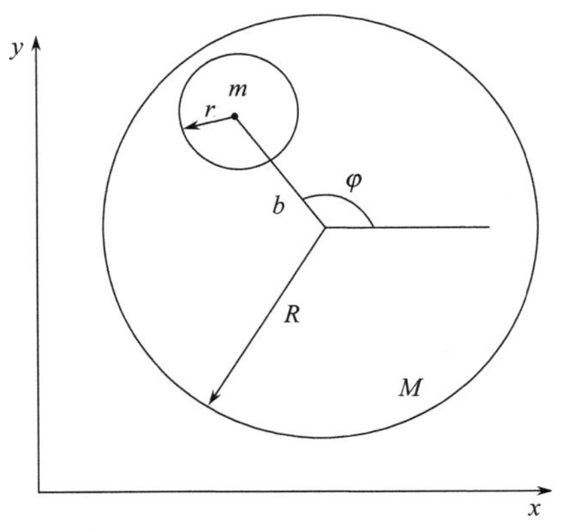

图 9.54

解　取x、y、φ、θ为广义坐标，x、y是大圆盘中心的坐标，取x轴使$t=0$时两圆盘中心的连线方向为x轴正向，φ、θ分别表示大小两圆盘在各自质心平动参考系中的转角，$t=0$时，$\varphi=\theta=0$，逆时针方向为正方向.

$$
\begin{aligned}
T=&\frac{1}{2}M(\dot{x}^2+\dot{y}^2)+\frac{1}{2}\bullet\frac{1}{2}MR^2\dot{\varphi}^2+\frac{1}{2}m\Big[(\dot{x}-b\dot{\varphi}\sin\varphi)^2\\
&+(\dot{y}+b\dot{\varphi}\cos\varphi)^2\Big]+\frac{1}{2}\times\frac{1}{2}mr^2\dot{\theta}^2\\
=&\frac{1}{2}(m+M)(\dot{x}^2+\dot{y}^2)+\frac{1}{4}(MR^2+2mb^2)\dot{\varphi}^2+\frac{1}{4}mr^2\dot{\theta}^2\\
&+mb(-\dot{x}\dot{\varphi}\sin\varphi+\dot{y}\dot{\varphi}\cos\varphi)
\end{aligned}
$$

$$V=0,\quad L=T-V=T$$

$$\frac{\partial L}{\partial\theta}=0,\quad \frac{\partial L}{\partial\dot{\theta}}=\frac{1}{2}mr^2\dot{\theta}=\text{常量},\quad \dot{\theta}=\text{常量}$$

$$\frac{\partial L}{\partial x}=0,\quad \frac{\partial L}{\partial\dot{x}}=(m+M)\dot{x}-mb\dot{\varphi}\sin\varphi=\text{常量}$$

$$\frac{\partial L}{\partial y}=0,\quad \frac{\partial L}{\partial\dot{y}}=(m+M)\dot{y}+mb\dot{\varphi}\cos\varphi=\text{常量}$$

因为$\dfrac{\partial L}{\partial t}=0$，$V=0$，$U=0$，所以

$$\sum_i\frac{\partial L}{\partial\dot{q}_i}\dot{q}_i-L=T=\text{常量}$$

9.3.20　一个均匀的实心圆柱体，半径为R，质量为M，放在一个水平面上. 另一个相同的圆柱体放在它上面，和它的最高母线相切. 两圆柱体从静止状态开始做无滑动滚动. 写出该系统的拉格朗日函数，说明存在哪些运动积分，并证明，只要两圆柱保持接触，则有

$$\dot{\theta}^2=\frac{12g(1-\cos\theta)}{R(17+4\cos\theta-4\cos^2\theta)}$$

其中 θ 是两轴所决定的平面和通过一个轴的铅垂面间的夹角.

解　图 9.55 中，φ，ψ 分别是两个圆柱在各自的质心平动参考系中的转角，

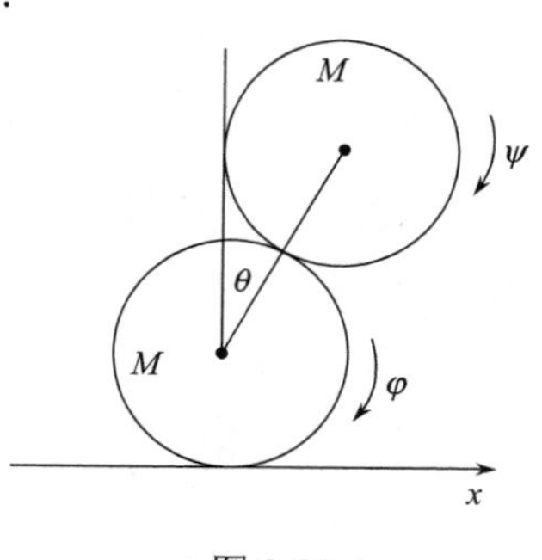

图 9.55

$$T=\frac{1}{2}M\dot{x}^2+\frac{1}{2}\times\frac{1}{2}MR^2\dot{\varphi}^2+\frac{1}{2}M\Big[(\dot{x}+2R\dot{\theta}\cos\theta)^2+(2R\dot{\theta}\sin\theta)^2\Big]+\frac{1}{2}\cdot\frac{1}{2}MR^2\dot{\psi}^2$$

两个圆柱均做纯滚动，

$$\dot{x}-R\dot{\varphi}=0$$

$$2R\dot{\theta}-R\dot{\psi}=R\dot{\varphi}$$

可得

$$\dot{x}=R\dot{\varphi},\quad \dot{\psi}=2\dot{\theta}-\dot{\varphi}$$

选用 φ、θ 为广义坐标，用上述两个约束关系，动能可改写为

$$T=\frac{3}{2}MR^2\dot{\varphi}^2+3MR^2\dot{\theta}^2+2MR^2\dot{\varphi}\dot{\theta}\cos\theta-MR^2\dot{\theta}\,\dot{\varphi}$$

$$V=-Mg\cdot 2R(1-\cos\theta)$$

$$L=T-V=\frac{3}{2}MR^2\dot{\varphi}^2+3MR^2\dot{\theta}^2+MR^2\dot{\varphi}\dot{\theta}(2\cos\theta-1)+2MgR(1-\cos\theta)$$

因为 $\dfrac{\partial L}{\partial\varphi}=0$，$\dfrac{\partial L}{\partial\dot{\varphi}}=$ 常量，并用初始条件：$t=0$ 时，$\dot{\theta}=0$，$\dot{\varphi}=0$，可得

$$3MR^2\dot{\varphi}+MR^2\dot{\theta}(2\cos\theta-1)=0$$

因为 $\dfrac{\partial L}{\partial t}=0$，$\sum\limits_i\dfrac{\partial L}{\partial\dot{q}_i}\dot{q}_i-L=$ 常量，所以

$$\frac{3}{2}MR^2\dot{\varphi}^2+3MR^2\dot{\theta}^2+MR^2\dot{\varphi}\dot{\theta}(2\cos\theta-1)-2MgR(1-\cos\theta)=0$$

这里用了初始条件：$t=0$ 时，$\dot{\varphi}=\dot{\theta}=0$，$\theta=0$，因而等号右边的常量为零.

从两个运动积分的式子解出 $\dot{\theta}^2$ 得

$$\dot{\theta}^2=\frac{12g(1-\cos\theta)}{R(17+4\cos\theta-4\cos^2\theta)}$$

9.3.21　一根质量为 M、长为 $2a$ 的均质棒 OA 装在固定点的光滑枢轴上，另有一个质量为 m 的珠子 P 用一根自然长度为 a、劲度系统为 k 的轻弹簧连于 O 点，并套在棒上，可沿棒做无摩擦滑动. 设 θ 是 OA 与铅垂线间的夹角，φ 是包含 OA 的铅垂面与固定铅垂面间的夹角，r 为 OP 间的距离. 用 r、θ、φ 为广义坐标，写出系统的拉格朗日函数，并给出两个运动常数.

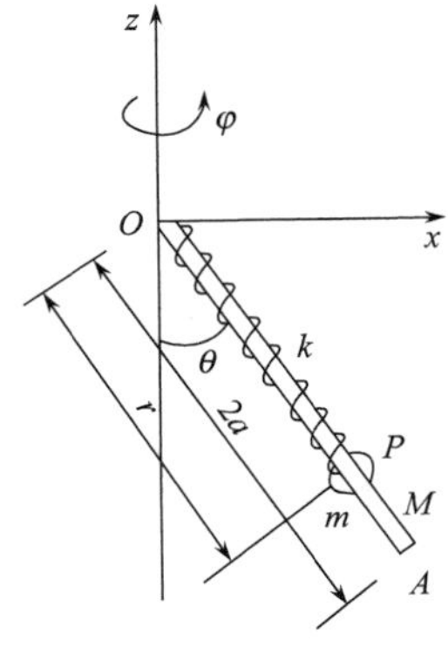

图 9.56

解　取 z 轴竖直向上，x 轴水平，随棒绕 z 轴转动，x 轴、z 轴和棒始终在同一竖直平面内，如图 9.56 所示.

棒关于 O 点的轴转动惯量和惯量积分别为

$$I_{xx}=\frac{1}{3}M(2a\cos\theta)^2=\frac{4}{3}Ma^2\cos^2\theta$$

$$I_{yy}=\frac{1}{3}M(2a)^2=\frac{4}{3}Ma^2$$

$$I_{zz}=\frac{1}{3}M(2a\sin\theta)^2=\frac{4}{3}Ma^2\sin^2\theta$$

$$I_{xy}=I_{yz}=0,\quad I_{xz}\neq 0$$

但此题因为 $\omega_x=0$，可以不必计算 I_{xz}.

$$T=\frac{1}{2}(I_{xx}\omega_x^2+I_{yy}\omega_y^2+I_{zz}\omega_z^2+2I_{xz}\omega_x\omega_z$$

$$+2I_{xy}\omega_x\omega_y+2I_{yz}\omega_y\omega_z)+\frac{1}{2}m(\dot r^2+r^2\dot\theta^2+r^2\sin^2\theta\dot\varphi^2)$$

令 $\omega_x=0,\quad \omega_y=-\dot\theta,\quad \omega_z=\dot\varphi$，所以

$$T=\frac{1}{2}m\dot r^2+\frac{1}{2}\left(mr^2+\frac{4}{3}Ma^2\right)(\dot\theta^2+\dot\varphi^2\sin^2\theta)$$

$$V=-Mga\cos\theta-mgr\cos\theta+\frac{1}{2}k(r-a)^2$$

$$L=T-V=\frac{1}{2}m\dot r^2+\frac{1}{2}\left(mr^2+\frac{4}{3}Ma^2\right)(\dot\theta^2+\dot\varphi^2\sin^2\theta)$$

$$+(Ma+mr)g\cos\theta-\frac{1}{2}k(r-a)^2$$

因为 $\dfrac{\partial L}{\partial\varphi}=0$，所以 $\dfrac{\partial L}{\partial\dot\varphi}=$ 常量，即

$$\left(mr^2+\frac{4}{3}Ma^2\right)\dot\varphi\sin^2\theta=\text{常量}$$

因为 $\dfrac{\partial L}{\partial t}=0$，所以 $\sum\limits_i\dfrac{\partial L}{\partial\dot q_i}\dot q_i-L=$ 常量，即

$$\frac{1}{2}m\dot r^2+\frac{1}{2}\left(mr^2+\frac{4}{3}Ma^2\right)(\dot\theta^2+\dot\varphi^2\sin^2\theta)$$

$$-(Ma+mr)g\cos\theta+\frac{1}{2}k(r-a)^2=\text{常量}$$

9.3.22　一个质量为 m 的粒子在一光滑平面上运动，它受到平面上一固定点 P 的吸引力，力的大小与离 P 点的距离的平方成反比，比例系数为 k. 用极坐标写出该粒子的拉格朗日函数和运动微分方程，并给出两个运动积分.

解　取 P 点为极坐标系原点，

$$\boldsymbol{F}=-\frac{k}{r^3}\boldsymbol{r}$$

取无穷远处的势能为零，

$$V(r)=-\int_\infty^r \boldsymbol{F}\cdot\mathrm{d}\boldsymbol{r}=\int_r^\infty \boldsymbol{F}\cdot\mathrm{d}\boldsymbol{r}=\int_r^\infty\left(-\frac{k}{r^2}\right)\mathrm{d}r=-\frac{k}{r}$$

$$T=\frac{1}{2}m(\dot{r}^2+r^2\dot{\varphi}^2)$$

$$L=T-V=\frac{1}{2}m(\dot{r}^2+r^2\dot{\varphi}^2)+\frac{k}{r}$$

由 $\frac{\mathrm{d}}{\mathrm{d}t}\left(\frac{\partial L}{\partial \dot{r}}\right)-\frac{\partial L}{\partial r}=0$，$\frac{\mathrm{d}}{\mathrm{d}t}\left(\frac{\partial L}{\partial \dot{\varphi}}\right)-\frac{\partial L}{\partial \varphi}=0$，给出粒子的运动微分方程为

$$m(\ddot{r}-r\dot{\varphi}^2)+\frac{k}{r^2}=0$$

$$\frac{\mathrm{d}}{\mathrm{d}t}\left(mr^2\dot{\varphi}\right)=0$$

可直接写出两个运动积分.

$$mr^2\dot{\varphi}=\text{常量}$$

因为

$$\frac{\partial L}{\partial t}=0$$

$$\frac{1}{2}m(\dot{r}^2+r^2\dot{\varphi}^2)-\frac{k}{r}=\text{常量}$$

9.3.23　如图 9.57 所示，质量为 m_1、m_2 的两粒子之间的作用力为有心力，势能为 $V(r)$，$\boldsymbol{r}$ 为相对位矢.

(1) 在质心平动参考系中写出此系统的拉格朗日函数，并由此证明能量和角动量守恒；证明运动总在一个平面内，满足开普勒第二定律（$\boldsymbol{r}$ 在相等的时间内扫过相等的面积）；

(2) 若势能 $V=\frac{1}{2}kr^2$（k 是一个正的常数），且已知总能量 E 和角动量 J，求出运动过程中 r 的最大值和最小值满足的表达式.

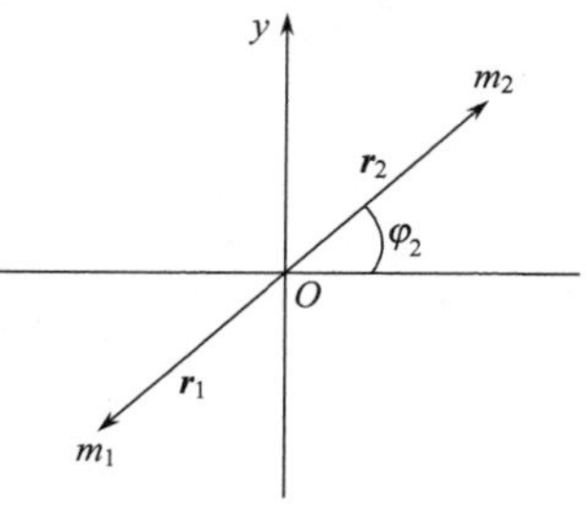

图 9.57

解　由于作用力总沿着两质点的连线，质点的运动将在开始时的相对速度与连线构成的平面内运动，在质心平动参考系中取平面极坐标，原点位于质心，$\boldsymbol{r}_1$、$\boldsymbol{r}_2$ 是两质点对质心的位矢. 由质心的定义，

$$m_1\boldsymbol{r}_1+m_2\boldsymbol{r}_2=0$$

$$m_1\boldsymbol{r}_1=-m_2\boldsymbol{r}_2$$

(1) 系统的动能

$$T=\frac{1}{2}m_1|\dot{\boldsymbol{r}}_1|^2+\frac{1}{2}m_2|\dot{\boldsymbol{r}}_2|^2$$
$$=\frac{m_2^2}{2m_1}|-\dot{\boldsymbol{r}}_2|^2+\frac{1}{2}m_2|\dot{\boldsymbol{r}}_2|^2$$
$$=\frac{m_2(m_1+m_2)}{2m_1}|\dot{\boldsymbol{r}}_2|^2=\frac{m_2^2}{2\mu}(\dot{r}_2^2+r_2^2\dot{\varphi}_2^2)$$

这里取r_2、φ_2为广义坐标，$\mu=\dfrac{m_1m_2}{m_1+m_2}$.

系统的势能

$$V=V(r)=V(r_1+r_2)=V\left(\frac{m_2r_2}{m_1}+r_2\right)=V\left(\frac{m_2}{\mu}r_2\right)$$

系统的拉格朗日函数为

$$L=T-V=\frac{m_2^2}{2\mu}(\dot{r}_2^2+r_2^2\dot{\varphi}_2^2)-V\left(\frac{m_2}{\mu}r_2\right)$$

因为$\dfrac{\partial L}{\partial t}=0$，$T$是$\dot{r}_2$、$\dot{\varphi}_2$的二次齐次函数，立即可得能量守恒，

$$T+V=E=\text{常量}$$

即

$$\frac{m_2^2}{2\mu}(\dot{r}_2^2+r_2^2\dot{\varphi}_2^2)+V\left(\frac{m_2}{\mu}r_2\right)=E=\text{常量}$$

因为$\dfrac{\partial L}{\partial \varphi_2}=0$，角动量守恒，

$$\frac{\partial L}{\partial \dot{\varphi}_2}=J=\text{常量}$$

即

$$\frac{m_2^2}{\mu}r_2^2\dot{\varphi}_2=J=\text{常量}$$

$$\frac{m_2^2}{\mu}r_2^2\dot{\varphi}_2=\frac{m_2(m_1+m_2)}{m_1}r_2^2\dot{\varphi}_2=m_2r_2^2\dot{\varphi}_2+m_1r_1^2\dot{\varphi}_1$$

(注意$\dot{\varphi}_1=\dot{\varphi}_2$)上式也可写成

$$m_1r_1^2\dot{\varphi}_1+m_2r_2^2\dot{\varphi}_2=J=\text{常量}$$

$$r^2\dot{\varphi}_2=(r_1+r_2)^2\dot{\varphi}_2=\left(\frac{m_2}{m_1}+1\right)^2r_2^2\dot{\varphi}_2=\frac{m_2^2r_2^2}{\mu^2}\dot{\varphi}_2=\text{常量}=\frac{J}{\mu}$$

即

$$\frac{r^2\Delta\varphi_2}{\Delta t}=\frac{2\Delta s}{\Delta t}=\text{常量}$$

Δs 是 Δt 时间内 $\boldsymbol{r}$ 扫过的面积，上式表明开普勒第二定律是满足的.

(2)
$$V(r)=\frac{1}{2}kr^2$$

将 $r_2=\dfrac{m_1}{m_1+m_2}r$ 代入

$$\frac{m_2^2}{2\mu}(\dot{r}_2^2+r_2^2\dot{\varphi}_2^2)+V\left(\frac{m_2}{\mu}r_2\right)=E$$

得

$$\frac{1}{2}\mu(\dot{r}^2+r^2\dot{\varphi}_2^2)+V(r)=E$$

代入前已得到的 $r^2\dot{\varphi}_2=\dfrac{J}{\mu}$ 及 $V(r)=\dfrac{1}{2}kr^2$,

$$\frac{1}{2}\mu\left(\dot{r}^2+\frac{J^2}{\mu^2r^2}\right)+\frac{1}{2}kr^2=E$$

当 r 处于最大值或最小值位置时，$\dot{r}=0$. 故 $r_{\max}$、$r_{\min}$ 满足的方程为

$$\frac{J^2}{2\mu r^2}+\frac{1}{2}kr^2=E$$

或

$$kr^4-2Er^2+\frac{J^2}{\mu}=0$$

$$r_{\max}=\sqrt{\frac{1}{k}\left(E+\sqrt{E^2-\frac{k}{\mu}J^2}\right)}$$

$$r_{\min}=\sqrt{\frac{1}{k}\left(E-\sqrt{E^2-\frac{k}{\mu}J^2}\right)}$$

9.3.24　给定一个一维运动的拉格朗日函数

$$L=\mathrm{e}^{\gamma t}\left(\frac{1}{2}m\dot{q}^2-\frac{1}{2}kq^2\right)$$

其中 γ、m、k 均是正值常量. 写出拉格朗日方程，说明有无可直接写出的运动常数，并描述这一运动.

若采用广义坐标 s，它与原广义坐标 q 的变换关系为 $s=\mathrm{e}^{\frac{1}{2}\gamma t}q$，重新写出拉格朗日函数、拉格朗日方程，回答有无可直接写出的运动常数，并说明两个解之间的关系.

解
$$L=\mathrm{e}^{\gamma t}\left(\frac{1}{2}m\dot{q}^2-\frac{1}{2}kq^2\right)$$

$$\frac{\partial L}{\partial \dot{q}}=\mathrm{e}^{\gamma t}m\dot{q}$$

$$\frac{\mathrm{d}}{\mathrm{d}t}\left(\frac{\partial L}{\partial \dot{q}}\right)=\gamma\mathrm{e}^{\gamma t}m\dot{q}+\mathrm{e}^{\gamma t}m\ddot{q}$$

$$\frac{\partial L}{\partial q}=-k\mathrm{e}^{\gamma t}q$$

$$m\mathrm{e}^{\gamma t}\ddot{q}+m\gamma\mathrm{e}^{\gamma t}\dot{q}+k\mathrm{e}^{\gamma t}q=0$$

$$m\ddot{q}+m\gamma\dot{q}+kq=0$$

因 $\frac{\partial L}{\partial q}\neq 0$，$\frac{\partial L}{\partial t}\neq 0$，无直接可写出的运动常数.

从运动微分方程可看出，它是一个常系数线性齐次的常微分方程，相应的特征方程为

$$mr^2+m\gamma r+k=0$$

$$r=\frac{-m\gamma\pm\sqrt{m^2\gamma^2-4mk}}{2m}$$

当 $\frac{\gamma}{2}<\sqrt{\frac{k}{m}}$ 时，质点作弱阻尼振动；

当 $\frac{\gamma}{2}>\sqrt{\frac{k}{m}}$ 时，质点作过阻尼振动；

当 $\frac{\gamma}{2}=\sqrt{\frac{k}{m}}$ 时，质点的运动为临界阻尼情形.

若采用广义坐标 s，$s=\mathrm{e}^{\frac{1}{2}\gamma t}q$，则

$$q=\mathrm{e}^{-\frac{1}{2}\gamma t}s,\quad \dot{q}=\mathrm{e}^{-\frac{1}{2}\gamma t}\dot{s}-\frac{1}{2}\gamma\mathrm{e}^{-\frac{1}{2}\gamma t}s$$

$$\begin{aligned}L&=\mathrm{e}^{\gamma t}\left[\frac{1}{2}m\left(\mathrm{e}^{-\frac{1}{2}\gamma t}\dot{s}-\frac{1}{2}\gamma\mathrm{e}^{-\frac{1}{2}\gamma t}s\right)^2-\frac{k}{2}(\mathrm{e}^{-\frac{1}{2}\gamma t}s)^2\right]\\&=\frac{1}{2}m\left(\dot{s}-\frac{1}{2}\gamma s\right)^2-\frac{1}{2}ks^2\end{aligned}$$

$$\frac{\partial L}{\partial \dot{s}}=m\left(\dot{s}-\frac{1}{2}\gamma s\right),\quad \frac{\mathrm{d}}{\mathrm{d}t}\left(\frac{\partial L}{\partial \dot{s}}\right)=m\left(\ddot{s}-\frac{1}{2}\gamma\dot{s}\right)$$

$$\frac{\partial L}{\partial s}=-\frac{1}{2}\gamma m\left(\dot{s}-\frac{1}{2}\gamma s\right)-ks=-\frac{1}{2}\gamma m\dot{s}-\left(k-\frac{1}{4}m\gamma^2\right)s$$

$$m\left(\ddot{s}-\frac{1}{2}\gamma\dot{s}\right)+\frac{1}{2}\gamma m\dot{s}+\left(k-\frac{1}{4}m\gamma^2\right)s=0$$

$$\ddot{s}+\left(\frac{k}{m}-\frac{\gamma^2}{4}\right)s=0 \tag{1}$$

因 $\dfrac{\partial L}{\partial t}=0$，可直接写出一个运动积分

$$\frac{\partial L}{\partial \dot{s}}\dot{s}-L=\text{常量}$$

即

$$\frac{1}{2}m\dot{s}^2+\frac{1}{2}m\left(\frac{k}{m}-\frac{\gamma^2}{4}\right)s^2=\text{常量}$$

由式(1)的运动微分方程可见，如 $\dfrac{k}{m}>\dfrac{\gamma^2}{4}$，即 $\dfrac{\gamma}{2}<\sqrt{\dfrac{k}{m}}$，用坐标 s，质点作简谐振动，用坐标 q，质点作弱阻尼振动.

如 $\dfrac{k}{m}<\dfrac{\gamma^2}{4}$，即 $\dfrac{\gamma}{2}>\sqrt{\dfrac{k}{m}}$，用坐标 S，解是双曲正弦，双曲余弦的线性组合，用坐标 q，质点的运动是过阻尼振动.

如 $\dfrac{k}{m}=\dfrac{\gamma^2}{4}$，即 $\dfrac{\gamma}{2}=\sqrt{\dfrac{k}{m}}$，用坐标 s，质点的运动是匀速直线运动，用坐标 q，是临界阻尼情形.

9.3.25　一个质量为 m、半径为 a 的均质圆环在一个质量为 M、倾角为 α、置于光滑水平面上的斜面上作无滑动滚动，运动是平面的. 选择表示斜面对某固定参考点的水平距离 x 和表示圆环从斜面上某参考点沿斜面滚下的距离 s 为广义坐标，找出四个运动常数.

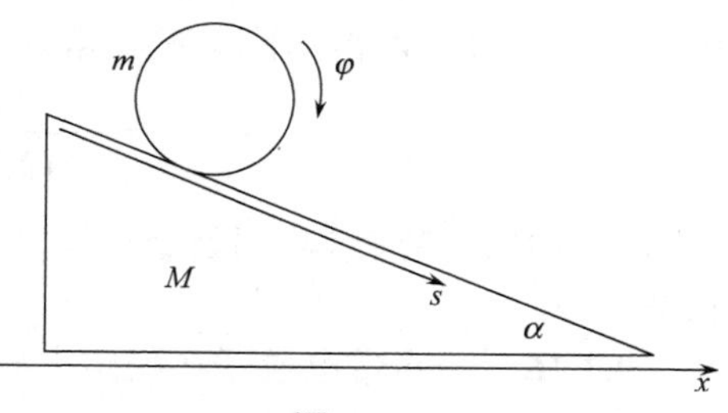

图 9.58

解　取图 9.58 所示的 x、s 为广义坐标.

$$T=\frac{1}{2}M\dot{x}^2+\frac{1}{2}m\left[(\dot{x}+\dot{s}\cos\alpha)^2+(\dot{s}\sin\alpha)^2\right]+\frac{1}{2}ma^2\dot{\varphi}^2$$

圆环作纯滚动，

$$\dot{s}-a\dot{\varphi}=0$$

$$T=\frac{1}{2}(M+m)\dot{x}^2+m\dot{s}^2+m\dot{x}\,\dot{s}\cos\alpha$$

$$V=-mgs\sin\alpha$$

$$L=\frac{1}{2}(M+m)\dot{x}^2+m\dot{s}^2+m\dot{x}\,\dot{s}\cos\alpha+mgs\sin\alpha$$

因为

$$\frac{\partial L}{\partial x}=0,\quad \frac{\partial L}{\partial \dot{x}}=\text{常量}$$

即

$$(M+m)\dot{x}+m\dot{s}\cos\alpha=\text{常量} \tag{1}$$

因为 $\frac{\partial L}{\partial x}=0$，$V=0$，$T=T_2$，即动能为广义速度的二次齐次函数，所以

$$\sum_i \frac{\partial L}{\partial \dot{q}_i}\dot{q}_i - L = T+V=\text{常量}$$

即

$$\frac{1}{2}(M+m)\dot{x}^2+m\dot{s}^2+m\dot{x}\,\dot{s}\cos\alpha-mgs\sin\alpha=\text{常量} \tag{2}$$

由拉格朗日方程可写出系统的运动微分方程为

$$(M+m)\ddot{x}+m\ddot{s}\cos\alpha=0$$

$$\ddot{x}\cos\alpha+2\ddot{s}-g\sin\alpha=0$$

两式消去 $\ddot{x}$，解出 $\ddot{s}$，得

$$\ddot{s}=\frac{(M+m)g\sin\alpha}{2(M+m)-m\cos^2\alpha}$$

积分上式得

$$\dot{s}=\frac{(M+m)gt\sin\alpha}{2(M+m)-m\cos^2\alpha}+\text{常量} \tag{3}$$

由式(1)、(3)，可得第四个运动常数

$$\dot{x}=-\frac{mgt\sin\alpha\cos\alpha}{2(M+m)-m\cos^2\alpha}+\text{常量} \tag{4}$$

式(1)、(2)、(3)、(4)都是第一运动积分，对式(1)、(3)、(4)均能积分得到第二运动积分.

9.3.26 证明带电粒子在稳定电磁场中的能量积分是 $T+q\phi$，其中 q 是带电粒子所带的电荷量，ϕ 是电磁场的标势，T 是带电粒子的动能，

证明

$$T=\frac{1}{2}m(\dot{x}^2+\dot{y}^2+\dot{z}^2)$$

在稳定电磁场中，带电粒子的广义势为

$$U=q\phi-q\boldsymbol{v}\cdot\boldsymbol{A}=q\phi-q(A_x\dot{x}+A_y\dot{y}+A_z\dot{z})$$

其中 $\boldsymbol{A}$ 为电磁场的矢势，

$$L=T-U=\frac{1}{2}m(\dot{x}^2+\dot{y}^2+\dot{z}^2)-q\phi+q(A_x\dot{x}+A_y\dot{y}+A_z\dot{z})$$

因为

$$\frac{\partial L}{\partial t}=0,\qquad \sum_i \frac{\partial L}{\partial \dot{q}_i}\dot{q}_i-L=\text{常量}$$

$$\frac{\partial L}{\partial \dot{x}}\dot{x}+\frac{\partial L}{\partial \dot{y}}\dot{y}+\frac{\partial L}{\partial \dot{z}}\dot{z}-L$$

$$=(m\dot{x}+qA_x)\dot{x}+(m\dot{y}+qA_y)\dot{y}+(m\dot{z}+qA_z)\dot{z}$$

$$-\frac{1}{2}m(\dot{x}^2+\dot{y}^2+\dot{z}^2)+q\phi-q(A_x\dot{x}+A_y\dot{y}+A_z\dot{z})$$

$$=\frac{1}{2}m(\dot{x}^2+\dot{y}^2+\dot{z}^2)+q\phi=T+q\phi$$

所以能量积分(更准确地说是广义能量积分)为

$$T+q\phi=\text{常量}$$

9.3.27　长 l、质量为 M 的均质棒在竖直的 xz 平面内运动，其一端 A 限制在直线 $z=x\tan\alpha$ 上运动(α 为直线对水平的 x 轴的倾角)，用图 9.59 所示的广义坐标 s 和 θ，导出运动微分方程，并确定作平动时的 θ 值.

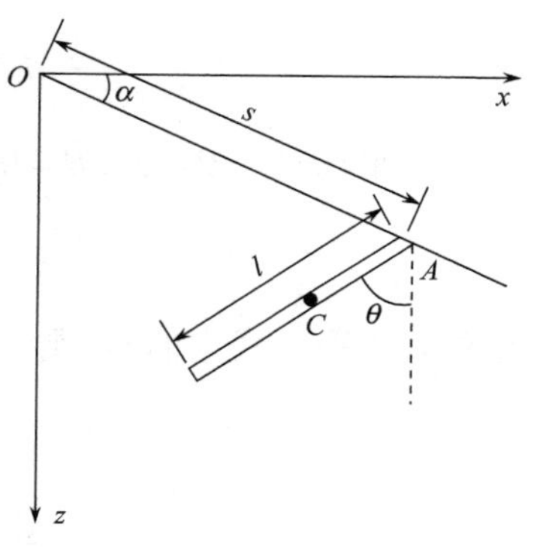

图 9.59

解　图 9.59 中 C 为棒的质心.

$$x_C=s\cos\alpha-\frac{l}{2}\sin\theta$$

$$z_C=s\sin\alpha+\frac{l}{2}\cos\theta$$

$$\dot{x}_C=\dot{s}\cos\alpha-\frac{l}{2}\dot{\theta}\cos\theta$$

$$\dot{z}_C=\dot{s}\sin\alpha-\frac{l}{2}\dot{\theta}\sin\theta$$

$$T=\frac{1}{2}M(\dot{x}_C^2+\dot{z}_C^2)+\frac{1}{2}\cdot\frac{1}{12}Ml^2\dot{\theta}^2$$

$$=\frac{1}{2}M\left[\dot{s}^2+\frac{1}{3}l^2\dot{\theta}^2-l\dot{s}\,\dot{\theta}\cos(\theta-\alpha)\right]$$

$$V=-Mgz_C=-Mg\left(s\sin\alpha+\frac{l}{2}\cos\theta\right)$$

$$L=\frac{1}{2}M\left[\dot{s}^2+\frac{1}{3}l^2\dot{\theta}^2-l\dot{s}\dot{\theta}\cos(\theta-\alpha)\right]+Mg\left(s\sin\alpha+\frac{l}{2}\cos\theta\right)$$

$$\frac{\partial L}{\partial\dot{s}}=M\dot{s}-\frac{1}{2}Ml\dot{\theta}\cos(\theta-\alpha)$$

$$\frac{\mathrm{d}}{\mathrm{d}t}\left(\frac{\partial L}{\partial\dot{s}}\right)=M\ddot{s}-\frac{1}{2}Ml\ddot{\theta}\cos(\theta-\alpha)+\frac{1}{2}Ml\dot{\theta}^2\sin(\theta-\alpha)$$

$$\frac{\partial L}{\partial s}=Mg\sin\alpha$$

$$\frac{\partial L}{\partial\dot{\theta}}=\frac{1}{3}Ml^2\dot{\theta}-\frac{1}{2}Ml\dot{s}\cos(\theta-\alpha)$$

$$\frac{\mathrm{d}}{\mathrm{d}t}\left(\frac{\partial L}{\partial\dot{\theta}}\right)=\frac{1}{3}Ml^2\ddot{\theta}-\frac{1}{2}Ml\ddot{s}\cos(\theta-\alpha)+\frac{1}{2}Ml\dot{s}\dot{\theta}\sin(\theta-\alpha)$$

$$\frac{\partial L}{\partial\theta}=\frac{1}{2}Ml\dot{s}\dot{\theta}\sin(\theta-\alpha)-\frac{1}{2}Mgl\sin\theta$$

由

$$\frac{\mathrm{d}}{\mathrm{d}t}\left(\frac{\partial L}{\partial\dot{q}_i}\right)-\frac{\partial L}{\partial q_i}=0$$

$$M\ddot{s}-\frac{1}{2}Ml\ddot{\theta}\cos(\theta-\alpha)+\frac{1}{2}Ml\dot{\theta}^2\sin(\theta-\alpha)-Mg\sin\alpha=0$$

$$\frac{1}{3}Ml^2\ddot{\theta}-\frac{1}{2}Ml\ddot{s}\cos(\theta-\alpha)+\frac{1}{2}Mgl\sin\theta=0$$

纯平动时，$\dot{\theta}=0$，$\ddot{\theta}=0$，代入上述两式，得

$$\ddot{s}-g\sin\alpha=0$$

$$\ddot{s}\cos(\theta-\alpha)-g\sin\theta=0$$

用前式消去后式中的$\ddot{s}$，得

$$\sin\alpha\cos(\theta-\alpha)-\sin\theta=0$$

$$\sin\alpha(\cos\theta\cos\alpha+\sin\theta\sin\alpha)-\sin\theta=0$$

$$\sin\alpha\cos\alpha\cos\theta-\sin\theta(1-\sin^2\alpha)=0$$

$$\sin\alpha\cos\theta-\sin\theta\cos\alpha=0$$

$$\sin(\alpha-\theta)=0$$

所以

$$\theta=\alpha\quad\text{或}\quad\pi+\alpha$$

说明：从导出此结果的办法可知，这是作平动必须满足的. $\theta=\alpha$或$\pi+\alpha$时，棒与限制A端运动的直线垂直. 在棒以特定的加速度运动时是有可能在其平动参考系中处于静止状态的.

9.3.28 (1)质量为m的均质杆两端的速度分别为$\boldsymbol{v}_A$和$\boldsymbol{v}_B$，证明其动能为

$$T=\frac{1}{6}m(\boldsymbol{v}_A^2+\boldsymbol{v}_A\cdot\boldsymbol{v}_B+\boldsymbol{v}_B^2)$$

(2)一根质量为m、长度为a的均质杆，其一端限于沿一光滑的竖直轴运动，另一端在光滑的水平面上滑动，设θ是杆与竖直向下的轴间的夹角，φ是杆所在竖直平面的角位移，如$t=0$时，$\theta=\dfrac{\pi}{6}$，$\dot{\theta}=0$，$\dot{\varphi}=\Omega$，证明在以后的运动中，只要杆保持与水平面接触，有下列关系：

$$\dot{\theta}^2=\frac{1}{16}\Omega^2(4-\csc^2\theta)+\frac{3g}{2a}\left(\sqrt{3}-2\cos\theta\right)$$

证明 (1)用柯尼希定理写杆的动能.

$$\boldsymbol{v}_C=\frac{1}{2}(\boldsymbol{v}_A+\boldsymbol{v}_B)$$

设杆长为l，绕过质心垂直于杆的轴转动的转动惯量为

$$I=\frac{1}{12}ml^2$$

杆的角速度的大小为

$$\omega=\frac{|\boldsymbol{v}_A-\boldsymbol{v}_B|}{l}$$

$$\begin{aligned}T&=\frac{1}{2}mv_C^2+\frac{1}{2}I\omega^2\\&=\frac{1}{2}m\cdot\frac{1}{2}(\boldsymbol{v}_A+\boldsymbol{v}_B)\cdot\frac{1}{2}(\boldsymbol{v}_A+\boldsymbol{v}_B)+\frac{1}{2}\cdot\frac{1}{12}ml^2\frac{(\boldsymbol{v}_A-\boldsymbol{v}_B)}{l}\cdot\frac{(\boldsymbol{v}_A-\boldsymbol{v}_B)}{l}\\&=\frac{1}{8}m(v_A^2+2\boldsymbol{v}_A\cdot\boldsymbol{v}_B+v_B^2)+\frac{1}{24}m(v_A^2-2\boldsymbol{v}_A\cdot\boldsymbol{v}_B+v_B^2)\\&=\frac{1}{6}m(v_A^2+\boldsymbol{v}_A\cdot\boldsymbol{v}_B+v_B^2)\end{aligned}$$

(2) 取图 9.60 的 xyz 坐标，用上面证明的式子计算杆的动能，

$$\boldsymbol{v}_A=\dot{z}_A\boldsymbol{k},\quad \boldsymbol{v}_B=\dot{r}\boldsymbol{e}_r+r\dot{\varphi}\boldsymbol{e}_\varphi$$

$$z_A=a\cos\theta,\quad r=a\sin\theta$$

$$\dot{r}=a\dot{\theta}\cos\theta,\quad \dot{z}_A=-a\dot{\theta}\sin\theta$$

$$\boldsymbol{v}_A=-a\dot{\theta}\sin\theta\boldsymbol{k}$$

$$\boldsymbol{v}_B=a\dot{\theta}\cos\theta\boldsymbol{e}_r+a\dot{\varphi}\sin\theta\boldsymbol{e}_\varphi$$

$$\boldsymbol{v}_A\cdot\boldsymbol{v}_B=0$$

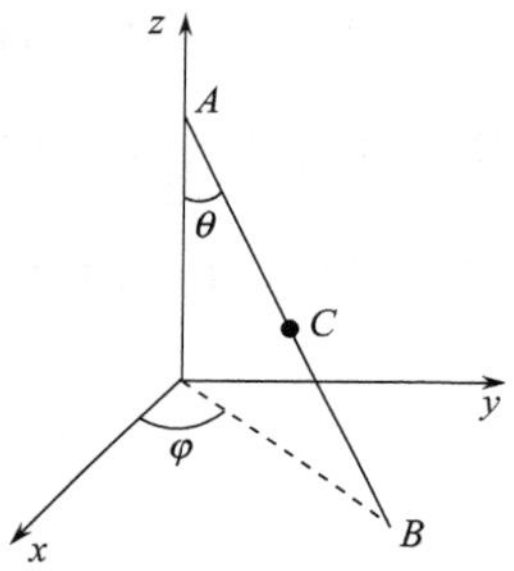

图 9.60

$$\begin{aligned}T&=\frac{1}{6}m(\boldsymbol{v}_A^2+\boldsymbol{v}_A\cdot\boldsymbol{v}_B+\boldsymbol{v}_B^2)\\&=\frac{1}{6}m[(-a\dot{\theta}\sin\theta)^2+(a\dot{\theta}\cos\theta)^2+(a\dot{\varphi}\sin\theta)^2]\\&=\frac{1}{6}ma^2(\dot{\theta}^2+\dot{\varphi}^2\sin^2\theta)\end{aligned}$$

$$V=mgz_C=\frac{1}{2}mga\cos\theta$$

$$L=T-V=\frac{1}{6}ma^2(\dot{\theta}^2+\dot{\varphi}^2\sin^2\theta)-\frac{1}{2}mga\cos\theta$$

因为$\frac{\partial L}{\partial\varphi}=0$，$\frac{\partial L}{\partial\dot{\varphi}}=$常量，用初始条件：$t=0$时，$\theta=\frac{\pi}{6}$，$\dot{\varphi}=\Omega$，得

$$\frac{1}{3}ma^2\dot{\varphi}\sin^2\theta=\frac{1}{3}ma^2\Omega\sin^2\frac{\pi}{6}=\frac{1}{12}ma^2\Omega$$

$$\dot{\varphi}\sin^2\theta=\frac{1}{4}\Omega \tag{1}$$

因为$\frac{\partial L}{\partial t}=0$，$U=0$，$T=T_2$（$T$是广义速度的二次齐次函数），用初始条件：$t=0$时，$\theta=\frac{\pi}{6}$，$\dot{\theta}=0$，$\dot{\varphi}=\Omega$，写$T+U=$常量为

$$\frac{1}{6}ma^2\dot{\theta}^2+\frac{1}{6}ma^2\dot{\varphi}^2\sin^2\theta+\frac{1}{2}mga\cos\theta$$
$$=\frac{1}{6}ma^2\Omega^2\sin^2\frac{\pi}{6}+\frac{1}{2}mga\cos\frac{\pi}{6}$$
$$=\frac{1}{24}ma^2\Omega^2+\frac{\sqrt{3}}{4}mga$$

$$4a\dot{\theta}^2+4a\dot{\varphi}^2\sin^2\theta+12g\cos\theta=a\Omega^2+6\sqrt{3}g \tag{2}$$

从(1)、(2)两式可解出 $\dot{\theta}^2$ 为

$$\dot{\theta}^2=\frac{1}{16}\Omega^2(4-\csc^2\theta)+\frac{3g}{2a}\left(\sqrt{3}-2\cos\theta\right)$$

9.3.29　一个质量为 m 的质点，在重力的作用下自静止竖直下落时，受到一个可用耗散函数 $R=\frac{1}{2}\gamma v^2$ 描述的阻力作用，证明质点的最大速度为 $\frac{mg}{\gamma}$.

证明　取 x 轴竖直向下，

$$T=\frac{1}{2}m\dot{x}^2,\quad V=-mgx$$
$$L=T-V=\frac{1}{2}m\dot{x}^2+mgx$$
$$R=\frac{1}{2}\gamma\dot{x}^2,\quad Q=-\frac{\partial R}{\partial\dot{x}}=-\gamma\dot{x}$$

由

$$\frac{\mathrm{d}}{\mathrm{d}t}\left(\frac{\partial L}{\partial\dot{x}}\right)-\frac{\partial L}{\partial x}=Q$$
$$m\ddot{x}-mg=-\gamma\dot{x}$$

达到最大速度时，$\ddot{x}=0$，代入上式得

$$\dot{x}_{\max}=\frac{mg}{\gamma}$$

9.3.30　如图 9.61 所示，自然长度为 l_0、劲度系数为 k 的无质量弹簧一端固定，另一端和一个质量为 m 的质点相连，在重力作用下，限在一个竖直平面内运动. 用 φ 和 $\lambda=\frac{r-r_0}{r_0}$ (其中 r_0 是处于平衡状态时弹簧的长度) 为广义坐标.

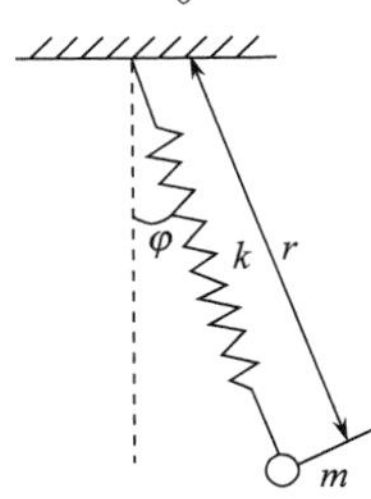

图 9.61

(1) 写出拉格朗日函数；

(2) 用 $\omega_s^2=\frac{k}{m}$、$\omega_p^2=\frac{g}{r_0}$ 写出拉格朗日方程；

(3) 当 λ 和 φ 很小，初始条件：$t=0$ 时，$\varphi=0$，$\lambda=A$，$\dot{\varphi}=\omega_p B$，$\dot{\lambda}=0$，其中 A、B 是常量，求运动的最低级近似解；

(4) 讨论运动的高一级近似，在什么条件下，λ 的运动将发生共振？这在物理上能实现吗？

解　(1) $T=\frac{1}{2}m(\dot{r}^2+r^2\dot{\varphi}^2)$

$$\lambda=\frac{r-r_0}{r_0},\quad r=r_0\lambda+r_0,\quad \dot{r}=r_0\dot{\lambda}$$

$$T=\frac{1}{2}mr_0^2\left[\dot{\lambda}^2+(\lambda+1)^2\dot{\varphi}^2\right]$$

$$\begin{aligned}V&=-mgr\cos\varphi+mgr_0+\frac{1}{2}k(r-l_0)^2-\frac{1}{2}k(r_0-l_0)^2\\&=-mg(r_0\lambda+r_0)\cos\varphi+mgr_0+\frac{1}{2}k(r_0\lambda+r_0-l_0)^2-\frac{1}{2}k(r_0-l_0)^2\\&=-mg(r_0\lambda+r_0)\cos\varphi+mgr_0+\frac{1}{2}kr_0^2\lambda^2+kr_0(r_0-l_0)\lambda\end{aligned}$$

$$\begin{aligned}L=T-V&=\frac{1}{2}mr_0^2\left[\dot{\lambda}^2+(\lambda+1)^2\dot{\varphi}^2\right]+mg(r_0\lambda+r_0)\cos\varphi\\&\quad-mgr_0-\frac{1}{2}kr_0^2\lambda^2-kr_0(r_0-l_0)\lambda\\&=\frac{1}{2}mr_0^2[\dot{\lambda}^2+(\lambda+1)^2\dot{\varphi}^2]+mg(r_0\lambda+r_0)\cos\varphi-mgr_0-\frac{1}{2}kr_0^2\lambda^2-mgr_0\lambda\end{aligned}$$

这里用了平衡条件

$$k(r_0-l_0)=mg$$

(2) 由 $\frac{\mathrm{d}}{\mathrm{d}t}\left(\frac{\partial L}{\partial\dot{\lambda}}\right)-\frac{\partial L}{\partial\lambda}=0$ 及 $\frac{\mathrm{d}}{\mathrm{d}t}\left(\frac{\partial L}{\partial\dot{\varphi}}\right)-\frac{\partial L}{\partial\varphi}=0$，得

$$mr_0^2\ddot{\lambda}-mr_0^2(\lambda+1)\dot{\varphi}^2+kr_0^2\lambda+mgr_0(1-\cos\varphi)=0$$

$$mr_0^2(\lambda+1)^2\ddot{\varphi}+2mr_0^2(\lambda+1)\dot{\lambda}\dot{\varphi}+mgr_0(\lambda+1)\sin\varphi=0$$

用 $\omega_s^2=\frac{k}{m}$，$\omega_p^2=\frac{g}{r_0}$，上述方程可写为

$$\ddot{\lambda}-(\lambda+1)\dot{\varphi}^2+\omega_s^2\lambda+\omega_p^2(1-\cos\varphi)=0$$

$$(\lambda+1)\ddot{\varphi}+2\dot{\lambda}\dot{\varphi}+\omega_p^2\sin\varphi=0$$

(3) 当 λ、φ 都很小，λ、φ、$\dot{\lambda}$、$\dot{\varphi}$、$\ddot{\lambda}$、$\ddot{\varphi}$ 均为一级小量时，取最低级近似，只保留一级小量，运动微分方程简化为

$$\ddot{\lambda}+\omega_s^2\lambda=0$$

$$\ddot{\varphi}+\omega_p^2\varphi=0$$

在给定的初始条件：$t=0$ 时，$\lambda=A$，$\dot{\lambda}=0$，$\varphi=0$，$\dot{\varphi}=\omega_pB$，可解出

$$\lambda=A\cos\omega_st$$

$$\varphi=B\sin\omega_pt$$

(4) 求高一级近似解，保留二级小量，运动微分方程为

$$\ddot{\lambda}+\omega_s^2\lambda=\dot{\varphi}^2-\frac{1}{2}\omega_p^2\varphi^2$$

$$(\lambda+1)\ddot{\varphi}+2\dot{\lambda}\dot{\varphi}+\omega_p^2\varphi=0$$

讨论 λ 的运动，将 φ 的最低级近似解代入

$$\ddot{\lambda}+\omega_s^2\lambda=B^2\omega_p^2\cos^2\omega_p t-\frac{1}{2}\omega_p^2B^2\sin^2\omega_p t$$

用 $\cos^2\omega_p t=\frac{1}{2}(1+\cos_2\omega_p t)$， $\sin^2\omega_p t=\frac{1}{2}(1-\cos 2\omega_p t)$，上式可改写为

$$\ddot{\lambda}+\omega_s^2\lambda=\frac{1}{4}B^2\omega_p^2(1+3\cos 2\omega_p t)$$

这是一个受迫的振动方程. 当强迫力的角频率等于振动系统的固有频率即 $2\omega_p=\omega_s$ 时，λ 的运动会发生共振.

在物理上是不可能出现共振的，解上述微分方程，解中将包含一项与时间成正比的项，随着时间的推移趋于无穷大，故这种项被称为长期项，趋于无穷，机械能不守恒，而此系统在保守力场中运动，应遵从机械能守恒，因此在物理上不可能出现共振现象. 小的"强迫力"的存在并不改变运动是周期运动这一特征，但其周期不再是 $\frac{2\pi}{\omega_s}$，而有一个小的偏离. 考虑到 $\omega=\omega_s+\delta$（δ 为小量），长期项可以不出现.

9.3.31 两个质量均为 m 的质点各用一根劲度系数为 k、原长为 l 的弹簧连到质量为 M、长度为 L 的均质细杆的中点，并限在细杆上做两根弹簧的长度保持相等的运动，细杆可以以任意方式自由运动，此系统是空间的孤立系统，列出运动微分方程并求解之(到作积分为止). 定性地描述系统的运动.

解 取静参考系，用两个坐标系，一个静止的直角坐标系 $Oxyz$，一个质心平动坐标系 $O'x'y'z'$， O' 是系统的质心，用 O' 点的坐标 x、y、z 和一个质点在动坐标系中的球坐标 r、θ、φ 作为广义坐标，如图 9.62 所示.

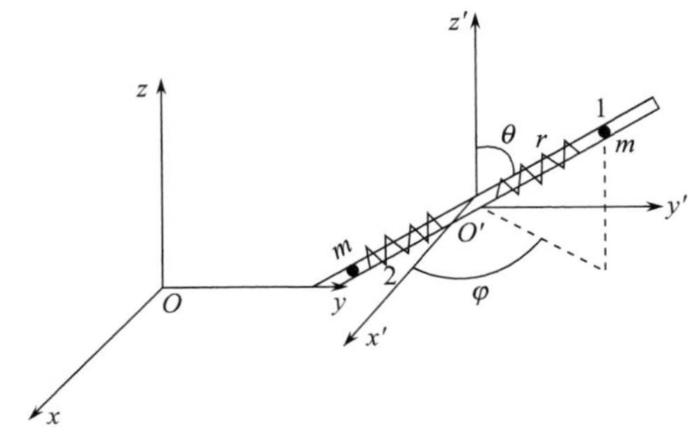

图 9.62

计算细杆在质心平动参考系中的动能时选三个惯量主轴，其单位矢量 $\boldsymbol{e}_1$、$\boldsymbol{e}_2$、$\boldsymbol{e}_3$ 分

别与质点 1 所在位置的 $\boldsymbol{e}_r$、$\boldsymbol{e}_\theta$、$\boldsymbol{e}_\varphi$ 平行，关于 O' 的三个主转动惯量为

$$I_1 = 0, \quad I_2 = I_3 = \frac{1}{12}ML^2$$

细杆的角速度为

$$\boldsymbol{\omega} = \dot{\varphi}\cos\theta \boldsymbol{e}_1 - \dot{\varphi}\sin\theta \boldsymbol{e}_2 + \dot{\theta}\boldsymbol{e}_3$$

细杆的转动动能，即细杆在其质心平动参考系中的动能为

$$\frac{1}{2}I_1\omega_1^2 + \frac{1}{2}I_2\omega_2^2 + \frac{1}{2}I_3\omega_3^2 = \frac{1}{24}ML^2(\dot{\theta}^2 + \dot{\varphi}^2\sin^2\theta)$$

系统的动能为

$$\begin{aligned}T &= \frac{1}{2}(M+2m)(\dot{x}^2+\dot{y}^2+\dot{z}^2) + 2\cdot\frac{1}{2}m(\dot{r}^2 + \\ &\quad r^2\dot{\theta}^2 + r^2\dot{\varphi}^2\sin^2\theta) + \frac{1}{24}ML^2(\dot{\theta}^2+\dot{\varphi}^2\sin^2\theta) \\ &= \frac{1}{2}(M+2m)(\dot{x}^2+\dot{y}^2+\dot{z}^2) + m\dot{r}^2 \\ &\quad + (mr^2 + \frac{1}{24}ML^2)(\dot{\theta}^2+\dot{\varphi}^2\sin^2\theta)\end{aligned}$$

系统的势能为

$$V = 2\cdot\frac{1}{2}k(r-l)^2 = k(r-l)^2$$

$$\begin{aligned}L = T - V &= \frac{1}{2}(M+2m)(\dot{x}^2+\dot{y}^2+\dot{z}^2) + m\dot{r}^2 \\ &\quad + (mr^2+\frac{1}{24}ML^2)(\dot{\theta}^2+\dot{\varphi}^2\sin^2\theta) - k(r-l)^2\end{aligned}$$

由 $\frac{\mathrm{d}}{\mathrm{d}t}\left(\frac{\partial L}{\partial \dot{q}_i}\right) - \frac{\partial L}{\partial \dot{q}_i} = 0$，可得运动微分方程或其运动积分为

$$(M+2m)\dot{x} = C_1, \qquad \dot{x} = \frac{C_1}{M+2m}$$

$$(M+2m)\dot{y} = C_2, \qquad \dot{y} = \frac{C_2}{M+2m}$$

$$(M+2m)\dot{z} = C_3, \qquad \dot{z} = \frac{C_3}{M+2m}$$

$$2(mr^2+\frac{1}{24}ML^2)\dot{\varphi}\sin^2\theta = C_4$$

$$\dot{\varphi} = \frac{C_4}{2(mr^2+\frac{1}{24}ML^2)\sin^2\theta} \tag{1}$$

$$m\ddot{r} - mr(\dot{\theta}^2+\dot{\varphi}^2\sin^2\theta) + k(r-l) = 0 \tag{2}$$

$$(mr^2+\frac{1}{24}ML^2)\ddot{\theta}+2mr\dot{r}\dot{\theta}-(mr^2+\frac{1}{24}ML^2)\dot{\varphi}^2\sin\theta\cos\theta=0 \tag{3}$$

因为$\frac{\partial L}{\partial t}=0$，$V=0$，$T=T_2$(动能是广义速度的二次齐次函数)，所以

$$T+V=\frac{1}{2}(M+2m)(\dot{x}^2+\dot{y}^2+\dot{z}^2)+m\dot{r}^2$$

$$+(mr^2+\frac{1}{24}ML^2)(\dot{\theta}^2+\dot{\varphi}^2\sin^2\theta)+k(r-l)^2=C_5$$

因为$\dot{x}$、$\dot{y}$、$\dot{z}$均为常量，所以

$$m\dot{r}^2+(mr^2+\frac{1}{24}ML^2)(\dot{\theta}^2+\dot{\varphi}^2\sin^2\theta)=C_6$$

以上C_1，C_2，…，C_6均为常量.

$$\dot{\theta}^2+\dot{\varphi}^2\sin^2\theta=\frac{1}{mr^2+\frac{1}{24}ML^2}(C_6-m\dot{r}^2) \tag{4}$$

将式(4)代入式(2)，并用$\ddot{r}=\frac{\mathrm{d}\dot{r}}{\mathrm{d}r}\dot{r}$，可得

$$\frac{1}{2}m\mathrm{d}\dot{r}^2-\frac{1}{2}m\frac{C_6-m\dot{r}^2}{mr^2+\frac{1}{24}ML^2}\mathrm{d}r^2=-k(r-l)\mathrm{d}r$$

可以找到积分因子$mr^2+\frac{1}{24}ML^2$，作上式积分，

$$\frac{1}{2}m(mr^2+\frac{1}{24}ML^2)\mathrm{d}\dot{r}^2-\frac{1}{2}m(C_6-m\dot{r}^2)\mathrm{d}r^2$$

$$=-k(r-l)(mr^2+\frac{1}{24}ML^2)\mathrm{d}r$$

等号左边是$\frac{1}{2}m\left(mr^2+\frac{1}{24}ML^2\right)\dot{r}^2-\frac{1}{2}mC_6r^2$的全微分，因原则上可从上式得到$\dot{r}$与$r$的函数关系，进而积出$r=r(t)$.

将$r=r(t)$代入式(1)式(4)消去$\dot{\varphi}$得到的关于$\dot{\theta}^2$的微分方程，积分可得$\theta=\theta(t)$，再将$r=r(t)$和$\theta=\theta(t)$代入式(1)，可积出$\varphi=\varphi(t)$.

关于系统的运动作定性描述，可以确定的讲，质心做匀速直线运动，两质点沿杆相对于中点O'做对称的运动，系统对O'点的角动量是守恒的.

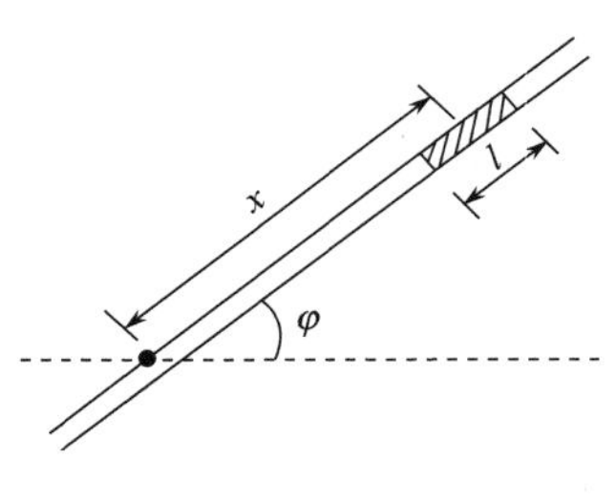

图 9.63

9.3.32　将一根很长的、可忽略质量的细管安上轴，可以无摩擦地绕轴在水平面内转动，一根长为l、质量为M的细杆无摩擦地在管内滑动(见图9.63)，写出系统的拉格朗日方程；开始杆的中心位于转轴，细管以角速度ω_0旋转，证明杆在这个位置是不稳定的. 将它稍微扰动一下，描述以后的运动，问经过很长时间之后，杆的径向速度和角速度各为多少(假定细管非常长，杆

仍在管中)？

解　取图 9.63 中的 x 和 φ 为广义坐标，

$$T=\frac{1}{2}M(\dot{x}^2+x^2\dot{\varphi}^2)+\frac{1}{2}\times\frac{1}{12}Ml^2\dot{\varphi}^2=\frac{1}{2}M\dot{x}^2+\frac{1}{2}M(x^2+\frac{1}{12}l^2)\dot{\varphi}^2$$

$$V=0$$

$$L=T-V=\frac{1}{2}M\dot{x}^2+\frac{1}{2}M(x^2+\frac{1}{12}Ml^2)\dot{\varphi}^2$$

拉格朗日方程为

$$\ddot{x}-x\dot{\varphi}^2=0 \tag{1}$$

$$M(x^2+\frac{1}{12}l^2)\dot{\varphi}=C\ (常量) \tag{2}$$

由初始条件：$t=0$ 时，$x=0$，$\dot{x}=0$，$\varphi=0$，$\dot{\varphi}=\omega_0$，定出 $C=\frac{1}{12}Ml^2\omega_0$，代入式(2)，得

$$\dot{\varphi}=\frac{l^2\omega_0}{12x^2+l^2} \tag{3}$$

将式(3)代入式(1)，

$$\ddot{x}=\frac{l^4\omega_0^2x}{(12x^2+l^2)^2} \tag{4}$$

用 $\ddot{x}=\frac{\mathrm{d}\dot{x}}{\mathrm{d}x}\dot{x}=\frac{1}{2}\frac{\mathrm{d}\dot{x}^2}{\mathrm{d}x}$，上式可改写为

$$\mathrm{d}\dot{x}^2=\frac{2l^4\omega_0^2x\mathrm{d}x}{(12x^2+l^2)^2}=\frac{l^4\omega_0^2\mathrm{d}x^2}{(12x^2+l^2)^2}$$

两边积分，用初始条件：$x=0$ 时，$\dot{x}=0$，得

$$\dot{x}^2=l^2\omega_0^2\frac{x^2}{12x^2+l^2} \tag{5}$$

由式(1)可见，位于 $x\neq0$ 处，原静止的杆，因 $\ddot{x}\neq0$，将获得 $\dot{x}$；$x<0$ 时，$\ddot{x}<0$，则 $\dot{x}<0$．反之，$x>0$ 时，$\ddot{x}>0$，则 $\dot{x}>0$．都将向远离平衡位置的方向运动．如在 $x=0$ 处，给于一个微小的速度 $\dot{x}$，则 x 将不等于零，有上述远离平衡位置的运动，说明 $x=0$ 是一个不稳定平衡位置．

在 $x=0$ 的静止状态，给予一个微扰，可用式(3)、(5)，很长时间以后，不论 $x\to\infty$ 还是 $x\to-\infty$，$\dot{\varphi}\to0$，$|\dot{x}|\to\frac{l\omega_0}{\sqrt{12}}=\frac{l\omega_0}{2\sqrt{3}}$，结论都是经过很长时间，杆的径向速度趋于 $\frac{l\omega_0}{2\sqrt{3}}$，角速度趋于 0．

9.3.33　一质量为 M 的木块和一个半径为 a 的无质量的竖直的圆周轨道刚性相连，一起置于光滑的水平桌面上，如图 9.64 所示，一个质量为 m 的质点沿圆周轨道做无摩擦的运动．

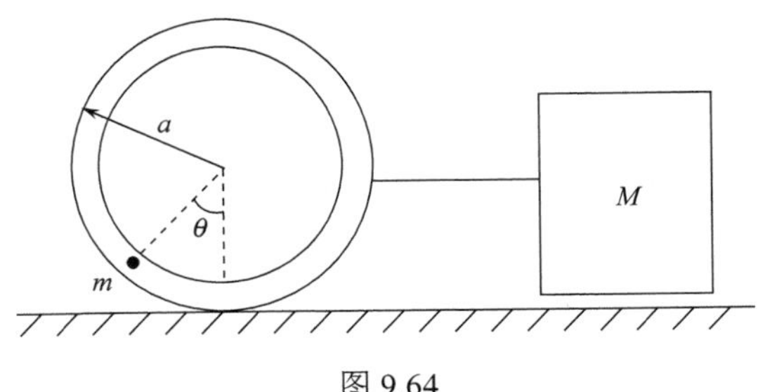

图 9.64

(1) 以 θ 为一个坐标，写出拉格朗日函数；

(2) 找出运动微分方程；

(3) 在小角度极限下，求 $\theta(t)$.

解　在质点运动的竖直平面内，沿水平方向取 x 轴，向左为 x 轴正向. 以圆周轨道的中心的 x 坐标与图中的 θ 为广义坐标.

(1)
$$T=\frac{1}{2}M\dot{x}^2+\frac{1}{2}m\left[(\dot{x}+a\dot{\theta}\cos\theta)^2+(a\dot{\theta}\sin\theta)^2\right]$$
$$=\frac{1}{2}(M+m)\dot{x}^2+\frac{1}{2}m(a^2\dot{\theta}^2+2a\dot{x}\dot{\theta}\cos\theta)$$
$$V=-mga\cos\theta$$
$$L=T-V=\frac{1}{2}(M+m)\dot{x}^2+\frac{1}{2}m(a^2\dot{\theta}^2+2a\dot{x}\dot{\theta}\cos\theta)+mga\cos\theta$$

(2)
$$\frac{\partial L}{\partial \dot{x}}=(M+m)\dot{x}+ma\dot{\theta}\cos\theta$$
$$\frac{\mathrm{d}}{\mathrm{d}t}\left(\frac{\partial L}{\partial \dot{x}}\right)=(M+m)\ddot{x}+ma\ddot{\theta}\cos\theta-ma\dot{\theta}^2\sin\theta$$
$$\frac{\partial L}{\partial x}=0$$
$$\frac{\partial L}{\partial \dot{\theta}}=ma^2\dot{\theta}+ma\dot{x}\cos\theta$$
$$\frac{\mathrm{d}}{\mathrm{d}t}\left(\frac{\partial L}{\partial \dot{\theta}}\right)=ma^2\ddot{\theta}+ma\ddot{x}\cos\theta-ma\dot{x}\dot{\theta}\sin\theta$$
$$\frac{\partial L}{\partial \theta}=-ma\dot{x}\dot{\theta}\sin\theta-mga\sin\theta$$

由 $\frac{\mathrm{d}}{\mathrm{d}t}\left(\frac{\partial L}{\partial \dot{q}_i}\right)-\frac{\partial L}{\partial q_i}=0$，得运动微分方程为

$$(M+m)\ddot{x}+ma\ddot{\theta}\cos\theta-ma\dot{\theta}^2\sin\theta=0$$
$$a\ddot{\theta}+\ddot{x}\cos\theta+g\sin\theta=0$$

(3) 质点在 $\theta=0$ 附近的运动，θ、$\dot{\theta}$、$\ddot{\theta}$ 均为小量，$\cos\theta\approx1,\sin\theta\approx\theta$.

运动微分方程可简化为

$$(M+m)\ddot{x}+ma\ddot{\theta}=0$$

$$a\ddot{\theta}+\ddot{x}+g\theta=0$$

消去 $\ddot{x}$，可得

$$\frac{Ma}{M+m}\ddot{\theta}+g\theta=0$$

其解为

$$\theta=A\cos(\omega t+\alpha)$$

其中 A、α 由初始条件确定，

$$\omega=\sqrt{\frac{(M+m)g}{Ma}}$$

9.3.34　质量为 M、半径为 R 的两个相同的均质圆盘用三根相同的扭杆支承，如图 9.65 所示. 扭杆的恢复力矩为 $\tau=-k\theta$（k 为适用于此 τ 和 θ 的扭转常数），圆盘可围绕扭杆的竖直轴自由转动，θ_1、θ_2 分别表示两盘偏离平衡位置的角位移，忽略扭杆的转动惯量. 初始条件为 $\theta_1(0)=0$，$\theta_2(0)=0$，$\dot{\theta}_1(0)=0$，$\dot{\theta}_2(0)=\Omega$（常量）. 要使圆盘 1 得到系统的全部动能需要多长时间？可以保留隐函数形式.

解　设 I 为每个圆盘绕转轴的转动惯量，系统的拉格朗日函数为

$$L=\frac{1}{2}I(\dot{\theta}_1^2+\dot{\theta}_2^2)-\frac{1}{2}k(\theta_1^2+\theta_2^2)-\frac{1}{2}k(\theta_1-\theta_2)^2$$

由拉格朗日方程得

$$I\ddot{\theta}_1+2k\theta_1-k\theta_2=0 \tag{1}$$

$$I\ddot{\theta}_2+2k\theta_2-k\theta_1=0 \tag{2}$$

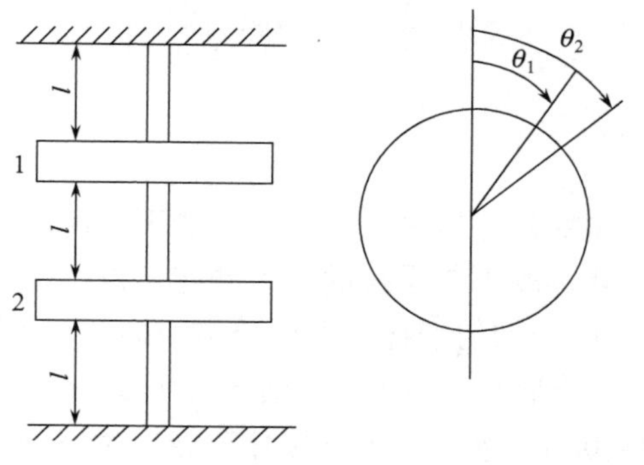

图 9.65

式(1)+式(2)和式(1) − 式(2)得

$$I(\ddot{\theta}_1+\ddot{\theta}_2)+k(\theta_1+\theta_2)=0$$

$$I(\ddot{\theta}_1-\ddot{\theta}_2)+3k(\theta_1-\theta_2)=0$$

解分别为

$$\theta_1+\theta_2=A\sin\left(\sqrt{\frac{k}{I}}t+\alpha\right)$$

$$\theta_1-\theta_2=B\sin\left(\sqrt{\frac{3k}{I}}t+\beta\right)$$

初始条件为$t=0$时，$\theta_1+\theta_2=0$，$\dot{\theta}_1+\dot{\theta}_2=\Omega$，$\theta_1-\theta_2=0$，$\dot{\theta}_1-\dot{\theta}_2=-\Omega$，定出

$$A=\Omega\sqrt{\frac{I}{k}},\quad \alpha=0$$

$$B=-\Omega\sqrt{\frac{I}{3k}},\quad \beta=0$$

$$\theta_1+\theta_2=\Omega\sqrt{\frac{I}{k}}\sin\left(\sqrt{\frac{k}{I}}t\right)$$

$$\theta_1-\theta_2=-\Omega\sqrt{\frac{I}{3k}}\sin\left(\sqrt{\frac{3k}{I}}t\right)$$

从上述两式解出

$$\theta_2=\frac{1}{2}\Omega\left[\sqrt{\frac{I}{k}}\sin\left(\sqrt{\frac{k}{I}}t\right)+\sqrt{\frac{I}{3k}}\sin\left(\sqrt{\frac{3k}{I}}t\right)\right]$$

$$\dot{\theta}_2=\frac{1}{2}\Omega\left[\cos\left(\sqrt{\frac{k}{I}}t\right)+\cos\left(\sqrt{\frac{3k}{I}}t\right)\right]$$

当$\dot{\theta}_2=0$时，圆盘 1 的动能是系统的全部动能，此时刻 t 满足的关系为

$$\cos\left(\sqrt{\frac{k}{I}}t\right)=-\cos\left(\sqrt{\frac{3k}{I}}t\right)$$

其中$I=\frac{1}{2}MR^2$.

要指出的是系统的机械能是守恒的，系统的动能不守恒，满足上述关系的 t 时刻，圆盘 1 具有系统的全部动能，既不是系统的最大动能，也不是圆盘 1 的最大动能.

9.3.35　长 $2L$、质量 M 的均匀细杆用一根长 l、质量不计不可伸长的绳子拴在固定的钉子上. 如图 9.66 所示. 在杆的自由端加一水平的恒力 $\boldsymbol{F}$，写出这个系统的拉格朗日函数和运动微分方程；$t=0$ 时，系统从下垂位置的静止状态开始运动，求在非常短的时间内(所有角度都很小)绳子和杆与竖直方向的夹角.

解　因开始时绳子和杆在竖直位置处于静止状态，$\boldsymbol{F}$ 是水平的，系统将在此竖直平面内运动，取图 9.67 的 xy 坐标，并用绳、杆与竖直线的夹角 θ、φ 为广义坐标，杆的质心的坐标为$(l\sin\theta+L\sin\varphi, l\cos\theta+L\cos\varphi)$，质心速度为$(l\dot{\theta}\cos\theta+L\dot{\varphi}\cos\varphi, -l\dot{\theta}\sin\theta-L\dot{\varphi}\sin\varphi)$，$\boldsymbol{F}$ 的作用点的坐标为$(l\sin\theta+2L\sin\varphi, l\cos\theta+2L\cos\varphi)$

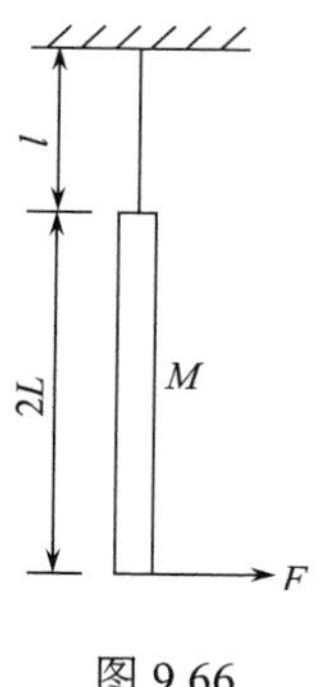

图 9.66

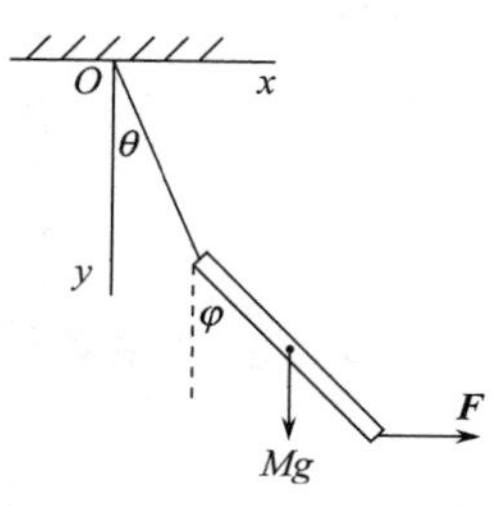

图 9.67

$$T=\frac{1}{2}M[(l\dot{\theta}\cos\theta+L\dot{\varphi}\cos\varphi)^2+(-l\dot{\theta}\sin\theta-L\dot{\varphi}\sin\varphi)^2]$$

$$+\frac{1}{2}\times\frac{1}{12}M(2L)^2\dot{\varphi}^2$$

$$=\frac{1}{2}Ml^2\dot{\theta}^2+\frac{2}{3}ML^2\dot{\varphi}^2+Ml\dot{\theta}\dot{\varphi}\cos(\theta-\varphi)$$

$$V=-Mg(l\cos\theta+L\cos\varphi)-F(l\sin\theta+2L\sin\varphi)$$

$$L=T-V=\frac{1}{2}Ml^2\dot{\theta}^2+\frac{2}{3}ML^2\dot{\varphi}^2+MlL\dot{\theta}\dot{\varphi}\cos(\theta-\varphi)$$

$$+Mg(l\cos\theta+L\cos\varphi)+F(l\sin\theta+2L\sin\varphi)$$

由 $\frac{\mathrm{d}}{\mathrm{d}t}\left(\frac{\partial L}{\partial \dot{q}_i}\right)-\frac{\partial L}{\partial q_i}=0$ 得运动微分方程为

$$Ml\ddot{\theta}+ML\ddot{\varphi}\cos(\theta-\varphi)+ML\dot{\varphi}^2\sin(\theta-\varphi)+Mg\sin\theta-F\cos\theta=0$$

$$\frac{4}{3}ML\ddot{\varphi}+Ml\ddot{\theta}\cos(\theta-\varphi)-Ml\dot{\theta}^2\sin(\theta-\varphi)+Mg\sin\varphi-2F\cos\varphi=0$$

仅考虑在 $t=0$ 以后非常短的时间内的运动，在此期间，θ、φ、$\dot{\theta}$、$\dot{\varphi}$、$\ddot{\theta}$、$\ddot{\varphi}$ 均为一级小量，略去二级及二级以上小量，运动微分方程可简化为

$$Ml\ddot{\theta}+ML\ddot{\varphi}+Mg\theta-F=0$$

$$\frac{4}{3}ML\ddot{\varphi}+Ml\ddot{\theta}+Mg\varphi-2F=0$$

显然，$\theta=\frac{F}{Mg}$，$\varphi=\frac{2F}{Mg}$ 为非齐次微分方程的特解.

下面求齐次微分方程

$$Ml\ddot{\theta}+ML\ddot{\varphi}+Mg\theta=0$$

$$\frac{4}{3}ML\ddot{\varphi}+Ml\ddot{\theta}+Mg\varphi=0$$

的通解. 令

$$\theta = u_1 e^{i\omega t}, \quad \varphi = u_2 e^{i\omega t}$$

代入齐次微分方程得

$$\begin{cases} (-l\omega^2 + g)u_1 - L\omega^2 u_2 = 0 \\ -l\omega^2 u_1 + \left(-\dfrac{4}{3}L\omega^2 + g\right)u_2 = 0 \end{cases} \tag{1}$$

u_1、u_2 要得非零解，必须系数行列式等于零，

$$\begin{vmatrix} -l\omega^2 + g & -L\omega^2 \\ -l\omega^2 & -\dfrac{4}{3}L\omega^2 + g \end{vmatrix} = 0$$

$$\omega_{1,2}^2 = \frac{1}{2lL}\left(3l + 4L \pm \sqrt{9l^2 + 12lL + 16L^2}\right)g$$

其中 ω_1^2 取"+"号，ω_2^2 取"−"号.

将 ω_1^2 代入方程组式(1)，解得

$$u_1^{(1)} = 1, \quad u_2^{(1)} = -\frac{1}{6L}(3l - 4L + \sqrt{9l^2 + 12lL + 16L^2})$$

将 ω_2^2 代入方程组式(1)，解得

$$u_1^{(2)} = 1, \quad u_2^{(2)} = -\frac{1}{6L}(3l - 4L - \sqrt{9l^2 + 12lL + 16L^2})$$

非齐次微分方程的通解可写为

$$\theta = A_1 \cos(\omega_1 t + \alpha_1) + A_2 \cos(\omega_2 t + \alpha_2) + \frac{F}{Mg}$$

$$\begin{aligned} \varphi = & -A_1 \frac{1}{6L}(3l - 4L + \sqrt{9l^2 + 12lL + 16L^2})\cos(\omega_1 t + \alpha_1) \\ & - A_2 \frac{1}{6L}(3l - 4L - \sqrt{9l^2 + 12lL + 16L^2})\cos(\omega_2 t + \alpha_2) + \frac{2F}{Mg} \end{aligned}$$

由初始条件：$t = 0$ 时，$\theta = 0$，$\varphi = 0$，$\dot{\theta} = 0$，$\dot{\varphi} = 0$ 定出

$$\alpha_1 = \alpha_2 = 0$$

$$A_1 = (8L + 3l - \sqrt{9l^2 + 12lL + 16L^2})F / 2Mg\sqrt{9l^2 + 12lL + 16L^2}$$

$$A_2 = -(8L + 3l + \sqrt{9l^2 + 12lL + 16L^2})F / 2Mg\sqrt{9l^2 + 12lL + 16L^2}$$

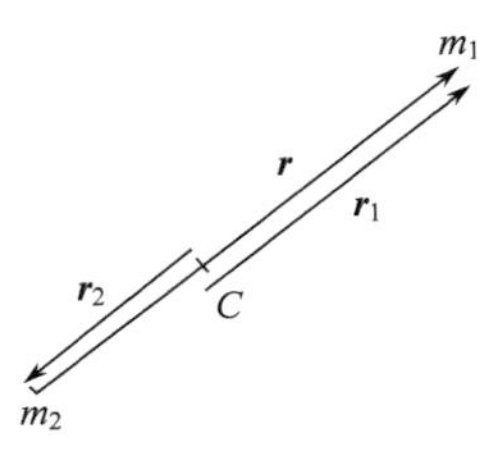

图 9.68

9.3.36 考虑一个双星系统，如图 9.68 所示.

(1) 用两颗星的笛卡儿坐标写出系统的拉格朗日函数；

(2) 证明其势能是坐标的 (−1) 次齐次函数，即

$$V(\alpha \boldsymbol{r}_1, \alpha \boldsymbol{r}_2) = \alpha^{-1} V(\boldsymbol{r}_1, \boldsymbol{r}_2)$$

其中 α 是任意实数；

(3) 作一个变换，它保持由拉格朗日函数得到的运动微分方程

不变，由此找出联系转动周期和它的轨道有关尺寸的开普勒第三定律.

解　(1) 设两星的质量分别为 m_1、m_2，在静止的笛卡儿坐标中的位矢分别为 $\boldsymbol{r}_1 = x_1\boldsymbol{i} + y_1\boldsymbol{j} + z_1\boldsymbol{k}, \boldsymbol{r}_2 = x_2\boldsymbol{i} + y_2\boldsymbol{j} + z_2\boldsymbol{k}$，

$$T = \frac{1}{2}m_1(\dot{x}_1^2 + \dot{y}_1^2 + \dot{z}_1^2) + \frac{1}{2}m_2(\dot{x}_2^2 + \dot{y}_2^2 + \dot{z}_2^2)$$

$$V = -\frac{Gm_1m_2}{[(x_2 - x_1)^2 + (y_2 - y_1)^2 + (z_2 - z_1)^2]^{1/2}}$$

$$\begin{aligned} L = T - V = &\frac{1}{2}m_1(\dot{x}_1^2 + \dot{y}_1^2 + \dot{z}_1^2) + \frac{1}{2}m_2(\dot{x}_2^2 + \dot{y}_2^2 + \dot{z}_2^2) \\ &+ \frac{Gm_1m_2}{[(x_2 - x_1)^2 + (y_2 - y_1)^2 + (z_2 - z_1)^2]^{1/2}} \end{aligned}$$

(2)

$$\begin{aligned} V(\alpha\boldsymbol{r}_1, \alpha\boldsymbol{r}_2) &= \frac{Gm_1m_2}{[(\alpha x_2 - \alpha x_1)^2 + (\alpha y_2 - \alpha y_1)^2 + (\alpha z_2 - \alpha z_1)^2]^{1/2}} \\ &= \frac{1}{\alpha}\left\{-\frac{Gm_1m_2}{[(x_2 - x_1)^2 + (y_2 - y_1)^2 + (z_2 - z_1)^2]^{1/2}}\right\} \\ &= \frac{1}{\alpha}V(\boldsymbol{r}_1, \boldsymbol{r}_2) \end{aligned}$$

(3) 取双星系统的质心平动参考系，$\boldsymbol{r}_1$、$\boldsymbol{r}_2$ 分别表示两星对质心的位矢.

由质心的定义，

$$m_1\boldsymbol{r}_1 + m_2\boldsymbol{r}_2 = 0$$

设 m_1 星对 m_2 星的位矢为 $\boldsymbol{r}$，则

$$\boldsymbol{r} = \boldsymbol{r}_1 - \boldsymbol{r}_2$$

$$\boldsymbol{r}_1 = \frac{m_2}{m_1 + m_2}\boldsymbol{r}, \quad \boldsymbol{r}_2 = -\frac{m_1}{m_1 + m_2}\boldsymbol{r}$$

$$\begin{aligned} T &= \frac{1}{2}m_1|\dot{\boldsymbol{r}}_1|^2 + \frac{1}{2}m_2|\dot{\boldsymbol{r}}_2|^2 \\ &= \frac{1}{2}m_1\left(\frac{m_2}{m_1 + m_2}\right)^2|\dot{\boldsymbol{r}}|^2 + \frac{1}{2}m_2\left(\frac{-m_1}{m_1 + m_2}\right)^2|\dot{\boldsymbol{r}}|^2 \\ &= \frac{1}{2}\frac{m_1m_2}{m_1 + m_2}|\dot{\boldsymbol{r}}|^2 \end{aligned}$$

$$V = -\frac{Gm_1m_2}{r}$$

$$\begin{aligned} L = T - V &= \frac{1}{2}\frac{m_1m_2}{m_1 + m_2}|\dot{\boldsymbol{r}}|^2 + \frac{Gm_1m_2}{r} \\ &= \frac{m_2}{m_1 + m_2}\left[\frac{1}{2}m_1|\dot{\boldsymbol{r}}|^2 + \frac{Gm_1(m_1 + m_2)}{r}\right] \end{aligned}$$

作一个变换，新的拉格朗日函数与原拉格朗日函数仅差一个常数因子，写出的运动

微分方程不受影响. 新的拉格朗日函数为

$$L=\frac{1}{2}m_1|\dot{\boldsymbol{r}}|^2+\frac{Gm_1(m_1+m_2)}{r}$$

得到的运动微分方程相当于一个质量为 m_1 的星在质量为 (m_1+m_2) 的不动的星的引力作用下的运动. 由开普勒第三定律，双星的转动周期 T 与其椭圆轨道的长半轴 a 有下列关系：

$$\frac{T^2}{a^3}=\frac{4\pi^2}{G(m_1+m_2)}$$

9.3.37　质量为 M、长为 l 的两均质细杆由光滑的铰链和一根线连接起来，置于光滑的地面上，处于静止状态，杆与水平地面的夹角为 30°，如图 9.69 所示. 铰链的质量可以不计，$t=0$ 时，线被切断. 求：

(1) 铰链击中地面时的速度；

(2) 铰链击中地面时的时间(写出积分式子即可，不必求积).

解　(1) 由对称考虑，铰链必竖直下落，考虑一根杆为系统，取图 9.70 中的 x、y 坐标. 杆的质心的 x、y 坐标为

$$x_C=\frac{l}{2}\cos\theta,\quad y_C=\frac{l}{2}\sin\theta$$

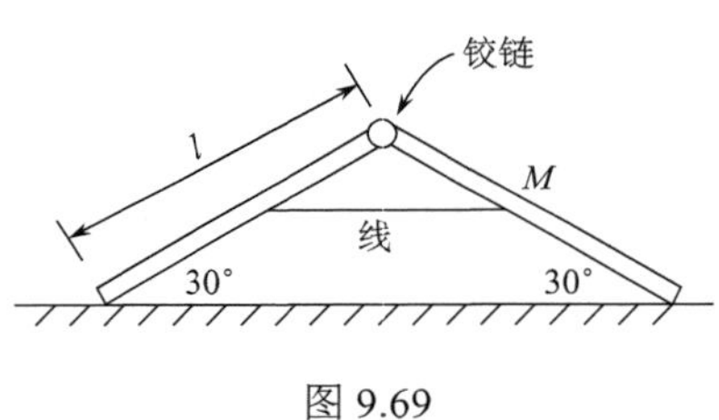

图 9.69

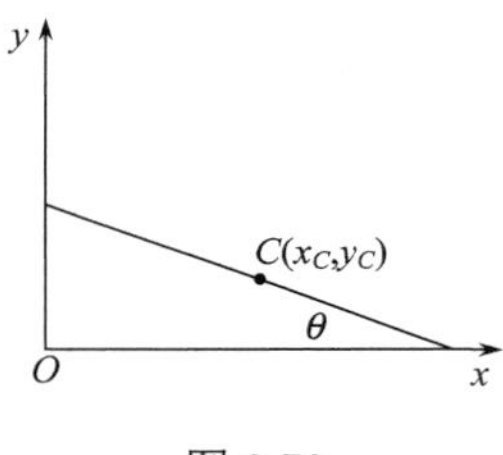

图 9.70

取 θ 为广义坐标，

$$T=\frac{1}{2}m(\dot{x}_C^2+\dot{y}_C^2)+\frac{1}{2}\cdot\frac{1}{12}ml^2\dot{\theta}^2=\frac{1}{6}ml^2\dot{\theta}^2$$

$$V=mgy_C=\frac{1}{2}mgl\sin\theta$$

$$L=T-V=\frac{1}{6}ml^2\dot{\theta}^2-\frac{1}{2}mgl\sin\theta$$

因为

$$\frac{\partial L}{\partial t}=0,\quad \frac{\partial L}{\partial\dot{\theta}}\dot{\theta}-L=\text{常量}$$

即

$$\frac{1}{6}ml^2\dot{\theta}^2+\frac{1}{2}mgl\sin\theta=\frac{1}{4}mgl$$

$$\dot{\theta} = -\sqrt{\frac{3g}{l}\left(\frac{1}{2} - \sin\theta\right)}$$

铰链的 y 坐标为

$$y = l\sin\theta$$

$$\dot{y} = l\,\dot{\theta}\cos\theta$$

击中地面时，$\theta = 0$，铰链的速度为

$$\boldsymbol{v} = \dot{y}\,\boldsymbol{j} = (l\dot{\theta}\cos\theta)\big|_{\theta=0}\boldsymbol{j}$$

$$= -l\sqrt{\frac{3g}{l}\left(\frac{1}{2} - \sin 0°\right)}\cos 0°\,\boldsymbol{j} = -\sqrt{\frac{3}{2}gl}\,\boldsymbol{j}$$

(2)

$$\frac{\mathrm{d}\theta}{\mathrm{d}t} = -\sqrt{\frac{3g}{l}\left(\frac{1}{2} - \sin\theta\right)}$$

$$\mathrm{d}t = -\frac{1}{\sqrt{\frac{3g}{2l}(1 - 2\sin\theta)}} = \mathrm{d}\theta$$

$t = 0$ 时，$\theta = 30°$,击中地面时，$\theta = 0°$,

$$t = -\int_{30°}^{0°}\frac{\mathrm{d}\theta}{\sqrt{\frac{3g}{2l}(1 - 2\sin\theta)}} = \sqrt{\frac{2l}{3g}}\int_{0°}^{30°}\frac{\mathrm{d}\theta}{\sqrt{1 - 2\sin\theta}}$$

9.3.38　球面摆由质量为 m 的质点，用一根长为 l 的不可伸长的轻绳悬挂在一个固定点构成，该质点被限制在球面上运动.

(1) 若使绳与铅直方向的夹角 θ_0 不变，质点做此圆周运动的角速度多大?

(2) 在 (1) 问所述的圆轨道上的质点受一垂直于其速度的冲量，结果在其轨道达最高点时绳与铅直方向成 θ_1 角，写出当质点在最低点时绳与铅直方向的夹角 θ_2 所满足的方程(不必解)；

(3) 就在 θ_0 附近振动的振幅很小的情况，求振动的角频率.

解　(1) 设此圆周运动的角速度为 ω，取绕竖直轴以 ω 的角速度转动的参考系，则质点在 $\theta = \theta_0$ 处，处于平衡状态，用虚功原理，

$$V = -mgl\cos\theta - \frac{1}{2}ml^2\omega^2\sin^2\theta$$

在 $\theta = \theta_0$ 处，$\dfrac{\partial V}{\partial\theta} = 0$，即

$$mgl\sin\theta_0 - ml^2\omega^2\sin\theta_0\cos\theta_0 = 0$$

$$\omega = \sqrt{\frac{g}{l\cos\theta_0}}$$

(2) 取静参考系，用球坐标 θ、φ 为广义坐标

$$L=T-V=\frac{1}{2}ml^2(\dot{\theta}^2+\dot{\varphi}^2\sin^2\theta)+mgl\cos\theta$$

因为

$$\frac{\partial L}{\partial\varphi}=0$$

$$\frac{\partial L}{\partial\dot{\varphi}}=ml^2\dot{\varphi}\sin^2\theta=ml^2\sqrt{\frac{g}{l\cos\theta_0}}\sin^2\theta_0 \tag{1}$$

这里考虑到冲量不影响在此位置$(\theta=\theta_0)$的$\dot{\varphi}$($\dot{\varphi}$为(1)问中解出的ω).

因为$\frac{\partial L}{\partial t}=0$，且$T$是广义速度的二次齐次函数，

$$T+V=\frac{1}{2}ml^2(\dot{\theta}^2+\dot{\varphi}^2\sin^2\theta)-mgl\cos\theta=\frac{1}{2}ml^2\dot{\varphi}_1^2\sin^2\theta_1-mgl\cos\theta_1 \tag{2}$$

质点达最高点和最低点时用式(1)，在最低点时用式(2)，考虑到$\dot{\theta}_2=0$，

$$\dot{\varphi}_1\sin^2\theta_1=\sqrt{\frac{g}{l\cos\theta_0}}\sin^2\theta_0$$

$$\dot{\varphi}_2\sin^2\theta_2=\sqrt{\frac{g}{l\cos\theta_0}}\sin^2\theta_0$$

$$\frac{1}{2}l\dot{\varphi}_2^2\sin^2\theta_2-g\cos\theta_2=\frac{1}{2}l\dot{\varphi}_1^2\sin^2\theta_1-g\cos\theta_1$$

从上述三式，消去$\dot{\varphi}_1$、$\dot{\varphi}_2$，可得θ_2满足的方程为

$$\frac{\sin^4\theta_0}{\cos\theta_0}\left(\frac{1}{\sin^2\theta_2}-\frac{1}{\sin^2\theta_1}\right)=2(\cos\theta_2-\cos\theta_1)$$

(3)

$$L=\frac{1}{2}ml^2(\dot{\theta}^2+\dot{\varphi}^2\sin^2\theta)+mgl\cos\theta$$

由$\frac{\mathrm{d}}{\mathrm{d}t}\left(\frac{\partial L}{\partial\theta}\right)-\frac{\partial L}{\partial\theta}=0$，得

$$l\ddot{\theta}-l\dot{\varphi}^2\sin\theta\cos\theta+g\sin\theta=0$$

由$\frac{\partial L}{\partial\varphi}=0$，得$\frac{\partial L}{\partial\dot{\varphi}}=$常量，

$$\dot{\varphi}\sin^2\theta=\sqrt{\frac{g}{l\cos\theta_0}}\sin^2\theta_0$$

用上式消去前式中的$\dot{\varphi}$，得

$$\ddot{\theta}-\frac{g}{l\cos\theta_0}\frac{\sin^4\theta_0}{\sin^3\theta}\cos\theta+\frac{g}{l}\sin\theta=0 \tag{1}$$

把$\sin\theta$和$\cos\theta$在θ_0作泰勒展开，只保留一级小量，令$\Delta\theta=\theta-\theta_0$，

$$\sin\theta\approx\sin\theta_0+\cos\theta_0\cdot\Delta\theta$$

$$\cos\theta \approx \cos\theta_0 - \sin\theta_0 \Delta\theta$$

$$(\sin\theta)^{-3} \approx (\sin\theta_0 + \cos\theta_0 \Delta\theta)^{-3}$$
$$= (\sin\theta_0)^{-3}(1+\cot\theta_0 \Delta\theta)^{-3} \approx (\sin\theta_0)^{-3}(1-3\cot\theta_0 \Delta\theta)$$

代入式(1)，注意

$$\ddot{\theta} = \frac{\mathrm{d}^2}{\mathrm{d}t^2}(\theta_0 + \Delta\theta) = \frac{\mathrm{d}^2(\Delta\theta)}{\mathrm{d}t^2}$$

$$\frac{\mathrm{d}^2(\Delta\theta)}{\mathrm{d}t^2} + \frac{g(1+3\cos\theta_0 \cot\theta_0)}{l\cos\theta_0}\Delta\theta = 0$$

质点在 $\theta = \theta_0$ 附近关于 θ 的小振幅振动的角频率为

$$\omega = \sqrt{\frac{g(1+3\cos\theta_0 \cot\theta_0)}{l\cos\theta_0}}$$

9.3.39　一弹簧摆由质量为 m 的质点经原长为 l、劲度系数为 k 的无质量弹簧系于固定点组成，如图 9.71 所示. 假定系统限制在一个竖直平面内运动，导出运动微分方程，并在对平衡位置的角位移和径向位移都很小的近似下解运动微分方程.

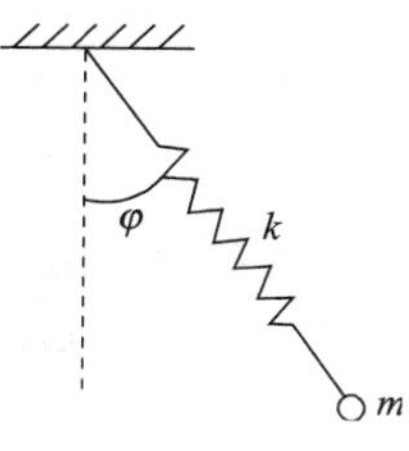

图 9.71

解

$$T = \frac{1}{2}m(\dot{r}^2 + r^2\dot{\varphi}^2)$$

$$V = \frac{1}{2}k(r-l)^2 - mgr\cos\varphi$$

$$L = T - V = \frac{1}{2}m(\dot{r}^2 + r^2\dot{\varphi}^2) - \frac{1}{2}k(r-l)^2 + mgr\cos\varphi$$

由 $\frac{\mathrm{d}}{\mathrm{d}t}\left(\frac{\partial L}{\partial \dot{q}_i}\right) - \frac{\partial L}{\partial q_i} = 0$ 得运动微分方程

$$m\ddot{r} - mr\,\dot{\varphi}^2 + k(r-l) - mg\cos\varphi = 0$$
$$r\,\ddot{\varphi} + 2\dot{r}\,\dot{\varphi} + g\sin\varphi = 0$$

在平衡位置，$\dot{r}=0$，$\ddot{r}=0$，$\dot{\varphi}=0$，$\ddot{\varphi}=0$. 设平衡位置 $r = r_0$，$\varphi = \varphi_0$，

$$k(r_0 - l) - mg\cos\varphi_0 = 0$$
$$g\sin\varphi_0 = 0$$

得

$$\varphi_0 = 0, \quad r_0 = l + \frac{mg}{k}$$

在对平衡位置的角位移和径向位移都很小时，令 $r' = r - r_0$，运动微分方程可简化为

$$m\ddot{r}' + kr' = 0$$
$$r_0\ddot{\varphi} + g\varphi = 0$$

解为

$$r' = A\cos\left(\sqrt{\frac{k}{m}}t + \alpha\right) \quad 或 \quad r = l + \frac{mg}{k} + A\cos\left(\sqrt{\frac{k}{m}}t + \alpha\right)$$

$$\varphi = B\cos\left(\sqrt{\frac{g}{r_0}}t + \beta\right)$$

其中 $r_0 = l + \dfrac{mg}{k}$，A、B、α、β 为积分常数，由初始条件定.

9.3.40 粒子受到力心的引力作用，力的大小反比于它到力心的距离的三次方，导出运动微分方程，并解方程求轨道，讨论轨道的性质是如何依赖于系统的参数的.

解

$$\boldsymbol{F} = -\frac{k}{r^3}\boldsymbol{e}_r$$

$$V(r) = -\frac{k}{2r^2}$$

$$L = T - V = \frac{1}{2}m(\dot{r}^2 + r^2\dot{\varphi}^2) + \frac{k}{2r^2}$$

由 $\dfrac{\mathrm{d}}{\mathrm{d}t}\left(\dfrac{\partial L}{\partial \dot{q}_i}\right) - \dfrac{\partial L}{\partial q_i} = 0$，得运动微分方程为

$$m\ddot{r} - mr\dot{\varphi}^2 + \frac{k}{r^3} = 0 \tag{1}$$

$$mr^2\dot{\varphi} = b \text{（常量）}$$

消去 $\dot{\varphi}$，可得

$$m\ddot{r} = \frac{b^2 - km}{mr^3}$$

令 $u = \dfrac{1}{r}$，则

$$\dot{\varphi} = \frac{b}{m}r^{-2} = \frac{b}{m}u^2$$

$$\dot{r} = \frac{\mathrm{d}}{\mathrm{d}t}\left(\frac{1}{u}\right) = -\frac{1}{u^2}\frac{\mathrm{d}u}{\mathrm{d}\varphi}\dot{\varphi} = -\frac{b}{m}\frac{\mathrm{d}u}{\mathrm{d}\varphi}$$

$$\ddot{r} = -\frac{b}{m}\bullet\frac{\mathrm{d}^2u}{\mathrm{d}\varphi^2}\bullet\dot{\varphi} = -\frac{b^2}{m^2}u^2\frac{\mathrm{d}^2u}{\mathrm{d}\varphi^2}$$

将 $\ddot{r}$ 代入式(1)，得

$$-\frac{b^2}{m}u^2\frac{\mathrm{d}^2u}{\mathrm{d}\varphi^2} = \frac{b^2 - km}{m}u^3$$

$$\frac{\mathrm{d}^2u}{\mathrm{d}\varphi^2} + \frac{b^2 - km}{b^2}u = 0$$

若 $b^2 > km$,

$$u=\frac{1}{r_0}\cos\left[\frac{1}{b}\sqrt{b^2-km}(\varphi-\varphi_0)\right]$$

$$r=r_0\sec\left[\frac{1}{b}\sqrt{b^2-km}(\varphi-\varphi_0)\right]$$

若 $b^2<km$,

$$u=\frac{1}{r_0}\cosh\left[\frac{1}{b}\sqrt{km-b^2}(\varphi-\varphi_0)\right]$$

$$r=r_0\,\mathrm{sech}\left[\frac{1}{b}\sqrt{km-b^2}(\varphi-\varphi_0)\right]$$

两个轨道方程中的 $(r_0$、$\varphi_0)$ 都表示轨道上的一点.

9.3.41　一个质量为 m 的粒子在有心力

$$F(r)=-\frac{k}{r^2}+\frac{k'}{r^3}\qquad(k>0)$$

作用下做平面运动.

(1) 写出系统的拉格朗日函数；

(2) 导出运动微分方程，并证明轨道角动量 J 是一个运动常数；

(3) 若 $J^2>-mk'$，求轨道方程.

解　(1)

$$F(r)=-\frac{k}{r^2}+\frac{k'}{r^3}$$

$$V(r)=-\int_\infty^r F(r)\mathrm{d}r=\int_r^\infty F(r)\mathrm{d}r=-\frac{k}{r}+\frac{k'}{2r^2}$$

$$L=\frac{1}{2}m(\dot{r}^2+r^2\dot{\varphi}^2)+\frac{k}{r}-\frac{k'}{2r^2}$$

(2) 由 $\frac{\mathrm{d}}{\mathrm{d}t}\left(\frac{\partial L}{\partial\dot{q}_i}\right)-\frac{\partial L}{\partial q_i}=0$，得运动微分方程为

$$m\ddot{r}-mr\dot{\varphi}^2+\frac{k}{r^2}-\frac{k'}{r^3}=0\tag{1}$$

$$m(r\ddot{\varphi}+2\dot{r}\dot{\varphi})=0\tag{2}$$

式(2)也可写成

$$\frac{m}{r}\frac{\mathrm{d}}{\mathrm{d}t}(r^2\dot{\varphi})=0$$

所以

$$J=mr^2\dot{\varphi}=\text{常量}$$

(3) 令 $u=\frac{1}{r}$，$r=u^{-1}$,

$$\dot{r}=-u^{-2}\frac{\mathrm{d}u}{\mathrm{d}\varphi}\dot{\varphi}=-u^{-2}\frac{\mathrm{d}u}{\mathrm{d}\varphi}\frac{J}{mr^2}=-\frac{J}{m}\frac{\mathrm{d}u}{\mathrm{d}\varphi}$$

$$\ddot{r}=-\frac{J}{m}\frac{\mathrm{d}^2u}{\mathrm{d}\varphi^2}\dot{\varphi}=-\frac{J^2}{m^2}u^2\frac{\mathrm{d}^2u}{\mathrm{d}\varphi^2}$$

式(1)可改写为

$$\frac{\mathrm{d}^2u}{\mathrm{d}\varphi^2}+\left(1+\frac{mk'}{J^2}\right)u=\frac{mk}{J^2} \tag{3}$$

因 $J^2>-mk'$，$1+\dfrac{mk'}{J^2}>0$. 式(3)的解为

$$u=\frac{mk}{J^2+mk'}+A\cos\left(\sqrt{1+\frac{mk'}{J^2}}\varphi+\alpha\right)$$

可选择适当的基轴，使 $\alpha=0$，轨道方程为

$$u=\frac{mk}{J^2+mk'}+A\cos\left(\sqrt{1+\frac{mk'}{J^2}}\varphi\right)$$

$$r=\frac{1}{\dfrac{mk}{J^2+mk'}+A\cos\left(\sqrt{1+\dfrac{mk'}{J^2}}\varphi\right)}$$

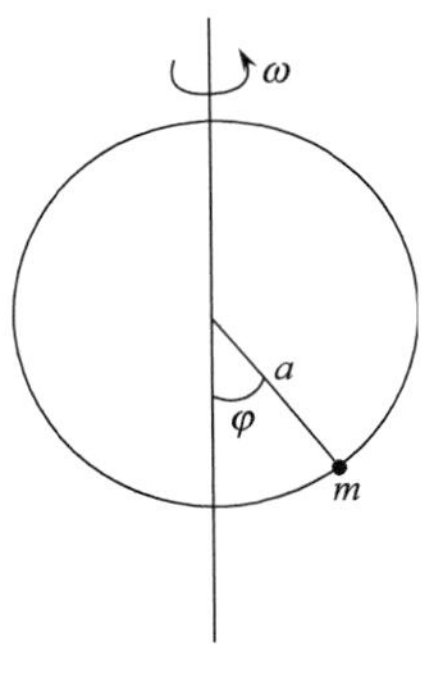

图 9.72

9.3.42　一个质量为 m 的珠子套在一个半径为 a 的旋转圆环上无摩擦地滑动，圆环绕通过竖直的直径作恒定角速度 ω 的转动，如图 9.72 所示：

(1) 写出系统的拉格朗日函数，并找出所有的运动积分；

(2) 确定 $\omega<\omega_0$ 和 $\omega>\omega_0$ $\left(\omega_0=\sqrt{\dfrac{g}{a}}\right)$ 时珠子的平衡位置；

(3) 这些平衡位置，哪些是稳定的？哪些是不稳定的？

(4) 计算围绕稳定平衡点的小振幅振动的角频率.

解　(1) 选用圆环参考系，主动力除重力外，还有惯性离轴力. 在这里，科里奥利力不做虚功，作约束力处理.

$$\begin{aligned}\delta W&=-mg\sin\varphi\cdot a\delta\varphi+m\omega^2a\sin\varphi\cos\varphi\cdot a\delta\varphi\\&=m(\omega^2a^2\sin\varphi\cos\varphi-ga\sin\varphi)\delta\varphi\end{aligned}$$

所以

$$Q=m(\omega^2a^2\sin\varphi\cos\varphi-ga\sin\varphi)$$

$$\begin{aligned}V&=-\int Q\mathrm{d}\varphi=-\int m(\omega^2a^2\sin\varphi\cos\varphi-ga\sin\varphi)\mathrm{d}\varphi\\&=-\frac{1}{2}m\omega^2a^2\sin^2\varphi-mga\cos\varphi\end{aligned}$$

$$T=\frac{1}{2}ma^2\dot{\varphi}^2$$

$$L=T-V=\frac{1}{2}ma^2\dot{\varphi}^2+\frac{1}{2}m\omega^2a^2\sin^2\varphi+mga\cos\varphi$$

因为$\dfrac{\partial L}{\partial t}=0$，$\dfrac{\partial L}{\partial\dot{\varphi}}\dot{\varphi}-L=$常量，即

$$\frac{1}{2}ma^2\dot{\varphi}^2-\frac{1}{2}m\omega^2a^2\sin^2\varphi-mga\cos\varphi=\text{常量}$$

这个运动积分是能量积分.

(2)在平衡位置，$Q=0$，

$$m(\omega^2a^2\sin\varphi\cos\varphi-ga\sin\varphi)=0$$

$$\sin\varphi(\omega^2a\cos\varphi-g)=0$$

当$\omega<\sqrt{\dfrac{g}{a}}$时，$\dfrac{g}{a\omega^2}>1$，$\omega^2a\cos\varphi-g\neq0$，平衡位置处，

$$\sin\varphi=0$$

$\varphi=0$，π为平衡位置.

当$\omega>\sqrt{\dfrac{g}{a}}$时，$\dfrac{g}{a\omega^2}<1$，平衡位置处，

$$\sin\varphi=0\quad\text{或}\quad\omega^2a\cos\varphi-g=0$$

$\varphi=0$，π和$\arccos\left(\dfrac{g}{\omega^2a}\right)$为平衡位置.

(3)由平衡位置处$\dfrac{\mathrm{d}^2V}{\mathrm{d}\varphi^2}$或$-\dfrac{\mathrm{d}Q}{\mathrm{d}\varphi}$的正负号判断平衡位置处平衡的稳定性，大于零时是稳定平衡位置，小于零则为不稳定平衡位置，

$$\frac{\mathrm{d}^2V}{\mathrm{d}\varphi^2}=-\frac{\mathrm{d}Q}{\mathrm{d}\varphi}=-m[\omega^2a^2(\cos^2\varphi-\sin^2\varphi)-ga\cos\varphi]$$

$\omega<\sqrt{\dfrac{g}{a}}$时，

$$\left.\frac{\mathrm{d}^2V}{\mathrm{d}\varphi^2}\right|_{\varphi=0}=-m(\omega^2a^2-ga)>0$$

$$\left.\frac{\mathrm{d}^2V}{\mathrm{d}\varphi^2}\right|_{\varphi=\pi}=-m(\omega^2a^2+ga)<0$$

故$\varphi=0$为稳定平衡位置，$\varphi=\pi$为不稳定平衡位置.

$\omega>\sqrt{\dfrac{g}{a}}$时，

$$\left.\frac{\mathrm{d}^2V}{\mathrm{d}\varphi^2}\right|_{\varphi=0}<0,\quad\left.\frac{\mathrm{d}^2V}{\mathrm{d}\varphi^2}\right|_{\varphi=\pi}<0$$

$$\left.\frac{\mathrm{d}^2V}{\mathrm{d}\varphi^2}\right|_{\varphi=\arccos\frac{g}{\omega^2 a}}=-m\left(\frac{g^2}{\omega^2}-\omega^2a^2\right)>0$$

故 $\varphi=0$ 和 π 均为不稳定平衡位置，$\varphi=\arccos\left(\dfrac{g}{\omega^2 a}\right)$ 为稳定平衡位置.

(4) 由 $\dfrac{\mathrm{d}}{\mathrm{d}t}\left(\dfrac{\partial L}{\partial\dot{\varphi}}\right)-\dfrac{\partial L}{\partial\varphi}=0$ 或由能量积分对 t 求导均可得

$$a\ddot{\varphi}-a\omega^2\sin\varphi\cos\varphi+g\sin\varphi=0$$

当 $\omega<\sqrt{\dfrac{g}{a}}$ 时，$\varphi=0$ 为稳定平衡位置，在此点附近做小振动

$$\sin\varphi\approx\varphi,\quad \cos\varphi\approx 1$$

$$a\ddot{\varphi}+(g-a\omega^2)\varphi=0$$

小振动的角频率为

$$\Omega=\sqrt{\frac{g-a\omega^2}{a}}$$

当 $\omega>\sqrt{\dfrac{g}{a}}$ 时，$\varphi=\arccos\left(\dfrac{g}{a\omega^2}\right)$ 为稳定平衡位置.

在平衡位置处，将 $\sin\varphi$、$\cos\varphi$ 作泰勒展开，

$$\sin\varphi\approx\sin\varphi_0+\cos\varphi_0\Delta\varphi$$

$$\cos\varphi\approx\cos\varphi_0-\sin\varphi_0\Delta\varphi$$

其中

$$\varphi_0=\arccos\left(\frac{g}{a\omega^2}\right),\quad \Delta\varphi=\varphi-\varphi_0$$

运动微分方程可近似为

$$a\frac{\mathrm{d}^2\Delta\varphi}{\mathrm{d}t^2}+\left[g\cos\varphi_0-\frac{g}{\cos\varphi_0}(2\cos^2\varphi_0-1)\right]\Delta\varphi=0$$

$$\frac{\mathrm{d}^2\Delta\varphi}{\mathrm{d}t^2}+\left(\omega^2-\frac{g^2}{a^2\omega^2}\right)\Delta\varphi=0$$

小振动的角频率为

$$\Omega=\sqrt{\omega^2-\frac{g^2}{a^2\omega^2}}$$

9.3.43 质量为 m_1 和 m_2 的两质点被一长为 l 并穿过一光滑水平面上的光滑小孔的不可伸长的轻绳连接，m_1 在水平面上运动，m_2 在铅垂线上运动.

(1) 要使 m_2 在平面下 d 处保持不动，必须给 m_1 以什么样的初速度；

(2) 如果 m_2 在铅直方向稍微偏离上述平衡位置，将产生小振动，用拉格朗日方程求

振动周期.

解 (1)必须使 m_1 获得一个垂直于绳的初速度 $\boldsymbol{v}_0$，使做此匀速率的半径为 $l-d$ 的圆周运动所需的向心力等于作用于 m_2 的重力，

$$\frac{m_1 v_0^2}{l-d} = m_2 g$$

所以

$$v_0 = \sqrt{\frac{m_2 g(l-d)}{m_1}}$$

(2)选 m_1 对小孔(作为坐标系原点)的极坐标 r、φ 为广义坐标，

$$L = \frac{1}{2}m_1(\dot{r}^2 + r^2\dot{\varphi}^2) + \frac{1}{2}m_2\dot{r}^2 + m_2 g(l-r)$$

由 $\frac{\mathrm{d}}{\mathrm{d}t}\left(\frac{\partial L}{\partial \dot{r}}\right) - \frac{\partial L}{\partial r} = 0$ 得

$$(m_1+m_2)\ddot{r} - m_1 r\dot{\varphi}^2 + m_2 g = 0 \tag{1}$$

由 $\frac{\partial L}{\partial \varphi} = 0$，$\frac{\partial L}{\partial \dot{\varphi}} =$ 常量

$$m_1 r^2\dot{\varphi} = m_1(l-d)v_0 = m_1\sqrt{\frac{m_2 g}{m_1}}(1-d)^{3/2} \tag{2}$$

将式(2)代入式(1)，

$$(m_1+m_2)\ddot{r} - \frac{m_2 g(l-d)^3}{r^3} + m_2 g = 0 \tag{3}$$

平衡位置

$$r = r_0 = l-d$$

令

$$x = r - r_0 = r - (l-d)$$

m_2 在平衡位置附近做小振动，m_1 在 $r = r_0$ 附近的径向运动也做小振动，

$$\left[\frac{(1-d)}{r}\right]^3 = \left(\frac{l-d}{l-d+x}\right)^3 = \left(1+\frac{x}{l-d}\right)^{-3} \approx 1 - \frac{3x}{l-d}$$

用此近似，式(3)近似为

$$(m_1+m_2)\ddot{x} + \frac{3m_2 g}{l-d}x = 0$$

小振动的角频率 ω 和周期 T 分别为

$$\omega = \sqrt{\frac{3m_2 g}{(m_1+m_2)(l-d)}}$$

$$T = \frac{2\pi}{\omega} = 2\pi\sqrt{\frac{(m_1 + m_2)(l - d)}{3m_2 g}}$$

9.3.44　一个质量为 M、半径为 R 的均质圆球沿一质量为 m、倾角为 α 的三角块向下做纯滚动，三角块在光滑的水平面上自由运动，如图 9.73 所示.

(1) 求系统的拉格朗日函数，写出拉格朗日方程；

(2) 设开始系统处于静止，球心在水平面上 H 处，求系统的运动.

解　(1) 取图 9.74 所示的坐标，用 x 表示三角块的坐标，θ 表示球的转角，考虑到球在三角块上做纯滚动，球心的 x、y 坐标为

$$\left[x + (\xi_0 + R\theta)\cos\alpha, H - R\theta\sin\alpha\right]$$

其中 ξ_0 是 $\theta = 0$ 时，球心的 ξ 坐标，$\theta = 0$ 时，球心的 y 坐标为 H.

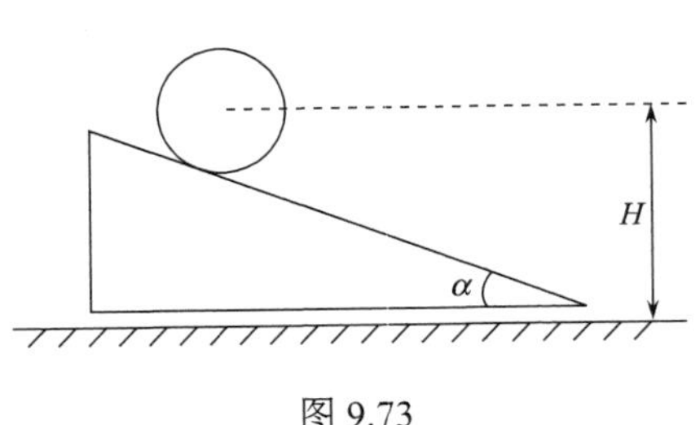

图 9.73

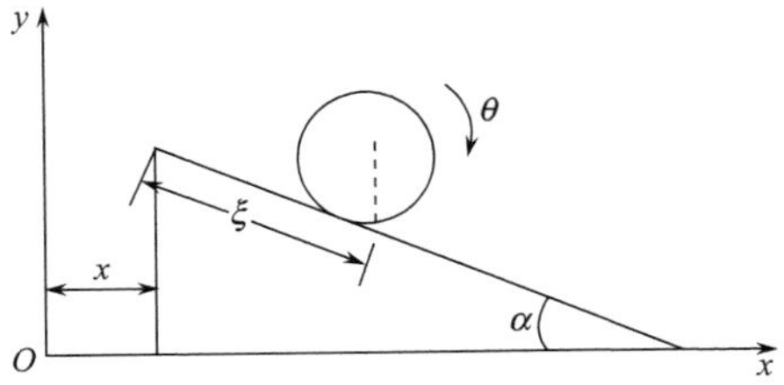

图 9.74

球心的速度用 x、y 分量表示为

$$(\dot{x} + R\dot{\theta}\cos\alpha, -R\dot{\theta}\sin\alpha)$$

系统的拉格朗日函数为

$$\begin{aligned} L = T - V &= \frac{1}{2}m\dot{x}^2 + \frac{1}{2}M\left[(\dot{x} + R\dot{\theta}\cos\alpha)^2 + (-R\dot{\theta}\sin\alpha)^2\right] \\ &\quad + \frac{1}{2}\times\frac{2}{5}MR^2\dot{\theta}^2 - Mg(H - R\theta\sin\alpha) \\ &= \frac{1}{2}(m + M)\dot{x}^2 + \frac{7}{10}MR^2\dot{\theta}^2 + MR\dot{x}\dot{\theta}\cos\alpha - Mg(H - R\theta\sin\alpha) \end{aligned}$$

拉格朗日方程 $\frac{\mathrm{d}}{\mathrm{d}t}\left(\frac{\partial L}{\partial \dot{q}_i}\right) - \frac{\partial L}{\partial q_i} = 0$ 为

$$(m + M)\ddot{x} + MR\ddot{\theta}\cos\alpha = 0$$

$$\frac{7}{5}R\,\ddot{\theta} + \ddot{x}\cos\alpha - g\sin\alpha = 0$$

(2) 从上述两个运动微分方程可解出

$$\ddot{\theta} = \frac{5(m + M)g\sin\alpha}{[7(m + M) - 5M\cos^2\alpha]R}$$

用初始条件：$t = 0$ 时，$\theta = 0$，$\dot{\theta} = 0$，积分得

$$\theta = \frac{5(m + M)g\sin\alpha}{2[7(m + M) - 5M\cos^2\alpha]R}t^2$$

积分第一个运动微分方程，用初始条件：$t=0$ 时，$x=0$，$\theta=0$，$\dot{x}=0$，$\dot{\theta}=0$，得

$$(m+M)x+MR\theta\cos\alpha=0$$

所以

$$x=-\frac{MR\cos\alpha}{m+M}\theta=-\frac{5Mg\sin\alpha\cos\alpha}{2[7(m+M)-5M\cos^2\alpha]}t^2$$

9.3.45　质量为 m 的质点被约束在一半径为 r、质量为 M 的均质圆环内表面无摩擦运动，环在竖直的 xy 平面内沿水平的 x 轴做纯滚动，如图 9.75 所示. $t=0$ 时，环是静止的，质点在环的顶部，具有沿 x 轴方向的速度 v_0，求当质点运动到环的底部时相对于固定的 x 轴的速度 v，并给出当 $\frac{m}{M}\to 0$ 及 $\frac{M}{m}\to 0$ 时的结果.

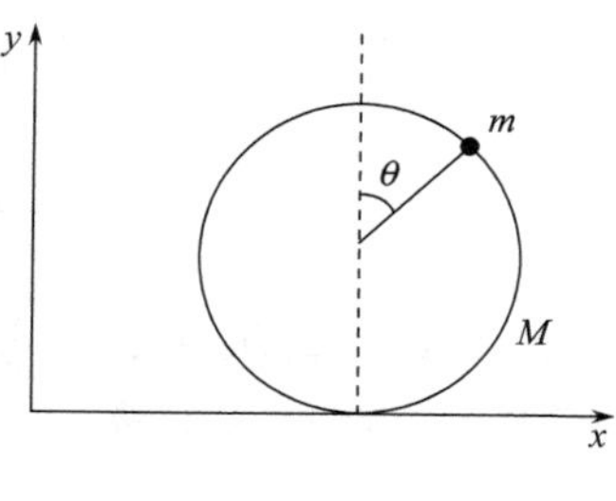

图 9.75

解　圆环的质心坐标为(x, r)，质点的坐标为$(x+r\sin\theta,\ r+r\cos\theta)$，质点的速度为

$$(\dot{x}+r\dot{\theta}\cos\theta, -r\dot{\theta}\sin\theta)$$

系统的动能为

$$\begin{aligned}T&=\frac{1}{2}m(\dot{x}^2+r^2\dot{\theta}^2+2r\dot{x}\dot{\theta}\cos\theta)+\frac{1}{2}M\dot{x}^2+\frac{1}{2}Mr^2\left(\frac{\dot{x}}{r}\right)^2\\&=\frac{1}{2}(m+2M)\dot{x}^2+\frac{1}{2}mr^2\dot{\theta}^2+mr\dot{x}\dot{\theta}\cos\theta\end{aligned}$$

系统的势能为

$$V=mg(r+r\cos\theta)$$

系统的拉格朗日函数为

$$L=T-V=\frac{1}{2}(m+2M)\dot{x}^2+\frac{1}{2}mr^2\dot{\theta}^2+mr\dot{x}\dot{\theta}\cos\theta-mgr(1+\cos\theta)$$

因为 $\frac{\partial L}{\partial x}=0$，$\frac{\partial L}{\partial \dot{x}}=$ 常量，即

$$(m+2M)\dot{x}+mr\dot{\theta}\cos\theta=mv_0 \tag{1}$$

这里用了初始条件：$t=0$ 时，

$$\dot{x}=0,\quad \theta=0,\quad r\dot{\theta}=v_0$$

因为 $\frac{\partial L}{\partial t}=0$，$T$ 是 $\dot{x}$、$\dot{\theta}$ 的二次齐次函数，

$$\sum_i\frac{\partial L}{\partial \dot{q}_i}\dot{q}_i-L=T+V=\text{常量}$$

$$\frac{1}{2}(m+M)\dot{x}^2+\frac{1}{2}mr^2\dot{\theta}^2+mr\dot{x}\dot{\theta}\cos\theta+mgr(1+\cos\theta)=\frac{1}{2}mv_0^2+2mgr \tag{2}$$

质点到达圆环底部时，$\theta=\pi$，代入式(1)、(2)两式，得到此时 $\dot{x}$、$\dot{\theta}$ 满足的方程

$$(m+2M)\dot{x}-mr\dot{\theta}=mv_0 \tag{3}$$

$$\frac{1}{2}(m+2M)\dot{x}^2+\frac{1}{2}mr^2\dot{\theta}^2-mr\dot{x}\,\dot{\theta}=\frac{1}{2}mv_0^2+2mgr \tag{4}$$

用式(3)消去式(4)中的$r\,\dot{\theta}$，得

$$M(m+2M)\dot{x}^2-2mMv_0\dot{x}-2m^2gr=0$$

$$\dot{x}=\frac{mMv_0\pm m\sqrt{M^2v_0^2+2M(m+2M)gr}}{M(m+2M)}$$

因为从$\theta=0$到$\theta=\pi$，质点对圆环的作用力的x分量始终大于零，故到达底部时，必有$\dot{x}>0$，舍去$\dot{x}<0$的解，

$$\dot{x}=\frac{mMv_0+m\sqrt{M^2v_0^2+2M(m+2M)gr}}{M(m+2M)}$$

$$r\,\dot{\theta}=\frac{1}{m}(m+2M)\dot{x}-v_0$$

到达底部时，质点相对于x轴的速度为

$$\begin{aligned}v&=\dot{x}-r\,\dot{\theta}=\dot{x}-\left[\frac{1}{m}(m+2M)\dot{x}-v_0\right]\\&=v_0-\frac{2M}{m}\dot{x}=\frac{1}{m+2M}\left[mv_0-2\sqrt{M^2v_0^2+2M(m+2M)gr}\right]\end{aligned}$$

当$\dfrac{m}{M}\to 0$时，$\qquad v\to-\sqrt{v_0^2+4gr}$

当$\dfrac{M}{m}\to 0$时，$\qquad v\to v_0$

9.3.46 一质点在光滑的旋转抛物面$r^2=az$内侧滑动，证明受到的约束力的大小为

$$常量\cdot\left(1+\frac{4r^2}{a^2}\right)^{-3/2}$$

说明约束力的方向.

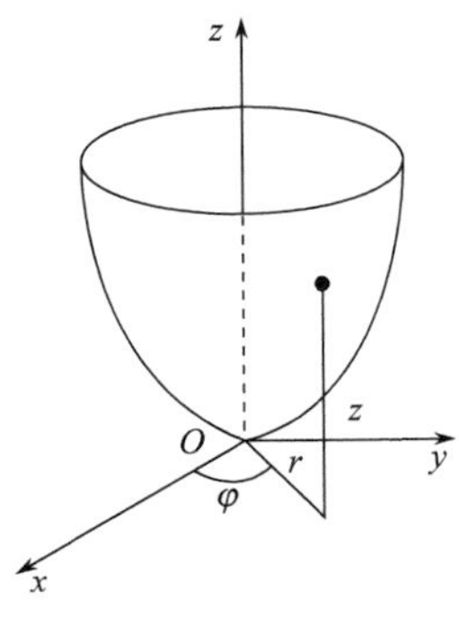

图 9.76

证明 取柱坐标r、φ、z，如图9.76所示，

$$L=T-V=\frac{1}{2}m(\dot{r}^2+r^2\dot{\varphi}^2+\dot{z}^2)-mgz$$

(假设质点的质量为m.)

约束方程为

$$f(r,\varphi,z)=r^2-az=0 \tag{1}$$

用带有未定乘子的拉格朗日方程

$$\frac{\mathrm{d}}{\mathrm{d}t}\left(\frac{\partial L}{\partial\dot{q}_i}\right)-\frac{\partial L}{\partial q_i}=Q_i+\lambda\frac{\partial f}{\partial q_i}$$

这里$Q_i=0$，可得

$$m(\ddot{r}-r\dot{\varphi}^2)=2\lambda r \tag{2}$$

$$r^2\dot{\varphi}=c\ (\text{常量}) \tag{3}$$

$$m\ddot{z}=-mg-\lambda a \tag{4}$$

由式(1)，得

$$z=\frac{1}{a}r^2,\quad \dot{z}=\frac{2}{a}r\dot{r},\quad \ddot{z}=\frac{2r}{a}\ddot{r}+\frac{2}{a}\dot{r}^2$$

由式(4)、(2)、上式和式(3)，得

$$-a\lambda=m(\ddot{z}+g)=m\left(\frac{2r}{a}\ddot{r}+\frac{2}{a}\dot{r}^2+g\right)=\frac{2r}{a}(mr\dot{\varphi}^2+2\lambda r)+\frac{2m}{a}\dot{r}^2+mg$$

$$-\left(1+\frac{4r^2}{a^2}\right)\lambda=\frac{2m}{a^2}\dot{r}^2+\frac{2m}{a^2}r^2\dot{\varphi}^2+\frac{mg}{a}=\frac{2m}{a^2}\dot{r}^2+\frac{2m}{a^2}\frac{c^2}{r^2}+\frac{mg}{a} \tag{5}$$

由机械能守恒，并用式(1)、(3)，得

$$\frac{1}{2}m\left(\dot{r}^2+\frac{c^2}{r^2}+\frac{4r^2}{a^2}\dot{r}^2\right)+mg\frac{r^2}{a}=E$$

$$\dot{r}^2=\frac{\dfrac{2E}{m}-2g\dfrac{r^2}{a}-\dfrac{c^2}{r^2}}{1+\dfrac{4r^2}{a^2}} \tag{6}$$

将式(6)代入式(5)得

$$-\left(1+\frac{4r^2}{a^2}\right)\lambda=\frac{1}{1+\dfrac{4r^2}{a^2}}\cdot\frac{2m}{a^2}\left(\frac{2E}{m}+\frac{4c^2}{a^2}+\frac{ga}{2}\right) \tag{7}$$

$$\lambda=\text{常量}\cdot\left(1+\frac{4r^2}{a^2}\right)^{-2}$$

约束力 $\boldsymbol{F}=2\lambda r\boldsymbol{e}_r-a\lambda\boldsymbol{k}$，

$$|\boldsymbol{F}|=\sqrt{(2\lambda r)^2+(-a\lambda)^2}=|\lambda|(a^2+4r^2)^{1/2}=-\lambda(a^2+4r^2)^{1/2}$$

$$=\text{常量}\cdot\left(1+\frac{4r^2}{a^2}\right)^{-2}\cdot(a^2+4r^2)^{1/2}=\text{常量}\cdot\left(1+\frac{4r^2}{a^2}\right)^{-3/2}$$

注意：$\lambda<0$(可从式(7)作此结论).

约束力 $\boldsymbol{F}$ 与竖直向上方向的夹角的正切为

$$\tan\alpha=\frac{-F_r}{F_z}=\frac{-2\lambda r}{-a\lambda}=\frac{2r}{a}=\frac{\mathrm{d}z}{\mathrm{d}r}$$

$\dfrac{\mathrm{d}z}{\mathrm{d}r}$ 是 rz 平面内抛物线 $z=\dfrac{1}{a}r^2$ 的切线的斜率. 可见，约束力沿旋转抛物面的法线方向，指向抛物面的旋转对称轴.

9.3.47　一个肥皂泡的半径 r 按 $r=at+b$ (其中 a、b 为常量)的规律随时间变化，一个质量为 m 的质点保持在表面上运动. $t=0$ 时，给质点一个沿切向的速度 v ，不考虑重力的作用，求质点的运动规律及表面对质点的作用力(限用带未定乘子的拉格朗日方程).

解　取球坐标，且使质点在 $t=0$ 时位于 $\theta=\dfrac{\pi}{2}$，$\varphi=0$，$v=b\,\dot{\varphi}_0$.

$$L=T=\frac{1}{2}m(\dot{r}^2+r^2\dot{\theta}^2+r^2\sin^2\theta\dot{\varphi}^2)$$

$$\frac{\partial L}{\partial \dot{r}}=m\dot{r},\quad \frac{\partial L}{\partial r}=mr\,\dot{\theta}^2+mr\dot{\varphi}^2\sin^2\theta$$

$$\frac{\partial L}{\partial \dot{\theta}}=mr^2\dot{\theta},\quad \frac{\mathrm{d}}{\mathrm{d}t}\left(\frac{\partial L}{\partial \dot{\theta}}\right)=mr^2\ddot{\theta}+2mr\dot{r}\,\dot{\theta}$$

$$\frac{\partial L}{\partial \theta}=mr^2\dot{\varphi}^2\sin\theta\cos\theta,\quad \frac{\partial L}{\partial \varphi}=0$$

约束方程

$$r=at+b,\quad \dot{r}=a,\quad \delta r=0$$

带未定乘子的拉格朗日方程为

$$m\ddot{r}-mr\dot{\theta}^2-mr\dot{\varphi}^2\sin^2\theta=\lambda \tag{1}$$

$$mr^2\ddot{\theta}+2mr\dot{r}\dot{\theta}-mr^2\dot{\varphi}^2\sin\theta\cos\theta=0 \tag{2}$$

$$mr^2\dot{\varphi}\sin^2\theta=mb^2\sin^2\frac{\pi}{2}\cdot\frac{v}{b}$$

即

$$r^2\dot{\varphi}\sin^2\theta=bv \tag{3}$$

假设任何时刻 $\theta=\dfrac{\pi}{2}$ ($t=0$ 时，$\theta=\dfrac{\pi}{2}$)，代入式(2)得

$$r^2\ddot{\theta}+2r\dot{r}\,\dot{\theta}=0$$

$$\frac{\mathrm{d}}{\mathrm{d}t}(r^2\dot{\theta})=0$$

$$r^2\dot{\theta}=\text{常量}=b^2\cdot 0=0$$

这里用了 $t=0$ 时，$r=b$，$\dot{\theta}=0$，

$$\dot{\theta}=0$$

可见在任何时刻确有 $\theta=\dfrac{\pi}{2}$，且 $\dot{\theta}=0$，$\ddot{\theta}=0$.

将 $\theta=\dfrac{\pi}{2}$ 代入式(3)，

$$r^2\dot{\varphi}=bv \tag{4}$$

$$\int_0^{\varphi} \mathrm{d}\varphi = \int \frac{bv}{r^2}\mathrm{d}t = \int_0^t \frac{bv}{(at+b)^2}\mathrm{d}t$$

$$\varphi = -\frac{bv}{a(at+b)}\bigg|_0^t = \frac{v}{a} - \frac{bv}{a(at+b)} = \frac{v}{a}\left(1-\frac{b}{r}\right)$$

质点的运动规律总结如下：

$$r = at+b,\quad \theta = \frac{\pi}{2},\quad \varphi = \frac{v}{a}\left(1-\frac{b}{r}\right)$$

将式(4)代入式(1)，注意 $\ddot{r}=0$，$\theta=\dfrac{\pi}{2}$，$\dot{\theta}=0$，即得约束力

$$\lambda = -mr\left(\frac{bv}{r^2}\right)^2 = -\frac{mb^2v^2}{r^3}$$

负值说明约束力为拉力.

9.3.48　一个质量为 m 的质点被约束沿一弯成半径为 a 的水平圆形金属丝上运动，摩擦因数为 μ，开始速率为 v_0，若不计重力的作用，求质点的角位置与时间的关系，以及金属丝对质点的作用力.

解

$$L = T = \frac{1}{2}m(\dot{r}^2 + r^2\dot{\varphi}^2)$$

$$r = a,\quad \delta r = 0$$

或

$$f = r-a = 0,\quad \frac{\partial f}{\partial r} = 1,\quad \frac{\partial f}{\partial \varphi} = 0$$

由 $\dfrac{\mathrm{d}}{\mathrm{d}t}\left(\dfrac{\partial L}{\partial q_i}\right) - \dfrac{\partial L}{\partial q_i} = Q_i + \lambda\dfrac{\partial f}{\partial q_i}$，令 $Q_r = 0$，

$$m\ddot{r} - mr\dot{\varphi}^2 = \lambda \tag{1}$$

$$mr^2\ddot{\varphi} + 2mr\dot{r}\,\dot{\varphi} = -\mu|\lambda|\,r \tag{2}$$

$$r = a \tag{3}$$

其中 $Q_\varphi = -\mu|\lambda|r$ 来自摩擦力.

由式(3)，式(1)、式(2)简化为

$$-ma\dot{\varphi}^2 = \lambda$$

$$ma\ddot{\varphi} = -\mu|\lambda| = \mu\lambda$$

（由前式可见，$\lambda<0$），消去 λ 得

$$\ddot{\varphi} = -\mu\dot{\varphi}^2$$

用 $\ddot{\varphi} = \dfrac{\mathrm{d}\dot{\varphi}}{\mathrm{d}\varphi}\dot{\varphi}$，可将上式积分，并用初始条件：$t=0$ 时，$\varphi=0$, $\dot{\varphi}=\dfrac{v_0}{a}$,

$$-\int_{\frac{v_0}{a}}^{\dot{\varphi}}\frac{\mathrm{d}\dot{\varphi}}{\dot{\varphi}}=\int_0^{\varphi}\mu\mathrm{d}\varphi$$

$$-\ln\dot{\varphi}+\ln\frac{v_0}{a}=\mu\varphi$$

$$\dot{\varphi}=\frac{v_0}{a}\mathrm{e}^{-\mu\varphi}$$

$$\int_0^{\varphi}\mathrm{e}^{\mu\varphi}\mathrm{d}\varphi=\int_0^t\frac{v_0}{a}\mathrm{d}t$$

$$\varphi=\frac{1}{\mu}\ln\left(1+\frac{\mu v_0}{a}t\right)$$

金属丝对质点的作用力为

$$\boldsymbol{F}=F_r\boldsymbol{e}_r+F_{\varphi}\boldsymbol{e}_{\varphi}$$

$$F_r=\lambda=-ma\,\dot{\varphi}^2=-\frac{mav_0^2}{(a+\mu v_0t)^2}$$

$$F_{\varphi}=-\mu\,|\lambda|=\mu\lambda=-\frac{\mu mav_0^2}{(a+\mu v_0t)^2}$$

9.3.49　一根光滑的金属丝弯成一螺旋线，其方程为$z=a\varphi$，$\rho=b$，a、b为常量，ρ、φ、z为柱坐标，原点为引力中心，引力大小与距离成正比，比例系数为k，有一质量为m的珠子在金属丝上做无摩擦滑动. 求金属丝对珠子的作用力的ρ、φ、z分量(不考虑重力的作用).

解

$$L=\frac{1}{2}m(\dot{\rho}^2+\rho^2\dot{\varphi}^2+\dot{z}^2)$$

$$\rho=b,\quad \delta\rho=0$$

$$z=a\varphi,\quad \delta z-a\delta\varphi=0$$

$$\boldsymbol{r}=\rho\boldsymbol{e}_{\rho}+z\boldsymbol{k},\quad r=\sqrt{\rho^2+z^2},\quad f=kr$$

$$\boldsymbol{Q}=\boldsymbol{f}=-k\rho\boldsymbol{e}_{\rho}-kz\boldsymbol{k}$$

$$Q_{\rho}=-k\rho,\quad Q_z=-kz$$

带未定乘子的拉格朗日方程为

$$m(\ddot{\rho}-\rho\dot{\varphi}^2)=-k\rho+\lambda \tag{1}$$

$$m(\rho^2\ddot{\varphi}+2\rho\dot{\rho}\,\dot{\varphi})=-a\mu \tag{2}$$

$$m\ddot{z}=-kz+\mu \tag{3}$$

$$\rho=b \tag{4}$$

$$z=a\varphi \tag{5}$$

用式(4)、(5)，式(1)、(2)可简化为

$$-m\frac{b}{a^2}\dot{z}^2=-kb+\lambda \tag{6}$$

$$m\frac{b^2}{a}\ddot{z}=-a\mu \tag{7}$$

由式(3)、(7)消去 μ，可得

$$m\left(1+\frac{b^2}{a^2}\right)\ddot{z}+kz=0$$

$$z=A\cos(\omega t+\alpha) \tag{8}$$

其中 $\omega=a\sqrt{\dfrac{k}{m(a^2+b^2)}}$，$A$、$\alpha$ 由初始条件确定，金属丝对珠子的作用力

$$F_\rho=\lambda=kb-\frac{mb}{a^2}\dot{z}^2$$

$$F_\varphi=-\frac{a}{b}\mu=-\frac{a}{b}\left(-m\frac{b^2}{a^2}\ddot{z}\right)=\frac{mb}{a}\ddot{z}$$

$$F_z=\mu=m\ddot{z}+kz$$

将式(8)代入，即可得 F_ρ、F_φ、F_z 与 t 的关系.

9.3.50　一个质量为 m 的质点在一个光滑的抛物面[其方程为 $x^2+y^2=a(a-z)$，其中 a 是常量，z 轴竖直向上]的顶端从静止开始下滑，选柱坐标 ρ、φ、z 为广义坐标，写出含未定乘子的拉格朗日方程，并求出约束力，在何处质点离开抛物面？

解

$$L=\frac{1}{2}m(\dot{\rho}^2+\rho^2\dot{\varphi}^2+\dot{z}^2)-mgz$$

$$f=\rho^2-a(a-z)=0$$

$$\frac{\partial f}{\partial\rho}=2\rho,\quad \frac{\partial f}{\partial\varphi}=0,\quad \frac{\partial f}{\partial z}=a$$

由 $\dfrac{\mathrm{d}}{\mathrm{d}t}\left(\dfrac{\partial L}{\partial\dot{q}_i}\right)-\dfrac{\partial L}{\partial q_i}=Q_i+\lambda\dfrac{\partial f}{\partial q_i}$，含未定乘子的拉格朗日方程为

$$m(\ddot{\rho}-\rho\dot{\varphi}^2)=2\lambda\rho \tag{1}$$

$$\frac{\mathrm{d}}{\mathrm{d}t}(m\rho^2\dot{\varphi})=0 \tag{2}$$

$$m\ddot{z}=-mg+a\lambda \tag{3}$$

$$\rho^2=a(a-z) \tag{4}$$

积分式(2)，用初始条件：$t=0$ 时，$\rho=0$，得

$$\dot{\varphi}=0$$

式(1)简化为

$$m\ddot{\rho}=2\lambda\rho \tag{5}$$

由式(4)

$$z = a - \frac{1}{a}\rho^2, \dot{z} = -\frac{2\rho}{a}\dot{\rho}$$

$$\ddot{z} = -\frac{2\rho}{a}\ddot{\rho} - \frac{2}{a}\dot{\rho}^2 \tag{6}$$

用式(6)，式(3)可改写为

$$\frac{2m}{a}\rho\ddot{\rho} + \frac{2m}{a}\dot{\rho}^2 - mg = -a\lambda \tag{7}$$

式(5)、(7)消去λ，可得

$$\left(\frac{2}{a}\rho^2 + \frac{a}{2}\right)\ddot{\rho} + \frac{2}{a}\rho\dot{\rho}^2 - g\rho = 0$$

$$\frac{1}{2}\left(\frac{2}{a}\rho^2 + \frac{a}{2}\right)\mathrm{d}\dot{\rho}^2 + \frac{2}{a}\rho\dot{\rho}^2\mathrm{d}\rho - g\rho\mathrm{d}\rho = 0$$

$$\mathrm{d}\left[\frac{1}{2}\left(\frac{2}{a}\rho^2 + \frac{a}{2}\right)\dot{\rho}^2 - \frac{1}{2}g\rho^2\right] = 0$$

用初始条件：$t=0$时，$\rho=0$，$\dot{\rho}=0$，可得

$$\left(\frac{2}{a}\rho^2 + \frac{a}{2}\right)\dot{\rho}^2 = g\rho^2$$

$$\dot{\rho} = \sqrt{2ag}\frac{\rho}{\sqrt{4\rho^2 + a^2}} \tag{8}$$

对上式求导，可得

$$\ddot{\rho} = \frac{2a^3 g\rho}{(4\rho^2 + a^2)^2}$$

$$F_\rho = 2\lambda\rho = m\ddot{\rho} = \frac{2ma^3 g\rho}{(4\rho^2 + a^2)^2}$$

$$F_\varphi = 0,$$

$$F_z = a\lambda = a\frac{F_\rho}{2\rho} = \frac{ma^4 g}{(4\rho^2 + a^2)^2}$$

质点对抛物面的正压力N是约束力的反作用力，

$$N = \sqrt{F_\rho^2 + F_z^2 + F_\varphi^2} = \frac{ma^3 g}{(4\rho^2 + a^2)^{3/2}} > 0$$

不会出现 $N=0$ 处，故质点不会离开抛物面. 对式(8)积分可得$\rho=\rho(t)$，因而也可得F_ρ、F_z与t的关系.

9.3.51　一个质量为 m、半径为 a 的均质圆柱体 A 在一个固定的、半径为 b 的圆柱体 B 的顶部处于静止的状态，两圆柱体的轴平行且水平，让圆柱体 A 稍偏离其平衡位置做无滑动滚动滚下圆柱体 B. 用带未定乘子的拉格朗日方程求约束力，并找出两圆柱体分离的位置.

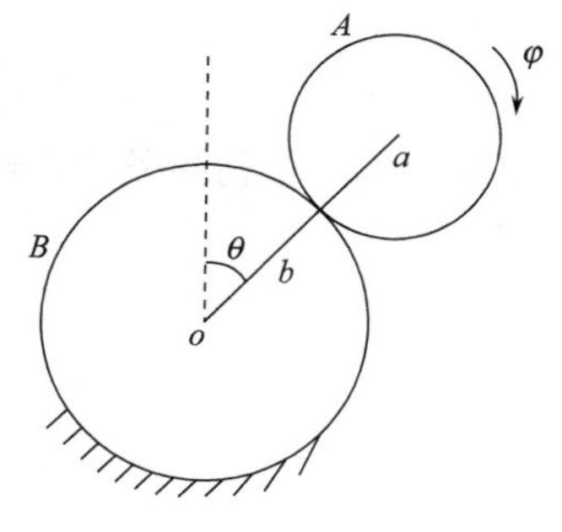

图 9.77

解　取极坐标 r、θ 表示圆柱 A 的轴线位置，原点在固定圆柱 B 的轴线上，图 9.77 中 φ 表示圆柱 A 的转角，用 r、θ、φ 为广义坐标，

$$T=\frac{1}{2}m(\dot{r}^2+r^2\dot{\theta}^2)+\frac{1}{2}\times\frac{1}{2}ma^2\dot{\varphi}^2$$

$$V=mgr\cos\theta$$

$$L=T-V=\frac{1}{2}m(\dot{r}^2+r^2\dot{\theta}^2)+\frac{1}{4}ma^2\dot{\varphi}^2-mgr\cos\theta$$

约束方程

$$f_1=r-(a+b)=0$$

$$f_2=(a+b)\theta-a\varphi=0$$

后一关系来自纯滚动条件

$$(a+b)\dot{\theta}-a\dot{\varphi}=0$$

选取 φ 的零点，$\theta=0$ 时，$\varphi=0$，积分即得.

由 $\frac{\mathrm{d}}{\mathrm{d}t}\left(\frac{\partial L}{\partial \dot{q}_i}\right)-\frac{\partial L}{\partial q_i}=Q_i+\lambda\frac{\partial f_1}{\partial q_i}+\mu\frac{\partial f_2}{\partial q_i}$ 及 $Q_i=0$，可得

$$m(\ddot{r}-r\dot{\theta}^2)+mg\cos\theta=\lambda \tag{1}$$

$$m(r^2\ddot{\theta}+2r\dot{r}\dot{\theta})-mgr\sin\theta=(a+b)\mu \tag{2}$$

$$\frac{1}{2}ma^2\ddot{\varphi}=-a\mu \tag{3}$$

$$r=a+b \tag{4}$$

$$(a+b)\theta-a\varphi=0 \tag{5}$$

用式(4)、(5)，式(1)、(2)、(3)可简化为

$$-m(a+b)\dot{\theta}^2+mg\cos\theta=\lambda \tag{6}$$

$$m(a+b)\ddot{\theta}-mg\sin\theta=\mu \tag{7}$$

$$\frac{1}{2}m(a+b)\ddot{\theta}=-\mu \tag{8}$$

由式(7)、(8)消去 μ，得

$$\frac{3}{2}(a+b)\ddot{\theta}=g\sin\dot{\theta}$$

$$\frac{3}{2}(a+b)\dot{\theta}\mathrm{d}\dot{\theta}=g\sin\theta\mathrm{d}\theta$$

积分上式，用初始条件 $\theta=0$ 时，$\dot{\theta}=0$，

$$\frac{3}{4}(a+b)\dot{\theta}^2=g(1-\cos\theta)$$

$$\dot{\theta}^2=\frac{4g}{3(a+b)}(1-\cos\theta) \tag{9}$$

$$F_r=\lambda=mg\cos\theta-m(a+b)\dot{\theta}^2=\frac{1}{3}mg(7\cos\theta-4)$$

式(9)两边对 t 求导，

$$2\,\dot{\theta}\,\ddot{\theta}=\frac{4g}{3(a+b)}\sin\theta\,\dot{\theta}$$

$$\ddot{\theta}=\frac{2g}{3(a+b)}\sin\theta$$

$$F_\theta=\mu=m(a+b)\ddot{\theta}-mg\sin\theta=-\frac{1}{3}mg\sin\theta$$

对式(9)积分可得 $\theta=\theta(t)$，从而也可得到 F_r、F_θ 与 t 的关系.

两圆柱体分离时，$F_r=0$，

$$7\cos\theta-4=0$$

可见，在 $\theta=\arccos\left(\dfrac{4}{7}\right)$ 处两圆柱体分离.

9.3.52　一个质量为 m、半径为 a 的均质圆盘，受到约束，保持盘面铅直地在一完全粗糙的水平面上滚动，受到一个力 $\boldsymbol{f}$ 作用，作用线通过盘心，$\boldsymbol{f}=f_1\boldsymbol{i}+f_2\boldsymbol{j}$，$\boldsymbol{i}$、$\boldsymbol{j}$ 分别是水平面上的 x、y 轴的单位矢量，z 轴垂直于水平面. 取固连于圆盘的坐标系 x'、y'、z'，原点位于盘心 C，$x'y'$ 轴在盘面上，z' 轴垂直于盘面，取 z'、z 轴的夹角为 θ，φ 是 $\boldsymbol{i}$ 和 $\boldsymbol{k}\times\boldsymbol{k}'$（$\boldsymbol{k}'$ 是 z' 轴的单位矢量)间的夹角，ψ 是 $\boldsymbol{i}'$ 和 $\boldsymbol{k}\times\boldsymbol{k}'$ 的夹角，θ、φ、ψ 是欧拉角，选质心 C 的 x、y 坐标和 φ、ψ 为广义坐标，写出盘面的运动微分方程.

解

$$L=T=\frac{1}{2}m(\dot{x}^2+\dot{y}^2)+\frac{1}{2}I_1\dot{\varphi}^2+\frac{1}{2}I_3\dot{\psi}^2$$

$$=\frac{1}{2}m(\dot{x}^2+\dot{y}^2)+\frac{1}{8}ma^2(\dot{\varphi}^2+2\dot{\psi}^2)$$

圆盘做纯滚动，盘面与水平面接触点的速度为零，

$$\dot{x}\,\boldsymbol{i}+\dot{y}\,\boldsymbol{j}+\dot{\psi}\,\boldsymbol{k}'\times(-a\boldsymbol{k})=0$$

图 9.78 中 xy 平面是水平面，z 轴垂直纸面向上，φ 是 $\boldsymbol{i}$ 和 $\boldsymbol{k}\times\boldsymbol{k}'$ 间的夹角，如图中所示，

$$\boldsymbol{k}'=\sin\varphi\boldsymbol{i}-\cos\varphi\boldsymbol{j}$$

所以

$$\dot{x}\,\boldsymbol{i}+\dot{y}\,\boldsymbol{j}+\dot{\psi}(\sin\varphi\boldsymbol{i}-\cos\varphi\boldsymbol{j})\times(-a\boldsymbol{k})=0$$

$$\dot{x}+a\dot{\psi}\cos\varphi=0$$

$$\dot{y}+a\dot{\psi}\sin\varphi=0$$

$$\delta x+a\cos\varphi\delta\psi=0$$

$$\delta y+a\sin\varphi\delta\psi=0$$

$$Q_x=f_1,\quad Q_y=f_2,\quad Q_\varphi=Q_\psi=0$$

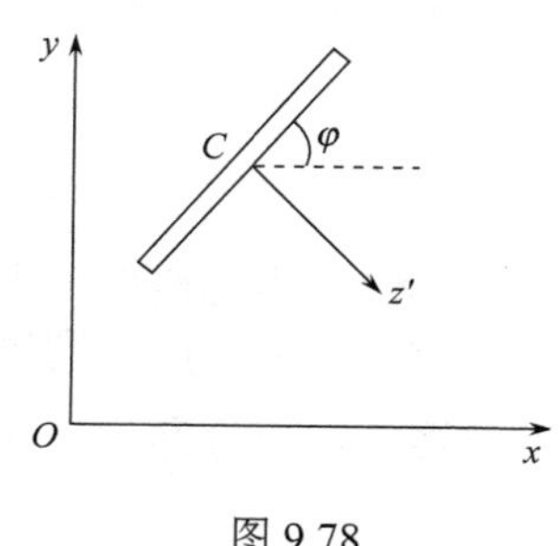

图 9.78

由带未定乘子的拉格朗日方程得运动微分方程为

$$m\ddot{x}=f_1+\lambda_1$$

$$m\ddot{y}=f_2+\lambda_2$$

$$\frac{1}{4}ma^2\ddot{\varphi}=0$$

$$\frac{1}{2}ma^2\ddot{\psi}=\lambda_1 a\cos\varphi+\lambda_2 a\sin\varphi$$

加上两个约束方程

$$\dot{x}+a\dot{\psi}\cos\varphi=0$$

$$\dot{y}+a\dot{\psi}\sin\varphi=0$$

9.3.53 一个质量为 m 的质点，受到一个力 $\boldsymbol{F}=F_x\boldsymbol{i}+F_y\boldsymbol{j}+F_z\boldsymbol{k}$ 作用以及一个非完整约束 $\dot{x}-t\dot{y}=a$，其中 a 为常量，求运动微分方程.

解

$$L=T=\frac{1}{2}m(\dot{x}^2+\dot{y}^2+\dot{z}^2)$$

$$Q_x=F_x,\quad Q_y=F_y,\quad Q_z=F_z$$

$$\dot{x}-t\dot{y}=a$$

$$\mathrm{d}x-t\mathrm{d}y=a\mathrm{d}t$$

$$\delta x-t\delta y=0$$

运动微分方程为

$$m\ddot{x}=F_x+\lambda \tag{1}$$

$$m\ddot{y}=F_y-\lambda t \tag{2}$$

$$m\ddot{z}=F_z \tag{3}$$

$$\dot{x}-t\dot{y}=a \tag{4}$$

由前两式消去 λ，可得

$$mt\ddot{x}+m\ddot{y}=F_x t+F_y \tag{5}$$

运动微分方程可用式(5)、(3)和(4).

9.4　冲击运动　机电模拟

9.4.1　用拉格朗日方程解 7.4.33 题.

解　用 y_A、y_B 分别表示 A 杆、B 杆质心的 y 坐标，$\dot{\varphi}_A$、$\dot{\varphi}_B$ 分别是 A 杆、B 杆绕质心的角速度，正方向规定如图 9.79 所示.

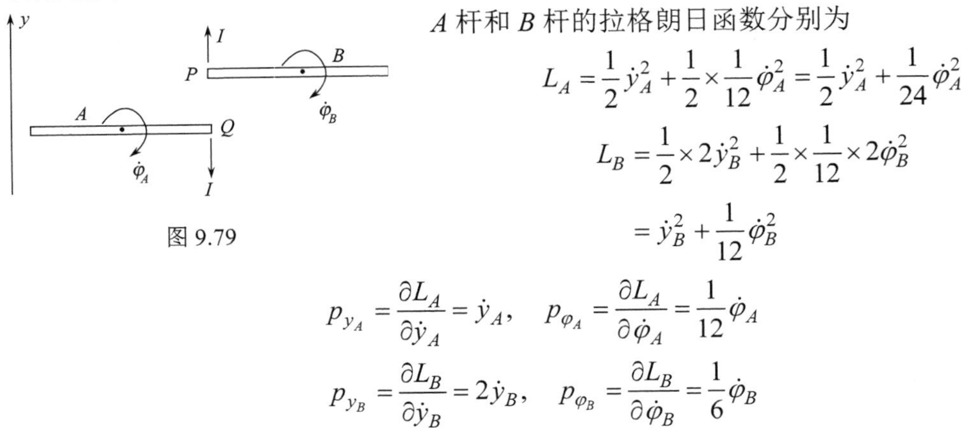

图 9.79

A 杆和 B 杆的拉格朗日函数分别为

$$L_A = \frac{1}{2}\dot{y}_A^2 + \frac{1}{2}\times\frac{1}{12}\dot{\varphi}_A^2 = \frac{1}{2}\dot{y}_A^2 + \frac{1}{24}\dot{\varphi}_A^2$$

$$L_B = \frac{1}{2}\times 2\dot{y}_B^2 + \frac{1}{2}\times\frac{1}{12}\times 2\dot{\varphi}_B^2$$

$$= \dot{y}_B^2 + \frac{1}{12}\dot{\varphi}_B^2$$

$$p_{y_A} = \frac{\partial L_A}{\partial \dot{y}_A} = \dot{y}_A, \quad p_{\varphi_A} = \frac{\partial L_A}{\partial \dot{\varphi}_A} = \frac{1}{12}\dot{\varphi}_A$$

$$p_{y_B} = \frac{\partial L_B}{\partial \dot{y}_B} = 2\dot{y}_B, \quad p_{\varphi_B} = \frac{\partial L_B}{\partial \dot{\varphi}_B} = \frac{1}{6}\dot{\varphi}_B$$

碰撞期间，两杆受到的冲量 I 如图 9.79 所示，

$$y_P = y_B + \frac{1}{2}\varphi_B, \quad y_Q = y_A - \frac{1}{2}\varphi_A$$

$$K_{y_B} = I\frac{\partial y_P}{\partial y_B} = I, \quad K_{\varphi_B} = I\frac{\partial y_P}{\partial \varphi_B} = \frac{1}{2}I$$

$$K_{y_A} = -I\frac{\partial y_Q}{\partial y_A} = -I, \quad K_{\varphi_A} = -I\frac{\partial y_Q}{\partial \varphi_A} = \frac{1}{2}I$$

由冲击运动的拉格朗日方程

$$\Delta p_i = K_i$$

$$2\dot{y}_B - 0 = I, \quad \frac{1}{6}\dot{\varphi}_B - 0 = \frac{1}{2}I$$

$$\dot{y}_A - 0 = -I, \quad \frac{1}{12}\dot{\varphi}_A - 0 = \frac{1}{2}I$$

由于作弹性碰撞，机械能守恒，碰撞前后势能没变化，故动能相等.

$$\frac{1}{2}\dot{y}_A^2 + \frac{1}{2}\times\frac{1}{12}\dot{\varphi}_A^2 + \frac{1}{2}\times 2\dot{y}_B^2 + \frac{1}{2}\times\frac{1}{12}\times 2\dot{\varphi}_B^2 = \frac{1}{2}\times 10^2$$

从上述五个式子可以解出 I、$\dot{y}_A$、$\dot{\varphi}_A$、$\dot{y}_B$、$\dot{\varphi}_B$，得

$$\dot{y}_A = \frac{20}{3}\ \mathrm{m\cdot s^{-1}}, \quad \dot{\varphi}_A = 20\ \mathrm{rad\cdot s^{-1}}$$

$$\dot{y}_B = \frac{5}{3}\ \mathrm{m\cdot s^{-1}}, \quad \dot{\varphi}_B = 10\ \mathrm{rad\cdot s^{-1}}$$

9.4.2　用拉格朗日方程解 7.4.34 题.

解　先考虑球与台阶的碰撞过程，取球心的坐标 x、y 和绕球心的转角 φ（顺时针方向为正）为广义坐标，如图 9.80 所示，图中还画出了在碰撞过程中球受到台阶的冲量 I_x、I_y .

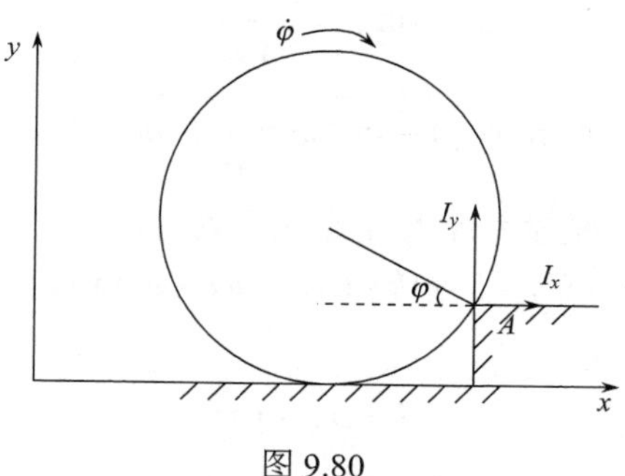

图 9.80

设球的质量为 m，

$$L=\frac{1}{2}m(\dot{x}^2+\dot{y}^2)+\frac{1}{2}\cdot\frac{2}{5}ma^2\dot{\varphi}^2-mgy$$

受到冲力的球上 A 点的 x、y 坐标为

$$x_A=x+a\cos\varphi$$

$$y_A=y-a\sin\varphi$$

$$\delta x_A=\delta x-a\sin\varphi\delta\varphi$$

$$\delta y_A=\delta y-a\cos\varphi\delta\varphi$$

$$K_x\delta x+K_y\delta y+K_\varphi\delta\varphi=I_x\delta x_A+I_y\delta y_A$$

$$=I_x\delta x+I_y\delta y-a(I_x\sin\varphi+I_y\cos\varphi)\delta\varphi$$

所以

$$K_x=I_x,\quad K_y=I_y$$

$$K_\varphi=-a(I_x\sin\varphi+I_y\cos\varphi)$$

$$p_x=\frac{\partial L}{\partial\dot{x}}=m\dot{x},\quad p_y=\frac{\partial L}{\partial\dot{y}}=m\dot{y}$$

$$p_\varphi=\frac{\partial L}{\partial\dot{\varphi}}=\frac{2}{5}ma^2\dot{\varphi}$$

碰撞前 $p_{x0}=mv,\ p_{y0}=0,\ p_{\varphi0}=\dfrac{2}{5}mav$，这里用了纯滚动条件

$$v-a\,\dot{\varphi}_0=0,\quad \dot{\varphi}_0=\frac{v}{a}$$

由 $\Delta p_i=K_i$，

$$m\dot{x}-mv=I_x \tag{1}$$

$$m\dot{y}-0=I_y \tag{2}$$

$$\frac{2}{5}ma^2\dot{\varphi}-\frac{2}{5}mav=-a(I_x\sin\varphi+I_y\cos\varphi) \tag{3}$$

碰撞期间位置变化可以忽略，$\Delta q_i=0$，所以

$$\sin\varphi=\frac{a-h}{a} \tag{4}$$

$$\cos\varphi=\sqrt{1-\sin^2\varphi}=\frac{1}{a}\sqrt{2ah-h^2} \tag{5}$$

再考虑做完全非弹性碰撞，碰撞后球上 A 点速度为零，

$$\dot{x}\,\boldsymbol{i}+\dot{y}\,\boldsymbol{j}+(-\dot{\varphi})\boldsymbol{k}\times(a\cos\varphi\,\boldsymbol{i}-a\sin\varphi\boldsymbol{j})=0$$

由此可得

$$\dot{x}=a\,\dot{\varphi}\sin\varphi \tag{6}$$

$$\dot{y}=a\,\dot{\varphi}\cos\varphi \tag{7}$$

从上述七个式子可解出碰撞后的 $\dot{\varphi}$ 为

$$\dot{\varphi}=\frac{7a-5h}{7a^2}v$$

再考虑碰撞后跃上台阶的过程，这是个定轴转动，拉格朗日函数为

$$L=\frac{1}{2}\left(\frac{2}{5}ma^2+ma^2\right)\dot{\varphi}^2-mga\sin\varphi$$

由

$$\frac{\mathrm{d}}{\mathrm{d}t}\left(\frac{\partial L}{\partial\dot{\varphi}}\right)-\frac{\partial L}{\partial\varphi}=0$$

可得

$$\frac{7}{5}a\ddot{\varphi}=-g\cos\varphi$$

$$\frac{7}{5}a\,\dot{\varphi}\mathrm{d}\,\dot{\varphi}=-g\cos\varphi\mathrm{d}\varphi$$

做上述积分时，积分下限分别为 $\varphi=\arcsin\left(\dfrac{a-h}{a}\right)$，$\dot{\varphi}=\dfrac{7a-5h}{7a^2}v$，积分上限是刚能跃上台阶的要求：$\varphi=\dfrac{\pi}{2}$ 时，$\dot{\varphi}=0$，

$$\frac{7}{10}a\dot{\varphi}^2\Bigg|_{\dot{\varphi}=\frac{7a-5h}{7a^2}v}^{\dot{\varphi}=0}=-g\sin\varphi\Bigg|_{\varphi=\arcsin\left(\frac{a-h}{a}\right)}^{\varphi=\frac{\pi}{2}}$$

可得

$$\frac{7a-5h}{7a^2}v=\sqrt{\frac{10gh}{7a^2}}$$

$$v = \frac{a}{7a-5h}\sqrt{70gh}$$

可见，当 $v > \frac{a}{7a-5h}\sqrt{70gh}$ 时，球能跃上台阶.

9.4.3　一个由质量为 m 和 M 的两个质点用一根不计质量、长 a 的棒构成的哑铃开始处于静止状态，突然在棒上离 M 的距离 b 处受到一个垂直于棒的冲量 I，求作用后哑铃的运动状态.

解　系统的质心位于棒上离 M 的距离 $\frac{ma}{m+M}$ 处，绕通过质心垂直于棒的轴转动的转动惯量为

$$M\left(\frac{ma}{m+M}\right)^2 + m\left(\frac{Ma}{m+M}\right)^2 = \frac{mM}{m+M}a^2$$

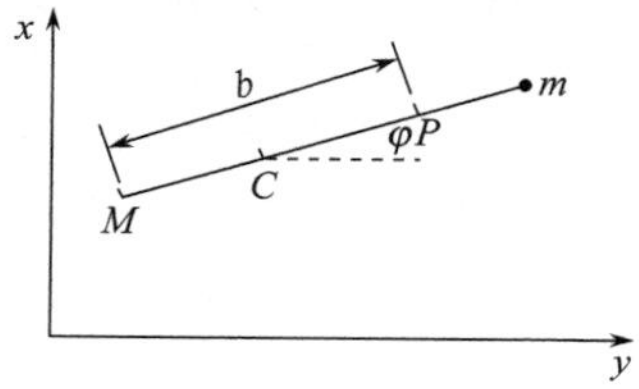

取质心的坐标 x、y 和棒与 y 轴的夹角 φ 为广义坐标，y 轴沿静止时棒的方向，x 轴沿冲量方向，如图 9.81 所示，C 为质心，P 是冲量作用点，

图 9.81

$$L = T = \frac{1}{2}(m+M)(\dot{x}^2+\dot{y}^2) + \frac{1}{2}\ \frac{mM}{m+M}a^2\dot{\varphi}^2$$

$$p_x = \frac{\partial L}{\partial \dot{x}} = (m+M)\dot{x}$$

$$p_y = \frac{\partial L}{\partial \dot{y}} = (m+M)\dot{y}$$

$$p_\varphi = \frac{\partial L}{\partial \dot{\varphi}} = \frac{mM}{m+M}a^2\dot{\varphi}$$

$$x_P = x + \left(b - \frac{ma}{m+M}\right)\sin\varphi$$

$$\delta x_P = \delta x + \left(b - \frac{ma}{m+M}\right)\cos\varphi\delta\varphi$$

$$I\delta x_p = I\delta x + I\left(b - \frac{ma}{m+M}\right)\cos\varphi\delta\varphi$$

$$K_x = I, \quad K_y = 0$$

$$K_\varphi = I\left(b - \frac{ma}{m+M}\right)\cos\varphi\Big|_{\varphi=0} = I\left(b - \frac{ma}{m+M}\right)$$

由 $\Delta p_i = K_i$，

$$\Delta p_x = (m+M)\dot{x} = I$$

$$\Delta p_y = (m+M)\dot{y} = 0$$

$$\Delta p_\varphi = \frac{mM}{m+M}a^2\dot{\varphi} = \left(b - \frac{ma}{m+M}\right)I$$

得

$$\dot{x}=\frac{I}{m+M},\quad \dot{y}=0$$

$$\dot{\varphi}=\frac{(m+M)b-ma}{mMa^2}I$$

9.4.4　质量为 m_1 与 m_2 的两粒子被一劲度系数为 k 的轻弹簧连接，静止在光滑的水平面上.

(1) 突然沿从 m_1 到 m_2 的方向给予 m_1 一个冲量 I，问 m_2 在碰撞后第一次到达静止之前运行多远；

(2) 是否可能给 m_1 一冲量使系统由静止变成无振动的转动？

解　(1) 沿从 m_1 到 m_2 的方向取 x_1 轴和 x_2 轴，原点分别取在两粒子的平衡位置，

$$L=\frac{1}{2}m_1\dot{x}_1^2+\frac{1}{2}m_2\dot{x}_2^2-\frac{1}{2}k(x_2-x_1)^2$$

$$p_1=\frac{\partial L}{\partial \dot{x}_1}=m_1\dot{x}_1,\quad p_2=\frac{\partial L}{\partial \dot{x}_2}=m_2\dot{x}_2$$

$$K_1=I,\quad K_2=0$$

$$\Delta p_1=m_1\dot{x}_1=I,\quad \dot{x}_1=\frac{I}{m_1}$$

$$\Delta p_2=m_2\dot{x}_2=0,\quad \dot{x}_2=0$$

因为

$$\Delta x_1=0,\quad \Delta x_2=0$$

所以

$$x_1=0,\quad x_2=0$$

这是冲量作用后系统的运动状态，是以后运动的初始条件，即 $t=0$ 时，$x_1=x_2=0$，$\dot{x}_1=\frac{I}{m_1}$，$\dot{x}_2=0$.

以后的运动微分方程由 $\frac{\mathrm{d}}{\mathrm{d}t}\left(\frac{\partial L}{\partial \dot{x}_i}\right)-\frac{\partial L}{\partial x_i}=0$ 得

$$m_1\ddot{x}_1-k(x_2-x_1)=0 \tag{1}$$

$$m_2\ddot{x}_2+k(x_2-x_1)=0 \tag{2}$$

式(1)+式(2)得

$$m_1\ddot{x}_1+m_2\ddot{x}_2=0$$

积分上式，用初始条件，可得

$$m_1\dot{x}_1+m_2\dot{x}_2=I$$

$$m_1x_1+m_2x_2=It \tag{3}$$

式(2) $\times m_1$ − 式(1) $\times m_2$，可得

$$\frac{m_1m_2}{m_1+m_2}(\ddot{x}_2-\ddot{x}_1)+k(x_2-x_1)=0$$

$$x_2-x_1=A\sin(\omega t+\alpha)$$

其中

$$\omega=\sqrt{\frac{k(m_1+m_2)}{m_1m_2}}$$

由初始条件：$t=0$ 时，$x_1=0$，$x_2=0$，$\dot{x}_1=\dfrac{I}{m_1}$，$\dot{x}_2=0$，定出

$$\alpha=0,\quad A=-\frac{I}{m_1\omega}$$

$$x_2-x_1=-\frac{I}{m_1\omega}\sin\omega t \tag{4}$$

式(3)+式(4) $\times m_1$，可得

$$x_2=\frac{It}{m_1+m_2}-\frac{I}{(m_1+m_2)\omega}\sin\omega t$$

$$\dot{x}_2=\frac{I}{m_1+m_2}-\frac{I}{m_1+m_2}\cos\omega t$$

碰撞后 m_2 瞬时静止时有 $\dot{x}_2=0$，即

$$\cos\omega t=1$$

除 $t=0$ 外，第一次静止时刻为

$$t_1=\frac{2\pi}{\omega}=2\pi\sqrt{\frac{m_1m_2}{k(m_1+m_2)}}$$

m_2 在 $t=0-t=t_1$ 期间运行的距离为

$$x_2(t_1)=\frac{2\pi I}{m_1+m_2}\sqrt{\frac{m_1m_2}{k(m_1+m_2)}}$$

(2) 不可能，因为要给 m_1 一冲量使系统由静止变成无振动的转动，必须所给的冲量与弹簧垂直. 若冲量为 I，m_1 获得的速度为 $\dfrac{I}{m_1}$，m_2 的速度仍为零. 假定此后 m_1 围绕 m_2 作无振动的转动，取 m_2 平动参考系，作为两体问题，m_1 的质量改用折合质量，做此转动需要向心力为

$$\frac{m_1m_2}{m_1+m_2}\left(\frac{I}{m_1}\right)^2\bigg/l$$

其中 l 是弹簧的自然长度，可弹簧仍处于原长状态，对 m_1 无作用力，不能提供所需的向心力，因此给 m_1 一冲量使系统由静止变成无振动的转动是不可能的.

9.4.5　两根长度为 a、质量为 m 的棒 AB 和 BC，在 B 点无摩擦地连接，放在光滑的水平桌面上，开始两棒(即点 A、B、C)共线，在 A 点施以与 ABC 线垂直的冲量 I，求冲

击后的瞬时两棒的运动状态.

解　选 x 轴沿 $t=0$ 时 CBA 的方向，y 轴沿 $\boldsymbol{I}$ 的作用线方向. 即 B 点的坐标 x、y 及 AB 棒、BC 棒分别与 x 轴的夹角 θ_1、θ_2 为广义坐标，如图 9.82 所示.

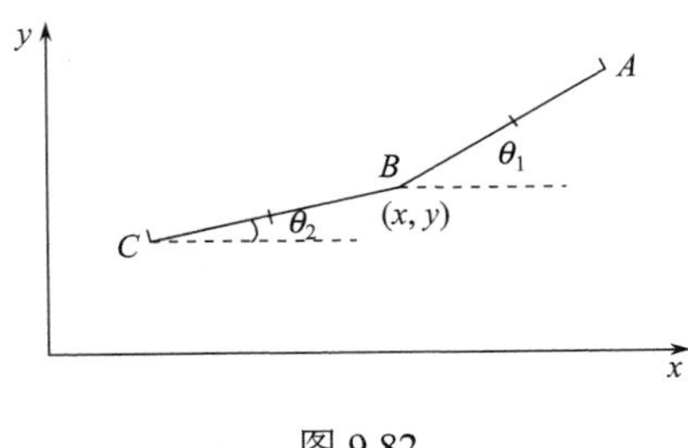

图 9.82

AB 棒质心的坐标为

$$x_1 = x + \frac{a}{2}\cos\theta_1$$

$$y_1 = y + \frac{a}{2}\sin\theta_1$$

BC 棒质心的坐标为

$$x_2 = x - \frac{a}{2}\cos\theta_2, \quad y_2 = y - \frac{a}{2}\sin\theta_2$$

两棒的质心速度分别为

$$\dot{x}_1 = \dot{x} - \frac{a}{2}\dot{\theta}_1\sin\theta_1, \quad \dot{y}_1 = \dot{y} + \frac{a}{2}\dot{\theta}_1\cos\theta_1$$

$$\dot{x}_2 = \dot{x} + \frac{a}{2}\dot{\theta}_2\sin\theta_2, \quad \dot{y}_2 = \dot{y} - \frac{a}{2}\dot{\theta}_2\cos\theta_2$$

系统的拉格朗日函数为

$$\begin{aligned} L = T &= \frac{1}{2}m(\dot{x}_1^2 + \dot{y}_1^2) + \frac{1}{2}\times\frac{1}{12}ma^2\dot{\theta}_1^2 + \frac{1}{2}m(\dot{x}_2^2 + \dot{y}_2^2) + \frac{1}{2}\times\frac{1}{12}ma^2\dot{\theta}_2^2 \\ &= m(\dot{x}^2 + \dot{y}^2) + \frac{1}{6}ma^2(\dot{\theta}_1^2 + \dot{\theta}_2^2) + \frac{1}{2}ma\dot{x}(-\dot{\theta}_1\sin\theta_1 + \dot{\theta}_2\sin\theta_2) \\ &\quad + \frac{1}{2}ma\dot{y}(\dot{\theta}_1\cos\theta_1 - \dot{\theta}_2\cos\theta_2) \end{aligned}$$

冲量 I 做的“虚功”为

$$I\delta y_A = I\delta(y + a\sin\theta_1) = I(\delta y + a\cos\theta_1\delta\theta_1)$$

冲量 I 的广义冲量为

$$K_x = 0, \quad K_y = I$$

$$K_{\theta_1} = aI\cos\theta_1\Big|_{\theta_1=0} = aI, \quad K_{\theta_2} = 0$$

由冲击运动的拉格朗日方程

$$\Delta\left(\frac{\partial L}{\partial \dot{q}_i}\right)=K_i$$

可得

$$2m\dot{x}+\frac{1}{2}ma(-\dot{\theta}_1\sin\theta_1+\dot{\theta}_2\sin\theta_2)|_{\theta_1=\theta_2=0}=0$$

$$2m\dot{y}+\frac{1}{2}ma(\dot{\theta}_1\cos\theta_1-\dot{\theta}_2\cos\theta_2)|_{\theta_1=\theta_2=0}=I$$

$$\frac{1}{3}ma^2\dot{\theta}_1-\frac{1}{2}ma\dot{x}\sin\theta_1|_{\theta_1=0}+\frac{1}{2}ma\dot{y}\cos\theta_1|_{\theta_1=0}=aI$$

$$\frac{1}{3}ma^2\dot{\theta}_2+\frac{1}{2}ma\dot{x}\sin\theta_2|_{\theta_2=0}-\frac{1}{2}ma\dot{y}\cos\theta_2|_{\theta_2=0}=0$$

即

$$2m\dot{x}=0$$

$$2m\dot{y}+\frac{1}{2}ma(\dot{\theta}_1-\dot{\theta}_2)=I$$

$$\frac{1}{3}ma^2\dot{\theta}_1+\frac{1}{2}ma\dot{y}=aI$$

$$\frac{1}{3}ma^2\dot{\theta}_2-\frac{1}{2}ma\dot{y}=0$$

解得

$$\dot{x}=0,\quad \dot{y}=-\frac{I}{m}$$

$$\dot{\theta}_1=\frac{9I}{2ma},\quad \dot{\theta}_2=-\frac{3I}{2ma}$$

AB 棒的质心速度为

$$\dot{x}_1=\dot{x}-\frac{a}{2}\dot{\theta}_1\sin\theta_1\Big|_{\theta_1=0}=0$$

$$\dot{y}_1=\dot{y}+\frac{a}{2}\dot{\theta}_1\cos\theta_1\Big|_{\theta_1=0}=\frac{5I}{4m}$$

BC 棒的质心速度为

$$\dot{x}_2=\dot{x}+\frac{a}{2}\dot{\theta}_2\sin\theta_2\Big|_{\theta_2=0}=0$$

$$\dot{y}_2=\dot{y}-\frac{a}{2}\dot{\theta}_2\sin\theta_2\Big|_{\theta_2=0}=-\frac{I}{4m}$$

AB 棒、*BC* 棒的角速度分别为上述的 $\dot{\theta}_1$ 和 $\dot{\theta}_2$.

9.4.6　质量均为 m、长度均为 $2a$ 的两根均质棒 *PQ*、*QR* 在 *Q* 点光滑铰链，开始置于光滑的桌面上成一直线，在 *PQ* 的 *P* 端作用一冲量 $\boldsymbol{I}$，其方向沿垂直于 *PQ* 的水平方向. 求两棒在作用后各自质心的初速度和初角速度.

解　此题与上题基本相同，只是棒长改为 $2a$，用上题的图，x_1、y_1 表示 PQ 棒的质心坐标，x_2、y_2 表示 QR 棒的质心坐标. 可用上题结果，因结果中 $\dot{x}_1$、$\dot{y}_1$、$\dot{x}_2$、$\dot{y}_2$ 均与棒长无关，故结果与上题完全相同. $\dot{\theta}_1$、$\dot{\theta}_2$ 均与棒长有关，应将 a 改为 $2a$，即 $\dot{\theta}_1=\dfrac{9I}{4ma}$，$\dot{\theta}_2=-\dfrac{3I}{4ma}$.

由于在 x 方向未受冲量，对两棒系统或对两棒分别为系统，均是这种情况，用矢量力学，x 方向动量守恒，且为完整约束，可减少自由度，即仅有三个自由度.

9.4.7　一个质量为 m、半径为 a 的均质圆环可围绕边缘上一点 O 自由转动，开始处于静止状态，突然在边缘上另一点 P 作用一个冲量 I，其方向垂直于圆环所在平面. 证明：由此冲量产生的角速度大小不会超过 $\dfrac{3I}{\sqrt{2}ma}$，并求产生这么大的角速度 OP 的距离.

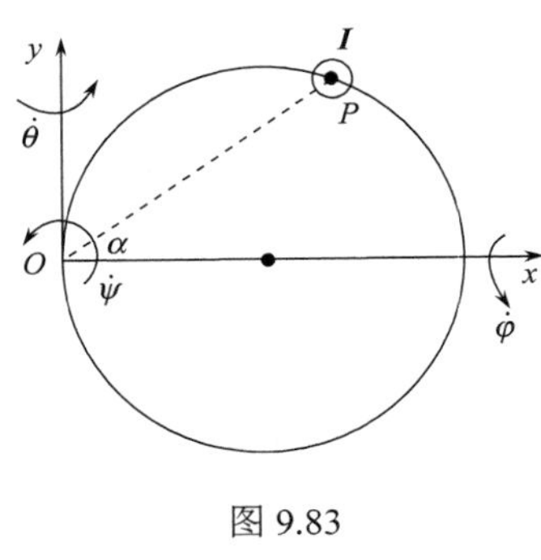

图 9.83

解　取固定坐标系 $Oxyz$，在冲量作用时，x 轴通过 O 点的直径，$\boldsymbol{I}$ 沿 z 轴方向，如图 9.83 所示，图中用⊙表示 $\boldsymbol{I}$ 的方向垂直纸面向上.

设冲量作用，使圆环获得的角速度表成

$$\boldsymbol{\omega}=\dot{\varphi}\boldsymbol{i}+\dot{\theta}\boldsymbol{j}+\dot{\psi}\boldsymbol{k}$$

用 φ、θ、ψ 为广义坐标，绕 x、y、z 轴的转动惯量分别为

$$I_1=\frac{1}{2}ma^2,\quad I_2=\frac{1}{2}ma^2+ma^2=\frac{3}{2}ma^2$$

$$I_3=I_1+I_2=2ma^2$$

$$L=T=\frac{1}{2}(I_1\dot{\varphi}^2+I_2\dot{\theta}^2+I_3\dot{\psi}^2)$$

$$=\frac{1}{2}(\frac{1}{2}ma^2\dot{\varphi}^2+\frac{3}{2}ma^2\dot{\theta}^2+2ma^2\dot{\psi}^2)$$

冲量作用期间，位形未变，势能没有变化，写冲击期间的拉格朗日方程，拉格朗日函数中可以不写势能，

$$p_\varphi=\frac{\partial L}{\partial\dot{\varphi}}=\frac{1}{2}ma^2\dot{\varphi},\qquad p_\theta=\frac{\partial L}{\partial\dot{\theta}}=\frac{3}{2}ma^2\dot{\theta}$$

$$p_\psi=\frac{\partial L}{\partial\dot{\psi}}=2ma^2\dot{\psi}$$

在图示位置，即冲量作用时的位置，

$$\delta z_P=2a\cos\alpha\sin\alpha\delta\varphi-2a\cos\alpha\cdot\cos\alpha\delta\theta$$

冲量做的“虚功”为

$$I\delta z_P=2aI\cos\alpha\sin\alpha\delta\varphi-2aI\cos^2\alpha\delta\theta$$

广义冲量为

$$K_\varphi=2aI\cos\alpha\sin\alpha$$

$$K_\theta = -2aI\cos^2\alpha$$

$$K_\psi = 0$$

由冲击运动的拉格朗日方程 $\Delta p_i = K_i$ 得

$$\frac{1}{2}ma^2\dot{\varphi} = 2aI\cos\alpha\sin\alpha$$

$$\frac{3}{2}ma^2\dot{\theta} = -2aI\cos^2\alpha$$

$$2ma^2\dot{\psi} = 0$$

所以

$$\dot{\varphi} = \frac{4I\cos\alpha\sin\alpha}{ma}$$

$$\dot{\theta} = -\frac{4I\cos^2\alpha}{3ma}$$

$$\dot{\psi} = 0$$

$$\boldsymbol{\omega} = \frac{4I\cos\alpha\sin\alpha}{ma}\boldsymbol{i} - \frac{4I\cos^2\alpha}{3ma}\boldsymbol{j}$$

$$\omega^2 = \dot{\varphi}^2 + \dot{\theta}^2 + \dot{\psi}^2 = \frac{16I^2}{9m^2a^2}(9\cos^2\alpha - 8\cos^4\alpha)$$

ω取极值的条件是$\frac{\mathrm{d}\omega^2}{\mathrm{d}\alpha}$=0，得

$$\sin\alpha\cos\alpha(18 - 32\cos^2\alpha) = 0$$

α可取$-\frac{\pi}{2}\to\frac{\pi}{2}$，在此范围内，$\alpha = 0$，$\pm\arccos\left(\frac{3}{4}\right)$，$\frac{\pi}{2}$，$\omega$为极值，分别代入$\omega^2$的式子，可知，当$\alpha = \pm\arccos\left(\frac{3}{4}\right)$时，

$$\omega^2 = \omega_{\max}^2 = \frac{9I^2}{2m^2a^2}$$

$$\omega_{\max} = \frac{3I}{\sqrt{2}ma}$$

此时

$$\overline{OP} = 2a\cos\left[\pm\arccos\left(\frac{3}{4}\right)\right] = \frac{3}{2}a$$

9.4.8　由长度为$2l$、质量为m的四根杆用光滑铰链连接成的构件$ABCD$，开始成正方形静置于光滑的水平面上，取图9.84所示的坐标，质心位于坐标原点，AB、CD与x轴平行，AD、BC与y轴平行，今在A点沿AD方向作用一冲量I，求作用后构件的运动状态.

解　用构件质心M的x、y坐标、BC杆与x轴的夹角θ_1、AB杆与x轴的夹角θ_2作

广义坐标，E、F、G、H 分别是 AB、BC、CD、AD 四杆的质心，如图 9.85 所示.

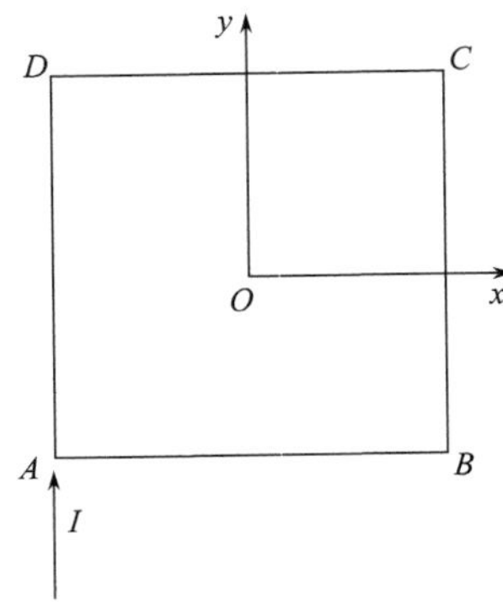

图 9.84

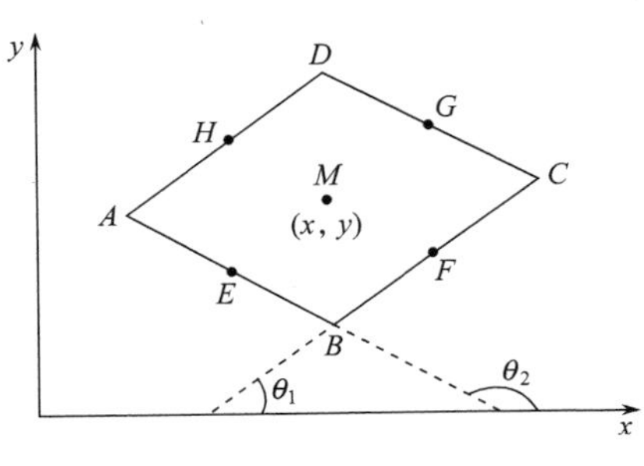

图 9.85

$$\boldsymbol{r}_E=(x-l\cos\theta_1)\boldsymbol{i}+(y-l\sin\theta_1)\boldsymbol{j}$$
$$\boldsymbol{r}_F=(x-l\cos\theta_2)\boldsymbol{i}+(y-l\sin\theta_2)\boldsymbol{j}$$
$$\boldsymbol{r}_G=(x+l\cos\theta_1)\boldsymbol{i}+(y+l\sin\theta_1)\boldsymbol{j}$$
$$\boldsymbol{r}_H=(x+l\cos\theta_2)\boldsymbol{i}+(y+l\sin\theta_2)\boldsymbol{j}$$
$$\boldsymbol{v}_E=(\dot{x}+l\,\dot{\theta}_1\sin\theta_1)\boldsymbol{i}+(\dot{y}-l\,\dot{\theta}_1\cos\theta_1)\boldsymbol{j}$$
$$\boldsymbol{v}_F=(\dot{x}+l\,\dot{\theta}_2\sin\theta_2)\boldsymbol{i}+(\dot{y}-l\,\dot{\theta}_2\cos\theta_2)\boldsymbol{j}$$
$$\boldsymbol{v}_G=(\dot{x}-l\,\dot{\theta}_1\sin\theta_1)\boldsymbol{i}+(\dot{y}+l\,\dot{\theta}_1\cos\theta_1)\boldsymbol{j}$$
$$\boldsymbol{v}_H=(\dot{x}-l\,\dot{\theta}_2\sin\theta_2)\boldsymbol{i}+(\dot{y}+l\,\dot{\theta}_2\cos\theta_2)\boldsymbol{j}$$

四根杆的动能分别为

$$\begin{aligned}T_{AB}&=\frac{1}{2}mv_E^2+\frac{1}{2}\cdot\frac{1}{3}ml^2\dot{\theta}_2^2\\&=\frac{1}{2}m(\dot{x}^2+l^2\dot{\theta}_1^2+2l\dot{x}\dot{\theta}_1\sin\theta_1+\dot{y}^2-2l\dot{y}\dot{\theta}_1\cos\theta_1)+\frac{1}{6}ml^2\dot{\theta}_2^2\end{aligned}$$

$$\begin{aligned}T_{BC}&=\frac{1}{2}mv_F^2+\frac{1}{2}\cdot\frac{1}{3}ml^2\dot{\theta}_1^2\\&=\frac{1}{2}m(\dot{x}^2+\dot{y}^2+l^2\dot{\theta}_2^2+2l\dot{x}\,\dot{\theta}_2\sin\theta_2-2l\dot{y}\,\dot{\theta}_2\cos\theta_2)+\frac{1}{6}ml^2\dot{\theta}_1^2\end{aligned}$$

$$\begin{aligned}T_{CD}&=\frac{1}{2}mv_G^2+\frac{1}{2}\cdot\frac{1}{3}ml^2\dot{\theta}_2^2\\&=\frac{1}{2}m(\dot{x}^2+\dot{y}^2+l^2\dot{\theta}_1^2-2l\dot{x}\,\dot{\theta}_1\sin\theta_1+2l\dot{y}\,\dot{\theta}_1\cos\theta_1)+\frac{1}{6}ml^2\dot{\theta}_2^2\end{aligned}$$

$$\begin{aligned}T_{AD}&=\frac{1}{2}mv_H^2+\frac{1}{2}\cdot\frac{1}{3}ml^2\dot{\theta}_1^2\\&=\frac{1}{2}m(\dot{x}^2+\dot{y}^2+l^2\dot{\theta}_2^2-2l\dot{x}\,\dot{\theta}_2\sin\theta_2+2l\dot{y}\,\dot{\theta}_2\cos\theta_2)+\frac{1}{6}ml^2\dot{\theta}_1^2\end{aligned}$$

$$L = T = T_{AB} + T_{BC} + T_{CD} + T_{AD} = 2m(\dot{x}^2 + \dot{y}^2) + \frac{4}{3}ml^2(\dot{\theta}_1^2 + \dot{\theta}_2^2)$$

$$p_x = \frac{\partial L}{\partial \dot{x}} = 4m\dot{x}, \quad p_y = \frac{\partial L}{\partial \dot{y}} = 4m\dot{y}$$

$$p_{\theta_1} = \frac{\partial L}{\partial \dot{\theta}_1} = \frac{8}{3}ml^2\dot{\theta}_1, \quad p_{\theta_2} = \frac{\partial L}{\partial \dot{\theta}_2} = \frac{8}{3}ml^2\dot{\theta}_2$$

$$y_A = y_E + l\sin\theta_2 = y - l\sin\theta_1 + l\sin\theta_2$$

$$K_x = I\frac{\partial y_A}{\partial x} = 0$$

$$K_y = I\frac{\partial y_A}{\partial y} = I$$

$$K_{\theta_1} = I\frac{\partial y_A}{\partial \theta_1}\bigg|_{\theta_1=\frac{\pi}{2}} = -Il\cos\theta_1\bigg|_{\theta_1=\frac{\pi}{2}} = 0$$

$$K_{\theta_2} = I\frac{\partial y_A}{\partial \theta_2}\bigg|_{\theta_2=\pi} = Il\cos\theta_2\bigg|_{\theta_2=\pi} = -Il$$

由冲击运动的拉格朗日方程$\Delta p_i = K_i$，

$$\Delta p_x = 4m\dot{x} = 0$$

$$\Delta p_y = 4m\dot{y} = I$$

$$\Delta p_{\theta_1} = \frac{8}{3}ml^2\dot{\theta}_1 = 0$$

$$\Delta p_{\theta_2} = \frac{8}{3}ml^2\dot{\theta}_2 = -Il$$

所以

$$\dot{x} = 0, \quad \dot{y} = \frac{I}{4m}, \quad \dot{\theta}_1 = 0, \quad \dot{\theta}_2 = -\frac{3I}{8ml}$$

9.4.9　分别用基尔霍夫定律和拉格朗日方程得到图 9.86 所示电路的电路方程.

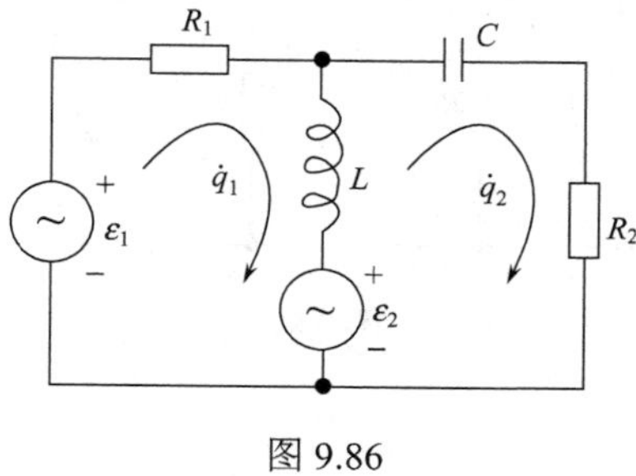

图 9.86

解　用基尔霍夫定律，

$$L(\ddot{q}_1 - \ddot{q}_2) + R_1\dot{q}_1 = \varepsilon_1 - \varepsilon_2$$

$$L(\ddot{q}_2-\ddot{q}_1)+\frac{1}{C}q_2+R_2\dot{q}_2=\varepsilon_2$$

用拉格朗日方程，

$$T=\frac{1}{2}L(\dot{q}_1-\dot{q}_2)^2,\quad V=\frac{1}{2C}q_2^2$$

$$\tilde{L}=T-V=\frac{1}{2}L(\dot{q}_1-\dot{q}_2)^2-\frac{1}{2C}q_2^2$$

这里拉格朗日函数改用 $\tilde{L}$，以免与自感 L 发生混淆，下面瑞利耗散函数改用 $\tilde{R}$，以免与电阻 R 发生混淆，

$$\tilde{R}=\frac{1}{2}R_1\dot{q}_1^2+\frac{1}{2}R_2\dot{q}_2^2$$

$$Q_1=\varepsilon_1-\varepsilon_2,\quad Q_2=\varepsilon_2$$

由 $\frac{\mathrm{d}}{\mathrm{d}t}\left(\frac{\partial\tilde{L}}{\partial\dot{q}_i}\right)-\frac{\partial\tilde{L}}{\partial\dot{q}_i}=Q_i-\frac{\partial\tilde{R}}{\partial\dot{q}_i}$，得

$$L(\ddot{q}_1-\ddot{q}_2)=\varepsilon_1-\varepsilon_2-R_1\dot{q}_1$$

$$-L(\ddot{q}_1-\ddot{q}_2)+\frac{1}{C}q_2=\varepsilon_2-R_2\dot{q}_2$$

与基尔霍夫定律得到的电路方程是一样的.

9.4.10 用拉格朗日方程得到图 9.87 所示电路的电路方程.

提示：电流源可作为一个约束 $\dot{q}=i$ 来处理.

解 用基尔霍夫定律，

$$\frac{1}{C}q_1+R_1(\dot{q}_1-\dot{q})+R_2(\dot{q}_1-\dot{q}_2)=0$$

$$R_2(\dot{q}_2-\dot{q}_1)+R_3\dot{q}_2=-\varepsilon$$

$$\dot{q}=i$$

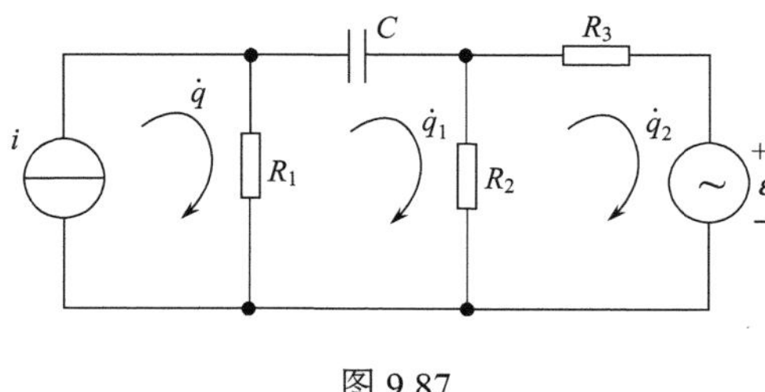

图 9.87

用拉格朗日方程，

$$T=0,\quad V=\frac{1}{2C}q_1^2$$

$$\tilde{L}=-V=-\frac{1}{2C}q_1^2$$

$$Q_1 = 0,\quad Q_2 = -\varepsilon$$

$$\tilde{R} = \frac{1}{2}R_1(\dot{q}_1 - \dot{q})^2 + \frac{1}{2}R_2(\dot{q}_2 - \dot{q}_1)^2 + \frac{1}{2}R_3\dot{q}_2^2$$

由 $\frac{\mathrm{d}}{\mathrm{d}t}\left(\frac{\partial \tilde{L}}{\partial \dot{q}_i}\right) - \frac{\partial \tilde{L}}{\partial q_i} = Q_i - \frac{\partial \tilde{R}}{\partial \dot{q}_i}$，得

$$\frac{1}{C}q_1 = -R_1(\dot{q}_1 - \dot{q}) + R_2(\dot{q}_2 - \dot{q}_1)$$

$$0 = -R_2(\dot{q}_2 - \dot{q}_1) - R_3\dot{q}_2 - \varepsilon$$

约束方程

$$\dot{q} = i$$

9.4.11 用拉格朗日方程写出图 9.88 所示电路的电路方程.

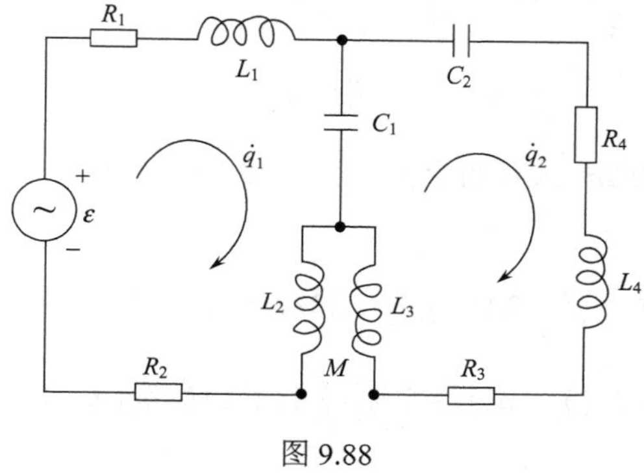

图 9.88

解 用基尔霍夫定律,

$$R_1\dot{q}_1 + L_1\ddot{q}_1 + \frac{1}{C_1}(q_1 - q_2) + L_2\ddot{q}_1 + R_2\dot{q}_1 + M\ddot{q}_2 = \varepsilon$$

$$L_3\ddot{q}_2 + L_4\ddot{q}_2 + M\ddot{q}_1 + \frac{1}{C_1}(q_2 - q_1) + \frac{1}{C_2}q_2 + (R_3 + R_4)\dot{q}_2 = 0$$

用拉格朗日方程

$$T = \frac{1}{2}L_1\dot{q}_1^2 + \frac{1}{2}L_2\dot{q}_1^2 + \frac{1}{2}L_3\dot{q}_2^2 + \frac{1}{2}L_4\dot{q}_2^2 + M\dot{q}_1\dot{q}_2$$

$$V = \frac{1}{2C_1}(q_1 - q_2)^2 + \frac{1}{2C_2}q_2^2$$

$$\tilde{L} = T - V = \frac{1}{2}L_1\dot{q}_1^2 + \frac{1}{2}L_2\dot{q}_1^2 + \frac{1}{2}L_3\dot{q}_2^2 + \frac{1}{2}L_4\dot{q}_2^2 + M\dot{q}_1\dot{q}_2 - \frac{1}{2C_1}(q_1 - q_2)^2 - \frac{1}{2C_2}q_2^2$$

$$\tilde{R} = \frac{1}{2}R_1\dot{q}_1^2 + \frac{1}{2}R_2\dot{q}_1^2 + \frac{1}{2}R_3\dot{q}_2^2 + \frac{1}{2}R_4\dot{q}_2^2$$

$$Q_1 = \varepsilon,\quad Q_2 = 0$$

由 $\frac{\mathrm{d}}{\mathrm{d}t}\left(\frac{\partial \tilde{L}}{\partial \dot{q}_i}\right) - \frac{\partial \tilde{L}}{\partial q_i} = Q_i - \frac{\partial \tilde{R}}{\partial \dot{q}_i}$，可得

$$L_1\ddot{q}_1 + L_2\ddot{q}_1 + M\ddot{q}_2 + \frac{1}{C_1}(q_1 - q_2) = \varepsilon - (R_1 + R_2)\dot{q}_1$$

$$(L_3 + L_4)\ddot{q}_2 + M\ddot{q}_1 + \frac{1}{C_1}(q_2 - q_1) + \frac{1}{C_2}q_2 = -(R_3 + R_4)\dot{q}_2$$

9.4.12　用拉格朗日方程写出图 9.89 电路(各线圈有互感 M_{12}、M_{23}、M_{13}，图中难于表明)的电路方程.

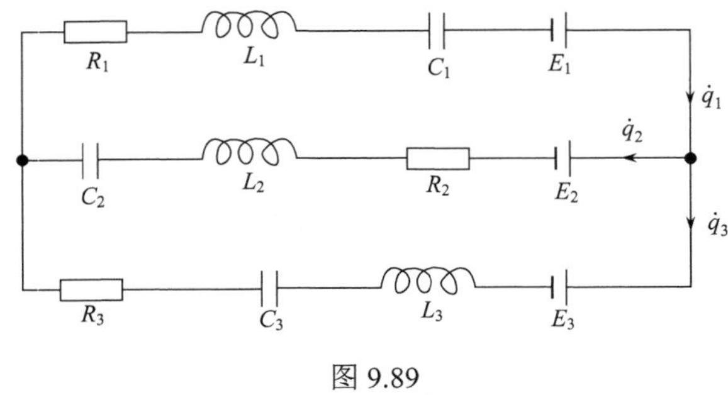

图 9.89

解　电路包含两个回路,只有两个自由度,有约束关系: $\dot{q}_1 = \dot{q}_2 + \dot{q}_3$ 或 $q_1 = q_2 + q_3$. 取 q_1、q_2 为广义坐标,

$$T = \frac{1}{2}(L_1\dot{q}_1^2 + L_2\dot{q}_2^2 + L_3\dot{q}_3^2 + 2M_{12}\dot{q}_1\dot{q}_2 + 2M_{23}\dot{q}_2\dot{q}_3 + 2M_{13}\dot{q}_1\dot{q}_3)$$

$$= \frac{1}{2}[L_1\dot{q}_1^2 + L_2\dot{q}_2^2 + L_3(\dot{q}_1 - \dot{q}_2)^2 + 2M_{12}\dot{q}_1\dot{q}_2 + 2M_{23}\dot{q}_2(\dot{q}_1 - \dot{q}_2) + 2M_{13}\dot{q}_1(\dot{q}_1 - \dot{q}_2)]$$

$$V = \frac{1}{2}\left[\frac{q_1^2}{C_1} + \frac{q_2^2}{C_2} + \frac{(q_1 - q_2)^2}{C_3}\right] - E_1q_1 + E_2q_2 + E_3(q_1 - q_2)$$

$$\tilde{R} = \frac{1}{2}\left[R_1\dot{q}_1^2 + R_2\dot{q}_2^2 + R_3(\dot{q}_1 - \dot{q}_2)^2\right]$$

$$Q_1 = 0, \quad Q_2 = 0$$

$$-\frac{\partial\tilde{R}}{\partial\dot{q}_1} = -R_1\dot{q}_1 - R_3(\dot{q}_1 - \dot{q}_2) = -(R_1 + R_3)\dot{q}_1 + R_3\dot{q}_2$$

$$-\frac{\partial\tilde{R}}{\partial\dot{q}_2} = -R_2\dot{q}_2 + R_3(\dot{q}_1 - \dot{q}_2) = R_3\dot{q}_1 - (R_2 + R_3)\dot{q}_2$$

这里用引入势能的办法处理直流电流，当然也可以像前几题那样用广义力处理. 对于交流电源，也可引入显含时间的势能来处理，

$$\tilde{L} = T - V = \frac{1}{2}[L_1\dot{q}_1^2 + L_2\dot{q}_2^2 + L_3(\dot{q}_1 - \dot{q}_2)^2 + 2M_{12}\dot{q}_1\dot{q}_2 + 2M_{23}\dot{q}_2(\dot{q}_1 - \dot{q}_2)$$

$$+ 2M_{13}\dot{q}_1(\dot{q}_1 - \dot{q}_2)] - \frac{1}{2}\left[\frac{q_1^2}{C_1} + \frac{q_2^2}{C_2} + \frac{(q_1 - q_2)^2}{C_3}\right] + E_1q_1 - E_2q_2 - E_3(q_1 - q_2)$$

由 $\frac{\mathrm{d}}{\mathrm{d}t}\left(\frac{\partial\tilde{L}}{\partial\dot{q}_i}\right) - \frac{\partial\tilde{L}}{\partial q_i} = Q_i - \frac{\partial\tilde{R}}{\partial\dot{q}_i}$，得

$$(L_1+L_3+2M_{13})\ddot{q}_1+(M_{12}+M_{23}-L_3-M_{13})\ddot{q}_2$$
$$+\left(\frac{1}{C_1}+\frac{1}{C_3}\right)q_1-\frac{1}{C_3}q_2-E_1+E_3=-(R_1+R_3)\dot{q}_1+R_3\dot{q}_2$$
$$(L_2+L_3-2M_{23})\ddot{q}_2+(M_{12}-L_3+M_{23}-M_{13})\ddot{q}_1$$
$$+\left(\frac{1}{C_2}+\frac{1}{C_3}\right)q_2-\frac{1}{C_3}q_1+E_2-E_3=R_3\dot{q}_1-(R_2+R_3)\dot{q}_2$$

9.4.13 图 9.90 所示的电路中包含两个相同的二极管，假定 $E_3=A|\dot{q}_3^{b-1}|\dot{q}_3$，其中 A、b 是常量，$E_2=E_0\sin\omega t$，各线圈有互感 M_{12}、M_{13}、M_{23}. 用拉格朗日方程写出电路方程.

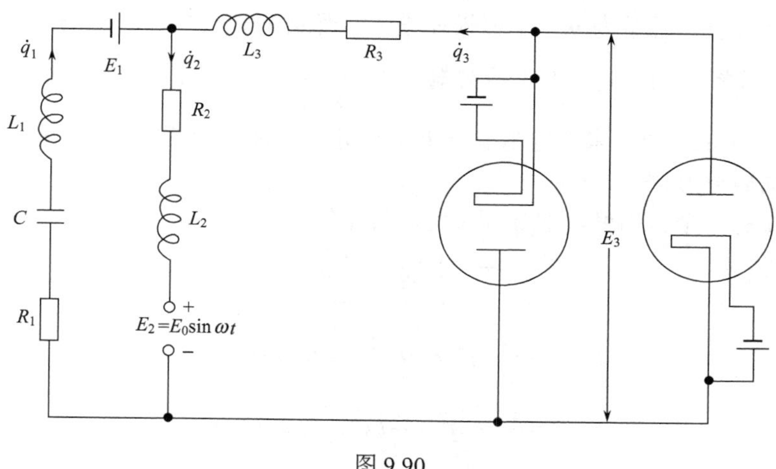

图 9.90

解 只有两个自由度，用 q_1、q_2 为广义坐标，$\dot{q}_3=\dot{q}_2-\dot{q}_1$，

$$T=\frac{1}{2}[L_1\dot{q}_1^2+L_2\dot{q}_2^2+L_3(\dot{q}_2-\dot{q}_1)^2+2M_{12}\dot{q}_1\dot{q}_2$$
$$+2M_{13}\dot{q}_1(\dot{q}_2-\dot{q}_1)+2M_{23}\dot{q}_2(\dot{q}_2-\dot{q}_1)]$$
$$V=\frac{q_1^2}{2C}-E_1q_1+E_0q_2\sin\omega t$$
$$\tilde{L}=T-V=\frac{1}{2}[L_1\dot{q}_1^2+L_2\dot{q}_2^2+L_3(\dot{q}_2-\dot{q}_1)^2+2M_{12}\dot{q}_1\dot{q}_2$$
$$+2M_{13}q_1(\dot{q}_2-\dot{q}_1)+2M_{23}\dot{q}_2(\dot{q}_2-\dot{q}_1)]-\frac{q_1^2}{2C}+E_1q_1-E_0q_2\sin\omega t$$
$$\delta W=-R_1\dot{q}_1\delta q_1-R_2\dot{q}_2\delta q_2-R_3(\dot{q}_2-\dot{q}_1)(\delta q_2-\delta q_1)$$
$$+A|(\dot{q}_2-\dot{q}_1)^{b-1}|(\dot{q}_2-\dot{q}_1)(\delta q_2-\delta q_1)$$
$$=[-R_1\dot{q}_1+R_3(\dot{q}_2-\dot{q}_1)-A|(\dot{q}_2-\dot{q}_1)^{b-1}|(\dot{q}_2-\dot{q}_1)]\delta q_1$$
$$+[-R_2\dot{q}_2-R_3(\dot{q}_2-\dot{q}_1)+A|(\dot{q}_2-\dot{q}_1)|^{b-1}(\dot{q}_2-\dot{q}_1)]\delta q_2$$
$$Q_1=-R_1\dot{q}_1+R_3(\dot{q}_2-\dot{q}_1)-A|(\dot{q}_2-\dot{q}_1)^{b-1}|(\dot{q}_2-\dot{q}_1)$$
$$Q_2=-R_2\dot{q}_2-R_3(\dot{q}_2-\dot{q}_1)+A|(\dot{q}_2-\dot{q}_1)^{b-1}|(\dot{q}_2-\dot{q}_1)$$

由 $\dfrac{\mathrm{d}}{\mathrm{d}t}\left(\dfrac{\partial\tilde{L}}{\partial\dot{q}_i}\right)-\dfrac{\partial\tilde{L}}{\partial q_i}=Q_i$，得

$$(L_1+L_3-2M_{13})\ddot{q}_1+(M_{12}-L_3+M_{13}-M_{23})\ddot{q}_2+\frac{q_1}{C}-E_1$$
$$=-R_1\dot{q}_1+R_3(\dot{q}_2-\dot{q}_1)-A|(\dot{q}_2-\dot{q}_1)^{b-1}|(\dot{q}_2-\dot{q}_1)$$
$$(L_2+L_3+2M_{23})\ddot{q}_2+(M_{12}-L_3+M_{13}-M_{23})\ddot{q}_1+E_0\sin\omega t$$
$$=-R_2\dot{q}_2-R_3(\dot{q}_2-\dot{q}_1)+A|(\dot{q}_2-\dot{q}_1)^{b-1}|(\dot{q}_2-\dot{q}_1)$$

9.4.14　图 9.91 所示的系统中电容器 C 的上极板悬在劲度系数为 k 的线圈弹簧的下端(弹簧上端固定)，质量为 m，上极板在重力、弹簧力和极板间的电场力作用下在竖直方向运动，下极板是固定的，电容器的电容 $C=\dfrac{A}{s-x}$，其中 A 是与极板面积及所用的单位有关的常数，s 是电容器未充电情况下上极板处于平衡位置两极板的间距. 用拉格朗日方程给出运动微分方程.

解　系统有两个自由度，取 q 和 x 为广义坐标.

$$T=\frac{1}{2}L\dot{q}^2+\frac{1}{2}m\dot{x}^2$$

$$V=\frac{1}{2C}q^2+\frac{1}{2}kx^2-qE_0\sin\omega t$$
$$=\frac{s-x}{2A}q^2+\frac{1}{2}kx^2-qE_0\sin\omega t$$

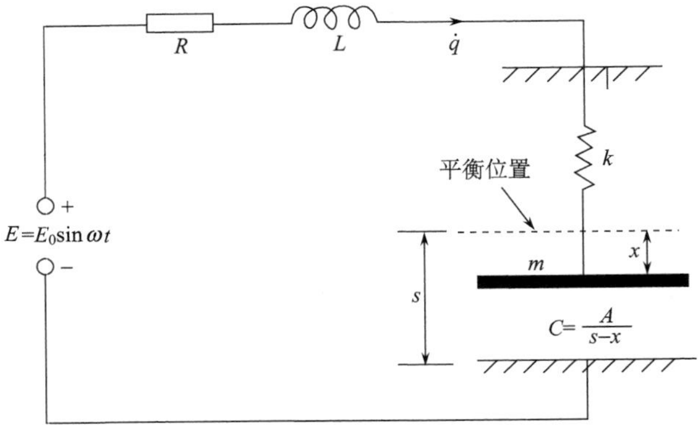

图 9.91

注意：$x=0$ 时作用于上极板的弹簧力与重力相抵消，因此 $\dfrac{1}{2}kx^2$ 已是弹簧力和重力的合力的势能，

$$\tilde{L}=\frac{1}{2}L\dot{q}^2+\frac{1}{2}m\dot{x}^2-\frac{s-x}{2A}q^2-\frac{1}{2}kx^2+qE_0\sin\omega t$$

$$Q_q=-R\dot{q},\quad Q_x=0$$

由 $\dfrac{\mathrm{d}}{\mathrm{d}t}\left(\dfrac{\partial\tilde{L}}{\partial\dot{q}_i}\right)-\dfrac{\partial\tilde{L}}{\partial q_i}=Q_i$，得

$$L\ddot{q}+\frac{s-x}{A}q-E_0\sin\omega t=-R\dot{q}$$

$$m\ddot{x}+kx-\frac{1}{2A}q^2=0$$

说明一下两式中各项的物理意义：$L\ddot{q}$ 是电感两端的电压，$\dfrac{s-x}{A}q$ 是电容器两极板间的电压，$R\dot{q}$ 为电阻两端的电压，$\dfrac{1}{2A}q^2$ 是电容器两极板间的吸引力.

9.4.15　图 9.92 中可变电容器的两极板可沿竖直直线 ab 运动，无转动，极板受弹簧力、重力和两极板间电场力的作用，l_{10}、l_{20} 是极板不带电时两极板处于平衡时两弹簧的长度，s、A 均为常量，m_1、m_2 是两极板的质量. 求系统的拉格朗日函数及运动微分方程.

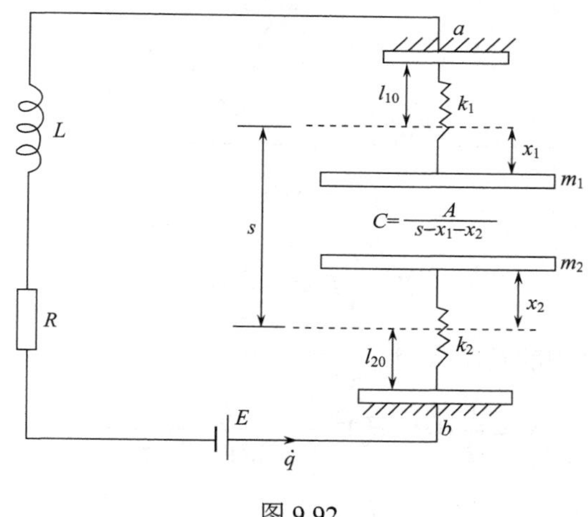

图 9.92

解　$T=\dfrac{1}{2}m_1\dot{x}_1^2+\dfrac{1}{2}m_2\dot{x}_2^2+\dfrac{1}{2}L\dot{q}^2$

$$V=\frac{1}{2}k_1x_1^2+\frac{1}{2}k_2x_2^2+\frac{1}{2}q^2\frac{s-x_1-x_2}{A}-Eq$$

$$\tilde{L}=\frac{1}{2}m_1\dot{x}_1^2+\frac{1}{2}m_2\dot{x}_2^2+\frac{1}{2}L\dot{q}^2-\frac{1}{2}k_1x_1^2-\frac{1}{2}k_2x_2^2-\frac{1}{2}q^2\frac{s-x_1-x_2}{A}+Eq$$

$$Q_{x_1}=0,\quad Q_{x_2}=0,\quad Q_q=-R\dot{q}$$

由 $\dfrac{\mathrm{d}}{\mathrm{d}t}\left(\dfrac{\partial\tilde{L}}{\partial\dot{q}_i}\right)-\dfrac{\partial\tilde{L}}{\partial q_i}=Q_i$，得

$$m_1\ddot{x}_1+k_1x_1-\frac{q^2}{2A}=0$$

$$m_2\ddot{x}_2+k_2x_2-\frac{q^2}{2A}=0$$

$$L\ddot{q}+\frac{s-x_1-x_2}{A}q-E=-R\dot{q}$$

9.4.16　图 9.93 中半圆柱 A 通过一根扭转常数为 k(转单位角度时受到恢复力矩为 k)的细弹性棒钉在位于通过柱心的固定的垂直轴 O 上，可在固定的半圆柱面 B 内转动，构成可变电容器，假定其电容为 $C=C_0\left(1-\dfrac{\theta}{\pi}\right)$，$\theta=\theta_0$ 时，弹性棒未被扭曲，写出拉格朗日函数和运动微分方程.

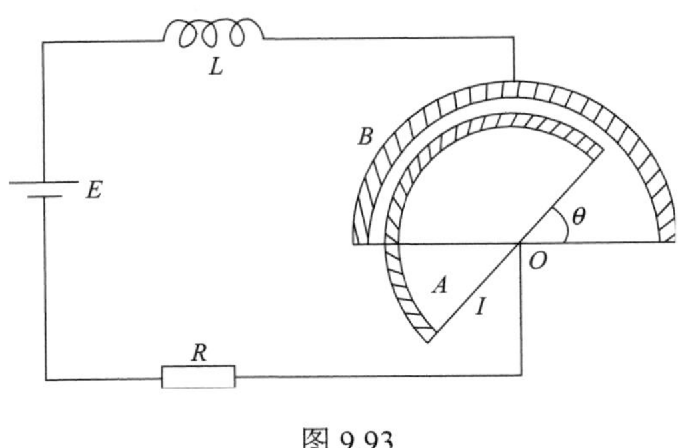

图 9.93

解

$$T=\frac{1}{2}L\,\dot{q}^2+\frac{1}{2}I\theta^2$$

其中 I 是半圆柱 B 绕 O 轴的转动惯量.

$$V=\frac{1}{2}k(\theta-\theta_0)^2+\frac{q^2}{2C_0(1-\theta/\pi)}-Eq$$

$$\tilde{L}=\frac{1}{2}L\dot{q}^2+\frac{1}{2}I\dot{\theta}^2-\frac{1}{2}k(\theta-\theta_0)^2-\frac{q^2}{2C_0(1-\theta/\pi)}+Eq$$

$$Q_q=-R\dot{q},\quad Q_\theta=0$$

由 $\dfrac{\mathrm{d}}{\mathrm{d}t}\left(\dfrac{\partial\tilde{L}}{\partial\dot{q}_i}\right)-\dfrac{\partial\tilde{L}}{\partial q_i}=Q_i$，得运动微分方程为

$$L\ddot{q}+\frac{1}{C_0(1-\theta/\pi)}q-E=-R\dot{q}$$

$$I\,\ddot{\theta}+k(\theta-\theta_0)+\frac{1}{2\pi C_0(1-\theta/\pi)^2}q^2=0$$

9.4.17　可变电容器与墙式电流计如图 9.94 所示连接，设电流计中的磁场沿径向，磁感应强度为 B，线圈有 n 匝，每匝面积为 A_1，线圈绕轴的转动惯量为 I，k_1 是扭转弹簧的扭转常数，可变电容器的电容 $C=\dfrac{A_2}{d-x}$，A_2、d 均为常量，l_0 是极板不带电时，质

量为 m 的极板平衡时的弹簧长度，n 匝线圈的自感系数为 L_1，写出系统的拉格朗日函数和运动微分方程.

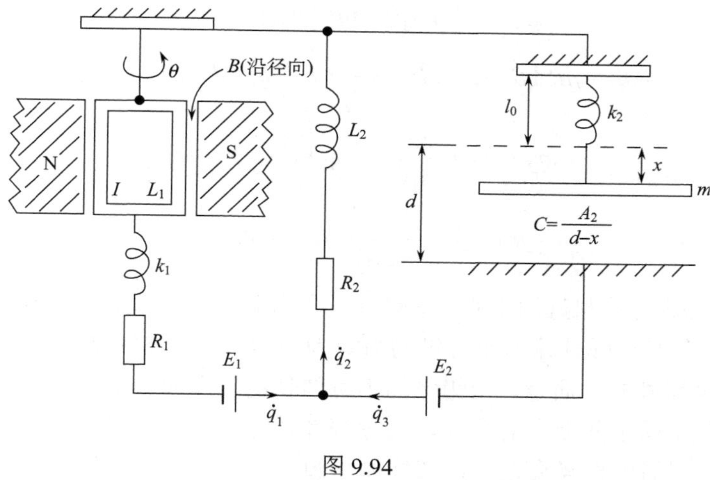

图 9.94

解 此系统有四个自由度，用 θ、q_1、q_2、x 作为广义坐标. $\dot{q}_3=\dot{q}_2-\dot{q}_1$，电流计线圈当有电流 $\dot{q}_1$ 通过时，受到磁场的力矩为 $nBA_1\dot{q}_1$，

$$T=\frac{1}{2}I\dot{\theta}^2+\frac{1}{2}L_1\dot{q}_1^2+\frac{1}{2}L_2\dot{q}_2^2+\frac{1}{2}m\dot{x}^2$$

$$V=-E_1q_1-E_2(q_2-q_1)-nBA_1\dot{q}_1\theta+\frac{1}{2}k_1\theta^2+\frac{1}{2}k_2x^2+\frac{(q_2-q_1)^2}{2A_2}(d-x)$$

$$\begin{aligned}\tilde{L}=&\frac{1}{2}I\dot{\theta}^2+\frac{1}{2}L_1\dot{q}_1^2+\frac{1}{2}L_2\dot{q}_2^2+\frac{1}{2}m\dot{x}^2+E_1q_1+E_2(q_2-q_1)\\&+nBA_1\dot{q}_1\theta-\frac{1}{2}k_1\theta^2-\frac{1}{2}k_2x^2-\frac{(q_2-q_1)^2}{2A_2}(d-x).\end{aligned}$$

$$\delta W=-R_1\dot{q}_1\delta q_1-R_2\dot{q}_2\delta q_2$$

所以

$$Q_\theta=0,\quad Q_{q_1}=-R_1\dot{q}_1,\quad Q_{q_2}=-R\dot{q}_2,\quad Q_x=0$$

$$\frac{\partial\tilde{L}}{\partial\dot{\theta}}=I\,\dot{\theta},\qquad \frac{\partial\tilde{L}}{\partial\theta}=nBA_1\dot{q}_1-k_1\theta$$

$$\frac{\partial\tilde{L}}{\partial\dot{q}_1}=L_1\dot{q}_1+nBA_1\theta,\qquad \frac{\partial L}{\partial q_1}=E_1-E_2+\frac{q_2-q_1}{A_2}(d-x)$$

$$\frac{\partial\tilde{L}}{\partial\dot{q}_2}=L_2\dot{q}_2,\qquad \frac{\partial\tilde{L}}{\partial q_2}=E_2-\frac{1}{A_2}(q_2-q_1)(d-x)$$

$$\frac{\partial\tilde{L}}{\partial\dot{x}}=m\dot{x},\qquad \frac{\partial L}{\partial x}=-k_2x+\frac{1}{2A_2}(q_2-q_1)^2$$

由 $\dfrac{\mathrm{d}}{\mathrm{d}t}\left(\dfrac{\partial \tilde{L}}{\partial \dot{q}_i}\right)-\dfrac{\partial \tilde{L}}{\partial q_i}=Q_i$，可得运动微分方程为

$$I\ddot{\theta}+k_1\theta-nBA_1\dot{q}_1=0$$

$$L_1\ddot{q}_1+nBA_1\dot{\theta}-E_1+E_2-\frac{1}{A_2}(q_2-q_1)(d-x)=-R_1\dot{q}_1$$

$$L_2\ddot{q}_2-E_2+\frac{1}{A_2}(q_2-q_1)(d-x)=-R\dot{q}_2$$

$$m\ddot{x}+k_2x-\frac{1}{2A_2}(q_2-q_1)^2=0$$

9.4.18　半径为 r 的圆盘的中心安装在水平的弹性棒的一端，弹性棒的另一端是固定的，圆盘转动 θ 角时，弹性棒给予圆盘的力矩为 $-k_1\theta$，图 9.95 中弹簧的劲度系数为 k_2，m_1、m_2 是两个金属圆柱的质量，用绝缘的不可伸长的轻绳和弹簧连接并跨在圆盘上，圆盘转动时，圆盘与绳子间无相对滑动，圆盘绕弹性棒的转动惯量为 I，圆柱体可分别在两个固定的导电圆筒内作竖直运动，圆柱体与圆筒构成可变电容器

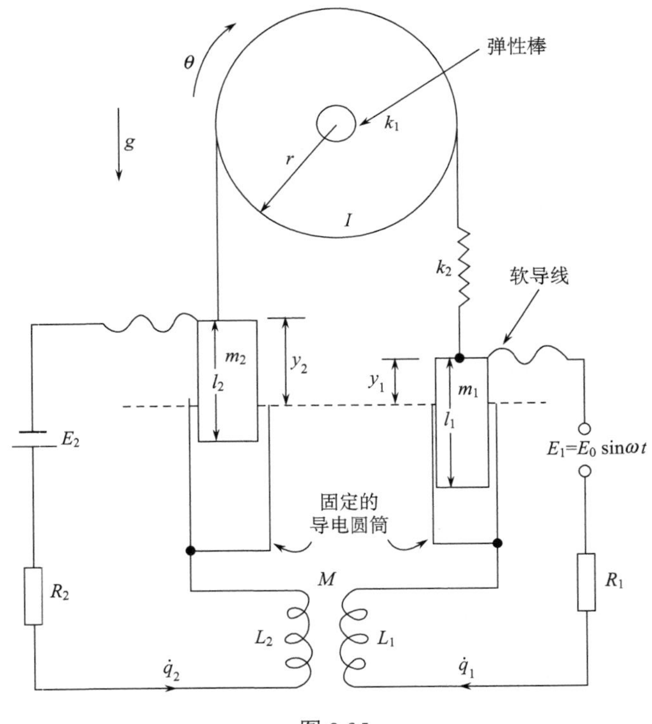

图 9.95

$$C_1=\begin{cases}C_{10}\left(1-\dfrac{y_1}{l_1}\right), & y_1\geqslant 0\\ C_{10}, & y_1<0\end{cases}$$

$$C_2 = \begin{cases} C_{20}\left(1-\dfrac{y_2}{l_2}\right), & y_2 \geqslant 0 \\ C_{20}, & y_2 < 0 \end{cases}$$

由互感将两个电路耦合，用 q_1、q_2，y_1、y_2 为广义坐标，写出系统的动能、势能和运动微分方程.

解　圆盘与绳子间无相对滑动，

$$r\dot{\theta} = \dot{y}_2, \quad \dot{\theta} = \frac{1}{r}\dot{y}_2$$

选择适当的零点，$r\theta = y_2$，

$$T = \frac{1}{2}m_1\dot{y}_1^2 + \frac{1}{2}m_2\dot{y}_2^2 + \frac{1}{2}I\left(\frac{\dot{y}_2}{r}\right)^2 + \frac{1}{2}L_1\dot{q}_1^2 + \frac{1}{2}L_2\dot{q}_2^2 + M\dot{q}_1\dot{q}_2$$

设弹簧偏离平衡位置的伸长量为 l，弹簧平衡时长度为 l_0，绳长为 L，由于绳子不可伸长，L 为常量，设 $y_1=0$，$y_2=0$ 为平衡位置

$$L + y_1 + y_2 + l_0 + l = l + l_0$$

$y_1 + y_2 + l = 0$，弹簧力和作用于两圆柱的重力的势能为

$$\frac{1}{2}k_2 l^2 = \frac{1}{2}k_2(-y_1 - y_2)^2 = \frac{1}{2}k_2(y_1 + y_2)^2$$

$$V = \frac{1}{2C_1}q_1^2 + \frac{1}{2C_2}q_2^2 - E_1 q_1 - E_2 q_2 + \frac{1}{2}k_1\left(\frac{y_2}{r}\right)^2 + \frac{1}{2}k_2(y_1 + y_2)^2 + m_1 g y_1 + m_2 g y_2$$

这里用了 $\theta = \dfrac{y_2}{r}$，是将绳子跨在圆盘上时，当 $y_2 = 0$ 时，弹性棒未扭转.

注意：C_1 与 y_1 有关，C_2 与 y_2 有关.

$$\begin{aligned}\tilde{L} = &\frac{1}{2}m_1\dot{y}_1^2 + \frac{1}{2}m_2\dot{y}_2^2 + \frac{1}{2}\frac{I}{r^2}\dot{y}_2^2 + \frac{1}{2}L_1\dot{q}_1^2 + \frac{1}{2}L_2\dot{q}_2^2 + M\dot{q}_1\dot{q}_2 - \frac{1}{2C_1}q_1^2 \\ &- \frac{1}{2C_2}q_2^2 + E_1 q_1 + E_2 q_2 - \frac{1}{2}\frac{k_1}{r^2}y_2^2 - \frac{1}{2}k_2(y_1 + y_2)^2 - m_1 g y_1 - m_2 g y_2\end{aligned}$$

$$\frac{\partial \tilde{L}}{\partial \dot{q}_1} = L_1\dot{q}_1 + M\dot{q}_2, \quad \frac{\partial \tilde{L}}{\partial q_1} = -\frac{q_1}{C_1} + E_1$$

$$\frac{\partial \tilde{L}}{\partial \dot{q}_2} = L_2\dot{q}_2 + M\dot{q}_1, \quad \frac{\partial \tilde{L}}{\partial q_2} = -\frac{q_2}{C_2} + E_2$$

$$\frac{\partial \tilde{L}}{\partial \dot{y}_1} = m_1\dot{y}_1$$

$$\frac{\partial \tilde{L}}{\partial y_1} = \begin{cases} -k_2(y_1 + y_2) - m_1 g - \dfrac{l_1 q_1^2}{2C_{10}(l_1 - y_1)^2}, & y_1 \geqslant 0 \\ -k_2(y_1 + y_2) - m_1 g, & y_1 < 0 \end{cases}$$

$$\frac{\partial \tilde{L}}{\partial \dot{y}_2} = m_2 \dot{y}_2 + \frac{I}{r^2}\dot{y}_2$$

$$\frac{\partial \tilde{L}}{\partial y_2} = \begin{cases} -k_2(y_1+y_2) - m_2 g - \dfrac{k_1}{r^2} y_2 - \dfrac{l_2 q_2^2}{2C_{20}(l_2-y_2)^2}, & y_2 \geqslant 0 \\ -k_2(y_1+y_2) - m_2 g - \dfrac{k_1}{r^2} y_2, & y_2 < 0 \end{cases}$$

$$Q_{q_1} = -R_1\dot{q}_1, \quad Q_{q_2} = -R_2\dot{q}_2, \quad Q_{y_1} = 0, \quad Q_{y_2} = 0$$

运动微分方程为

$$L_1\ddot{q}_1 + M\ddot{q}_2 + \frac{l_1 q_1}{C_{10}(l_1-y_1)} - E_1 = -R_1\dot{q}_1, \qquad y_1 \geqslant 0$$

$$L_1\ddot{q}_1 + M\ddot{q}_2 + \frac{l_1}{C_{10}} q_1 - E_1 = -R_1\dot{q}_1, \qquad y_1 < 0$$

$$L_2\ddot{q}_2 + M\ddot{q}_1 + \frac{l_2 q_2}{C_{20}(l_2-y_2)} - E_2 = -R_2\dot{q}_2, \qquad y_2 \geqslant 0$$

$$L_2\ddot{q}_2 + M\ddot{q}_1 + \frac{q_2}{C_{20}} - E_2 = -R_2\dot{q}_2, \qquad y_2 < 0$$

$$m_1\ddot{y}_1 - k_2(b-y_1-y_2) + m_1 g + \frac{l_1 q_1^2}{2C_{10}(l_1-y_1)^2} = 0, \qquad y_1 \geqslant 0$$

$$m_1\ddot{y}_1 - k_2(b-y_1-y_2) + m_1 g = 0, \qquad y_1 < 0$$

$$m_2\ddot{y}_2 + \frac{I}{r^2}\ddot{y}_2 - k_2(b-y_1-y_2) + m_2 g - \frac{k_1}{r^2} y_2 + \frac{l_2 q_2^2}{2C_{20}(l_2-y_2)^2} = 0, \qquad y_2 \geqslant 0$$

$$m_2\ddot{y}_2 + \frac{I}{r^2}\ddot{y}_2 - k_2(b-y_1-y_2) + m_2 g - \frac{k_1}{r^2} y_2 = 0, \qquad y_2 < 0$$

其中 $E_1 = E_0 \sin\omega t$.

9.4.19 图 9.96(a)、(b)、(c)分别画了三个系统. 在(a)中，E 提供恒定的电压，并假定线圈间无互感；在(b)中，F 是恒定的外力，每个木块受到黏性力 $-\alpha_i \dot{x}_i$；在(c)中，τ 是恒定的外力矩，每个圆盘受到制动器的黏性力矩 $-b_i r_i\,\dot{\theta}_i$，k_1、k_2 是弹簧的扭转常数. 写出三个系统的拉格朗日函数，并证明：适当选择坐标，对应的物理量取相同的值，三个系统的运动微分方程相同.

解　对于图 9.96(a)所示的系统，

$$T_{\mathrm{a}} = \frac{1}{2}L_1\dot{q}_1^2 + \frac{1}{2}L_2\dot{q}_2^2 + \frac{1}{2}L_2\dot{q}_3^2$$

$$V_{\mathrm{a}} = \frac{1}{2C_1}q_4^2 + \frac{1}{2C_2}q_5^2 = \frac{1}{2C_1}(q_1-q_2)^2 + \frac{1}{2C_2}(q_2-q_3)^2 - Eq_1$$

$$\tilde{L}_{\mathrm{a}} = \frac{1}{2}L_1\dot{q}_1^2 + \frac{1}{2}L_2\dot{q}_2^2 + \frac{1}{2}L_3\dot{q}_3^2 - \frac{1}{2C_1}(q_1-q_2)^2 - \frac{1}{2C_2}(q_2-q_3)^2 + Eq_1$$

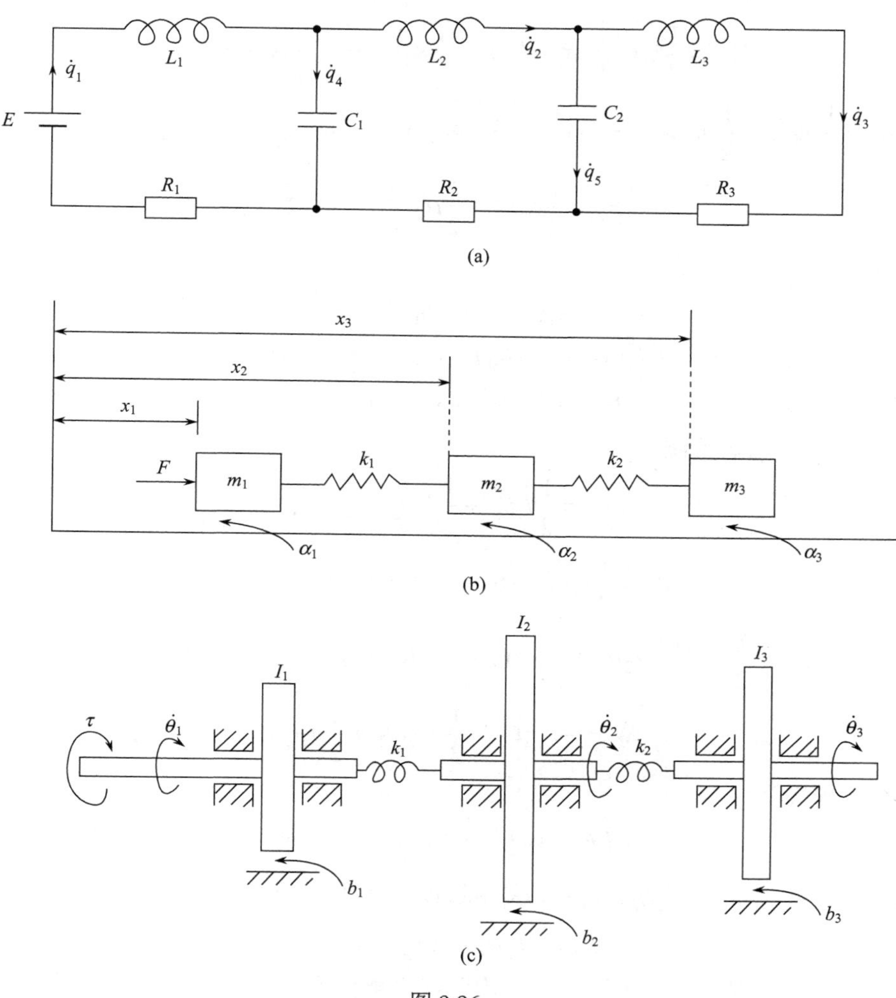

图 9.96

$$\tilde{R}_{\mathrm{a}}=\frac{1}{2}R_1\dot{q}_1^2+\frac{1}{2}R_2\dot{q}_2^2+\frac{1}{2}R_3\dot{q}_3^2$$

运动微分方程为

$$L_1\ddot{q}_1+\frac{1}{C_1}q_1-\frac{1}{C_1}q_2-E=-R_1\dot{q}_1$$

$$L_2\ddot{q}_2-\frac{1}{C_1}q_1+\left(\frac{1}{C_1}+\frac{1}{C_2}\right)q_2-\frac{1}{C_2}q_3=-R_2\dot{q}_2$$

$$L_3\ddot{q}_3-\frac{1}{C_2}q_2+\frac{1}{C_2}q_3=-R_3\dot{q}_3.$$

对于图 9.96(b)所示的系统，设劲度系数为 k_1、k_2 的两弹簧的原长分别为 l_{10}、l_{20}，

$$T_{\mathrm{b}}=\frac{1}{2}m_1\dot{x}_1^2+\frac{1}{2}m_2\dot{x}_2^2+\frac{1}{2}m_3\dot{x}_3^2$$

$$V_b = \frac{1}{2}k_1(x_2 - x_1 - l_{10})^2 + \frac{1}{2}k_2(x_3 - x_2 - l_{20})^2 - Fx_1$$

$$L_b = \frac{1}{2}m_1\dot{x}_1^2 + \frac{1}{2}m_2\dot{x}_2^2 + \frac{1}{2}m_3\dot{x}_3^2 - \frac{1}{2}k_1(x_2 - x_1 - l_{10})^2 - \frac{1}{2}k_2(x_3 - x_2 - l_{20})^2 + Fx_1$$

$$R_b = \frac{1}{2}\alpha_1\dot{x}_1^2 + \frac{1}{2}\alpha_2\dot{x}_2^2 + \frac{1}{2}\alpha_3\dot{x}_3^2$$

运动微分方程为

$$m_1\ddot{x}_1 - k_1(x_2 - x_1 - l_{10}) - F = -\alpha_1\dot{x}_1$$

$$m_2\ddot{x}_2 + k_1(x_2 - x_1 - l_{10}) - k_2(x_3 - x_2 - l_{20}) = -\alpha_2\dot{x}_2$$

$$m_3\ddot{x}_3 + k_2(x_3 - x_2 - l_{20}) = -\alpha_3\dot{x}_3$$

对于图 9.96(c)所示的系统，

$$T_C = \frac{1}{2}I_1\dot{\theta}_1^2 + \frac{1}{2}I_2\dot{\theta}_2^2 + \frac{1}{2}I_3\dot{\theta}_3^2$$

$$V_C = \frac{1}{2}k_1(\theta_2 - \theta_1)^2 + \frac{1}{2}k_2(\theta_3 - \theta_2)^2 - \tau\theta_1$$

$$L_C = \frac{1}{2}(I_1\dot{\theta}_1^2 + I_2\dot{\theta}_2^2 + I_3\dot{\theta}_3^2) - \frac{1}{2}k_1(\theta_2 - \theta_1)^2 - \frac{1}{2}k_2(\theta_3 - \theta_2)^2 + \tau\theta_1$$

$$R_C = \frac{1}{2}b_1r_1\dot{\theta}_1^2 + \frac{1}{2}b_2r_2\dot{\theta}_2^2 + \frac{1}{2}b_3r_3\dot{\theta}_3^2$$

运动微分方程为

$$I_1\ddot{\theta}_1 + k_1\theta_1 - k_2\theta_2 - \tau = -b_1r_1\dot{\theta}_1$$

$$I_2\ddot{\theta}_2 - k_1\theta_1 + (k_1 + k_2)\theta_2 - k_2\theta_3 = -b_2r_2\dot{\theta}_2$$

$$I_3\ddot{\theta}_3 - k_2\theta_2 + k_2\theta_3 = -b_3r_3\dot{\theta}_3$$

若三个系统所取的广义坐标的零点均取在平衡位置，即令 $q_i' = q_i - q_{i0}$， $x_i' = x_i - x_{i0}$，$\theta_i' = \theta_i - \theta_{i0}$，，($i = 1，2，3$)，$q_{i0}$ 是图 9.96(a)系统平衡时，第 i 个电容带正电的极板上的电荷，x_{i0} 是图 9.96(b)系统平衡时，第 i 个木块的坐标，θ_{i0} 是图 9.96(c)系统平衡时，第 i 个圆盘的转角. 它们满足的方程，可由相应的运动微分方程令广义坐标对时间的一阶、二阶导数等于零获得，

$$\begin{cases} \dfrac{q_{10}}{C_1} - \dfrac{q_{20}}{C_1} - E = 0 \\ -\dfrac{q_{10}}{C_1} + \left(\dfrac{1}{C_1} + \dfrac{1}{C_2}\right)q_{20} - \dfrac{q_{30}}{C_2} = 0 \\ -\dfrac{q_{20}}{C_2} + \dfrac{q_{30}}{C_2} = 0 \end{cases}$$

$$\begin{cases} -k_1(x_{20} - x_{10} - l_{10}) - F = 0 \\ k_1(x_{20} - x_{10} - l_{10}) - k_2(x_{30} - x_{20} - l_{20}) = 0 \\ k_2(x_{30} - x_{20} - l_{20}) = 0 \end{cases}$$

$$\begin{cases} k_1\theta_{10}-k_1\theta_{20}-\tau=0 \\ -k_1\theta_{10}+(k_1+k_2)\theta_{20}-k_2\theta_{30}=0 \\ -k_2\theta_{20}+k_2\theta_{30}=0 \end{cases}$$

三个系统的运动微分方程可改写为

$$\begin{cases} L_1\ddot{q}_1'+\dfrac{1}{C_1}q_1'-\dfrac{1}{C_1}q_2'=-R_1\dot{q}_1' \\ L_2\ddot{q}_2'-\dfrac{1}{C_2}q_1'+\left(\dfrac{1}{C_1}+\dfrac{1}{C_2}\right)q_2'-\dfrac{1}{C_2}q_3'=-R_2\dot{q}_2' \\ L_3\ddot{q}_3'-\dfrac{1}{C_2}q_2'+\dfrac{1}{C_2}q_3'=-R_3\dot{q}_3' \end{cases}$$

$$\begin{cases} m_1\ddot{x}_1'+k_1x_1'-k_1x_2'=-\alpha_1\dot{x}_1' \\ m_2\ddot{x}_2'-k_1x_1'+(k_1+k_2)x_2'-k_2x_3'=-\alpha_2\dot{x}_2' \\ m_3\ddot{x}_3'-k_2x_2'+k_2x_3'=-\alpha_3\dot{x}_3' \end{cases}$$

$$\begin{cases} I_1\ddot{\theta}_1'+k_1\theta_1'-k_1\theta_2'=-b_1r_1\dot{\theta}_1' \\ I_2\ddot{\theta}_2'-k_1\theta_1'+(k_1+k_2)\theta_2'-k_2\theta_3'=-b_2r_2\dot{\theta}_2' \\ I_3\ddot{\theta}_3'-k_3\dot{\theta}_2'+k_2\theta_3'=-b_3r_3\dot{\theta}_3' \end{cases}$$

只要 $L_i=m_i=I_i$，$\dfrac{1}{C_i}=k_i$，$R_i=\alpha_i=b_ir_i$ $(i=1，2，3)$，则 q_i'、x_i'、θ_i' $(i=1，2，3)$ 遵从完全相同的微分方程.

9.4.20　列出图 9.97(a)、(b) 系统的运动微分方程，质量为 m_1、m_2 的两木块底面受到黏性阻力，黏度分别为 α_1、α_2，减震器也提供一个黏性阻力，黏度为 α_3，证明两个系统可以是等效的.

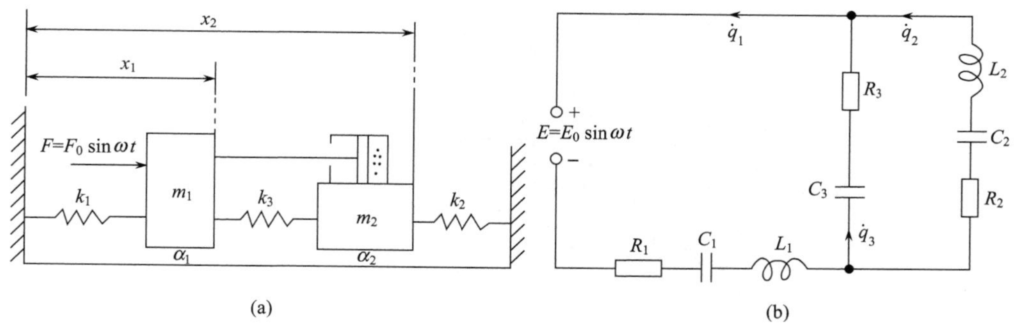

图 9.97

证明　设图 9.97(a) 系统无 F 时，在 $x_1=x_{10}$，$x_2=x_{20}$ 是系统的平衡位置，取此位置为势能的零点，则

$$V_a=\frac{1}{2}k_1(x_1-x_{10})^2+\frac{1}{2}k_2(x_2-x_{20})^2+\frac{1}{2}k_3[(x_2-x_{20})-(x_1-x_{10})]^2$$

$$L_{\mathrm{a}}=\frac{1}{2}m_1\dot{x}_1^2+\frac{1}{2}m_2\dot{x}_2^2-\frac{1}{2}k_1(x_1-x_{10})^2-\frac{1}{2}k_2(x_2-x_{20})^2$$
$$-\frac{1}{2}k_3[(x_2-x_{20})-(x_1-x_{10})]^2$$

令 $x_1'=x_1-x_{10}$, $x_2'=x_2-x_{20}$, 则

$$L_a=\frac{1}{2}m_1\dot{x}_1'^2+\frac{1}{2}m_2\dot{x}_2'^2-\frac{1}{2}k_1x_1'^2-\frac{1}{2}k_2x_2'^2-\frac{1}{2}k_3(x_2'-x_1')^2$$

$$\delta W=F_0\sin\omega t\delta x_1-\alpha_1\dot{x}_1\delta x_1-\alpha_2\dot{x}_2\delta x_2+\alpha_3(\dot{x}_2-\dot{x}_1)\delta x_1-\alpha_3(\dot{x}_2-\dot{x}_1)\delta x_2$$
$$=F_0\sin\omega t\delta x_1'-\alpha_1\dot{x}_1'\delta x_1'+\alpha_3(\dot{x}_2'-\dot{x}_1')\delta x_1'-\alpha_2\dot{x}_2'\delta x_2'$$
$$-\alpha_3(\dot{x}_2'-\dot{x}_1')\delta x_2'$$

$$Q_1=F_0\sin\omega t-\alpha_1\dot{x}_1'+\alpha_3(\dot{x}_2'-\dot{x}_1')$$

$$Q_2=-\alpha_2\dot{x}_2'-\alpha_3(\dot{x}_2'-\dot{x}_1')$$

$$\tilde{L}_{\mathrm{b}}=\frac{1}{2}L_1\dot{q}_1^2+\frac{1}{2}L_2\dot{q}_2^2-\frac{1}{2C_1}q_1^2-\frac{1}{2C_2}q_2^2-\frac{1}{2C_3}(q_1-q_2)^2$$

$$\delta W=-E_0\sin\omega t\delta q_1-R_1\dot{q}_1\delta q_1-R_2\dot{q}_2\delta q_2-R_3\dot{q}_3\delta q_3$$
$$=-E_0\sin\omega t\delta q_1-R_1\dot{q}_1\delta q_1-R_2\dot{q}_2\delta q_2-R_3(\dot{q}_1-\dot{q}_2)(\delta q_1-\delta q_2)$$

$$Q_1=-E_0\sin\omega t-R_1\dot{q}_1+R_3(\dot{q}_2-\dot{q}_1)$$

$$Q_2=-R_2\dot{q}_2-R_3(\dot{q}_2-\dot{q}_1)$$

比较两个系统的拉格朗日函数和广义力可见，只要 $m_1=L_1$, $m_2=L_2$, $k_1=\dfrac{1}{C_1}$, $k_2=\dfrac{1}{C_2}$, $k_3=\dfrac{1}{C_3}$, $F_0=-E_0$, $\alpha_1=R_1$, $\alpha_2=R_2$, $\alpha_3=R_3$, x_1' 与 q_1、x_2' 与 q_2 有完全相同的运动微分方程，这样，两个系统就完全等效了.

第十章 有限多自由度系统的小振动

10.1 自由的小振动

10.1.1 一个刚性结构由三根无质量的杆联结在一起，并贴着质量均为 m 的两个质点组成，$\overline{AB}=\overline{BC}=L$，$\overline{BD}=l$，$\angle ABD=\angle DBC=\theta$，如图 10.1 那样支承在固定点 D 上，并以小振幅前后摆动. 求振动的角频率，要做这样的振动对 l 有何要求？

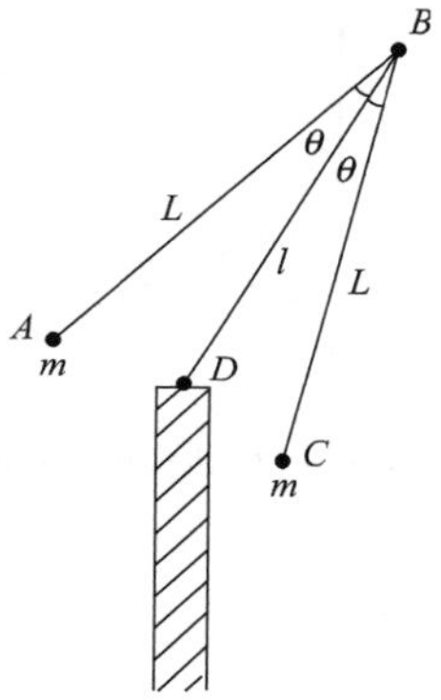

解 系统的质心位于 AC 的中点，在 BD 的延长线上，系统的重力势能等于位于质心的具有系统质量的质点的重力势能

$$V=2m(L\cos\theta-l)(1-\cos\varphi)g\approx mg(L\cos\theta-l)\varphi^2$$

其中 φ 是偏离平衡位置 $(\varphi=0)$ 的角位移，φ 是 BD 与竖直线间的夹角，最后的式子已考虑了小振幅振动，φ 是小量，$1-\cos\varphi\approx\dfrac{1}{2}\varphi^2$.

$$AD=CD=\sqrt{L^2+l^2-2Ll\cos\theta}$$

图 10.1

系统是个刚性结构，位于 A、C 的两质点对 D 点的角速度等于质心对 D 点的角速度 $\dot\varphi$，系统的动能、势能分别为

$$T=2\times\frac{1}{2}m(AD\dot\varphi)^2=m(L^2+l^2-2Ll\cos\theta)\dot\varphi^2$$

$$V=2mg(L\cos\theta-l)(1-\cos\varphi)=mg(L\cos\theta-l)\varphi^2$$

系统的拉格朗日函数为

$$L=m(L^2+l^2-2Ll\cos\theta)\dot\varphi^2-mg(L\cos\theta-l)\varphi^2$$

由 $\dfrac{\mathrm{d}}{\mathrm{d}t}\left(\dfrac{\partial L}{\partial\dot\varphi}\right)-\dfrac{\partial L}{\partial\varphi}=0$，得运动微分方程为

$$(L^2+l^2-2Ll\cos\theta)\ddot\varphi+(L\cos\theta-l)g\varphi=0$$

小幅振动的角频率为

$$\omega=\left[\frac{(L\cos\theta-l)g}{L^2+l^2-2Ll\cos\theta}\right]^{1/2}$$

在平衡位置，$\dfrac{\partial V}{\partial\varphi}=0$，由此得 $\varphi=0$.

要在平衡位置附近做小振动，必须是稳定的平衡位置，要求在平衡位置有 $\dfrac{\partial^2V}{\partial\varphi^2}>0$，

$$\frac{\partial^2V}{\partial\varphi^2}=2mg(L\cos\theta-l)>0$$

要求 l 满足的条件是

$$l < L\cos\theta$$

10.1.2 质量为 m_1 的质点用长为 l_1 的、不可伸长的轻绳系于固定点 O，另一质量为 m_2 的质点用长为 l_2 不可伸长的轻绳系于前一质点上，求此系统做小振动的简正模式和相应的角频率.

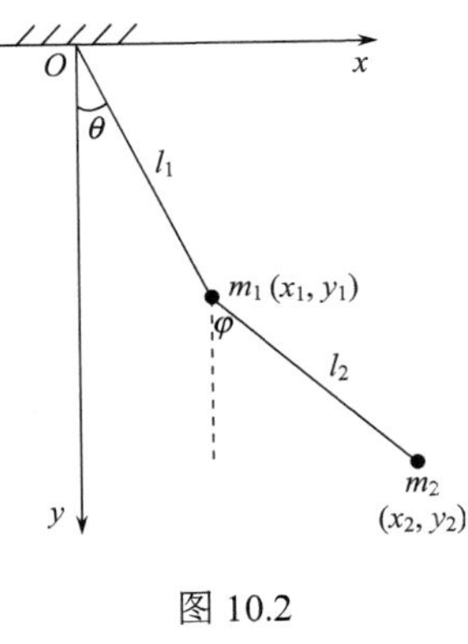

图 10.2

解 取图 10.2 的坐标，θ、φ 为广义坐标，

$$x_1 = l_1\sin\theta,\qquad y_1 = l_1\cos\theta$$

$$x_2 = l_1\sin\theta + l_2\sin\varphi$$

$$y_2 = l_1\cos\theta + l_2\cos\varphi$$

系统的动能(做小振动近似)为

$$\begin{aligned} T &= \frac{1}{2}m_1(\dot{x}_1^2+\dot{y}_1^2)+\frac{1}{2}m_2(\dot{x}_2^2+\dot{y}_2^2) \\ &= \frac{1}{2}(m_1+m_2)l_1^2\dot{\theta}^2+\frac{1}{2}m_2l_2^2\dot{\varphi}^2+m_2l_1l_2\dot{\theta}\,\dot{\varphi}\cos(\varphi-\theta) \\ &\approx \frac{1}{2}(m_1+m_2)l_1^2\dot{\theta}^2+\frac{1}{2}m_2l_2^2\dot{\varphi}^2+m_2l_1l_2\dot{\theta}\,\dot{\varphi} \end{aligned}$$

系统的势能(做小振动近似)为

$$\begin{aligned} V &= -m_1gy_1 - m_2gy_2 \\ &= -(m_1+m_2)gl_1\cos\theta - m_2gl_2\cos\varphi \\ &\approx V_0 + \frac{1}{2}(m_1+m_2)gl_1\theta^2 + \frac{1}{2}m_2gl_2\varphi^2 \end{aligned}$$

其中 V_0 是常量，势能的零点可以任意选取，V_0 值无关重要，故不必具体写出.

惯性矩阵和刚度矩阵分别为

$$\boldsymbol{M} = \begin{pmatrix} (m_1+m_2)l_1^2 & m_2l_1l_2 \\ m_2l_1l_2 & m_2l_2^2 \end{pmatrix}$$

$$\boldsymbol{K} = \begin{pmatrix} (m_1+m_2)gl_1 & 0 \\ 0 & m_2gl_2 \end{pmatrix}$$

系统有两个自由度，有两个简正频率，

$$\theta = u_1\cos(\omega t+\alpha),\qquad \varphi = u_2\cos(\omega t+\alpha)$$

$$(\boldsymbol{K}-\omega^2\boldsymbol{M})\cdot\boldsymbol{u} = 0$$

即

$$\begin{pmatrix} (m_1+m_2)l_1(g-l_1\omega^2) & -m_2l_1l_2\omega^2 \\ -m_2l_1l_2\omega^2 & m_2l_2(g-l_2\omega^2) \end{pmatrix}\begin{pmatrix} u_1 \\ u_2 \end{pmatrix} = 0 \tag{1}$$

u_1、u_2 要得非零解，必须

$$\begin{vmatrix} (m_1+m_2)l_1(g-l_1\omega^2) & -m_2l_1l_2\omega^2 \\ -m_2l_1l_2\omega^2 & m_2l_2(g-l_2\omega^2) \end{vmatrix} = 0$$

可得

$$m_1 l_1 l_2 \omega^4 - (m_1+m_2)(l_1+l_2)g\omega^2 + (m_1+m_2)g^2 = 0$$

$$\omega_1,\omega_2 = \left\{\frac{g}{2m_1 l_1 l_2}\left[(m_1+m_2)(l_1+l_2) \pm \sqrt{(m_1+m_2)\left[m_2(l_1+l_2)^2 + m_1(l_1-l_2)^2\right]}\right]\right\}^{1/2}$$

其中ω_1的式子用式中的“+”号，ω_2的式子用式中的“−”号.

用ω_1代入(1)式，解出的u_1、u_2标为$u_1^{(1)}$、$u_2^{(1)}$，

$$\frac{u_1^{(1)}}{u_2^{(1)}} = \frac{1}{2l_1}\left[l_1 - l_2 - \sqrt{\frac{m_2(l_1+l_2)^2 + m_1(l_1-l_2)^2}{m_1+m_2}}\right]$$

用ω_2代入(1)式，得

$$\frac{u_1^{(2)}}{u_2^{(2)}} = \frac{1}{2l_1}\left[l_1 - l_2 + \sqrt{\frac{m_2(l_1+l_2)^2 + m_1(l_1-l_2)^2}{m_1+m_2}}\right]$$

可以考虑以下极限情况得到熟知的结果，作为上述计算的正确性的一种检验.

当$m_1 \to 0$时，
$$\omega = \omega_2 \to \sqrt{\frac{g}{l_1+l_2}}$$

当$l_1 \to 0$时，
$$\omega = \omega_2 \to \sqrt{\frac{g}{l_2}}$$

当$l_2 \to 0$时，
$$\omega = \omega_2 \to \sqrt{\frac{g}{l_1}}$$

ω_1均为无穷大，系统不运动，这也是合理的，因为上述几个极限情况，都只有一个自由度，只存在一个简正频率.

10.1.3　如图 10.3 所示，半径为r的均质球在一个半径为R的固定球壳内表面滚动，试求该球在平衡位置附近做小振动的周期.

解　设球的质量为m，

$$T = \frac{1}{2}\left(\frac{2}{5}mr^2 + mr^2\right)\dot{\varphi}^2$$

由于纯滚动，

$$(R-r)\dot{\theta} - r\dot{\varphi} = 0$$

$$\dot{\varphi} = \frac{R-r}{r}\dot{\theta}$$

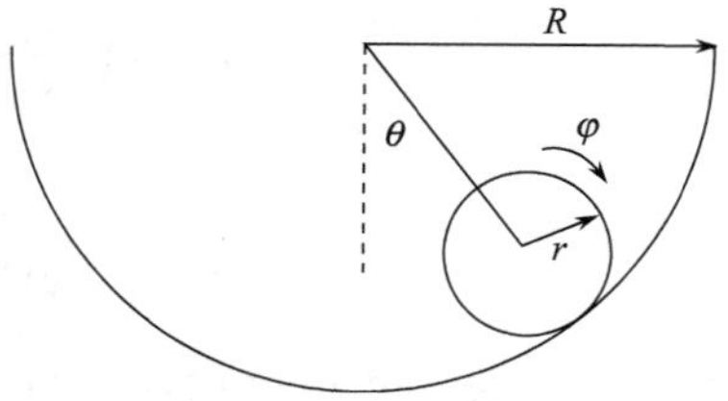

图 10.3

$$T = \frac{7}{10}mr^2\left(\frac{R-r}{r}\dot{\theta}\right)^2 = \frac{7}{10}m(R-r)^2\dot{\theta}^2$$

$$V = mg(R-r)(1-\cos\theta) \approx \frac{1}{2}mg(R-r)\theta^2$$

$$L=T-V=\frac{7}{10}m(R-r)^2\dot{\theta}^2-\frac{1}{2}mg(R-r)\theta^2$$

由 $\frac{\mathrm{d}}{\mathrm{d}t}\left(\frac{\partial L}{\partial\dot{\theta}}\right)-\frac{\partial L}{\partial\theta}=0$，得

$$\frac{7}{5}m(R-r)^2\ddot{\theta}+mg(R-r)\theta=0$$

$$\omega=\sqrt{\frac{5g}{7(R-r)}}$$

$$T=\frac{2\pi}{\omega}=2\pi\sqrt{\frac{7(R-r)}{5g}}$$

10.1.4　前题所述的双摆，能否在一定条件下，系统的运动为一个单摆？

解　由前题解出的简正频率和振动模式，可以写出系统运动的通解如下：

$$\theta=\frac{1}{2l_1}\left[l_1-l_2-\sqrt{\frac{m_2(l_1+l_2)^2+m_1(l_1-l_2)^2}{m_1+m_2}}\right]A\cos(\omega_1 t+\alpha_1)$$
$$+\frac{1}{2l_1}\left[l_1-l_2+\sqrt{\frac{m_2(l_1+l_2)^2+m_1(l_1-l_2)^2}{m_1+m_2}}\right]B\cos(\omega_2 t+\alpha_2)$$

$$\varphi=A\cos(\omega_1 t+\alpha_1)+B\cos(\omega_2 t+\alpha_2)$$

其中

$$\omega_1=\left\{\frac{g}{2m_1l_1l_2}\left[(m_1+m_2)(l_1+l_2)+\sqrt{(m_1+m_2)[m_2(l_1+l_2)^2+m_1(l_1-l_2)^2]}\right]\right\}^{\frac{1}{2}}$$

$$\omega_2=\left\{\frac{g}{2m_1l_1l_2}\left[(m_1+m_2)(l_1+l_2)-\sqrt{(m_1+m_2)[m_2(l_1+l_2)^2+m_1(l_1-l_2)^2]}\right]\right\}^{\frac{1}{2}}$$

要使系统像一个单摆那样运动，需 $\theta=\varphi$.

有两种情况，$\theta=\varphi$：

(a) $\frac{1}{2l_1}\left[l_1-l_2-\sqrt{\frac{m_2(l_1+l_2)^2+m_1(l_1-l_2)^2}{m_1+m_2}}\right]=1$，且 $B=0$;

(b) $\frac{1}{2l_1}\left[l_1-l_2+\sqrt{\frac{m_2(l_1+l_2)^2+m_1(l_1-l_2)^2}{m_1+m_2}}\right]=1$，且 $A=0$.

第一种情况不可能，因为

$$-\sqrt{\frac{m_2(l_1+l_2)^2+m_1(l_1-l_2)^2}{m_1+m_2}}=l_1+l_2$$

不能成立，等号左边为负值，右边为正值，不可能相等.

第二种情况是可能的，但要求 $l_1 l_2=0$，即 $l_1=0$ 或 $l_2=0$，这两种情况实际上就是一个单摆，因此可作出结论：双摆系统在任何情况下都不可能像单摆那样运动.

10.1.5　一个长度为 $4l$、质量为 m 的单摆悬挂在另一个长度为 $3l$、质量为 m 的单摆下面，如图 10.4 所示. 这系统可能做这样的绕平衡位置的小振动：下面单摆上的某一点无水平位移，找出这一点的位置.

解　分别用 (x_1,y_1)、(x_2,y_2) 表示上、下两个质点的坐标.

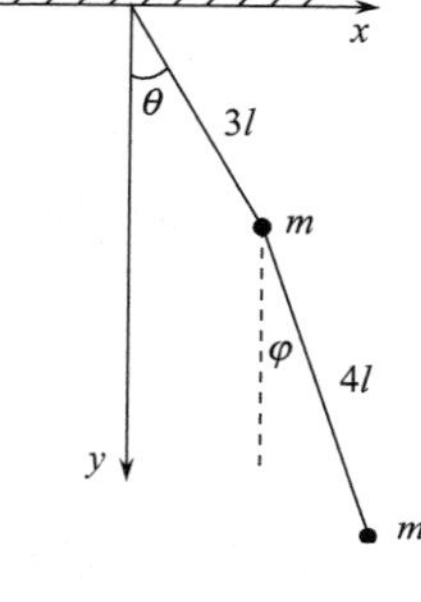

图 10.4

$$x_1=3l\sin\theta,\quad y_1=3l\cos\theta$$

$$x_2=3l\sin\theta+4l\sin\varphi$$

$$y_2=3l\cos\theta+4l\cos\varphi$$

$$T=\frac{1}{2}m(\dot{x}_1^2+\dot{y}_1^2)+\frac{1}{2}m(\dot{x}_2^2+\dot{y}_2^2)$$

$$=\frac{1}{2}m[18l^2\dot{\theta}^2+16l^2\dot{\varphi}^2+24l^2\dot{\theta}\,\dot{\varphi}\cos(\theta-\varphi)]$$

$$V=-mgy_1-mgy_2=-mg(6l\cos\theta+4l\cos\varphi)$$

$$L=\frac{1}{2}ml^2[18\dot{\theta}^2+16\dot{\varphi}^2+24\dot{\theta}\,\dot{\varphi}\cos(\theta-\varphi)]+mgl(6\cos\theta+4\cos\varphi)$$

由 $\frac{\mathrm{d}}{\mathrm{d}t}\left(\frac{\partial L}{\partial \dot{q}_i}\right)-\frac{\partial L}{\partial q_i}=0$，得

$$3\ddot{\theta}+2\ddot{\varphi}\cos(\theta-\varphi)-2\dot{\varphi}(\dot{\theta}-\dot{\varphi})\sin(\theta-\varphi)+\frac{g}{l}\sin\theta=0$$

$$4\ddot{\varphi}+3\ddot{\theta}\cos(\theta-\varphi)-3\dot{\theta}(\dot{\theta}-\dot{\varphi})\sin(\theta-\varphi)+\frac{g}{l}\sin\varphi=0$$

对于小振动，上两式只保留一级小量，

$$3\ddot{\theta}+2\ddot{\varphi}+\frac{g}{l}\theta=0$$

$$3\ddot{\theta}+4\ddot{\varphi}+\frac{g}{l}\varphi=0$$

试用 $\theta=\theta_0\mathrm{e}^{\mathrm{i}\omega t}$，$\varphi=\varphi_0\mathrm{e}^{\mathrm{i}\omega t}$ 代入上述两方程，得

$$\begin{cases}\left(\frac{g}{l}-3\omega^2\right)\theta_0-2\omega^2\varphi_0=0\\ -3\omega^2\theta_0+\left(\frac{g}{l}-4\omega^2\right)\varphi_0=0\end{cases}\tag{1}$$

特征方程为

$$\begin{vmatrix} \dfrac{g}{l}-3\omega^2 & -2\omega^2 \\ -3\omega^2 & \dfrac{g}{l}-4\omega^2 \end{vmatrix}=0$$

解出简正频率，

$$\omega_1=\sqrt{\frac{g}{l}},\quad \omega_2=\sqrt{\frac{g}{6l}}$$

用 10.1.2 的结果也能得到这个 ω_1、ω_2 值.

将 ω_1、ω_2 分别代入(1)式，得

$$\varphi_0^{(1)}=-\theta_0^{(1)},\quad \varphi_0^{(2)}=\frac{3}{2}\theta_0^{(2)}$$

θ、φ 的通解可写为

$$\theta=A\cos(\omega_1 t+\alpha_1)+B\cos(\omega_2 t+\alpha_2)$$

$$\varphi=-A\cos(\omega_1 t+\alpha_1)+\frac{3}{2}B\cos(\omega_2 t+\alpha_2)$$

设下面的摆绳上离上面的质点的距离为 s 的一点在小振动中不动，则

$$3l\theta+s\varphi=3l[A\cos(\omega_1 t+\alpha_1)+B\cos(\omega_2 t+\alpha_2)]$$

$$+s[-A\cos(\omega_1 t+\alpha_1)+\frac{3}{2}B\cos(\omega_2 t+\alpha_2)]=0$$

对一切 t 都成立.

如两种振动模式都被激发，要求 s 满足

$$3l-s=0,\quad 3l+\frac{3}{2}s=0$$

两式同时满足是不可能的，说明只能有一种振动模式被激发. 若这一点必须在绳上，即要求 s 在[0,4l]区间内，则要求满足 $3l-s=0$，$s=3l$. 这是只有第一种振动模式被激发的情况；若不要 s 在[0,4l]区间内，可要求 $3l+\frac{3}{2}s=0$，$s=-2l$，这一点在下面那段绳的向上的延长线上离上面质点距离 $2l$ 处，这是只有第二种振动模式被激发的情况.

10.1.6 CO_2 的简单经典模型是由三个质点组成的线状结构，用弹簧力代替原子间的作用力，两个弹簧自然长度为 l，劲度系数为 k，只允许沿连线方向运动. C^{4+}的质量为 M，O^{2-} 的质量为 m.

(1)这个系统有多少个振动自由度?

(2)写出各质点的运动微分方程;

(3)求简正频率和振动模式(振幅比).

解 (1)系统有三个自由度，但只有两个振动自由度.

(2)用 x_1、x_2、x_3 分别表示 O^{2-}、O^{4+}、O^{2-}对原平衡位置的位移，

$$T=\frac{1}{2}m\dot{x}_1^2+\frac{1}{2}M\dot{x}_2^2+\frac{1}{2}m\dot{x}_3^2$$

$$V=\frac{1}{2}k(x_2-x_1)^2+\frac{1}{2}k(x_3-x_2)^2$$

$$L=T-V=\frac{1}{2}m(\dot{x}_1^2+\dot{x}_3^2)+\frac{1}{2}M\,\dot{x}_2^2-\frac{1}{2}k(x_2-x_1)^2-\frac{1}{2}k(x_3-x_2)^2$$

由 $\frac{\mathrm{d}}{\mathrm{d}t}\left(\frac{\partial L}{\partial \dot{x}_i}\right)-\frac{\partial L}{\partial x_i}=0$，得运动微分方程为

$$m\,\ddot{x}_1-k(x_2-x_1)=0$$

$$M\,\ddot{x}_2-k(x_1-2x_2+x_3)=0$$

$$m\,\ddot{x}_3+k(x_3-x_2)=0$$

(3) 令 $x_i=A_i\mathrm{e}^{\mathrm{i}\omega t}$，代入微分方程组，可得

$$\begin{cases}(k-m\omega^2)A_1-kA_2=0\\ -kA_1+(2k-M\omega^2)A_2-kA_3=0\\ -kA_2+(k-m\omega^2)A_3=0\end{cases}\tag{1}$$

A_1、A_2、A_3 有非零解的条件为

$$\begin{vmatrix}k-m\omega^2 & -k & 0\\ -k & 2k-M\omega^2 & -k\\ 0 & -k & k-m\omega^2\end{vmatrix}=0$$

解得

$$\omega_1=\sqrt{\frac{k}{m}},\quad \omega_2=\sqrt{\frac{2m+M}{mM}k},\quad \omega_3=0$$

其中 ω_1、ω_2 是所要求的简正频率；$\omega_3=0$，不是振动，是系统整体的平动.

依次将 ω_1、ω_2 代入方程组(1)，可解出相应的振幅比

$$\frac{A_2^{(1)}}{A_1^{(1)}}=0,\quad \frac{A_3^{(1)}}{A_1^{(1)}}=-1$$

$$\frac{A_2^{(2)}}{A_1^{(2)}}=-\frac{2m}{M},\quad \frac{A_3^{(2)}}{A_1^{(2)}}=1$$

或写作

$$\omega_1{:}(1,0,-1),\quad \omega_2{:}\left(1,-\frac{2m}{M},1\right)$$

10.1.7　若上题中系统处于平衡位置，突然左边的质点受到一冲量 p 的作用，求此后该质点的运动.

解　由上题求出的振动模式，可写出三个质点运动的通解为

$$x_1=C\cos(\omega_1 t+\alpha_1)+D\cos(\omega_2 t+\alpha_2)+at+b$$

$$x_2=-\frac{2m}{M}D\cos(\omega_2 t+\alpha_2)+at+b$$

$$x_3 = -C\cos(\omega_1 t + \alpha_1) + D\cos(\omega_2 t + \alpha_2) + at + b$$

其中 $at+b$ 是整体做平动的特解.

C、D、α_1、α_2、a、b 均为待定常量，由初始条件：$t=0$ 时，$x_1 = x_2 = x_3 = 0$，$\dot{x}_1 = \dfrac{p}{m}$，$\dot{x}_2 = \dot{x}_3 = 0$ 确定，可得

$$C = \frac{p}{2m\omega_1}, \quad D = \frac{pM}{2m(M+2m)\omega_2}, \quad \alpha_1 = \alpha_2 = -\frac{\pi}{2}$$

$$a = \frac{p}{M+2m}, \quad b = 0$$

左边质点的运动方程为

$$x_1 = \frac{p}{2m\omega_1}\sin\omega_1 t + \frac{pM}{2m(M+2m)\omega_2}\sin\omega_2 t + \frac{pt}{M+2m}$$

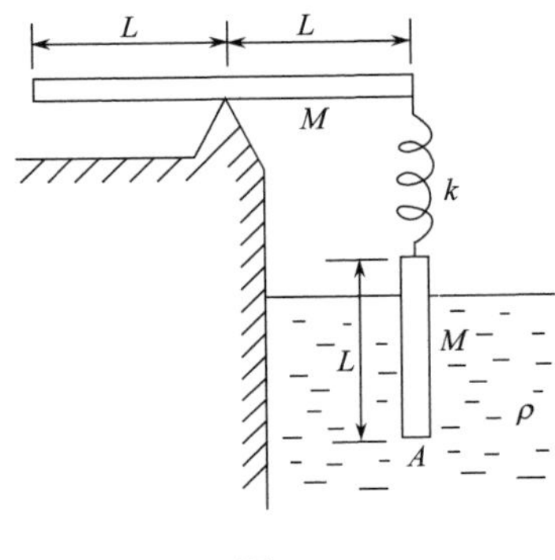

图 10.5

10.1.8 一根长 L、截面积 A、质量 M 的均质圆木竖直地浮在水中，并用劲度系数为 k 的轻弹簧与均质的、质量为 M、长度为 $2L$ 的杠杆相连，杠杆的枢轴装在其中心，圆木限于做竖直运动，弹簧为自然长度时杠杆处于水平的平衡位置，如图 10.5 所示，水的密度为 ρ.

(1) 求杠杆小角位移时的简正模(频率和位移比)；

(2) 讨论劲度系数 k 很大时的极限情况.

解 (1) 取杠杆与水平线的夹角为 θ (顺时针方向为正) 和圆木的竖直坐标 x(向下为正) 为广义坐标，均选系统的平衡位置为广义坐标的零点.

$$T = \frac{1}{2}\times\frac{1}{3}ML^2\dot{\theta}^2 + \frac{1}{2}M\dot{x}^2$$

$$V = \frac{1}{2}k(x - L\theta)^2 + \frac{1}{2}\rho g A x^2$$

注意重力已与平衡时的浮力、弹簧力相抵消，因而上述的 V 包括了弹簧力势能、重力势能和浮力势能.

改用 $L\theta$ 和 x 为广义坐标. 惯性矩阵和刚度矩阵分别为

$$\boldsymbol{M} = \begin{pmatrix} \frac{1}{3}M & 0 \\ 0 & M \end{pmatrix}, \quad \boldsymbol{K} = \begin{pmatrix} k & -k \\ -k & k+\rho g A \end{pmatrix}$$

$$|\boldsymbol{H}| = |\boldsymbol{K} - \omega^2\boldsymbol{M}| = \begin{vmatrix} k - \frac{1}{3}M\omega^2 & -k \\ -k & k+\rho g A - M\omega^2 \end{vmatrix} = 0$$

$$k^2 + k\rho g A - \left(\frac{4}{3}kM + \frac{1}{3}M\rho g A\right)\omega^2 + \frac{1}{3}M^2\omega^4 - k^2 = 0$$

$$M^2\omega^4-(4kM+M\rho gA)\omega^2+3k\rho gA=0$$

$$\omega_1^2=\frac{1}{2M}\left[4k+\rho gA+\sqrt{(4k+\rho gA)^2-12k\rho gA}\right]$$

$$\omega_2^2=\frac{1}{2M}\left[4k+\rho gA-\sqrt{(4k+\rho gA)^2-12k\rho gA}\right]$$

将ω_1^2、ω_2^2分别代入$\boldsymbol{H}\cdot\boldsymbol{u}=0$，解出

$$\frac{u_2^{(1)}}{u_1^{(1)}}=\frac{1}{3}-\frac{1}{6k}\left[\rho gA+\sqrt{(4k+\rho gA)^2-12k\rho gA}\right]$$

$$\frac{u_2^{(2)}}{u_1^{(2)}}=\frac{1}{3}-\frac{1}{6k}\left[\rho gA-\sqrt{(4k+\rho gA)^2-12k\rho gA}\right]$$

(2) k很大时

$$\sqrt{(4k+\rho gA)^2-12k\rho gA}=\sqrt{16k^2-4k\rho gA}$$

$$=4k\sqrt{1-\frac{\rho gA}{4k}}\approx 4k-\frac{1}{2}\rho gA$$

$$\omega_1^2\approx\frac{1}{2M}\left(4k+\rho gA+4k-\frac{1}{2}\rho gA\right)\approx\frac{4k}{M}$$

$$\omega_1=2\sqrt{\frac{k}{M}}$$

$$\frac{u_2^{(1)}}{u_1^{(1)}}=\frac{1}{3}-\frac{1}{6k}\left(\rho gA+4k-\frac{1}{2}\rho gA\right)\approx-\frac{1}{3}$$

$$\omega_2^2=\frac{1}{2M}\left(4k+\rho gA-4k+\frac{1}{2}\rho gA\right)=\frac{3\rho gA}{4M}$$

$$\omega_2=\sqrt{3\rho gA/4M}$$

$$\frac{u_2^{(2)}}{u_1^{(2)}}=\frac{1}{3}-\frac{1}{6k}(\rho gA-4k+\frac{1}{2}\rho gA)\approx 1$$

ω_1的极限情况是弹簧力比重力、浮力的合力大得多，但k还不是无限大的情况，这时仅弹簧力起作用，

$$|\boldsymbol{H}|\approx\begin{vmatrix}k-\frac{1}{3}M\omega^2 & -k\\ -k & k-M\omega^2\end{vmatrix}=0$$

得出$\omega_1=2\sqrt{\dfrac{k}{M}}$.

ω_2的极限情况可认为$k\to\infty$，弹簧基本上保持自然长度，好像弹簧如同一个不可伸长的轻绳，可得$\omega_2=\sqrt{3\rho gA/4M}$（这时$x=L\theta$，只有一个自由度，$T=\dfrac{1}{2}\times\dfrac{4}{3}M\dot{x}^2$）.

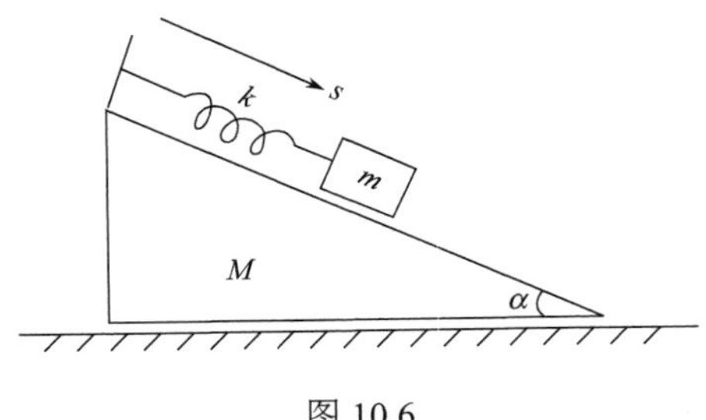

图 10.6

10.1.9 用一根劲度系数为 k 的弹簧，把一个质量为 m 的木块拴在质量为 M 的楔上，楔的斜面与水平面成 α 角，楔又在水平面上滑动，如图 10.6 所示，所有的接触面都是光滑的.

(1) 已知弹簧的原长为 d，求木块和楔都处于静止时的弹簧长度 s_0；

(2) 以楔的坐标 x 和弹簧长度 s 为广义坐标，写出系统的拉格朗日函数和运动微分方程；

(3) 求振动的角频率.

解　(1) 木块处于平衡时，沿斜面的合力为零，

$$mg\sin\alpha - k(s_0 - d) = 0$$

$$s_0 = \frac{1}{k}mg\sin\alpha + d$$

需要说明的是楔在水平方向受到的木块和弹簧的合分量为零，楔也能保持静止.

(2)
$$T = \frac{1}{2}M\dot{x}^2 + \frac{1}{2}m(\dot{x} + \dot{s}\cos\alpha)^2 + \frac{1}{2}m(\dot{s}\sin\alpha)^2$$

$$= \frac{1}{2}(M+m)\dot{x}^2 + \frac{1}{2}m\dot{s}^2 + m\dot{x}\dot{s}\cos\alpha$$

$$V = \frac{1}{2}k(s-d)^2 - mgs\sin\alpha$$

$$L = \frac{1}{2}(M+m)\dot{x}^2 + \frac{1}{2}m\dot{s}^2 + m\dot{x}\dot{s}\cos\alpha - \frac{1}{2}k(s-d)^2 + mgs\sin\alpha$$

由 $\frac{\mathrm{d}}{\mathrm{d}t}\left(\frac{\partial L}{\partial \dot{q}_i}\right) - \frac{\partial L}{\partial q_i} = 0$，得运动微分方程为

$$(M+m)\ddot{x} + m\ddot{s}\cos\alpha = 0$$

$$m\ddot{s} + m\ddot{x}\cos\alpha + k(s-d) - mg\sin\alpha = 0$$

(3) 用前式消去后式中的 $\ddot{x}$，可得

$$\frac{m(M+m\sin^2\alpha)}{M+m}\ddot{s} + k(s-d) - mg\sin\alpha = 0$$

令 $s' = s - s_0 = s - d - \frac{mg\sin\alpha}{k}$，上式可改写为

$$\frac{m(M+m\sin^2\alpha)}{M+m}\ddot{s}' + ks' = 0$$

振动的角频率为

$$\omega = \sqrt{\frac{k(M+m)}{m(M+m\sin^2\alpha)}}$$

10.1.10　一个粒子在由式

$$z=\frac{1}{2}b(x^2+y^2)$$

(其中 b 为常量，z 轴沿竖直方向)给出的轴对称容器的内壁上做无摩擦运动，如图 10.7 所示.

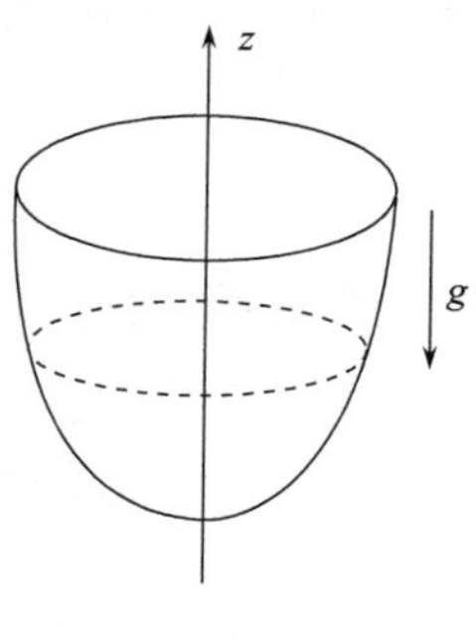

图 10.7

(1)粒子在高度 $z=z_0$ 处的圆轨道中运动，求质量为 m 的粒子的能量和对 z 轴的角动量；

(2)微微向下拨动在水平圆轨道上运动的粒子，求围绕原来轨道的小振幅振动的角频率.

解　(1)用柱坐标，题目给出了约束关系

$$z=\frac{1}{2}b(x^2+y^2)=\frac{1}{2}br^2$$

用 r、φ 为广义坐标，

$$\begin{aligned}L&=\frac{1}{2}m(\dot{r}^2+r^2\dot{\varphi}^2+\dot{z}^2)-mgz\\&=\frac{1}{2}m(\dot{r}^2+r^2\dot{\varphi}^2+b^2r^2\dot{r}^2)-\frac{1}{2}mbgr^2\end{aligned}$$

由 $\frac{\mathrm{d}}{\mathrm{d}t}\left(\frac{\partial L}{\partial \dot{r}}\right)-\frac{\partial L}{\partial r}=0$，得

$$(1+b^2r^2)\ddot{r}+b^2r\dot{r}^2-r\,\dot{\varphi}^2+bgr=0 \tag{1}$$

在 $z=z_0$ 处做水平的圆周运动，$\dot{r}=0$，$\ddot{r}=0$，代入上式可得

$$\dot{\varphi}_0=\sqrt{bg}$$

由约束关系，

$$r=r_0=\sqrt{\frac{2z_0}{b}}$$

可得能量和对 z 轴的角动量分别为

$$E=T+V=\frac{1}{2}mr_0^2\dot{\varphi}_0^2+mgz_0=2mgz_0$$

$$J=mr_0^2\dot{\varphi}_0=2mz_0\sqrt{\frac{g}{b}}$$

(2)因为

$$\frac{\partial L}{\partial \varphi}=0,\quad \frac{\partial L}{\partial \dot{\varphi}}=mr^2\dot{\varphi}=\text{常量}$$

所以

$$r^2\dot{\varphi}=r_0^2\dot{\varphi}_0=2z_0\sqrt{\frac{g}{b}} \tag{2}$$

用(2)式消去(1)式中的 $\dot{\varphi}$，

$$(1+b^2r^2)\ddot{r}+b^2r\dot{r}^2-\frac{4z_0^2g}{br^3}+bgr=0 \tag{3}$$

令 $r=r_0+\delta r$ ，δr 为一级小量，只保留一级小量，并注意 $\frac{4z_0^2}{r_0^4}=b^2$ ，(3)式可近似为

$$(1+b^2r_0^2)\frac{\mathrm{d}^2}{\mathrm{d}t^2}(\delta r)+4bg\delta r=0$$

在 r 方向的小振动角频率为

$$\omega=\sqrt{\frac{4bg}{1+b^2r_0^2}}=\sqrt{\frac{4bg}{1+2bz_0}}$$

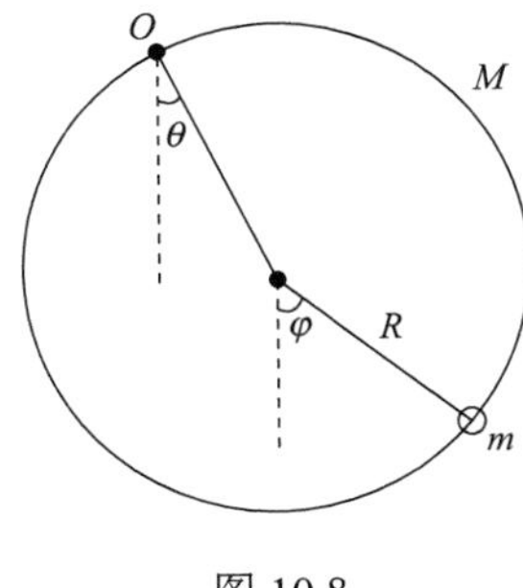

图 10.8

10.1.11　一个质量为 M、半径为 R 的环被悬挂在位于环上一点的枢轴上，环可围绕枢轴在它所处的竖直平面内自由转动，一个质量为 m 的珠子在环上做无摩擦滑动.

(1) 选适当的广义坐标，写出此系统的拉格朗日函数；

(2) 对于 m、M 的一般情况及 $m\gg M$ 和 $m\ll M$ 两种极限情况求小振动的简正频率.

解　(1) 用图 10.8 中的 θ、φ 为广义坐标，

$$T=\frac{1}{2}\times 2MR^2\dot{\theta}^2+\frac{1}{2}m[(R\dot{\theta})^2+(R\dot{\varphi})^2+2R^2\dot{\theta}\,\dot{\varphi}\cos(\varphi-\theta)]$$

$$V=MgR(1-\cos\theta)+mgR[(1-\cos\theta)+(1-\cos\varphi)]$$

$$L=\frac{1}{2}(2M+m)R^2\dot{\theta}^2+\frac{1}{2}mR^2\dot{\varphi}^2+mR^2\dot{\theta}\,\dot{\varphi}\cos(\varphi-\theta)$$
$$-(M+m)gR(1-\cos\theta)-mgR(1-\cos\varphi)$$

(2) 在平衡位置 $\theta=0$ 、 $\varphi=0$ 附近的小振动，T、V 可作近似，保留到二级小量，

$$T=\frac{1}{2}(2M+m)R^2\dot{\theta}^2+\frac{1}{2}mR^2\dot{\varphi}^2+mR^2\dot{\theta}\,\dot{\varphi}$$

$$V=\frac{1}{2}(M+m)gR\,\theta^2+\frac{1}{2}mgR\,\varphi^2$$

$$\boldsymbol{M}=\begin{pmatrix}(2M+m)R^2 & mR^2\\ mR^2 & mR^2\end{pmatrix}$$

$$\boldsymbol{K}=\begin{pmatrix}(M+m)gR & 0\\ 0 & mgR\end{pmatrix}$$

$$|\boldsymbol{H}|=\begin{vmatrix}(M+m)gR-\omega^2(2M+m)R^2 & -mR^2\omega^2\\ -mR^2\omega^2 & mgR-mR^2\omega^2\end{vmatrix}=0$$

$$2MR^4\omega^4-(3M+2m)gR^3\omega^2+(M+m)g^2R^2=0$$

$$[MR\omega^2-(M+m)g](2R\omega^2-g)=0$$

$$\omega_1=\sqrt{\frac{g}{2R}},\quad \omega_2=\sqrt{\frac{(M+m)g}{MR}}$$

当 $m\gg M$ 时，
$$\omega_1=\sqrt{\frac{g}{2R}},\quad \omega_2=\sqrt{\frac{mg}{MR}}$$

当 $m\ll M$ 时，
$$\omega_1=\sqrt{\frac{g}{2R}},\quad \omega_2=\sqrt{\frac{g}{R}}$$

10.1.12　一个质量为 m、带电量为 q 的小物体，被限制在张角为 2α 的圆锥面内侧做无摩擦运动，一个 $-q$ 的电荷固定在圆锥的顶点上，不计重力，图 10.9 中虚线是运动物体在圆锥内表面的稳定轨道，绕 z 轴的角速度为 $\dot{\varphi}_0$，求围绕此稳定轨道小振动的角频率，假定 $v\ll c$（光速）所以辐射是可以忽略的.

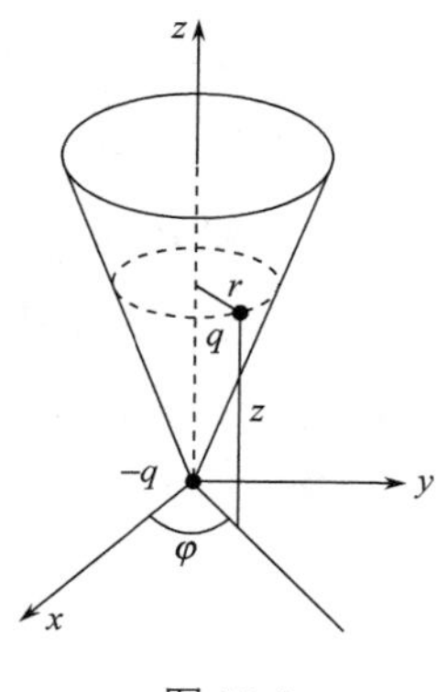

图 10.9

解　选取柱坐标中的 r、φ 为广义坐标，有关系 $z=r\cot\alpha$，

$$T=\frac{1}{2}m(\dot{r}^2+r^2\dot{\varphi}^2+\dot{z}^2)=\frac{1}{2}m(\dot{r}^2\csc^2\alpha+r^2\dot{\varphi}^2)$$

$$V=q\left(-\frac{q}{4\pi\varepsilon_0 r\csc\alpha}\right)=-\frac{q^2\sin\alpha}{4\pi\varepsilon_0 r}$$

$$L=\frac{1}{2}m(\dot{r}^2\csc^2\alpha+r^2\dot{\varphi}^2)+\frac{q^2\sin\alpha}{4\pi\varepsilon_0 r}$$

由 $\dfrac{\mathrm{d}}{\mathrm{d}t}\left(\dfrac{\partial L}{\partial\dot{q}_i}\right)-\dfrac{\partial L}{\partial q_i}=0$，得

$$m\ddot{r}\csc^2\alpha-mr\dot{\varphi}^2+\frac{q^2\sin\alpha}{4\pi\varepsilon_0 r^2}=0\tag{1}$$

$$mr^2\dot{\varphi}=J\ (\text{常量})\tag{2}$$

对于平衡轨道，$\ddot{r}=0$，$r=r_0$，$\dot{\varphi}=\dot{\varphi}_0$，由(1)式得

$$mr_0\dot{\varphi}_0^2=\frac{q^2}{4\pi\varepsilon_0}\cdot\frac{\sin\alpha}{r_0^2}\tag{3}$$

用(2)、(3)式，可把(1)式改写为

$$m\ddot{r}+\frac{q^2}{4\pi\varepsilon_0 r^2}\sin^3\alpha\left(1-\frac{r_0}{r}\right)=0\tag{4}$$

考虑在平衡轨道 $r=r_0$ 附近的小振动，令 $r=r_0+x$，$x\ll r_0$ 为一级小量. 保留一级小量，(4)式可近似为

$$m\ddot{x}+\left(\frac{q^2}{4\pi\varepsilon_0 r_0^3}\sin^3\alpha\right)x=0$$

$$\omega^2=\frac{q^2}{4\pi\varepsilon_0 m r_0^3}\sin^3\alpha=\dot{\varphi}_0^2\sin^2\alpha$$

（这里用了(3)式）

$$\omega = \dot{\varphi}_0 \sin\alpha$$

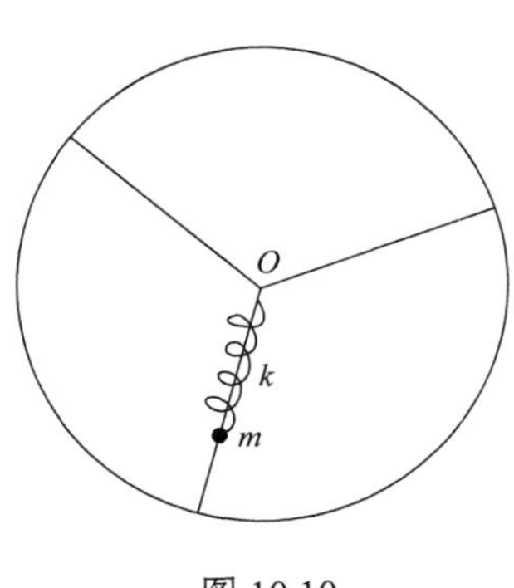

图 10.10

10.1.13　一个转动惯量(对其对称轴)为 I 的飞轮，在水平面内绕固定的过圆心 O 与圆平面垂直的对称轴转动，一个质量为 m 的小球可以自由地沿半径方向的一条轴滑动，小球用一根劲度系数为 k、自然长度为 l 的轻弹簧连接在轮的中心，如图 10.10 所示，求：

(1) 飞轮以恒定角速度 Ω_0 转动与弹簧有稳定长度 r_0 之间的关系；

(2) 用弹簧长度 r、飞轮的转角 θ 为广义坐标，写出系统的运动微分方程；

(3) 飞轮的角速度在 Ω_0 附近，小球离轮心的距离在 r_0 附近，即系统在(1)的稳定运动附近做小振动的角频率.

解　(1)

$$k(r_0 - l) = m r_0 \Omega_0^2$$

$$r_0 = \frac{kl}{k - m\Omega_0^2}$$

(2)

$$T = \frac{1}{2} I \dot{\theta}^2 + \frac{1}{2} m(\dot{r}^2 + r^2 \dot{\theta}^2)$$

$$V = \frac{1}{2} k (r - l)^2$$

$$L = \frac{1}{2}(I + mr^2)\dot{\theta}^2 + \frac{1}{2} m \dot{r}^2 - \frac{1}{2} k (r - l)^2$$

由 $\dfrac{\mathrm{d}}{\mathrm{d}t}\left(\dfrac{\partial L}{\partial \dot{q}_i}\right) - \dfrac{\partial L}{\partial q_i} = 0$，得运动微分方程为

$$m\ddot{r} - mr\dot{\theta}^2 + k(r - l) = 0$$

$$(I + mr^2)\dot{\theta} = (I + mr_0^2)\Omega_0$$

其中 r_0、Ω_0 是两个常量，由初始条件给出，因为不一定是稳定运动，不要求有(1)问得出的关系.

(3) 在(1)问的稳定运动附近做小振动，此时 r_0 和 Ω_0 之间有(1)给出的关系.

用运动微分方程的第二个式子消去第一个式子中的 $\dot{\theta}$，得

$$m\ddot{r} - mr\left[\left(\frac{I + mr_0^2}{I + mr^2}\right)\Omega_0\right]^2 + k(r - l) = 0$$

在(1)问的稳定运动附近做小振动，令 $x = r - r_0$，x 为一级小量，

$$(r_0 + x)\left[\frac{I + mr_0^2}{I + m(r_0 + x)^2}\right]^2 \Omega_0^2$$

$$\approx (r_0 + x)\left[\frac{I + mr_0^2}{I + mr_0^2 + 2mr_0 x}\right]^2 \Omega_0^2$$

$$
= (r_0 + x)\left(1 + \frac{2mr_0 x}{I + mr_0^2}\right)^{-2} \Omega_0^2
$$

$$
\approx (r_0 + x)\left(1 - \frac{4mr_0 x}{I + mr_0^2}\right)\Omega_0^2
$$

$$
m\ddot{x} - m(r_0 + x)\left(1 - \frac{4mr_0 x}{I + mr_0^2}\right)\Omega_0^2 + k(r_0 - l + x) = 0
$$

用 $mr_0\Omega_0^2 = k(r_0 - l)$，上式可改写为

$$
m\ddot{x} + \frac{4m^2 r_0^2 \Omega_0^2}{I + mr_0^2} x - m\Omega_0^2 x + kx = 0
$$

$$
m\ddot{x} + \left(k + \frac{3m^2 r_0^2 - mI}{I + mr_0^2}\Omega_0^2\right)x = 0
$$

$$
\omega = \sqrt{\frac{k}{m} + \frac{3mr_0^2 - I}{I + mr_0^2}\Omega_0^2}
$$

10.1.14 一质量为 m 的珠子被限制在半径为 b 的光滑圆环上运动，该圆环以固定的角速度 ω 绕同它的直径相重合的固定的竖直轴旋转.

(1) 写出拉格朗日函数和珠子的运动微分方程；

(2) 求临界角速度 Ω，$\omega < \Omega$ 时，圆环的底部是珠子的一个稳定平衡位置；

(3) 当 $\omega > \Omega$ 时，求珠子的稳定平衡位置.

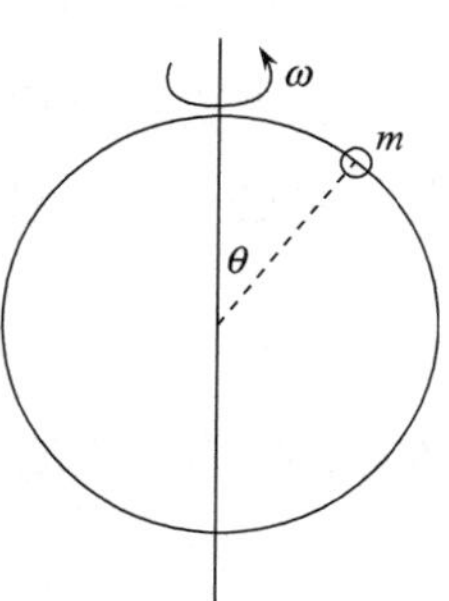

图 10.11

解 (1) 用静参考系，取图 10.11 中的 θ 为广义坐标，

$$
T = \frac{1}{2}m(b^2\dot{\theta}^2 + b^2\omega^2\sin^2\theta)
$$

$$
V = mgb\cos\theta
$$

$$
L = \frac{1}{2}mb^2(\dot{\theta}^2 + \omega^2\sin^2\theta) - mgb\cos\theta
$$

由 $\frac{\mathrm{d}}{\mathrm{d}t}\left(\frac{\partial L}{\partial\dot{\theta}}\right) - \frac{\partial L}{\partial\theta} = 0$，得运动微分方程为

$$
b\ddot{\theta} - b\omega^2\sin\theta\cos\theta - g\sin\theta = 0
$$

(2) 当珠子在圆环底部附近运动时，$\theta = \pi + \theta'$，θ' 为小量，

$$
\sin\theta = \sin(\pi + \theta') \approx \sin\pi + \cos(\pi + \theta')|_{\theta'=0}\,\theta' = -\theta'
$$

$$
\cos\theta = \cos(\pi + \theta') \approx \cos\pi - \sin(\pi + \theta')|_{\theta'=0}\,\theta' = -1
$$

运动微分方程可近似为

$$
b\ddot{\theta}' + (g - b\omega^2)\theta' = 0
$$

圆环底部是珠子的一个稳定平衡位置，需在 $\theta=\pi$ 附近，也即在 $\theta'=0$ 附近的运动必须是小振动，要求 $\frac{g-b\omega^2}{b}>0$，由此可求出临界角速度 Ω，

$$g-b\Omega^2=0,\quad \Omega=\sqrt{\frac{g}{b}}$$

(3) 当 $\omega>\Omega$ 时，

$$b\ddot{\theta}-b\omega^2\sin\theta\cos\theta-g\sin\theta=0$$

处于平衡位置时，$\ddot{\theta}=0$,

$$\sin\theta(b\omega^2\cos\theta+g)=0$$

$\sin\theta_0=0$，$\theta_0=0,\pi$ 为平衡位置，但如(2)中所述，$\omega>\Omega$ 时，$\theta=\pi$ 不是稳定平衡位置，

$$b\omega^2\cos\theta_0+g=0$$

$$\theta_0=\arccos\left(-\frac{g}{b\omega^2}\right)$$

是平衡位置，θ_0 在 $\left(\frac{\pi}{2},\pi\right)$ 区间内.

为考虑在此位置的平衡的稳定性，令 $\theta=\theta_0+\theta'$，θ' 为小量，将 $\sin\theta$、$\cos\theta$ 均在 $\theta=\theta_0$ 处作泰勒展开，只保留一级小量，

$$\sin\theta=\sin\theta_0+\cos\theta_0\theta'$$

$$\cos\theta=\cos\theta_0-\sin\theta_0\theta'$$

在 $\theta=\theta_0$ 附近运动的运动微分方程可近似为

$$\ddot{\theta}'+\omega^2\sin^2\theta_0\theta'=0$$

$\omega^2\sin^2\theta_0>0$，故 $\theta_0=\arccos\left(-\frac{g}{b\omega^2}\right)$ 是稳定平衡位置. $\theta_0=0$ 也不是稳定平衡位置.

10.1.15 质量为 m 的粒子在竖直平面内的光滑的抛物线 $z=\frac{1}{a}x^2$ (a 为常量，z 轴竖直向上) 上运动.

(1) 写出拉格朗日函数;

(2) 给出关于平衡位置做小振动的运动微分方程并求解.

解 (1) 用 x 为广义坐标，

$$T=\frac{1}{2}m(\dot{x}^2+\dot{z}^2)=\frac{1}{2}m\left(1+\frac{4x^2}{a^2}\right)\dot{x}^2$$

$$V=mgz=\frac{1}{a}mgx^2$$

$$L=\frac{1}{2}m\left(1+\frac{4x^2}{a^2}\right)\dot{x}^2-\frac{1}{a}mgx^2$$

(2) 由 $\frac{\mathrm{d}}{\mathrm{d}t}\left(\frac{\partial L}{\partial \dot{x}}\right)-\frac{\partial L}{\partial x}=0$，得运动微分方程为

$$\left(1+\frac{4x^2}{a^2}\right)\ddot{x}+\frac{4}{a^2}x\dot{x}^2+\frac{2g}{a}x=0$$

平衡位置处，$\dot{x}=0$，$\ddot{x}=0$ 或 $\frac{\partial V}{\partial x}=0$，可得 $x=0$ 为平衡位置，且 $\left.\frac{\partial^2 V}{\partial x^2}\right|_{x=0}=\frac{2}{a}mg>0$，因此，$x=0$ 是稳定平衡位置.

在平衡位置附近，因为 x、$\dot{x}$ 均为一级小量，仅保留一级小量，运动微分方程可近似为

$$\ddot{x}+\frac{2g}{a}x=0$$

解出

$$x=A\cos\left(\sqrt{\frac{2g}{a}}t+\alpha\right)$$

其中 A、α 为积分常数，由初条件确定.

10.1.16　长 $\frac{3}{2}l$、质量为 m 的均质棒，用一根长 l、可不计其质量的弦线悬于固定点，如图 10.12 所示. 求在平面内小振动的简正频率和振动模式.

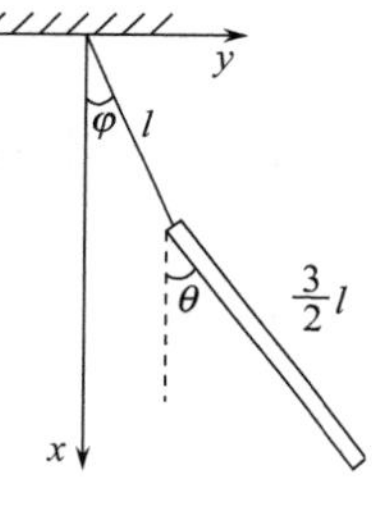

图 10.12

解　取图中 φ、θ 为广义坐标，棒的质心坐标为

$$x=l\cos\varphi+\frac{3}{4}l\cos\theta$$

$$y=l\sin\varphi+\frac{3}{4}l\sin\theta$$

质心速度为

$$\dot{x}=-l\,\dot{\varphi}\sin\varphi-\frac{3}{4}l\,\dot{\theta}\sin\theta$$

$$\dot{y}=l\,\dot{\varphi}\cos\varphi+\frac{3}{4}l\,\dot{\theta}\cos\theta$$

$$\begin{aligned}T&=\frac{1}{2}m(\dot{x}^2+\dot{y}^2)+\frac{1}{2}\cdot\frac{1}{12}m\left(\frac{3}{2}l\right)^2\dot{\theta}^2\\&=\frac{1}{2}ml^2\dot{\varphi}^2+\frac{3}{8}ml^2\dot{\theta}^2+\frac{3}{4}ml^2\dot{\varphi}\dot{\theta}\cos(\theta-\varphi)\end{aligned}$$

$$V=-mgx=-mgl\left(\cos\varphi+\frac{3}{4}\cos\theta\right)$$

$$L=\frac{1}{2}ml^2\dot{\varphi}^2+\frac{3}{8}ml^2\dot{\theta}^2+\frac{3}{4}ml^2\dot{\varphi}\,\dot{\theta}\cos(\theta-\varphi)+mgl\left(\cos\varphi+\frac{3}{4}\cos\theta\right)$$

在平衡位置处，$\dfrac{\partial V}{\partial\varphi}=0$，$\dfrac{\partial V}{\partial\theta}=0$，可见$\varphi=0$、$\theta=0$为平衡位置.

在平衡位置$\theta=0$、$\varphi=0$附近做小振动，

$$\cos\varphi\approx 1-\frac{1}{2}\varphi^2,\quad \cos\theta\approx 1-\frac{1}{2}\theta^2,\quad \cos(\theta-\varphi)\approx 1-\frac{1}{2}(\theta-\varphi)^2$$

$\dot\theta$、$\dot\varphi$均为一级小量，保留到二级小量，拉格朗日函数可近似为

$$L=\frac{1}{2}ml^2\dot\varphi^2+\frac{3}{8}ml^2\dot\theta^2+\frac{3}{4}ml^2\dot\varphi\,\dot\theta-\frac{1}{2}mgl\varphi^2-\frac{3}{8}mgl\theta^2+\frac{7}{4}mgl$$

由$\dfrac{\mathrm{d}}{\mathrm{d}t}\left(\dfrac{\partial L}{\partial\dot q_i}\right)-\dfrac{\partial L}{\partial q_i}=0$，得

$$l\,\ddot\varphi+\frac{3}{4}l\,\ddot\theta+g\varphi=0$$

$$l\,\ddot\varphi+l\,\ddot\theta+g\theta=0$$

特征方程

$$\begin{vmatrix} g-l\omega^2 & -\dfrac{3}{4}l\omega^2 \\ -l\omega^2 & g-l\omega^2 \end{vmatrix}=0$$

解出简正频率为

$$\omega_1=(\sqrt{3}+1)\sqrt{\frac{q}{l}}$$

$$\omega_2=(\sqrt{3}-1)\sqrt{\frac{q}{l}}$$

将ω_1、ω_2分别代入

$$\begin{pmatrix} g-l\omega^2 & -\dfrac{3}{4}l\omega^2 \\ -l\omega^2 & g-l\omega^2 \end{pmatrix}\begin{pmatrix} u_1 \\ u_2 \end{pmatrix}=0$$

得

$$\omega_1\text{：}\ u_1^{(1)}=-\frac{\sqrt{3}}{2},\quad u_2^{(1)}=1$$

$$\omega_2\text{：}\ u_1^{(2)}=\frac{\sqrt{3}}{2},\quad u_2^{(2)}=1$$

上述振动模式可如图 10.13 所示.

图 10.13

10.1.17　飞球节速器由连在长l的臂上的两个质量m和质量M组成，如图 10.14 所示. 该组合件绕竖直轴转动，质量M可沿该轴无摩擦上下滑动，忽略各臂质量、空气阻力，并假定M的直径很小. 假定轴以恒定角速度ω_0转动.

(1) 计算质量M的平衡高度；

(2) 求质量M在平衡位置附近小振动的角频率；

(3) 现假定轴被允许自由转动，小振动的角频率是否改变？若变，计算新的值.

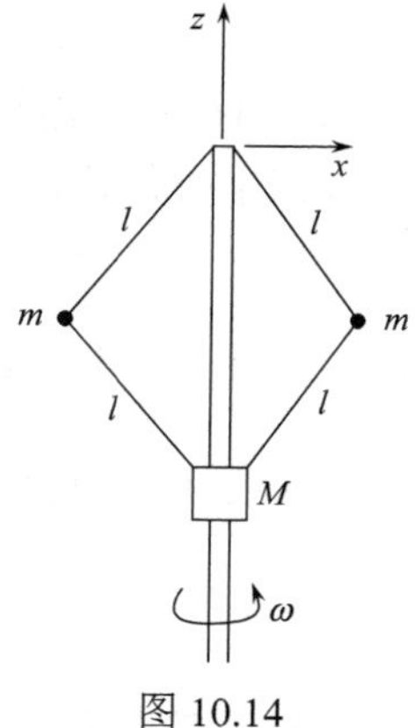

图 10.14

解　图 10.14 中x轴总在四臂所张的平面内，x轴随组合件一起绕z轴转动，用一臂与轴的夹角θ为广义坐标，用x_m、z_m表示质量m的坐标，用z_M表示质量M的坐标，

$$x_m = l\sin\theta, \quad z_m = -l\cos\theta$$

$$z_M = -2l\cos\theta$$

(1)

$$T = 2\times\frac{1}{2}m(\dot{x}_m^2+\dot{z}_m^2+x_m^2\omega_0^2)+\frac{1}{2}M\dot{z}_M^2$$

$$= ml^2\dot{\theta}^2+ml^2\omega_0^2\sin^2\theta+2Ml^2\dot{\theta}^2\sin^2\theta$$

$$V = 2mgz_m+Mgz_M = (-2mgl-2Mgl)\cos\theta$$

$$L = (ml^2+2Ml^2\sin^2\theta)\dot{\theta}^2+ml^2\omega_0^2\sin^2\theta+2(m+M)gl\cos\theta$$

由$\dfrac{\mathrm{d}}{\mathrm{d}t}\left(\dfrac{\partial L}{\partial\dot{\theta}}\right)-\dfrac{\partial L}{\partial\theta}=0$，得

$$(m+2M\sin^2\theta)l\ddot{\theta}+2Ml\sin\theta\cos\theta\,\dot{\theta}^2-ml\omega_0^2\sin\theta\cos\theta+(m+M)g\sin\theta=0$$

质量M处于平衡位置时，$\dot{\theta}=0$，$\ddot{\theta}=0$，

$$ml\omega_0^2\sin\theta_0\cos\theta_0=(m+M)g\sin\theta_0$$

$$\sin\theta_0=0 \quad 或 \quad \cos\theta_0=\frac{(m+M)g}{ml\omega_0^2}$$

质量M的平衡高度分别为

$$z_M=-2l \quad 或 \quad -\frac{2(m+M)g}{m\omega_0^2}$$

注意：这里求质量M的平衡位置不能用这里的V，由$\dfrac{\partial V}{\partial\theta}=0$得出. 因为这个$V$是用静参考系写出的，系统并不处于平衡，如改用绕轴以ω_0的角速度转动的参考系，M的平衡位置也是系统的平衡位置，可用$\dfrac{\partial V}{\partial\theta}=0$，不过这个$V$应改为

$$V=-2(m+M)gl\cos\theta-ml^2\omega_0^2\sin^2\theta$$

后面新加的项是惯性离轴力势能.

(2) 在$\sin\theta_0=0$，即$\theta_0=0$这个平衡位置附近，运动微分方程可近似为

$$ml\ddot{\theta}+[(m+M)g-ml\omega_0^2]\theta=0$$

如$(m+M)g-ml\omega_0^2>0$，则$\theta=0$是一个稳定平衡位置. 在这个位置给一微扰，质量M不会远离平衡位置，但θ只能向正值方向运动，不能向负值方向运动. 从$\theta>0$回到$\theta=0$后再怎样运动，题目未给出足够的条件无法讨论. 因此我们讨论$(m+M)g-ml\omega_0^2<0$的情况，$\theta=0$是一个不稳定平衡位置. 存在着另一个平衡位置，那里$\cos\theta_0=\dfrac{(m+M)g}{ml\omega_0^2}(<1)$，它是个稳定平衡位置. 下面讨论在这个平衡位置附近的小振动. 令$\theta'=\theta-\theta_0$，用

$$\sin\theta\approx\sin\theta_0+\theta'\cos\theta_0$$

$$\cos\theta\approx\cos\theta_0-\theta'\sin\theta_0$$

代入运动微分方程，只保留一级小量，得

$$(m+2M\sin^2\theta_0)l\ddot{\theta}'+ml\omega_0^2\sin^2\theta_0\theta'=0$$

质量M在平衡位置附近小振动的角频率为

$$\Omega=\omega_0\sqrt{\frac{m\sin^2\theta_0}{m+2M\sin^2\theta_0}}$$

其中

$$\sin^2\theta_0=1-\left[\frac{(m+M)g}{ml\omega_0^2}\right]^2$$

(3)转轴并不受约束，可以自由转动，用$\dot{\varphi}$表示转动的角速度，系统的自由度增为两个，

$$L=(ml^2+2Ml^2\sin^2\theta)\dot{\theta}^2+ml^2\dot{\varphi}^2\sin^2\theta+2(m+M)gl\cos\theta$$

因为$\dfrac{\partial L}{\partial\varphi}=0$，$\dfrac{\partial L}{\partial\dot{\varphi}}=$常量，可得

$$\dot{\varphi}\sin^2\theta=\omega_0\sin^2\theta_0 \tag{1}$$

由$\dfrac{\mathrm{d}}{\mathrm{d}t}\left(\dfrac{\partial L}{\partial\dot{\theta}}\right)-\dfrac{\partial L}{\partial\theta}=0$，得

$$(m+2M\sin^2\theta)l\ddot{\theta}+2Ml\sin\theta\cos\theta\dot{\theta}^2-ml\dot{\varphi}^2\sin\theta\cos\theta+(m+M)g\sin\theta=0 \tag{2}$$

用(1)式消去(2)式中的$\dot{\varphi}$，得

$$(m+2M\sin^2\theta)l\ddot{\theta}+2Ml\sin\theta\cos\theta\dot{\theta}^2-\frac{ml\omega_0^2\sin^4\theta_0\cos\theta}{\sin^3\theta}+(m+M)g\sin\theta=0 \tag{3}$$

在质量M的平衡位置，$\theta_0=\arccos\left[\dfrac{(m+M)g}{ml\omega_0^2}\right]$，对$\cos\theta$、$\sin\theta$作泰勒展开，代入(3)式，只保留一级小量，得

$$(m+2M\sin^2\theta_0)l\ddot{\theta}'+(m+M)g\frac{1+3\cos^2\theta_0}{\cos\theta_0}\theta'=0$$

用 $\cos\theta_0 = \dfrac{(m+M)g}{ml\omega_0^2}$，上式也可改写为

$$(m + 2M\sin^2\theta_0)\ddot{\theta}' + m\omega_0^2(1+3\cos^2\theta_0)\theta' = 0$$

小振动的角频率为

$$\Omega = \omega_0\sqrt{\frac{m(1+3\cos^2\theta_0)}{m+2M\sin^2\theta_0}}$$

可见，有保持角速度为 ω_0 的约束还是在角速度为 ω_0 时不受约束，质量 M 在其平衡位置的小振动的角频率是不同的.

10.1.18　两个长度均为 l、质量均为 m 的单摆悬在同一水平线上，用一根劲度系数为 k 的无质量的弹簧将两质点连起来，弹簧的自然长度等于两悬点间的距离. 求系统在平衡位置附近做小振动的简正频率和简正坐标. 若开始时两质点处于平衡位置，左边的质点由于受到一个冲量获得一个向右的水平速度 v_0，用简正坐标表达系统的运动规律.

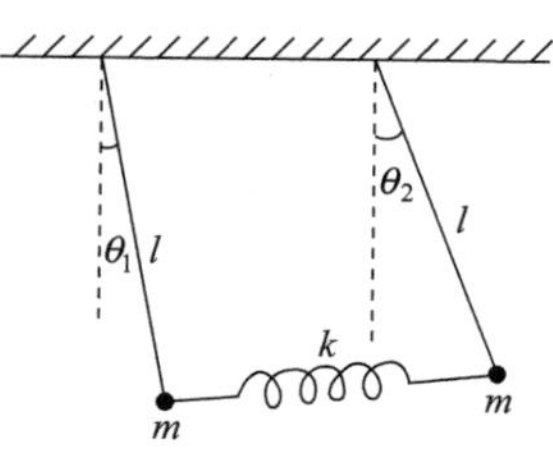

图 10.15

解　取图 10.15 的 θ_1、θ_2 为广义坐标. 设两悬点间距为 a，

$$T = \frac{1}{2}ml^2\dot{\theta}_1^2 + \frac{1}{2}ml^2\dot{\theta}_2^2$$

$$\begin{aligned} V &= \frac{1}{2}k\left\{\left[(a + l\sin\theta_2 - l\sin\theta_1)^2 + (l - l\cos\theta_1 - l + l\cos\theta_2)^2\right]^{\frac{1}{2}} - a\right\}^2 \\ &\quad + mg[l(1-\cos\theta_1) + l(1-\cos\theta_2)] \\ &\approx \frac{1}{2}kl^2(\theta_2-\theta_1)^2 + \frac{1}{2}mgl(\theta_1^2+\theta_2^2) \\ &= \frac{1}{2}(kl^2+mgl)\theta_1^2 - kl^2\theta_1\theta_2 + \frac{1}{2}(kl^2+mgl)\theta_2^2 \end{aligned}$$

$$\boldsymbol{M} = \begin{pmatrix} ml^2 & 0 \\ 0 & ml^2 \end{pmatrix},\quad \boldsymbol{K} = \begin{pmatrix} kl^2+mgl & -kl^2 \\ -kl^2 & kl^2+mgl \end{pmatrix}$$

$$|\boldsymbol{H}| = |\boldsymbol{K} - \omega^2\boldsymbol{M}| = \begin{vmatrix} kl^2+mgl-ml^2\omega^2 & -kl^2 \\ -kl^2 & kl^2+mgl-ml^2\omega^2 \end{vmatrix} = 0$$

可解出

$$\omega_1 = \sqrt{\frac{g}{l}},\quad \omega_2 = \sqrt{\frac{g}{l}+\frac{2k}{m}}$$

将 ω_1 代入 $\boldsymbol{H}\cdot\boldsymbol{u} = 0$，

$$\begin{pmatrix} kl & -kl \\ -kl & kl \end{pmatrix}\begin{pmatrix} u_1^{(1)} \\ u_2^{(1)} \end{pmatrix} = 0$$

取 $u_1^{(1)} = 1$，则 $u_2^{(1)} = 1$.

将 ω_2 代入 $\boldsymbol{H}\cdot\boldsymbol{u}=0$，

$$\begin{pmatrix}-kl & -kl\\ -kl & -kl\end{pmatrix}\begin{pmatrix}u_1^{(2)}\\ u_2^{(2)}\end{pmatrix}=0$$

取 $u_1^{(2)}=1$，则 $u_2^{(2)}=-1$.

两个特解为

$$\begin{cases}\theta_1^{(1)}=\cos\left(\sqrt{\dfrac{g}{l}}t+\alpha_1\right)\\ \theta_2^{(1)}=\cos\left(\sqrt{\dfrac{g}{l}}t+\alpha_1\right)\end{cases}$$

$$\begin{cases}\theta_1^{(2)}=\cos\left(\sqrt{\dfrac{g}{l}+\dfrac{2k}{m}}t+\alpha_2\right)\\ \theta_2^{(2)}=-\cos\left(\sqrt{\dfrac{g}{l}+\dfrac{2k}{m}}t+\alpha_2\right)\end{cases}$$

通解为

$$\theta_1=C_1\cos\left(\sqrt{\frac{g}{l}}t+\alpha_1\right)+C_2\cos\left(\sqrt{\frac{g}{l}+\frac{2k}{m}}t+\alpha_2\right)$$

$$\theta_2=C_1\cos\left(\sqrt{\frac{g}{l}}t+\alpha_1\right)-C_2\cos\left(\sqrt{\frac{g}{l}+\frac{2k}{m}}t+\alpha_2\right)$$

初始条件：$t=0$ 时，$\theta_1=0$，$\theta_2=0$，$\dot{\theta}_1=\dfrac{v_0}{l}$，$\dot{\theta}_2=0$，定出

$$\alpha_1=\alpha_2=\frac{\pi}{2},\quad C_1=-\frac{v_0}{2l}\sqrt{\frac{l}{g}}\quad 或\quad -\frac{v_0}{2\omega_1 l}$$

$$C_2=-\frac{v_0}{2l}\frac{1}{\sqrt{\dfrac{g}{l}+\dfrac{2k}{m}}}\quad 或\quad -\frac{v_0}{2\omega_2 l}$$

$$\theta_1=\frac{v_0}{2\omega_1 l}\sin\omega_1 t+\frac{v_0}{2\omega_2 l}\sin\omega_2 t$$

$$\theta_2=\frac{v_0}{2\omega_1 l}\sin\omega_1 t-\frac{v_0}{2\omega_1 l}\sin\omega_2 t$$

将 $u_1^{(1)}$、$u_2^{(1)}$、$u_1^{(2)}$、$u_2^{(2)}$ 代入简正坐标 ξ_1、ξ_2 与原用坐标 θ_1、θ_2 的关系式，

$$\begin{pmatrix}\xi_1\\ \xi_2\end{pmatrix}=\begin{pmatrix}u_1^{(1)} & u_2^{(1)}\\ u_1^{(2)} & u_2^{(2)}\end{pmatrix}\begin{pmatrix}m_{11} & m_{12}\\ m_{21} & m_{22}\end{pmatrix}\begin{pmatrix}\theta_1\\ \theta_2\end{pmatrix}$$

$$=\begin{pmatrix}1 & 1\\ 1 & -1\end{pmatrix}\begin{pmatrix}ml^2 & 0\\ 0 & ml^2\end{pmatrix}\begin{pmatrix}\theta_1\\ \theta_2\end{pmatrix}=ml^2\begin{pmatrix}\theta_1+\theta_2\\ \theta_1-\theta_2\end{pmatrix}$$

$$\xi_1 = ml^2(\theta_1+\theta_2),\quad \xi_2 = ml^2(\theta_1-\theta_2)$$

简正坐标的常数倍仍是简正坐标，因此可用

$$\xi_1 = \theta_1+\theta_2,\quad \xi_2=\theta_1-\theta_2$$

用此简正坐标表达的满足初始条件的解为

$$\xi_1 = \frac{v_0}{\omega_1 l}\sin\omega_1 t,\quad \xi_2 = \frac{v_0}{\omega_2 l}\sin\omega_2 t$$

10.1.19　两个质量分别为 M、m，且 $M>m$ 的质点被两根长 l 不可伸长的轻绳挂在支架上，用一根劲度系数为 k、原长等于两支点间距的轻弹簧将两质点相连，如图 10.16 所示. 求沿两质点连线在平衡位置附近做小振动的简正频率，给出在每个模式中 m 和 M 的运动之间的关系，写出通解. 若 $t=0$ 时，m 静止在它的平衡位置，M 从一个初始正位移处静止释放. 系统的总能量为 E_0(取平衡位置为势能的零点)、弹簧很弱，且 $M=2m$，求以后运动期间被 m 获得的最大能量. 说明在哪里用了弹簧很弱的条件.

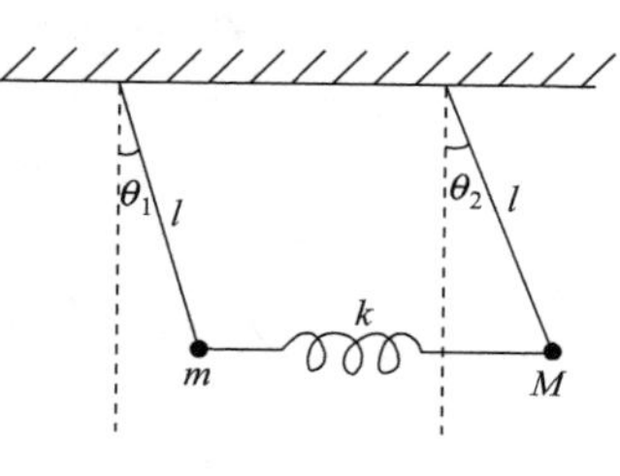

图 10.16

解　$$L=\frac{1}{2}ml^2\dot\theta_1^2+\frac{1}{2}Ml^2\dot\theta_2^2-\frac{1}{2}kl^2(\theta_2-\theta_1)^2-mgl(1-\cos\theta_1)-Mgl(1-\cos\theta_2)$$

$$\approx\frac{1}{2}ml^2\dot\theta_1^2+\frac{1}{2}Ml^2\dot\theta_2^2-\frac{1}{2}(kl^2+mgl)\theta_1^2-\frac{1}{2}(kl^2+Mgl)\theta_2^2+kl^2\theta_1\theta_2$$

由 $\dfrac{\mathrm{d}}{\mathrm{d}t}\left(\dfrac{\partial L}{\partial\dot\theta_i}\right)-\dfrac{\partial L}{\partial\theta_i}=0$，得

$$ml\,\ddot\theta_1+(kl+mg)\theta_1-kl\theta_2=0$$

$$Ml\,\ddot\theta_2+(kl+Mg)\theta_2-kl\theta_1=0$$

简正频率 ω 满足的方程为

$$\begin{vmatrix} kl+mg-ml\omega^2 & -kl \\ -kl & kl+Mg-Ml\omega^2 \end{vmatrix}=0$$

解出

$$\omega_1=\sqrt{\frac{g}{l}}$$

$$\omega_2=\sqrt{\frac{mMg+kl(m+M)}{mMl}}$$

分别代入

$$(kl+mg-ml\omega^2)u_1-klu_2=0$$

令 $u_1^{(1)}=1$，$u_1^{(2)}=1$，可得 $u_2^{(1)}=1$，$u_2^{(2)}=-\dfrac{m}{M}$.

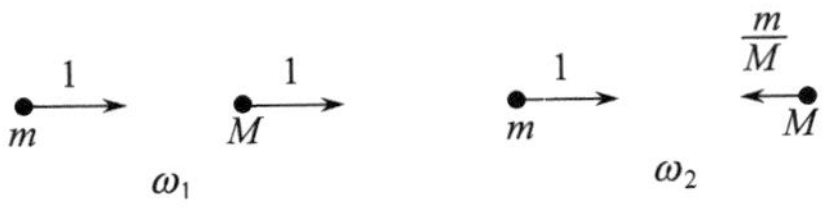

图 10.17

振动模式可用图 10.17 表示；第一种振动模式，简正频率为 ω_1，m 和 M 同相位且振幅相同；第二种振动模式，简正频率为 ω_2，m 和 M 的振动相位相反，振幅也不同，m 的振幅与 M 的振幅之比为 $1:\frac{m}{M}$.

通解为

$$\theta_1 = C_1 u_1^{(1)} \cos(\omega_1 t + \alpha_1) + C_2 u_1^{(2)} \cos(\omega_2 t + \alpha_2)$$
$$= C_1 \cos\left(\sqrt{\frac{g}{l}} t + \alpha_1\right) + C_2 \cos\left(\sqrt{\frac{mMg + kl(m+M)}{mMl}} t + \alpha_2\right)$$

$$\theta_2 = C_1 u_2^{(1)} \cos(\omega_1 t + \alpha_1) + C_2 u_2^{(2)} \cos(\omega_2 t + \alpha_2)$$
$$= C_1 \cos\left(\sqrt{\frac{g}{l}} t + \alpha_1\right) - \frac{m}{M} C_2 \cos\left(\sqrt{\frac{mMg + kl(m+M)}{mMl}} t + \alpha_2\right)$$

对于下列初始条件

$$t = 0 \text{ 时}，\quad \theta_1 = 0，\quad \dot{\theta}_1 = 0，\quad \theta_2 = \theta_{20}，\quad \dot{\theta}_2 = 0$$

其中 θ_{20} 满足下列方程，取正根

$$\frac{1}{2} k l^2 \theta_{20}^2 + \frac{1}{2} M g l \theta_{20}^2 = E_0$$

所以

$$\theta_{20} = \sqrt{\frac{2E_0}{kl^2 + Mgl}}$$

确定 C_1、C_2、α_1、α_2 的方程为

$$C_1 \cos\alpha_1 + C_2 \cos\alpha_2 = 0$$
$$-C_1 \omega_1 \sin\alpha_1 - C_2 \omega_2 \sin\alpha_2 = 0$$
$$C_1 \cos\alpha_1 - \frac{m}{M} C_2 \cos\alpha_2 = \theta_{20}$$
$$-C_1 \omega_1 \sin\alpha_1 + \frac{m}{M} C_2 \omega_2 \sin\alpha_2 = 0$$

解出

$$\alpha_1 = 0，\quad \alpha_2 = 0$$
$$C_1 = \frac{M}{m+M} \theta_{20}，\quad C_2 = -\frac{M}{m+M} \theta_{20}$$

用 $M = 2m$ 这个条件

$$C_1 = \frac{2}{3} \theta_{20}，\quad C_2 = -\frac{2}{3} \theta_{20}，$$

$$\theta_1 = \frac{2}{3}\theta_{20}(\cos\omega_1 t - \cos\omega_2 t)$$

$$\theta_2 = \frac{2}{3}\theta_{20}\left(\cos\omega_1 t + \frac{1}{2}\cos\omega_2 t\right)$$

其中

$$\omega_1 = \sqrt{\frac{g}{l}},\quad \omega_2 = \sqrt{\frac{2mg+3kl}{2ml}},\quad \theta_{20} = \sqrt{\frac{2E_0}{kl^2+2mgl}}$$

质点 m 的能量为

$$E_1 = \frac{1}{2}ml^2\dot{\theta}_1^2 + \frac{1}{2}mgl\theta_1^2$$

弹簧很弱意味着 $kl \ll mg$,

$$\omega_2 = \sqrt{\frac{2mg+3kl}{2ml}} = \sqrt{\frac{g}{l}\left(1+\frac{3kl}{2mg}\right)} \approx \sqrt{\frac{g}{l}}\left(1+\frac{3kl}{4mg}\right) = \omega_1(1+\delta)$$

$$\theta_{20} = \sqrt{\frac{2E_0}{2mgl+kl^2}} = \sqrt{\frac{2E_0}{2mgl}}\left(1+\frac{kl}{2mg}\right)^{-\frac{1}{2}} \approx \sqrt{\frac{E_0}{mgl}}\left(1-\frac{kl}{4mg}\right) = \sqrt{\frac{E_0}{mgl}}\left(1-\frac{1}{3}\delta\right)$$

其中 $\delta = \dfrac{3kl}{4mg} \ll 1$.

用弱弹簧近似后，经计算可得

$$\begin{aligned} E_1 &= \frac{2}{9}mgl\theta_{20}^2[1+(1+\delta)^2\sin^2\omega_2 t + \cos^2\omega_2 t] \\ &\quad -2(1+\delta)\sin\omega_1 t\sin\omega_2 t - 2\cos\omega_1 t\cos\omega_2 t] \\ &\approx \frac{4}{9}E_0\{1-\cos[(\omega_1-\omega_2)t]\} \qquad \text{（略去一切小量）} \end{aligned}$$

显然质点 m 的最大能量为

$$E_{1\max} = \frac{4}{9}E_0[1-(-1)] = \frac{8}{9}E_0$$

10.1.20　质量均为 m、荷电均为 e 的两金属小球，用同样长度为 l 的、不可伸长的轻绝缘绳系在同一水平线上，两悬点相距为 a. 让两球在其平衡位置附近做小振动，求简正频率(设电场力比重力小得多).

解

$$T = \frac{1}{2}ml^2\dot{\theta}_1^2 + \frac{1}{2}ml\dot{\theta}_2^2$$

$$V = mgl(1-\cos\theta_1) + mgl(1-\cos\theta_2) + \frac{e^2}{4\pi\varepsilon_0 r'} - \frac{e^2}{4\pi\varepsilon_0 a}$$

其中

$$r' = \left\{(a+l\sin\theta_2 - l\sin\theta_1)^2 + [l(1-\cos\theta_1) - l(1-\cos\theta_2)]^2\right\}^{1/2}$$

$$\approx a\left[1+\frac{l}{a}(\theta_2-\theta_1)\right]$$

$$r'^{-1}=\frac{1}{a}\left[1-\frac{l}{a}(\theta_2-\theta_1)+\frac{l^2}{a^2}(\theta_2-\theta_1)^2\right]$$

$$V\approx\frac{1}{2}mgl\theta_1^2+\frac{1}{2}mgl\theta_2^2-\frac{e^2l}{4\pi\varepsilon_0a^2}(\theta_2-\theta_1)+\frac{e^2l^2}{4\pi\varepsilon_0a^3}(\theta_2-\theta_1)^2$$

$$=\left(\frac{1}{2}mgl+\frac{e^2l^2}{4\pi\varepsilon_0a^3}\right)(\theta_1^2+\theta_2^2)-\frac{e^2l^2}{2\pi\varepsilon_0a^3}\theta_1\theta_2-\frac{e^2l}{4\pi\varepsilon_0a^2}(\theta_2-\theta_1)$$

$$L=\frac{1}{2}ml^2\dot{\theta}_1^2+\frac{1}{2}ml^2\dot{\theta}_2^2-\left(\frac{1}{2}mgl+\frac{e^2l^2}{4\pi\varepsilon_0a^3}\right)(\theta_1^2+\theta_2^2)+\frac{e^2l^2}{2\pi\varepsilon_0a^3}\theta_1\theta_2+\frac{e^2l}{4\pi\varepsilon_0a^2}(\theta_2-\theta_1)$$

由 $\frac{\mathrm{d}}{\mathrm{d}t}\left(\frac{\partial L}{\partial\dot{\theta}_i}\right)-\frac{\partial L}{\partial\theta_i}=0$，得

$$\ddot{\theta}_1+\left(\frac{g}{l}+\frac{e^2}{2\pi\varepsilon_0ma^3}\right)\theta_1-\frac{e^2}{2\pi\varepsilon_0ma^3}\theta_2+\frac{e^2}{4\pi\varepsilon_0mla^2}=0$$

$$\ddot{\theta}_2+\left(\frac{g}{l}+\frac{e^2}{2\pi\varepsilon_0ma^3}\right)\theta_2-\frac{e^2}{2\pi\varepsilon_0ma^3}\theta_1-\frac{e^2}{4\pi\varepsilon_0mla^2}=0$$

在势能函数中出现 θ_1、θ_2 的一次方项，是二阶微分方程中出现非齐次项的原因，而这种情况的产生是因为 $\theta_1=0$、$\theta_2=0$ 不是平衡位置，平衡位置 θ_{10}、θ_{20} 是这个非齐次方程的一个特定的特解，它们满足下列代数方程：

$$\left(\frac{g}{l}+\frac{e^2}{2\pi\varepsilon_0ma^3}\right)\theta_{10}-\frac{e^2}{2\pi\varepsilon_0ma^3}\theta_{20}+\frac{e^2}{4\pi\varepsilon_0mla^2}=0$$

$$\left(\frac{g}{l}+\frac{e^2}{2\pi\varepsilon_0ma^3}\right)\theta_{20}-\frac{e^2}{2\pi\varepsilon_0ma^3}\theta_{10}-\frac{e^2}{4\pi\varepsilon_0mla^2}=0$$

由对称性可知，$\theta_{20}=-\theta_{10}$，可解出

$$\theta_{20}=-\theta_{10}=\frac{e^2a}{4(\pi\varepsilon_0ma^3g+e^2l)}$$

如取 $\theta_1'=\theta_1-\theta_{10}$，$\theta_2'=\theta_2-\theta_{20}$，二阶微分方程将是齐次的. 不论用 θ_1、θ_2 还是用 θ_1'、θ_2' 作广义坐标，不仅简正频率相同，而且简正频率满足的特征方程也是相同的，特征方程为

$$\begin{vmatrix}\frac{g}{l}+A-\omega^2 & -A\\ -A & \frac{g}{l}+A-\omega^2\end{vmatrix}=0$$

其中

$$A=\frac{e^2}{2\pi\varepsilon_0 ma^3}$$

解出

$$\omega_1=\sqrt{\frac{g}{l}},\quad \omega_2=\sqrt{\frac{g}{l}+2A}=\sqrt{\frac{g}{l}+\frac{e^2}{\pi\varepsilon_0 ma^3}}$$

10.1.21　质量为M的物体被限制在水平的x轴上无摩擦地滑动，质量为m的质点通过一根无质量的、长度为b的、不可伸长的线和M联结，m限在竖直的xy平面内运动，如图 10.18 所示.

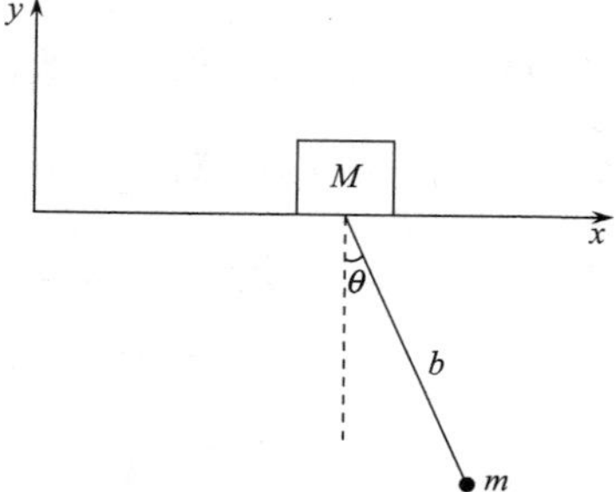

图 10.18

(1) 写出系统的拉格朗日函数；

(2) 就小振动情形，求简正坐标，并加以说明；

(3) 求用简正坐标表达的系统的运动学方程.

解　(1) 用x、θ为广义坐标，

$$\begin{aligned}T&=\frac{1}{2}M\dot{x}^2+\frac{1}{2}m[(\dot{x}+b\dot{\theta}\cos\theta)^2+(b\dot{\theta}\sin\theta)^2]\\&=\frac{1}{2}(M+m)\dot{x}^2+\frac{1}{2}mb^2\dot{\theta}^2+mb\dot{x}\dot{\theta}\cos\theta\end{aligned}$$

$$V=mgb(1-\cos\theta)$$

$$L=\frac{1}{2}(M+m)\dot{x}^2+\frac{1}{2}mb^2\dot{\theta}^2+mb\dot{x}\dot{\theta}\cos\theta-mgb(1-\cos\theta)$$

(2) 对于小振动情形，

$$L=\frac{1}{2}(M+m)\dot{x}^2+\frac{1}{2}mb^2\dot{\theta}^2+mb\dot{x}\dot{\theta}-\frac{1}{2}mgb\theta^2$$

由 $\dfrac{\mathrm{d}}{\mathrm{d}t}\left(\dfrac{\partial L}{\partial\dot{q}_i}\right)-\dfrac{\partial L}{\partial q_i}=0$，得运动微分方程为

$$(M+m)\dot{x}+mb\dot{\theta}=C\ (\text{常量})\tag{1}$$

$$\ddot{x}+b\ddot{\theta}+g\theta=0\tag{2}$$

若令$\eta=x+\dfrac{mb}{m+M}\theta$，则(1)式可改写为

$$(m+M)\dot{\eta}=C\quad 或\quad \ddot{\eta}=0$$

η是一个简正坐标,它的物理意义是系统的质心的x坐标,质心在x方向做速度为$\dfrac{C}{m+M}$的匀速运动.

由$\ddot{\eta}=0$，$\ddot{x}=-\dfrac{mb}{m+M}\ddot{\theta}$，将它代入(2)式，(2)式变成

$$\frac{Mb}{m+M}\ddot{\theta}+g\theta=0$$

可见，θ 就是另一个简正坐标.

θ 表示的运动是简谐振动，简正频率为

$$\omega=\sqrt{\frac{(m+M)g}{Mb}}$$

(3)
$$\dot{\eta}=\frac{C}{m+M},\quad \eta=\frac{C}{m+M}t+D,\quad \theta=A\cos\left(\sqrt{\frac{(m+M)g}{Mb}}t+\alpha\right)$$

C、D、A 和 α 均为积分常数，由初始条件确定.

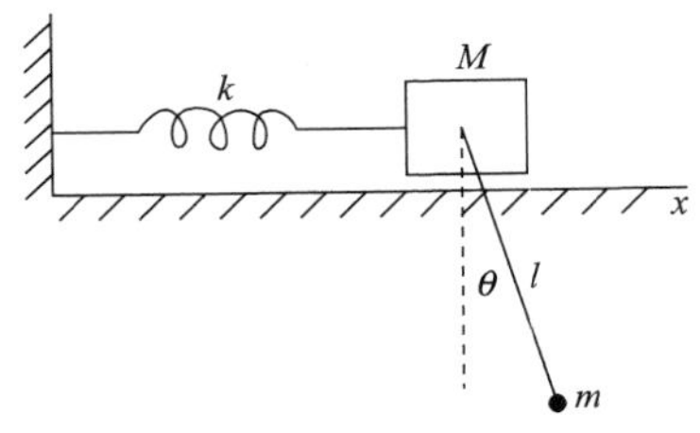

图 10.19

10.1.22 由质量为 m 的质点和长为 l 的轻绳组成的单摆，悬挂在质量为 M 的物体上，该物体置在光滑的水平面上，并用一根劲度系数为 k 的水平轻弹簧连到一固定点，如图 10.19 所示.

(1) 写出系统的拉格朗日函数;

(2) 求系统做小振动的角频率.

解 (1) x 轴的原点取弹簧为原长时物体所在位置，

$$T=\frac{1}{2}M\dot{x}^2+\frac{1}{2}m(\dot{x}^2+l^2\dot{\theta}^2+2l\dot{x}\dot{\theta}\cos\theta)$$

$$V=\frac{1}{2}kx^2+mgl(1-\cos\theta)$$

$$L=\frac{1}{2}(M+m)\dot{x}^2+\frac{1}{2}ml^2\dot{\theta}^2+ml\dot{x}\dot{\theta}\cos\theta-\frac{1}{2}kx^2-mgl(1-\cos\theta)$$

(2) 做小振动，θ、x、$\dot{\theta}$ 和 $\dot{x}$ 均为小量，

$$L\approx\frac{1}{2}(M+m)\dot{x}^2+\frac{1}{2}ml^2\dot{\theta}^2+ml\dot{x}\dot{\theta}-\frac{1}{2}kx^2-\frac{1}{2}mgl\theta^2$$

由 $\dfrac{\mathrm{d}}{\mathrm{d}t}\left(\dfrac{\partial L}{\partial \dot{q}_i}\right)-\dfrac{\partial L}{\partial q_i}=0$，得

$$(M+m)\ddot{x}+ml\ddot{\theta}+kx=0$$
$$ml\ddot{\theta}+m\ddot{x}+mg\theta=0$$

设

$$x=u_1\cos(\omega t+\alpha),\quad l\theta=u_2\cos(\omega t+\alpha)$$

代入微分方程组，可得

$$\begin{pmatrix} k-(M+m)\omega^2 & -m\omega^2 \\ -m\omega^2 & \dfrac{mg}{l}-m\omega^2 \end{pmatrix}\begin{pmatrix} u_1 \\ u_2 \end{pmatrix}=0$$

u_1、u_2 要得非零解，必须系数行列式等于零，

$$\begin{vmatrix} k-(M+m)\omega^2 & -m\omega^2 \\ -m\omega^2 & \dfrac{mg}{l}-m\omega^2 \end{vmatrix}=0$$

$$M\omega^4-\left[k+(M+m)\frac{g}{l}\right]\omega^2+\frac{kg}{l}=0$$

解出

$$\omega_1=\sqrt{\frac{(M+m)g+kl+\sqrt{[(M+m)g+kl]^2-4kMgl}}{2Ml}}$$

$$\omega_2=\sqrt{\frac{(M+m)g+kl-\sqrt{[(M+m)g+kl]^2-4kMgl}}{2Ml}}$$

10.1.23　质量为 $2m$ 和 m 的两个质点，用两根劲度系数均为 k 的轻弹簧悬挂在固定的支架上，如图 10.20 所示，只考虑竖直方向上的运动.

(1)求系统的简正频率，并描述每种模式的运动；

(2)将质量为 $2m$ 的质点从平衡位置缓慢地向下移动一段距离 l，然后放开，让系统自由振动，求质量为 m 的质点的运动.

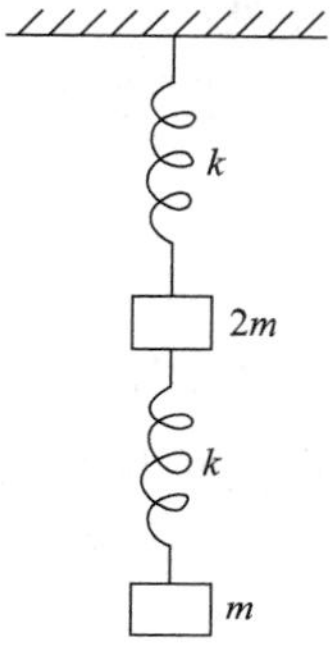

图 10.20

解　(1)取竖直向下的 y 轴，y_1、y_2 分别表示上、下两个质点的位置，原点均取在悬点，再设上、下两个弹簧的原长为 l_1、l_2，则

$$\begin{aligned}L=T-V&=\frac{1}{2}\times 2m\,\dot{y}_1^2+\frac{1}{2}m\,\dot{y}_2^2+2mgy_1+mgy_2\\&\quad-\frac{1}{2}k(y_1-l_1)^2-\frac{1}{2}k(y_2-y_1-l_2)^2\\&=\frac{1}{2}m(2\,\dot{y}_1^2+\dot{y}_2^2)+mg(2y_1+y_2)-\frac{1}{2}k(y_1-l_1)^2-\frac{1}{2}k(y_2-y_1-l_2)^2\end{aligned}$$

由 $\dfrac{\mathrm{d}}{\mathrm{d}t}\left(\dfrac{\partial L}{\partial \dot{y}_i}\right)-\dfrac{\partial L}{\partial y_i}=0$，得

$$\begin{cases}2m\ddot{y}_1+2ky_1-ky_2-2mg-kl_1+kl_2=0\\m\ddot{y}_2+ky_2-ky_1-mg-kl_2=0\end{cases}$$

令 $y_1=y_1'+\eta_1$，$y_2=y_2'+\eta_2$，使

$$2k\eta_1-k\eta_2-2mg-kl_1+kl_2=0$$

$$k\eta_2-k\eta_1-mg-kl_2=0$$

即

$$\eta_1=\frac{1}{k}(3mg+kl_1)，\quad \eta_2=\frac{1}{k}(4mg+kl_1+kl_2)$$

则运动微分方程可改写为

$$2m\,\ddot{y}_1'+2ky_1'-ky_2'=0$$

$$m\,\ddot{y}_2'+ky_2'-ky_1'=0$$

$y_1=\eta_1$、$y_2=\eta_2$ 或 $y_1'=0$、$y_2'=0$ 为系统的平衡位置.

令 $y_1'=u_1\mathrm{e}^{\mathrm{i}\omega t}$，$y_2'=u_2\mathrm{e}^{\mathrm{i}\omega t}$，可得

$$\begin{pmatrix} 2k-2m\omega^2 & -k \\ -k & k-m\omega^2 \end{pmatrix}\begin{pmatrix} u_1 \\ u_2 \end{pmatrix}=0$$

特征方程为

$$\begin{vmatrix} 2k-2m\omega^2 & -k \\ -k & k-m\omega^2 \end{vmatrix}=0$$

解出

$$\omega_1=\sqrt{\left(1+\frac{\sqrt{2}}{2}\right)\frac{k}{m}},\quad \omega_2=\sqrt{\left(1-\frac{\sqrt{2}}{2}\right)\frac{k}{m}}$$

将ω_1、ω_2分别代入关于u_1、u_2的方程组，令$u_1^{(1)}=1$，$u_1^{(2)}=1$，可得$u_2^{(1)}=-\sqrt{2}$，$u_2^{(2)}=\sqrt{2}$.

振动模式可表示为

$$\omega_1:\begin{pmatrix} 1 \\ -\sqrt{2} \end{pmatrix},\quad \omega_2:\begin{pmatrix} 1 \\ \sqrt{2} \end{pmatrix}$$

描述如下：按简正频率为ω_1的模式振动，上、下两质点的振动相位相反，振幅比为$1:\sqrt{2}$；按简正频率为ω_2的模式振动，上、下两质点的振动相位相同，振幅比也是$1:\sqrt{2}$.

(2) 系统的通解为

$$y_1'=A\cos(\omega_1 t+\alpha_1)+B\cos(\omega_2 t+\alpha_2)$$
$$y_2'=-\sqrt{2}\,A\cos(\omega_1 t+\alpha_1)+\sqrt{2}\,B\cos(\omega_2 t+\alpha_2)$$

初始条件：$t=0$时，$y_1'=y_2'=l$，$\dot{y}_1'=\dot{y}_2'=0$，定出

$$\alpha_1=\alpha_2=0,\quad A=\frac{1}{2}\left(1-\frac{\sqrt{2}}{2}\right)l,\quad B=\frac{1}{2}\left(1+\frac{\sqrt{2}}{2}\right)l$$

下面的质点的运动方程为

$$y_2=y_2'+\eta_2=\frac{1}{2}\left(-\sqrt{2}+1\right)l\cos\left[\sqrt{\left(1+\frac{\sqrt{2}}{2}\right)\frac{k}{m}}t\right]$$
$$+\frac{1}{2}\left(\sqrt{2}+1\right)l\cos\left[\sqrt{\left(1-\frac{\sqrt{2}}{2}\right)\frac{k}{m}}t\right]+\frac{4mg}{k}+l_1+l_2$$

10.1.24　对于如图 10.21 所示的、两个质量为 m 的质点、用三根无质量的、劲度系数分别为 k 和 k' 的弹簧连接组成的系统，如果这两个质点从图上所标出的对称的初始位置静止释放，求此振动周期.

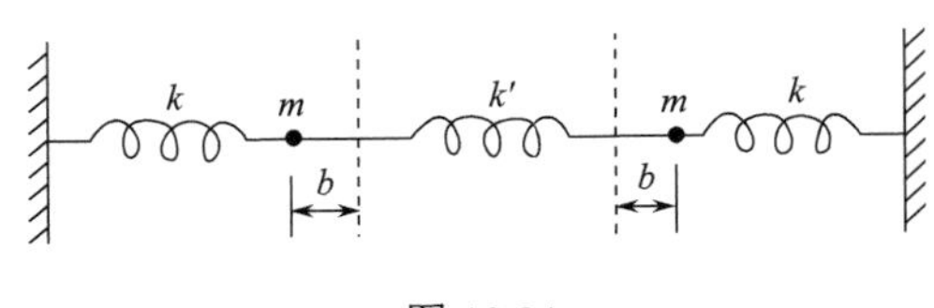

图 10.21

解　如只考虑两质点沿连线方向的运动，这个系统有两个自由度. 取 x_1、x_2 分别表示左、右两个质点的位置，原点均取在平衡位置，x_1 向左为正方向，x_2 向右为正方向.

$$L=\frac{1}{2}m\dot{x}_1^2+\frac{1}{2}m\dot{x}_2^2-\frac{1}{2}kx_1^2-\frac{1}{2}kx_2^2-\frac{1}{2}k'(x_1+x_2)^2$$

由

$$\frac{\mathrm{d}}{\mathrm{d}t}\left(\frac{\partial L}{\partial \dot{x}_i}\right)-\frac{\partial L}{\partial x_i}=0$$

得

$$m\ddot{x}_1+kx_1+k'(x_1+x_2)=0 \tag{1}$$

$$m\ddot{x}_2+kx_2+k'(x_1+x_2)=0 \tag{2}$$

由系统和所给初始条件的对称性，只有一种振动模式被激发. 用上述的 x_1、x_2 坐标，两质点始终有 $x_1=x_2$，即两质点的振动振幅和相位都相同的振动模式被激发.

(1)、(2)式可改写为

$$m\ddot{x}_1+(2k'+k)x_1=0$$

$$m\ddot{x}_2+(2k'+k)x_2=0$$

立即可得振动的角频率和周期分别为

$$\omega=\sqrt{\frac{2k'+k}{m}},\quad T=2\pi\sqrt{\frac{m}{2k'+k}}$$

10.1.25　考虑一质量为 m 的粒子在二维势场

$$V(x,y)=-\frac{1}{2}kx^2+\frac{1}{2}\lambda_0x^2y^2+\frac{1}{4}\lambda_1x^4$$

(k、λ_0、$\lambda_1>0$，均为常量)中的运动.

(1) 在什么点 $(x_0,\ y_0)$ 质点处于稳定平衡?

(2) 给出围绕这个平衡位置做小振动的拉格朗日函数;

(3) 求(2)问所述振动的简正频率.

解　(1) 由 $\dfrac{\partial V}{\partial x}=0$ 及 $\dfrac{\partial V}{\partial y}=0$ 可得

$$-kx+\lambda_0xy^2+\lambda_1x^3=0$$

$$\lambda_0x^2y=0$$

以下几组 (x,y) 均能满足这两个方程，均为平衡位置.

$$\begin{cases}x_{10}=\sqrt{\dfrac{k}{\lambda_1}},\\ y_{10}=0;\end{cases}\quad \begin{cases}x_{20}=-\sqrt{\dfrac{k}{\lambda_1}},\\ y_{20}=0;\end{cases}\quad \begin{cases}x_{30}=0\\ y_{30}\text{任意}\end{cases}$$

$$\frac{\partial^2 V}{\partial x^2}(\mathrm{d}x)^2+2\frac{\partial^2 V}{\partial x\partial y}\mathrm{d}x\mathrm{d}y+\frac{\partial^2 V}{\partial y^2}(\mathrm{d}y)^2$$

$$=(-k+\lambda_0y^2+3\lambda_1x^2)(\mathrm{d}x)^2+4\lambda_0xy\mathrm{d}x\mathrm{d}y+\lambda_0x^2(\mathrm{d}y)^2$$

将 (x_{10},y_{10}) 或 (x_{20},y_{20}) 分别代入上式，均得

$$\frac{\partial^2 V}{\partial x^2}(\mathrm{d}x)^2+2\frac{\partial^2 V}{\partial x\partial y}\mathrm{d}x\mathrm{d}y+\frac{\partial^2 V}{\partial y^2}(\mathrm{d}y)^2=2k(\mathrm{d}x)^2+\frac{k\lambda_0}{\lambda_1}(\mathrm{d}y)^2>0$$

可见，这两个位置都是稳定平衡位置.

将(x_{30},y_{30})代入，

$$\frac{\partial^2 V}{\partial x^2}(\mathrm{d}x)^2+2\frac{\partial^2 V}{\partial x\partial y}\mathrm{d}x\mathrm{d}y+\frac{\partial^2 V}{\partial y^2}(\mathrm{d}y)^2=(-k+\lambda_0 y^2)(\mathrm{d}x)^2$$

可见，当$-k+\lambda_0 y_{30}^2>0$，即$y_{30}>\sqrt{\dfrac{k}{\lambda_0}}$，$(0,y_{30})$的那些点都是“稳定平衡位置”，$y_{30}<-\sqrt{\dfrac{k}{\lambda_0}}$，$(0,y_{30})$的那些点也都是“稳定平衡位置”. 而当$-k+\lambda_0 y_{30}^2<0$，即$-\sqrt{\dfrac{k}{\lambda_0}}<y_{30}<\sqrt{\dfrac{k}{\lambda_0}}$的那些点$(0,y_{30})$是不稳定的平衡位置，在$(0,y_{30})$对于$y_{30}$不限，沿$y$轴均是随遇平衡的.

(2) 考虑(x_{10},y_{10})这个平衡位置，将$V(x,y)$在(x_{10},y_{10})点作泰勒展开，令$x'=x-\sqrt{\dfrac{k}{\lambda_1}}$，$y'=y$，则

$$\begin{aligned}V(x',y')&=-\frac{1}{2}k\left(x'+\sqrt{\frac{k}{\lambda_1}}\right)^2+\frac{1}{2}\lambda_0\left(x'+\sqrt{\frac{k}{\lambda_1}}\right)^2y'^2+\frac{1}{4}\lambda_1\left(x'+\sqrt{\frac{k}{\lambda_1}}\right)^4\\&\approx-\frac{1}{2}kx'^2-\frac{k^2}{2\lambda_1}-k\sqrt{\frac{k}{\lambda_1}}x'+\frac{k\lambda_0}{2\lambda_1}y'^2+\frac{1}{4}\lambda_1\left[\frac{6k}{\lambda_1}x'^2+\frac{4k}{\lambda_1}\sqrt{\frac{k}{\lambda_1}}x'+\left(\frac{k}{\lambda_1}\right)^2\right]\\&=-\frac{k^2}{4\lambda_1}+kx'^2+\frac{k\lambda_0}{2\lambda_1}y'^2\end{aligned}$$

$$L=\frac{1}{2}m\dot{x}'^2+\frac{1}{2}m\dot{y}'^2-kx'^2-\frac{k\lambda_0}{2\lambda_1}y'^2+\frac{k^2}{4\lambda_1}$$

或

$$L=\frac{1}{2}m\dot{x}^2+\frac{1}{2}m\dot{y}^2-k\left(x-\sqrt{\frac{k}{\lambda_1}}\right)^2-\frac{k\lambda_0}{2\lambda_1}y^2+\frac{k^2}{4\lambda_1}$$

考虑(x_{20},y_{20})这个平衡位置，将$V(x,y)$在(x_{20},y_{20})处作泰勒展开，也保留到二级小量. 令$x'=x+\sqrt{\dfrac{k}{\lambda_1}}$，$y'=y$. 计算

$$V(x',y')\approx V(0,0)+\frac{1}{2}\left[\left.\frac{\partial^2 V}{\partial x'^2}\right|_{(0,0)}x'^2+2\left.\frac{\partial^2 V}{\partial x'\partial y'}\right|_{(0,0)}x'y'+\left.\frac{\partial^2 V}{\partial y'^2}\right|_{(0,0)}y'^2\right]$$

可得

$$L=\frac{1}{2}m\dot{x}'^2+\frac{1}{2}m\dot{y}'^2-kx'^2-\frac{k\lambda_0}{2\lambda_1}y'^2+\frac{k^2}{4\lambda_1}$$

或

$$L=\frac{1}{2}m\dot{x}^2+\frac{1}{2}m\dot{y}^2-k\left(x+\sqrt{\frac{k}{\lambda_1}}\right)^2-\frac{k\lambda_0}{2\lambda_1}y^2+\frac{k^2}{4\lambda_1}$$

考虑$(0,y_{30})$，其中$y_{30}>\sqrt{\frac{k}{\lambda_0}}$或$y_{30}<-\sqrt{\frac{k}{\lambda_0}}$这些平衡位置，$V(x,y)$在这些位置作泰勒展开，保留到二级小量，可得

$$V(x,y)=\frac{1}{2}(-k+\lambda_0 y_{30}^2)x^2$$

$$L=\frac{1}{2}m\dot{x}^2+\frac{1}{2}m\dot{y}^2-\frac{1}{2}(-k+\lambda_0 y_{30}^2)x^2$$

这里没有写不影响运动微分方程的常数项.

(3) 对于在稳定平衡位置$\left(\sqrt{\frac{k}{\lambda_1}},0\right)$或$\left(-\sqrt{\frac{k}{\lambda_1}},0\right)$附近的小振动，有完全相同的拉格朗日方程，

$$m\ddot{x}'+2kx'=0$$

$$m\ddot{y}'+\frac{k\lambda_0}{\lambda_1}y'=0$$

均有两个简正频率，沿x方程振动，$\omega_1=\sqrt{\frac{2k}{m}}$，沿$y$方向振动，$\omega_2=\sqrt{\frac{k\lambda_0}{m\lambda_1}}$. 沿其他方向，是$x$方向角频率为$\omega_1$的简谐振动与$y$方向角频率为$\omega_2$的简谐振动的合成运动.

对于第三组稳定平衡位置附近的小振动，

$$m\ddot{x}+(-k+\lambda_0 y_{30}^2)x=0$$

$$\dot{y}=\text{常量}$$

有一个简正频率：$\omega=\sqrt{\frac{-k+\lambda_0 y_{30}^2}{m}}$，其中$y_{30}>\sqrt{\frac{k}{\lambda_0}}$或$y_{30}<-\sqrt{\frac{k}{\lambda_0}}$. 但这小振动仅限于在与$x$轴平行的方向，因此严格地讲，这些点不能算作稳定平衡位置.

10.1.26　一个质量为m、半径为r的小球，用一根长为l的、绝缘的、不可伸长的轻绳挂在电容器两极板的中间，两极板接地，间距为L，球的电势为V，平衡时，球位于距两极板等距离处，绳子在铅垂方向，电势满足什么条件时，球可在平衡位置附近做小振动，求振动的角频率，为了简化计算，可作适当的近似.

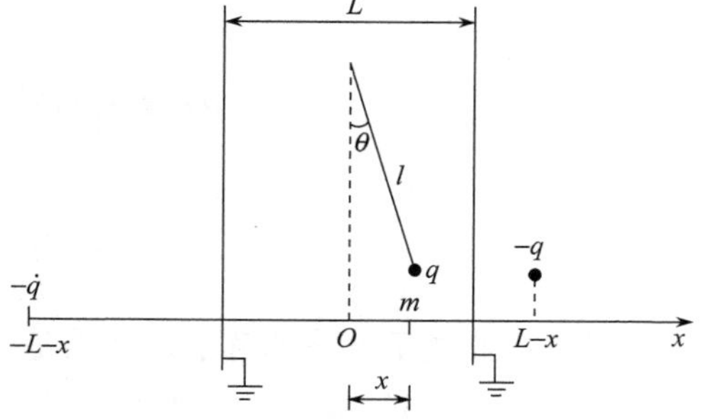

图 10.22

提示：可用两个镜像电荷代替两个接地的极板，而不是用两串镜像电荷来代替两个接地的极板.

解　小球所带的电荷为

$$q = 4\pi\varepsilon_0 rV$$

用两个镜像电荷代替两个接地的极板来考虑对小球的作用.

取水平的 x 轴，原点取在平衡位置，表示小球位置的坐标 x、θ 只有一个是独立的，小球位于 x(或 θ)位置时，两个镜像电荷分别位于 x 坐标为 $L-x$ 及 $-L-x$ 处，与小球的距离分别为 $L-2x$ 及 $L+2x$，如图 10.22 所示. 用 θ 作为广义坐标，

$$x = l\sin\theta, \quad \dot{x} = l\,\dot{\theta}\cos\theta$$

小球的动能 T 和势能 U 分别为

$$T = \frac{1}{2}ml^2\dot{\theta}^2$$

$$\begin{aligned}
U &= -\frac{q^2}{4\pi\varepsilon_0}\left(\frac{1}{L-2x}+\frac{1}{L+2x}-\frac{2}{L}\right)+mgl(1-\cos\theta) \\
&= -\frac{q^2}{2\pi\varepsilon_0}\left(\frac{1}{L^2-4x^2}-\frac{1}{L}\right)+mgl(1-\cos\theta) \\
&= -\frac{q^2}{2\pi\varepsilon_0}\cdot\frac{1}{L}\left[\left(1-\frac{4x^2}{L^2}\right)^{-1}-1\right]+mgl(1-\cos\theta) \\
&\approx -\frac{q^2}{2\pi\varepsilon_0}\cdot\frac{4x^2}{L^3}+mgl\cdot\frac{1}{2}\theta^2 \approx \left(\frac{1}{2}mgl-\frac{2q^2l^2}{\pi\varepsilon_0 L^3}\right)\theta^2 = \left(\frac{1}{2}mgl-\frac{32\pi\varepsilon_0 r^2V^2l^2}{L^3}\right)\theta^2
\end{aligned}$$

可在平衡位置附近做小振动的条件是 $\left.\frac{\partial^2 U}{\partial\theta^2}\right|_{\theta=0}>0$，即

$$\frac{1}{2}mgl-\frac{32\pi\varepsilon_0 r^2V^2l^2}{L^3}>0$$

因此要求电势 V 满足的条件是

$$V<\left(\frac{mgL^3}{64\pi\varepsilon_0 r^2 l}\right)^{1/2}$$

在平衡位置附近做小振动的运动微分方程，由 $\frac{\mathrm{d}}{\mathrm{d}t}\left(\frac{\partial L}{\partial\dot{\theta}}\right)-\frac{\partial L}{\partial\theta}=0$ (其中 $L=T-U$)得

$$ml^2\ddot{\theta}+\left(mgl-\frac{64\pi\varepsilon_0 r^2V^2l^2}{L^3}\right)\theta=0$$

$$\omega=\left(\frac{g}{l}-\frac{64\pi\varepsilon_0 r^2V^2}{mL^3}\right)^{1/2}$$

说明：此题更严格的解法，当然是用两串镜像电荷而不是只用两个镜像电荷.

$$\begin{aligned}
U &= -\frac{q^2}{4\pi\varepsilon_0}\sum_{n=1}^{\infty}\left[\frac{1}{(2n-1)L-2x}+\frac{1}{(2n-1)L+2x}-\frac{2}{(2n-1)L}\right]+mg(1-\cos\theta) \\
&= -\frac{q^2}{2\pi\varepsilon_0}\sum_{n=1}^{\infty}\frac{1}{(2n-1)L}\left[1+\frac{4x^2}{(2n-1)^2L^2}-1\right]+mg(1-\cos\theta)
\end{aligned}$$

$$\approx -\frac{q^2}{2\pi\varepsilon_0}\frac{4x^2}{L^3}\sum_{n=1}^{\infty}\frac{1}{(2n-1)^3}+\frac{1}{2}mgl\theta^2$$

$$\approx\left(\frac{1}{2}mgl-\frac{32\pi\varepsilon_0 r^2V^2l^2}{L^3}\alpha\right)\theta^2$$

其中 $\alpha=\sum_{n=1}^{\infty}\frac{1}{(2n-1)^3}$.

可在平衡位置附近做小振动，要求电势满足的条件改为

$$V<\left(\frac{mgL^3}{64\pi\varepsilon_0 r^2 l}\right)^{1/2}\cdot\alpha^{-1/2}$$

小振动的角频率改为

$$\omega=\left(\frac{g}{l}-\frac{64\pi\varepsilon_0 r^2V^2}{mL^3}\alpha\right)^{1/2}$$

α 这个无穷级数 $\sum_{n=1}^{\infty}\frac{1}{(2n-1)^3}$ 收敛是很快的，只取一项（$n=1$）时，$\alpha=1$，取两项时（n=1，2），$\alpha=1.037$，取三项时，$\alpha=1.045$，取四项时，$\alpha=1.0479$，取五项时，$\alpha=1.0492$.

可见，用两个镜像电荷而不用两串镜像电荷所引起的误差是相当小的.

10.1.27　三个自然长度为 $\sqrt{2}$ 、劲度系数为 k 的轻弹簧，与一质量为 m 的质点相连，三个弹簧的另一端分别固定在 $(-1,1)$ 、$(1,1)$ 和 $(-1,-1)$ 处，质点 m 仅在水平且光滑的 xy 平面内运动.

(1) 写出系统的拉格朗日函数；

(2) 确定平衡位置，并说明是否稳定平衡；

(3) 写出系统在平衡位置附近做小振动的拉格朗日函数；

(4) 求简正频率和简正坐标；

(5) 画出振动模式图.

解　(1)

$$L=T-V=\frac{1}{2}m\dot{x}^2+\frac{1}{2}m\dot{y}^2-\frac{1}{2}k\left\{[(x+1)^2+(y-1)^2]^{1/2}-\sqrt{2}\right\}^2$$

$$-\frac{1}{2}k\left\{[(x-1)^2+(y-1)^2]^{1/2}-\sqrt{2}\right\}^2$$

$$-\frac{1}{2}k\left\{[(x+1)^2+(y+1)^2]^{1/2}-\sqrt{2}\right\}^2$$

(2) 平衡位置处有

$$\frac{\partial V}{\partial x}=0,\quad \frac{\partial V}{\partial y}=0$$

由 $\frac{\partial V}{\partial x}=0$，得

$$k\left[\sqrt{(x+1)^2+(y-1)^2}-\sqrt{2}\right]\frac{x+1}{\sqrt{(x+1)^2+(y-1)^2}}$$

$$+k\left[\sqrt{(x-1)^2+(y-1)^2}-\sqrt{2}\right]\frac{x-1}{\sqrt{(x-1)^2+(y-1)^2}}$$

$$+k\left[\sqrt{(x+1)^2+(y+1)^2}-\sqrt{2}\right]\frac{x+1}{\sqrt{(x+1)^2+(y+1)^2}}=0$$

$$x+1+x-1+x+1-\sqrt{2}\left[\frac{x+1}{\sqrt{(x+1)^2+(y-1)^2}}+\frac{x-1}{\sqrt{(x-1)^2+(y-1)^2}}\right.$$

$$\left.+\frac{x+1}{\sqrt{(x+1)^2+(y+1)^2}}\right]=0$$

由 $\frac{\partial V}{\partial y}=0$，得

$$y-1+y-1+y+1-\sqrt{2}\left[\frac{y-1}{\sqrt{(x+1)^2+(y-1)^2}}\right.$$

$$\left.+\frac{y-1}{\sqrt{(x-1)^2+(y-1)^2}}+\frac{y+1}{\sqrt{(x+1)^2+(y+1)^2}}\right]=0$$

$x=0$， $y=0$ 是上述两个方程的解，因此，(0，0)点是平衡位置.

$$\left.\frac{\partial^2 V}{\partial x^2}\right|_{(0,0)}=k\left\{3-\sqrt{2}\left[\frac{1}{\sqrt{(x+1)^2+(y-1)^2}}+\frac{1}{\sqrt{(x-1)^2+(y-1)^2}}\right.\right.$$

$$\left.+\frac{1}{\sqrt{(x+1)^2+(y+1)^2}}\right]-\frac{(x+1)^2}{[(x+1)^2+(y-1)^2]^{3/2}}$$

$$\left.\left.-\frac{(x-1)^2}{[(x-1)^2+(y-1)^2]^{3/2}}-\frac{(x+1)^2}{[(x+1)^2+(y+1)^2]^{3/2}}\right\}\right|_{(0,0)}=\frac{3}{2}k$$

$$\left.\frac{\partial^2 V}{\partial y^2}\right|_{(0,0)}=\frac{3}{2}k$$

$$\left.\frac{\partial^2 V}{\partial x\partial y}\right|_{(0,0)}=k(-\sqrt{2})\left\{-\frac{(x+1)(y-1)}{[(x+1)^2+(y-1)^2]^{3/2}}-\frac{(x-1)(y-1)}{[(x-1)^2+(y-1)^2]^{3/2}}\right.$$

$$\left.\left.-\frac{(x+1)(y+1)}{[(x+1)^2+(y+1)^2]^{3/2}}\right\}\right|_{(0,0)}=\frac{1}{2}k$$

$$\left.\frac{\partial^2 V}{\partial x^2}\right|_{(0,0)}x^2+2\left.\frac{\partial^2 V}{\partial x\partial y}\right|_{(0,0)}xy+\left.\frac{\partial^2 V}{\partial y^2}\right|_{(0,0)}y^2$$

$$=\frac{3}{2}kx^2+kxy+\frac{3}{2}ky^2=\frac{3}{2}k\left(x+\frac{1}{3}y\right)^2+\frac{4}{3}ky^2>0$$

可见，(0，0)点是稳定平衡位置.

(3)在平衡位置(0，0)附近，

$$V(x,y)\approx V(0,0)+\frac{1}{2}\left[\left.\frac{\partial^2 V}{\partial x^2}\right|_{(0,0)}x^2+2\left.\frac{\partial^2 V}{\partial x\partial y}\right|_{(0,0)}xy+\left.\frac{\partial^2 V}{\partial y^2}\right|_{(0,0)}y^2\right]$$

$$=\frac{1}{2}\left(\frac{3}{2}kx^2+kxy+\frac{3}{2}ky^2\right)$$

$$L=\frac{1}{2}m\,\dot{x}^2+\frac{1}{2}m\,\dot{y}^2-\frac{1}{2}k\left(\frac{3}{2}x^2+xy+\frac{3}{2}y^2\right)$$

(4)由运动、势能的表达式，可写惯性矩阵和刚度矩阵为

$$\boldsymbol{M}=\begin{pmatrix} m & 0 \\ 0 & m \end{pmatrix},\quad \boldsymbol{K}=\begin{pmatrix} \frac{3}{2}k & \frac{1}{2}k \\ \frac{1}{2}k & \frac{3}{2}k \end{pmatrix}$$

$$\boldsymbol{H}=\boldsymbol{K}-\omega^2\boldsymbol{M}$$

$$\boldsymbol{H}\cdot\boldsymbol{u}=0$$

$$\begin{pmatrix} \frac{3}{2}k-m\omega^2 & \frac{1}{2}k \\ \frac{1}{2}k & \frac{3}{2}k-m\omega^2 \end{pmatrix}\begin{pmatrix} u_1 \\ u_2 \end{pmatrix}=0 \tag{1}$$

$$\begin{vmatrix} \frac{3}{2}k-m\omega^2 & \frac{1}{2}k \\ \frac{1}{2}k & \frac{3}{2}k-m\omega^2 \end{vmatrix}=0$$

$$m^2\omega^4-3mk\omega^2+2k^2=0$$

解出

$$\omega_1=\sqrt{\frac{2k}{m}},\quad \omega_2=\sqrt{\frac{k}{m}}$$

将ω_1代入(1)式，取$u_1^{(1)}=1$，得$u_2^{(1)}=1$；将ω_2代入(1)式，取$u_1^{(2)}=1$，得$u_2^{(2)}=-1$.

由简正坐标和原用坐标的关系，

$$\begin{pmatrix} \xi \\ \eta \end{pmatrix}=\begin{pmatrix} u_1^{(1)} & u_2^{(1)} \\ u_1^{(2)} & u_2^{(2)} \end{pmatrix}\begin{pmatrix} m_{11} & m_{12} \\ m_{21} & m_{22} \end{pmatrix}\begin{pmatrix} x \\ y \end{pmatrix}$$

$$=\begin{pmatrix} 1 & 1 \\ 1 & -1 \end{pmatrix}\begin{pmatrix} m & 0 \\ 0 & m \end{pmatrix}\begin{pmatrix} x \\ y \end{pmatrix}=m\begin{pmatrix} x+y \\ x-y \end{pmatrix}$$

简正坐标的常数倍也是简正坐标，可取

$$\xi=x+y,\quad \eta=x-y$$

为简正坐标.

(5) 振动模式可图示如图 10.23.

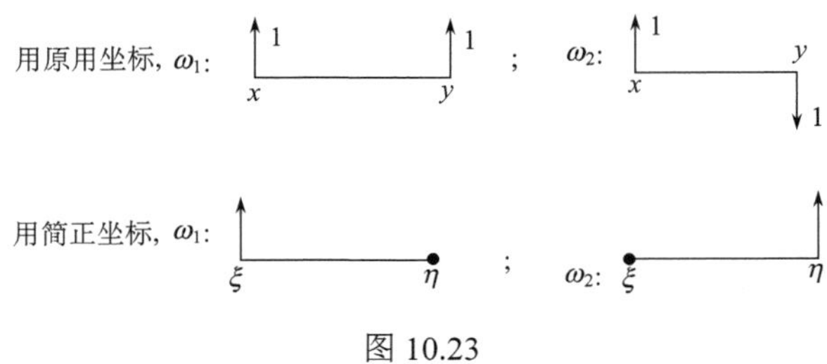

图 10.23

10.1.28　一质量为 m 的质点在重力作用下在一个方程为

$$z = x^2 + y^2 - xy$$

的光滑曲面上运动，其中 z 轴指向竖直向上.

(1) 求此质点的运动微分方程;

(2) 求质点围绕稳定平衡位置做小振动的简正频率;

(3) 若将质点由平衡位置稍微移开一点再放开它，要保证只有较高频率的简正模式被激发，x 和 y 的位移之比应为多大?

解　(1)

$$z = x^2 + y^2 - xy$$

$$\dot{z} = 2x\,\dot{x} + 2y\,\dot{y} - \dot{x}\,y - x\,\dot{y} = \dot{x}(2x-y) + \dot{y}(2y-x)$$

$$L = \frac{1}{2}m[\dot{x}^2 + \dot{y}^2 + \dot{x}^2(2x-y)^2 + \dot{y}^2(2y-x)^2 + 2\,\dot{x}\,\dot{y}(2x-y)(2y-x)] - mg(x^2 + y^2 - xy)$$

由 $\dfrac{\mathrm{d}}{\mathrm{d}t}\left(\dfrac{\partial L}{\partial \dot{q}_i}\right) - \dfrac{\partial L}{\partial q_i} = 0$，得

$$\frac{\mathrm{d}}{\mathrm{d}t}[\dot{x} + \dot{x}(2x-y)^2 + \dot{y}(2x-y)(2y-x)]$$
$$= 2\dot{x}^2(2x-y) - \dot{y}^2(2y-x) + 2\dot{x}\,\dot{y}(2y-x) - \dot{x}\,\dot{y}(2x-y) - 2gx + gy$$

$$\frac{\mathrm{d}}{\mathrm{d}t}[\dot{y} + \dot{y}(2y-x)^2 + \dot{x}(2x-y)(2y-x)]$$
$$= -\dot{x}^2(2x-y) + 2\dot{y}^2(2y-x) - \dot{x}\,\dot{y}(2y-x) + 2\,\dot{x}\,\dot{y}(2x-y) - 2gy + gx$$

(2) 在平衡位置，$\dot{x}=0$，$\dot{y}=0$，$\ddot{x}=0$，$\ddot{y}=0$，由上述运动微分方程或由 $\dfrac{\partial V}{\partial x}=0$，$\dfrac{\partial V}{\partial y}=0$，均可得平衡位置满足的方程为

$$-2gx + gy = 0$$
$$-2gy + gx = 0$$

可见，$x=0$，$y=0$ 为平衡位置.

在平衡位置附近的运动，仅保留二级小量，拉格朗日函数可近似为

$$L \approx \frac{1}{2}m(\dot{x}^2 + \dot{y}^2) - mg(x^2 + y^2 - xy)$$

由 $\dfrac{\mathrm{d}}{\mathrm{d}t}\left(\dfrac{\partial L}{\partial \dot{q}_i}\right)-\dfrac{\partial L}{\partial q_i}=0$ 或由上述运动微分方程作近似，只保留一级小量，均可得在平衡位置附近运动的运动微分方程为

$$\ddot{x}=-2gx+gy$$
$$\ddot{y}=-2gy+gx$$

设 $x=u_1\cos(\omega t+\alpha)$， $y=u_2\cos(\omega t+\alpha)$ 代入运动微分方程，得

$$\begin{pmatrix} 2g-\omega^2 & -g \\ -g & 2g-\omega^2 \end{pmatrix}\begin{pmatrix} u_1 \\ u_2 \end{pmatrix}=0 \tag{1}$$

特征方程为

$$\begin{vmatrix} 2g-\omega^2 & -g \\ -g & 2g-\omega^2 \end{vmatrix}=0$$
$$\omega^4-4g\omega^2+3g=0$$

解得

$$\omega_1=\sqrt{g},\quad \omega_2=\sqrt{3g}$$

(3) 将 ω_2 代入 (1) 式得

$$(2g-3g)u_1^{(2)}-gu_2^{(2)}=0$$
$$\frac{u_2^{(2)}}{u_1^{(2)}}=-1$$

因此，当 x、y 的初始位移大小相等、正负号相反时，从那里静止释放，就只有较高频率的振动模式被激发，$\dfrac{u_1^{(2)}}{u_2^{(2)}}=-1$ 就是题目要求的 x 和 y 的位移之比.

10.1.29 图 10.24 中两物体质量均为 m、两弹簧的劲度系数均为 k，绳子不可伸长，绳子与滑动间无摩擦力. 当系统在平衡位置时给左边物体向下的初速度 v_0，求系统的运动.

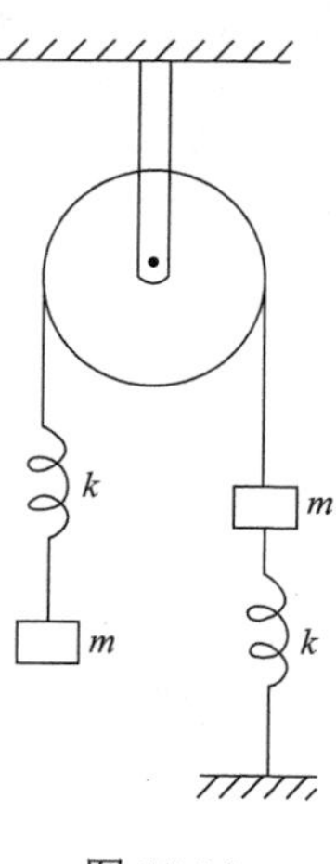

图 10.24

解 取竖直向上的 x_1 坐标表示右边物体的位置，竖直向下的 x_2 坐标表示左边物体的位置，x_1、x_2 的零点分别为系统平衡时 m_1、m_2 所在位置，弹簧力和重力的合力的势能为

$$V=\frac{1}{2}kx_1^2+\frac{1}{2}k(x_2-x_1)^2=kx_1^2+\frac{1}{2}kx_2^2-kx_1x_2$$

$$T=\frac{1}{2}m\dot{x}_1^2+\frac{1}{2}m\dot{x}_2^2$$

$$\boldsymbol{M}=\begin{pmatrix} m & 0 \\ 0 & m \end{pmatrix},\quad \boldsymbol{K}=\begin{pmatrix} 2k & -k \\ -k & k \end{pmatrix}$$

$$\boldsymbol{H}=\boldsymbol{K}-\omega^2\boldsymbol{M}=\begin{pmatrix} 2k-m\omega^2 & -k \\ -k & k-m\omega^2 \end{pmatrix}$$

由$|\boldsymbol{H}|=0$得

$$m^2\omega^4-3mk\omega^2+k^2=0$$

$$\omega_1^2=\frac{3+\sqrt{5}}{2}\frac{k}{m},\quad \omega_2^2=\frac{3-\sqrt{5}}{2}\frac{k}{m}$$

$$\boldsymbol{H}(\omega_1)=\begin{pmatrix}\frac{1-\sqrt{5}}{2}k & -k\\ -k & -\frac{1+\sqrt{5}}{2}k\end{pmatrix}$$

$$\mathrm{adj}\boldsymbol{H}(\omega_1)=\begin{pmatrix}-\frac{1+\sqrt{5}}{2}k & k\\ k & \frac{1-\sqrt{5}}{2}k\end{pmatrix}$$

取$u_1^{(1)}=1$，则$u_2^{(1)}=\dfrac{1-\sqrt{5}}{2}$，

$$\boldsymbol{H}(\omega_2)=\begin{pmatrix}\frac{1+\sqrt{5}}{2}k & -k\\ -k & \frac{-1+\sqrt{5}}{2}k\end{pmatrix}$$

$$\mathrm{adj}\boldsymbol{H}(\omega_2)=\begin{pmatrix}\frac{-1+\sqrt{5}}{2}k & k\\ k & \frac{1+\sqrt{5}}{2}k\end{pmatrix}$$

取 $u_1^{(2)}=1$，则$u_2^{(2)}=\dfrac{1+\sqrt{5}}{2}$.

两个特解为

$$\begin{cases}x_1^{(1)}=\sin(\omega_1 t+\alpha_1)\\ x_2^{(1)}=\dfrac{1-\sqrt{5}}{2}\sin(\omega_1 t+\alpha_1)\end{cases}$$

$$\begin{cases}x_1^{(2)}=\sin(\omega_2 t+\alpha_2)\\ x_2^{(2)}=\dfrac{1+\sqrt{5}}{2}\sin(\omega_2 t+\alpha_2)\end{cases}$$

通解为

$$x_1=C_1x_1^{(1)}+C_2x_1^{(2)}=C_1\sin(\omega_1 t+\alpha_1)+C_2\sin(\omega_2 t+\alpha_2)$$

$$\begin{aligned}x_2&=C_1'x_2^{(1)}+C_2'x_2^{(2)}\\&=\frac{1-\sqrt{5}}{2}C_1\sin(\omega_1 t+\alpha_1)+\frac{1+\sqrt{5}}{2}C_2\sin(\omega_2 t+\alpha_2)\end{aligned}$$

初始条件为：$t=0$时，$x_1=0$，$\dot{x}_1=0$，$x_2=0$，$\dot{x}_2=v_0$，定出

$$C_1=-\frac{v_0}{\sqrt{5}\omega_1}=-0.276v_0\sqrt{\frac{m}{k}},\quad C_2=\frac{v_0}{\sqrt{5}\omega_2}=0.724v_0\sqrt{\frac{m}{k}}$$

$$\alpha_1=\alpha_2=0$$

$$x_1=-0.276v_0\sqrt{\frac{m}{k}}\sin\left(1.618\sqrt{\frac{k}{m}}t\right)+0.724v_0\sqrt{\frac{m}{k}}\sin\left(0.618\sqrt{\frac{k}{m}}t\right)$$

$$x_2=0.171v_0\sqrt{\frac{m}{k}}\sin\left(1.618\sqrt{\frac{k}{m}}t\right)+1.17v_0\sqrt{\frac{m}{k}}\sin\left(0.618\sqrt{\frac{k}{m}}t\right)$$

10.1.30　质量均为m的两小球固定在长度为$2l$的轻杆上，杆的两端支撑在劲度系数均为k的弹簧上，如图10.25所示，求系统只做竖直方向的小振动时的简正频率以及节点(振动模式中保持不动的点)的位置.

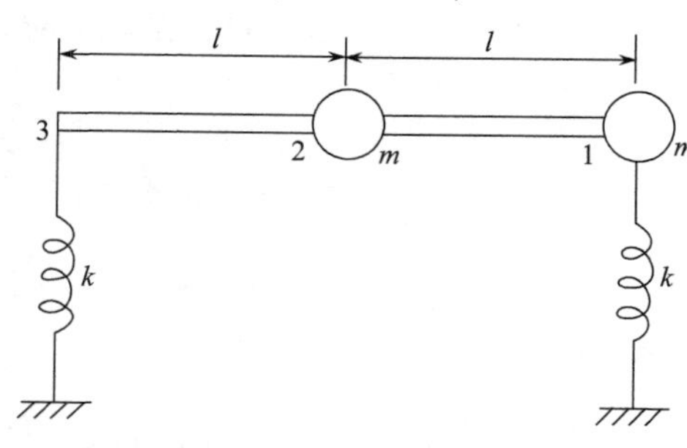

图 10.25

解　取竖直向上的x_1、x_2、x_3轴分别表示杆的右端、中心和左端的位置，原点分别取在弹簧为原长时1、2、3点的位置.

$$T=\frac{1}{2}m\dot{x}_1^2+\frac{1}{2}m\dot{x}_2^2$$

$$V=\frac{1}{2}kx_1^2+\frac{1}{2}kx_3^2+mgx_1+mgx_2$$

x_1、x_2、x_3不是都独立的，有约束关系

$$x_2=\frac{1}{2}(x_1+x_3)\quad 或\quad x_3=2x_2-x_1$$

取x_1、x_2为广义坐标，

$$\begin{aligned}V&=\frac{1}{2}kx_1^2+\frac{1}{2}k(2x_2-x_1)^2+mgx_1+mgx_2\\&=kx_1^2+2kx_2^2-2kx_1x_2+mgx_1+mgx_2\end{aligned}$$

V中有广义坐标的线性项是因为x_1、x_2的零点未取在平衡位置. 由$\frac{\partial V}{\partial x_1}=0$，$\frac{\partial V}{\partial x_2}=0$可定出平衡位置

$$x_1=-\frac{3mg}{2k},\quad x_2=-\frac{mg}{k}$$

令$x_1'=x_1+\frac{3mg}{2k}$，$x_2'=x_2+\frac{mg}{k}$，可将动能、势能写成

$$T=\frac{1}{2}m\dot{x}_1'^2+\frac{1}{2}m\dot{x}_2'^2$$

$$V=V_0+kx_1'^2+2kx_2'^2-2kx_1'x_2'$$

其中$V_0 = V(x_1', x_2')\big|_{(0,0)} = V(x_1, x_2)\big|_{\left(-\frac{3mg}{2k}, -\frac{mg}{k}\right)}$，因不影响结果，不必算出.

惯性矩阵、刚度矩阵和特征矩阵分别为

$$\boldsymbol{M} = \begin{pmatrix} m & 0 \\ 0 & m \end{pmatrix}$$

$$\boldsymbol{K} = \begin{pmatrix} 2k & -2k \\ -2k & 4k \end{pmatrix}$$

$$\boldsymbol{H} = \boldsymbol{K} - \omega^2 \boldsymbol{M} = \begin{pmatrix} 2k - m\omega^2 & -2k \\ -2k & 4k - m\omega^2 \end{pmatrix}$$

$$|\boldsymbol{H}| = \begin{vmatrix} 2k - m\omega^2 & -2k \\ -2k & 4k - m\omega^2 \end{vmatrix} = 0$$

$$m^2\omega^4 - 6km\omega^2 + 4k^2 = 0$$

可得

$$\omega_1^2 = (3+\sqrt{5})\frac{k}{m}, \quad \omega_2^2 = (3-\sqrt{5})\frac{k}{m}$$

$$\boldsymbol{H}(\omega_1) = \begin{pmatrix} (-1-\sqrt{5})k & -2k \\ -2k & (1-\sqrt{5})k \end{pmatrix}$$

$$\mathrm{adj}\boldsymbol{H}(\omega_1) = \begin{pmatrix} (1-\sqrt{5})k & 2k \\ 2k & -(1+\sqrt{5})k \end{pmatrix}$$

取$u_1^{(1)} = 1$，则

$$u_2^{(1)} = -\frac{1+\sqrt{5}}{2} = -1.618$$

$$\boldsymbol{H}(\omega_2) = \begin{pmatrix} (-1+\sqrt{5})k & -2k \\ -2k & (1+\sqrt{5})k \end{pmatrix}$$

$$\mathrm{adj}\boldsymbol{H}(\omega_2) = \begin{pmatrix} (1+\sqrt{5})k & 2k \\ 2k & (-1+\sqrt{5})k \end{pmatrix}$$

取$u_1^{(2)} = 1$，则

$$u_2^{(2)} = -\frac{-1+\sqrt{5}}{2} = 0.618$$

两种振动模式中节点的位置如图 10.26(a)、(b)所示.

对于简正频率为

$$\omega_1 = \sqrt{(3+\sqrt{5})\frac{k}{m}} = 2.288\sqrt{\frac{k}{m}}$$

的模式，节点位于 2 点的右方 s 处，

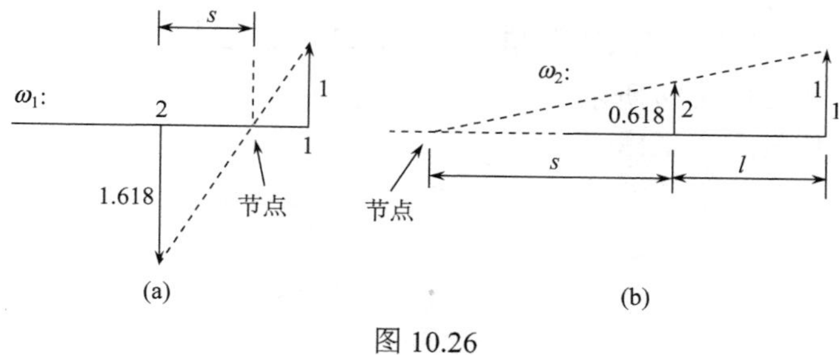

图 10.26

$$\frac{s}{l-s}=1.618,\quad s=0.618l$$

对于简正频率为

$$\omega_2=\sqrt{(3-\sqrt{5})\frac{k}{m}}=0.874\sqrt{\frac{k}{m}}$$

的模式，节点位于 2 点的左方 s 处，

$$\frac{s}{s+l}=0.618,\quad s=1.618l$$

10.1.31　一个质量为 $4m$、半径为 $2b$ 的均质半球形碗静置在一光滑的桌面上，其边缘所在平面是水平的. 在它内部躺着一个质量为 m、半径为 b 的完全粗糙的均质球，系统运动时，球心与碗心保持在一个竖直平面内，即系统平衡时它们所在的竖直平面. 证明：小振动的简正频率为 ω_1、ω_2，其平方 ω_1^2、ω_2^2 是下列方程的根：

$$156b^2x^2-260bgx+75g^2=0$$

证明　先求半球形碗的质心位置，由图 10.27，

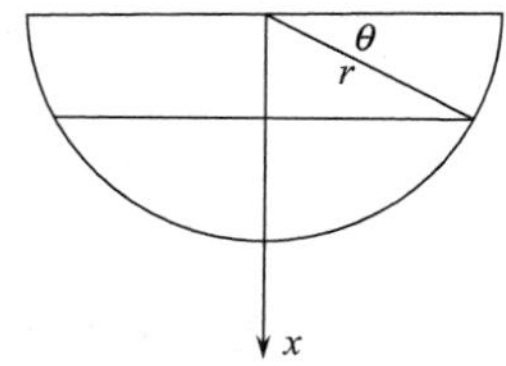

图 10.27

$$mx_C=\int x\mathrm{d}m$$

$$x=r\sin\theta,\quad m=2\pi r^2\rho$$

位于 $x\sim x+\mathrm{d}x$ 处的质元质量

$$\mathrm{d}m=2\pi r\cos\theta\cdot r\mathrm{d}\theta\cdot\rho$$

$$x_C=\frac{1}{2\pi r^2\rho}\int_0^{\frac{\pi}{2}}r\sin\theta\cdot\rho 2\pi r^2\cos\theta\mathrm{d}\theta=\frac{1}{2}r=b$$

这里用了半球形碗的半径 $r=2b$.

半球形碗对通过碗心的水平轴的转动惯量为

$$I=\frac{2}{3}(4m)(2b)^2=\frac{32}{3}mb^2$$

用关于转动惯量的平行轴定理，半球形碗对通过质心的水平轴的转动惯量为

$$I_C=I-4m\cdot b^2=\frac{20}{3}mb^2$$

取静坐标系 Oxy，x_1、y_1 表示碗的质心 C 的坐标，x_2、y_2 表示球心 D 的坐标，$x_{O'}$ 表示碗

心的 x 坐标，φ 是 $O'C$ 与竖直线的夹角，θ 是 $O'D$ 与竖直线的夹角，用 ψ 表示球围绕球心顺时针的转角，如图 10.28 所示.

以 $x_{O'}$、φ、θ 作为广义坐标，

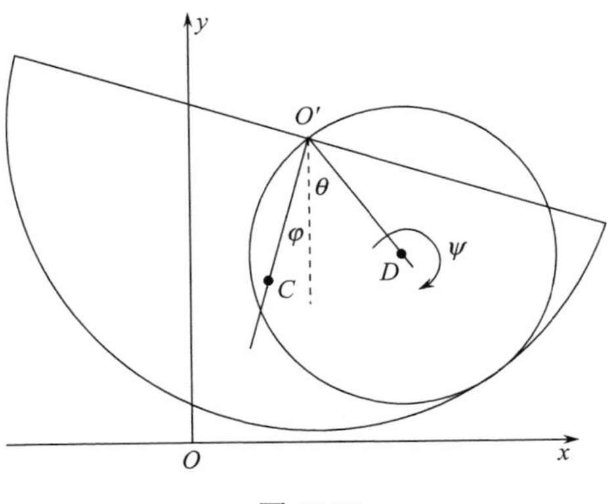

图 10.28

$$x_1 = x_{O'} - b\sin\varphi,\quad \dot{x}_1 = \dot{x}_{O'} - b\,\dot{\varphi}\cos\varphi$$

$$y_1 = 2b - b\cos\varphi,\quad \dot{y}_1 = b\,\dot{\varphi}\sin\varphi$$

$$x_2 = x_{O'} + b\sin\theta,\quad \dot{x}_2 = \dot{x}_{O'} + b\,\dot{\theta}\cos\theta$$

$$y_2 = 2b - b\cos\theta,\quad \dot{y}_2 = b\,\dot{\theta}\sin\theta$$

考虑碗为参考系，球与碗的两接触点间无相对滑动，D 点的速度为 $b(\dot{\theta}+\dot{\varphi})$，球上的接触点相对于 D 点“平动参考系”(对碗参考系而言)的角速度也就是球相对于碗的角速度设为 $\dot{\psi}'$ (规定顺时针方向为正)，则

$$b(\dot{\theta}+\dot{\varphi}) - b\dot{\psi}' = 0$$

所以

$$\dot{\psi}' = \dot{\theta} + \dot{\varphi}$$

碗相对于静参考系的角速度为 $\dot{\varphi}$，球相对于球心平动参考系的角速度 $\dot{\psi}$ 也就是球相对于静参考系的角速度，用角速度合成法则，

$$\dot{\psi} = \dot{\psi}' + \dot{\varphi} = \dot{\theta} + 2\dot{\varphi}$$

将 $\dot{x}_1$、$\dot{y}_1$、$\dot{x}_2$、$\dot{y}_2$、$\dot{\psi}$ 与 $x_{O'}$、φ、θ、$\dot{x}_{O'}$、$\dot{\varphi}$、$\dot{\theta}$ 的关系计算系统的动能，得

$$\begin{aligned} T &= \frac{1}{2}\times 4m(\dot{x}_1^2+\dot{y}_1^2) + \frac{1}{2}I_C\dot{\varphi}^2 + \frac{1}{2}m(\dot{x}_2^2+\dot{y}_2^2) + \frac{1}{2}\times\frac{2}{5}mb^2\dot{\psi}^2 \\ &= 2m(\dot{x}_{O'}^2 + b^2\dot{\varphi}^2 - 2b\,\dot{x}_{O'}\dot{\varphi}\cos\varphi) + \frac{1}{2}m(\dot{x}_{O'}^2 + b^2\dot{\theta}^2 + \\ &\quad 2b\,\dot{x}_{O'}\dot{\theta}\cos\theta) + \frac{10}{3}mb^2\dot{\varphi}^2 + \frac{1}{5}mb^2(\dot{\theta}+2\dot{\varphi})^2 \end{aligned}$$

$$\begin{aligned} V &= 4mgy_1 + mgy_2 \\ &= 4mg(2b - b\cos\varphi) + mg(2b - b\cos\theta) \end{aligned}$$

$$L = T - V$$

因为

$$\frac{\partial L}{\partial x_{O'}}=0,\quad \frac{\partial L}{\partial \dot{x}_{O'}}=\text{常量}=0$$

求简正频率与初始条件无关，因此我们可以选取初始条件，使上述常量为零，

$$5m\dot{x}_{O'}-4mb\,\dot{\varphi}\cos\varphi+mb\,\dot{\theta}\cos\theta=0$$

$$\dot{x}_{O'}=\frac{4}{5}b\,\dot{\varphi}\cos\varphi-\frac{1}{5}b\,\dot{\theta}\cos\theta \tag{1}$$

(1)式可以积分，

$$x_{O'}=\frac{4}{5}b\sin\varphi-\frac{1}{5}b\sin\theta+\text{常量}$$

这个式子的物理意义是系统在 x 方向动量守恒. (1)式可以积分，是几何约束，可以用它减少系统的自由度，这样就消除了一个非振动自由度，剩下的是两个振动自由度. 将(1)式代入动能的表达式，并做小振动近似. 只保留二级小量，

$$T\approx\frac{68}{15}mb^2\dot{\varphi}^2+\frac{3}{5}mb^2\dot{\theta}^2+\frac{8}{5}mb^2\dot{\varphi}\dot{\theta}$$

$$V\approx 5mgb+2mgb\varphi^2+\frac{1}{2}mgb\theta^2$$

$$\boldsymbol{M}=\begin{pmatrix}\frac{136}{15}mb^2 & \frac{8}{5}mb^2\\ \frac{8}{5}mb^2 & \frac{6}{5}mb^2\end{pmatrix}$$

$$\boldsymbol{K}=\begin{pmatrix}4mgb & 0\\ 0 & mgb\end{pmatrix}$$

$$|\boldsymbol{H}|=|\boldsymbol{K}-\omega^2\boldsymbol{M}|=\begin{vmatrix}4mgb-\frac{136}{15}mb^2\omega^2 & -\frac{8}{5}mb^2\omega^2\\ -\frac{8}{5}mb^2\omega^2 & mgb-\frac{6}{5}mb^2\omega^2\end{vmatrix}=0$$

令 $x=\omega^2$，

$$\left(4mgb-\frac{136}{15}mb^2x\right)\left(mgb-\frac{6}{5}mb^2x\right)-\left(-\frac{8}{5}mb^2x\right)^2=0$$

约去公因子 $(mb)^2$，可得

$$\frac{624}{75}b^2x^2-\frac{208}{15}bgx+4g^2=0$$

两边乘以 $\frac{75}{4}$，即得

$$156b^2x^2-260bgx+75g^2=0$$

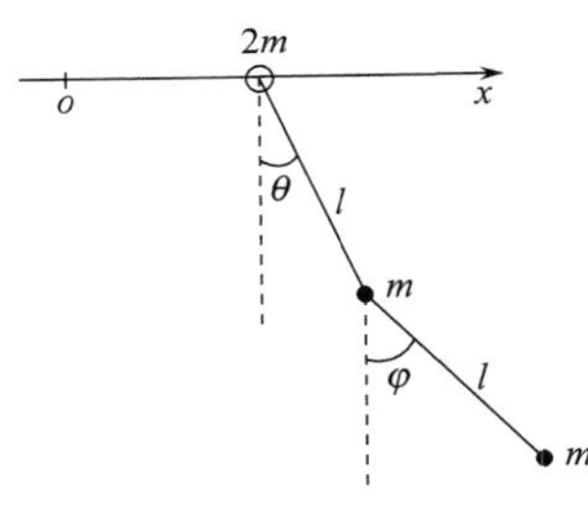

图 10.29

10.1.32 质量为 m 的质点用长为 l 的不可伸长的轻绳系在另一质量为 m 的质点上，这个质点又用同样的轻绳系在套在光滑水平杆上的、质量为 $2m$ 的小环上. 试证：在平衡位置附近的小振动中有一种振动模式，下半段绳子与铅垂线所成的角恒为上半段绳子与铅垂线所成的角的两倍；另一种振动模式，上述两个角度大小相等但符号相反.

证明 取图 10.29 的 x、θ、φ 为广义坐标，

$$
\begin{aligned}
T &= \frac{1}{2}\times 2m\,\dot{x}^2 + \frac{1}{2}m[(\dot{x}+l\,\dot{\theta}\cos\theta)^2+(l\,\dot{\theta}\sin\theta)^2] \\
&\quad + \frac{1}{2}m[(\dot{x}+l\,\dot{\theta}\cos\theta+l\,\dot{\varphi}\cos\varphi)^2+(l\,\dot{\theta}\sin\theta+l\dot{\varphi}\sin\varphi)^2] \\
&= 2m\,\dot{x}^2 + ml^2\dot{\theta}^2+\frac{1}{2}ml^2\dot{\varphi}^2+ml\,\dot{x}(2\,\dot{\theta}\cos\theta+\dot{\varphi}\cos\varphi)+ml^2\dot{\theta}\,\dot{\varphi}\cos(\theta-\varphi) \\
&\approx 2m\,\dot{x}^2 + ml^2\dot{\theta}^2+\frac{1}{2}ml^2\dot{\varphi}^2+ml\,\dot{x}(2\dot{\theta}+\dot{\varphi})+ml^2\dot{\theta}\,\dot{\varphi}
\end{aligned}
$$

这里用了小振动近似，θ、φ、$\dot{\theta}$、$\dot{\varphi}$ 均为小量.

$$
\begin{aligned}
V &= mgl(1-\cos\theta)+mgl(1-\cos\theta)+mgl(1-\cos\varphi) \\
&\approx mgl\theta^2+\frac{1}{2}mgl\varphi^2
\end{aligned}
$$

$$
L = T - V
$$

因为

$$
\frac{\partial L}{\partial x}=0,\quad \frac{\partial L}{\partial \dot{x}}=\text{常量}
$$

与上题所述一样，可取初始条件，使此常量为零，

$$
\dot{x}=-\frac{1}{4}l(2\dot{\theta}+\dot{\varphi})
$$

它也是可积分的几何约束，用它可消除一个非振动自由度，

$$
\begin{aligned}
T &= 2m\left[-\frac{1}{4}l(2\dot{\theta}+\dot{\varphi})\right]^2+ml^2\dot{\theta}^2+\frac{1}{2}ml^2\dot{\varphi}^2 \\
&\quad -\frac{1}{4}ml^2\left(2\dot{\theta}+\dot{\varphi}\right)^2+ml^2\dot{\theta}\,\dot{\varphi} \\
&= \frac{1}{2}ml^2\left(\dot{\theta}^2+\frac{3}{4}\dot{\varphi}^2+\dot{\theta}\,\dot{\varphi}\right)
\end{aligned}
$$

$$
\boldsymbol{M}=\begin{pmatrix} ml^2 & \frac{1}{2}ml^2 \\ \frac{1}{2}ml^2 & \frac{3}{4}ml^2 \end{pmatrix}
$$

$$\boldsymbol{K}=\begin{pmatrix}2mgl & 0\\ 0 & mgl\end{pmatrix}$$

$$|\boldsymbol{H}|=\begin{vmatrix}2mgl-ml^2\omega^2 & -\dfrac{1}{2}ml^2\omega^2\\ -\dfrac{1}{2}ml^2\omega^2 & mgl-\dfrac{3}{4}ml^2\omega^2\end{vmatrix}=0$$

可得

$$\omega^4-\frac{5g}{l}\omega^2+4\frac{g^2}{l^2}=0$$

$$\omega_1=\sqrt{\frac{g}{l}},\quad \omega_2=2\sqrt{\frac{g}{l}}$$

将 ω_1、ω_2 分别代入 $\boldsymbol{H}\cdot\boldsymbol{u}=0$，可得两个独立的方程为

$$mglu_1^{(1)}-\frac{1}{2}mglu_2^{(1)}=0$$

$$-2mglu_1^{(2)}-2mglu_2^{(2)}=0$$

所以

$$\frac{u_2^{(1)}}{u_1^{(1)}}=2,\quad \frac{u_2^{(2)}}{u_1^{(2)}}=-1$$

这就证明了简正频率为 $\sqrt{\dfrac{g}{l}}$ 的模式. 任何时刻均有 $\varphi=2\theta$，简正频率为 $2\sqrt{\dfrac{g}{l}}$ 的模式，任何时刻均有 $\varphi=-\theta$.

10.1.33　一个系统运动时，其动能和势能分别为

$$T=\frac{1}{2}(\dot{q}_1^2+\dot{q}_2^2+\dot{q}_3^2)$$

$$V=2q_1^2+\frac{5}{2}q_2^2+2q_3^2-q_1q_2-q_2q_3$$

如开始时，$q_1=q_{10}$，$q_2=q_{20}$，$q_3=q_{30}$，$\dot{q}_1=\dot{q}_2=\dot{q}_3=0$，求此系统的运动.

解　$$L=T-V=\frac{1}{2}(\dot{q}_1^2+\dot{q}_2^2+\dot{q}_3^2)-2q_1^2-\frac{5}{2}q_2^2-2q_3^2+q_1q_2+q_2q_3$$

由 $\dfrac{\mathrm{d}}{\mathrm{d}t}\left(\dfrac{\partial L}{\partial \dot{q}_i}\right)-\dfrac{\partial L}{\partial q_i}=0$ 得运动微分方程为

$$\ddot{q}_1+4q_1-q_2=0$$

$$\ddot{q}_2+5q_2-q_1-q_3=0$$

$$\ddot{q}_3+4q_3-q_2=0$$

设特解具有下列形式：$q_j=u_j\mathrm{e}^{\mathrm{i}\omega t}$，代入上述微分方程，得

$$\begin{cases}(4-\omega^2)u_1-u_2=0\\-u_1+(5-\omega^2)u_2-u_3=0\\-u_2+(4-\omega^2)u_3=0\end{cases}\tag{1}$$

特征方程为

$$\begin{vmatrix}4-\omega^2 & -1 & 0\\-1 & 5-\omega^2 & -1\\0 & -1 & 4-\omega^2\end{vmatrix}=0$$

可解出

$$\omega_1=\sqrt{3},\quad \omega_2=2,\quad \omega_3=\sqrt{6}$$

将ω_1代入方程组(1)，取$u_1^{(1)}=1$，得

$$u_2^{(1)}=1,\quad u_3^{(1)}=1$$

将ω_2代入方程组(1)，取$u_1^{(2)}=1$，得

$$u_2^{(2)}=0,\quad u_3^{(2)}=-1$$

将ω_3代入方程组(1)，取$u_1^{(3)}=1$，得

$$u_2^{(3)}=-2,\quad u_3^{(3)}=1$$

ω_1、ω_2、ω_3均为实数，说明q_j均为振动. 特解可写为

$$\begin{cases}q_1^{(1)}=\cos(\sqrt{3}t+\alpha_1)\\q_2^{(1)}=\cos(\sqrt{3}t+\alpha_1)\\q_3^{(1)}=\cos(\sqrt{3}t+\alpha_1)\end{cases}$$

$$\begin{cases}q_1^{(2)}=\cos(2t+\alpha_2)\\q_2^{(2)}=0\\q_3^{(2)}=-\cos(2t+\alpha_2)\end{cases}$$

$$\begin{cases}q_1^{(3)}=\cos(\sqrt{6}t+\alpha_3)\\q_2^{(3)}=-2\cos(\sqrt{6}t+\alpha_3)\\q_3^{(3)}=\cos(\sqrt{6}t+\alpha_3)\end{cases}$$

通解为

$$q_j=\sum_{i=1}^{3}C_iu_j^{(i)}\cos(\omega_it+\alpha_i)\quad (j=1,2,3)$$

即

$$q_1=C_1\cos(\sqrt{3}t+\alpha_1)+C_2\cos(2t+\alpha_2)+C_3\cos(\sqrt{6}t+\alpha_3)$$
$$q_2=C_1\cos(\sqrt{3}t+\alpha_1)-2C_3\cos(\sqrt{6}t+\alpha_3)$$
$$q_3=C_1\cos(\sqrt{3}t+\alpha_1)-C_2\cos(2t+\alpha_2)+C_3\cos(\sqrt{6}t+\alpha_3)$$

由初始条件：$t=0$ 时，$q_1=q_{10}$，$q_2=q_{20}$，$q_3=q_{30}$，$\dot{q}_1=\dot{q}_2=\dot{q}_3=0$，可定 C_1、C_2、C_3、α_1、α_2 和 α_3，可得

$$q_1=\frac{1}{6}[2(q_{10}+q_{20}+q_{30})\cos\sqrt{3}t+3(q_{10}-q_{30})\cos 2t+(q_{10}-2q_{20}+q_{30})\cos\sqrt{6}t]$$

$$q_2=\frac{1}{3}[(q_{10}+q_{20}+q_{30})\cos\sqrt{3}t-(q_{10}-2q_{20}+q_{30})\cos\sqrt{6}t]$$

$$q_3=\frac{1}{6}[2(q_{10}+q_{20}+q_{30})\cos\sqrt{3}t-3(q_{10}-q_{30})\cos 2t+(q_{10}-2q_{20}+q_{30})\cos\sqrt{6}t]$$

10.1.34　三个质量均为 m 的物体，被限制在沿交于一点相互成120°角、处于同一水平面的三条光滑直线上运动，用三根劲度系数均为 k 的轻弹簧将它们相互连结，如图 10.30 所示. 图中三质点分别位于 O_1、O_2、O_3 时，系统处于平衡位置. 考虑系统在平衡位置附近的小振动.

(1) 写出系统的运动微分方程；

(2) 求简正频率和振动模式.

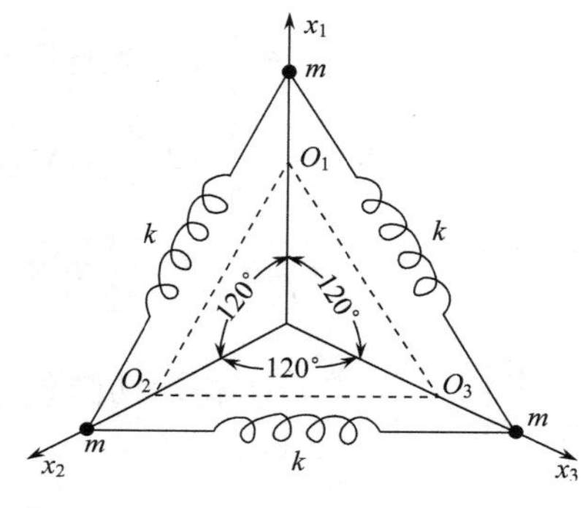

图 10.30

解　(1) 取广义坐标 x_1、x_2、x_3，零点分别取在系统的平衡位置 O_1、O_2、O_3，

$$T=\frac{1}{2}m(\dot{x}_1^2+\dot{x}_2^2+\dot{x}_3^2)$$

在图 10.31 中，位于 x_1、x_2 轴上的两质点分别从平衡位置位移 x_1、x_2 时，连接它们的弹簧的伸长量为

$$\begin{aligned}&x_1\cos(30°-\alpha)+x_2\cos(30°+\alpha)\\&=x_1(\cos 30°\cos\alpha+\sin 30°\sin\alpha)+x_2(\cos 30°\cos\alpha-\sin 30°\sin\alpha)\end{aligned}$$

小振动，x_1、x_2 和 α 均为小量，

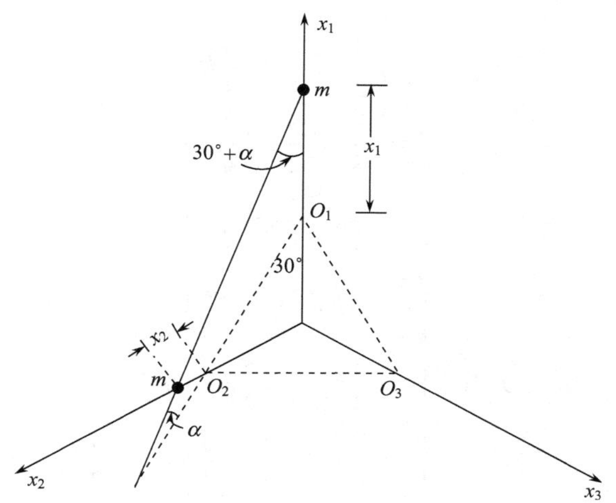

图 10.31

$$\cos\alpha \approx 1, \quad \sin\alpha \approx \alpha$$

$$x_1\cos(30°+\alpha)+x_2\cos(30°-\alpha)\approx\frac{\sqrt{3}}{2}(x_1+x_2)$$

同样计算另两个弹簧的伸长量，分别为$\frac{\sqrt{3}}{2}(x_2+x_3)$和$\frac{\sqrt{3}}{2}(x_3+x_1)$，

$$V=\frac{1}{2}k\left\{\left[\frac{\sqrt{3}}{2}(x_1+x_2)\right]^2+\left[\frac{\sqrt{3}}{2}(x_2+x_3)\right]^2+\left[\frac{\sqrt{3}}{2}(x_3+x_1)\right]^2\right\}$$

$$=\frac{3}{8}k[(x_1+x_2)^2+(x_2+x_3)^2+(x_3+x_1)^2]$$

$$=\frac{3}{8}k(2x_1^2+2x_2^2+2x_3^2+2x_1x_2+2x_2x_3+2x_3x_1)$$

$$L=T-V=\frac{1}{2}m(\dot{x}_1^2+\dot{x}_2^2+\dot{x}_3^2)-\frac{3}{4}k(x_1^2+x_2^2+x_3^2+x_1x_2+x_2x_3+x_3x_1)$$

由$\frac{\mathrm{d}}{\mathrm{d}t}\left(\frac{\partial L}{\partial \dot{x}_i}\right)-\frac{\partial L}{\partial x_i}=0$得运动微分方程为

$$m\ddot{x}_1+\frac{3}{2}kx_1+\frac{3}{4}kx_2+\frac{3}{4}kx_3=0$$

$$m\ddot{x}_2+\frac{3}{2}kx_2+\frac{3}{4}kx_1+\frac{3}{4}kx_3=0$$

$$m\ddot{x}_3+\frac{3}{2}kx_3+\frac{3}{4}kx_1+\frac{3}{4}kx_2=0$$

(2) 由动能、势能的表达式可写出惯性矩阵、刚度矩阵、特征矩阵分别为

$$\boldsymbol{M}=\begin{pmatrix} m & 0 & 0 \\ 0 & m & 0 \\ 0 & 0 & m \end{pmatrix}$$

$$\boldsymbol{K}=\begin{pmatrix} \frac{3}{2}k & \frac{3}{4}k & \frac{3}{4}k \\ \frac{3}{4}k & \frac{3}{2}k & \frac{3}{4}k \\ \frac{3}{4}k & \frac{3}{4}k & \frac{3}{2}k \end{pmatrix}$$

$$|\boldsymbol{H}|=\boldsymbol{K}-\omega^2\boldsymbol{M}=\begin{pmatrix} \frac{3}{2}k-m\omega^2 & \frac{3}{4}k & \frac{3}{4}k \\ \frac{3}{4}k & \frac{3}{2}k-m\omega^2 & \frac{3}{4}k \\ \frac{3}{4}k & \frac{3}{4}k & \frac{3}{2}k-m\omega^2 \end{pmatrix}$$

为书写简便起见，令 $\eta=\dfrac{3}{4}k$. 特征方程为

$$|\boldsymbol{H}|=\begin{vmatrix}2\eta-m\omega^2 & \eta & \eta\\ \eta & 2\eta-m\omega^2 & \eta\\ \eta & \eta & 2\eta-m\omega^2\end{vmatrix}=0$$

$$(m\omega^2)^3-6\eta(m\omega^2)^2+9\eta^2(m\omega^2)-4\eta^3=0$$

从各项的系数有 $1-6+9-4=0$ 可知. 必有一个因子 $m\omega^2-\eta$，进而可得

$$(m\omega^2-\eta)(m\omega^2-\eta)(m\omega^2-4\eta)=0$$

三个简正频率分别为

$$\omega_1=\sqrt{\frac{\eta}{m}}=\sqrt{\frac{3k}{4m}}$$

$$\omega_2=\sqrt{\frac{\eta}{m}}=\sqrt{\frac{3k}{4m}}$$

$$\omega_3=\sqrt{\frac{4\eta}{m}}=\sqrt{\frac{3k}{m}}$$

将 ω_1、ω_2、ω_3 依次代入 $\boldsymbol{H}\cdot\boldsymbol{u}=0$. 今 $\omega_1=\omega_2$，是简并的，代入 $\boldsymbol{H}\cdot\boldsymbol{u}=0$，只能得到一个独立的方程.

将 ω_1、ω_2 代入得

$$\eta(u_1+u_2+u_3)=0$$

ω_1：取 $u_1^{(1)}=1$，$u_2^{(1)}=0$，则 $u_3^{(1)}=-1$；

ω_2：取 $u_1^{(2)}=1$，$u_2^{(2)}=-\dfrac{1}{2}$，则 $u_3^{(2)}=-\dfrac{1}{2}$.

将 ω_3 代入得

$$-2ku_1^{(3)}+ku_2^{(3)}+ku_3^{(3)}=0$$

$$ku_1^{(3)}-2ku_2^{(3)}+ku_3^{(3)}=0$$

取 $u_1^{(3)}=1$，则 $u_2^{(3)}=1$，$u_3^{(3)}=1$.

10.1.35　三个质量均为 m 的质点在由势能

$$V=V_0(\mathrm{e}^{-\alpha}+\mathrm{e}^{-\beta}+\mathrm{e}^{-\gamma})$$

[其中 V_0 为常量，α、β、γ 是它们的角距离(以弧度为单位)]给出的力作用下在半径为 b 的水平圆圈上无摩擦地运动. 当 $\alpha=\beta=\gamma=\dfrac{2\pi}{3}$ 时，系统处于平衡. 求系统偏离平衡位置做小振动的简正频率.

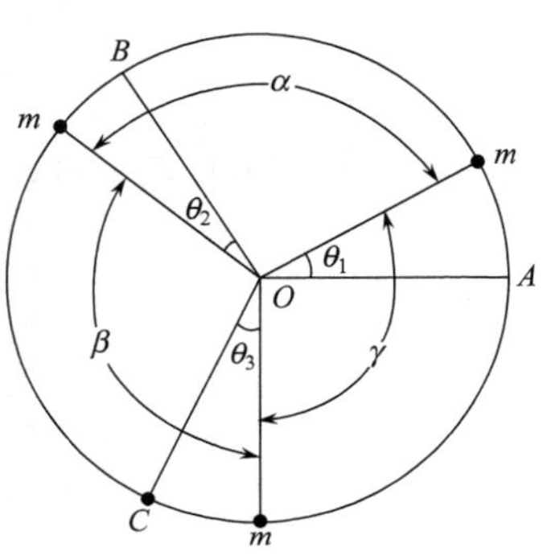

图 10.32

解　三质点处于图 10.32 中 A、B、C 时为一个平衡位置，偏离平衡位置的角位移为 θ_1、θ_2、θ_3 时，它们之间的

角距离分别为

$$\alpha=\frac{2\pi}{3}+\theta_2-\theta_1$$

$$\beta=\frac{2\pi}{3}+\theta_3-\theta_2$$

$$\gamma=\frac{2\pi}{3}+\theta_1-\theta_3$$

$$\begin{aligned}V(\theta_1,\theta_2,\theta_3)&=V_0\mathrm{e}^{-\frac{2\pi}{3}}(\mathrm{e}^{\theta_1-\theta_2}+\mathrm{e}^{\theta_2-\theta_3}+\mathrm{e}^{\theta_3-\theta_1})\\&\approx V_0\mathrm{e}^{-\frac{2\pi}{3}}\Big[1+(\theta_1-\theta_2)+\frac{1}{2}(\theta_1-\theta_2)^2+1+(\theta_2-\theta_3)+\frac{1}{2}(\theta_2-\theta_3)^2\\&\quad+1+(\theta_3-\theta_1)+\frac{1}{2}(\theta_3-\theta_1)^2\Big]\\&=V_0\mathrm{e}^{-\frac{2\pi}{3}}\left[3+\frac{1}{2}(\theta_1-\theta_2)^2+\frac{1}{2}(\theta_2-\theta_3)^2+\frac{1}{2}(\theta_3-\theta_1)^2\right]\\&=V_0\mathrm{e}^{-\frac{2\pi}{3}}(3+\theta_1^2+\theta_2^2+\theta_3^2-\theta_1\theta_2-\theta_2\theta_3-\theta_3\theta_1)\end{aligned}$$

$$T=\frac{1}{2}mb^2(\dot{\theta}_1^2+\dot{\theta}_2^2+\dot{\theta}_3^2)$$

$$\boldsymbol{M}=\begin{pmatrix}B&0&0\\0&B&0\\0&0&B\end{pmatrix}$$

$$\boldsymbol{K}=\begin{pmatrix}2A&-A&-A\\-A&2A&-A\\-A&-A&2A\end{pmatrix}$$

其中 $B=mb^2$， $A=V_0\mathrm{e}^{-\frac{2\pi}{3}}$，

$$|\boldsymbol{H}|=\begin{vmatrix}2A-B\omega^2&-A&-A\\-A&2A-B\omega^2&-A\\-A&-A&2A-B\omega^2\end{vmatrix}=0$$

第一列加第三列作第一列，再第一行减第三行作第一行，得

$$\begin{vmatrix}0&0&-3A+B\omega^2\\-2A&2A-B\omega^2&-A\\A-B\omega^2&-A&2A-B\omega^2\end{vmatrix}=0$$

$$(-3A+B\omega^2)[2A^2-(A-B\omega^2)(2A-B\omega^2)]=0$$

$$(-3A+B\omega^2)(-B^2\omega^4+3AB\omega^2)=0$$

可得

$$\omega_1 = 0$$

$$\omega_2 = \omega_3 = \sqrt{\frac{3A}{B}} = \sqrt{\frac{3V_0 e^{-2\pi/3}}{mb^2}}$$

$\omega_1 = 0$ 不是振动，是整个系统沿圆圈做等角速转动，只有两个简正频率，它们是简并的.

10.1.36　三个质点，其中两个质量为 m，一个质量为 M，被约束在半径为 r 的光滑的水平圆环上运动，并用三根相同的轻弹簧将它们互相连接. 如图 10.33 所示，劲度系数为 k. 让系统只围绕一个平衡位置做小振动.

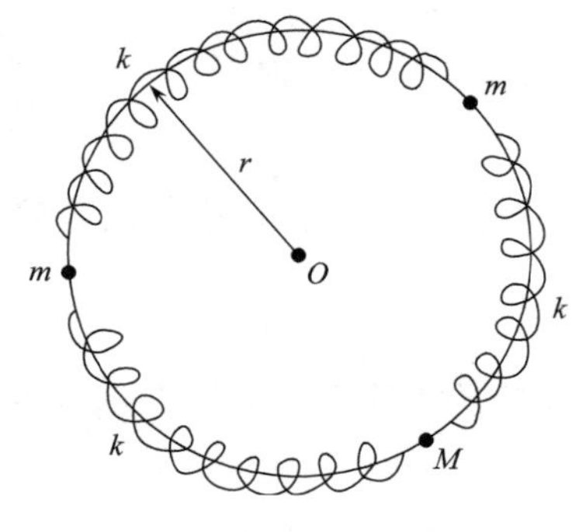

图 10.33

(1) 定性描述系统做简谐振动的振动模式；

(2) 找出一组简正坐标，求出简正频率.

解　(1) 由于在水平面内所受外力的作用线都通过环心(弹簧力为内力，在竖直方向，每个质点所受合外力均为零)，系统对环心的角动量守恒. 必存在一个系统整体以恒定角速度转动，系统的角动量不为零，简正频率 $\omega = 0$，实际上不是振动，实际上只有两个振动自由度，题目要求只围绕一个平衡位置做小振动，就是这两种振动模式，系统的角动量均为零.

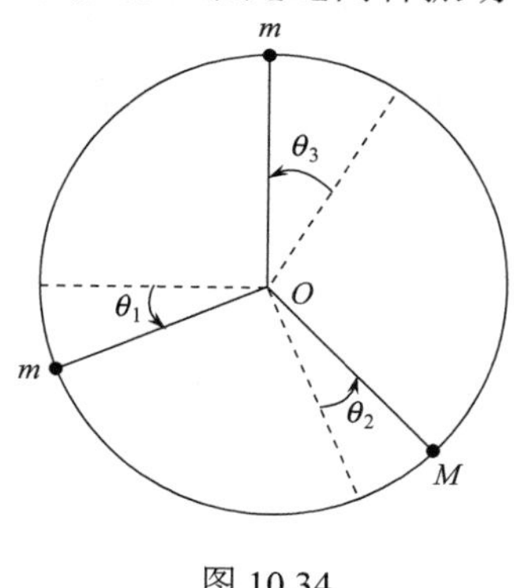

图 10.34

用 θ_1、θ_2、θ_3 (如图 10.34 所示)分别表示 m、M、m 偏离一个平衡位置(图中虚线表示的位置)的角位移，根据系数的角动量为零，可以设想：

一种振动模式，$u_1^{(1)} = 1$，$u_2^{(1)} = 0$，$u_3^{(1)} = -1$. 即两个 m 的振幅相同，但相位相反，M 不动；

另一种振动模式，$u_1^{(2)} = 1$，$u_2^{(2)} = -\dfrac{2m}{M}$，$u_3^{(2)} = 1$. 即两个 m 的振幅和相位都相同，M 的振幅是两个 m 的振幅的 $\dfrac{2m}{M}$ 倍，相位相反.

(2) 方法一：$T = \dfrac{1}{2}mr^2(\dot{\theta}_1^2 + \dot{\theta}_3^2) + \dfrac{1}{2}Mr^2\dot{\theta}_2^2$

$$V = \frac{1}{2}k\left(\frac{2\pi}{3}r + r\theta_2 - r\theta_1 - a\right)^2 + \frac{1}{2}k\left(\frac{2\pi}{3}r + r\theta_3 - r\theta_2 - a\right)^2$$
$$+ \frac{1}{2}k\left(\frac{2\pi}{3}r + r\theta_1 - r\theta_3 - a\right)^2 - 3\cdot\frac{1}{2}k\left(\frac{2\pi}{3}r - a\right)^2$$

其中 a 为弹簧原长.

$$L = T - V$$

由 $\dfrac{\mathrm{d}}{\mathrm{d}t}\left(\dfrac{\partial L}{\partial \dot{\theta}_i}\right) - \dfrac{\partial L}{\partial \theta_i} = 0$，得

$$m\ddot{\theta}_1+k(2\theta_1-\theta_2-\theta_3)=0 \tag{1}$$

$$M\ddot{\theta}_2+k(2\theta_2-\theta_3-\theta_1)=0 \tag{2}$$

$$m\ddot{\theta}_3+k(2\theta_3-\theta_1-\theta_2)=0 \tag{3}$$

(1)式+(2)式+(3)式，得

$$m\ddot{\theta}_1+M\ddot{\theta}_2+m\ddot{\theta}_3=0 \tag{4}$$

(1)式-(3)式，得

$$m(\ddot{\theta}_1-\ddot{\theta}_3)+3k(\theta_1-\theta_3)=0 \tag{5}$$

用(4)、(5)式，可引入两个简正坐标，

$$\xi=\theta_1+\frac{M}{m}\theta_2+\theta_3$$

相应的“简正频率”为$\omega_1=0$，它不是振动，而是整体以恒定角速度围绕环心O转动，

$$\eta=\theta_1-\theta_3$$

相应的简正频率为

$$\omega_2=\sqrt{\frac{3k}{m}}$$

简正坐标η与上述的$u_1^{(1)}=1$，$u_2^{(1)}=0$，$u_3^{(1)}=-1$的振动模式相对应，简正坐标ζ应与上述的$u_1^{(2)}=1$，$u_2^{(2)}=-\frac{2m}{M}$，$u_3^{(2)}=1$的振动模式相对应. 由此可见试用(1)式+(3)式-2×(2)式得

$$m(\ddot{\theta}_1+\ddot{\theta}_3)-2M\ddot{\theta}_2+3k(\theta_1-2\theta_2+\theta_3)=0$$

不能得到第三个简正坐标，改用(1)式$\times\frac{1}{m}$+(3)式$\times\frac{1}{m}$-(2)式$\times\frac{2}{M}$，得

$$\ddot{\theta}_1-2\ddot{\theta}_2+\ddot{\theta}_3+\frac{2m+M}{mM}k(\theta_1-2\theta_2+\theta_3)=0$$

可见

$$\zeta=\theta_1-2\theta_2+\theta_3$$

为第三个简正坐标，相应的简正频率为

$$\omega_3=\sqrt{\frac{2m+M}{mM}k}$$

方法二：用前面已用过的方法，

$$V=\frac{1}{2}kr^2(2\theta_1^2+2\theta_2^2+2\theta_3^2-2\theta_1\theta_2-2\theta_2\theta_3-2\theta_3\theta_1)$$

$$\boldsymbol{M}=\begin{pmatrix} mr^2 & 0 & 0 \\ 0 & Mr^2 & 0 \\ 0 & 0 & mr^2 \end{pmatrix}$$

$$\boldsymbol{K}=\begin{pmatrix}2kr^2 & -kr^2 & -kr^2\\ -kr^2 & 2kr^2 & -kr^2\\ -kr^2 & -kr^2 & 2kr^2\end{pmatrix}$$

$$|\boldsymbol{H}|=r^2\begin{vmatrix}2k-m\omega^2 & -k & -k\\ -k & 2k-M\omega^2 & -k\\ -k & -k & 2k-m\omega^2\end{vmatrix}=0$$

第一行减第三行作第一行，再第一列加第三列作第一列，得

$$\begin{vmatrix}0 & 0 & -3k+m\omega^2\\ -2k & 2k-M\omega^2 & -k\\ k-m\omega^2 & -k & 2k-m\omega^2\end{vmatrix}=0$$

$$(-3k+m\omega^2)[2k^2-(k-m\omega^2)(2k-M\omega^2)]=0$$

可得 $\omega_1=0$，$\omega_2=\sqrt{\dfrac{3k}{m}}$，$\omega_3=\sqrt{\dfrac{2m+M}{mM}k}$.

将 ω_2 代入 $\boldsymbol{H}\bullet\boldsymbol{u}=0$,

$$\begin{pmatrix}-k & -k & -k\\ -k & k\left(2-\dfrac{3M}{m}\right) & -k\\ -k & -k & -k\end{pmatrix}\begin{pmatrix}u_1^{(2)}\\ u_2^{(2)}\\ u_3^{(2)}\end{pmatrix}=0$$

$$u_1^{(2)}+u_2^{(2)}+u_3^{(2)}=0$$

$$-u_1^{(2)}+\left(2-\frac{3M}{m}\right)u_2^{(2)}-u_3^{(2)}=0$$

取 $u_1^{(2)}=1$，则

$$u_2^{(2)}=0,\quad u_3^{(2)}=-1$$

将 ω_3 代入 $\boldsymbol{H}\bullet\boldsymbol{u}=0$,

$$\begin{pmatrix}\dfrac{M-2m}{M}k & -k & -k\\ -k & -\dfrac{M}{m}k & -k\\ -k & -k & \dfrac{M-2m}{M}k\end{pmatrix}\begin{pmatrix}u_1^{(3)}\\ u_2^{(3)}\\ u_3^{(3)}\end{pmatrix}=0$$

$$(M-2m)u_1^{(3)}-Mu_2^{(3)}-Mu_3^{(3)}=0$$

$$mu_1^{(3)}+Mu_2^{(3)}+mu_3^{(3)}=0$$

取 $u_1^{(3)}=1$，则

$$u_2^{(3)}=-\frac{2m}{M},\quad u_3^{(3)}=1$$

将 ω_1 代入 $\boldsymbol{H}\cdot\boldsymbol{u}=0$,

$$\begin{pmatrix}2k & -k & -k\\ -k & 2k & -k\\ -k & -k & 2k\end{pmatrix}\begin{pmatrix}u_1^{(1)}\\ u_2^{(1)}\\ u_3^{(1)}\end{pmatrix}=0$$

$$2u_1^{(1)}-u_2^{(1)}-u_3^{(1)}=0$$

$$u_1^{(1)}-2u_2^{(1)}+u_3^{(1)}=0$$

取 $u_1^{(1)}=1$，则

$$u_2^{(1)}=1,\quad u_3^{(1)}=1$$

$$\begin{pmatrix}\xi\\ \eta\\ \zeta\end{pmatrix}=\begin{pmatrix}u_1^{(1)} & u_2^{(1)} & u_3^{(1)}\\ u_1^{(2)} & u_2^{(2)} & u_3^{(2)}\\ u_1^{(3)} & u_2^{(3)} & u_3^{(3)}\end{pmatrix}\begin{pmatrix}m_{11} & m_{12} & m_{13}\\ m_{21} & m_{22} & m_{23}\\ m_{31} & m_{32} & m_{33}\end{pmatrix}\begin{pmatrix}\theta_1\\ \theta_2\\ \theta_3\end{pmatrix}$$

$$=\begin{pmatrix}1 & 1 & 1\\ 1 & 0 & -1\\ 1 & -\frac{2m}{M} & 1\end{pmatrix}\begin{pmatrix}m & 0 & 0\\ 0 & M & 0\\ 0 & 0 & m\end{pmatrix}\begin{pmatrix}\theta_1\\ \theta_2\\ \theta_3\end{pmatrix}=\begin{pmatrix}m\theta_1+M\theta_2+m\theta_3\\ m\theta_1-m\theta_3\\ m\theta_1-2m\theta_2+m\theta_3\end{pmatrix}$$

所以

$$\begin{cases}\xi=m\theta_1+M\theta_2+m\theta_3\\ \eta=m\theta_1-m\theta_3\\ \zeta=m\theta_1-2m\theta_2+m\theta_3\end{cases}\quad 或 \quad\begin{cases}\xi=\theta_1+\dfrac{M}{m}\theta_2+\theta_3\\ \eta=\theta_1-\theta_3\\ \zeta=\theta_1-2\theta_2+\theta_3\end{cases}$$

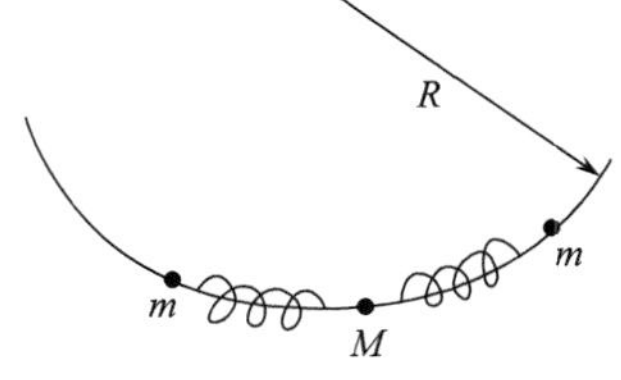

图 10.35

10.1.37　两个质量为 m 和一个质量为 M 的点状物体用两根劲度系数为 k、自然长度为零的轻弹簧连接，一起被限制在竖直的半径为 R 的光滑圆管道内运动，如图 10.35 所示，物体可以相互通过，求系统围绕平衡位置小振动的振动模式，并描述每一个模式.

解　用 θ_1、θ_2、θ_3 表示 m、M、m 三物体偏离平衡位置的角位移，均以逆时针方向为正，

$$T=\frac{1}{2}m(R^2\dot{\theta}_1^2+R^2\dot{\theta}_3^2)+\frac{1}{2}MR^2\dot{\theta}_2^2$$

$$V=\frac{1}{2}k(R\theta_2-R\theta_1)^2+\frac{1}{2}k(R\theta_3-R\theta_2)^2+mgR(1-\cos\theta_1)$$
$$+MgR(1-\cos\theta_2)+mgR(1-\cos\theta_3)$$

$$\approx \frac{1}{2}kR^2(\theta_1^2+2\theta_2^2+\theta_3^2-2\theta_1\theta_2-2\theta_2\theta_3)+\frac{1}{2}mgR(\theta_1^2+\theta_3^2)$$
$$+\frac{1}{2}MgR\theta_2^2$$

为书写简便起见，令 $x_1 = R\theta_1$，$x_2 = R\theta_2$，$x_3 = R\theta_3$.

$$L=T-V=\frac{1}{2}m(\dot{x}_1^2+\dot{x}_3^2)+\frac{1}{2}M\dot{x}_2^2-\left[\frac{1}{2}\left(k+\frac{mg}{R}\right)(x_1^2+x_3^2)\right.$$
$$\left.+\frac{1}{2}\left(2k+\frac{Mg}{R}\right)x_2^2-kx_1x_2-kx_2x_3\right]$$

由 $\frac{\mathrm{d}}{\mathrm{d}t}\left(\frac{\partial L}{\partial \dot{x}_i}\right)-\frac{\partial L}{\partial x_i}=0$，得

$$m\,\ddot{x}_1+\left(k+\frac{mg}{R}\right)x_1-kx_2=0$$
$$M\,\ddot{x}_2+\left(2k+\frac{Mg}{R}\right)x_2-k(x_1+x_3)=0$$
$$m\,\ddot{x}_3+\left(k+\frac{mg}{R}\right)x_3-kx_2=0$$

设 $x_i = u_i\cos(\omega t+\alpha)$，则

$$\begin{pmatrix} k+\frac{mg}{R}-m\omega^2 & -k & 0 \\ -k & 2k+\frac{Mg}{R}-M\omega^2 & -k \\ 0 & -k & k+\frac{mg}{R}-m\omega^2 \end{pmatrix}\begin{pmatrix} u_1 \\ u_2 \\ u_3 \end{pmatrix}=0 \tag{1}$$

u_1、u_2、u_3 得非零解，必有

$$\begin{vmatrix} k+\frac{mg}{R}-m\omega^2 & -k & 0 \\ -k & 2k+\frac{Mg}{R}-M\omega^2 & -k \\ 0 & -k & k+\frac{mg}{R}-m\omega^2 \end{vmatrix}=0$$

解得

$$\omega_1=\sqrt{\frac{g}{k}+\frac{k}{m}},\quad \omega_2=\sqrt{\frac{g}{R}+\frac{k}{m}+\frac{2k}{M}},\quad \omega_3=\sqrt{\frac{g}{R}}$$

将 ω_1、ω_2、ω_3 分别代入（1）式，取 $u_1^{(1)}=u_1^{(2)}=u_1^{(3)}=1$，可得 $u_2^{(1)}=0$，$u_3^{(1)}=-1$；$u_2^{(2)}=-\frac{2m}{M}$，$u_3^{(2)}=1$；$u_2^{(3)}=1$，$u_3^{(3)}=1$.

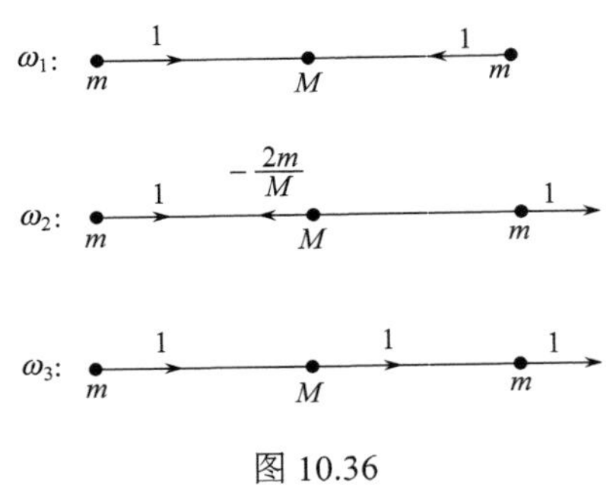

图 10.36

三种振动模式(如图 10.36 所示)分别为:

$$\omega_1:\quad (1,0,-1)$$

$$\omega_2:\quad \left(1,-\frac{2m}{M},1\right)$$

$$\omega_3:\quad (1,1,1)$$

第一种振动模式；M 不动，两个 m 振幅相同、相位相反；第二种振动模式：两个 m 振幅和相位均相同，M 的振幅是 m 的振幅的 $\frac{2m}{M}$ 倍，相位相反；第三种振动模式；三个物体振幅相同、相位也相同，是弹簧保持原长(为零)不起作用的情况.

10.1.38　一块质量为 m 的均质正方形薄板，在相邻的两个角用劲度系数为 k 的、完全相同的弹簧悬挂起来，如图 10.37 所示，弹簧和薄板在竖直平面内做小振动，求简正频率.

解　取平衡时质心所在位置为坐标系的原点，取质心的 x、y 坐标和绕质心的转角 θ 为广义坐标，如图 10.38 所示.

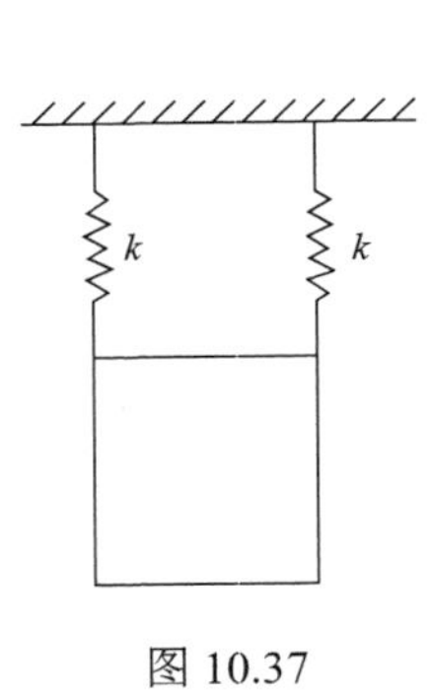

图 10.37

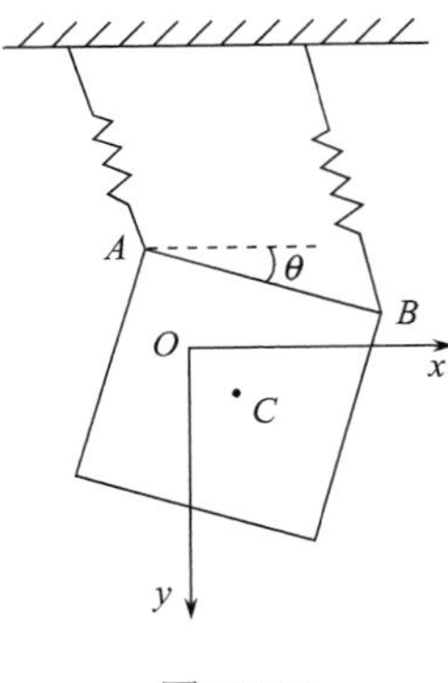

图 10.38

用关于转动惯量的垂直轴定理. 设正方形边长为 a,绕通过质心垂直于薄板的轴的转动惯量为 $I=\frac{1}{6}ma^2$,

$$T=\frac{1}{2}m(\dot{x}^2+\dot{y}^2)+\frac{1}{12}ma^2\dot{\theta}^2$$

考虑在平衡位置附近的小振动. A、B 点在 x、y 方向的改变量分别为

$$\Delta x_A\approx x+\frac{1}{2}a\theta,\quad \Delta y_A=y-\frac{1}{2}a\theta$$

$$\Delta x_B\approx x+\frac{1}{2}a\theta,\quad \Delta y_B=y+\frac{1}{2}a\theta$$

$$\boldsymbol{F}_A = -k\Delta x_A\boldsymbol{i} - k\Delta y_A\boldsymbol{j} = -k\left(x+\frac{1}{2}a\theta\right)\boldsymbol{i} - k\left(y-\frac{1}{2}a\theta\right)\boldsymbol{j}$$

$$\boldsymbol{F}_B = -k\Delta x_B\boldsymbol{i} - k\Delta y_B\boldsymbol{j} = -k\left(x+\frac{1}{2}a\theta\right)\boldsymbol{i} - k\left(y+\frac{1}{2}a\theta\right)\boldsymbol{j}$$

注意：由于坐标原点取在平衡位置，考虑弹簧由平衡位置的再伸长来写的“弹簧力”，实际上已是弹簧力和重力的合力.

$\boldsymbol{F}_A$、$\boldsymbol{F}_B$ 均是保守力，势能分别为

$$V_A = \frac{1}{2}k(\Delta x_A)^2 + \frac{1}{2}k(\Delta y_A)^2 = \frac{1}{2}k\left(x+\frac{1}{2}a\theta\right)^2 + \frac{1}{2}k\left(y-\frac{1}{2}a\theta\right)^2$$

$$V_B = \frac{1}{2}k\left(x+\frac{1}{2}a\theta\right)^2 + \frac{1}{2}k\left(y+\frac{1}{2}a\theta\right)^2$$

$$V = V_A + V_B = k\left(x+\frac{1}{2}a\theta\right)^2 + ky^2 + \frac{1}{4}ka^2\theta^2$$

可以验证，由上述的势能求得的广义力 Q_x、Q_y、Q_θ 与由 $\delta W = \boldsymbol{F}_A\cdot\delta\boldsymbol{r}_A + \boldsymbol{F}_B\cdot\delta\boldsymbol{r}_B$ 算出的 Q_x、Q_y、Q_θ 是完全相同的.

写惯性矩阵和刚度矩阵时，矩阵元的量纲相同时便于计算，因此我们改取 x、y、$a\theta$ 为广义坐标，

$$T = \frac{1}{2}m(\dot{x}^2+\dot{y}^2) + \frac{1}{12}m(a\,\dot{\theta})^2$$

$$V = \frac{1}{2}[2k(x^2+y^2) + k(a\theta)^2 + 2kx(a\theta)]$$

$$\boldsymbol{M} = \begin{pmatrix} m & 0 & 0 \\ 0 & m & 0 \\ 0 & 0 & \frac{1}{6}m \end{pmatrix}$$

$$\boldsymbol{K} = \begin{pmatrix} 2k & 0 & k \\ 0 & 2k & 0 \\ k & 0 & k \end{pmatrix}$$

$$|\boldsymbol{H}| = \begin{vmatrix} 2k-m\omega^2 & 0 & k \\ 0 & 2k-m\omega^2 & 0 \\ k & 0 & k-\frac{1}{6}m\omega^2 \end{vmatrix} = 0$$

解出

$$\omega_1 = \sqrt{\frac{2k}{m}},\quad \omega_2 = \sqrt{(4+\sqrt{10})\frac{k}{m}},\quad \omega_3 = \sqrt{(4-\sqrt{10})\frac{k}{m}}$$

10.1.39 三个质量均为 M 的质点被图 10.39 中所画的六根弹簧连接起来，A、B、C 三点是固定的，组成等边三角形，所有弹簧的劲度系数均为 k. 平衡时，三个质点组成一个等边三角形，如质点受到约束，只能沿 ΔABC 的三条中线运动，运动所在的平面是光滑的水平面，求小振动的简正频率和振动模式.

解 取各质点向外偏离平衡位置的位移 x_1、x_2、x_3 为广义坐标，

$$T=\frac{1}{2}M\dot{x}_1^2+\frac{1}{2}M\dot{x}_2^2+\frac{1}{2}M\dot{x}_3^2$$

考虑图 10.40 一条弹簧的势能，设平衡时弹簧的长度为 a，

$$V_1=\frac{1}{2}k\left\{\sqrt{\left[a+(x_1+x_2)\cos\frac{\pi}{6}\right]^2+\left[(x_2-x_1)\sin\frac{\pi}{6}\right]^2}-a\right\}^2$$

$$\approx\frac{1}{2}k\left\{\sqrt{a^2+2a(x_1+x_2)\cos\frac{\pi}{6}}-a\right\}^2$$

近似中略去了根号内的二级小量 x_1^2、x_2^2、x_1x_2 这些项，它们对 V_1 的贡献是四级小量，我们只保留 V_1 的二级小量，

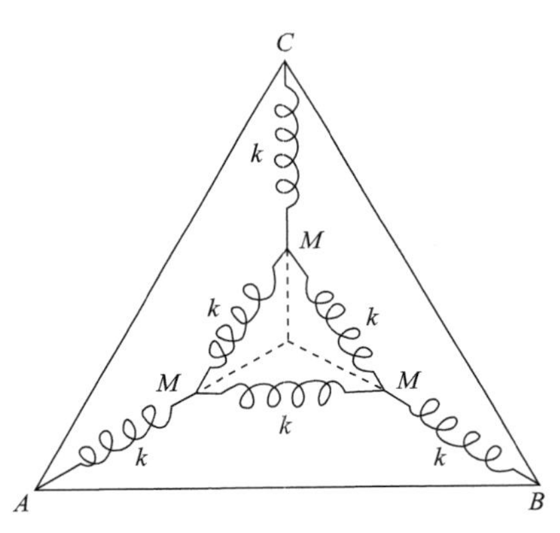

图 10.39

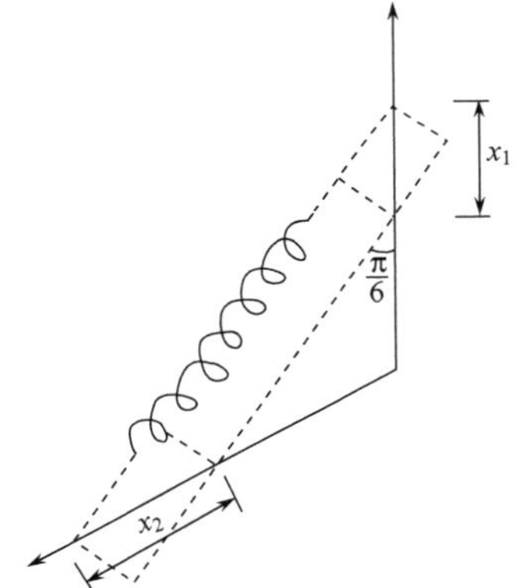

图 10.40

$$V_1=\frac{1}{2}k\left\{a\left[1+\frac{2}{a}(x_1+x_2)\cos\frac{\pi}{6}\right]^{1/2}-a\right\}^2$$

$$\approx\frac{1}{2}k\left\{a\left[1+\frac{1}{a}(x_1+x_2)\cos\frac{\pi}{6}\right]-a\right\}^2$$

$$=\frac{1}{2}k\left[(x_1+x_2)\cos\frac{\pi}{6}\right]^2=\frac{3}{8}k(x_1+x_2)^2$$

所以

$$V=\frac{1}{2}kx_1^2+\frac{1}{2}kx_2^2+\frac{1}{2}kx_3^2+\frac{3}{8}k(x_1+x_2)^2+\frac{3}{8}k(x_2+x_3)^2+\frac{3}{8}k(x_3+x_1)^2$$

$$=\frac{1}{2}k\left(\frac{5}{2}x_1^2+\frac{5}{2}x_2^2+\frac{5}{2}x_3^2+\frac{3}{2}x_1x_2+\frac{3}{2}x_2x_3+\frac{3}{2}x_3x_1\right)$$

$$\boldsymbol{M}=\begin{pmatrix} M & 0 & 0 \\ 0 & M & 0 \\ 0 & 0 & M \end{pmatrix}$$

$$\boldsymbol{K}=\begin{pmatrix} \frac{5}{2}k & \frac{3}{4}k & \frac{3}{4}k \\ \frac{3}{4}k & \frac{5}{2}k & \frac{3}{4}k \\ \frac{3}{4}k & \frac{3}{4}k & \frac{5}{2}k \end{pmatrix}$$

$$|\boldsymbol{H}|=\begin{vmatrix} \frac{5}{2}k-M\omega^2 & \frac{3}{4}k & \frac{3}{4}k \\ \frac{3}{4}k & \frac{5}{2}k-M\omega^2 & \frac{3}{4}k \\ \frac{3}{4}k & \frac{3}{4}k & \frac{5}{2}k-M\omega^2 \end{vmatrix}=0$$

第一行减第二行作第一行，再第一列加第二列作第二列得

$$\begin{vmatrix} \frac{7}{4}k-M\omega^2 & 0 & 0 \\ \frac{3}{4}k & \frac{13}{4}k-M\omega^2 & \frac{3}{4}k \\ \frac{3}{4}k & \frac{3}{2}k & \frac{5}{2}k-M\omega^2 \end{vmatrix}=0$$

$$\left(\frac{7}{4}k-M\omega^2\right)\left[\left(\frac{13}{4}k-M\omega^2\right)\left(\frac{5}{2}k-M\omega^2\right)-\frac{9}{8}k^2\right]=0$$

$$\left(\frac{7}{4}k-M\omega^2\right)\left(M^2\omega^4-\frac{23}{4}kM\omega^2+7k^2\right)=0$$

$$\left(\frac{7}{4}k-M\omega^2\right)\left(M\omega^2-\frac{7}{4}k\right)(M\omega^2-4k)=0$$

$$\omega_1=\sqrt{\frac{7k}{4M}},\quad \omega_2=\sqrt{\frac{7k}{4M}},\quad \omega_3=\sqrt{\frac{4k}{M}}$$

ω_1、ω_2是简并的，将它们代入$\boldsymbol{H}\cdot\boldsymbol{u}=0$，得

$$\frac{3}{4}k(u_1+u_2+u_3)=0$$

只能得到一个独立方程. 今取两个解：

取$u_1^{(1)}=1$，$u_2^{(1)}=0$，则$u_3^{(1)}=-1$；

取 $u_1^{(2)}=1$，$u_2^{(2)}=-2$，则 $u_3^{(2)}=1$.

将 ω_3 代入 $\boldsymbol{H}\cdot\boldsymbol{u}=0$，得

$$-2u_1^{(3)}+u_2^{(3)}+u_3^{(3)}=0$$

$$u_1^{(3)}-2u_2^{(3)}+u_3^{(3)}=0$$

取 $u_1^{(3)}=1$，则 $u_2^{(3)}=1$，$u_3^{(3)}=1$.

模式图如图 10.41 所示.

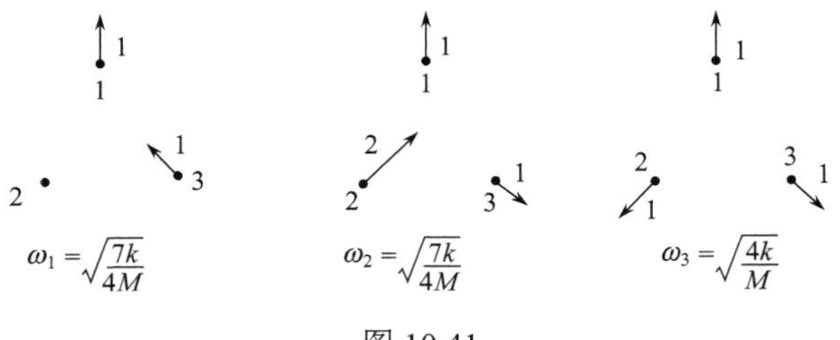

图 10.41

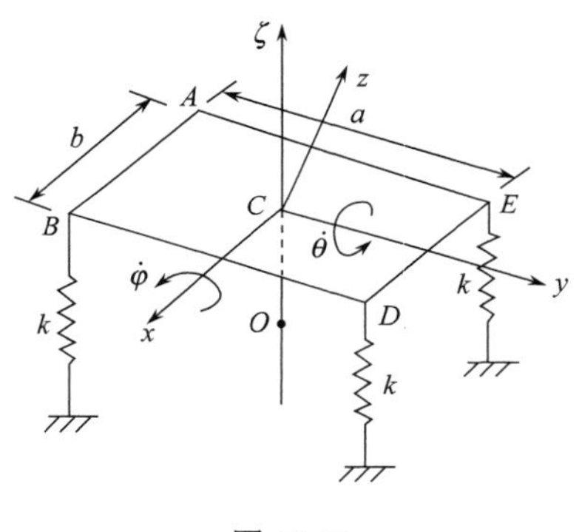

图 10.42

10.1.40 一个质量为 M、长为 a、宽度为 b 的均质矩形板，在其每个角用一根劲度系数为 k 的同样的轻弹簧支撑，这些弹簧只能在铅垂方向运动，求小振动时振动的简正频率.

解 取平衡时质心的位置为竖直向上的静坐标轴 ζ 的原点，另取固连于薄板的动坐标系 $Cxyz$、x、y 轴在板上分别与矩形的边平行和垂直，如图 10.42 所示.

取质心 C 的 ζ 坐标，板对 x 轴的转角 φ、对 y 轴的转角 θ 为广义坐标.

矩形板对过质心的 x 轴、y 轴的转动惯量分别为

$$I_{xx}=\frac{1}{12}Ma^2,\quad I_{yy}=\frac{1}{12}Mb^2$$

$$T=\frac{1}{2}M\dot{\zeta}^2+\frac{1}{2}I_{xx}\dot{\varphi}^2+\frac{1}{2}I_{yy}\dot{\theta}^2=\frac{1}{2}M\dot{\zeta}^2+\frac{1}{24}Ma^2\dot{\varphi}^2+\frac{1}{24}Mb^2\dot{\theta}^2$$

$$V=\frac{1}{2}k\zeta_A^2+\frac{1}{2}k\zeta_B^2+\frac{1}{2}k\zeta_D^2+\frac{1}{2}k\zeta_E^2$$

其中 ζ_A、ζ_B、ζ_D、ζ_E 分别是矩形板四个角 A、B、D、E 的 ζ 坐标，

$$\zeta_A=\zeta-\frac{1}{2}a\varphi+\frac{1}{2}b\theta,\quad \zeta_B=\zeta-\frac{1}{2}a\varphi-\frac{1}{2}b\theta$$

$$\zeta_D=\zeta+\frac{1}{2}a\varphi-\frac{1}{2}b\theta,\quad \zeta_E=\zeta+\frac{1}{2}a\varphi+\frac{1}{2}b\theta$$

$$V=\frac{1}{2}k(4\zeta^2+a^2\varphi^2+b^2\theta^2)$$

$$L = T - V = \frac{1}{2}M\dot{\zeta}^2 + \frac{1}{24}Ma^2\dot{\varphi}^2 + \frac{1}{24}Mb^2\dot{\theta}^2 - \frac{1}{2}k(4\zeta^2 + a^2\varphi^2 + b^2\theta^2)$$

由 $\frac{\mathrm{d}}{\mathrm{d}t}\left(\frac{\partial L}{\partial \dot{q}_i}\right) - \frac{\partial L}{\partial q_i} = 0$，可得

$$M\ddot{\zeta} + 4k\zeta = 0$$

$$\frac{1}{12}Ma^2\ddot{\varphi} + ka^2\varphi = 0$$

$$\frac{1}{12}Mb^2\ddot{\theta} + kb^2\theta = 0$$

小振动的简正频率为

$$\omega_1 = \sqrt{\frac{4k}{M}} = 2\sqrt{\frac{k}{M}}, \quad \omega_2 = \omega_3 = \sqrt{\frac{12k}{M}} = 2\sqrt{\frac{3k}{M}}$$

10.1.41　如图 10.43 所示，一个质量为 M、半径为 R 的均质薄圆盘用两根劲度系数均为 k、原长均为 l_0 的轻弹簧，连在一个无摩擦的桌面上的两个固定点，盘可在桌面上做平面平行运动. 处于平衡时弹簧长度为 $l(>l_0)$，求围绕平衡位置做小振动的简正频率.

解　取平衡位置为 x、y 坐标的原点，两个固定点的连线为 x 轴，取盘心的 x、y 坐标及盘的转角 φ 为广义坐标，如图 10.44 所示.

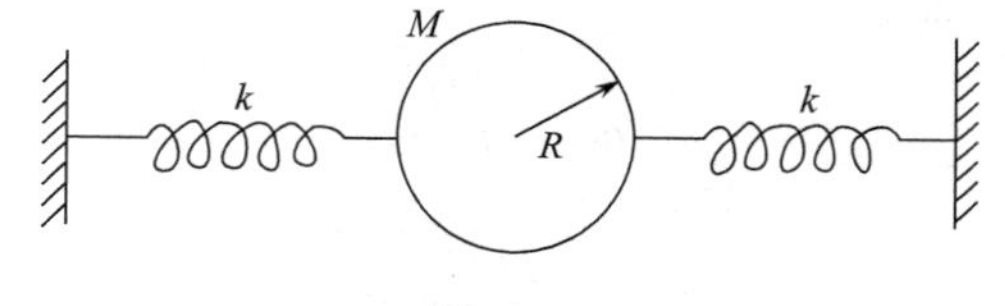

图 10.43

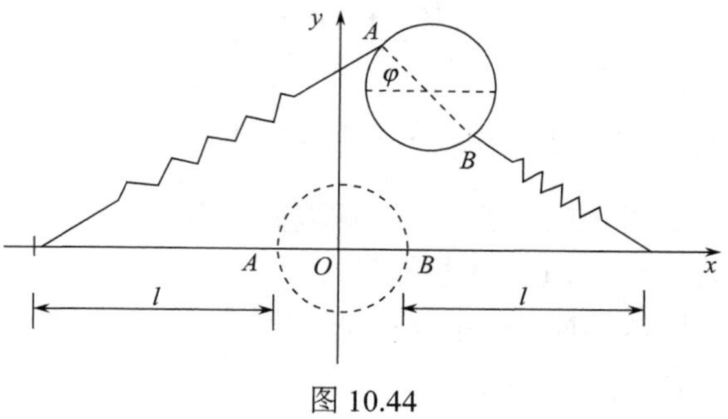

图 10.44

$$x_A = x - R\cos\varphi, \quad y_A = y + R\sin\varphi$$

$$x_B = x + R\cos\varphi, \quad y_B = y - R\sin\varphi$$

$$T = \frac{1}{2}M(\dot{x}^2 + \dot{y}^2) + \frac{1}{2}\times\frac{1}{2}MR^2\dot{\varphi}^2$$

$$V=\frac{1}{2}k\left[\sqrt{(l+R+x_A)^2+y_A^2}-l_0\right]^2-\frac{1}{2}k(l-l_0)^2$$
$$+\frac{1}{2}k\left[\sqrt{(l+R-x_B)^2+y_B^2}-l_0\right]^2-\frac{1}{2}k(l-l_0)^2$$

代入x_A、y_A、x_B、y_B，保留二级小量，经计算可得

$$V=\frac{1}{2}k\left[2x^2+2\left(1-\frac{l_0}{l}\right)y^2+2R(l+R)\left(1-\frac{l_0}{l}\right)\varphi^2\right]$$

$$L=T-V=\frac{1}{2}M(\dot{x}^2+\dot{y}^2)+\frac{1}{4}MR^2\dot{\varphi}^2-$$
$$k[x^2+\left(1-\frac{l_0}{l}\right)y^2+R(l+R)\left(1-\frac{l_0}{l}\right)\varphi^2]$$

由$\frac{\mathrm{d}}{\mathrm{d}t}\left(\frac{\partial L}{\partial \dot{q}_i}\right)-\frac{\partial L}{\partial q_i}=0$，可得

$$M\ddot{x}+2kx=0$$
$$M\ddot{y}+2\left(1-\frac{l_0}{l}\right)ky=0$$
$$\frac{1}{2}MR\ddot{\varphi}+2(l+R)\left(1-\frac{l_0}{l}\right)k\varphi=0$$

小振动的简正频率分别为

$$\omega_1=\sqrt{\frac{2k}{M}}$$
$$\omega_2=\sqrt{\frac{2k(l-l_0)}{Ml}}$$
$$\omega_3=\sqrt{\frac{4(l+R)(l-l_0)k}{MRl}}$$

10.1.42　两个质量为M的小球用三根劲度系数均为k、原长均为$\frac{a}{2}$的轻弹簧相连，且连到两个固定点上，如图 10.45 所示，小球能做左右和上下运动，求系统围绕图示的平衡位置做小振动的简正频率(重力可以不计).

解　取平衡位置为广义坐标x_1、y_1、x_2、y_2的原点. x_1、x_2轴沿左右方向，y_1、y_2沿上下方向，如图 10.46 所示，

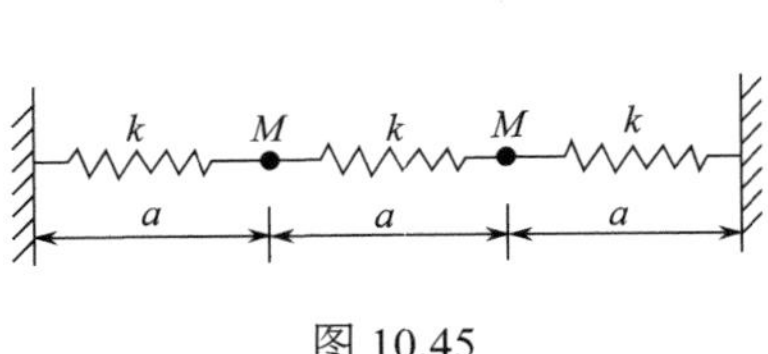

图 10.45

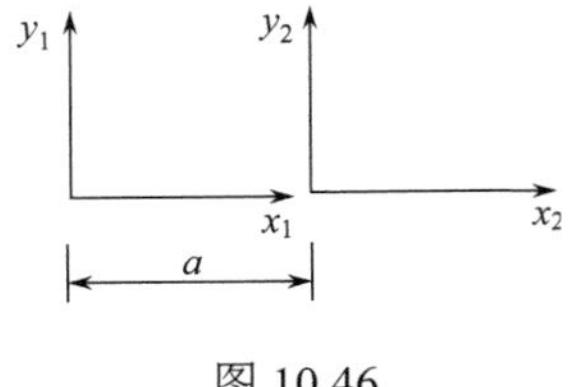

图 10.46

$$
\begin{aligned}
V=&\frac{1}{2}k\left[\sqrt{(a+x_1)^2+y_1^2}-\frac{1}{2}a\right]^2-\frac{1}{2}k\left(\frac{a}{2}\right)^2\\
&+\frac{1}{2}k\left[\sqrt{(a+x_2-x_1)^2+(y_2-y_1)^2}-\frac{a}{2}\right]^2\\
&-\frac{1}{2}k\left(\frac{a}{2}\right)^2+\frac{1}{2}k\left[\sqrt{(a-x_2)^2+y_2^2}-\frac{a}{2}\right]^2-\frac{1}{2}k\left(\frac{a}{2}\right)^2
\end{aligned}
$$

简化计算时注意保留二级小量，例如

$$
\begin{aligned}
&\left[\sqrt{(a+x_1)^2+y_1^2}-\frac{a}{2}\right]^2\\
&=a^2+x_1^2+2ax_1+y_1^2+\frac{a^2}{4}-a\sqrt{a^2+2ax_1+x_1^2+y_1^2}\\
&=a^2+x_1^2+2ax_1+y_1^2+\frac{a^2}{4}-a^2\left(1+\frac{2x_1}{a}+\frac{x_1^2}{a^2}+\frac{y_1^2}{a^2}\right)^{\frac{1}{2}}\\
&\approx a^2+x_1^2+2ax_1+y_1^2+\frac{a^2}{4}-a^2\left[1+\frac{1}{2}\left(\frac{2x_1}{a}+\frac{x_1^2}{a^2}+\frac{y_1^2}{a^2}\right)-\frac{1}{8}\left(\frac{2x_1}{a}+\frac{x_1^2}{a^2}+\frac{y_1^2}{a^2}\right)^2\right]\\
&\approx x_1^2+2ax_1+y_1^2+\frac{a^2}{4}-ax_1-\frac{1}{2}x_1^2-\frac{1}{2}y_1^2+\frac{1}{2}x_1^2\\
&=x_1^2+ax_1+\frac{1}{2}y_1^2+\frac{a^2}{4}
\end{aligned}
$$

可得

$$
V=\frac{1}{2}k(2x_1^2+2x_2^2+y_1^2+y_2^2-x_1x_2-y_1y_2)
$$

$$
L=\frac{1}{2}M(\dot{x}_1^2+\dot{x}_2^2+\dot{y}_1^2+\dot{y}_2^2)-\frac{1}{2}k(2x_1^2+2x_2^2+y_1^2+y_2^2-2x_1x_2-y_1y_2)
$$

由 $\dfrac{\mathrm{d}}{\mathrm{d}t}\left(\dfrac{\partial L}{\partial \dot{q}_i}\right)-\dfrac{\partial L}{\partial q_i}=0$，得

$$
M\ddot{x}_1+2kx_1-\frac{1}{2}kx_2=0 \tag{1}
$$

$$
M\ddot{x}_2+2kx_2-\frac{1}{2}kx_1=0 \tag{2}
$$

$$
M\ddot{y}_1+ky_1-\frac{1}{2}ky_2=0 \tag{3}
$$

$$
M\ddot{y}_2+ky_2-\frac{1}{2}ky_1=0 \tag{4}
$$

(1)、(2)两式的特征方程为

$$\begin{vmatrix} 2k - M\omega^2 & -\frac{1}{2}k \\ -\frac{1}{2}k & 2k - M\omega^2 \end{vmatrix} = 0$$

解出两小球在左右方向运动的简正频率为

$$\omega_1 = \sqrt{\frac{5k}{2M}}, \quad \omega_2 = \sqrt{\frac{3k}{2M}}$$

(3)、(4)两式的特征方程为

$$\begin{vmatrix} k - M\omega^2 & -\frac{1}{2}k \\ -\frac{1}{2}k & k - M\omega^2 \end{vmatrix} = 0$$

解出上下方向运动的两个简正频率为

$$\omega_3 = \sqrt{\frac{k}{2M}}, \quad \omega_4 = \sqrt{\frac{3k}{2M}}$$

附带指出，如作用于小球的重力不能忽略. 势能中需加上重力势能，不影响运动微分方程(1)、(2)式，因而不会对 ω_1、ω_2 有所影响，但微分方程(3)、(4)式需作修改，都有一项重力的常数项，只是影响在竖直方向的平衡位置，对 ω_3、ω_4 也无影响.

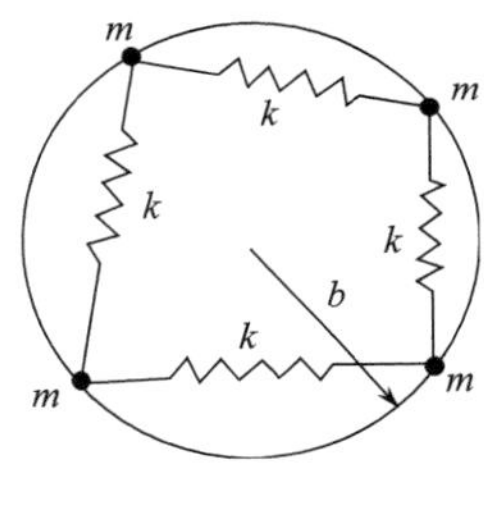

图 10.47

10.1.43　四个质量为 m 的全同质点用四根劲度系数为 k 的全同弹簧连起来，被限制在一半径为 b 的光滑的水平圆周上运动，如图 10.47 所示.

(1) 有几种小振动振动模式;

(2) 小振动简正频率多大?

解　(1) 显然四个质点的连线构成正方形时系统可处于平衡，按逆时针方向依次给每一个质点编号，用逆时针方向偏离平衡位置的角位移 θ_1、θ_2、θ_3、θ_4 作为广义坐标，

$$T = \frac{1}{2}mb^2(\dot{\theta}_1^2 + \dot{\theta}_2^2 + \dot{\theta}_3^2 + \dot{\theta}_4^2)$$

$$V = \frac{1}{2}k\sum_{n=1}^{4}\left[2b\sin\frac{1}{2}\left(\frac{\pi}{2} + \theta_{n+1} - \theta_n\right) - 2b\sin\frac{\pi}{4}\right]^2$$

其中 $\theta_5 = \theta_1$. 计算其中一项的近似式,

$$\frac{1}{2}k\left[2b\sin\frac{1}{2}\left(\frac{\pi}{2} + \theta_2 - \theta_1\right) - 2b\sin\frac{\pi}{4}\right]^2$$

$$= \frac{1}{2}k \cdot 4b^2\left[\frac{\sqrt{2}}{2}\cos\frac{1}{2}(\theta_2 - \theta_1) + \frac{\sqrt{2}}{2}\sin\frac{1}{2}(\theta_2 - \theta_1) - \frac{\sqrt{2}}{2}\right]^2$$

$$\approx 2kb^2 \cdot \left(\frac{\sqrt{2}}{2}\right)^2 \cdot \left[\frac{1}{2}(\theta_2 - \theta_1)\right]^2 = \frac{1}{4}kb^2(\theta_2 - \theta_1)^2$$

所以

$$V=\frac{1}{4}kb^2\sum_{n=1}^{4}(\theta_{n+1}-\theta_n)^2$$

显然，$\theta_1=\theta_2=\theta_3=\theta_4$，$V=0$，是随遇平衡的情况，是整体转动的情况，它不是振动，因此四个自由度的系统，只有三个振动自由度，故有三种小振动振动模式.

(2)
$$T=\frac{1}{2}mb^2(\dot{\theta}_1^2+\dot{\theta}_2^2+\dot{\theta}_3^2+\dot{\theta}_4^2)$$

$$\begin{aligned}V&=\frac{1}{4}kb^2[(\theta_2-\theta_1)^2+(\theta_3-\theta_2)^2+(\theta_4-\theta_3)^2+(\theta_1-\theta_4)^2]\\&=\frac{1}{2}kb^2(\theta_1^2+\theta_2^2+\theta_3^2+\theta_4^2-\theta_1\theta_2-\theta_2\theta_3-\theta_3\theta_4-\theta_4\theta_1)\end{aligned}$$

$$\boldsymbol{M}=\begin{pmatrix}mb^2&0&0&0\\0&mb^2&0&0\\0&0&mb^2&0\\0&0&0&mb^2\end{pmatrix}$$

$$\boldsymbol{K}=\begin{pmatrix}kb^2&-\frac{1}{2}kb^2&0&-\frac{1}{2}kb^2\\-\frac{1}{2}kb^2&kb^2&-\frac{1}{2}kb^2&0\\0&-\frac{1}{2}kb^2&kb^2&-\frac{1}{2}kb^2\\-\frac{1}{2}kb^2&0&-\frac{1}{2}kb^2&kb^2\end{pmatrix}$$

$$|\boldsymbol{H}|=|\boldsymbol{K}-\omega^2\boldsymbol{M}|=b^2\begin{vmatrix}k-m\omega^2&-\frac{1}{2}k&0&-\frac{1}{2}k\\-\frac{1}{2}k&k-m\omega^2&-\frac{1}{2}k&0\\0&-\frac{1}{2}k&k-m\omega^2&-\frac{1}{2}k\\-\frac{1}{2}k&0&-\frac{1}{2}k&k-m\omega^2\end{vmatrix}=0$$

第二列减第四列作第二列，然后第二行加第四行作第二行，可得

$$\begin{vmatrix}k-m\omega^2&0&0&-\frac{1}{2}k\\-k&0&-k&k-m\omega^2\\0&0&k-m\omega^2&-\frac{1}{2}k\\-\frac{1}{2}k&-(k-m\omega^2)&-\frac{1}{2}k&k-m\omega^2\end{vmatrix}=0$$

可见

$$k - m\omega^2 = 0\,,\qquad \omega_1 = \sqrt{\frac{k}{m}}$$

$$\begin{vmatrix} k - m\omega^2 & 0 & -\frac{1}{2}k \\ -k & -k & k - m\omega^2 \\ 0 & k - m\omega^2 & -\frac{1}{2}k \end{vmatrix} = 0$$

$$(k - m\omega^2)\left[(-k)\left(-\frac{1}{2}k\right) - (k - m\omega^2)^2\right] - \frac{1}{2}k(-k)(k - m\omega^2) = 0$$

$$(k - m\omega^2)[k^2 - (k - m\omega^2)^2] = 0$$

$$(k - m\omega^2)(2k - m\omega^2)\cdot m\omega^2 = 0$$

所以

$$\omega_2 = \sqrt{\frac{k}{m}},\quad \omega_3 = \sqrt{\frac{2k}{m}},\quad \omega_4 = 0$$

$\omega_4 = 0$ 不是简正频率，系统的运动是整体一起以恒定的角速度转动.

10.1.44　一质点在一个三维各向同性谐振子势场中振动的角频率为 ω_0，若质点带电荷 e，还受到均匀的电磁场作用，$\boldsymbol{B} = B_0\boldsymbol{k}$，$\boldsymbol{E} = E_0\boldsymbol{i}$. 求质点的振动频率，并讨论在弱场和强场两种极限情况下的振动频率.

解

$$\boldsymbol{B} = B_0\boldsymbol{k},\quad \boldsymbol{E} = E_0\boldsymbol{i}$$

可取标势 $\phi = -E_0 x$，矢势 $\boldsymbol{A} = \frac{1}{2}B_0(-y\boldsymbol{i} + x\boldsymbol{j})$，可以验证有

$$\nabla \times \boldsymbol{A} = B_0\boldsymbol{k}$$

$$T = \frac{1}{2}m(\dot{x}^2 + \dot{y}^2 + \dot{z}^2)$$

$$V = \frac{1}{2}m\omega_0^2(x^2 + y^2 + z^2) + e\,\phi - e\,\dot{\boldsymbol{r}}\cdot\boldsymbol{A}$$

$$= \frac{1}{2}m\omega_0^2(x^2 + y^2 + z^2) - eE_0 x + \frac{1}{2}eB_0(\dot{x}\,y - x\,\dot{y})$$

$$L = T - V = \frac{1}{2}m(\dot{x}^2 + \dot{y} + \dot{z}^2) - \frac{1}{2}m\omega_0^2(x^2 + y^2 + z^2) + eE_0 x - \frac{1}{2}eB_0(\dot{x}\,y - x\,\dot{y})$$

由 $\frac{\mathrm{d}}{\mathrm{d}t}\left(\frac{\partial L}{\partial \dot{q}_i}\right) - \frac{\partial L}{\partial q_i} = 0$，得

$$m\,\ddot{x} - eB_0\,\dot{y} + m\omega_0^2 x - eE_0 = 0$$

$$m\,\ddot{y} + eB_0\dot{x} + m\omega_0^2 y = 0$$

$$m\,\ddot{z} + m\omega_0^2 z = 0$$

立即可得质点在 z 方向振动的角频率为 ω_0.

若令 $x' = x - \dfrac{eE_0}{m\omega_0^2}$

$$\ddot{x}' + \omega_0^2 x' - \frac{eB_0}{m}\dot{y} = 0 \tag{1}$$

$$\ddot{y} + \omega_0^2 y + \frac{eB_0}{m}\dot{x}' = 0 \tag{2}$$

(1)式+(2)式×i，再由式 $w = x' + \mathrm{i}y$，

$$\ddot{x}' + \mathrm{i}\ddot{y} + \omega_0^2(x' + \mathrm{i}y) + \mathrm{i}\frac{eB_0}{m}(\dot{x}' + \mathrm{i}\dot{y}) = 0$$

即

$$\ddot{w} + \mathrm{i}\frac{eB_0}{m}\dot{w} + \omega_0^2 w = 0$$

特征方程为

$$r^2 + \mathrm{i}\frac{eB_0}{m}r + \omega_0^2 = 0$$

$$r = \frac{1}{2}\left[-\mathrm{i}\frac{eB_0}{m} \pm \sqrt{-\frac{e^2B_0^2}{m^2} - 4\omega_0^2}\right] = \left(-\frac{eB_0}{2m} \pm \sqrt{\omega_0^2 + \frac{e^2B_0^2}{4m^2}}\right)\mathrm{i}$$

$$w = C_1' \exp\left[\mathrm{i}\left(-\frac{eB_0}{2m} + \sqrt{\omega_0^2 + \frac{e^2B_0^2}{4m^2}}\right)t\right]$$

$$+ C_2' \exp\left[\mathrm{i}\left(-\frac{eB_0}{2m} - \sqrt{\omega_0^2 + \frac{e^2B_0^2}{4m^2}}\right)t\right]$$

$$x' = \operatorname{Re} w = C_1 \cos\left[\left(-\frac{eB_0}{2m} + \sqrt{\omega_0^2 + \frac{e^2B_0^2}{4m^2}}\right)t + \alpha_1\right]$$

$$+ C_2 \cos\left[\left(-\frac{eB_0}{2m} - \sqrt{\omega_0^2 + \frac{e^2B_0^2}{4m^2}}\right)t + \alpha_2\right]$$

$$y = \operatorname{Im} w = C_1 \sin\left[\left(-\frac{eB_0}{2m} + \sqrt{\omega_0^2 + \frac{e^2B_0^2}{4m^2}}\right)t + \alpha_1\right]$$

$$+ C_2 \sin\left[\left(-\frac{eB_0}{2m} - \sqrt{\omega_0^2 + \frac{e^2B_0^2}{4m^2}}\right)t + \alpha_2\right]$$

$$x = x' + \frac{eE_0}{m\omega_0^2} = \frac{eE_0}{m\omega_0^2} + C_1 \cos\left[\left(-\frac{eB_0}{2m} + \sqrt{\omega_0^2 + \frac{e^2B_0^2}{4m^2}}\right)t + \alpha_1\right]$$

$$+C_2\cos\left[\left(-\frac{eB_0}{2m}-\sqrt{\omega_0^2+\frac{e^2B_0^2}{4m^2}}\right)t+\alpha_2\right]$$

可见，在 x、y 方向，振动角频率各有两个，它们是 $\sqrt{\omega_0^2+\frac{e^2B_0^2}{4m^2}}\pm\frac{eB_0}{2m}$，在 z 方向，振动角频率为 ω_0.

弱场极限情况下，$\frac{eB_0}{2m}\ll\omega_0$，$x$、$y$ 方向的振动角频率各有两个，它们是 $\omega_0\pm\frac{eB_0}{2m}$.

强场极限情况下，$\frac{eB_0}{2m}\gg\omega_0$，$x$、$y$ 方向的振动角频率仍各有两个，它们是 $\frac{eB_0}{m}+\frac{m\omega_0^2}{eB_0}$ 和 $\frac{m\omega_0^2}{eB_0}$.

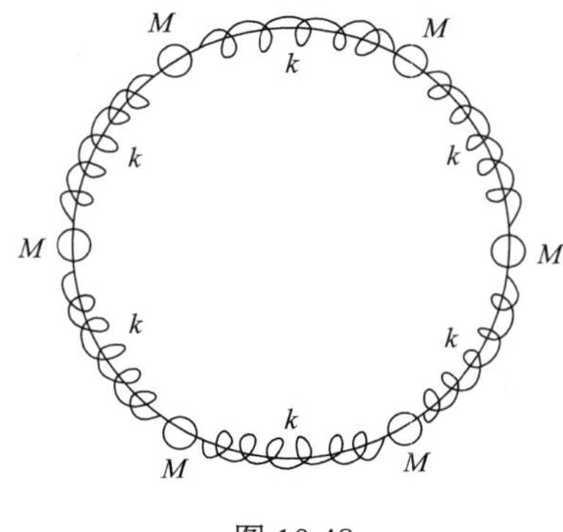

图 10.48

10.1.45　一个苯环模型是由一个光滑的、无质量的圆环上串上六个质量为 M 的小珠子，珠子之间用劲度系数为 k 的六根轻弹簧相连，如图 10.48 所示那样组成，并考虑圆环是固定的.

(1) 说明系统有多少个小振动振动模式;

(2) 算出所有的小振动简正频率和振动模式并画出振动模式图，用箭号表示珠子的运动的振幅和相位，涂黑表示小珠静止不动;

(3) 哪些振动模式与实际的苯分子的振动模式有联系.

提示：可利用问题的对称性简化计算.

解　(1) 给六个珠子按逆时针方向依次编号，从 1 到 6，偏离平衡位置的角位移也相应的标为从 θ_1 到 θ_6，逆时针方向为正.

设圆环的半径为 r，弹簧的原长为 a，则系统的势能可写为

$$V=\frac{1}{2}kr^2\sum_{i=1}^{6}\left(\frac{\pi}{3}+\theta_{i+1}-\theta_i-\frac{a}{r}\right)^2$$

其中 $\theta_7=\theta_1$.

显然，当 $\theta_1=\theta_2=\cdots=\theta_6$ 时，$V=$ 常量，这是随遇平衡的情况，系统整体做恒定角速度的转动(因为系统所受外力均指向环心，对环心的角动量守恒，因此角速度必须恒定)，系统有六个自由度，去掉一个 $\omega=0$ 不是振动，尚有五种小振动振动模式.

(2)
$$T=\frac{1}{2}Mr^2\sum_{i=1}^{6}\dot{\theta}_i^2$$

$$L=T-V=\frac{1}{2}Mr^2\sum_{i=1}^{6}\dot{\theta}_i^2-\frac{1}{2}kr^2\sum_{i=1}^{6}\left(\frac{\pi}{3}+\theta_{i+1}-\theta_i-\frac{a}{r}\right)^2$$

由 $\dfrac{\mathrm{d}}{\mathrm{d}t}\left(\dfrac{\partial L}{\partial\dot{\theta}_i}\right)-\dfrac{\partial L}{\partial\theta_i}=0$，得

$$M\ddot{\theta}_i+k(-\theta_{i-1}+2\theta_i-\theta_{i+1})=0\qquad(i=1,2,\cdots,6)$$

其中 $\theta_7=\theta_1$，$\theta_0=\theta_6$.

令 $\theta_i=u_i\mathrm{e}^{\mathrm{i}\omega t}$，代入微分方程组，要得 u_1，$u_2,\cdots$，u_6 的非零解，ω 需满足特征方程

$$\begin{vmatrix}\varepsilon & 1 & 0 & 0 & 0 & 1\\ 1 & \varepsilon & 1 & 0 & 0 & 0\\ 0 & 1 & \varepsilon & 1 & 0 & 0\\ 0 & 0 & 1 & \varepsilon & 1 & 0\\ 0 & 0 & 0 & 1 & \varepsilon & 1\\ 1 & 0 & 0 & 0 & 1 & \varepsilon\end{vmatrix}=0$$

其中 $\varepsilon=\dfrac{M\omega^2-2k}{k}$.

把行列式展开，求 ε 的六个解，进而求出六个 ω 值. 可求出简正频率，不是太麻烦，可进而求振动模式 $u_i^{(j)}$，就比较麻烦了.

下面我们利用问题的对称性，可以简化计算. 如前所述，系统对环心的角动量是守恒的，角动量不等于零是整体的转动，五种振动模式系统对环心的角动量均为零，由此考虑对称性，可画出图 10.49 所示的五种振动模式(尚待验证).

第一种振动模式，如图 10.49(a) 所示.

$$\theta_1=0,\quad \theta_3=-\theta_2,\quad \theta_4=0,\quad \theta_6=-\theta_5$$

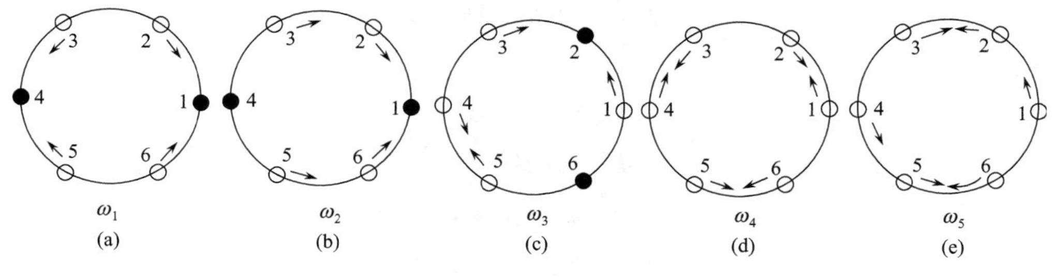

图 10.49

运动微分方程可简化为

$$k[-(-\theta_5)-\theta_2]=0$$
$$M\ddot{\theta}_2+k[2\theta_2-(-\theta_2)]=0$$
$$M(-\ddot{\theta}_2)+k[-\theta_2-2(-\theta_2)]=0$$
$$k[-(-\theta_2)-\theta_5]=0$$
$$M\ddot{\theta}_5+k[2\theta_5-(-\theta_5)]=0$$
$$M(-\ddot{\theta}_5)+k[-\theta_5+2(-\theta_5)]=0$$

六个方程中，只有三个独立的方程，它们是

$$M\ddot{\theta}_2 + 3k\theta_2 = 0$$

$$M\ddot{\theta}_5 + 3k\theta_5 = 0$$

$$\theta_5 - \theta_2 = 0$$

由此可见，$\omega_1 = \sqrt{\dfrac{3k}{M}}$.

如图 10.49(a) 那样，取 $u_2^{(1)} = -1$，则 $u_5^{(1)} = -1$，$u_3^{(1)} = -u_2^{(1)} = 1$，$u_6^{(1)} = -u_5^{(1)} = 1$，$u_1^{(1)} = u_4^{(1)} = 0$. 正如图 10.49(a)所示.

第二种振动模式，如图 10.49(b)所示.

$$\theta_1 = 0,\quad \theta_6 = -\theta_2,\quad \theta_5 = -\theta_3,\quad \theta_4 = 0$$

运动微分方程可简化为

$$k(\theta_2 - \theta_2) = 0$$

$$M\ddot{\theta}_2 + k(2\theta_2 - \theta_3) = 0$$

$$M\ddot{\theta}_3 + k(-\theta_2 + 2\theta_3) = 0$$

$$k(-\theta_3 + \theta_3) = 0$$

$$-M\ddot{\theta}_3 + k(-2\theta_3 + \theta_2) = 0$$

$$-M\ddot{\theta}_2 + k(\theta_3 - 2\theta_2) = 0$$

独立的方程只有两个，它们是

$$M\ddot{\theta}_2 + 2k\theta_2 - k\theta_3 = 0$$

$$M\ddot{\theta}_3 + 2k\theta_3 - k\theta_2 = 0$$

特征方程为

$$\begin{vmatrix} 2k - M\omega^2 & -k \\ -k & 2k - M\omega^2 \end{vmatrix} = 0$$

$$M^2\omega^4 - 4kM\omega^2 + 3k^2 = 0$$

$$(M\omega^2 - k)(M\omega^2 - 3k) = 0$$

其中 $\omega_1 = \sqrt{\dfrac{3k}{M}}$ 就是前述的第一种振动模式，

$$\omega_2 = \sqrt{\frac{k}{M}}$$

由

$$(2k - M\omega_2^2)u_2^{(2)} - ku_3^{(2)} = 0 \quad 或 \quad -ku_2^{(2)} + (2k - M\omega_2^2)u_3^{(2)} = 0$$

并按图 10.49(b)所画，令 $u_2^{(2)} = -1$，可得 $u_3^{(2)} = -1$，所以 $u_1^{(2)} = 0$，$u_2^{(2)} = -1$，$u_3^{(2)} = -1$，$u_4^{(2)} = 0$，$u_5^{(2)} = 1$，$u_6^{(2)} = 1$. 正如图 10.49(b)所画那样.

第三种振动模式，如图 10.49(c) 所示，

$$\theta_2=\theta_6=0,\quad \theta_3=-\theta_1,\quad \theta_5=-\theta_4$$

运动微分方程可简化为

$$M\ddot{\theta}_1+k(2\theta_1)=0$$
$$M\ddot{\theta}_1+2k\theta_1+k\theta_4=0$$
$$M\ddot{\theta}_4+3k\theta_4+k\theta_1=0$$
$$M\ddot{\theta}_4+3k\theta_4=0$$
$$\theta_4-\theta_1=0$$

只能得零解，无意义，可见不存在这种模式.

重新考虑第三种振动模式，如图 10.49(d) 所示，

$$\theta_2=-\theta_1,\quad \theta_4=-\theta_3,\quad \theta_6=-\theta_5$$

运动微分方程可简化为

$$M\ddot{\theta}_1+3k\theta_1+k\theta_5=0 \tag{1}$$
$$M\ddot{\theta}_1+3k\theta_1+k\theta_3=0 \tag{2}$$
$$M\ddot{\theta}_3+3k\theta_3+k\theta_1=0 \tag{3}$$
$$M\ddot{\theta}_3+3k\theta_3+k\theta_5=0 \tag{4}$$
$$M\ddot{\theta}_5+3k\theta_5+k\theta_3=0 \tag{5}$$
$$M\ddot{\theta}_5+3k\theta_5+k\theta_1=0 \tag{6}$$

式(2)、(3)关于 θ_1、θ_3 的方程，式(4)、(5)关于 θ_3、θ_5 的方程，式(1)、(6)关于 θ_1、θ_5 的方程均有同样的微分方程，其特征方程均为

$$\begin{vmatrix}3k-M\omega^2 & k\\ k & 3k-M\omega^2\end{vmatrix}=0$$

可得

$$M^2\omega^4-6kM\omega^2+8k^2=0$$
$$(M\omega^2-2k)(M\omega^2-4k)=0$$
$$\omega=\sqrt{\frac{2k}{M}},\quad \omega'=\sqrt{\frac{4k}{M}}$$

将 $\omega=\sqrt{\dfrac{2k}{M}}$ 代入

$$\begin{pmatrix}3k-M\omega^2 & k\\ k & 3k-M\omega^2\end{pmatrix}\begin{pmatrix}u_1\\ u_3\end{pmatrix}=0,\begin{pmatrix}3k-M\omega^2 & k\\ k & 3k-M\omega^2\end{pmatrix}\begin{pmatrix}u_3\\ u_5\end{pmatrix}=0,$$
$$\begin{pmatrix}3k-M\omega^2 & k\\ k & 3k-M\omega^2\end{pmatrix}\begin{pmatrix}u_1\\ u_5\end{pmatrix}=0$$

可得

$$u_1 + u_3 = 0$$
$$u_3 + u_5 = 0$$
$$u_1 + u_5 = 0$$
$$u_1 = u_3 = u_5 = 0$$

只能得零解. 可见不存在这种振动模式. 将 $\omega' = \sqrt{\dfrac{4k}{M}}$ 代入，可得

$$-u_1 + u_3 = 0$$
$$-u_3 + u_5 = 0$$
$$-u_1 + u_5 = 0$$

得

$$u_1 = u_3 = u_5$$

可见，第三种振动模式

$$\omega_3 = \omega' = \sqrt{\frac{4k}{M}}$$

取 $u_1^{(3)} = 1$，则 $u_3^{(3)} = u_5^{(3)} = 1$，$u_2^{(3)} = u_4^{(3)} = u_6^{(3)} = -1$. 其模式图正如图 10.49(d)所示.

现考虑图 10.49(e)所示的振动模式，

$$\theta_3 = -(\theta_2 + \theta_4), \quad \theta_6 = -(\theta_1 + \theta_5)$$

运动微分方程可改写为

$$M\ddot{\theta}_1 + k(3\theta_1 + \theta_5 - \theta_2) = 0 \tag{7}$$
$$M\ddot{\theta}_2 + k(3\theta_2 - \theta_1 + \theta_4) = 0 \tag{8}$$
$$-M(\ddot{\theta}_2 + \ddot{\theta}_4) + k(-3\theta_2 - 3\theta_4) = 0 \tag{9}$$
$$M\ddot{\theta}_4 + k(3\theta_4 + \theta_2 - \theta_5) = 0 \tag{10}$$
$$M\ddot{\theta}_5 + k(3\theta_5 - \theta_4 + \theta_1) = 0 \tag{11}$$
$$-M(\ddot{\theta}_1 + \ddot{\theta}_5) - k(3\theta_1 + 3\theta_5) = 0 \tag{12}$$

由式(3)和式(6)可得此振动模式的简正频率为

$$\omega_4 = \sqrt{\frac{3k}{M}}$$

考虑到此简正频率，由式(7)或式(10)，可得 $\theta_2 = \theta_5$，由式(8)或式(11)，可得 $\theta_1 = \theta_4$.

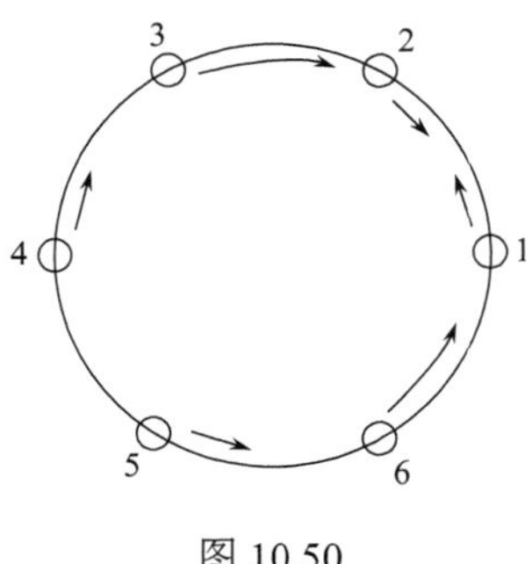

图 10.50

因此振动模式为 $u_1^{(4)} = 1$，$u_2^{(4)} = 1$，$u_4^{(4)} = 1$，$u_5^{(4)} = 1$，$u_3^{(4)} = -(u_2^{(4)} + u_4^{(4)}) = -2$，$u_6^{(4)} = -(u_1^{(4)} + u_5^{(4)}) = -2$，和图 10.49(e)所画的是一致的. 这里，$u_1^{(4)} = 1$，$u_2^{(4)} = 1$ 是我们可任意选取的，如取 $u_1^{(4)} = 1$，$u_2^{(4)} = -1$，则 $u_4^{(4)} = 1$，$u_5^{(4)} = -1$，$u_3^{(4)} = 0$，$u_6^{(4)} = 0$，实际上就成了第一种振动模式，表面上的差别可以给小珠重新编号加以消除. u_1、u_2 只能有两种独立的选取法，如取 $u_1 = 0$，$u_2 = -1$，就与第一种模式的写法

完全相同了；若不重新编号，也可把 $u_3=u_6=0$ 的振动视为第一、第四两种振动模式的线性叠加.

现找第五种振动模式，试用图 10.50 的模式图，

$$\theta_1=-\theta_2,\quad \theta_3=-\theta_6,\quad \theta_4=-\theta_5$$

独立的微分方程为

$$M\ddot{\theta}_1+k(3\theta_1+\theta_3)=0 \tag{13}$$

$$M\ddot{\theta}_3+k(\theta_1+2\theta_3-\theta_4)=0 \tag{14}$$

$$M\ddot{\theta}_4+k(3\theta_4-\theta_3)=0 \tag{15}$$

式(13)×a+式(14)×b+式(15)×c，得

$$M(a\ddot{\theta}_1+b\ddot{\theta}_3+c\ddot{\theta}_4)+k[(3a+b)\theta_1+(a+2b-c)\theta_3+(-b+3c)\theta_4]=0 \tag{16}$$

$a\theta_1+b\theta_3+c\theta_4$ 成为简正坐标. 要求 a、b、c 满足下列方程组：

$$3a+b=a$$

$$a+2b-c=b$$

$$-b+3c=c$$

由此可得

$$b=-2a,\quad c=\frac{1}{2}b$$

取 a=1，则 $b=-2,\quad c=-1$，将 a、b、c 值代入式(16)，得

$$M(\ddot{\theta}_1-2\ddot{\theta}_3-\ddot{\theta}_4)+k(\theta_1-2\theta_3-\theta_4)=0$$

所以

$$\omega_5=\sqrt{\frac{k}{M}}$$

将 $\theta_1=u_1^{(5)}\mathrm{e}^{\mathrm{i}\omega_5 t}$、$\theta_3=u_3^{(5)}\mathrm{e}^{\mathrm{i}\omega_5 t}$、$\theta_4=u_4^{(5)}\mathrm{e}^{\mathrm{i}\omega_5 t}$ 代入式(13)、(14)、(15)，得

$$2u_1^{(5)}+u_3^{(5)}=0$$

$$u_3^{(5)}+u_1^{(5)}-u_4^{(5)}=0$$

$$2u_4^{(5)}-u_3^{(5)}=0$$

取 $u_1^{(5)}=1$，则解得 $u_3^{(5)}=-2$，$u_4^{(5)}=-1$，再用 $\theta_1=-\theta_2$，$\theta_3=-\theta_6$，$\theta_4=-\theta_5$，得 $u_2^{(5)}=-1$，$u_6^{(5)}=2$，$u_5^{(5)}=1$；正是图 10.50 所画的模式图.

(3) 实际的苯分子和题目所给的苯模型类似，但苯分子不存在固定的圆环，没有受到圆环给予的作用线通过环心的力，因而质心的加速度为零，因此凡是振动模式中质心加速度为零的与实际的苯分子的振动模式有联系，它们是简正频率为 ω_1、ω_3 和 ω_4 的振动模式，模式图分别是图 10.49(a)、(d)、(e)图. 如果整体的转动也算一种模式，它也是与苯分子有联系的.

10.1.46　在小振动理论中，常遇到如下形式的拉格朗日函数：

$$L = T - V$$

其中
$$T = \sum_{i,j=1}^{N} a_{ij}\dot{q}_i\dot{q}_j$$

$$V = \sum_{i,j=1}^{N} b_{ij}q_iq_j$$

矩阵 $\boldsymbol{A}=(a_{ij})$ 和 $\boldsymbol{B}=(b_{ij})$ 是实对称的.

(1) 证明 $\boldsymbol{A}$ 是正定的，即 $\boldsymbol{x}^{\mathrm{T}}\cdot\boldsymbol{A}\cdot\boldsymbol{x}\geqslant 0$，对任何的列矩阵均成立. 证明一般这样一个矩阵的本征值大于或等于零，并说明我们不会涉及零本征值；

(2) 证明矩阵 $\boldsymbol{A}^{\pm 1/2}$ 是存在的；

(3) 用坐标变换关系 $q_i=\sum\limits_{j=1}^{N}(\boldsymbol{A}^{\pm 1/2}\boldsymbol{S})_{ij}\theta_j$，其中 $\boldsymbol{S}$ 是 $N\times N$ 矩阵，引入新坐标 θ_j，证明可以选用矩阵 $\boldsymbol{S}$ 使 $\boldsymbol{A}$ 和 $\boldsymbol{B}$ 都对角化，说明对角化后的 $\boldsymbol{B}$ 的对角元素的物理意义.

证明　(1) 对于一个由 n 个质点构成的质点系，采用笛卡儿坐标，

$$T=\frac{1}{2}\sum_{i=1}^{n} m_i(\dot{x}_i^2+\dot{y}_i^2+\dot{z}_i^2)\geqslant 0$$

采用广义坐标 q_1，q_2，…，q_N，与原用的笛卡儿坐标的变换关系，对于小振动问题可写成

$$x_i = x_i(q_1,q_2,\cdots,q_N)$$
$$y_i = y_i(q_1,q_2,\cdots,q_N)$$
$$z_i = z_i(q_1,q_2,\cdots,q_N)\qquad (i=1,2,\cdots,n)$$

可得

$$T=\sum_{i,j=1}^{N} a_{ij}\dot{q}_i\dot{q}_j\geqslant 0 \tag{1}$$

其中 a_{ij} 是在平衡位置的值，故为常量、实数，$\boldsymbol{A}=(a_{ij})$ 是实对称矩阵，(1) 式也可写成

$$T=\dot{\boldsymbol{q}}^{\mathrm{T}}\cdot\boldsymbol{A}\cdot\dot{\boldsymbol{q}}\geqslant 0$$

对任意取的 $\dot{\boldsymbol{q}}$ 或写作 $\boldsymbol{x}$，都有 $T=\boldsymbol{x}^{\mathrm{T}}\cdot\boldsymbol{A}\cdot\boldsymbol{x}\geqslant 0$.

设 $\boldsymbol{x}_\mu$ 是 $\boldsymbol{A}$ 的本征值 λ_μ 的本征矢量，即

$$\boldsymbol{A}\cdot\boldsymbol{x}_\mu=\lambda_\mu\boldsymbol{x}_\mu\quad(\mu=1,2,\cdots,N) \tag{2}$$

因 $\boldsymbol{A}$ 是实对称的，其本征值 λ_μ 均为实数.

式(2)两边左乘 $\boldsymbol{x}_\mu^{\mathrm{T}}$，

$$\boldsymbol{x}_\mu^{\mathrm{T}}\cdot\boldsymbol{A}\cdot\boldsymbol{x}_\mu=\boldsymbol{x}_\mu^{\mathrm{T}}\cdot\lambda_\mu\boldsymbol{x}_\mu=\lambda_\mu\boldsymbol{x}_\mu^{\mathrm{T}}\cdot\boldsymbol{x}_\mu=\lambda_\mu\sum_{i=1}^{N}x_{\mu i}^2$$

因为 $\boldsymbol{x}_\mu^{\mathrm{T}}\cdot\boldsymbol{A}\cdot\boldsymbol{x}_\mu\geqslant 0$，$\sum\limits_{i=1}^{N}x_{\mu i}^2>0$，因而 $\lambda_\mu\geqslant 0$. 这就证明了 $\boldsymbol{A}$ 的本征值大于等于零.

我们不会遇到 $\boldsymbol{A}$ 有零本征值的情况，如 $\boldsymbol{A}$ 存在零本征值，则 $\boldsymbol{A}$ 对角化后写出的动能的平方和式子中少了一项广义速度平方项，则由拉格朗日方程，拉格朗日函数中既无这个广义速度，也无这个广义坐标，自由度数就不对了，这是不可能的，因而惯性矩阵是不会出现零本征值的.

(2) 只要 $|\boldsymbol{A}|>0$，就有 $\boldsymbol{A}^{\pm 1/2}$ 存在. 现在证明 $|\boldsymbol{A}|>0$，实对称矩阵可作正交变换使之对角化. 设使 $\boldsymbol{A}$ 对角化的正交变换矩阵为 $\boldsymbol{S}$，$\boldsymbol{S}^{\mathrm{T}}\boldsymbol{S}=\boldsymbol{I}$（$\boldsymbol{I}$ 表示 $N\times N$ 的单位矩阵），

$$\boldsymbol{S}^{\mathrm{T}}\cdot\boldsymbol{A}\cdot\boldsymbol{S}=\boldsymbol{\lambda}$$

这里 $\boldsymbol{\lambda}$ 是一个对角矩阵，

$$\lambda_{ij}=\lambda_i\delta_{ij}$$

$$|\boldsymbol{A}|=|\boldsymbol{A}||\boldsymbol{S}^{\mathrm{T}}||\boldsymbol{S}|=|\boldsymbol{S}^{\mathrm{T}}\cdot\boldsymbol{A}\cdot\boldsymbol{S}|=|\boldsymbol{\lambda}|=\prod_{i=1}^{N}\lambda_i>0$$

（$\boldsymbol{A}$ 的本征值 λ_i 均大于零）.

(3) 用变换 $q_i=\sum\limits_{j=1}^{N}(\boldsymbol{A}^{-1/2}\boldsymbol{S})_{ij}\theta_j$ 引入新坐标 θ_i，这里 $\boldsymbol{S}$ 是使 $\boldsymbol{A}$ 对角化的正交矩阵，

$$\begin{aligned}T&=\dot{\boldsymbol{q}}^{\mathrm{T}}\cdot\boldsymbol{A}\cdot\dot{\boldsymbol{q}}=(\boldsymbol{A}^{-1/2}\boldsymbol{S}\,\dot{\theta})^{\mathrm{T}}\cdot\boldsymbol{A}\cdot\boldsymbol{A}^{-1/2}\cdot\boldsymbol{S}\cdot\dot{\theta}\\&=\dot{\theta}^{\mathrm{T}}\boldsymbol{S}^{\mathrm{T}}(\boldsymbol{A}^{-1/2})^{\mathrm{T}}\cdot\boldsymbol{A}\cdot\boldsymbol{A}^{-1/2}\cdot\boldsymbol{S}\cdot\dot{\theta}\end{aligned}$$

$\boldsymbol{A}$ 是实对称的，

$$\boldsymbol{A}^{\mathrm{T}}=\boldsymbol{A}$$

$$\left(\boldsymbol{A}^{-1/2}\right)^{\mathrm{T}}=\left(\boldsymbol{A}^{\mathrm{T}}\right)^{-1/2}=\boldsymbol{A}^{-1/2}$$

$$\begin{aligned}T&=\dot{\theta}^{\mathrm{T}}\,\boldsymbol{S}^{\mathrm{T}}\cdot\boldsymbol{A}^{-1/2}\cdot\boldsymbol{A}\cdot\boldsymbol{A}^{-1/2}\cdot\boldsymbol{S}\cdot\dot{\theta}\\&=\dot{\theta}^{\mathrm{T}}\boldsymbol{S}^{\mathrm{T}}\boldsymbol{A}\cdot\boldsymbol{A}^{-1/2}\boldsymbol{A}^{-1/2}\cdot\boldsymbol{S}\cdot\dot{\theta}=\dot{\theta}^{\mathrm{T}}\boldsymbol{S}^{\mathrm{T}}\boldsymbol{S}\cdot\dot{\theta}=\dot{\theta}^{\mathrm{T}}\dot{\theta}\end{aligned}$$

与此类似，可得

$$V=\boldsymbol{q}^{\mathrm{T}}\cdot\boldsymbol{B}\cdot\boldsymbol{q}=\boldsymbol{\theta}^{\mathrm{T}}\boldsymbol{S}^{\mathrm{T}}\boldsymbol{A}^{-1/2}\boldsymbol{B}\boldsymbol{A}^{-1/2}\boldsymbol{S}\,\boldsymbol{\theta}$$

因为 $\boldsymbol{A}$、$\boldsymbol{B}$ 都是实对称矩阵，其中用了

$$(\boldsymbol{A}^{-1/2}\cdot\boldsymbol{B}\cdot\boldsymbol{A}^{-1/2})^{\mathrm{T}}=(\boldsymbol{A}^{-1/2})^{\mathrm{T}}\boldsymbol{B}^{\mathrm{T}}\cdot(\boldsymbol{A}^{-1/2})^{\mathrm{T}}=\boldsymbol{A}^{-1/2}\boldsymbol{B}\boldsymbol{A}^{-1/2}$$

$\boldsymbol{A}^{-1/2}\boldsymbol{B}\boldsymbol{A}^{-1/2}$ 是实对称矩阵，能被正交矩阵 $\boldsymbol{S}$ 对角化. 所以，我们得到

$$T=\sum_{j=1}^{N}\dot{\theta}_j^2,\quad V=\sum_{j=1}^{N}B_j\theta_j^2$$

其中 B_j 是 $\boldsymbol{A}^{-1/2}\boldsymbol{B}\boldsymbol{A}^{-1/2}$ 对角化了的矩阵的对角元素，即

$$(\boldsymbol{S}^{T}\boldsymbol{A}^{-1/2}\boldsymbol{B}\boldsymbol{A}^{-1/2}\boldsymbol{S})_{ij}=B_j\delta_{ij}$$

拉格朗日函数为

$$L=T-V=\sum_{j=1}^{N}(\dot{\theta}_j^2-B_j\theta_j^2)$$

由拉格朗日方程 $\dfrac{\mathrm{d}}{\mathrm{d}t}\left(\dfrac{\partial L}{\partial \dot{\theta}_i}\right)-\dfrac{\partial L}{\partial \theta_i}=0$ 得

$$\ddot{\theta}_i+B_i\theta_i=0 \qquad (i=1,2,\cdots,N)$$

因此 B_i 是系统的简正频率 ω_i 的平方.

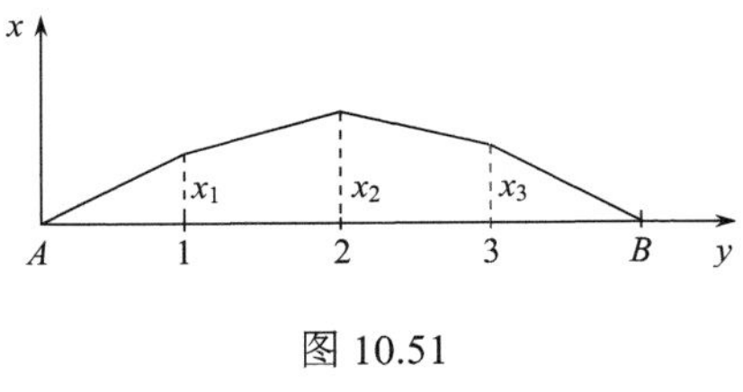

图 10.51

10.1.47 一根轻弹性绳在两个固定点 A、B 之间拉紧，A、B 间距离为 $4a$，绳的张力为 τ，一个质量为 $3m$ 的质点系在绳子中点 C，两个质量为 $4m$ 的质点分别系在 AC、CB 的中点，该系统开始处于平衡状态，突然给两个质量为 $4m$ 的质点以同样方向的横向速度 u，证明质量为 $3m$ 的质点在 t 时刻的位移为

$$\frac{4u}{5\omega}\left(-\sin\omega t+\sqrt{6}\sin\frac{1}{\sqrt{6}}\omega t\right)$$

其中 $\omega=\sqrt{\dfrac{\tau}{ma}}$ (不考虑重力的作用).

证明　取自 A 至 B 依次排列的三个质点的偏离平衡位置的横向位移 x_1、x_2、x_3 为广义坐标，如图 10.51 所示，

$$\begin{aligned}4m\,\ddot{x}_1&=-\tau\left.\frac{\partial x}{\partial y}\right|_{y=a-\varepsilon}+\tau\left.\frac{\partial x}{\partial y}\right|_{y=a+\varepsilon}\\&=-\tau\frac{x_1}{a}+\tau\frac{x_2-x_1}{a}=-\frac{2\tau}{a}x_1+\frac{\tau}{a}x_2\end{aligned}$$

$$\begin{aligned}3m\,\ddot{x}_2&=-\tau\left.\frac{\partial x}{\partial y}\right|_{y=2a-\varepsilon}+\tau\left.\frac{\partial x}{\partial y}\right|_{y=2a+\varepsilon}\\&=-\tau\frac{x_2-x_1}{a}+\tau\frac{x_3-x_2}{a}=-\frac{2\tau}{a}x_2+\frac{\tau}{a}x_1+\frac{\tau}{a}x_3\end{aligned}$$

$$\begin{aligned}4m\,\ddot{x}_3&=-\tau\left.\frac{\partial x}{\partial y}\right|_{y=3a-\varepsilon}+\tau\left.\frac{\partial x}{\partial y}\right|_{y=3a+\varepsilon}\\&=-\tau\frac{x_3-x_2}{a}+\tau\frac{0-x_3}{a}=-\frac{2\tau}{a}x_3+\frac{\tau}{a}x_2\end{aligned}$$

运动微分方程也可由

$$T=\frac{1}{2}(4m)(\dot{x}_1^2+\dot{x}_3^2)+\frac{1}{2}\cdot 3m\,\dot{x}_2^2$$

$$V=\frac{1}{2}\left(\frac{\tau}{a}\right)[x_1^2+(x_2-x_1)^2+(x_3-x_2)^2+x_3^2]$$

$$L=T-V,\quad \frac{\mathrm{d}}{\mathrm{d}t}\left(\frac{\partial L}{\partial \dot{x}_i}\right)-\frac{\partial L}{\partial x_i}=0 \qquad (i=1,2,3)$$

获得.

令 $\dfrac{\tau}{a}=A$，运动微分方程可写为

$$4m\ddot{x}_1+2Ax_1-Ax_2=0$$
$$3m\ddot{x}_2-Ax_1+2Ax_2-Ax_3=0$$
$$4m\ddot{x}_3-Ax_2+2Ax_3=0$$

设 $x_i=u_i\cos(\omega t+\alpha)\ (i=1,2,3)$，代入微分方程组，得

$$(2A-4m\omega^2)u_1-Au_2=0$$
$$-Au_1+(2A-3m\omega^2)u_2-Au_3=0$$
$$-Au_2+(2A-4m\omega^2)u_3=0$$

特征方程为

$$\begin{vmatrix}2A-4m\omega^2 & -A & 0\\ -A & 2A-3m\omega^2 & -A\\ 0 & -A & 2A-4m\omega^2\end{vmatrix}=0$$

将第一列减第三列作第一列，再将第一行加第三行作第三行，得

$$\begin{vmatrix}2A-4m\omega^2 & -A & 0\\ 0 & 2A-3m\omega^2 & -A\\ 0 & -2A & 2A-4m\omega^2\end{vmatrix}=0$$

$$(2A-4m\omega^2)(12m^2\omega^4-14Am\omega^2+2A^2)=0$$
$$4(A-2m\omega^2)(6m\omega^2-A)(m\omega^2-A)=0$$
$$\omega_1^2=\frac{A}{2m}=\frac{\tau}{2ma}$$
$$\omega_2^2=\frac{A}{6m}=\frac{\tau}{6ma}$$
$$\omega_3^2=\frac{A}{m}=\frac{\tau}{ma}$$

将 ω_1^2 代入特征矩阵，求其伴随矩阵，

$$\operatorname{adj}\begin{pmatrix}0 & -A & 0\\ -A & \dfrac{1}{2}A & -A\\ 0 & -A & 0\end{pmatrix}=\begin{pmatrix}-A^2 & 0 & A^2\\ 0 & 0 & 0\\ A^2 & 0 & -A^2\end{pmatrix}$$

其任一非零列与 $u_1^{(1)}$、$u_2^{(1)}$、$u_3^{(1)}$ 成正比. 可取

$$u_1^{(1)}=1,\quad u_2^{(1)}=0,\quad u_3^{(1)}=-1$$

将 ω_2^2 代入特征矩阵，求其伴随矩阵，

$$\operatorname{adj}\begin{pmatrix} \frac{4}{3}A & -A & 0 \\ -A & \frac{3}{2}A & -A \\ 0 & -A & \frac{4}{3}A \end{pmatrix}=\begin{pmatrix} A^2 & \frac{4}{3}A^2 & A^2 \\ \frac{4}{3}A^2 & \frac{16}{9}A^2 & \frac{4}{3}A^2 \\ A^2 & \frac{4}{3}A^2 & A^2 \end{pmatrix}$$

取 $u_1^{(2)}=1$，$u_2^{(2)}=\frac{4}{3}$，$u_3^{(2)}=1$.

将 ω_3^2 代入特征矩阵，求其伴随矩阵，

$$\operatorname{adj}\begin{pmatrix} -2A & -A & 0 \\ -A & -A & -A \\ 0 & -A & -2A \end{pmatrix}=\begin{pmatrix} A^2 & -2A^2 & A^2 \\ -2A^2 & 4A^2 & -2A^2 \\ A^2 & -2A^2 & A^2 \end{pmatrix}$$

取 $u_1^{(3)}=1$，$u_2^{(3)}=-2$，$u_3^{(3)}=1$.

通解为

$$\begin{aligned} x_1 &= C_1u_1^{(1)}\cos(\omega_1 t+\alpha_1)+C_2u_1^{(2)}\cos(\omega_2 t+\alpha_2)+C_3u_1^{(3)}\cos(\omega_3 t+\alpha_3) \\ &= C_1\cos\left(\sqrt{\frac{\tau}{2ma}}t+\alpha_1\right)+C_2\cos\left(\sqrt{\frac{\tau}{6ma}}t+\alpha_2\right)+C_3\cos\left(\sqrt{\frac{\tau}{ma}}t+\alpha_3\right) \end{aligned}$$

$$x_2=\frac{4}{3}C_2\cos\left(\sqrt{\frac{\tau}{6ma}}t+\alpha_2\right)-2C_3\cos\left(\sqrt{\frac{\tau}{ma}}t+\alpha_3\right)$$

$$x_3=-C_1\cos\left(\sqrt{\frac{\tau}{2ma}}t+\alpha_1\right)+C_2\cos\left(\sqrt{\frac{\tau}{6ma}}t+\alpha_2\right)+C_3\cos\left(\sqrt{\frac{\tau}{ma}}t+\alpha_3\right)$$

初始条件：$t=0$ 时，$x_1=x_2=x_3=0$，$\dot{x}_1=\dot{x}_3=u$，$\dot{x}_2=0$，定出 $\alpha_1=\alpha_2=\alpha_3=\frac{\pi}{2}$，$C_1=0$，$C_2=-\frac{3u}{5}\sqrt{\frac{6ma}{\tau}}$，$C_3=-\frac{2u}{5}\sqrt{\frac{ma}{\tau}}$.

质量为 $3m$ 的质点 t 时刻的位移为

$$\begin{aligned} x_2 &= \frac{4}{3}\left(-\frac{3u}{5}\sqrt{\frac{6ma}{\tau}}\right)\cos\left(\sqrt{\frac{\tau}{6ma}}t+\frac{\pi}{2}\right)-2\left(-\frac{2u}{5}\sqrt{\frac{ma}{\tau}}\right)\cos\left(\sqrt{\frac{\tau}{ma}}t+\frac{\pi}{2}\right) \\ &= \frac{4u}{5}\sqrt{\frac{6ma}{\tau}}\sin\left(\sqrt{\frac{\pi}{6ma}}t\right)-\frac{4u}{5}\sqrt{\frac{ma}{\tau}}\sin\left(\sqrt{\frac{\tau}{ma}}t\right) \end{aligned}$$

令 $\omega=\sqrt{\frac{\tau}{ma}}$，可把 x_2 改写成

$$x_2=\frac{4u}{5\omega}\left(\sqrt{6}\sin\frac{1}{\sqrt{6}}\omega t-\sin\omega t\right)$$

10.1.48　(1)两相同单摆，质点质量为 m，摆长为 l，用劲度系数为 k 的轻弹簧连起来，弹簧的自然长度等于两悬点间距，如图 10.52(a)所示. 试求此系统围绕平衡位置做小振动的简正频率和振动模式；

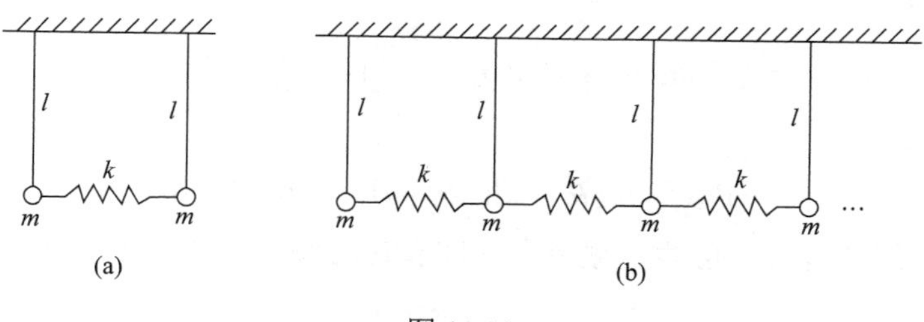

图 10.52

(2)无限多个这样的单摆，两两用弹簧耦合，如图 10.52(b)所示，求此系统的振动模式和相应的简正频率.

解　(1) $L=\frac{1}{2}ml^2\dot{\theta}_1^2+\frac{1}{2}ml^2\dot{\theta}_2^2-\frac{1}{2}mgl\theta_1^2-\frac{1}{2}mgl\theta_2^2-\frac{1}{2}k(l\theta_2-l\theta_1)^2$

由 $\frac{\mathrm{d}}{\mathrm{d}t}\left(\frac{\partial L}{\partial\dot{\theta}_i}\right)-\frac{\partial L}{\partial\theta_i}=0$ 得

$$ml^2\ddot{\theta}_1+mgl\theta_1-kl^2(\theta_2-\theta_1)=0 \tag{1}$$

$$ml^2\ddot{\theta}_2+mgl\theta_2+kl^2(\theta_2-\theta_1)=0 \tag{2}$$

式(1)+式(2)得

$$l(\ddot{\theta}_1+\ddot{\theta}_2)+g(\theta_1+\theta_2)=0$$

式(1)−式(2)得

$$ml(\ddot{\theta}_1-\ddot{\theta}_2)+(mg+2kl)(\theta_1-\theta_2)=0$$

可取简正坐标 ξ、η，

$$\xi=\theta_1+\theta_2,\quad \eta=\theta_1-\theta_2$$

$$\theta_1=\frac{1}{2}(\xi+\eta),\quad \theta_2=\frac{1}{2}(\xi-\eta)$$

简正频率为

$$\omega_1=\sqrt{\frac{g}{l}},\quad \omega_2=\sqrt{\frac{g}{l}+\frac{2k}{m}}$$

振动模式：用简正坐标，ω_1：ξ、η 方向振动的振幅比为 1 : 0；ω_2：ξ、η 方向振动的振幅比为 0 : 1.

用坐标 θ_1、θ_2，ω_1:$\frac{u_1^{(1)}}{u_2^{(1)}}=1$；$\omega_2$:$\frac{u_1^{(1)}}{u_2^{(2)}}=-1$.

(2)
$$L=\frac{1}{2}ml^2(\dot{\theta}_1^2+\dot{\theta}_2^2+\cdots)-\frac{1}{2}mgl(\theta_1^2+\theta_2^2+\cdots)$$

$$-\frac{1}{2}kl^2[(\theta_2-\theta_1)^2+(\theta_3-\theta_2)^2+\cdots]$$

由 $\frac{\mathrm{d}}{\mathrm{d}t}\left(\frac{\partial L}{\partial\dot{\theta}_i}\right)-\frac{\partial L}{\partial\theta_i}=0$，得

$$ml^2\ddot{\theta}_n+mgl\theta_n+kl^2[(\theta_n-\theta_{n-1})-(\theta_{n+1}-\theta_n)]=0$$

即

$$ml\,\ddot{\theta}_n+mg\theta_n+kl(2\theta_n-\theta_{n+1}-\theta_{n-1})=0 \tag{3}$$

因为 $n\to\infty$ 时 θ_n 保持有限，可假定振幅在空间和在时间上都周期地变化，即令

$$\theta_n=A\mathrm{e}^{\mathrm{i}(kna-\omega t)} \tag{4}$$

其中 a 为弹簧的自然长度，“波数” $k=\frac{2\pi}{\lambda}$，λ 为“波长”必为 a 的整数倍，即 $\lambda=a$，$2a$，$3a$，…，对应的 ω(简正频率)由将式(4)代入式(3)得到的关系确定，此关系为

$$\cos ka=1+\frac{mg-ml\omega^2}{2kl}$$

$$\omega=\sqrt{\frac{g}{l}+\frac{2k}{m}(1-\cos ka)}$$

相应于 $\lambda=a$，$2a$，$3a$，$4a$，…的简正频率 ω_1，ω_2，ω_3，ω_4，…分别为

$$\omega_1=\sqrt{\frac{g}{l}},\quad \omega_2=\sqrt{\frac{g}{l}+\frac{4k}{m}},\quad \omega_3=\sqrt{\frac{g}{l}+\frac{3k}{m}},\quad \omega_4=\sqrt{\frac{g}{l}+\frac{2k}{m}},\quad \cdots$$

计算相应的振动模式：将 $\omega_1=\sqrt{\frac{g}{l}}\left(\text{相应的}k=\frac{2\pi}{a}\right)$ 代入式(4)得

$$\theta_n=A\mathrm{e}^{\mathrm{i}(kna-\omega_1 t)}=A\mathrm{e}^{\mathrm{i}(2\pi n-\omega_1 t)}$$

可见振动模式

$$u_1^{(1)}:u_2^{(1)}:u_3^{(1)}:\cdots=1:1:1:\cdots$$

将 $\omega_2=\sqrt{\frac{g}{l}+\frac{4k}{m}}\left(\text{相应的}k=\frac{2\pi}{2a}=\frac{\pi}{a}\right)$ 代入式(4)得

$$\theta_n=A\mathrm{e}^{\mathrm{i}(\pi n-\omega_2 t)}$$

振动模式可表示为

$$(u_1^{(2)},u_2^{(2)},u_3^{(2)},\cdots)=(-1,1,-1,\cdots)$$

将 $\omega_3=\sqrt{\frac{g}{l}+\frac{3k}{m}}$ 代入式(4)，相应的 $k=\frac{2\pi}{3a}$，

$$\theta_n=A\mathrm{e}^{\mathrm{i}\left(\frac{2\pi}{3}n-\omega_3 t\right)}$$

振动模式为

$$(u_1^{(3)},u_2^{(3)},u_3^{(3)},\cdots)=\left(\mathrm{e}^{\mathrm{i}\frac{2\pi}{3}},\mathrm{e}^{\mathrm{i}\frac{4\pi}{3}},1,\cdots\right)$$

将 $\omega_4=\sqrt{\frac{g}{l}+\frac{2k}{m}}$ $\left(相应的k=\frac{\pi}{2a}\right)$ 代入式(4)得

$$\theta_n=A\mathrm{e}^{\mathrm{i}\left(\frac{\pi n}{2}-\omega_4 t\right)}$$

振动模式为

$$(u_1^{(4)},u_2^{(4)},u_3^{(4)},\cdots)=(i,-1,-i,\cdots)$$

照此做法，可计算相应于简正频率 ω_5，ω_6，$\cdots$ 的振动模式.

10.2　有阻尼和(或)有周期性外力作用下的小振动

10.2.1　三个质量均为 m 的相同的物体，用两根劲度系数均为 k 的轻弹簧连接，如图 10.53 所示. 设运动是一维的，开始时 $(t=0)$ 三个物体均静止并分别在各自的平衡位置，设物体 A 受一外力 $F(t)=f\cos\omega t(t>0)$，求物体 C 的运动.

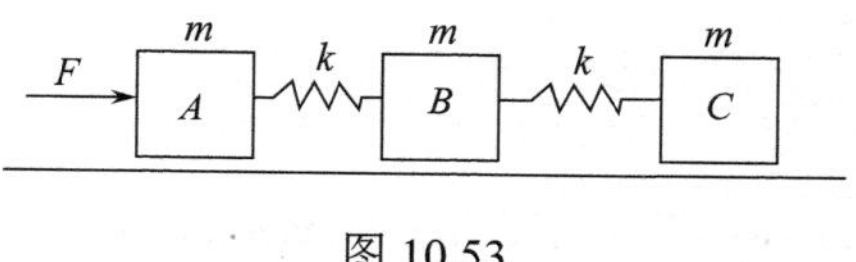

图 10.53

解　取物体 A、B、C 偏离各自平衡位置的位移 x_1、x_2、x_3(均向右为正)为广义坐标，

$$L=\frac{1}{2}m(\dot{x}_1^2+\dot{x}_2^2+\dot{x}_3^2)-\frac{1}{2}k(x_2-x_1)^2-\frac{1}{2}k(x_3-x_2)^2$$

$$Q_1=f\cos\omega t,\quad Q_2=Q_3=0$$

由 $\frac{\mathrm{d}}{\mathrm{d}t}\left(\frac{\partial L}{\partial \dot{x}_i}\right)-\frac{\partial L}{\partial x_i}=Q_i$，得

$$m\ddot{x}_1-k(x_2-x_1)=f\cos\omega t \tag{1}$$

$$m\ddot{x}_2+k(2x_2-x_1-x_3)=0 \tag{2}$$

$$m\ddot{x}_3+k(x_3-x_2)=0 \tag{3}$$

式(1)+式(2)+式(3)得

$$m(\ddot{x}_1+\ddot{x}_2+\ddot{x}_3)=f\cos\omega t$$

式(1)–式(3)得

$$m(\ddot{x}_1-\ddot{x}_3)+k(x_1-x_3)=f\cos\omega t$$

式(1)+式(3)–2×式(2)，得

$$m(\ddot{x}_1-2\ddot{x}_2+\ddot{x}_3)+3k(x_1-2x_2+x_3)=f\cos\omega t$$

令 $y_1=x_1+x_2+x_3$，$y_2=x_1-x_3$，$y_3=x_1-2x_2+x_3$，

$$m\ddot{y}_1 = f\cos\omega t \tag{4}$$

$$m\ddot{y}_2 + ky_2 = f\cos\omega t \tag{5}$$

$$m\ddot{y}_3 + 3ky_3 = f\cos\omega t \tag{6}$$

初始条件：$t=0$ 时，$x_1 = x_2 = x_3 = 0$，$\dot{x}_1 = \dot{x}_2 = \dot{x}_3 = 0$，则 $y_1 = y_2 = y_3 = 0$，$\dot{y}_1 = \dot{y}_2 = \dot{y}_3 = 0$.

用上述初始条件，积分式(4)、(5)、(6)得

$$y_1 = \frac{f}{m\omega^2}(1-\cos\omega t)$$

$$y_2 = \frac{f}{k-m\omega^2}(\cos\omega t - \cos\omega_2 t)$$

其中 $\omega_2 = \sqrt{\dfrac{k}{m}}$，

$$y_3 = \frac{f}{3k-m\omega^2}(\cos\omega t - \cos\omega_3 t)$$

其中 $\omega_3 = \sqrt{\dfrac{3k}{m}}$.

物体 C 的运动为

$$\begin{aligned} x_3 &= \frac{1}{6}(2y_1 - 3y_2 + y_3) \\ &= \frac{f}{6}\left[\frac{2}{m\omega^2}(1-\cos\omega t) - \frac{3}{k-m\omega^2}(\cos\omega t - \cos\omega_2 t) + \frac{1}{3k-m\omega^2}(\cos\omega t - \cos\omega_3 t)\right] \end{aligned}$$

其中 $\omega_2 = \sqrt{\dfrac{k}{m}}, \omega_3 = \sqrt{\dfrac{3k}{m}}$.

10.2.2　两个质量为 M 的质点分别用劲度系数为 k 的轻弹簧与质量为 $m(m<M)$ 的质点相连，如图 10.54 所示做一维运动，若中间的质点被频率为 $\omega_0 = 2\sqrt{\dfrac{k}{m}}$ 的简谐方式所驱动，问左边质点的稳态运动和驱动运动同相位还是反相位？

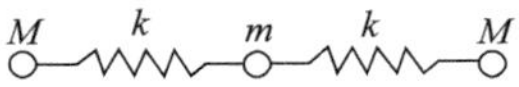

M　k　m　k　M

图 10.54

解　取左、中、右三个质点偏离平衡位置的位移 x_1、x_2、x_3（向右为正）为广义坐标，

$$L = \frac{1}{2}M\dot{x}_1^2 + \frac{1}{2}m\dot{x}_2^2 + \frac{1}{2}M\dot{x}_3^2 - \frac{1}{2}k(x_2 - x_1)^2 - \frac{1}{2}k(x_3 - x_2)^2$$

$$Q_1 = 0,\quad Q_2 = f(t),\quad Q_3 = 0$$

由 $\dfrac{\mathrm{d}}{\mathrm{d}t}\left(\dfrac{\partial L}{\partial \dot{x}_i}\right) - \dfrac{\partial L}{\partial x_i} = Q_i$，得

$$M\ddot{x}_1 + k(x_1 - x_2) = 0 \tag{1}$$

$$m\ddot{x}_2 + k(2x_2 - x_1 - x_3) = f(t)$$

$$M\ddot{x}_3 + k(x_3 - x_2) = 0$$

中间的质点以频率为$\omega_0 = 2\sqrt{\dfrac{k}{m}}$做简谐运动，设

$$x_2 = B\sin\omega_0 t$$

代入式(1)得

$$M\ddot{x}_1 + kx_1 = kB\sin\omega_0 t \tag{2}$$

左边质点的受迫振动，达到稳态后将以强迫力的角频率做简谐振动，设稳态运动为

$$x_1 = A\sin\omega_0 t$$

代入式(2)得

$$-M\omega_0^2 A\sin\omega_0 t + kA\sin\omega_0 t = kB\sin\omega_0 t$$

$$A = \frac{kB}{k - M\omega_0^2} = \frac{m}{m-4M}B$$

$$\frac{A}{B} = \frac{m}{m-4M} < 0$$

可见，左边质点的运动终将与驱动运动反相位.

10.2.3　一单摆悬挂在一随时间沿水平方向驱动的支座上，如图 10.55 所示.

(1) 已知支座的运动 $x_s(t)$，写出摆线与竖直方向的夹角θ满足的运动微分方程；

(2) 若$x_s = A\cos\omega t$，运动中角位移θ很小，求摆锤的运动.

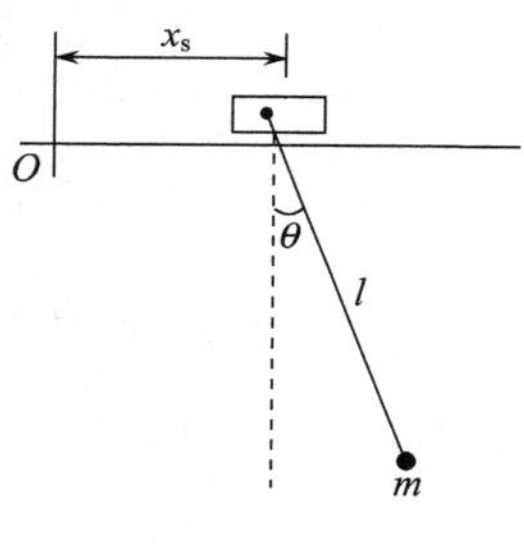

图 10.55

解　(1) 以支座为参考系，

$$L = \frac{1}{2}ml^2\dot{\theta}^2 - mgl(1-\cos\theta)$$

摆锤受到向右的惯性力为

$$-m\,\ddot{x}_s(t)$$

$$\delta W = -m\,\ddot{x}_s(t)\cos\theta \cdot l\delta\theta$$

惯性力的广义力为

$$Q = -ml\,\ddot{x}_s(t)\cos\theta$$

由$\dfrac{\mathrm{d}}{\mathrm{d}t}\left(\dfrac{\partial L}{\partial\dot{\theta}}\right) - \dfrac{\partial L}{\partial\theta} = Q$，运动微分方程为

$$l\,\ddot{\theta} + g\sin\theta = -\ddot{x}_s(t)\cos\theta$$

(2)

$$x_s(t) = A\cos\omega t$$

θ很小，$\sin\theta\approx\theta$，$\cos\theta\approx 1$，运动微分方程为

$$l\,\ddot{\theta} + g\theta = A\omega^2\cos\omega t$$

设微分方程的特解为

$$\theta^* = B\cos\omega t$$

代入微分方程，可定出 B，得

$$\theta^* = \frac{\omega^2}{g - l\omega^2} A\cos\omega t$$

摆锤运动的通解为

$$\theta = C\cos\left(\sqrt{\frac{g}{l}}t + \alpha\right) + \frac{\omega^2}{g - l\omega^2} A\cos\omega t$$

C、α 是积分常数，由初始条件确定. 运动中 θ 保持小量，故不会出现共振现象，$\frac{g}{l} \neq \omega^2$.

10.2.4 若双摆中两质点质量均为 m，摆线长度均为 l，两质点受到介质的阻力，其大小与速率成正比，比例系数为 b. 求：

(1) 两种频率的阻尼振动都是弱阻尼的条件；

(2) 在上述条件下运动的一般解.

解 (1) $T = \frac{1}{2}ml^2\dot{\theta}_1^2 + \frac{1}{2}m[(l\,\dot{\theta}_1\cos\theta_1 + l\dot{\theta}_2\cos\theta_2)^2 + (l\,\dot{\theta}_1\sin\theta_1 + l\,\dot{\theta}_2\sin\theta_2)^2]$

$$= \frac{1}{2}ml^2\dot{\theta}_1^2 + \frac{1}{2}m[l^2\dot{\theta}_1^2 + l^2\dot{\theta}_2^2 + 2l^2\dot{\theta}_1\dot{\theta}_2\cos(\theta_1 - \theta_2)]$$

$$\approx ml^2\dot{\theta}_1^2 + \frac{1}{2}ml^2\dot{\theta}_2^2 + ml^2\dot{\theta}_1\dot{\theta}_2$$

$$V = mgl(1 - \cos\theta_1) + mgl(1 - \cos\theta_1) + mgl(1 - \cos\theta_2) \approx mgl\theta_1^2 + \frac{1}{2}mgl\theta_2^2$$

其中 θ_1、θ_2 分别是上、下两条摆线与竖直向下方向间的夹角，

$$L = \frac{1}{2}ml^2(2\,\dot{\theta}_1^2 + \dot{\theta}_2^2 + 2\dot{\theta}_1\dot{\theta}_2) - \frac{1}{2}mgl(2\theta_1^2 + \theta_2^2)$$

瑞利耗散函数为

$$R = \frac{1}{2}bl^2(2\,\dot{\theta}_1^2 + \dot{\theta}_2^2 + 2\,\dot{\theta}_1\,\dot{\theta}_2)$$

由 $\frac{\mathrm{d}}{\mathrm{d}t}\left(\frac{\partial L}{\partial \dot{\theta}_i}\right) - \frac{\partial L}{\partial \theta_i} = -\frac{\partial R}{\partial \dot{\theta}_i}$，得运动微分方程

$$2\,\ddot{\theta}_1 + \ddot{\theta}_2 + \frac{b}{m}(2\,\dot{\theta}_1 + \dot{\theta}_2) + \frac{2g}{l}\theta_1 = 0$$

$$\ddot{\theta}_1 + \ddot{\theta}_2 + \frac{b}{m}(\dot{\theta}_1 + \dot{\theta}_2) + \frac{g}{l}\theta_2 = 0$$

求简正坐标，先作坐标变换，使势能函数变成“球”型平方和，取坐标变换矩阵

$$\boldsymbol{D} = \begin{pmatrix} \frac{1}{\sqrt{2}} & 0 \\ 0 & 1 \end{pmatrix}$$

引入新坐标 φ_1、φ_2，

$$\begin{pmatrix}\theta_1\\\theta_2\end{pmatrix}=\begin{pmatrix}\frac{1}{\sqrt{2}} & 0\\ 0 & 1\end{pmatrix}\begin{pmatrix}\varphi_1\\\varphi_2\end{pmatrix}$$

即

$$\theta_1=\frac{1}{\sqrt{2}}\varphi_1,\quad \theta_2=\varphi_2$$

变换后新的势能V'和动能T'为

$$V'=\frac{1}{2}mgl(\varphi_1^2+\varphi_2^2)$$

$$T'=\frac{1}{2}ml^2(\dot{\varphi}_1^2+\dot{\varphi}_2^2+\sqrt{2}\dot{\varphi}_1\dot{\varphi}_2)$$

$$\boldsymbol{M}'=\begin{pmatrix}ml^2 & \frac{1}{\sqrt{2}}ml^2\\ \frac{1}{\sqrt{2}}ml^2 & ml^2\end{pmatrix}$$

$$\boldsymbol{K}'=\begin{pmatrix}mgl & 0\\ 0 & mgl\end{pmatrix}$$

耗散函数矩阵为

$$\boldsymbol{R}'=\begin{pmatrix}bl^2 & \frac{1}{\sqrt{2}}bl^2\\ \frac{1}{\sqrt{2}}bl^2 & bl^2\end{pmatrix}$$

将 $\boldsymbol{M}$、$\boldsymbol{K}$ 矩阵同时对角化，也就把 $\boldsymbol{M}$、$\boldsymbol{K}$、$\boldsymbol{R}$ 三个矩阵都同时对角化了. 现求正交变换矩阵 $\boldsymbol{E}$，使 $\boldsymbol{M}'$ 矩阵对角化，为书写简便起见，写 $\boldsymbol{M}'$ 以 ml^2 为单位. 求 $\boldsymbol{M}'$ 矩阵的特征值λ，其特征方程为

$$\begin{vmatrix}1-\lambda & \frac{1}{\sqrt{2}}\\ \frac{1}{\sqrt{2}} & 1-\lambda\end{vmatrix}=0$$

$$\lambda^2+2\lambda+\frac{1}{2}=0$$

解出

$$\lambda_1=1-\frac{1}{\sqrt{2}},\quad \lambda_2=1+\frac{1}{\sqrt{2}}$$

将λ_1代入特征方程左边行列式相应的矩阵，得

$$\begin{pmatrix} \frac{1}{\sqrt{2}} & \frac{1}{\sqrt{2}} \\ \frac{1}{\sqrt{2}} & \frac{1}{\sqrt{2}} \end{pmatrix}$$

其伴随矩阵为

$$\begin{pmatrix} \frac{1}{\sqrt{2}} & -\frac{1}{\sqrt{2}} \\ -\frac{1}{\sqrt{2}} & \frac{1}{\sqrt{2}} \end{pmatrix}$$

其归一化的列矩阵为

$$\left(\frac{1}{\sqrt{2}}, -\frac{1}{\sqrt{2}}\right)$$

将 λ_2 代入特征方程左边行列式相应的矩阵，求所得矩阵的伴随矩阵，取其列矩阵(已归一化)为

$$\left(-\frac{1}{\sqrt{2}}, -\frac{1}{\sqrt{2}}\right)$$

由这两个列矩阵作为 $\boldsymbol{E}$ 的两列，即得

$$\boldsymbol{E} = \begin{pmatrix} \frac{1}{\sqrt{2}} & -\frac{1}{\sqrt{2}} \\ -\frac{1}{\sqrt{2}} & -\frac{1}{\sqrt{2}} \end{pmatrix}$$

$$\boldsymbol{M}'' = \boldsymbol{E}^{\mathrm{T}} \cdot \boldsymbol{M}' \cdot \boldsymbol{E} = \begin{pmatrix} 1-\frac{1}{\sqrt{2}} & 0 \\ 0 & 1+\frac{1}{\sqrt{2}} \end{pmatrix} ml^2$$

同样经过此变换后，耗散函数矩阵变为

$$\boldsymbol{R}'' = \boldsymbol{E}^{\mathrm{T}} \cdot \boldsymbol{R}' \cdot \boldsymbol{E} = \begin{pmatrix} 1-\frac{1}{\sqrt{2}} & 0 \\ 0 & 1+\frac{1}{\sqrt{2}} \end{pmatrix} bl^2$$

已成“球”型的刚度矩阵在正交变换下保持不变，即 $\boldsymbol{K}'' = \boldsymbol{K}'$.

经 $\boldsymbol{D}$、$\boldsymbol{E}$ 两次变换后，θ_1、θ_2 变成 ξ_1、ξ_2，变换关系为

$$\begin{pmatrix} \theta_1 \\ \theta_2 \end{pmatrix} = \begin{pmatrix} \frac{1}{\sqrt{2}} & 0 \\ 0 & 1 \end{pmatrix} \begin{pmatrix} \frac{1}{\sqrt{2}} & -\frac{1}{\sqrt{2}} \\ -\frac{1}{\sqrt{2}} & -\frac{1}{\sqrt{2}} \end{pmatrix} \begin{pmatrix} \xi_1 \\ \xi_2 \end{pmatrix} = \begin{pmatrix} \frac{1}{2} & -\frac{1}{2} \\ -\frac{1}{\sqrt{2}} & -\frac{1}{\sqrt{2}} \end{pmatrix} \begin{pmatrix} \xi_1 \\ \xi_2 \end{pmatrix}$$

即
$$\theta_1=\frac{1}{2}\xi_1-\frac{1}{2}\xi_2 \tag{1}$$
$$\theta_2=-\frac{1}{\sqrt{2}}\xi_1-\frac{1}{\sqrt{2}}\xi_2 \tag{2}$$
采用ξ_1、ξ_2后，运动微分方程为
$$\left(1-\frac{1}{\sqrt{2}}\right)ml^2\ddot{\xi}_1+\left(1-\frac{1}{\sqrt{2}}\right)bl^2\dot{\xi}_1+mgl\xi_1=0$$
$$\left(1+\frac{1}{\sqrt{2}}\right)ml^2\ddot{\xi}_2+\left(1+\frac{1}{\sqrt{2}}\right)bl^2\dot{\xi}_2+mgl\xi_2=0$$
约去公因子后，可改写为
$$\ddot{\xi}_1+\frac{b}{m}\dot{\xi}_1+(2+\sqrt{2})\frac{g}{l}\xi_1=0 \tag{3}$$
$$\ddot{\xi}_2+\frac{b}{m}\dot{\xi}_2+(2-\sqrt{2})\frac{g}{l}\xi_2=0 \tag{4}$$
两个频率的阻尼振动都是弱阻尼的条件分别为
$$\left(\frac{b}{2m}\right)^2<(2+\sqrt{2})\frac{g}{l}$$
$$\left(\frac{b}{2m}\right)^2<(2-\sqrt{2})\frac{g}{l}$$
满足后一个式子，也必满足前一个式子. 故要求$\left(\frac{b}{2m}\right)^2<(2-\sqrt{2})\frac{g}{l}$.

(2) 在弱阻尼情况下，式(3)、(4)的一般解分别为
$$\xi_1=A_1\mathrm{e}^{-\frac{bt}{2m}}\cos(\omega_1t+\alpha_1)$$
$$\xi_2=A_2\mathrm{e}^{-\frac{bt}{2m}}\cos(\omega_2t+\alpha_2)$$
其中
$$\omega_1=\sqrt{(2+\sqrt{2})\frac{g}{l}-\frac{b^2}{4m^2}},\quad \omega_2=\sqrt{(2-\sqrt{2})\frac{g}{l}-\frac{b^2}{4m^2}}$$
由式(1)、(2)，
$$\theta_1=\frac{1}{2}\left[A_1\mathrm{e}^{-\frac{bt}{2m}}\cos(\omega_1t+\alpha_1)-A_2\mathrm{e}^{-\frac{bt}{2m}}\cos(\omega_2t+\alpha_2)\right]$$
$$\theta_2=-\frac{1}{\sqrt{2}}\left[A_1\mathrm{e}^{-\frac{bt}{2m}}\cos(\omega_1t+\alpha_1)+A_2\mathrm{e}^{-\frac{bt}{2m}}\cos(\omega_2t+\alpha_2)\right]$$
因为A_1、A_2都是待定的常数，可写得简单些. 令$C_1=\frac{1}{2}A_1$，$C_2=-\frac{1}{2}A_2$，则把一般解写为

$$\theta_1 = C_1 \mathrm{e}^{-\frac{bt}{2m}} \cos(\omega_1 t + \alpha_1) + C_2 \mathrm{e}^{-\frac{bt}{2m}} \cos(\omega_2 t + \alpha_2)$$

$$\theta_2 = -\sqrt{2} C_1 \mathrm{e}^{-\frac{bt}{2m}} \cos(\omega_1 t + \alpha_1) + \sqrt{2} C_2 \mathrm{e}^{-\frac{bt}{2m}} \cos(\omega_2 t + \alpha_2)$$

其中

$$\omega_1 = \sqrt{(2+\sqrt{2})\frac{g}{l} - \frac{b^2}{4m^2}}, \quad \omega_2 = \sqrt{(2-\sqrt{2})\frac{g}{l} - \frac{b^2}{4m^2}}$$

10.2.5 若 10.1.40 题的振动受到介质的阻力，其单位面积受力的大小与速率成正比，比例系数为 β，求：

(1) 三个自由度的阻尼振动都是过阻尼的条件；

(2) 在上述条件下运动的一般解.

解 (1) 在解 10.1.40 题时已得到

$$T = \frac{1}{2} M \dot{\zeta}^2 + \frac{1}{24} M a^2 \dot{\varphi}^2 + \frac{1}{24} M b^2 \dot{\theta}^2$$

$$V = \frac{1}{2} k (4\zeta^2 + a^2 \varphi^2 + b^2 \theta^2)$$

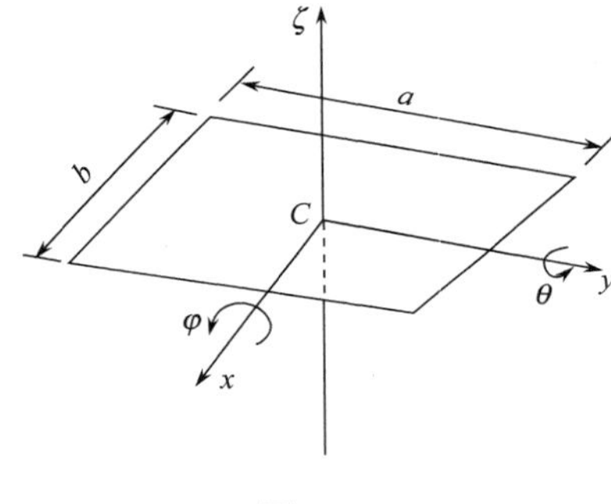

图 10.56

现在来求耗散函数. 在板上取固连于矩形板的 xy 坐标，原点位于质心，x、y 轴分别平行于边长为 b 和 a 的边，如图 10.56 所示. 平衡时，x、y 轴分别与固定坐标轴 ξ、η 重合.

板上点 (x,y) 的 ξ、η、ζ 坐标为

$$\xi(x,y) = x\cos\theta \approx x$$

$$\eta(x,y) = y\cos\varphi \approx y$$

$$\zeta(x,y) = \zeta + y\sin\varphi - x\sin\theta \approx \zeta + y\varphi - x\theta$$

其中 ζ 是质心 C 的 ζ 坐标，

$$\dot{\xi}(x,y) \approx 0$$

$$\dot{\eta}(x,y) \approx 0$$

$$\dot{\zeta}(x,y) \approx \dot{\zeta} + y\dot{\varphi} - x\dot{\theta}$$

$$\delta\xi(x,y) \approx 0$$

$$\delta\eta(x,y) \approx 0$$

$$\delta\zeta(x,y) \approx \delta\zeta + y\delta\varphi - x\delta\theta$$

面元 $\mathrm{d}x\mathrm{d}y$ 所受的黏性力做的虚功为

$$-\beta\dot{\zeta}(x,y)\mathrm{d}x\mathrm{d}y\delta\zeta(x,y) = -\beta(\dot{\zeta} + y\dot{\varphi} - x\dot{\theta})(\delta\zeta + y\delta\varphi - x\delta\theta)\mathrm{d}x\mathrm{d}y$$

平板所受黏性阻力做的虚功为

$$\begin{aligned}\delta W &= -\beta\int(\dot{\zeta}+y\,\dot{\varphi}-x\,\dot{\theta})(\delta\zeta+y\delta\varphi-x\delta\theta)\mathrm{d}x\mathrm{d}y\\&=-\beta\int(\dot{\zeta}+y\,\dot{\varphi}-x\,\dot{\theta})\mathrm{d}x\mathrm{d}y\delta\zeta\\&\quad-\beta\int(\dot{\zeta}+y\,\dot{\varphi}-x\,\dot{\theta})y\mathrm{d}x\mathrm{d}y\delta\varphi\\&\quad-\beta\int(\dot{\zeta}+y\,\dot{\varphi}-x\,\dot{\theta})(-x)\mathrm{d}x\mathrm{d}y\delta\theta\end{aligned}$$

所以

$$\begin{aligned}Q_{\zeta}&=-\beta\int(\dot{\zeta}+y\,\dot{\varphi}-x\,\dot{\theta})\mathrm{d}x\mathrm{d}y\\&=-\beta\left[\dot{\zeta}ab+b\dot{\varphi}\frac{1}{2}y^2\bigg|_{-\frac{a}{2}}^{\frac{a}{2}}-a\dot{\theta}\bullet\frac{1}{2}x^2\bigg|_{-\frac{b}{2}}^{\frac{b}{2}}\right]=-\beta ab\dot{\zeta}\end{aligned}$$

$$\begin{aligned}Q_{\varphi}&=-\beta\int(\dot{\zeta}+y\,\dot{\varphi}-x\,\dot{\theta})y\mathrm{d}x\mathrm{d}y\\&=-\beta\left[\dot{\zeta}\,b\bullet\frac{1}{2}y^2\bigg|_{-\frac{a}{2}}^{\frac{a}{2}}+\dot{\varphi}b\bullet\frac{1}{3}y^3\bigg|_{-\frac{a}{2}}^{\frac{a}{2}}-\int\dot{\theta}\bullet\frac{1}{2}y^2\bigg|_{-\frac{a}{2}}^{\frac{a}{2}}x\mathrm{d}x\right]\\&=-\frac{1}{12}\beta a^3b\dot{\varphi}\end{aligned}$$

$$Q_{\theta}=-\beta\int(\dot{\zeta}+y\,\dot{\varphi}-x\,\dot{\theta})(-x)\mathrm{d}x\mathrm{d}y=-\frac{1}{12}\beta ab^3\dot{\theta}$$

由 $Q_{\zeta}=-\dfrac{\partial R}{\partial\dot{\zeta}}$，$Q_{\varphi}=-\dfrac{\partial R}{\partial\dot{\varphi}}$，$Q_{\theta}=-\dfrac{\partial R}{\partial\dot{\theta}}$，得

$$\begin{aligned}\mathrm{d}R&=-Q_{\zeta}\mathrm{d}\dot{\zeta}-Q_{\varphi}\mathrm{d}\dot{\varphi}-Q_{\theta}\mathrm{d}\dot{\theta}\\&=\beta ab\,\dot{\zeta}\,\mathrm{d}\,\dot{\zeta}+\frac{1}{12}\beta a^3b\,\dot{\varphi}\,\mathrm{d}\,\dot{\varphi}+\frac{1}{12}\beta ab^3\dot{\theta}\mathrm{d}\,\dot{\theta}\end{aligned}$$

$$R=\frac{1}{2}ab\beta\left(\dot{\zeta}^2+\frac{1}{12}a^2\dot{\varphi}^2+\frac{1}{12}b^2\dot{\theta}^2\right)$$

为书写简便起见，令 $q_1=\zeta$，$q_2=\dfrac{1}{2}a\varphi$，$q_3=\dfrac{1}{2}b\theta$，则

$$T=\frac{1}{2}M\left(\dot{q}_1^2+\frac{1}{3}\dot{q}_2^2+\frac{1}{3}\dot{q}_3^2\right)$$

$$V=\frac{1}{2}k(4q_1^2+4q_2^2+4q_3^2)$$

$$R=\frac{1}{2}ab\beta\left(\dot{q}_1^2+\frac{1}{3}\dot{q}_2^2+\frac{1}{3}\dot{q}_3^2\right)$$

由

$$\boldsymbol{M}\bullet\ddot{\boldsymbol{q}}+\boldsymbol{R}\bullet\dot{\boldsymbol{q}}+\boldsymbol{K}\bullet\boldsymbol{q}=0$$

得

$$M\,\ddot{q}_1+ab\beta\,\dot{q}_1+4kq_1=0\tag{1}$$

$$\frac{1}{3}M\ddot{q}_2+\frac{1}{3}ab\beta\dot{q}_2+4kq_2=0 \tag{2}$$

$$\frac{1}{3}M\ddot{q}_3+\frac{1}{3}ab\beta\dot{q}_3+4kq_3=0 \tag{3}$$

要求 q_1 上的运动是过阻尼振动，条件是

$$\left(\frac{ab\beta}{2M}\right)^2>\frac{4k}{M}，\ 即\ (ab\beta)^2>16kM$$

要求 q_2、q_3 上的运动是过阻尼振动，条件是

$$\left(\frac{ab\beta}{2M}\right)^2>\frac{12k}{M}，\ 即\ (ab\beta)^2>48kM$$

因此要求三个自由度的振动都是过阻尼振动，条件是

$$(ab\beta)^2>48kM$$

(2) 上述方程(1)的特征方程为

$$Mr^2+ab\beta r+4k=0$$

$$r=\frac{1}{2M}\left[-ab\beta\pm\sqrt{(ab\beta)^2-16kM}\right]$$

所以

$$\zeta=q_1=C_1\exp\left\{\frac{1}{2M}\left[-ab\beta+\sqrt{(ab\beta)^2-16kM}\right]t\right\}+C_2\exp\left\{\frac{1}{2M}\left[-ab\beta-\sqrt{(ab\beta)^2-16kM}\right]t\right\}$$

微分方程式(2)、(3)的特征方程均为

$$\frac{1}{3}Mr^2+\frac{1}{3}ab\beta r+4k=0$$

或

$$Mr^2+ab\beta r+12k=0$$

$$r=\frac{1}{2M}\left[-ab\beta\pm\sqrt{(ab\beta)^2-48kM}\right]$$

所以

$$\varphi=\frac{2q_2}{a}=C_1'\exp\left\{\frac{1}{2M}\left[-ab\beta+\sqrt{(ab\beta)^2-48kM}\right]t\right\}$$
$$+C_2'\exp\left\{\frac{1}{2M}\left[-ab\beta-\sqrt{(ab\beta)^2-48kM}\right]t\right\}$$

$$\theta=\frac{2q_3}{b}=C_1''\exp\left\{\frac{1}{2M}\left[-ab\beta+\sqrt{(ab\beta)^2-48kM}\right]t\right\}$$
$$+C_2''\exp\left\{\frac{1}{2M}\left[-ab\beta-\sqrt{(ab\beta)^2-48kM}\right]t\right\}$$

10.2.6　一个摆长为 L 的单摆被悬挂在半径为 b 的轮子的边缘，轮子在竖直面内以恒定角速度 Ω 绕固定的水平轴转动，摆锤在轮子平面内摆动. 假定 b 和振幅都很小，求运动方程的稳态解.

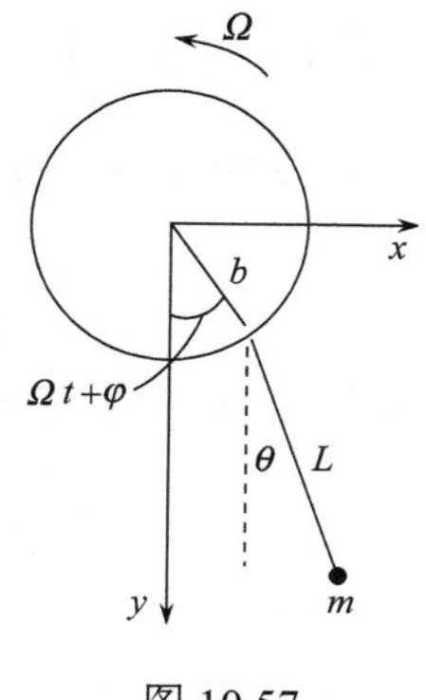

图 10.57

解　取图 10.57 所示的固定坐标 x、y，以 θ 为广义坐标，

$$x = b\sin(\Omega t+\varphi)+L\sin\theta$$

$$y = b\cos(\Omega t+\varphi)+L\cos\theta$$

$$\begin{aligned}T &= \frac{1}{2}m(\dot{x}^2+\dot{y}^2)\\ &= \frac{1}{2}m[b^2\Omega^2+L^2\dot{\theta}^2+2bL\Omega\dot{\theta}\cos(\theta-\Omega t-\varphi)]\end{aligned}$$

$$V = -mgy = -mgb\cos(\Omega t+\varphi)-mgL\cos\theta$$

$$\begin{aligned}L = &\frac{1}{2}m[b^2\Omega^2+L^2\dot{\theta}^2+2bL\Omega\dot{\theta}\cos(\theta-\Omega t-\varphi)]\\ &+mgb\cos(\Omega t+\varphi)+mgL\cos\theta\end{aligned}$$

由 $\dfrac{\mathrm{d}}{\mathrm{d}t}\left(\dfrac{\partial L}{\partial\dot{\theta}}\right)-\dfrac{\partial L}{\partial\theta}=0$，得

$$L\ddot{\theta}+b\Omega^2\sin(\theta-\Omega t-\varphi)+g\sin\theta=0$$

振幅很小，$\sin\theta\approx\theta$，$\cos\theta\approx 1$，所以

$$\begin{aligned}\sin(\theta-\Omega t-\varphi) &= \sin\theta\cos(\Omega t+\varphi)-\cos\theta\sin(\Omega t+\varphi)\\ &\approx \theta\cos(\Omega t+\varphi)-\sin(\Omega t+\varphi)\end{aligned}$$

b 也很小，$b\theta$ 项也可忽略，微分方程近似为

$$L\ddot{\theta}+g\theta = b\Omega^2\sin(\Omega t+\varphi)$$

这是受迫振动的微分方程，受迫振动稳态解其振动的角频率是强迫力的角频率。设稳态解为

$$\theta = A\sin(\Omega t+\alpha)$$

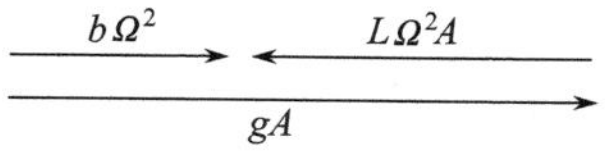

$b\Omega^2$　$L\Omega^2A$

gA

图 10.58

由振幅矢量关系画成的图 10.58 可见.

$$\alpha=\varphi$$

$$gA-L\Omega^2A=b\Omega^2$$

所以

$$A=\frac{b\Omega^2}{g-L\Omega^2}$$

稳态解为

$$\theta=\frac{b\Omega^2}{g-L\Omega^2}\sin(\Omega t+\varphi)$$

10.2.7　若给 10.1.22 题中 M 一个水平的简谐力 $F_0\cos\Omega t$，为简化计算，设 $M=4m$，$k=\dfrac{3mg}{l}$，求此振动的一般解.

解　$L=\frac{1}{2}(M+m)\dot{x}^2+\frac{1}{2}ml^2\dot{\theta}^2+ml\,\dot{x}\,\dot{\theta}\cos\theta-\frac{1}{2}kx^2-mgl(1-\cos\theta)$

令 $M=4m$，$k=3mg/l$. 为书写简便起见，k 值暂不代入，考虑小振动，

$$L=\frac{5}{2}m\,\dot{x}^2+\frac{1}{2}ml^2\dot{\theta}^2+ml\,\dot{x}\,\dot{\theta}-\frac{1}{2}kx^2-\frac{1}{2}mgl\theta^2$$

令 $s=l\theta$，并用 $3mg/l=k$，

$$\frac{1}{2}mgl\theta^2=\frac{1}{6}\frac{3mg}{l}(l\theta)^2=\frac{1}{6}ks^2$$

$$L=\frac{5}{2}m\,\dot{x}^2+\frac{1}{2}m\,\dot{s}^2+m\,\dot{x}\,\dot{s}-\frac{1}{2}kx^2-\frac{1}{6}ks^2$$

$$\boldsymbol{M}=\begin{pmatrix}5m & m\\ m & m\end{pmatrix}$$

$$\boldsymbol{K}=\begin{pmatrix}k & 0\\ 0 & \frac{1}{3}k\end{pmatrix}$$

再令 $y=\frac{1}{\sqrt{3}}s$，x 不变，变换矩阵为

$$\boldsymbol{D}=\begin{pmatrix}1 & 0\\ 0 & \sqrt{3}\end{pmatrix}$$

$$\begin{pmatrix}x\\ s\end{pmatrix}=\begin{pmatrix}1 & 0\\ 0 & \sqrt{3}\end{pmatrix}\begin{pmatrix}x\\ y\end{pmatrix}$$

变换后的 $\boldsymbol{M}$、$\boldsymbol{K}$ 分别变为 $\boldsymbol{M}'$、$\boldsymbol{K}'$，

$$\boldsymbol{M}'=\begin{pmatrix}5m & \sqrt{3}m\\ \sqrt{3}m & 3m\end{pmatrix}$$

$$\boldsymbol{K}'=\begin{pmatrix}k & 0\\ 0 & k\end{pmatrix}$$

再作正交变换 $\boldsymbol{E}$，使惯性矩阵对角化，为书写简便起见，写 $\boldsymbol{M}'$ 以 m 为单位，求 $\boldsymbol{M}'$ 矩阵的特征值 λ，其特征方程为

$$\begin{vmatrix}5-\lambda & \sqrt{3}\\ \sqrt{3} & 3-\lambda\end{vmatrix}=0 \tag{1}$$

$$\lambda^2-8\lambda+12=0$$

解出

$$\lambda_1=2,\quad \lambda_2=6$$

将 λ_1 代入式(1)左边相应的矩阵，得

$$\begin{pmatrix} 3 & \sqrt{3} \\ \sqrt{3} & 1 \end{pmatrix}$$

其伴随矩阵为

$$\operatorname{adj}\begin{pmatrix} 3 & \sqrt{3} \\ \sqrt{3} & 1 \end{pmatrix} = \begin{pmatrix} 1 & -\sqrt{3} \\ -\sqrt{3} & 3 \end{pmatrix}$$

其归一化的列矩阵为$\left(\dfrac{1}{2}, -\dfrac{\sqrt{3}}{2}\right)$.

将λ_2代入式(1)左边相应的矩阵. 求其伴随矩阵中归一化的列矩阵，得$\left(-\dfrac{\sqrt{3}}{2}, -\dfrac{1}{2}\right)$.
这两个列矩阵作第一列和第二列，构成

$$\boldsymbol{E} = \begin{pmatrix} \dfrac{1}{2} & -\dfrac{\sqrt{3}}{2} \\ -\dfrac{\sqrt{3}}{2} & -\dfrac{1}{2} \end{pmatrix}$$

变换后的$\boldsymbol{M}'$写成$\boldsymbol{M}''$已对角化，对角元素即上述两个本征值，

$$\boldsymbol{M}'' = \begin{pmatrix} 2m & 0 \\ 0 & 6m \end{pmatrix}$$

已成“球”型的对角矩阵$\boldsymbol{K}'$在正交变换下不变.

从x、s到简正坐标ξ、η的变换矩阵为

$$\boldsymbol{G} = \boldsymbol{D} \cdot \boldsymbol{E} = \begin{pmatrix} 1 & 0 \\ 0 & \sqrt{3} \end{pmatrix} \begin{pmatrix} \dfrac{1}{2} & -\dfrac{\sqrt{3}}{2} \\ -\dfrac{\sqrt{3}}{2} & -\dfrac{1}{2} \end{pmatrix} = \begin{pmatrix} \dfrac{1}{2} & -\dfrac{\sqrt{3}}{2} \\ -\dfrac{3}{2} & -\dfrac{\sqrt{3}}{2} \end{pmatrix}$$

用广义坐标x、s时，广义力为

$$Q_x = F_0 \cos \Omega t, \quad Q_s = 0$$

采用简正坐标ξ、η后，广义力Q_ξ、Q_η与Q_x、Q_s有下列关系：

$$\begin{pmatrix} Q_\xi \\ Q_\eta \end{pmatrix} = \begin{pmatrix} \dfrac{1}{2} & -\dfrac{3}{2} \\ -\dfrac{\sqrt{3}}{2} & -\dfrac{\sqrt{3}}{2} \end{pmatrix} \begin{pmatrix} Q_x \\ Q_s \end{pmatrix}$$

其中变换矩阵为$\boldsymbol{G}^T$，代入Q_x、Q_s，得

$$Q_\xi = \frac{1}{2} F_0 \cos \Omega t$$

$$Q_\eta = -\frac{\sqrt{3}}{2} F_0 \cos \Omega t$$

$$\begin{pmatrix} x \\ s \end{pmatrix} = \begin{pmatrix} \dfrac{1}{2} & -\dfrac{\sqrt{3}}{2} \\ -\dfrac{3}{2} & -\dfrac{\sqrt{3}}{2} \end{pmatrix} \begin{pmatrix} \xi \\ \eta \end{pmatrix} = \begin{pmatrix} \dfrac{1}{2}\xi - \dfrac{\sqrt{3}}{2}\eta \\ -\dfrac{3}{2}\xi - \dfrac{\sqrt{3}}{2}\eta \end{pmatrix}$$

采用简正坐标ξ、η后，运动微分方程为

$$2m\ddot{\xi} + k\xi = \frac{1}{2}F_0 \cos\Omega t$$

$$6m\ddot{\eta} + k\eta = -\frac{\sqrt{3}}{2}F_0 \cos\Omega t$$

上述两非齐次线性常系数微分方程的特解为

$$\xi^* = \frac{\dfrac{F_0}{4m}}{\dfrac{k}{2m} - \Omega^2}\cos\Omega t = \frac{F_0 l}{2m(3g - 2l\Omega^2)}\cos\Omega t$$

$$\eta^* = \frac{\dfrac{-\sqrt{3}F_0}{12m}}{\dfrac{k}{6m} - \Omega^2}\cos\Omega t = \frac{-\sqrt{3}F_0 l}{6m(g - 2l\Omega^2)}\cos\Omega t$$

非齐次方程的一般解等于非齐次方程的特解加上相应的齐次方程的一般解，所以一般解为

$$\xi = \frac{F_0 l}{2m(3g - 2l\Omega^2)}\cos\Omega t + C_1' \cos\left(\sqrt{\frac{3g}{2l}}t + \alpha_1\right)$$

$$\eta = -\frac{\sqrt{3}F_0 l}{6m(g - 2l\Omega^2)}\cos\Omega t + C_2' \cos\left(\sqrt{\frac{g}{2l}}t + \alpha_2\right)$$

写上述ξ^*、η^*、ξ、η时都用了$k = \dfrac{3mg}{l}$.

$$x = \frac{1}{2}\xi - \frac{\sqrt{3}}{2}\eta = \left[\frac{F_0 l}{4m(3g - 2l\Omega^2)} + \frac{F_0 l}{4m(g - 2l\Omega^2)}\right]\cos\Omega t +$$

$$C_1 \cos\left(\sqrt{\frac{3g}{2l}}t + \alpha_1\right) + C_2 \cos\left(\sqrt{\frac{g}{2l}}t + \alpha_2\right)$$

$$\theta = -\frac{3}{2l}\xi - \frac{\sqrt{3}}{2l}\eta = \left[-\frac{3F_0}{4m(3g - 2l\Omega^2)} + \frac{F_0}{4m(g - 2l\Omega^2)}\right]\cos\Omega t$$

$$-\frac{3}{l}C_1 \cos\left(\sqrt{\frac{3g}{2l}}t + \alpha_1\right) + \frac{1}{l}C_2 \cos\left(\sqrt{\frac{g}{2l}}t + \alpha_2\right)$$

10.2.8　如图 10.59 所示，一根长为 $4a$ 的轻弹性绳两端系在固定点，处于拉紧状态，在离两个端点各为 a 处各系一个质量为 m 的质点，此时绳的张力为 τ，给其中一个质点加一个垂直于绳的力 $F_0\cos\Omega t$，两质点均受到空气的阻力，其大小与速率成正比，比例系数为 β，求两质点运动的稳态解.

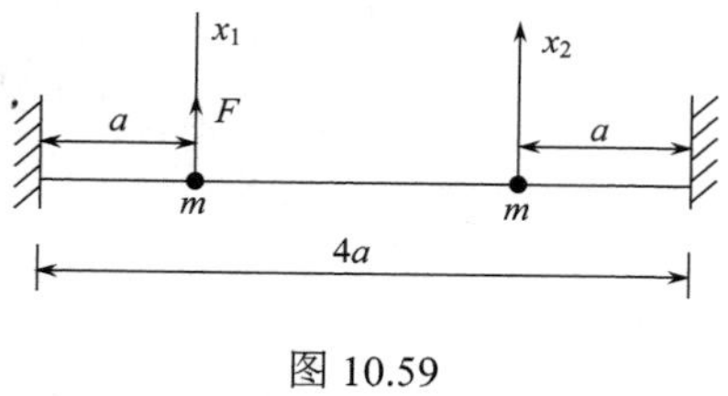

图 10.59

解
$$T=\frac{1}{2}m\dot{x}_1^2+\frac{1}{2}m\dot{x}_2^2$$

$$\begin{aligned}V&=\frac{1}{2}\frac{\tau}{a}x_1^2+\frac{1}{2}\frac{\tau}{2a}(x_2-x_1)^2+\frac{1}{2}\frac{\tau}{a}x_2^2\\&=\frac{1}{2}\frac{\tau}{a}\left(\frac{3}{2}x_1^2-x_1x_2+\frac{3}{2}x_2^2\right)\\&=\frac{1}{2}k\left(\frac{3}{2}x_1^2-x_1x_2+\frac{3}{2}x_2^2\right)\end{aligned}$$

这里 $k=\frac{\pi}{a}$，

$$R=\frac{1}{2}\beta\dot{x}_1^2+\frac{1}{2}\beta\dot{x}_2^2$$

$$\boldsymbol{M}=\begin{pmatrix}m&0\\0&m\end{pmatrix}$$

$$\boldsymbol{K}=\begin{pmatrix}\frac{3}{2}k&-\frac{1}{2}k\\-\frac{1}{2}k&\frac{3}{2}k\end{pmatrix}$$

$$\boldsymbol{R}=\begin{pmatrix}\beta&0\\0&\beta\end{pmatrix}$$

本题采用与前几题不同的求简正坐标方法，先求自由振动的简正频率和振动模式，然后用简正坐标与原用坐标的关系得到简正坐标，

$$|\boldsymbol{H}|=\begin{vmatrix}\frac{3}{2}k-m\omega^2&-\frac{1}{2}k\\-\frac{1}{2}k&\frac{3}{2}k-m\omega^2\end{vmatrix}=0$$

$$(m\omega^2)^2-3km\omega^2+2k^2=0$$

$$\omega_1^2=\frac{k}{m},\quad \omega_2^2=\frac{2k}{m}$$

代入 ω_1^2，

$$\boldsymbol{H}=\begin{pmatrix}\frac{1}{2}k & -\frac{1}{2}k\\ -\frac{1}{2}k & \frac{1}{2}k\end{pmatrix}$$

$$\mathrm{adj}\,\boldsymbol{H}=\begin{pmatrix}+\frac{1}{2}k & \frac{1}{2}k\\ \frac{1}{2}k & \frac{1}{2}k\end{pmatrix},\qquad 取\ \boldsymbol{u}^{(1)}=\begin{pmatrix}1\\1\end{pmatrix}$$

代入 ω_2^2，

$$\boldsymbol{H}=\begin{pmatrix}-\frac{1}{2}k & -\frac{1}{2}k\\ -\frac{1}{2}k & -\frac{1}{2}k\end{pmatrix}$$

$$\mathrm{adj}\,\boldsymbol{H}=\begin{pmatrix}-\frac{1}{2}k & \frac{1}{2}k\\ \frac{1}{2}k & -\frac{1}{2}k\end{pmatrix},\qquad 取\ \boldsymbol{u}^{(2)}=\begin{pmatrix}1\\-1\end{pmatrix}$$

用简正坐标与原用坐标的关系，

$$\begin{aligned}\begin{pmatrix}\xi_1\\ \xi_2\end{pmatrix}&=\begin{pmatrix}u_1^{(1)} & u_2^{(1)}\\ u_1^{(2)} & u_2^{(2)}\end{pmatrix}\begin{pmatrix}m_{11} & m_{12}\\ m_{21} & m_{22}\end{pmatrix}\begin{pmatrix}x_1\\ x_2\end{pmatrix}\\ &=\begin{pmatrix}1 & 1\\ 1 & -1\end{pmatrix}\begin{pmatrix}1 & 0\\ 0 & 1\end{pmatrix}\begin{pmatrix}x_1\\ x_2\end{pmatrix}\\ &=\begin{pmatrix}1 & 1\\ 1 & -1\end{pmatrix}\begin{pmatrix}x_1\\ x_2\end{pmatrix}\end{aligned}$$

这里考虑到简正坐标的常数倍仍是简正坐标，在写 $\boldsymbol{M}$ 的矩阵时除去了公因子 m，

$$\boldsymbol{G}^{-1}=\begin{pmatrix}1 & 1\\ 1 & -1\end{pmatrix},\qquad \boldsymbol{G}=\begin{pmatrix}\frac{1}{2} & \frac{1}{2}\\ \frac{1}{2} & -\frac{1}{2}\end{pmatrix}$$

变换为简正坐标后，$\boldsymbol{K}$、$\boldsymbol{M}$ 分别变为

$$\boldsymbol{K}'=\boldsymbol{G}^T\cdot\boldsymbol{K}\cdot\boldsymbol{G}=\begin{pmatrix}\frac{1}{2} & \frac{1}{2}\\ \frac{1}{2} & -\frac{1}{2}\end{pmatrix}\begin{pmatrix}\frac{3}{2}k & -\frac{1}{2}k\\ -\frac{1}{2}k & \frac{3}{2}k\end{pmatrix}\begin{pmatrix}\frac{1}{2} & \frac{1}{2}\\ \frac{1}{2} & -\frac{1}{2}\end{pmatrix}=\begin{pmatrix}\frac{k}{2} & 0\\ 0 & k\end{pmatrix}$$

$$\boldsymbol{M}'=\boldsymbol{G}^T\cdot\boldsymbol{M}\cdot\boldsymbol{G}=\begin{pmatrix}\frac{1}{2} & \frac{1}{2}\\ \frac{1}{2} & -\frac{1}{2}\end{pmatrix}\begin{pmatrix}m & 0\\ 0 & m\end{pmatrix}\begin{pmatrix}\frac{1}{2} & \frac{1}{2}\\ \frac{1}{2} & -\frac{1}{2}\end{pmatrix}=\begin{pmatrix}\frac{1}{2}m & 0\\ 0 & \frac{1}{2}m\end{pmatrix}$$

同样

$$\boldsymbol{R}' = \begin{pmatrix} \frac{1}{2}\beta & 0 \\ 0 & \frac{1}{2}\beta \end{pmatrix}$$

广义力

$$\boldsymbol{Q} = \begin{pmatrix} F_0 \cos \Omega t \\ 0 \end{pmatrix}$$

变为$\boldsymbol{\Xi}$，

$$\boldsymbol{\Xi} = \boldsymbol{G}^T \boldsymbol{Q} = \begin{pmatrix} \frac{1}{2} & \frac{1}{2} \\ \frac{1}{2} & -\frac{1}{2} \end{pmatrix} \begin{pmatrix} F_0 \cos \Omega t \\ 0 \end{pmatrix} = \begin{pmatrix} \frac{1}{2} F_0 \cos \Omega t \\ \frac{1}{2} F_0 \cos \Omega t \end{pmatrix}$$

变换后的运动微分方程为

$$\boldsymbol{M}' \cdot \ddot{\boldsymbol{\xi}} + \boldsymbol{R}' \cdot \dot{\boldsymbol{\xi}} + \boldsymbol{K}' \cdot \boldsymbol{\xi} = \boldsymbol{\Xi}$$

即

$$\frac{1}{2} m \ddot{\xi}_1 + \frac{1}{2} \beta \dot{\xi}_1 + \frac{1}{2} k \xi_1 = \frac{1}{2} F_0 \cos \Omega t$$

$$\frac{1}{2} m \ddot{\xi}_2 + \frac{1}{2} \beta \dot{\xi}_2 + k \xi_2 = \frac{1}{2} F_0 \cos \Omega t$$

写成标准形式，则为

$$\ddot{\xi}_1 + 2 \frac{\beta}{2m} \dot{\xi}_1 + \frac{k}{m} \xi_1 = \frac{F_0}{m} \cos \Omega t$$

$$\ddot{\xi}_2 + 2 \frac{\beta}{2m} \dot{\xi}_2 + \frac{2k}{m} \xi_2 = \frac{F_0}{m} \cos \Omega t$$

稳态解为

$$\xi_1 = \frac{\frac{F_0}{m}}{\sqrt{\left(\frac{k}{m} - \Omega^2\right)^2 + 4\left(\frac{\beta}{2m}\right)^2 \Omega^2}} \cos(\Omega t + \varphi_1)$$

$$= \frac{F_0}{\sqrt{\left(\frac{\tau}{a} - m\Omega^2\right)^2 + \beta^2 \Omega^2}} \cos(\Omega t + \varphi_1)$$

其中

$$\varphi_1 = -\arctan\left(\frac{2\frac{\beta}{2m}\Omega}{\frac{k}{m} - \Omega^2}\right) = -\arctan\left(\frac{\beta\Omega}{\frac{\tau}{a} - m\Omega^2}\right)$$

$$\xi_2=\frac{\dfrac{F_0}{m}}{\sqrt{\left(\dfrac{2k}{m}-\Omega^2\right)^2+4\left(\dfrac{\beta}{2m}\right)^2\Omega^2}}\cos(\Omega t+\varphi_2)$$

$$=\frac{F_0}{\sqrt{\left(\dfrac{2\tau}{a}-m\Omega^2\right)^2+\beta^2\Omega^2}}\cos(\Omega t+\varphi_2)$$

其中

$$\varphi_2=-\arctan\left(\frac{2\cdot\dfrac{\beta}{2m}\Omega}{\dfrac{2k}{m}-\Omega^2}\right)=-\arctan\left(\frac{\beta\Omega}{\dfrac{2\tau}{a}-m\Omega^2}\right)$$

由 $\boldsymbol{x}=\boldsymbol{G}\cdot\boldsymbol{\xi}$,

$$x_1=\frac{1}{2}(\xi_1+\xi_2),\quad x_2=\frac{1}{2}(\xi_1-\xi_2)$$

第十一章　力学的哈密顿表述

11.1　哈密顿正则方程

11.1.1　用柱坐标和球坐标分别写出质量为 m 的质点在势场 $V(x, y, z)$ 中运动的哈密顿函数.

解　用柱坐标 r、φ、z，

$$x = r\cos\varphi, \quad y = r\sin\varphi$$

$$\dot{x} = \dot{r}\cos\varphi - r\dot{\varphi}\sin\varphi$$

$$\dot{y} = \dot{r}\sin\varphi + r\dot{\varphi}\cos\varphi$$

$$T = \frac{1}{2}m(\dot{x}^2 + \dot{y}^2 + \dot{z}^2) = \frac{1}{2}m(\dot{r}^2 + r^2\dot{\varphi}^2 + \dot{z}^2)$$

$$L = \frac{1}{2}m(\dot{r}^2 + r^2\dot{\varphi}^2 + \dot{z}^2) - V(r\cos\varphi, r\sin\varphi, z)$$

$$p_r = \frac{\partial L}{\partial \dot{r}} = m\dot{r}, \quad p_\varphi = \frac{\partial L}{\partial \dot{\varphi}} = mr^2\dot{\varphi}, \quad p_z = m\dot{z}$$

$$\begin{aligned}
H &= p_r\dot{r} + p_\varphi\dot{\varphi} + p_z\dot{z} - L \\
&= \frac{p_r^2}{m} + \frac{p_\varphi^2}{mr^2} + \frac{p_z^2}{m} - \left[\frac{1}{2}\left(\frac{p_r^2}{m} + \frac{p_\varphi^2}{mr^2} + \frac{p_z^2}{m}\right) - V\right] \\
&= \frac{p_r^2}{2m} + \frac{p_\varphi^2}{2mr^2} + \frac{p_z^2}{2m} + V(r\cos\varphi, r\sin\varphi, z)
\end{aligned}$$

用球坐标 r、φ、θ，

$$x = r\sin\theta\cos\varphi$$

$$y = r\sin\theta\sin\varphi$$

$$z = r\cos\theta$$

$$\dot{x} = \dot{r}\sin\theta\cos\varphi + r\dot{\theta}\cos\theta\cos\varphi - r\dot{\varphi}\sin\theta\sin\varphi$$

$$\dot{y} = \dot{r}\sin\theta\sin\varphi + r\dot{\theta}\cos\theta\sin\varphi + r\dot{\varphi}\sin\theta\cos\varphi$$

$$\dot{z} = \dot{r}\cos\theta - r\dot{\theta}\sin\theta$$

$$T = \frac{1}{2}m(\dot{x}^2 + \dot{y}^2 + \dot{z}^2) = \frac{1}{2}m(\dot{r}^2 + r^2\dot{\theta}^2 + r^2\sin^2\theta \cdot \dot{\varphi}^2)$$

$$L = \frac{1}{2}m(\dot{r}^2 + r^2\dot{\theta}^2 + r^2\dot{\varphi}^2\sin^2\theta) - V(r\sin\theta\cos\varphi, r\sin\theta\sin\varphi, r\cos\theta)$$

$$p_r = \frac{\partial L}{\partial \dot{r}} = m\dot{r}, \quad p_\theta = \frac{\partial L}{\partial \dot{\theta}} = mr^2\dot{\theta}, \quad p_\varphi = \frac{\partial L}{\partial \dot{\varphi}} = mr^2\dot{\varphi}\sin^2\theta$$

$$H = \frac{\partial L}{\partial \dot{r}}\dot{r} - \frac{\partial L}{\partial \dot{\theta}}\dot{\theta} - \frac{\partial L}{\partial \dot{\varphi}}\dot{\varphi} - L$$

$$= \frac{p_r^2}{2m} + \frac{p_\theta^2}{2mr^2} + \frac{p_\varphi^2}{2mr^2\sin^2\theta} + V(r\sin\theta\cos\varphi, r\sin\theta\sin\varphi, r\cos\theta)$$

11.1.2　写出 9.3.11 题所述系统的哈密顿函数,并由正则方程得到它的运动微分方程.

解　由解 9.3.11 题已得到的拉格朗日函数

$$L = \frac{1}{2}m(\dot{r}^2 + r^2\dot{\varphi}^2 + \dot{z}^2) + qE_0\ln r + \frac{1}{2}qB_0r^2\dot{\varphi}$$

$$p_r = \frac{\partial L}{\partial \dot{r}} = m\dot{r}, \quad p_\varphi = \frac{\partial L}{\partial \dot{\varphi}} = mr^2\dot{\varphi} + \frac{1}{2}qB_0r^2$$

$$\dot{r} = \frac{p_r}{m}, \quad \dot{\varphi} = \frac{1}{mr^2}\left(p_\varphi - \frac{1}{2}qB_0r^2\right)$$

$$H = p_r\dot{r} + p_\varphi\dot{\varphi} + p_z\dot{z} - L$$

$$= \frac{p_r^2}{2m} + \frac{1}{2mr^2}\left(p_\varphi - \frac{1}{2}qB_0r^2\right)^2 + \frac{p_z^2}{2m} - qE_0\ln r$$

由 $\dot{q}_i = \dfrac{\partial H}{\partial p_i}$ ， $\dot{p}_i = -\dfrac{\partial H}{\partial q_i}$ 得

$$\dot{r} = \frac{p_r}{m}, \quad \dot{\varphi} = \frac{1}{mr^2}\left(p_\varphi - \frac{1}{2}qB_0r^2\right), \quad \dot{z} = \frac{p_z}{m}$$

$$\dot{p}_r = \frac{1}{mr^3}\left(p_\varphi^2 - \frac{1}{4}q^2B_0^2r^4\right) + \frac{qE_0}{r} \tag{1}$$

$$\dot{p}_\varphi = 0$$

$$p_\varphi = mr^2\dot{\varphi} + \frac{1}{2}qB_0r^2 = \text{常量} \tag{2}$$

$$\dot{p}_z = 0$$

$$p_z = m\dot{z} = \text{常量} \tag{3}$$

将 $p_r = m\dot{r}$， $p_\varphi = mr^2\dot{\varphi} + \dfrac{1}{2}qB_0r^2$ 代入式(1)可得

$$m\ddot{r} - mr\dot{\varphi}^2 - qB_0r\dot{\varphi} - \frac{qE_0}{r} = 0 \tag{4}$$

式(2)、(3)、(4)即所求的运动微分方程.

11.1.3　用哈密顿正则方程重解 9.3.48 题.

解

$$L = \frac{1}{2}m(\dot{r}^2 + r^2\dot{\varphi}^2)$$

$$H=\frac{1}{2m}\left(p_r^2+\frac{1}{r^2}p_\varphi^2\right)$$

其中

$$p_r=m\dot{r},\quad p_\varphi=mr^2\dot{\varphi}$$

由

$$\dot{q}_i=\frac{\partial H}{\partial p_i},\quad \dot{p}_i=-\frac{\partial H}{\partial q_i}+Q_i$$

令 $Q_r=N$，$Q_\varphi=-\mu|N|r$，可得

$$\dot{r}=\frac{1}{m}p_r,\quad \dot{\varphi}=\frac{p_\varphi}{mr^2}$$

$$\dot{p}_r=\frac{1}{mr^3}p_\varphi^2+N \tag{1}$$

$$\dot{p}_\varphi=-\mu|N|r \tag{2}$$

将 p_r、p_φ 代入式(1)、(2)，可得

$$m\ddot{r}=mr\dot{\varphi}^2+N \tag{3}$$

$$mr^2\ddot{\varphi}+2mr\dot{r}\dot{\varphi}=-\mu|N|r \tag{4}$$

有约束关系

$$r=a$$

由式(3)

$$N=-ma\dot{\varphi}^2$$

式(4)可写成

$$ma^2\ddot{\varphi}=-\mu ma^2\dot{\varphi}^2$$

$$\ddot{\varphi}=-\mu\dot{\varphi}^2$$

得到与 9.3.48 题解中完全相同的微分方程，以下同 9.3.48 题的解(略).

11.1.4　一个单位质量的质点在用极坐标表达的势能为 $V=\frac{k\cos\varphi}{r^2}$ (其中 k 为常量)的力场中在一个平面上运动. 如 $t=0$ 时，$r=a$，$\dot{r}=0$，试用哈密顿正则方程证明 $t=\left(\frac{r^2-a^2}{2E}\right)^{1/2}$，其中 E 是恒定的总能量.

证明

$$L=\frac{1}{2}(\dot{r}^2+r^2\dot{\varphi}^2)-\frac{k\cos\varphi}{r^2}$$

$$H=\frac{1}{2}\left(p_r^2+\frac{1}{r^2}p_\varphi^2\right)+\frac{k\cos\varphi}{r^2}$$

$$\dot{r}=\frac{\partial H}{\partial p_r}=p_r$$

$$\dot{\varphi}=\frac{\partial H}{\partial p_\varphi}=\frac{1}{r^2}p_\varphi$$

$$\dot{p}_r=-\frac{\partial H}{\partial r}=\frac{1}{r^3}p_\varphi^2+\frac{2k\cos\varphi}{r^3}$$

$$\dot{p}_\varphi=-\frac{\partial H}{\partial \varphi}=\frac{k\sin\varphi}{r^2}$$

从上述四个方程中消去 p_r、p_φ，得

$$\ddot{r}=\frac{1}{r^3}(r^2\dot{\varphi})^2+\frac{2k\cos\varphi}{r^3}=r\dot{\varphi}^2+\frac{2k\cos\varphi}{r^3}$$

$$r^2\ddot{\varphi}+2r\,\dot{r}\dot{\varphi}=\frac{k\sin\varphi}{r^2}$$

因为 $\dfrac{\partial H}{\partial t}=0$，故

$$H=E$$

即

$$\frac{1}{2}\left(p_r^2+\frac{1}{r^2}p_\varphi^2\right)+\frac{k\cos\varphi}{r^2}=E$$

$$\frac{1}{2}(\dot{r}^2+r^2\dot{\varphi}^2)+\frac{k\cos\varphi}{r^2}=E$$

解出

$$\dot{\varphi}^2=\frac{2E}{r^2}-\frac{2k\cos\varphi}{r^4}-\frac{\dot{r}^2}{r^2}$$

$$\ddot{r}=\frac{2E}{r}-\frac{2k\cos\varphi}{r^3}-\frac{\dot{r}^2}{r}+\frac{2k\cos\varphi}{r^3}=\frac{2E}{r}-\frac{\dot{r}^2}{r}$$

用

$$\ddot{r}=\frac{\mathrm{d}\dot{r}}{\mathrm{d}r}\dot{r}=\frac{1}{2}\frac{\mathrm{d}\dot{r}^2}{\mathrm{d}r}$$

$$\frac{1}{2}\mathrm{d}\dot{r}^2=\frac{2E}{r}\mathrm{d}r-\frac{\dot{r}^2}{r}\mathrm{d}r$$

$$r\mathrm{d}\dot{r}^2+2\dot{r}^2\mathrm{d}r=4E\mathrm{d}r$$

试用 $f(r)$ 作为积分因子，

$$f(r)r\mathrm{d}\dot{r}^2+2f(r)\dot{r}^2\mathrm{d}r$$

为恰当微分，要求

$$\frac{\partial}{\partial r}[f(r)r]=\frac{\partial}{\partial \dot{r}^2}[2f(r)\dot{r}^2]$$

$$f(r)+r\frac{\mathrm{d}f(r)}{\mathrm{d}r}=2f(r)$$

$$\frac{\mathrm{d}f}{f}=\frac{\mathrm{d}r}{r}$$

可取

$$f(r)=r$$

$$r^2\mathrm{d}\,\dot r^2+2r\,\dot r^2\mathrm{d}r=4Er\mathrm{d}r$$

两边积分，用初始条件，$t=0$ 时，$r=a$，$\dot r=0$，

$$r^2\dot r^2=2Er^2-2Ea^2$$

$$\dot r^2=\frac{1}{r^2}\bullet 2E(r^2-a^2)$$

$$t=\int_a^r\frac{r\mathrm{d}r}{\sqrt{2E(r^2-a^2)}}=\sqrt{\frac{r^2-a^2}{2E}}$$

11.1.5　一个质量为 m 的质点在具有势能为 $V(r)$ 的保守力作用下运动，用球坐标 r、θ、φ 为广义坐标，证明 p_φ、$\dfrac{p_r^2}{2m}+\dfrac{p_\theta^2}{2mr^2}+\dfrac{p_\varphi^2}{2mr^2\sin^2\theta}+V(r)$ 和 $p_\theta^2+\dfrac{p_\varphi^2}{\sin^2\theta}$ 都是运动常数.

证明

$$L=\frac{1}{2}m(\dot r^2+r^2\dot\theta^2+r^2\sin^2\theta\,\dot\varphi^2)-V(r)$$

$$H=\frac{1}{2m}\left(p_r^2+\frac{1}{r^2}p_\theta^2+\frac{1}{r^2\sin^2\theta}p_\varphi^2\right)+V(r)$$

因为 $\dfrac{\partial H}{\partial\varphi}=0$，所以

$$p_\varphi=\text{常量}$$

因为 $\dfrac{\partial H}{\partial t}=0$，所以

$$H=\frac{1}{2m}\left(p_r^2+\frac{p_\theta^2}{r^2}+\frac{p_\varphi^2}{r^2\sin^2\theta}\right)+V(r)=\text{常量}$$

$$\dot p_\theta=-\frac{\partial H}{\partial\theta}=\frac{\cos\theta}{mr^2\sin^3\theta}p_\varphi^2$$

$$p_\theta=\frac{\partial L}{\partial\dot\theta}=mr^2\dot\theta$$

$$p_\theta\dot p_\theta=mr^2\dot\theta\bullet\frac{\cos\theta}{mr^2\sin^3\theta}p_\varphi^2=\frac{\cos\theta}{\sin^3\theta}p_\varphi^2\dot\theta$$

$$p_\theta\mathrm{d}p_\theta=p_\varphi^2\frac{\cos\theta}{\sin^3\theta}\mathrm{d}\theta=p_\varphi^2\frac{\mathrm{d}\sin\theta}{\sin^3\theta}$$

$$\frac{1}{2}p_\theta^2=-\frac{1}{2\sin^2\theta}p_\varphi^2+\text{常量}$$

所以

$$p_\theta^2+\frac{1}{\sin^2\theta}p_\varphi^2=\text{常量}$$

作上述积分时用了 p_φ 为常量.

也可用 $\left[p_\theta^2+\frac{1}{\sin^2\theta}p_\varphi^2,H\right]=0$ 证明 $p_\theta^2+\frac{1}{\sin^2\theta}p_\varphi^2$ 为运动常数. $p_\theta^2+\frac{1}{\sin^2\theta}p_\varphi^2$ 实际上是粒子对力心的角动量大小的平方.

11.1.6 质量分别为 m 和 M 的两个质点相互作用，其势能为 $V(r)$，其中 r 是两个质点间的距离，选系统的质心的笛卡儿坐标 X、Y、Z 和质点 m 相对于 M 的球坐标 r、θ、φ 为广义坐标，写出系统的哈密顿函数，并找出六个运动常数.

解

$$T=\frac{1}{2}(m+M)(\dot{X}^2+\dot{Y}^2+\dot{Z}^2)+\frac{1}{2}m(\dot{r}_1^2+r_1^2\dot{\theta}^2+r_1^2\sin^2\theta\dot{\varphi}^2)$$
$$+\frac{1}{2}M(\dot{r}_2^2+r_2^2\dot{\theta}^2+r_2^2\sin^2\theta\,\dot{\varphi}^2)$$

$$r_1=\frac{M}{m+M}r,\quad r_2=\frac{m}{m+M}r$$

$$m\,\dot{r}_1^2+M\,\dot{r}_2^2=m\left(\frac{M}{m+M}\dot{r}\right)^2+M\left(\frac{M}{m+M}\dot{r}\right)^2=\frac{mM}{m+M}\dot{r}^2$$

同样可得，$mr_1^2+Mr_2^2=\frac{mM}{m+M}r^2$

$$T=\frac{1}{2}(m+M)(\dot{X}^2+\dot{Y}^2+\dot{Z}^2)+\frac{1}{2}\frac{mM}{m+M}(\dot{r}^2+r^2\dot{\theta}^2+r^2\sin^2\theta\dot{\varphi}^2)$$

$$L=T-V$$

$$H=\frac{1}{2(m+M)}(p_X^2+p_Y^2+p_Z^2)+\frac{m+M}{2mM}\left(p_r^2+\frac{1}{r^2}p_\theta^2+\frac{p_\varphi^2}{r^2\sin^2\theta}\right)+V(r)$$

因为 $\frac{\partial H}{\partial X}=0$，$\frac{\partial H}{\partial Y}=0$，$\frac{\partial H}{\partial Z}=0$，$\frac{\partial H}{\partial t}=0$，$\frac{\partial H}{\partial \varphi}=0$，$p_X$、$p_Y$、$p_Z$、$H$、$p_\varphi$ 均是运动常数.

可用上题的办法证明：

$$p_\theta^2+\frac{p_\varphi^2}{\sin^2\theta}=\text{常量}$$

11.1.7 一个质量为 m 的质点悬于质量不计、不可伸长的绳子的一端，绳子穿过桌上一个小孔，以恒定的速率 α 往上拉，开始时绳长为 l_0，质点在竖直平面内运动. 选绳子与铅垂线的夹角 θ 为广义坐标，写出系统的哈密顿函数，此哈密顿函数是否是总能量？是否是运动常数？

解

$$T=\frac{1}{2}m(\dot{r}^2+r^2\dot{\theta}^2)=\frac{1}{2}m[(-\alpha)^2+(l_0-\alpha t)^2\dot{\theta}^2]$$

$$V=-mg(l_0-\alpha t)\cos\theta$$

$$L=\frac{1}{2}m[\alpha^2+(l_0-\alpha t)^2\dot{\theta}^2]+mg(l_0-\alpha t)\cos\theta$$

$$p_\theta=\frac{\partial L}{\partial\dot{\theta}}=m(l_0-\alpha t)^2\dot{\theta}$$

$$H=p_\theta\dot{\theta}-L=\frac{p_\theta^2}{2m(l_0-\alpha t)^2}-\frac{1}{2}m\alpha^2-mg(l_0-\alpha t)\cos\theta$$

因为$T=T_2+T_0$（其中 T_2、T_0 分别是广义速度的二次和零次函数），

$$H=T_2-T_0+V\neq T+V$$

故 H 不是总能量. 因为$\dfrac{\partial H}{\partial t}\neq 0$，$H$ 也不是运动常数.

11.1.8　一个处于均匀重力场中质量为 m 的质点被约束在一个球面上运动，球的半径 r 随时间变化，$r=r(t)$. 选球心为原点，竖直向上的轴为极轴，以球坐标 θ、φ 为广义坐标，写出系统的哈密顿函数和运动微分方程，哈密顿函数是否是总能量？

解

$$T=\frac{1}{2}m(\dot{r}^2+r^2\dot{\theta}^2+r^2\sin^2\theta\dot{\varphi}^2)$$

$$V=mgz=mgr\cos\theta$$

$$L=\frac{1}{2}m(\dot{r}^2+r^2\dot{\theta}^2+r^2\sin^2\theta\bullet\dot{\varphi}^2)-mgr\cos\theta$$

$$\begin{aligned}H&=p_\theta\dot{\theta}+p_\varphi\dot{\varphi}-L\\&=\frac{1}{2mr^2}p_\theta^2+\frac{1}{2mr^2\sin^2\theta}p_\varphi^2-\frac{1}{2}m\dot{r}^2+mgr\cos\theta\end{aligned}$$

其中

$$r=r(t),\quad \dot{r}=\frac{\mathrm{d}r(t)}{\mathrm{d}t}$$

由哈密顿正则方程，

$$\dot{\theta}=\frac{\partial H}{\partial p_\theta}=\frac{1}{mr^2}p_\theta \tag{1}$$

$$\dot{\varphi}=\frac{\partial H}{\partial p_\varphi}=\frac{1}{mr^2\sin^2\theta}p_\varphi \tag{2}$$

$$\dot{p}_\theta=-\frac{\partial H}{\partial\theta}=\frac{\cos\theta}{mr^2\sin^3\theta}p_\varphi^2+mgr\sin\theta \tag{3}$$

$$\dot{p}_\varphi=-\frac{\partial H}{\partial\varphi}=0$$

所以

$$\dot{p}_\varphi=mr^2\sin^2\theta\dot{\varphi}=常量 \tag{4}$$

用式(1)消去式(3)中的 $\dot{p}_\theta$，得

$$mr^2\ddot{\theta}+2mr\,\dot{r}\,\dot{\theta}=\frac{\cos\theta}{mr^2\sin^3\theta}p_\varphi^2+mgr\sin\theta \tag{5}$$

(4)、(5)两式为运动微分方程，其中 $r=r(t)$ 是已知的，式(4)中的常量由初始条件确定.

因为 T 中含有 T_0（$T_0=\frac{1}{2}m\dot{r}^2$，是 t 的已知函数），$H=T_2-T_0+V\neq T+V$，哈密顿函数不是总能量.

11.1.9　一个质量为 m 的质点，在力 $f=\frac{k}{x^2}\mathrm{e}^{-\frac{t}{\tau}}$（其中 k、τ 都是正值常量）作用下做一维运动，写出它的拉格朗日函数和哈密顿函数，哈密顿函数是否系统的总能量？是否运动常数？

解

$$V=\frac{k}{x}\mathrm{e}^{-\frac{t}{\tau}}$$

$$L=\frac{1}{2}m\dot{x}^2-\frac{k}{x}\mathrm{e}^{-\frac{t}{\tau}}$$

$$H=\frac{1}{2m}p_x^2+\frac{k}{x}\mathrm{e}^{-\frac{t}{\tau}}$$

因为 $\frac{\partial H}{\partial t}\neq 0$，$H$ 不是运动常数，

$$H=T+V$$

哈密顿函数是系统的总能量.

11.1.10　一个单位质量的质点在广义势场 $U=\frac{1+\dot{r}^2}{r}$（r 是质点离原点的距离）中在一个平面上运动，用极坐标写出哈密顿函数，并找出两个运动积分.

解

$$T=\frac{1}{2}(\dot{r}^2+r^2\dot{\varphi}^2)$$

$$U=\frac{1+\dot{r}^2}{r}$$

$$L=T-U=\frac{1}{2}(\dot{r}^2+r^2\dot{\varphi}^2)-\frac{1+\dot{r}^2}{r}$$

$$p_r=\frac{\partial L}{\partial \dot{r}}=\dot{r}-\frac{2\dot{r}}{r},\quad \dot{r}=\frac{r}{r-2}p_r$$

$$p_\varphi=\frac{\partial L}{\partial \dot{\varphi}}=r^2\dot{\varphi},\quad \dot{\varphi}=\frac{1}{r^2}p_\varphi$$

$$H=p_r\dot{r}+p_\varphi\dot{\varphi}-L=\frac{r}{2(r-2)}p_r^2+\frac{1}{2r^2}p_\varphi^2+\frac{1}{r}$$

$$\frac{\partial H}{\partial \varphi}=0,\quad p_\varphi=r^2\dot{\varphi}=h\ (\text{常量})$$

$$\frac{\partial H}{\partial t}=0$$

$$H=\frac{r}{2(r-2)}p_r^2+\frac{1}{2r^2}p_\varphi^2+\frac{1}{r}=E(\text{常量})$$

后一运动积分也可写成

$$r(r-2)\dot{r}^2+h^2+2r=2r^2E$$

11.1.11　质量为 m 的粒子在半径为 R 的球面上运动，粒子未受其他外力作用.

(1)此题需要几个广义坐标？

(2)选择一组广义坐标，写出系统的拉格朗日函数；

(3)写出系统的哈密顿函数，它是否守恒？

(4)证明粒子沿球的一个大圆运动.

解　(1)由于粒子被限制在一个球面上运动，描述它的运动需要两个广义坐标.

(2)选球坐标 θ、φ 为广义坐标，

$$L=T=\frac{1}{2}mR^2(\dot{\theta}^2+\dot{\varphi}^2\sin^2\theta)$$

(3)

$$p_\theta=\frac{\partial L}{\partial\dot{\theta}}=mR^2\dot{\theta}$$

$$p_\varphi=\frac{\partial L}{\partial\dot{\varphi}}=mR^2\sin^2\theta\cdot\dot{\varphi}$$

$$\dot{\theta}=\frac{1}{mR^2}p_\theta$$

$$\dot{\varphi}=\frac{1}{mR^2\sin^2\theta}p_\varphi$$

$$H=p_\theta\dot{\theta}+p_\varphi\dot{\varphi}-L=\frac{1}{2mR^2}\left(p_\theta^2+\frac{1}{\sin^2\theta}p_\varphi^2\right)$$

因为 $\dfrac{\partial H}{\partial t}=0$，$H$ 是守恒的.

(4)因为 $\dfrac{\partial H}{\partial\varphi}=0$，所以 $p_\varphi=$常量，

$$\sin^2\theta\cdot\dot{\varphi}=\text{常量}$$

总可以选取 θ、φ，使 $t=0$ 时，$\dot{\varphi}=0$，

$$\sin^2\theta\cdot\dot{\varphi}=0$$

所以

$$\dot{\varphi}=0,\quad \varphi=\text{常量}$$

故质点沿球面上一个大圆运动.

11.1.12　一个粒子在重力作用下，在光滑的、对称轴是竖直的旋转抛物面内侧面运动，用离轴的距离 r 和方位角 φ 作为广义坐标，求：

(1)系统的拉格朗日函数、广义动量和哈密顿函数；

(2)r 作为时间的函数满足的运动微分方程；

(3) 如 $\dfrac{\mathrm{d}\varphi}{\mathrm{d}t}=0$，证明粒子能围绕抛物面最低点做小振动，并求小振动的角频率.

解　设旋转抛物面的方程为

$$z=Ar^2 \qquad (A\text{ 为常量})$$

(1)
$$T=\frac{1}{2}m(\dot{r}^2+r^2\dot{\varphi}^2)+\frac{1}{2}m\dot{z}^2=\frac{1}{2}m(1+4A^2r^2)\dot{r}^2+\frac{1}{2}mr^2\dot{\varphi}^2$$

$$V=mgz=mgAr^2$$

$$L=\frac{1}{2}m(1+4A^2r^2)\dot{r}^2+\frac{1}{2}mr^2\dot{\varphi}^2-mgAr^2$$

$$p_r=\frac{\partial L}{\partial \dot{r}}=m(1+4A^2r^2)\dot{r}$$

$$p_\varphi=\frac{\partial L}{\partial \dot{\varphi}}=mr^2\dot{\varphi}$$

$$H=p_r\dot{r}+p_\varphi\dot{\varphi}-L=\frac{1}{2m(1+4A^2r^2)}p_r^2+\frac{1}{2mr^2}p_\varphi^2+mgAr^2$$

(2) 由 $\dfrac{\mathrm{d}}{\mathrm{d}t}\left(\dfrac{\partial L}{\partial \dot{q}_i}\right)-\dfrac{\partial L}{\partial q_i}=0$，得

$$(1+4A^2r^2)\ddot{r}+4A^2r\dot{r}^2-r\dot{\varphi}^2+2gAr=0$$

$$r^2\dot{\varphi}=h \qquad (\text{常量})$$

用第二个式子消去第一式中的 $\dot{\varphi}$，得

$$(1+4A^2r^2)r^3\ddot{r}+4A^2r^4\dot{r}^2+2gAr^4=h^2$$

(3) 如 $\dot{\varphi}=0$，且在抛物面最低点附近做小振动，r、$\dot{r}$、$\ddot{r}$ 均为一级小量，只保留微分方程中的一级小量，得

$$\ddot{r}+2gAr=0$$

小振动的角频率为

$$\omega=\sqrt{2gA}$$

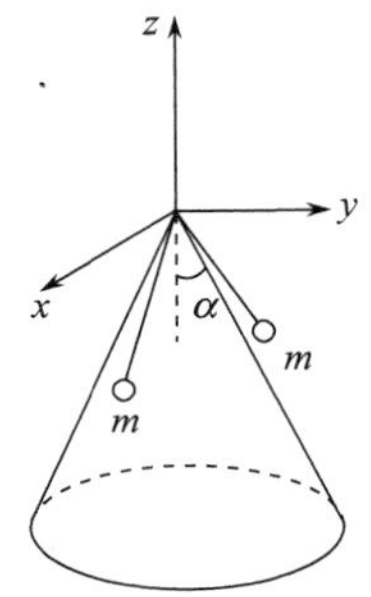

图 11.1

11.1.13　两个质量均为 m 的质点用一根长为 L 的轻绳连接，绳子穿过一个半角为 α、直立的圆锥顶端的小孔. 一个质点悬挂在圆锥内，另一个被限制在圆锥的表面上运动，如图 11.1 所示，不计摩擦.

(1) 选适当的广义坐标，写出系统的拉格朗日函数和哈密顿函数；

(2) 各广义坐标满足的微分方程；

(3) 求在圆锥面上运动的质点做圆轨道运动的角频率.

解　(1) 此系统共有 4 个自由度，描述悬挂在圆锥内的质点用三个球坐标 r、θ、φ，描述在圆锥面上运动的三个球坐标为 $L-r$、$\pi-\alpha$、β，其中只有方位角 β 是独立的. 取 r、θ、φ 和 β 为广义坐标，

$$T=\frac{1}{2}m(\dot{r}^2+r^2\dot{\theta}^2+r^2\sin^2\theta\dot{\varphi}^2)+\frac{1}{2}m[\dot{r}^2+(L-r)^2\sin^2(\pi-\alpha)\dot{\beta}^2]$$
$$=\frac{1}{2}m[2\dot{r}^2+r^2\dot{\theta}^2+r^2\sin^2\theta\dot{\varphi}^2+(L-r)^2\sin^2\alpha\dot{\beta}^2]$$
$$V=mgr\cos\theta+mg(L-r)\cos(\pi-\alpha)=mgr(\cos\theta+\cos\alpha)-mgL\cos\alpha$$
$$L=\frac{1}{2}m[2\dot{r}^2+r^2\dot{\theta}^2+r^2\sin^2\theta\dot{\varphi}^2+(L-r)^2\sin^2\alpha\cdot\dot{\beta}^2]-mgr(\cos\theta+\cos\alpha)+mgL\cos\alpha$$

$$p_r=\frac{\partial L}{\partial\dot{r}}=2m\,\dot{r},\quad p_\theta=\frac{\partial L}{\partial\dot{\theta}}=mr^2\dot{\theta}$$
$$p_\varphi=\frac{\partial L}{\partial\dot{\varphi}}=mr^2\sin^2\theta\,\dot{\varphi}$$
$$p_\beta=\frac{\partial L}{\partial\dot{\beta}}=m(L-r)^2\sin^2\alpha\cdot\dot{\beta}$$

$$H=p_r\dot{r}+p_\theta\dot{\theta}+p_\varphi\dot{\varphi}+p_\beta\dot{\beta}-L$$
$$=\frac{1}{4m}p_r^2+\frac{1}{2mr^2}p_\theta^2+\frac{1}{2mr^2\sin^2\theta}p_\varphi^2+\frac{1}{2m(L-r)^2\sin^2\alpha}p_\beta^2+mgr(\cos\theta+\cos\alpha)-mgL\cos\alpha$$

(2) 因为 $\frac{\partial L}{\partial\varphi}=0$, $\frac{\partial L}{\partial\beta}=0$,

$$p_\varphi=mr^2\sin^2\theta\,\dot{\varphi}=C_1\ (\text{常量})$$
$$p_\beta=m(L-r)^2\sin^2\alpha\cdot\dot{\beta}=C_2\ (\text{常量})$$

由 $\frac{\mathrm{d}}{\mathrm{d}t}\left(\frac{\partial L}{\partial\dot{r}}\right)-\frac{\partial L}{\partial r}=0$ 和 $\frac{\mathrm{d}}{\mathrm{d}t}\left(\frac{\partial L}{\partial\dot{\theta}}\right)-\frac{\partial L}{\partial\theta}=0$，可得另两个微分方程为

$$2\ddot{r}-r(\dot{\theta}^2+\sin^2\theta\dot{\varphi}^2)+(L-r)\sin^2\alpha\cdot\dot{\beta}^2+g(\cos\theta+\cos\alpha)=0$$
$$r\ddot{\theta}+2\dot{r}\dot{\theta}-r\sin\theta\cos\theta\,\dot{\varphi}^2-g\sin\theta=0$$

(3) 在圆锥面上运动的质点做圆轨道运动时，绳子张力大小不变，可见悬在圆锥内的质点或保持不动或做匀速率圆周运动，前者可以看做后者的一种特殊情况，因此我们这里考虑后者，此时，r 为常量，$\dot{r}=0$, $\ddot{r}=0$, θ 为常量，$\dot{\theta}=0$, $\ddot{\theta}=0$, $\dot{\varphi}$ 和 $\dot{\beta}$ 均为常量.

代入后两个微分方程得

$$-r\sin^2\theta\cdot\dot{\varphi}^2+(L-r)\sin^2\alpha\cdot\dot{\beta}^2+g(\cos\theta+\cos\alpha)=0$$
$$-r\cos\theta\cdot\dot{\varphi}^2-g=0$$

两式中消去 $\dot{\varphi}^2$，可得

$$g\left(\frac{1}{\cos\theta}+\cos\alpha\right)+(L-r)\sin^2\alpha\cdot\dot{\beta}^2=0$$

在圆锥面上运动的质点做圆轨道运动的角频率为

$$\dot{\beta}=\sqrt{\frac{g\left(-\dfrac{1}{\cos\theta}-\cos\alpha\right)}{(L-r)\sin^2\alpha}}$$

注意：θ 在第二象限，故 $-\cos\theta>0$，$-\dfrac{1}{\cos\theta}>0$，又有 $-\dfrac{1}{\cos\theta}>\cos\alpha$ [因为 $1>\cos\alpha(-\cos\theta)$ 成立].

前者是后者在 $\theta=\pi$ 时的特殊情况，此时

$$\dot{\beta}=\sqrt{\frac{g(1-\cos\alpha)}{(L-r)\sin^2\alpha}}$$

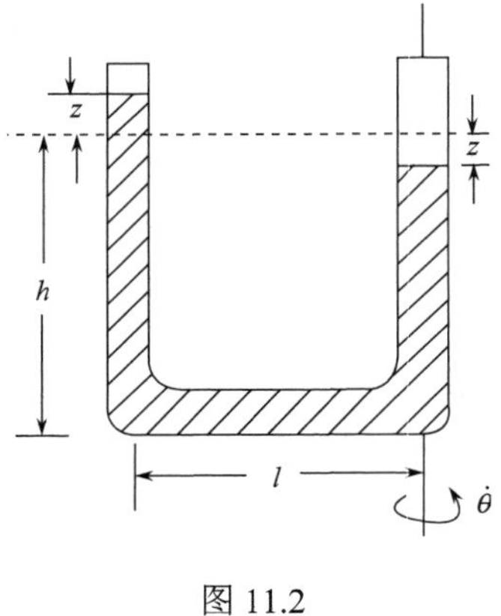

图 11.2

11.1.14　一轻的、粗细均匀的细 U 形管部分地注入水银(总质量为 M、单位长度的质量为 ρ)，如图 11.2 所示. 管子能绕一根竖直臂转动，忽略摩擦、玻璃管的质量和转动惯量以及转轴处水银柱的转动惯量.

(1) 计算管子不转时水银柱的势能，并描述它可能的运动.

(2) 管子以初角速度 ω_0 旋转，水银柱在偏离不转动时平衡的竖直位移 z_0 处由静止开始运动：

(a) 写出系统的拉格朗日函数和哈密顿函数；

(b) 写出运动微分方程；

(c) 运动中有哪些守恒量，写出它们的表达式；

(d) 尽可能完全地对运动作定性描述.

解　(1) 设水银柱两表面偏离平衡位置的距离为 z，使系统再缓慢偏离 $\mathrm{d}z$，外力做的功为 $\mathrm{d}W=2\rho gz\mathrm{d}z$，保守力做的功为 $-\mathrm{d}W$，故保守力势能的增量为

$$\mathrm{d}V=\mathrm{d}W=2\rho gz\mathrm{d}z$$

$$V=\int_0^z 2\rho gz\mathrm{d}z=\rho gz^2$$

$$L=\frac{1}{2}M\dot{z}^2-\rho gz^2$$

由 $\dfrac{\mathrm{d}}{\mathrm{d}t}\left(\dfrac{\partial L}{\partial\dot{z}}\right)-\dfrac{\partial L}{\partial z}=0$，得

$$M\ddot{z}+2\rho gz=0$$

$$z=A\cos\left(\sqrt{\frac{2\rho g}{M}}t+\alpha\right)$$

水银柱将围绕平衡位置($z=0$)做角频率为 $\sqrt{\dfrac{2\rho g}{M}}$ 的振动，其振幅 A 和初相位 α 由初始条件确定.

(2) U 形管可自由转动时，系统有两个自由度. 取水银柱面偏离不转动时的位移 z(如

图 11.2 所示）和转角 θ 为广义坐标.

(a)
$$T=\frac{1}{2}\rho(h+z)\dot{z}^2+\frac{1}{2}\cdot\rho(h+z)l^2\dot{\theta}^2+\frac{1}{2}\rho l\,\dot{z}^2+\frac{1}{2}\left(\frac{1}{3}\rho l\cdot l^2\right)\dot{\theta}^2+\frac{1}{2}\rho(h-z)\dot{z}^2$$
$$=\frac{1}{2}M\,\dot{z}^2+\frac{1}{2}\rho(h+z)l^2\dot{\theta}^2+\frac{1}{6}\rho l^3\dot{\theta}^2$$
$$V=\rho g z^2$$
$$L=T-V=\frac{1}{2}M\,\dot{z}^2+\frac{1}{2}\rho\left(h+z+\frac{1}{3}l\right)l^2\dot{\theta}^2-\rho g\,z^2$$
$$H=\frac{1}{2M}p_z^2+\frac{1}{2\rho\left(h+z+\frac{1}{3}l\right)l^2}p_\theta^2+\rho g z^2$$

(b) 由 $\dfrac{\mathrm{d}}{\mathrm{d}t}\left(\dfrac{\partial L}{\partial \dot{q}_i}\right)-\dfrac{\partial L}{\partial q_i}=0$，得
$$M\,\ddot{z}-\frac{1}{2}\rho l^2\dot{\theta}^2+2\rho g z=0$$
$$\rho\left(h+z+\frac{1}{3}l\right)l^2\ddot{\theta}+\rho l^2\dot{z}\dot{\theta}=0$$
或
$$\rho\left(h+z+\frac{1}{3}l\right)l^2\dot{\theta}=C\text{（常量）}$$
代入初始条件：$t=0$ 时，$z=z_0$，$\dot{\theta}=\omega_0$，
$$\rho\left(h+z+\frac{1}{3}l\right)l^2\dot{\theta}=\rho\left(h+z_0+\frac{1}{3}l\right)l^2\omega_0$$
$$\left(h+z+\frac{1}{3}l\right)\dot{\theta}=\left(h+z_0+\frac{1}{3}l\right)\omega_0$$

(c) 因为 $\dfrac{\partial H}{\partial \theta}=0$，所以 p_θ 是守恒量. 因为 $p_\theta=\dfrac{\partial L}{\partial \dot{\theta}}$，即
$$\left(h+z+\frac{1}{3}l\right)\dot{\theta}=\left(h+z_0+\frac{1}{3}l\right)\omega_0$$
因为 $\dfrac{\partial H}{\partial t}=0$，$H$ 是守恒量，其表达式为
$$\frac{1}{2M}p_z^2+\frac{1}{2\rho\left(h+z+\frac{1}{3}l\right)l^2}p_\theta^2+\rho g z^2$$
$$=\frac{1}{2}M\,\dot{z}^2+\frac{1}{2}\rho\left(h+z+\frac{1}{3}l\right)l^2\dot{\theta}^2+\rho g\,z^2$$
$$=\frac{1}{2}\rho\left(h+z_0+\frac{1}{3}l\right)l^2\omega_0^2+\rho g z_0^2$$

(d) 水银柱的运动由两部分组成：一是跟随 U 形管一起转动，转动角速度与水银柱面的升降有关，z 增大时，转动角速度减小，z 减小时，角速度加大，对转轴的角动量保持为常量；另一部分是液柱在管中的运动，由于 z 的方程可改写为

$$M\ddot{z}+2\rho gz=\frac{A}{\left(h+z+\frac{1}{3}l\right)^2}$$

其中 $A=\frac{1}{2}\rho l^2\left(h+z_0+\frac{1}{3}l\right)^2\omega_0^2$ 或 $\frac{p_\theta^2}{2\rho l^2}$ 为常量，其平衡位置由下列方程给出：

$$2\rho gz=\frac{A}{\left(h+z+\frac{1}{3}l\right)^2}$$

它是 z 的三次方程，有三个根，用作图法不难看出：方程只有一个实根，因其系数均为实数，另两个根必为共轭复数，只有一个实根，故只有一个平衡位置，设此实根为 $z=z_1$，

$$2\rho gz_1=\frac{A}{\left(h+\frac{1}{3}l+z_1\right)^2}$$

如 $|z_0-z_1|$ 是小量，则令 $z=z_1+z'$，微分方程可化为

$$M\ddot{z}'+2\rho gz'=-\frac{2A}{\left(h+\frac{1}{3}l+z_1\right)^3}z'$$

$$M\ddot{z}'+\left[2\rho g+\frac{2A}{\left(h+\frac{1}{3}l+z_1\right)^3}\right]z'=0$$

水银柱在管中将围绕平衡位置 $z=z_1$ 做小振动，角频率为 $\sqrt{\frac{2\rho g}{M}+\frac{2A}{M\left(h+\frac{1}{3}l+z_1\right)^3}}$.

如 $|z_0-z_1|$ 不是小量，则微分方程不能作上述简化，水银柱在管中的运动比较复杂.

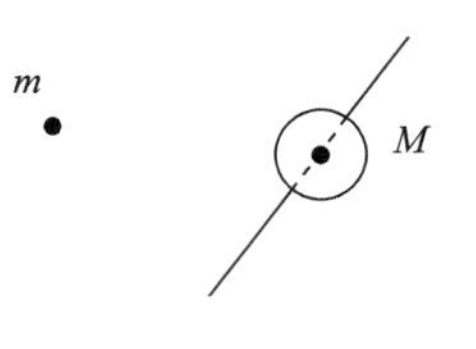

图 11.3

11.1.15　图 11.3 中的系统由一个质量为 m 的粒子和一个质量为 M 的转子组成，转子是一个密度均匀、有一个旋转对称轴的刚体，粒子和转子的每一体元间有万有引力或库仑力互相吸引，粒子和转子的运动是自由的. 讨论这个系统的运动，在讨论中回答以下问题：

(1) 这个系统有几个自由度；

(2) 取一组适当的坐标，写出拉格朗日函数或哈密顿函数，说明如何写亦可；

(3) 粒子和转子间的相互作用与哪些坐标有关；

(4) 能给出多少运动常数，它们有何物理意义？

(5) 这个系统的什么轨道十分类似于两个点质量的轨道？说明它们之间有(小的)差别的原因，什么原因使转子相对于其质心有运动？

解 (1) 这个系统共有 9 个自由度，粒子需 3 个坐标，转子需 6 个坐标.

(2) 可选取如下的一组广义坐标：x、y、z 表示粒子的位置，X、Y、Z 表示转子质心的位置，三个欧拉角 ψ、φ、θ 描述转子相对于其质心平动参考系中的定点转动，取转子的旋转对称轴为固连于转子的 z' 轴.

系统的动能包括粒子的动能 T_1、转子的平动动能 T_2 和转子相对于其质心平动参考系的(转动)动能 T_3，

$$T = T_1 + T_2 + T_3$$

$$T_1 = \frac{1}{2}m(\dot{x}^2 + \dot{y}^2 + \dot{z}^2)$$

$$T_2 = \frac{1}{2}M(\dot{X}^2 + \dot{Y}^2 + \dot{Z}^2)$$

$$T_3 = \frac{1}{2}(\omega_1,\ \omega_2,\ \omega_3)\begin{pmatrix} I_1 & 0 & 0 \\ 0 & I_2 & 0 \\ 0 & 0 & I_3 \end{pmatrix}\begin{pmatrix} \omega_1 \\ \omega_2 \\ \omega_3 \end{pmatrix} = \frac{1}{2}(I_1\omega_1^2 + I_2\omega_2^2 + I_3\omega_3^2)$$

其中

$$\omega_1 = \dot{\varphi}\sin\theta\sin\psi + \dot{\theta}\cos\psi$$

$$\omega_2 = \dot{\varphi}\sin\theta\cos\psi - \dot{\theta}\sin\psi$$

$$\omega_3 = \dot{\varphi}\cos\theta + \dot{\psi}$$

I_1、I_2、I_3 是转子的三个主转动惯量，$I_1 = I_2$.

系统的势能可计算如下：以粒子为球心，设转子位于半径 $r \sim r + \mathrm{d}r$ 的球壳内的质元为 $\mathrm{d}M$，如引力为万有引力，粒子与此质元的势能为

$$\mathrm{d}V = -\frac{Gm}{r}\mathrm{d}M$$

系统的势能为

$$V = -Gm\int\frac{\mathrm{d}M}{r}$$

系统的拉格朗日函数为

$$L = T - V$$

(3) 粒子与转子间的相互作用与 $X - x$、$Y - y$、$Z - z$、φ、θ 有关.

(4) 从上面选取的一组广义坐标及由此写出的拉格朗日函数，可以看出有两个运动常数. 因为 $\dfrac{\partial L}{\partial t} = 0$，$\sum\limits_{i=1}^{q}\dfrac{\partial L}{\partial \dot{q}_i}\dot{q}_i - L =$ 常量，又因动能是广义速度的二次齐次函数，势能不显含 t，所以 $H = \sum\limits_{i=1}^{q}\dfrac{\partial L}{\partial \dot{q}_i}\dot{q}_i - L$ 是系统的机械能.

因为$\frac{\partial L}{\partial \psi}=0$，$\frac{\partial L}{\partial \dot{\psi}}=$常量，其物理意义是转子在其质心平动参考系中对其旋转对称轴的角动量守恒.

如(2)中选取的一组广义坐标是系统质心的坐标x、y、z，粒子在系统质心平动参考系中的球坐标为r_m、θ_m、φ_m，以及转子在其质心平动参考系中的定点转动所用的三个欧拉角为ψ、φ、θ，再将r_m改成粒子与转子质心间的距离r，则系统的动能可写作

$$T=\frac{1}{2}(m+M)(\dot{x}^2+\dot{y}^2+\dot{z}^2)+\frac{1}{2}\left(\frac{mM}{m+M}\right)(\dot{r}^2+r^2\dot{\theta}_m^2+ r^2\sin^2\theta_m\cdot\dot{\varphi}_m^2)+T_3$$

其中T_3就是前面给出的T_3.

V的式子仍如前述的积分式子，它与r、φ、θ三个坐标有关.

除有上述两个运动积分以外，还因有$\frac{\partial L}{\partial x}=\frac{\partial L}{\partial y}=\frac{\partial L}{\partial z}=0$，$\frac{\partial L}{\partial \varphi_m}=0$，有运动积分

$$\dot{x}=\text{常量},\quad \dot{y}=\text{常量},\quad \dot{z}=\text{常量}$$

其物理意义是系统的动量守恒，

$$\frac{\partial L}{\partial \dot{\varphi}_m}=\text{常量}$$

因为系统质心平动参考系中的三个坐标方向可以随意规定，因此$\frac{\partial L}{\partial \dot{\varphi}_m}=$常量的物理意义是系统在其质心平动参考系中对质心的角动量守恒.

(5)当粒子与转子相距较远，说得更确切些，当粒子与转子质心的距离比转子的线度大得多时，粒子和转子质心的轨道十分近似于两个点质量的轨道，它们之间有(小的)差别的原因在于转子的质心和引力中心不重合. 反之，与此有关，粒子对转子各质元的引力对转子质心的力矩之和不等于零，这是转子相对于其质心有转动的原因.

11.1.16 地球以恒定的角速度$\boldsymbol{\omega}=\omega\boldsymbol{k}$相对于惯性参考系运动，$\boldsymbol{k}$是固连于地球的$z$轴的单位矢量，用固连于地球的笛卡儿坐标$x$、$y$、$z$为广义坐标，写出质量为$m$的质点在势场$V(x, y, z)$中运动的哈密顿函数，证明$H$不是总能量，但是一个守恒量.

解 $\boldsymbol{v}=\dot{x}\boldsymbol{i}+\dot{y}\boldsymbol{j}+\dot{z}\boldsymbol{k}+\omega\boldsymbol{k}\times(x\boldsymbol{i}+y\boldsymbol{j}+z\boldsymbol{k})=(\dot{x}-\omega y)\boldsymbol{i}+(\dot{y}+\omega x)\boldsymbol{j}+\dot{z}\boldsymbol{k}$

$$T=\frac{1}{2}m\boldsymbol{v}\cdot\boldsymbol{v}=\frac{1}{2}m[(\dot{x}-\omega y)^2+(\dot{y}+\omega x)^2+\dot{z}^2]$$

$$=\frac{1}{2}m(\dot{x}^2+\dot{y}^2+\dot{z}^2-2\omega\dot{x}y+2\omega x\dot{y}+\omega^2x^2+\omega^2y^2)$$

$$L=\frac{1}{2}m(\dot{x}^2+\dot{y}^2+\dot{z}^2-2\omega\dot{x}y+2\omega x\dot{y}+\omega^2x^2+\omega^2y^2)-V(x,y,z)$$

$$p_x=\frac{\partial L}{\partial \dot{x}}=m\dot{x}-m\omega y$$

$$\dot{x}=\frac{1}{m}(p_x+m\omega y)$$

$$p_y = \frac{\partial L}{\partial \dot{y}} = m\dot{y} + m\omega x$$

$$\dot{y} = \frac{1}{m}(p_y - m\omega x)$$

$$\begin{aligned} H &= \frac{1}{m}p_x(p_x + m\omega y) + \frac{1}{m}p_y(p_y - m\omega x) + \frac{1}{m}p_z^2 - \frac{1}{2}m\left[\frac{1}{m^2}(p_x + m\omega y)^2\right. \\ &\quad + \frac{1}{m^2}(p_y - m\omega x)^2 + \frac{1}{m^2}p_z^2 - 2\omega y \cdot \frac{1}{m}(p_x + m\omega y) + 2\omega x \cdot \frac{1}{m}(p_y - m\omega x) \\ &\quad \left. + \omega^2 x^2 + \omega^2 y^2\right] + V(x,y,z) \\ &= \frac{1}{2m}(p_x^2 + p_y^2 + p_z^2) + p_x\omega y - p_y\omega x + V(x,y,z) \end{aligned}$$

因为$T \neq T_2$（不是广义速度的二次齐次函数），H不是总能量. 又因为$\frac{\partial H}{\partial t} = 0$，所以$H$是守恒量.

11.1.17　质量为m的质点作一维运动的拉格朗日函数$L = \frac{1}{2}m\mathrm{e}^{\gamma t}(\dot{x}^2 - \omega^2 x^2)$，其中$m$、$\gamma$和$\omega$都是正实数.

(1) 求运动微分方程，根据作用在质点上的力的类型对运动微分方程作些说明；

(2) 求广义动量，由此构造哈密顿函数；

(3) 该哈密顿函数是否是运动常数？机械能是否守恒？

(4) 若初始条件为$x(0) = 0$，$\dot{x}(0) = v_0$，问当$t \to \infty$时，$x(t)$渐近地等于什么？

解　(1)

$$L = \frac{1}{2}m\mathrm{e}^{\gamma t}(\dot{x}^2 - \omega^2 x^2)$$

$$\frac{\partial L}{\partial \dot{x}} = m\mathrm{e}^{\gamma t}\dot{x}$$

$$\frac{\mathrm{d}}{\mathrm{d}t}\left(\frac{\partial L}{\partial \dot{x}}\right) = m\mathrm{e}^{\gamma t}\ddot{x} + m\gamma\mathrm{e}^{\gamma t}\dot{x}$$

$$\frac{\partial L}{\partial x} = -m\mathrm{e}^{\gamma t}\omega^2 x$$

运动微分方程为

$$m\ddot{x} + m\gamma\dot{x} + m\omega^2 x = 0$$

或

$$m\ddot{x} = -m\gamma\dot{x} - m\omega^2 x$$

质点受两个力：一个是$-m\gamma\dot{x}$为与速率成正比的阻力；一个是弹性力，是与偏离平衡位置的位移成正比的恢复力，微分方程是有阻尼的振动所遵循的方程.

(2)

$$p = \frac{\partial L}{\partial \dot{x}} = m\mathrm{e}^{\gamma t}\dot{x}, \quad \dot{x} = \frac{1}{m}\mathrm{e}^{-\gamma t}p$$

$$H = p\dot{x} - L$$
$$= p \cdot \frac{1}{m}\mathrm{e}^{-\gamma t}p - \frac{1}{2}m\mathrm{e}^{\gamma t}\left[\left(\frac{1}{m}\mathrm{e}^{-\gamma t}p\right)^2 - \omega^2 x^2\right]$$
$$= \frac{1}{2m}\mathrm{e}^{-\gamma t}p^2 + \frac{1}{2}m\mathrm{e}^{\gamma t}\omega^2 x^2$$

(3) $\frac{\partial H}{\partial t} \neq 0$，$H$ 不是运动常数，机械能也不守恒. 弹性力是保守力，可引入势能，但阻力是非保守力，且总做负功，机械能是不断减少的.

(4)
$$\ddot{x} + \gamma\dot{x} + \omega^2 x = 0$$

特征方程为

$$r^2 + \gamma r + \omega^2 = 0$$
$$\gamma = \frac{1}{2}(-\gamma \pm \sqrt{\gamma^2 - 4\omega^2})$$

如 $\gamma^2 < 4\omega^2$，即 $\frac{\gamma}{2} < \omega$ 时，通解为

$$x = A\mathrm{e}^{-\frac{1}{2}\gamma t}\cos(\omega_\gamma t + \alpha)$$

其中

$$\omega_r = \sqrt{\omega^2 - \frac{1}{4}\gamma^2}$$

如 $\gamma^2 > 4\omega^2$，即 $\frac{\gamma}{2} > \omega$ 时，通解为

$$x = C_1\mathrm{e}^{\frac{1}{2}\left(-\gamma + \sqrt{\gamma^2 - 4\omega^2}\right)t} + C_2\mathrm{e}^{\frac{1}{2}\left(-\gamma - \sqrt{\gamma^2 - 4\omega^2}\right)t}$$

如 $\gamma^2 = 4\omega^2$，即 $\frac{\gamma}{2} = \omega$ 时，通解为

$$x = (B_1 + B_2 t)\mathrm{e}^{-\frac{1}{2}\gamma t}$$

不论 $\frac{\gamma}{2}$ 与 ω 的大小关系是上述哪种情况，也不论初始条件如何，$t \to \infty$ 时，均有 $x \to 0$.

11.1.18　一个自由度数为 1 的系统的哈密顿函数为 $H = \frac{p^2}{2\alpha} - bqp\mathrm{e}^{-\alpha t} + \frac{1}{2}ba\mathrm{e}^{-\alpha t}(\alpha + b\mathrm{e}^{-\alpha t}) + \frac{1}{2}kq^2$，式中 a、b、α 和 k 都是常量，求此系统的拉格朗日函数.

解
$$H = \frac{p^2}{2\alpha} - bqp\mathrm{e}^{-\alpha t} + \frac{1}{2}ba\mathrm{e}^{-\alpha t}(\alpha + b\mathrm{e}^{-\alpha t}) + \frac{1}{2}kq^2$$
$$\dot{q} = \frac{\partial H}{\partial p} = \frac{p}{\alpha} - bq\mathrm{e}^{-\alpha t}$$

$$p=\alpha(\dot q+bq\mathrm{e}^{-\alpha t})$$

$$H=p\,\dot q-L$$

$$L=p\,\dot q-H=\alpha(\dot q+bq\mathrm{e}^{-\alpha t})\dot q-\frac{1}{2\alpha}[\alpha(\dot q+bq\mathrm{e}^{-\alpha t})]^2+$$

$$bq\alpha(\dot q+bq\mathrm{e}^{-\alpha t})\mathrm{e}^{-\alpha t}-\frac{1}{2}ba\mathrm{e}^{-\alpha t}(\alpha+b\mathrm{e}^{-\alpha t})-\frac{1}{2}kq^2$$

$$=\frac{1}{2}\alpha(\dot q+bq\mathrm{e}^{-\alpha t})^2-\frac{1}{2}ba\mathrm{e}^{-\alpha t}(\alpha+b\mathrm{e}^{-\alpha t})-\frac{1}{2}kq^2$$

11.1.19　两个惰性气体原子，每一个质量都是 m，它们之间的经典相互作用势能为

$$V(r)=-\frac{2A}{r^6}+\frac{B}{r^{12}}$$

A、$B>0$，且为常量，r 为两原子间的距离.

(1) 写出这两个原子构成的系统的哈密顿函数(取适当的广义坐标)；

(2) 求出这个系统的能量最低的经典态；

(3) 若能量稍高于(2)所求的最低能态，求这个系统的振动频率.

解　(1) 取系统的质心坐标 x、y、z 和一个原子相对于另一个原子的球坐标 r、θ、φ 为广义坐标.

$$L=\frac{1}{2}\times 2m(\dot x^2+\dot y^2+\dot z^2)+2\times\frac{1}{2}m\left[\left(\frac{\dot r}{2}\right)^2+\left(\frac{r}{2}\right)^2\dot\theta^2+\left(\frac{r}{2}\right)^2\sin^2\theta\dot\varphi^2\right]+\frac{2A}{r^6}-\frac{B}{r^{12}}$$

$$=m(\dot x^2+\dot y^2+\dot z^2)+\frac{1}{4}m(\dot r^2+r^2\dot\theta^2+r^2\sin^2\theta\dot\varphi^2)+\frac{2A}{r^6}-\frac{B}{r^{12}}$$

$$p_x=\frac{\partial L}{\partial\dot x}=2m\,\dot x$$

$$p_y=\frac{\partial L}{\partial\dot y}=2m\,\dot y$$

$$p_z=\frac{\partial L}{\partial\dot z}=2m\,\dot z$$

$$p_r=\frac{\partial L}{\partial\dot r}=\frac{1}{2}m\,\dot r$$

$$p_\theta=\frac{\partial L}{\partial\dot\theta}=\frac{1}{2}mr^2\dot\theta$$

$$p_\varphi=\frac{\partial L}{\partial\dot\varphi}=\frac{1}{2}mr^2\sin^2\theta\dot\varphi$$

$$H=p_x\dot x+p_y\dot y+p_z\dot z+p_r\dot r+p_\theta\dot\theta+p_\varphi\dot\varphi-L$$

$$=\frac{1}{4m}(p_x^2+p_y^2+p_z^2)+\frac{1}{m}\left(p_r^2+\frac{p_\theta^2}{r^2}+\frac{p_\varphi^2}{mr^2\sin^2\theta}\right)-\frac{2A}{r^6}+\frac{B}{r^{12}}$$

(2) 最低的经典态，$T=0$，V 取最小值，

$$\frac{\mathrm{d}}{\mathrm{d}r}\left(-\frac{2A}{r^6}+\frac{B}{r^{12}}\right)=0$$

$$\frac{12A}{r^7}-\frac{12B}{r^{13}}=0$$

$$r=\left(\frac{B}{A}\right)^{\frac{1}{6}}$$

$$E_{\min}=V_{\min}=\left(-\frac{2A}{r^6}+\frac{B}{r^{12}}\right)\Bigg|_{r=\left(\frac{B}{A}\right)^{\frac{1}{6}}}=-\frac{A^2}{B}$$

(3) 将 $V(r)$ 在 $r=r_0=\left(\dfrac{B}{A}\right)^{\frac{1}{6}}$ 处作泰勒展开，或令 $r'=r-r_0$，在 $r'=0$ 处作泰勒展开，只保留二级小量，

$$V(r')\approx V(r_0)+\frac{1}{2}\times\frac{\mathrm{d}^2V}{\mathrm{d}r^2}\bigg|_{r=r_0}r'^2$$

$$=-\frac{A^2}{B}+\frac{1}{2}\left(-84\frac{A}{r^8}+156\frac{B}{r^{14}}\right)\Bigg|_{r=\left(\frac{B}{A}\right)^{\frac{1}{6}}}r'^2$$

$$=-\frac{A^2}{B}+36\frac{A^{7/3}}{B^{4/3}}r'^2$$

在最低能态附近，

$$L=m(\dot{x}^2+\dot{y}^2+\dot{z}^2)+\frac{1}{4}m\Big[\dot{r}'^2+(r_0+r')^2\dot{\theta}^2$$

$$+(r_0+r')^2\sin^2\theta\dot{\varphi}^2\Big]-36\frac{A^{7/3}}{B^{4/3}}r'^2+\frac{A^2}{B}$$

注意：r'、$\dot{r}'$、$\ddot{r}'$、$\dot{\theta}$、$\dot{\varphi}$、$\ddot{\theta}$、$\ddot{\varphi}$ 均为小量，由 $\dfrac{\mathrm{d}}{\mathrm{d}t}\left(\dfrac{\partial L}{\partial\dot{q}_i}\right)-\dfrac{\partial L}{\partial q_i}=0$ 得运动微分方程，只保留微分方程中的一级小量，可见只有关于 r' 的微分方程是振动的方程. 可得

$$\frac{1}{2}m\ddot{r}'+72\frac{A^{7/3}}{B^{4/3}}r'=0$$

在最低能态附近做小振动的角频率为

$$\omega=\sqrt{72\frac{A^{7/3}}{B^{4/3}}\bigg/\frac{1}{2}m}=12m^{-1/2}A^{7/6}B^{-2/3}$$

11.1.20　一个质量为 m、带电荷量为 $-e$ 的非相对论电子在圆柱形磁控管内运动，磁控管由一个半径为 a、电势为 $-\phi_0$（$\phi_0>0$，为常量）的导线和电势为零的半径为 R 的同轴圆柱面组成. 磁控管内有一平行其轴的匀强磁场 B，选用柱坐标 r、φ、z 为广义坐标，

标势 $\phi=-\phi_0\ln\left(\dfrac{r}{R}\right)\Big/\ln\left(\dfrac{a}{R}\right)$、矢势 $\boldsymbol{A}=\dfrac{1}{2}Br\boldsymbol{e}_\varphi$（其中 $\boldsymbol{e}_\varphi$ 是沿 φ 增大方向的单位矢量）.

(1) 写出哈密顿函数；

(2) 证明存在三个运动常数，并讨论可能出现的运动类型；

(3) 假定某电子以等于零的初始速度离开里面的那根导线，则存在某个磁场值 B_c，当 $B\leqslant B_c$ 时，该电子能到达外面的圆柱面，当 $B>B_c$ 时，它不能到达外面的圆柱面，求出 B_c 的值.

解 (1)

$$\boldsymbol{A}=\frac{1}{2}Br\boldsymbol{e}_\varphi$$

$$\begin{aligned}V&=(-e)\phi-(-e)\dot{\boldsymbol{r}}\cdot\boldsymbol{A}\\&=e\phi_0\frac{\ln(r/R)}{\ln(a/R)}+e(\dot r\,\boldsymbol{e}_r+r\,\dot\varphi\boldsymbol{e}_\varphi+\dot z\,\boldsymbol{k})\cdot\frac{1}{2}Br\boldsymbol{e}_\varphi\\&=e\phi_0\frac{\ln(r/R)}{\ln(a/R)}+\frac{1}{2}eBr^2\dot\varphi\end{aligned}$$

$$L=\frac{1}{2}m(\dot r^2+r^2\dot\varphi^2+\dot z^2)-e\phi_0\frac{\ln(r/R)}{\ln(a/R)}-\frac{1}{2}eBr^2\dot\varphi$$

$$p_r=\frac{\partial L}{\partial\dot r}=m\,\dot r$$

$$p_\varphi=\frac{\partial L}{\partial\dot\varphi}=mr^2\dot\varphi-\frac{1}{2}eBr^2$$

$$p_z=\frac{\partial L}{\partial\dot z}=m\,\dot z$$

$$\begin{aligned}H&=p_r\dot r+p_\varphi\dot\varphi+p_z\dot z-L\\&=\frac{1}{2m}\left[p_r^2+\frac{1}{r^2}\left(p_\varphi+\frac{1}{2}eBr^2\right)^2+p_z^2\right]+e\phi_0\frac{\ln(r/R)}{\ln(a/R)}\end{aligned}$$

(2)

$$\frac{\partial H}{\partial\varphi}=0,\quad p_\varphi=mr^2\dot\varphi-\frac{1}{2}eBr^2=\text{常量}$$

$$\frac{\partial H}{\partial z}=0,\quad p_z=m\,\dot z=\text{常量},\quad \dot z=\text{常量}$$

$$\frac{\partial H}{\partial t}=0,\quad H=\text{常量}$$

即

$$\frac{1}{2m}\left[p_r^2+\frac{1}{r^2}\left(p_\varphi+\frac{1}{2}eBr^2\right)^2+p_z^2\right]+e\phi_0\frac{\ln(r/R)}{\ln(a/R)}=\text{常量}$$

$$\frac{1}{2}m(\dot r^2+r^2\dot\varphi^2+\dot z^2)+e\phi_0\frac{\ln(r/R)}{\ln(a/R)}=\text{常量}$$

可能的运动类型有：

(i) 在 z 方向做匀速直线运动($r=$ 常量，$\dot{\varphi}=0$)；

(ii) 在 z 保持不变的平面上做以 z 轴为圆心的匀速率圆周运动($z=$ 常量，$r=$ 常量，$\dot{\varphi}=$ 常量)；

(iii) 在 z 保持不变的平面上做螺旋运动($z=$ 常量，r 增大时，$\dot{\varphi}$ 减小)；

(iv) (i)、(ii) 两种运动的叠加运动；

(v) (i)、(iii) 两种运动的叠加运动.

(3) 用初始条件：$t=0$ 时，$r=a$，$\dot{r}=0$，$\dot{\varphi}=0$，$\dot{z}=0$. 确定三个运动常数

$$\dot{z}=0 \tag{1}$$

$$mr^2\dot{\varphi}-\frac{1}{2}eBr^2=-\frac{1}{2}eBa^2 \tag{2}$$

$$\frac{1}{2}m(\dot{r}^2+r^2\dot{\varphi}^2+\dot{z}^2)+e\phi_0\frac{\ln(r/R)}{\ln(a/R)}=e\phi_0 \tag{3}$$

将式(1)、(2)代入式(3)，得

$$\frac{1}{2}m\left\{\dot{r}^2+r^2\left[\frac{\frac{1}{2}eB(r^2-a^2)}{mr^2}\right]^2\right\}+e\phi_0\frac{\ln(r/R)}{\ln(a/R)}=e\phi_0 \tag{4}$$

将 $B=B_c$、$r=R$ 时，$\dot{r}=0$ 代入上式，

$$\frac{1}{2}mR^2\frac{1}{m^2R^4}\frac{1}{4}e^2B_c^2(R^2-a^2)^2=e\phi_0$$

解出

$$B_c=\frac{2R}{R^2-a^2}\sqrt{\frac{2m\phi_0}{e}}$$

由式(4)可见，当 $B<B_c$ 时，在 $r=R$ 处，$\dot{r}^2>0$；在 $r<R$ 时，$\dot{r}>0$. 随着 r 增大，$\dot{r}^2$ 减小. 可见，在 $r=R$ 时，$\dot{r}>0$，说明电子能到达外面的圆柱面.

当 $B>B_c$ 时，在 $r=R$ 处，由式(4)得 $\dot{r}^2<0$，这是不可能的，说明电子不可能到达 $r=R$ 处，在 $r<R$ 的某处，就变成 $\dot{r}=0$ 了.

作出上述结论时，用了 $\dfrac{(r^2-a^2)^2}{r^2}$ 是 r 的单调递增函数，因为

$$\frac{\mathrm{d}}{\mathrm{d}r}\left(\frac{r^2-a^2}{r}\right)=\frac{\mathrm{d}}{\mathrm{d}r}\left(r-\frac{a^2}{r}\right)=1+\frac{a^2}{r^2}>0$$

11.1.21 对于处在重力场中的对称陀螺，使用劳斯方程获得非循环坐标满足的运动微分方程，已知质心离固定点的距离为 h，对固定点的三个主转动惯量为 I_1、I_1、I_3.

解

$$T=\frac{1}{2}(I_1\omega_x^2+I_1\omega_y^2+I_3\omega_z^2)$$

$$\omega_x=\dot{\varphi}\sin\theta\sin\psi+\dot{\theta}\cos\psi$$

$$\omega_y=\dot{\varphi}\sin\theta\cos\psi-\dot{\theta}\sin\psi$$

$$\omega_z = \dot{\varphi}\cos\theta + \dot{\psi}$$

$$T = \frac{1}{2}I_1\dot{\theta}^2 + \frac{1}{2}I_1\dot{\varphi}^2\sin^2\theta + \frac{1}{2}I_3(\dot{\varphi}\cos\theta + \dot{\psi})^2$$

$$V = mgh\cos\theta$$

$$L = \frac{1}{2}I_1\dot{\theta}^2 + \frac{1}{2}I_1\dot{\varphi}^2\sin^2\theta + \frac{1}{2}I_3(\dot{\varphi}\cos\theta + \dot{\psi})^2 - mgh\cos\theta$$

$$\frac{\partial L}{\partial \varphi} = 0, \quad \frac{\partial L}{\partial \psi} = 0$$

φ、ψ 均为循环坐标，选取劳斯函数 R 为

$$R = p_\varphi\dot{\varphi} + p_\psi\dot{\psi} - L$$

$$p_\varphi = \frac{\partial L}{\partial \dot{\varphi}} = I_1\dot{\varphi}\sin^2\theta + I_3\cos\theta(\dot{\varphi}\cos\theta + \dot{\psi}) \tag{1}$$

$$p_\psi = \frac{\partial L}{\partial \dot{\psi}} = I_3(\dot{\varphi}\cos\theta + \dot{\psi}) \tag{2}$$

由上述两式解出 $\dot{\varphi}$、$\dot{\psi}$，得

$$\dot{\varphi} = \frac{1}{I_1\sin^2\theta}(p_\varphi - p_\psi\cos\theta)$$

$$\dot{\psi} = \frac{p_\psi}{I_3} - \frac{\cos\theta}{I_1\sin^2\theta}(p_\varphi - p_\psi\cos\theta)$$

$$R = -\frac{1}{2}I_1\dot{\theta}^2 + \frac{1}{2I_1\sin^2\theta}(p_\varphi - p_\psi\cos\theta)^2 + \frac{p_\psi^2}{2I_3} + mgh\cos\theta$$

劳斯方程为

$$\frac{\mathrm{d}}{\mathrm{d}t}\left(\frac{\partial R}{\partial \dot{\theta}}\right) - \frac{\partial R}{\partial \theta} = 0 \tag{3}$$

$$\dot{\varphi} = \frac{\partial R}{\partial p_\varphi}, \quad \dot{\psi} = \frac{\partial R}{\partial p_\psi} \tag{4}$$

$$\dot{p}_\varphi = -\frac{\partial R}{\partial \varphi}, \quad \dot{p}_\psi = -\frac{\partial R}{\partial \psi} \tag{5}$$

代入劳斯函数，式(3)可表示为

$$-I_1\ddot{\theta} + \frac{(p_\varphi - p_\psi\cos\theta)^2\cos\theta}{I_1\sin^3\theta} - \frac{p_\psi(p_\varphi - p_\psi\cos\theta)}{I_1\sin\theta} + mgh\sin\theta = 0$$

由式(1)、(2)、(5)得

$$p_\varphi = I_1\dot{\varphi}\sin^2\theta + I_3\cos\theta(\dot{\varphi}\cos\theta + \dot{\psi}) = C_1$$

$$p_\psi = I_3(\dot{\varphi}\cos\theta + \dot{\psi}) = C_2$$

用上述两个运动积分，非循环坐标 θ 满足的运动微分方程可改写为

$$\ddot{\theta} = \frac{mgh\sin\theta}{I_1} + \frac{(\alpha - \beta\cos\theta)^2\cos\theta}{\sin^3\theta} - \frac{\beta(\alpha - \beta\cos\theta)}{\sin\theta}$$

其中$\alpha=\dfrac{C_1}{I_1}$，$\beta=\dfrac{C_2}{I_1}$，C_1、C_2由初始条件确定.

11.1.22　一个质量为m的质点在重力作用下，在$z=x^2+y^2$面内滑动，z轴竖直向上，采用柱坐标，用劳斯方程推导出非循环坐标满足的运动微分方程.

解

$$L=\frac{1}{2}m(\dot{\rho}^2+\rho^2\dot{\varphi}^2+\dot{z}^2)-mgz$$

$$z=\rho^2,\quad \dot{z}=2\rho\dot{\rho}$$

$$L=\frac{1}{2}m(\dot{\rho}^2+\rho^2\dot{\varphi}^2+4\rho^2\dot{\rho}^2)-mg\rho^2$$

因为$\dfrac{\partial L}{\partial\varphi}=0$，$\varphi$为循环坐标，

$$p_\varphi=\frac{\partial L}{\partial\dot{\varphi}}=m\rho^2\dot{\varphi}=mC\ (C\text{为常量})$$

$$R=p_\varphi\dot{\varphi}-L=\frac{1}{2m\rho^2}p_\varphi^2-\frac{1}{2}m(1+4\rho^2)\dot{\rho}^2+mg\rho^2$$

$$\frac{\partial R}{\partial\dot{\rho}}=-m(1+4\rho^2)\dot{\rho}$$

$$\frac{\mathrm{d}}{\mathrm{d}t}\left(\frac{\partial R}{\partial\dot{\rho}}\right)=-m(1+4\rho^2)\ddot{\rho}-8m\rho\,\dot{\rho}^2$$

$$\frac{\partial R}{\partial\rho}=-\frac{1}{m\rho^3}p_\varphi^2-4m\rho\,\dot{\rho}^2+2mg\rho$$

代入$p_\varphi=mC$，

$$\frac{\partial R}{\partial\rho}=-mC^2\rho^{-3}-4m\rho\,\dot{\rho}^2+2mg\rho$$

由$\dfrac{\mathrm{d}}{\mathrm{d}t}\left(\dfrac{\partial R}{\partial\dot{\rho}}\right)-\dfrac{\partial R}{\partial\rho}=0$，可得

$$(1+4\rho^2)\ddot{\rho}+4\rho\,\dot{\rho}^2-C^2\rho^{-3}+2g\rho=0$$

其中$C=\rho^2\dot{\varphi}$为常量，由初始条件确定.

注意：不能直接用循环积分$m\rho^2\dot{\varphi}=mC$消去拉格朗日函数中的循环坐标，再用拉格朗日方程得到非循环坐标满足的运动微分方程. 原因是循环积分是一个非完整约束，不减少系统的自由度数. 在这里，用$m\rho^2\dot{\varphi}=mC$消去拉格朗日函数中的$\dot{\varphi}$，将使$\dfrac{\partial L}{\partial\rho}$的计算出现错误.

11.1.23　一个力学系统具有动能$T=\dfrac{1}{2}\left(\dot{q}_1^2+\dfrac{\dot{q}_2^2}{a+bq_1^2}\right)$，势能$V=\dfrac{1}{2}(k_1q_1^2+k_2)$，式中$a$、$b$、$k_1$和$k_2$均为常量，写出劳斯函数和劳斯方程.

解

$$T=\frac{1}{2}\left(\dot{q}_1^2+\frac{\dot{q}_2^2}{a+bq_1^2}\right)$$

$$V=\frac{1}{2}(k_1q_1^2+k_2)$$

$$L=\frac{1}{2}\left(\dot{q}_1^2+\frac{\dot{q}_2^2}{a+bq_1^2}\right)-\frac{1}{2}(k_1q_1^2+k_2)$$

$$p_2=\frac{\partial L}{\partial \dot{q}_2}=\frac{\dot{q}_2}{a+bq_1^2}$$

$$\dot{q}_2=(a+bq_1^2)p_2$$

$$R=p_2\dot{q}_2-L=\frac{1}{2}(a+bq_1^2)p_2^2-\frac{1}{2}\dot{q}_1^2+\frac{1}{2}(k_1q_1^2+k_2)$$

劳斯方程为

$$\dot{q}_2=\frac{\partial R}{\partial p_2}=(a+bq_1^2)p_2$$

$$\dot{p}_2=-\frac{\partial R}{\partial q_2}=0$$

$$\ddot{q}_1+(p_2^2b+k_1)q_1=0$$

其中 $p_2=\dfrac{\dot{q}_2}{a+bq_1^2}=C$ 为常量，由初始条件确定.

11.1.24　一个质量为 m 的质点在势能 $V(r)$ 表示的有心力 $f(r)$ 作用下做圆周运动. 采用极坐标，用劳斯方程讨论质点做圆周运动的稳定性条件.

解

$$L=\frac{1}{2}m(\dot{r}^2+r^2\dot{\varphi}^2)-V(r)$$

$$p_\varphi=\frac{\partial L}{\partial \dot{\varphi}}=mr^2\dot{\varphi}$$

$$R=p_\varphi\dot{\varphi}-L=\frac{1}{2mr^2}p_\varphi^2-\frac{1}{2}m\dot{r}^2+V(r)$$

因为

$$\frac{\partial R}{\partial \varphi}=0,\quad p_\varphi=C\ (\text{常量})$$

$$R=\frac{C^2}{2mr^2}-\frac{1}{2}m\dot{r}^2+V(r)$$

稳态运动条件为

$$\left.\left(\frac{\partial R}{\partial r}\right)\right|_{r=r_0}=0$$

即

$$\left(\frac{\mathrm{d}V}{\mathrm{d}r}\right)\bigg|_{r=r_0}-\frac{C^2}{mr_0^3}=0$$

将劳斯函数在 $r=r_0$ 处作泰勒展开，令 $\rho=r-r_0$，略去对微分方程毫无影响的常数项，只保留二级小量项，得

$$R=-\frac{1}{2}m\,\dot{\rho}^2+\frac{1}{2}\left(\frac{3C^2}{mr_0^4}+\frac{\mathrm{d}^2V}{\mathrm{d}r^2}\bigg|_{r=r_0}\right)\rho^2=0$$

得到上式的过程中用了稳态运动条件.

由 $\frac{\mathrm{d}}{\mathrm{d}t}\left(\frac{\partial R}{\partial\dot{\rho}}\right)-\frac{\partial R}{\partial\rho}=0$，得

$$\ddot{\rho}+\frac{1}{m}\left(\frac{3C^2}{mr_0^4}+\frac{\mathrm{d}^2V}{\mathrm{d}r^2}\bigg|_{r=r_0}\right)\rho=0$$

稳态运动稳定性条件为

$$\frac{3C^2}{mr_0^4}+\frac{\mathrm{d}^2V}{\mathrm{d}r^2}\bigg|_{r=r_0}>0$$

如把 C 改写为 mh，稳定性条件也可改写为

$$\frac{3mh^2}{r_0^4}-\frac{\mathrm{d}f(r)}{\mathrm{d}r}\bigg|_{r=r_0}>0$$

11.2　泊松括号和泊松定理

11.2.1　(1)若哈密顿函数 H 和某正则变量和时间的函数 F 都是运动常数，证明 $\frac{\partial F}{\partial t}$ 也是一个运动常数；

(2)一个自由粒子的一维运动，哈密顿函数 H 是运动常数，直接计算说明 $F=x-\frac{p}{m}t$ 是运动常数，$\frac{\partial F}{\partial t}$ 也是运动常数.

证明　(1) H 是运动常数，

$$H=C$$

F 是运动常数，则

$$\frac{\partial F}{\partial t}+[F,H]=0$$

上式两边对 t 求偏导，

$$\frac{\partial^2 F}{\partial t^2}+\frac{\partial}{\partial t}[F,H]=\frac{\partial^2 F}{\partial t^2}+\left[\frac{\partial F}{\partial t},H\right]+\left[F,\frac{\partial H}{\partial t}\right]=0$$

因为$\frac{\partial H}{\partial t}=0$，故

$$\left[F,\frac{\partial H}{\partial t}\right]=0$$

$$\frac{\partial}{\partial t}\left(\frac{\partial F}{\partial t}\right)+\left[\frac{\partial F}{\partial t},H\right]=0$$

所以

$$\frac{\partial F}{\partial t}=\text{常量}$$

(2)自由粒子做一维运动，粒子质量为 m，

$$H=\frac{1}{2m}p^2$$

$$F=x-\frac{p}{m}t$$

$$\begin{aligned}\frac{\partial F}{\partial t}+[F,H]&=-\frac{p}{m}+\left[x-\frac{p}{m}t,\frac{1}{2m}p^2\right]\\&=-\frac{p}{m}+\frac{\partial}{\partial x}\left(x-\frac{p}{m}t\right)\frac{\partial}{\partial p}\left(\frac{1}{2m}p^2\right)-\frac{\partial}{\partial p}\left(x-\frac{p}{m}t\right)\frac{\partial}{\partial x}\left(\frac{1}{2m}p^2\right)\\&=-\frac{p}{m}+1\cdot\frac{p}{m}-\left(-\frac{1}{m}t\right)\cdot 0=0\end{aligned}$$

所以$F=x-\frac{p}{m}t$为运动常数，

$$\frac{\partial F}{\partial t}=-\frac{p}{m}$$

$$\begin{aligned}&\frac{\partial}{\partial t}\left(\frac{\partial F}{\partial t}\right)+\left[\frac{\partial F}{\partial t},H\right]\\&=\frac{\partial}{\partial t}\left(-\frac{p}{m}\right)+\frac{\partial}{\partial x}\left(-\frac{p}{m}\right)\frac{\partial}{\partial p}\left(\frac{1}{2m}p^2\right)-\frac{\partial}{\partial p}\left(-\frac{p}{m}\right)\frac{\partial}{\partial x}\left(\frac{1}{2m}p^2\right)\\&=0\end{aligned}$$

所以$\frac{\partial F}{\partial t}\left(=-\frac{p}{m}\right)$是运动常数.

11.2.2　如正则方程的解已经获得，p_i、q_i(i=1，2，⋯，s)均为 t 和 $2s$ 个积分常数 C_1，C_2，⋯，C_{2s}的函数，则拉格朗日括号

$$(C_\alpha,C_\beta)=\sum_{i=1}^{s}\left(\frac{\partial q_i}{\partial C_\alpha}\frac{\partial p_i}{\partial C_\beta}-\frac{\partial q_i}{\partial C_\beta}\frac{\partial p_i}{\partial C_\alpha}\right)$$

也是运动常数.

证明　已获得正则方程的解，

$$q_\alpha=q_\alpha(t,C_1,C_2,\cdots,C_{2s})$$

$$p_\alpha = p_\alpha(t, C_1, C_2, \cdots, C_{2s})$$

则 $\dot{p}_\alpha$、$\dot{q}_\alpha$ 以及 $H(p_\alpha, q_\alpha, t)$ 都是 t，C_1，C_2，…，C_{2s} 的已知函数，且 q_α、p_α 满足正则方程

$$\dot{q}_\alpha = \frac{\partial H}{\partial p_\alpha}, \quad \dot{p}_\alpha = -\frac{\partial H}{\partial q_\alpha}$$

$$\begin{aligned}
\frac{\mathrm{d}}{\mathrm{d}t}(C_\alpha, C_\beta) &= \sum_{i=1}^{s}\left[\frac{\mathrm{d}}{\mathrm{d}t}\left(\frac{\partial q_i}{\partial C_\alpha}\right)\frac{\partial p_i}{\partial C_\beta} + \frac{\partial q_i}{\partial C_\alpha}\frac{\mathrm{d}}{\mathrm{d}t}\left(\frac{\partial p_i}{\partial C_\beta}\right) - \frac{\mathrm{d}}{\mathrm{d}t}\left(\frac{\partial q_i}{\partial C_\beta}\right)\frac{\partial p_i}{\partial C_\alpha} - \frac{\partial q_i}{\partial C_\beta}\frac{\mathrm{d}}{\mathrm{d}t}\left(\frac{\partial p_i}{\partial C_\alpha}\right)\right] \\
&= \sum_{i=1}^{s}\left[\frac{\partial \dot{q}_i}{\partial C_\alpha}\frac{\partial p_i}{\partial C_\beta} + \frac{\partial q_i}{\partial C_\alpha}\frac{\partial \dot{p}_i}{\partial C_\beta} - \frac{\partial \dot{q}_i}{\partial C_\beta}\frac{\partial p_i}{\partial C_\alpha} - \frac{\partial q_i}{\partial C_\beta}\frac{\partial \dot{p}_i}{\partial C_\alpha}\right] \\
&= \sum_{i=1}^{s}\left[\frac{\partial}{\partial C_\alpha}\left(\frac{\partial H}{\partial p_i}\right)\frac{\partial p_i}{\partial C_\beta} + \frac{\partial q_i}{\partial C_\alpha}\frac{\partial}{\partial C_\beta}\left(-\frac{\partial H}{\partial q_i}\right) - \frac{\partial}{\partial C_\beta}\left(\frac{\partial H}{\partial p_i}\right)\frac{\partial p_i}{\partial C_\alpha} - \frac{\partial q_i}{\partial C_\beta}\cdot\frac{\partial}{\partial C_\alpha}\left(-\frac{\partial H}{\partial q_i}\right)\right] \\
&= \sum_{i=1}^{s}\left[\frac{\partial}{\partial C_\alpha}\left(\frac{\partial H}{\partial p_i}\frac{\partial p_i}{\partial C_\beta}\right) - \frac{\partial H}{\partial p_i}\frac{\partial^2 p_i}{\partial C_\alpha \partial C_\beta} - \frac{\partial}{\partial C_\beta}\left(\frac{\partial H}{\partial q_i}\frac{\partial q_i}{\partial C_\alpha}\right) + \frac{\partial H}{\partial q_i}\frac{\partial^2 q_i}{\partial C_\beta \partial C_\alpha}\right. \\
&\quad \left. - \frac{\partial}{\partial C_\beta}\left(\frac{\partial H}{\partial p_i}\frac{\partial p_i}{\partial C_\alpha}\right) + \frac{\partial H}{\partial p_i}\frac{\partial^2 p_i}{\partial C_\beta \partial C_\alpha} + \frac{\partial}{\partial C_\alpha}\left(\frac{\partial H}{\partial q_i}\frac{\partial q_i}{\partial C_\beta}\right) - \frac{\partial H}{\partial q_i}\frac{\partial^2 q_i}{\partial C_\alpha \partial C_\beta}\right] \\
&= \frac{\partial}{\partial C_\alpha}\left[\sum_{i=1}^{s}\left(\frac{\partial H}{\partial p_i}\frac{\partial p_i}{\partial C_\beta} + \frac{\partial H}{\partial q_i}\frac{\partial q_i}{\partial C_\beta}\right)\right] - \frac{\partial}{\partial C_\beta}\left[\sum_{i=1}^{s}\left(\frac{\partial H}{\partial q_i}\frac{\partial q_i}{\partial C_\alpha} + \frac{\partial H}{\partial p_i}\frac{\partial p_i}{\partial C_\alpha}\right)\right] \\
&= \frac{\partial}{\partial C_\alpha}\left(\frac{\partial H}{\partial C_\beta}\right) - \frac{\partial}{\partial C_\beta}\left(\frac{\partial H}{\partial C_\alpha}\right) \\
&= \frac{\partial^2 H}{\partial C_\alpha \partial C_\beta} - \frac{\partial^2 H}{\partial C_\beta \partial C_\alpha} = 0
\end{aligned}$$

所以 $(C_\alpha, C_\beta) =$ 常量.

11.2.3　若 φ 是坐标和动量的任意标量函数，试证 $[\varphi, J_z] = 0$.

证明　φ 是坐标和动量的任意标量函数，意味着 φ 是宗量 r^2、p^2、$\boldsymbol{r}\cdot\boldsymbol{p}$ 的任意函数，

$$\varphi = \varphi(r^2,\ p^2,\ \boldsymbol{r}\cdot\boldsymbol{p})$$

$$J_z = xp_y - yp_x$$

$$[\varphi, J_z] = \frac{\partial \varphi}{\partial x}\frac{\partial J_z}{\partial p_x} - \frac{\partial \varphi}{\partial p_x}\frac{\partial J_z}{\partial x} + \frac{\partial \varphi}{\partial y}\frac{\partial J_z}{\partial p_y} - \frac{\partial \varphi}{\partial p_y}\frac{\partial J_z}{\partial y} + \frac{\partial \varphi}{\partial z}\frac{\partial J_z}{\partial p_z} - \frac{\partial \varphi}{\partial p_z}\frac{\partial J_z}{\partial z}$$

$$\frac{\partial \varphi}{\partial x} = \frac{\partial \varphi}{\partial r^2}\frac{\partial r^2}{\partial x} + \frac{\partial \varphi}{\partial(\boldsymbol{r}\cdot\boldsymbol{p})}\cdot\frac{\partial(\boldsymbol{r}\cdot\boldsymbol{p})}{\partial x} = 2x\frac{\partial \varphi}{\partial r^2} + p_x\frac{\partial \varphi}{\partial(\boldsymbol{r}\cdot\boldsymbol{p})}$$

$$\frac{\partial \varphi}{\partial y} = 2y\frac{\partial \varphi}{\partial r^2} + p_y\frac{\partial \varphi}{\partial(\boldsymbol{r}\cdot\boldsymbol{p})}$$

$$\frac{\partial \varphi}{\partial p_x} = \frac{\partial \varphi}{\partial p^2}\frac{\partial p^2}{\partial p_x} + \frac{\partial \varphi}{\partial(\boldsymbol{r}\cdot\boldsymbol{p})}\frac{\partial(\boldsymbol{r}\cdot\boldsymbol{p})}{\partial p_x} = 2p_x\frac{\partial \varphi}{\partial p^2} + x\frac{\partial \varphi}{\partial(\boldsymbol{r}\cdot\boldsymbol{p})}$$

$$\frac{\partial \varphi}{\partial p_y}=2p_y\frac{\partial \varphi}{\partial p^2}+y\frac{\partial \varphi}{\partial(\boldsymbol{r}\cdot\boldsymbol{p})}$$

$$\frac{\partial J_z}{\partial p_x}=-y,\quad \frac{\partial J_z}{\partial p_y}=x,\quad \frac{\partial J_z}{\partial p_z}=0$$

$$\frac{\partial J_z}{\partial x}=p_y,\quad \frac{\partial J_z}{\partial y}=-p_x,\quad \frac{\partial J_z}{\partial z}=0$$

所以
$$\begin{aligned}[\varphi,J_z]=&\left(2x\frac{\partial \varphi}{\partial r^2}+p_x\frac{\partial \varphi}{\partial(\boldsymbol{r}\cdot\boldsymbol{p})}\right)(-y)\\&-\left(2p_x\frac{\partial \varphi}{\partial p^2}+x\frac{\partial \varphi}{\partial(\boldsymbol{r}\cdot\boldsymbol{p})}\right)p_y+\left(2y\frac{\partial \varphi}{\partial r^2}+p_y\frac{\partial \varphi}{\partial(\boldsymbol{r}\cdot\boldsymbol{p})}\right)x\\&-\left(2p_y\frac{\partial \varphi}{\partial p^2}+y\frac{\partial \varphi}{\partial(\boldsymbol{r}\cdot\boldsymbol{p})}\right)(-p_x)=0\end{aligned}$$

11.2.4　试用泊松定理证明系统的角动量和动量的笛卡儿坐标分量J_x、J_y、J_z、p_x、p_y、p_z中，若角动量的任何两个分量和动量的第三个分量(例如J_x、J_z和p_y或J_x、J_y和p_z)为运动常数，则$\boldsymbol{J}$和$\boldsymbol{p}$都是运动常数.

证明　$J_x=C_1,\quad J_z=C_2,\quad p_y=C_3$

$$\begin{aligned}[J_z,J_x]=&\left[\sum_i(x_ip_{y_i}-y_ip_{x_i}),\sum_i(y_ip_{z_i}-z_ip_{y_i})\right]\\=&\sum_j\left\{\frac{\partial}{\partial x_j}\left[\sum_i(x_ip_{y_i}-y_ip_{x_i})\right]\frac{\partial}{\partial p_{x_j}}\left[\sum_i(y_ip_{z_i}-z_ip_{y_i})\right]\right.\\&-\frac{\partial}{\partial p_{x_j}}\left[\sum_i(x_ip_{y_i}-y_ip_{x_i})\right]\frac{\partial}{\partial x_j}\left[\sum_i(y_ip_{z_i}-z_ip_{y_i})\right]\\&+\frac{\partial}{\partial y_j}\left[\sum_i(x_ip_{y_i}-y_ip_{x_i})\right]\frac{\partial}{\partial p_{y_j}}\left[\sum_i(y_ip_{z_i}-z_ip_{y_i})\right]\\&-\frac{\partial}{\partial p_{y_j}}\left[\sum_i(x_ip_{y_i}-y_ip_{x_i})\right]\frac{\partial}{\partial y_j}\left[\sum_i(y_ip_{z_i}-z_ip_{y_i})\right]\\&+\frac{\partial}{\partial z_j}\left[\sum_i(x_ip_{y_i}-y_ip_{x_i})\right]\frac{\partial}{\partial p_{z_j}}\left[\sum_i(y_ip_{z_i}-z_ip_{y_i})\right]\\&-\frac{\partial}{\partial p_{z_j}}\left[\sum_i(x_ip_{y_i}-y_ip_{x_i})\right]\frac{\partial}{\partial z_j}\left[\sum_i(y_ip_{z_i}-z_ip_{y_i})\right]\\=&\sum_j[(-p_{x_j})(-z_j)-x_jp_{z_j}]\\=&\sum_j(z_jp_{x_j}-x_jp_{z_j})=J_y\end{aligned}$$

由泊松定理，因为J_z、J_x都是运动常数，它们构成的泊松括号

$$J_y=[J_z,J_x]$$

也是运动常数.

$$[p_y,J_z]=\left[\sum_i p_{y_i},\sum_i(x_i p_{y_i}-y_i p_{x_i})\right]$$

$$=\sum_j\left\{\frac{\partial}{\partial x_j}(\sum_i p_{y_i})\frac{\partial}{\partial p_{x_j}}\left[\sum_i(x_i p_{y_i}-y_i p_{x_i})\right]\right.$$

$$-\frac{\partial}{\partial p_{x_j}}(\sum_i p_{y_i})\frac{\partial}{\partial x_j}\left[\sum_i(x_i p_{y_i}-y_i p_{x_i})\right]$$

$$+\frac{\partial}{\partial y_j}(\sum_i p_{y_i})\frac{\partial}{\partial p_{y_j}}\left[\sum_i(x_i p_{y_i}-y_i p_{x_i})\right]$$

$$-\frac{\partial}{\partial p_{y_j}}(\sum_i p_{y_i})\frac{\partial}{\partial y_j}\left[\sum_i(x_i p_{y_i}-y_i p_{x_i})\right]$$

$$+\frac{\partial}{\partial z_j}(\sum_i p_{y_i})\frac{\partial}{\partial p_{z_j}}\left[\sum_i(x_i p_{y_i}-y_i p_{x_i})\right]$$

$$\left.-\frac{\partial}{\partial p_{z_j}}(\sum_i p_{y_i})\frac{\partial}{\partial z_j}\left[\sum_i(x_i p_{y_i}-y_i p_{x_i})\right]\right\}$$

$$=\sum_j[-1\cdot(-p_{x_j})]=\sum_j p_{x_j}=p_x$$

由泊松定理，因为 p_y、J_z 都是运动常数，则 $p_x=[p_y,J_z]$ 也是运动常数.

同样可得，因为 p_x、J_y 是运动常数，$p_z=[p_x,J_y]$ 也是运动常数，$\boldsymbol{J}$ 和 $\boldsymbol{p}$ 的所有分量都是运动常数，所以 $\boldsymbol{J}$ 和 $\boldsymbol{p}$ 都是运动常数.

11.2.5 设 $\boldsymbol{A}$ 是平方反比律力作用下的有心运动中的拉普拉斯-龙格-楞次矢量，

$$\boldsymbol{A}=\boldsymbol{p}\times\boldsymbol{J}-m^2\alpha\frac{\boldsymbol{r}}{r}$$

其中 $\boldsymbol{J}$ 是关于力心的角动量，α 是有心力中的系数，$\boldsymbol{F}=-\frac{m\alpha}{r^2}\boldsymbol{e}_r$. 利用泊松括号的性质，求以下各泊松括号：$[A_\alpha,J_\beta]$，$[A_\alpha,H]$（脚标 α、β 表示笛卡儿坐标的分量），并证明它们都是守恒量.

解

$$\boldsymbol{A}=\boldsymbol{p}\times\boldsymbol{J}-m^2\alpha\frac{\boldsymbol{r}}{r}$$

$$\boldsymbol{p}=p_x\boldsymbol{i}+p_y\boldsymbol{j},\quad \boldsymbol{r}=x\boldsymbol{i}+y\boldsymbol{j}$$

$$\boldsymbol{J}=\boldsymbol{r}\times\boldsymbol{p}=(xp_y-yp_x)\boldsymbol{k}$$

$$\boldsymbol{A}=(p_x\boldsymbol{i}+p_y\boldsymbol{j})\times(xp_y-yp_x)\boldsymbol{k}-m^2\alpha\frac{x\boldsymbol{i}+y\boldsymbol{j}}{(x^2+y^2)^{1/2}}$$

$$=\left[xp_y^2-yp_xp_y-m^2\alpha\frac{x}{(x^2+y^2)^{1/2}}\right]\boldsymbol{i}+\left[yp_x^2-xp_xp_y-m^2\alpha\frac{y}{(x^2+y^2)^{1/2}}\right]\boldsymbol{j}$$

$$[A_x,J_x]=[A_x,J_y]=[A_y,J_x]=[A_y,J_y]=0$$

$$[A_z,J_x]=[A_z,J_y]=[A_z,J_z]=0$$

$$\begin{aligned}[A_x,J_z]&=\left[xp_y^2-yp_xp_y-m^2\alpha\frac{x}{(x^2+y^2)^{1/2}},xp_y-yp_x\right]\\&=p_y[xp_y-yp_x,xp_y-yp_x]+[p_y,xp_y-yp_x](xp_y-yp_x)\\&\quad-m^2\alpha\left[\frac{x}{(x^2+y^2)^{1/2}},xp_y\right]+m^2\alpha\left[\frac{x}{(x^2+y^2)^{1/2}},yp_x\right]\\&=[p_y,-y]p_x(xp_y-yp_x)-m^2\alpha x\left[\frac{x}{(x^2+y^2)^{1/2}},p_y\right]\\&\quad+m^2\alpha y\left[\frac{x}{(x^2+y^2)^{1/2}},p_x\right]\\&=p_x(xp_y-yp_x)+\frac{m^2\alpha x^2y}{(x^2+y^2)^{3/2}}+m^2\alpha y\left[\frac{1}{(x^2+y^2)^{1/2}}-\frac{x^2}{(x^2+y^2)^{3/2}}\right]\\&=xp_xp_y-yp_x^2+m^2\alpha\frac{y}{(x^2+y^2)^{1/2}}=-A_y\end{aligned}$$

$$\begin{aligned}[A_y,J_z]&=\left[p_x(yp_x-xp_y)-m^2\alpha\frac{y}{(x^2+y^2)^{1/2}},xp_y-yp_x\right]\\&=p_x[yp_x-xp_y,xp_y-yp_x]+[p_x,yp_y-yp_x](yp_x-xp_y)\\&\quad-m^2\alpha\left[\frac{y}{(x^2+y^2)^{1/2}},xp_y\right]+m^2\alpha\left[\frac{y}{(x^2+y^2)^{1/2}},yp_x\right]\\&=[p_x,x]p_y(yp_x-xp_y)-m^2\alpha x\left[\frac{y}{(x^2+y^2)^{1/2}},p_y\right]\\&\quad+m^2\alpha y^2\left[\frac{1}{(x^2+y^2)^{1/2}},p_x\right]\\&=(xp_y-yp_x)p_y-m^2\alpha x\left[\frac{1}{(x^2+y^2)^{1/2}}-\frac{y^2}{(x^2+y^2)^{3/2}}\right]\\&\quad+m^2\alpha y^2\frac{(-x)}{(x^2+y^2)^{3/2}}\\&=(xp_y-yp_x)p_y-m^2\alpha\frac{x}{(x^2+y^2)^{1/2}}=A_x\end{aligned}$$

$$H=\frac{1}{2m}(p_x^2+p_y^2)-\frac{m\alpha}{(x^2+y^2)^{1/2}}$$

$$[A_x,H]=\left[p_y(xp_y-yp_x)-m^2\alpha\frac{x}{(x^2+y^2)^{1/2}},\frac{1}{2m}(p_x^2+p_y^2)-\frac{m\alpha}{(x^2+y^2)^{1/2}}\right]$$

$$=\left[xp_y^2,\frac{1}{2m}p_x^2\right]-\left[yp_xp_y,\frac{1}{2m}p_y^2\right]$$

$$+\left[xp_y^2,-\frac{m\alpha}{(x^2+y^2)^{1/2}}\right]+\left[yp_xp_y,\frac{m\alpha}{(x^2+y^2)^{1/2}}\right]$$

$$-m^2\alpha\left[\frac{x}{(x^2+y^2)^{1/2}},\frac{1}{2m}p_x^2\right]-m^2\alpha\left[\frac{x}{(x^2+y^2)^{1/2}},\frac{1}{2m}p_y^2\right]$$

$$=\frac{1}{2m}p_y^2[x,p_x^2]-\frac{1}{2m}p_xp_y[y,p_y^2]$$

$$+m\alpha x\left[\frac{1}{(x^2+y^2)^{1/2}},p_y^2\right]+yp_y\left[p_x,\frac{m\alpha}{(x^2+y^2)^{1/2}}\right]$$

$$+yp_x\left[p_y,\frac{m\alpha}{(x^2+y^2)^{1/2}}\right]-\frac{1}{2}m\alpha\left[\frac{x}{(x^2+y^2)^{1/2}},p_x^2\right]$$

$$-\frac{1}{2}m\alpha\left[\frac{x}{(x^2+y^2)^{1/2}},p_y^2\right]$$

$$=\frac{1}{m}p_y^2p_x-\frac{1}{m}p_xp_y^2-m\alpha x\frac{y}{(x^2+y^2)^{3/2}}\cdot 2p_y$$

$$+m\alpha yp_y\frac{x}{(x^2+y^2)^{3/2}}+yp_x\cdot m\alpha\cdot\frac{y}{(x^2+y^2)^{3/2}}$$

$$-\frac{1}{2}m\alpha\left[\frac{1}{(x^2+y^2)^{1/2}}-\frac{x^2}{(x^2+y^2)^{3/2}}\right]\cdot 2p_x$$

$$-\frac{1}{2}m\alpha x\left[-\frac{y}{(x^2+y^2)^{3/2}}\right]2p_y=0$$

$$[A_y,H]=\left[yp_x^2-xp_xp_y-m^2\alpha\frac{y}{(x^2+y^2)^{1/2}},\frac{1}{2m}(p_x^2+p_y^2)-\frac{m\alpha}{(x^2+y^2)^{1/2}}\right]$$

$$=\left[yp_x^2,\frac{1}{2m}p_y^2\right]-\left[xp_xp_y,\frac{1}{2m}p_x^2\right]+\left[yp_x^2,-\frac{m\alpha}{(x^2+y^2)^{1/2}}\right]$$

$$+\left[xp_xp_y,\frac{m\alpha}{(x^2+y^2)^{1/2}}\right]-m^2\alpha\left[\frac{y}{(x^2+y^2)^{1/2}},\frac{1}{2m}(p_x^2+p_y^2)\right]$$

$$=\frac{1}{2m}p_x^2[y,p_y^2]-\frac{1}{2m}p_xp_y[x,p_x^2]-m\alpha y\left[p_x^2,\frac{1}{(x^2+y^2)^{1/2}}\right]$$

$$+xp_x\left[p_y,\frac{m\alpha}{(x^2+y^2)^{1/2}}\right]+xp_y\left[p_x,\frac{m\alpha}{(x^2+y^2)^{1/2}}\right]$$

$$-\frac{1}{2}m\alpha\left[\frac{y}{(x^2+y^2)^{1/2}},p_x^2\right]-\frac{1}{2}m\alpha\left[\frac{y}{(x^2+y^2)^{1/2}},p_y^2\right]$$

$$=\frac{1}{m}p_x^2p_y-\frac{1}{m}p_x^2p_y-m\alpha y\frac{x}{(x^2+y^2)^{3/2}}\cdot 2p_x$$

$$+xp_x\cdot m\alpha\frac{y}{(x^2+y^2)^{3/2}}+xp_y\cdot m\alpha\cdot\frac{x}{(x^2+y^2)^{3/2}}$$

$$-\frac{1}{2}m\alpha\left[-\frac{yx}{(x^2+y^2)^{3/2}}\right]\cdot 2p_x-\frac{1}{2}m\alpha\left[\frac{1}{(x^2+y^2)^{1/2}}-\frac{y^2}{(x^2+y^2)^{3/2}}\right]2p_y=0$$

$$[A_z,H]=0\quad（因为 A_z=0）$$

H 是运动常数. 是守恒量，$[A_\alpha,H]=0$，A_α 也是守恒量.

$$[[A_x,J_z],H]=[-A_y,H]=0$$

$$[[A_y,J_z],H]=[A_x,H]=0$$

其余 $[A_\alpha,J_\beta]=0$（α 不等于 x、y，β 不等于 z）. 所以

$$[[A_\alpha,J_\beta],H]=0$$

这就证明了 $[A_\alpha,J_\beta]$、$[A_\alpha,H]$ 都是守恒量. 但不少都是零，不为零的 $[A_x,J_z]$、$[A_y,J_z]$ 也没有给出新的守恒量.

注意：$\boldsymbol{A}$ 和 $\boldsymbol{J}$ 都是守恒量，但 A_r、A_φ 不是守恒量，因此，$[A_r,J_z]$、$[A_\varphi,J_z]$ 都不是守恒量，$[A_r,H]$、$[A_\varphi,H]$ 也不等于零.

11.2.6　已知某系统的哈密顿函数

$$H=q_1p_1-q_2p_2-aq_1^2+bq_2^2$$

式中 a、b 均为常量(这个哈密顿函数并不来自拉格朗日函数，是假想的)，证明 $F_1=q_1q_2$，$F_2=q_1\mathrm{e}^{-t}$，$F_3=\dfrac{p_2-bq_2}{q_1}$ 都是运动常量，讨论它们的独立性，能否由它们找出新的独立的运动常量.

证明

$$H=q_1p_1-q_2p_2-aq_1^2+bq_2^2$$

$$[F_1,H]=[q_1q_2,q_1p_1-q_2p_2-aq_1^2+bq_2^2]$$

$$=q_2[q_1,q_1p_1]-q_1[q_2,q_2p_2]=q_2q_1-q_1q_2=0$$

$$[F_2,H]=[q_1\mathrm{e}^{-t},q_1p_1-q_2p_2-aq_1^2+bq_2^2]$$

$$=[q_1\mathrm{e}^{-t},q_1p_1]=q_1\mathrm{e}^{-t}$$

$$\frac{\partial F_2}{\partial t}+[F_2,H]=\frac{\partial(q_1\mathrm{e}^{-t})}{\partial t}+q_1\mathrm{e}^{-t}=-q_1\mathrm{e}^{-t}+q_1\mathrm{e}^{-t}=0$$

$$[F_3,H]=\left[\frac{p_2-bq_2}{q_1},q_1p_1-q_2p_2-aq_1^2+bq_2^2\right]$$

$$=q_1(p_2-bq_2)\left[\frac{1}{q_1},p_1\right]-\frac{1}{q_1}[p_2-bq_2,q_2p_2]+\frac{1}{q_1}[p_2-bq_2,bq_2^2]$$

$$=-\frac{p_2-bq_2}{q_1}+\frac{bq_2+p_2}{q_1}-\frac{2bq_2}{q_1}=0$$

F_i 均满足 $\frac{\partial F_i}{\partial t}+[F_i,H]=0\ (i=1,2,3)$. 所以它们都是运动常量.

$$\begin{pmatrix}\frac{\partial F_1}{\partial q_1} & \frac{\partial F_1}{\partial q_2} & \frac{\partial F_1}{\partial p_1} & \frac{\partial F_1}{\partial p_2}\\ \frac{\partial F_2}{\partial q_1} & \frac{\partial F_2}{\partial q_2} & \frac{\partial F_2}{\partial p_1} & \frac{\partial F_2}{\partial p_2}\\ \frac{\partial F_3}{\partial q_1} & \frac{\partial F_3}{\partial q_2} & \frac{\partial F_3}{\partial p_1} & \frac{\partial F_3}{\partial p_2}\end{pmatrix}=\begin{pmatrix}q_2 & q_1 & 0 & 0\\ \mathrm{e}^{-t} & 0 & 0 & 0\\ -\frac{p_2-bq_2}{q_1^2} & -\frac{b}{q_1} & 0 & \frac{1}{q_1}\end{pmatrix}$$

有

$$\begin{vmatrix}q_2 & q_1 & 0\\ \mathrm{e}^{-t} & 0 & 0\\ -\frac{p_2-bq_2}{q_1^2} & -\frac{b}{q_1} & \frac{1}{q_1}\end{vmatrix}=\frac{1}{q_1}(0-q_1\mathrm{e}^{-t})=-\mathrm{e}^{-t}\neq 0$$

可见三个运动积分是相互独立的,

$$[F_1,F_2]=[q_1q_2,q_1\mathrm{e}^{-t}]=0$$

$$[F_1,F_3]=\left[q_1q_2,\frac{p_2-bq_2}{q_1}\right]=q_1\cdot\frac{1}{q_1}[q_2,p_2]=1$$

$$[F_2,F_3]=\left[q_1\mathrm{e}^{-t},\frac{p_2-bq_2}{q_1}\right]=0$$

由 F_1、F_2、F_3 不能用泊松定理找出新的运动积分.

11.2.7　找出各向同性的三维谐振子尽可能多的运动积分,其拉格朗日函数为

$$L=\frac{1}{2}m(\dot{x}^2+\dot{y}^2+\dot{z}^2)-\frac{1}{2}k(x^2+y^2+z^2)$$

解　$L=\frac{1}{2}m(\dot{x}^2+\dot{y}^2+\dot{z}^2)-\frac{1}{2}k(x^2+y^2+z^2)$

$$H=\frac{1}{2m}(p_x^2+p_y^2+p_z^2)+\frac{1}{2}k(x^2+y^2+z^2)$$

因为 $\frac{\partial H}{\partial t}=0$,$H$ 是守恒量.

$$F_1=H=\frac{1}{2m}(p_x^2+p_y^2+p_z^2)+\frac{1}{2}k(x^2+y^2+z^2)=C_1$$

为运动积分.

改用柱坐标

$$L=\frac{1}{2}m(\dot{r}^2+r^2\dot{\varphi}^2+\dot{z}^2)-\frac{1}{2}k(r^2+z^2)$$

$$H=\frac{1}{2m}\left(p_r^2+\frac{1}{r^2}p_\varphi^2+p_z^2\right)+\frac{1}{2}k(r^2+z^2)$$

$$\frac{\partial H}{\partial\varphi}=0,\quad p_\varphi=\frac{\partial L}{\partial\dot{\varphi}}=mr^2\dot{\varphi}=C_2$$

为运动积分，改用直角坐标. 可写为

$$F_2=J_z=m(x\,\dot{y}-y\,\dot{x})=xp_y-yp_x=C_2$$

根据对称性，可写出 F_3、F_4 两个运动积分：

$$F_3=yp_z-zp_y=C_3$$

$$F_4=zp_x-xp_z=C_4$$

$F_1=H$，显然有 $[F_1,F_i]=0(i=2,3,4)$ 不能得到新的运动积分，

$$\begin{aligned}[F_2,F_3]&=[xp_y-yp_x,yp_z-zp_y]\\&=[xp_y,yp_z]+[yp_x zp_y]\\&=-xp_z+zp_x=F_4\end{aligned}$$

同样，$[F_2,F_4]$，$[F_3,F_4]$ 均不能得到新的运动积分，

$$H=H_1+H_2+H_3$$

其中

$$H_1=\frac{1}{2m}p_x^2+\frac{1}{2}kx^2,\quad H_2=\frac{1}{2m}p_y^2+\frac{1}{2}ky^2$$

$$H_3=\frac{1}{2m}p_z^2+\frac{1}{2}kz^2$$

$$\begin{aligned}[H_1,H]&=\left[\frac{1}{2m}p_x^2+\frac{1}{2}kx^2,H\right]\\&=\left[\frac{1}{2m}p_x^2,\frac{1}{2}kx^2\right]+\left[\frac{1}{2m}kx^2,\frac{1}{2m}p_x^2\right]=0\end{aligned}$$

$$\frac{\partial H_1}{\partial t}=0,\quad \frac{\partial H_1}{\partial t}+[H_1,H]=0$$

所以

$$F_5=\frac{1}{2m}p_x^2+\frac{1}{2}kx^2=C_5$$

为运动积分.

同样可得

$$F_6=\frac{1}{2m}p_y^2+\frac{1}{2}ky^2=C_6$$

$$F_7=\frac{1}{2m}p_z^2+\frac{1}{2}kz^2=C_7$$

均为运动积分，显然，F_1、F_5、F_6、F_7 中只有三个是独立的.

由泊松定理，可得

$$F_8=[F_2,F_5]=\left[xp_y-yp_x,\frac{1}{2m}p_x^2+\frac{1}{2}kx^2\right]=\frac{1}{2m}p_y[x,p_x^2]-\frac{1}{2}ky[p_x,x^2]$$
$$=\frac{1}{m}p_yp_x-\frac{1}{2}ky(-2x)=\frac{1}{m}p_xp_y+kxy=C_8$$

由对称性或同样用泊松定理可得

$$F_9=\frac{1}{m}p_yp_z+kyz=C_9$$

$$F_{10}=\frac{1}{m}p_xp_z+kxz=C_{10}$$

用泊松定理，再不能用这些运动积分得到新的运动积分.

11.2.8 (1)对于任何正则变量和时间的函数 $a(q_1, q_2, \cdots, q_s, p_1, p_2, \cdots, p_s, t)$，证明

$$\frac{\mathrm{d}a}{\mathrm{d}t}=\frac{\partial a}{\partial t}+[a,H]$$

(2)某个两维振子，动能、势能分别为

$$T=\frac{1}{2}m(\dot{x}^2+\dot{y}^2)$$

$$V=\frac{1}{2}k(x^2+y^2)+cxy$$

其中 c 和 k 是常量.

(a)用坐标变换证明该振子是一个各向异性的谐振子；

(b)找出两个运动常数，并用(1)的结论证明；

(c)若 $c=0$，找出第三个运动常数；

(d)对于各向同性的振子，证明对称矩阵

$$A_{ij}=\frac{1}{2m}p_ip_j+\frac{1}{2}kx_ix_j$$

是运动常数，证明方法是设法将此矩阵的每一矩阵元用已知的运动常数表示出来.

解 (1)
$$\dot{q}_i=\frac{\partial H}{\partial p_i},\quad \dot{p}_i=-\frac{\partial H}{\partial q_i}$$

$$\frac{\mathrm{d}a}{\mathrm{d}t}=\frac{\partial a}{\partial t}+\sum_{i=1}^{s}\left(\frac{\partial a}{\partial q_i}\dot{q}_i+\frac{\partial a}{\partial p_i}\dot{p}_i\right)$$
$$=\frac{\partial a}{\partial t}+\sum_{i=1}^{s}\left(\frac{\partial a}{\partial q_i}\frac{\partial H}{\partial p_i}-\frac{\partial a}{\partial p_i}\frac{\partial H}{\partial q_i}\right)=\frac{\partial a}{\partial t}+[a,H]$$

(2)
$$L=\frac{1}{2}m(\dot{x}^2+\dot{y}^2)-\frac{1}{2}k(x^2+y^2)-cxy$$

(a)作坐标变换，使 x，y 变为简正坐标 ξ、η.

$$M=\begin{pmatrix} m & 0 \\ 0 & m \end{pmatrix}$$

$$K=\begin{pmatrix} k & c \\ c & k \end{pmatrix}$$

特征矩阵为

$$K-\omega^2 M=\begin{pmatrix} k-m\omega^2 & c \\ c & k-m\omega^2 \end{pmatrix}$$

$$|K-\omega^2 M|=0$$

$$m^2\omega^4-2mk\omega^2+(k^2-c^2)=0$$

$$[m\omega^2-(k+c)][m\omega^2-(k-c)]=0$$

$$\omega_1^2=\frac{k+c}{m},\quad \omega_2^2=\frac{k-c}{m}$$

$$\text{adj}(K-\omega_1^2 M)=\begin{pmatrix} -c & -c \\ -c & -c \end{pmatrix}$$

取归一化了的列矢量$\left(\frac{1}{\sqrt{2}},\frac{1}{\sqrt{2}}\right)$，

$$\text{adj}(K-\omega_2^2 M)=\begin{pmatrix} c & -c \\ -c & c \end{pmatrix}$$

取归一化了的列矢量$\left(\frac{1}{\sqrt{2}},-\frac{1}{\sqrt{2}}\right)$，

$$G=\begin{pmatrix} u_1^{(1)} & u_1^{(2)} \\ u_2^{(1)} & u_2^{(2)} \end{pmatrix}=\begin{pmatrix} \frac{1}{\sqrt{2}} & \frac{1}{\sqrt{2}} \\ \frac{1}{\sqrt{2}} & -\frac{1}{\sqrt{2}} \end{pmatrix}$$

$$G^{-1}=\begin{pmatrix} \frac{1}{\sqrt{2}} & +\frac{1}{\sqrt{2}} \\ \frac{1}{\sqrt{2}} & -\frac{1}{\sqrt{2}} \end{pmatrix}$$

$$\begin{pmatrix} x \\ y \end{pmatrix}=G\begin{pmatrix} \xi \\ \eta \end{pmatrix}=\begin{pmatrix} \frac{1}{\sqrt{2}} & \frac{1}{\sqrt{2}} \\ +\frac{1}{\sqrt{2}} & -\frac{1}{\sqrt{2}} \end{pmatrix}\begin{pmatrix} \xi \\ \eta \end{pmatrix}$$

$$\begin{pmatrix} \xi \\ \eta \end{pmatrix}=\begin{pmatrix} \frac{1}{\sqrt{2}} & +\frac{1}{\sqrt{2}} \\ \frac{1}{\sqrt{2}} & -\frac{1}{\sqrt{2}} \end{pmatrix}\begin{pmatrix} x \\ y \end{pmatrix}$$

即作坐标变换 $x=\frac{1}{\sqrt{2}}(\xi+\eta)$，$y=\frac{1}{\sqrt{2}}(\xi-\eta)$，

$$T=\frac{1}{2}m(\dot{\xi}^2+\dot{\eta}^2)$$

$$V=\frac{1}{2}(k+c)\xi^2+\frac{1}{2}(k-c)\eta^2$$

这是一个各向异性的谐振子，在 ξ、η 两方向的谐振动的角频率分别为 $\sqrt{\frac{k+c}{m}}$ 和 $\sqrt{\frac{k-c}{m}}$。

(b)
$$L=\frac{1}{2}m(\dot{\xi}^2+\dot{\eta}^2)-\frac{1}{2}(k-c)\xi^2-\frac{1}{2}(k+c)\eta^2$$

$$\begin{aligned}H&=\frac{1}{2m}(p_\xi^2+p_\eta^2)+\frac{1}{2}(k-c)\xi^2+\frac{1}{2}(k+c)\eta^2\\&=H_1+H_2\end{aligned}$$

其中
$$H_1=\frac{1}{2m}p_\xi^2+\frac{1}{2}(k-c)\xi^2$$

$$H_2=\frac{1}{2m}p_\eta^2+\frac{1}{2}(k+c)\eta^2$$

$$\frac{\mathrm{d}H_1}{\mathrm{d}t}=\frac{\partial H_1}{\partial t}+[H_1,H]=[H_1,H_1+H_2]=[H_1,H_2]=0$$

同样

$$\frac{\mathrm{d}H_2}{\mathrm{d}t}=[H_2,H_1+H_2]=[H_2,H_1]=0$$

所以

$$H_1=\frac{1}{2m}p_\xi^2+\frac{1}{2}(k-c)\xi^2=C_1$$

$$H_2=\frac{1}{2m}p_\eta^2+\frac{1}{2}(k+c)\eta^2=C_2$$

为运动常数，

$$p_\xi=m\dot{\xi}=m\bullet\frac{1}{\sqrt{2}}(\dot{x}-\dot{y})=\frac{1}{\sqrt{2}}(p_x-p_y)$$

$$p_\eta=m\dot{\eta}=\frac{1}{\sqrt{2}}(p_x+p_y)$$

上述两个运动常数也可写成

$$\frac{1}{4m}(p_x-p_y)^2+\frac{1}{4}(k-c)(x-y)^2=C_1$$

$$\frac{1}{4m}(p_x+p_y)^2+\frac{1}{4}(k+c)(x+y)^2=C_2$$

(c) 若 $c=0$，二维振子是各向同性的，

$$H=\frac{1}{2m}(p_x^2+p_y^2)+\frac{1}{2}k(x^2+y^2)$$

可找到

$$J=m(xp_y-yp_x)=C_3$$

为第三个运动积分. 证明如下:

$$\begin{aligned}\frac{\mathrm{d}J}{\mathrm{d}t}&=\frac{\partial J}{\partial t}+[J,H]=[m(xp_y-yp_x),H]\\&=\left[mxp_y,\frac{1}{2m}p_x^2\right]+\left[mxp_y,\frac{1}{2}ky^2\right]\\&\quad-\left[myp_x,\frac{1}{2m}p_y^2\right]-\left[myp_x,\frac{1}{2}kx^2\right]\\&=mp_y\cdot\frac{1}{2m}\cdot2p_x+mx\cdot\frac{1}{2}k(-2y)\\&\quad-mp_x\cdot\frac{1}{2m}\cdot2p_y-my\cdot\frac{1}{2}k(-2x)\\&=0\end{aligned}$$

(d)

$$\boldsymbol{A}=\begin{pmatrix}\frac{1}{2m}p_x^2+\frac{1}{2}kx^2 & \frac{1}{2m}p_xp_y+\frac{1}{2}kxy\\ \frac{1}{2m}p_xp_y+\frac{1}{2}kxy & \frac{1}{2m}p_y^2+\frac{1}{2}ky^2\end{pmatrix}$$

对于各向同性的振子，已证明了 A_{11}、A_{22} 都是运动常数，

$$\frac{1}{2m}p_x^2+\frac{1}{2}kx^2=E_1$$

$$\frac{1}{2m}p_y^2+\frac{1}{2}ky^2=E_2$$

由$[A_{12}, H]=0$ 很容易证明 A_{12} 也是运动常数，但题目要求将 A_{12} 表示成 E_1、E_2 和

$$m(xp_y-yp_x)=J$$

的函数. 不难看出

$$\begin{aligned}E_1E_2-\frac{kJ^2}{4m}&=\left(\frac{1}{2m}p_x^2+\frac{1}{2}kx^2\right)\left(\frac{1}{2m}p_y^2+\frac{1}{2}ky^2\right)-\frac{k}{4m}[m(xp_y-yp_x)]^2\\&=\frac{1}{4m^2}p_x^2p_y^2+\frac{1}{4}k^2x^2y^2+\frac{k}{4m}(y^2p_x^2+x^2p_y^2)\\&\quad-\frac{k}{4m}m^2(x^2p_y^2+y^2p_x^2-2xyp_xp_y)\\&=\frac{1}{4m^2}p_x^2p_y^2+\frac{1}{4}k^2x^2y^2+\frac{k}{2m}xyp_xp_y\\&=\left(\frac{1}{2m}p_xp_y+\frac{1}{2}kxy\right)^2=(A_{12})^2\end{aligned}$$

所以

$$A_{12} = A_{21} = \frac{1}{2m} p_x p_y + \frac{1}{2} kxy = \pm\sqrt{E_1 E_2 - \frac{k}{4m} J^2}$$

为运动常数. 矩阵的所有元素均为运动常数，该矩阵当然是运动常数.

11.2.9　已知

$$\varphi = f_1(q_1, p_1) f_2(q_2, p_2)$$
$$\psi = f_3(q_1, p_1) f_4(q_2, p_2)$$

计算泊松括号$[\varphi,\psi]$.

解

$$\varphi = f_1(q_1, p_1) f_2(q_2, p_2)$$
$$\psi = f_3(q_1, p_1) f_4(q_2, p_2)$$
$$[\varphi,\psi] = \frac{\partial \varphi}{\partial q_1}\frac{\partial \psi}{\partial p_1} - \frac{\partial \varphi}{\partial p_1}\frac{\partial \psi}{\partial q_1} + \frac{\partial \varphi}{\partial q_2}\frac{\partial \psi}{\partial p_2} - \frac{\partial \varphi}{\partial p_2}\frac{\partial \psi}{\partial q_2}$$

这是用泊松括号的定义进行直接计算，更方便的办法是利用泊松括号运算的性质，

$$\begin{aligned}[\varphi,\psi] &= [f_1(q_1,p_1)f_2(q_2,p_2), f_3(q_1,p_1), f_4(q_2,p_2)] \\ &= f_2(q_2,p_2)[f_1(q_1,p_1), f_3(q_1,p_1)]f_4(q_2,p_2) \\ &\quad + f_1(q_1,p_1)[f_2(q_2,p_2), f_4(q_2,p_2)]f_3(q_1,p_1) \\ &= f_2 f_4 [f_1, f_3] + f_1 f_3 [f_2, f_4]\end{aligned}$$

11.2.10　若系统的哈密顿函数可写成下列形式：

$$H = H[f(q_1, p_2, \cdots, q_m, p_1, p_2, \cdots, p_m), q_{m+1}, \cdots, q_s, p_{m+1}, \cdots, p_s, t]$$

则 $f(q_1, p_2, \cdots, q_m, p_1, p_2, \cdots, p_m)$ 是守恒量.

证明

$$\begin{aligned}\frac{\mathrm{d}f}{\mathrm{d}t} &= \frac{\partial f}{\partial t} + [f, H] \\ &= \sum_{i=1}^{m}\left(\frac{\partial f}{\partial q_i}\cdot\frac{\partial H}{\partial p_i} - \frac{\partial f}{\partial p_i}\cdot\frac{\partial H}{\partial q_i}\right) + \sum_{i=m+1}^{s}\left(\frac{\partial f}{\partial q_i}\cdot\frac{\partial H}{\partial p_i} - \frac{\partial f}{\partial p_i}\cdot\frac{\partial H}{\partial q_i}\right) \\ &= \sum_{i=1}^{m}\left(\frac{\partial f}{\partial q_i}\cdot\frac{\partial H}{\partial f}\cdot\frac{\partial f}{\partial p_i} - \frac{\partial f}{\partial p_i}\cdot\frac{\partial H}{\partial f}\cdot\frac{\partial f}{\partial q_i}\right) = 0\end{aligned}$$

所以 $f(q_1, p_2, \cdots, q_m, p_1, p_2, \cdots, p_m)$ 是守恒量.

11.2.11　若两个已知函数φ ($\boldsymbol{q}$, $\boldsymbol{p}$, t)、ψ ($\boldsymbol{q}$, $\boldsymbol{p}$, t)有下列恒等式：

$$\varphi\left\{\frac{\partial \varphi}{\partial t} + [\varphi, H]\right\} \equiv \frac{\partial \psi}{\partial t} + [\psi, H]$$

其中 H 是哈密顿函数，$[\varphi,H]$、$[\psi,H]$均为泊松括号，找出此正则方程的一个运动积分.

解

$$\varphi\left\{\frac{\partial \varphi}{\partial t} + [\varphi, H]\right\} \equiv \frac{\partial \psi}{\partial t} + [\psi, H]$$

$$\varphi\left\{\frac{\partial \varphi}{\partial t} + [\varphi, H]\right\} = \frac{\partial}{\partial t}\left(\frac{1}{2}\varphi^2\right) + \left[\frac{1}{2}\varphi^2, H\right] \equiv \frac{\partial \psi}{\partial t} + [\psi, H]$$

$$\frac{\partial}{\partial t}\left(\frac{1}{2}\varphi^2 - \psi\right) + \left[\frac{1}{2}\varphi^2 - \psi, H\right] = 0$$

所以$\frac{1}{2}\varphi^2 - \psi$ 为运动常数.

11.3 哈密顿原理

11.3.1 求在 xy 平面内经过两个固定点的一条均质曲线，绕 z 轴的转动惯量为极小值，用平面极坐标写出该曲线必须满足的微分方程.

解 曲线的微元

$$\mathrm{d}s=\sqrt{(\mathrm{d}r)^2+(r\mathrm{d}\varphi)^2}=\sqrt{1+r^2\varphi'^2}\,\mathrm{d}r$$

其中

$$\varphi'=\frac{\mathrm{d}\varphi}{\mathrm{d}r}$$

设线密度为 η，微元绕 z 轴的转动惯量为

$$\mathrm{d}I=\eta r^2\mathrm{d}s=\eta r^2\sqrt{1+r^2\varphi'^2}\,\mathrm{d}r$$

曲线绕 z 轴的转动惯量为

$$I=\int_{r_0}^{r_1}\eta r^2\sqrt{1+r^2\varphi'^2}\,\mathrm{d}r$$

I 为极小值要求

$$\delta I=\delta\int_{r_0}^{r_1}\eta r^2\sqrt{1+r^2\varphi'^2}\,\mathrm{d}r=0$$

设

$$F=r^2\sqrt{1+r^2\varphi'^2}$$

由欧拉方程

$$\frac{\mathrm{d}}{\mathrm{d}t}\left(\frac{\partial F}{\partial\varphi'}\right)-\frac{\partial F}{\partial\varphi}=0$$

今 $\dfrac{\partial F}{\partial\varphi}=0$，有 $\dfrac{\partial F}{\partial\varphi'}=C$（$C$ 为常量），即

$$r^2\frac{2r^2\varphi'}{2\sqrt{1+r^2\varphi'^2}}=C$$

$$\frac{r^4}{\sqrt{1+r^2\varphi'^2}}\varphi'=C$$

这就是所要求的微分方程. 解此方程又有一个积分常数. 两个积分常数由曲线经过的两个固定确定.

11.3.2 试用哈密顿原理求复摆做微振动的周期.

解

$$L=\frac{1}{2}I\,\dot\theta^2-mgl(1-\cos\theta)\approx\frac{1}{2}I\dot\theta^2-\frac{1}{2}mgl\theta^2$$

$$S[\theta(t)]=\int_{t_0}^{t_1}L\mathrm{d}t=\int_{t_0}^{t_1}\left(\frac{1}{2}I\dot\theta^2-\frac{1}{2}mgl\theta^2\right)\mathrm{d}t$$

$$\begin{aligned}\delta S&=\int_{t_0}^{t_1}(I\dot{\theta}\delta\dot{\theta}-mgl\theta\delta\theta)\,\mathrm{d}t\\&=\int_{t_0}^{t_1}\left(I\dot{\theta}\frac{\mathrm{d}}{\mathrm{d}t}\delta\theta-mgl\theta\delta\theta\right)\mathrm{d}t\\&=\int_{t_0}^{t_1}\left\{\frac{\mathrm{d}}{\mathrm{d}t}(I\dot{\theta}\delta\theta)-\left[\frac{\mathrm{d}}{\mathrm{d}t}(I\dot{\theta})+mgl\theta\right]\delta\theta\right\}\mathrm{d}t\\&=I\dot{\theta}\delta\theta\Big|_{t_0}^{t_1}-\int_{t_0}^{t_1}(I\ddot{\theta}+mgl\theta)\,\delta\theta\mathrm{d}t\\&=-\int_{t_0}^{t_1}(I\ddot{\theta}+mgl\theta)\,\delta\theta\mathrm{d}t=0\end{aligned}$$

这里用了在 $t=t_0$ 和 $t=t_1$，$\delta\theta=0$，

$$I\ddot{\theta}+mgl\theta=0$$

$$\omega=\sqrt{\frac{mgl}{I}},\quad T=\frac{2\pi}{\omega}=2\pi\sqrt{\frac{I}{mgl}}$$

11.3.3 试用哈密顿原理求解 7.4.30 题.

解 如图 11.4 所示，取 O_1A、O_2B 偏离平衡位置的转角 φ 为广义坐标，用 7.4.30 题已得出的动能和势能，

$$T=\left[\frac{1}{2}m(a-b)^2+2Ma^2\right]\dot{\varphi}^2$$

$$V=\frac{1}{2}(mgb+ka^2)\varphi^2$$

$$L=T-V=\left[\frac{1}{2}m(a-b)^2+2Ma^2\right]\dot{\varphi}^2-\frac{1}{2}(mgb+ka^2)\varphi^2$$

$$S=\int_{t_0}^{t_1}\left\{\left[\frac{1}{2}m(a-b)^2+2Ma^2\right]\dot{\varphi}^2-\frac{1}{2}(mgb+ka^2)\varphi^2\right\}\mathrm{d}t$$

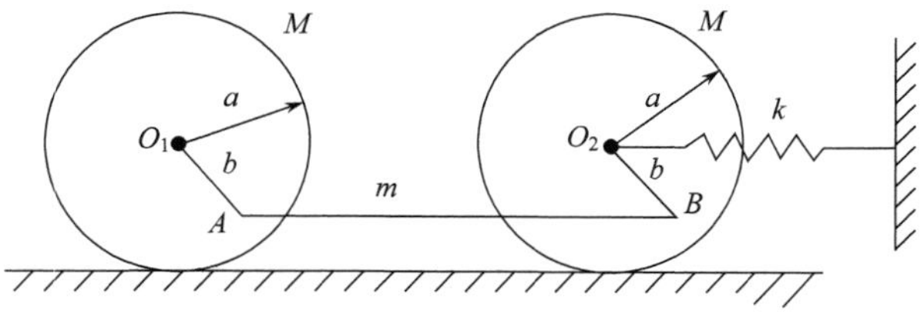

图 11.4

$\delta S=0$ 要求被积函数 $F(\varphi,\dot{\varphi})$ 满足

$$\frac{\mathrm{d}}{\mathrm{d}t}\left(\frac{\partial F}{\partial\dot{\varphi}}\right)-\frac{\partial F}{\partial\varphi}=0$$

得

$$[(4M+m)a^2+mb(b-2a)]\ddot{\varphi}+(mgb+ka^2)\varphi=0$$

$$\omega = \left[\frac{mgb + ka^2}{(4M+m)a^2 + mb(b-2a)}\right]^{1/2}$$

周期为

$$\frac{2\pi}{\omega} = 2\pi\left[\frac{(4M+m)a^2 + mb(b-2a)}{mgb + ka^2}\right]^{1/2}$$

11.3.4　在 xy 平面上的一条通过 P_1、P_2 的坐标分别为 (x_1, y_1)、(x_2, y_2) 的一条曲线 $y=y(x)$ 绕 x 轴转动一周时扫出的一个曲面，问 $y(x)$ 为何函数时该曲面面积最小？

解　在曲线上取线元 $\mathrm{d}S$，它绕 x 轴一周扫出的面积为

$$\mathrm{d}A = 2\pi y \mathrm{d}S$$

通过 P_1、P_2 两点的曲线绕 x 轴一周扫出的面积

$$A = \int_{P_1}^{P_2} 2\pi y \mathrm{d}S = 2\pi \int_{x_1}^{x_2} y\sqrt{1+\left(\frac{\mathrm{d}y}{\mathrm{d}x}\right)^2}\,\mathrm{d}x$$

A 最小，要求 $\delta A = 0$，即

$$\int_{x_1}^{x_2} \delta\left[y\sqrt{1+\left(\frac{\mathrm{d}y}{\mathrm{d}x}\right)^2}\right]\mathrm{d}x = 0$$

$$\begin{aligned}
\delta\left[y\sqrt{1+\left(\frac{\mathrm{d}y}{\mathrm{d}x}\right)^2}\right]\mathrm{d}x &= \sqrt{1+\left(\frac{\mathrm{d}y}{\mathrm{d}x}\right)^2}\,\delta y \mathrm{d}x + y\left[1+\left(\frac{\mathrm{d}y}{\mathrm{d}x}\right)^2\right]^{-\frac{1}{2}}\frac{\mathrm{d}y}{\mathrm{d}x}\delta(\mathrm{d}y) \\
&= \sqrt{1+y'^2}\,\delta y \mathrm{d}x + yy'(1+y'^2)^{-\frac{1}{2}}\mathrm{d}(\delta y) \\
&= \sqrt{1+y'^2}\,\delta y \mathrm{d}x + \mathrm{d}\left[yy'(1+y'^2)^{-\frac{1}{2}}\delta y\right] \\
&\quad - \frac{\mathrm{d}}{\mathrm{d}x}\left[yy'(1+y'^2)^{-\frac{1}{2}}\right]\delta y \mathrm{d}x
\end{aligned}$$

其中 $y' = \dfrac{\mathrm{d}y}{\mathrm{d}x}$.

$$\begin{aligned}
&\int_{x1}^{x_2} \delta[y\sqrt{1+y'^2}]\mathrm{d}x \\
&= \left[yy'(1+y'^2)^{-\frac{1}{2}}\delta y\right]_{x_1}^{x_2} + \int_{x_1}^{x_2}\left\{\sqrt{1+y'^2} - \frac{\mathrm{d}}{\mathrm{d}x}\left[yy'(1+y'^2)^{-\frac{1}{2}}\right]\right\}\delta y \mathrm{d}x = 0
\end{aligned}$$

在 $x=x_1$，x_2 处，$\delta y = 0$，在别处，δy 任意.

$$\sqrt{1+y'^2} - \frac{\mathrm{d}}{\mathrm{d}x}\left[yy'(1+y'^2)^{-\frac{1}{2}}\right] = 0$$

考虑到 $1+y'^2 \neq 0$，上式经计算可得

$$1+y'^2-yy''=0$$

因为

$$y''=\frac{\mathrm{d}y'}{\mathrm{d}y}y'=\frac{1}{2}\frac{\mathrm{d}y'^2}{\mathrm{d}y}$$

代入上式，

$$1+y'^2-\frac{1}{2}y\frac{\mathrm{d}y'^2}{\mathrm{d}y}=0$$

$$2\frac{\mathrm{d}y}{y}=\frac{\mathrm{d}y'^2}{1+y'^2}$$

$$1+y'^2=C_1^2y^2$$

$$\frac{\mathrm{d}y}{\sqrt{C_1^2y^2-1}}=\mathrm{d}x$$

$$\frac{1}{C_1}\mathrm{arccosh}C_1y=x+C_2'$$

$$y=\frac{1}{C_1}\cosh(C_1x+C_2)$$

其中 C_1、C_2 均为积分常数，由 $y_1=y(x_1)$、$y_2=y(x_2)$ 确定.

11.3.5 一个系统的拉格朗日函数为

$$L=\frac{1}{2}\dot{x}^2-\frac{1}{2}x^2$$

(1) 直接验证对路径 $x=A\sin t$ 有

$$\delta\int_0^{\frac{\pi}{8}}L\mathrm{d}t=0$$

(2) 比较在 $t=0$ 和 $t=\dfrac{\pi}{8}$ 均有同样的 x 值的路径族 $x=A(\sin t+c\sin 8t)$ (c 可取各种值)，证明当 c=0 时，$\int_0^{\frac{\pi}{8}}L\mathrm{d}t$ 有最小值.

解 (1)

$$L=\frac{1}{2}\dot{x}^2-\frac{1}{2}x^2$$

$$\delta\int_0^{\frac{\pi}{8}}\left(\frac{1}{2}\dot{x}^2-\frac{1}{2}x^2\right)\mathrm{d}t=\int_0^{\frac{\pi}{8}}\delta\left(\frac{1}{2}\dot{x}^2-\frac{1}{2}x^2\right)\mathrm{d}t$$

$$=\int_0^{\frac{\pi}{8}}(\dot{x}\,\delta\,\dot{x}-x\delta x)\mathrm{d}t=\int_0^{\frac{\pi}{8}}\left(\dot{x}\frac{\mathrm{d}}{\mathrm{d}t}\delta x-x\delta x\right)\mathrm{d}t$$

$$=\int_0^{\frac{\pi}{8}}\left[\frac{\mathrm{d}}{\mathrm{d}t}(\dot{x}\,\delta x)-\frac{\mathrm{d}\,\dot{x}}{\mathrm{d}t}\delta x-x\delta x\right]\mathrm{d}t$$

$$=\dot{x}\,\delta x\Big|_{t=0}^{t=\frac{\pi}{8}}-\int_0^{\frac{\pi}{8}}(\ddot{x}+x)\delta x\mathrm{d}t=-\int_0^{\frac{\pi}{8}}(\ddot{x}+x)\delta x\mathrm{d}t$$

代入 $x=A\sin t$，因为

$$\ddot{x}+x=-A\sin t+A\sin t=0$$

所以

$$\delta\int_0^{\frac{\pi}{8}} L\mathrm{d}t=0$$

(2)
$$\int_0^{\frac{\pi}{8}} L\mathrm{d}t=\int_0^{\frac{\pi}{8}}\left(\frac{1}{2}\dot{x}^2-\frac{1}{2}x^2\right)\mathrm{d}t$$

将 $x=A(\sin t+c\sin 8t)$ 代入

$$J=\int_0^{\frac{\pi}{8}}\left[\frac{1}{2}A^2(\cos t+8c\cos 8t)^2-\frac{1}{2}A^2(\sin t+c\sin 8t)^2\right]\mathrm{d}t$$

经计算可得

$$J=\frac{1}{4}A^2\left(\sin\frac{\pi}{4}+\frac{63}{8}\pi c^2\right)$$

由 $\frac{\mathrm{d}J}{\mathrm{d}c}=0$ 得 $c=0$，所以 $c=0$ 时 J 最小.

11.3.6　一个质点在竖直平面内从一点无初速地沿某一条光滑曲线滑到给定的另一点，要所需时间最短，求此光滑曲线满足的微分方程.

解
$$J=\int\frac{\mathrm{d}s}{v}=\int_{x_0}^{x_1}\frac{\sqrt{1+y'^2}}{\sqrt{2gy}}\mathrm{d}x$$

$$\delta\int_{x_0}^{x_1}\frac{\sqrt{1+y'^2}}{\sqrt{y}}\mathrm{d}x=0$$

$$F=\frac{\sqrt{1+y'^2}}{\sqrt{y}}$$

$$\frac{\partial F}{\partial y'}=\frac{y'}{\sqrt{y}\cdot\sqrt{1+y'^2}},\quad \frac{\partial F}{\partial y}=-\sqrt{1+y'^2}\,\frac{1}{2y^{3/2}}$$

$$\frac{\mathrm{d}}{\mathrm{d}x}\left(\frac{\partial F}{\partial y'}\right)=\frac{y''}{\sqrt{y}\cdot\sqrt{1+y'^2}}-\frac{y'}{\sqrt{y}}\frac{y'\cdot y''}{(1+y'^2)^{3/2}}-\frac{y'}{\sqrt{1+y'^2}}\cdot\frac{y'}{2y^{3/2}}$$

$$=\frac{y''}{y^{1/2}(1+y'^2)^{3/2}}-\frac{y'^2}{2y^{3/2}(1+y'^2)^{1/2}}$$

由欧拉方程 $\frac{\mathrm{d}}{\mathrm{d}x}\left(\frac{\partial F}{\partial y'}\right)-\frac{\partial F}{\partial y}=0$，可得

$$\frac{y''}{y^{1/2}(1+y'^2)^{3/2}}+\frac{1}{2y^{3/2}(1+y'^2)^{1/2}}=0$$

两边乘一不为零的因子 $2y^{3/2}(1+y'^2)^{3/2}$，微分方程可写为

$$2yy'' + y'^2 + 1 = 0$$

也可按下题的做法，因 $F(x,y,y')$ 不显含 x，可直接写出初积分

$$\frac{\partial F}{\partial y'}y' - F = \text{常量}$$

对 x 求导，获得微分方程.

11.3.7 垂直平面上有两个固定点 A、B. 取水平方向为 x 轴，向下方向为 y 轴，A 点取为原点，即 $x_A=0$， $y_A=0$，A、B 两点用曲线连接. 一个质点在重力作用下沿曲线自由下降，初速为零，什么样的曲线形状使质点从 A 到 B 所用时间最少？

解 由机械能守恒

$$\frac{1}{2}mv^2 - mgy = 0$$

$$v = \sqrt{2gy}$$

弧长

$$\mathrm{d}s = \sqrt{(\mathrm{d}x)^2 + (\mathrm{d}y)^2} = \sqrt{1+y'^2}\,\mathrm{d}x$$

$$\mathrm{d}t = \frac{\mathrm{d}s}{v} = \sqrt{\frac{1+y'^2}{2gy}}\,\mathrm{d}x$$

这是一个固定端点的变分问题

$$t[y(x)] = \int\sqrt{\frac{1+y'^2}{2gy}}\,\mathrm{d}x$$

今

$$F(x、y、y') = \sqrt{\frac{1+y'^2}{2gy}}$$

$$\delta t = \delta\int\sqrt{\frac{1+y'^2}{2gy}}\,\mathrm{d}x = 0$$

满足欧拉方程

$$\frac{\mathrm{d}}{\mathrm{d}x}\left(\frac{\partial F}{\partial y'}\right) - \frac{\partial F}{\partial y} = 0$$

因 $F(x、y、y')$ 不显含 x，有初积分 $\frac{\partial F}{\partial y'}y' - F = \text{常量}$，即

$$y'\frac{\partial}{\partial y'}\left(\sqrt{\frac{1+y'^2}{2gy}}\right) - \sqrt{\frac{1+y'^2}{2gy}} = \text{常量}$$

简化后可得

$$y(1+y'^2) = c_1 = \text{常量}$$

解出 y'，分离变量可得

$$dx = \sqrt{\frac{y}{c_1 - y}}dy$$

令 $y = c_1 \sin^2\frac{\theta}{2}$ 或 $y = \frac{1}{2}c_1(1-\cos\theta)$

$$dy = 2c_1\sin\frac{\theta}{2}\cos\frac{\theta}{2}\cdot\frac{1}{2}d\theta = c_1\sin\frac{\theta}{2}\cos\frac{\theta}{2}d\theta$$

$$dx = \sqrt{\frac{c_1\sin^2\frac{\theta}{2}}{c_1\left(1-\sin^2\frac{\theta}{2}\right)}}\cdot c_1\sin\frac{\theta}{2}\cos\frac{\theta}{2}d\theta = c_1\sin^2\frac{\theta}{2}d\theta = \frac{1}{2}c_1(1-\cos\theta)d\theta$$

$$x = \frac{1}{2}c_1(\theta - \sin\theta) + c_2$$

$$y = \frac{1}{2}c_1(1-\cos\theta)$$

由 $x_A = 0$， $y_A = 0$. 可定出 $c_2 = 0$； c_1 由 B 点的坐标确定.

$$x = \frac{1}{2}c_1(\theta - \sin\theta)$$

$$y = \frac{1}{2}c_1(1-\cos\theta)$$

这是一条滚轮线.

11.3.8 一根不可伸长的均质的柔性绳，两端挂在 A、B 两个固定点上，求绳子的形状.

解法一 作为固定端点的变分问题处理.

平衡时绳子的形状使其势能取极小值.

$$V[y(x)] = \int_A^B \rho g y ds = \int_A^B \rho g y\sqrt{1+y'^2}dx$$

其中 ρ 是绳子的线密度.

$$ds = \sqrt{(dx)^2 + (dy)^2} = \sqrt{1+y'^2}dx$$

$$\delta V[y(x)] = \delta\int \rho g y\sqrt{1+y'^2}dx = 0$$

或

$$\delta\int y\sqrt{1+y'^2}dx = 0$$

今

$$F(x、y、y') = y\sqrt{1+y'^2}$$

欧拉方程

$$\frac{d}{dx}\left(\frac{\partial F}{\partial y'}\right) - \frac{\partial F}{\partial y} = 0$$

因 $F(x,y,y')$ 不显含 x，有初积分 $\dfrac{\partial F}{\partial y'}y' - F = $ 常量，即

$$y'\frac{\partial}{\partial y'}(y\sqrt{1+y'^2}) - y\sqrt{1+y'^2} = \text{常量}$$

可得

$$\frac{yy'^2}{\sqrt{1+y'^2}} - y\sqrt{1+y'^2} = c_1$$

解出

$$y' = \frac{1}{c_1}\sqrt{y^2 - c_1^2}$$

$$\int \frac{c_1 \mathrm{d}y}{\sqrt{y^2 - c_1^2}} = \int \mathrm{d}x$$

$$c_1 \operatorname{arcch}\left(\frac{y}{c_1}\right) = x + c_2$$

$$y = c_1 \operatorname{ch}\left(\frac{x + c_2}{c_1}\right)$$

c_1、c_2 由两个端点 A、B 确定，这是一条悬链线.

解法二　用牛顿方程求解. 取 x 轴沿水平方向，y 轴竖直向下.

设绳子张力为 $T(x)$.考虑 $x \sim x + \mathrm{d}x$ 段微元. 绳子切线与 x 轴夹角为 θ，两端张力的水平方向分量相等.

$$(T + \mathrm{d}T)\cos(\theta + \mathrm{d}\theta) - T\cos\theta = 0$$

$$\tan\theta = y',\quad \cos\theta = \frac{1}{\sqrt{1+y'^2}}$$

作近似只保留一级小量.

$$\cos\theta \mathrm{d}T - T\sin\theta \mathrm{d}\theta = 0$$
$$\mathrm{d}(T\cos\theta) = 0$$

即

$$\mathrm{d}\left(\frac{1}{\sqrt{1+y'^2}}T\right) = 0 \tag{1}$$

竖直方向平衡

$$(T + \mathrm{d}T)\sin(\theta + \mathrm{d}\theta) - T\sin\theta = \rho g \mathrm{d}s$$

作近似只保留一级小量. 并用 $\sin\theta = \dfrac{y'}{\sqrt{1+y'^2}}$，$\mathrm{d}s = \sqrt{1+y'^2}\mathrm{d}x$，可得

$$\mathrm{d}\left(\frac{y'}{\sqrt{1+y'^2}}T\right) = \rho g\sqrt{1+y'^2}\mathrm{d}x \tag{2}$$

积分(1)式得

$$T(x)=a\sqrt{1+y'^2} \tag{3}$$

将(3)式代入(2)式，并分离变量

$$\frac{\mathrm{d}y'}{\sqrt{1+y'^2}}=c_1\mathrm{d}x$$

其中$c_1=\dfrac{\rho g}{a}$为常数. 积分得

$$y'=\sin\mathrm{h}(c_1x+c_2)$$

$$y=\int\sin\mathrm{h}(c_1x+c_2)\mathrm{d}x=\frac{1}{c_1}\cos\mathrm{h}(c_1x+c_2)$$

c_1、c_2由端点A、B确定.

11.3.9　证明在圆柱面上任何两点间最短曲线是螺旋线

$$z=Ar\varphi+B$$

r、φ、z是柱坐标，z轴沿圆柱的对称轴，r为圆柱的半径，A、B由所给两点的z、φ值确定.

解　$\mathrm{d}s=\sqrt{(r\mathrm{d}\varphi)^2+(\mathrm{d}z)^2}=\sqrt{r^2+z'^2}\mathrm{d}\varphi$

其中$z'=\dfrac{\mathrm{d}z}{\mathrm{d}\varphi}$，$r$为常量.

$$S[z(\varphi)]=\int\sqrt{r^2+z'^2}\mathrm{d}\varphi$$

$$F=\sqrt{r^2+z'^2}$$

最短曲线满足

$$\frac{\mathrm{d}}{\mathrm{d}\varphi}\left(\frac{\partial F}{\partial z'}\right)-\frac{\partial F}{\partial z}=0$$

因为$\dfrac{\partial F}{\partial z}=0$，所以

$$\frac{z'}{\sqrt{r^2+z'^2}}=\frac{1}{\sqrt{c}}\text{为常量}$$

$$cz'^2=r^2+z'^2$$

令$A^2=\dfrac{1}{c-1}$，上式可改写为

$$z'^2=\frac{1}{c-1}r^2=A^2r^2,\quad z'=Ar$$

$$z=Ar\varphi+B$$

11.3.10　分别用哈密顿原理和变形的哈密顿原理得到9.3.27题得到的运动微分方程.

解　如图11.5所示，用9.3.27题已得到的拉格朗日函数，

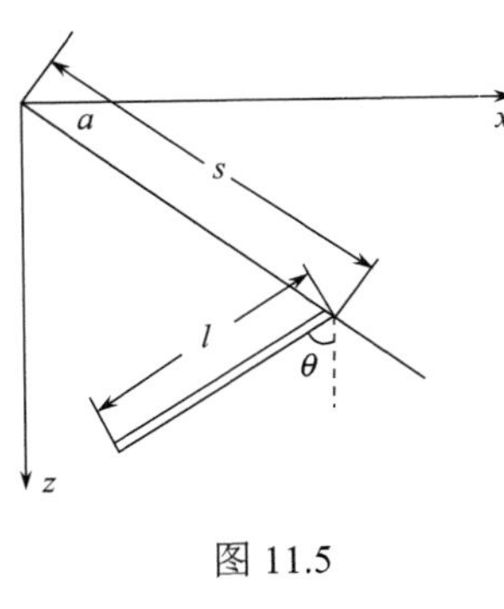

图 11.5

$$L=\frac{1}{2}M\left[\dot{s}^2+\frac{1}{3}l^2\dot{\theta}^2-l\dot{s}\,\dot{\theta}\cos(\theta-\alpha)\right]+Mg\left(s\sin\alpha+\frac{l}{2}\cos\theta\right)$$

用哈密顿原理,

$$\delta\int_{t_0}^{t_1}L\mathrm{d}t=0$$

$$\delta\int_{t_0}^{t_1}\left\{\frac{1}{2}M\left[\dot{s}^2+\frac{1}{3}l^2\dot{\theta}^2-l\,\dot{s}\,\dot{\theta}\cos(\theta-\alpha)\right]+Mg\left(s\sin\alpha+\frac{l}{2}\cos\theta\right)\right\}\mathrm{d}t=0$$

直接作变分运算或用欧拉方程也就是拉格朗日方程,

$$\frac{\mathrm{d}}{\mathrm{d}t}\left(\frac{\partial L}{\partial\dot{s}}\right)-\frac{\partial L}{\partial s}=0$$

$$\frac{\mathrm{d}}{\mathrm{d}t}\left(\frac{\partial L}{\partial\dot{\theta}}\right)-\frac{\partial L}{\partial\theta}=0$$

即得 9.3.27 题得到的运动微分方程,以下略.

下面用变形的哈密顿原理:

$$p_s=\frac{\partial L}{\partial\dot{s}}=M\dot{s}-\frac{1}{2}Ml\dot{\theta}\cos(\theta-\alpha)$$

$$p_\theta=\frac{\partial L}{\partial\dot{\theta}}=\frac{1}{3}Ml^2\dot{\theta}-\frac{1}{2}Ml\dot{s}\cos(\theta-\alpha)$$

从上述两式解出 $\dot{s}$、$\dot{\theta}$,得

$$\dot{s}=\frac{1}{Ml\left[2-\frac{3}{2}\cos^2(\theta-\alpha)\right]}[2lp_s+3p_\theta\cos(\theta-\alpha)]$$

$$\dot{\theta}=\frac{1}{Ml^2\left[2-\frac{3}{2}\cos^2(\theta-\alpha)\right]}[3lp_s\cos(\theta-\alpha)+6p_\theta]$$

$$\begin{aligned}H&=p_s\dot{s}+p_\theta\dot{\theta}-L\\&=\frac{1}{Ml^2\left[2-\frac{3}{2}\cos^2(\theta-\alpha)\right]}\left[2l^2p_s^2-\frac{3}{2}l^2p_s^2\cos^2(\theta-\alpha)\right.\\&\quad+6lp_sp_\theta\cos(\theta-\alpha)-\frac{9}{2}lp_sp_\theta\cos^3(\theta-\alpha)+6p_\theta^2\\&\quad\left.-\frac{9}{2}p_\theta^2\cos^2(\theta-\alpha)\right]-Mg\left(s\sin\alpha+\frac{l}{2}\cos\theta\right)\end{aligned}$$

由变形的哈密顿原理

$$\delta\int[p_s\dot{s}+p_\theta\dot{\theta}-H]\mathrm{d}t=0$$

需满足欧拉方程

$$\begin{cases}\dfrac{\mathrm{d}}{\mathrm{d}t}\left(\dfrac{\partial F}{\partial \dot{q}_i}\right)-\dfrac{\partial F}{\partial q_i}=0\\[2mm]\dfrac{\mathrm{d}}{\mathrm{d}t}\left(\dfrac{\partial F}{\partial \dot{p}_i}\right)-\dfrac{\partial F}{\partial p_i}=0\quad(i=1,2,\cdots,s)\end{cases}$$

其中 $F=\sum_{i=1}^{s}p_i\dot{q}_i-H$. 在这里 $F=p_s\dot{s}+p_\theta\dot{\theta}-H$

$$\frac{\mathrm{d}}{\mathrm{d}t}\left\{\frac{\partial}{\partial \dot{s}}[p_s\dot{s}+p_\theta\dot{\theta}-H]\right\}-\frac{\partial}{\partial s}[p_s\dot{s}+p_\theta\dot{\theta}-H]=0$$

$$\frac{\mathrm{d}}{\mathrm{d}t}\left\{\frac{\partial}{\partial \dot{\theta}}[p_s\dot{s}+p_\theta\dot{\theta}-H]\right\}-\frac{\partial}{\partial \theta}[p_s\dot{s}+p_\theta\dot{\theta}-H]=0$$

实际上得到的运动微分方程就是哈密顿方程

$$\dot{p}_s=-\frac{\partial H}{\partial s}$$

$$\dot{p}_\theta=-\frac{\partial H}{\partial \theta}$$

$$\frac{\mathrm{d}}{\mathrm{d}t}\left\{\frac{\partial}{\partial \dot{p}_s}[p_s\dot{s}+p_\theta\dot{\theta}-H]\right\}-\frac{\partial}{\partial p_s}[p_s\dot{s}+p_\theta\dot{\theta}-H]=0$$

$$\frac{\mathrm{d}}{\mathrm{d}t}\left\{\frac{\partial}{\partial \dot{p}_\theta}[p_s\dot{s}+p_\theta\dot{\theta}-H]\right\}-\frac{\partial}{\partial p_\theta}[p_s\dot{s}+p_\theta\dot{\theta}-H]=0$$

得到的运动微分方程就是哈密顿方程.

$$\dot{s}=\frac{\partial H}{\partial p_s}$$

$$\dot{\theta}=\frac{\partial H}{\partial p_\theta}$$

由 11.1 节的各题可知，由哈密顿正则方程得到的运动微分方程，和用拉格朗日方程得到的运动微分方程是完全相同的(用同样的广义坐标)以下略.

11.3.11　用哈密顿原理求 9.3.13 题所述系统的运动微分方程.

解　如图 11.6 所示，9.3.13 题已得到拉格朗日函数为

$$L=\frac{1}{2}m(b^2\dot{\theta}^2+\dot{y}^2-2b\,\dot{y}\,\dot{\theta}\sin\theta)$$

$$-\frac{1}{2}ky^2-mgb(1-\cos\theta)$$

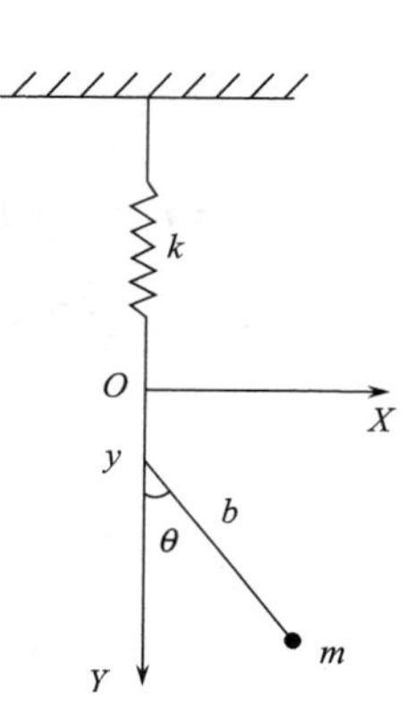

图 11.6

广义力为

$$Q_\theta = -\gamma b^2\dot\theta + \gamma b\ \dot y\sin\theta$$

$$Q_y = -\gamma(\dot y - b\ \dot\theta\sin\theta)$$

用非有势系统的哈密顿原理

$$\int_{t_0}^{t_1}(\delta L + \sum_{i=1}^{s} Q_i\delta q_i)\mathrm{d}t = 0$$

$$\int_{t_0}^{t_1}\left\{\delta\left[\frac{1}{2}m(b^2\dot\theta^2 + \dot y^2 - 2b\ \dot y\ \dot\theta\sin\theta) - \frac{1}{2}ky^2 - mgb(1-\cos\theta)\right]\right.$$
$$\left.+(-\gamma b^2\dot\theta + \gamma b\ \dot y\sin\theta)\delta\theta + (-\gamma\dot y + \gamma b\dot\theta\sin\theta)\delta y\right\}\mathrm{d}t = 0$$

$$\int_{t_0}^{t_1}\{mb^2\dot\theta\delta\dot\theta + m\ \dot y\delta\dot y - mb\ \dot y\ \dot\theta\cos\theta\delta\theta - mb\ \dot\theta\sin\theta\delta\dot y$$
$$-mb\ \dot y\sin\theta\delta\dot\theta - ky\delta y - mgb\sin\theta\delta\theta + (-\gamma b^2\dot\theta + \gamma b\ \dot y\sin\theta)\delta\theta$$
$$+(-\gamma\ \dot y + \gamma b\ \dot\theta\sin\theta)\delta y\}\mathrm{d}t = 0$$

$$\int_{t_0}^{t_1}\left\{\frac{\mathrm{d}}{\mathrm{d}t}(mb^2\dot\theta\delta\theta) - mb^2\ddot\theta\delta\theta + \frac{\mathrm{d}}{\mathrm{d}t}(m\dot y\delta y) - m\ddot y\delta y - mb\ \dot y\ \dot\theta\cos\theta\delta\theta\right.$$
$$-\frac{\mathrm{d}}{\mathrm{d}t}(mb\dot\theta\sin\theta\delta y) + \frac{\mathrm{d}}{\mathrm{d}t}(mb\dot\theta\sin\theta)\delta y - \frac{\mathrm{d}}{\mathrm{d}t}(mb\dot y\sin\theta\delta\theta)$$
$$+\frac{\mathrm{d}}{\mathrm{d}t}(mb\dot y\sin\theta)\delta\theta - ky\delta y - mgb\sin\theta\delta\theta + (-\gamma b^2\dot\theta$$
$$\left.+\gamma b\ \dot y\sin\theta)\delta\theta + (-\gamma\dot y + \gamma b\dot\theta\ \sin\theta)\delta y\right\}\mathrm{d}t = 0$$

$$(mb^2\dot\theta\delta\theta + m\dot y\delta y - mb\ \dot\theta\sin\theta\delta y - mb\dot y\sin\theta\delta\theta)\Big|_{t_0}^{t_1}$$
$$+\int_{t_0}^{t_1}\left\{\left[-mb^2\ddot\theta - mb\dot y\ \dot\theta\cos\theta + \frac{\mathrm{d}}{\mathrm{d}t}(mb\dot y\sin\theta) - mgb\sin\theta\right.\right.$$
$$\left.+(-\gamma b^2\ \dot\theta + \gamma b\ \dot y\sin\theta)\right]\delta\theta + \left[-m\ddot y + \frac{\mathrm{d}}{\mathrm{d}t}(mb\dot\theta\sin\theta) - ky\right.$$
$$\left.\left.+(-\gamma\ \dot y + \gamma b\ \dot\theta\sin\theta)\right]\delta y\right\}\mathrm{d}t = 0$$

在 $t = t_0$ 和 $t = t_1$，$\delta\theta = 0$，$\delta y = 0$，积分号中被积函数中 $\delta\theta$、δy 的系数分别为零，

$$-mb^2\ddot\theta - mb\ \dot y\ \dot\theta\cos\theta + \frac{\mathrm{d}}{\mathrm{d}t}(mb\ \dot y\ \sin\theta) - mgb\sin\theta - \gamma b^2\dot\theta + \gamma b\ \dot y\sin\theta = 0$$

$$-m\ \ddot y + \frac{\mathrm{d}}{\mathrm{d}t}(mb\ \dot\theta\sin\theta) - ky - \gamma\dot y + \gamma b\ \dot\theta\sin\theta = 0$$

整理后得

$$mb\ \ddot\theta - m\ \ddot y\sin\theta + mg\sin\theta + \gamma b\ \dot\theta - \gamma\dot y\sin\theta = 0$$

$$m\ \ddot y - mb\ \ddot\theta\sin\theta - mb\dot\theta^2\cos\theta + ky + \gamma\dot y - \gamma b\ \dot\theta\sin\theta = 0$$

与 9.3.13 题所得结果完全一样.

11.3.12　图 11.7 中质量为 m 的质点通过一个劲度系数为 k 的弹簧连在动坐标系 $x=0$ 处，动系沿 x 正方向以 $s = vt + \frac{1}{3}at^3$（其中 v、a 均为常量）做直线运动，减震器对质点的作用力与相对速率的立方成正比，比例系数为 b，由哈密顿原理导出质点的运动微分方程.

解　设弹簧原长为 l_0，取静参考系，x 为广义坐标.

$$T = \frac{1}{2}m(\dot{s}+\dot{x})^2 = \frac{1}{2}m(v+at^2+\dot{x})^2$$

$$V = \frac{1}{2}k(x-l_0)^2$$

$$f = -b\,\dot{x}^3,\quad \delta W = f\mathrm{d}x$$

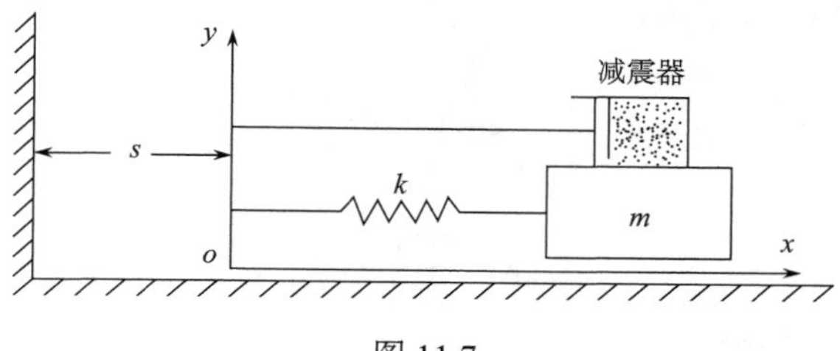

图 11.7

用非有势系统的哈密顿原理，

$$\int_{t_0}^{t_1}(\delta L + \delta W)\,\mathrm{d}t = 0$$

$$\int_{t_0}^{t_1}\left\{\delta\left[\frac{1}{2}m(v+at^2+\dot{x})^2 - \frac{1}{2}k(x-l_0)^2\right] - b\,\dot{x}^3\delta x\right\}\mathrm{d}t = 0$$

$$\int_{t_0}^{t_1}[m(v+at^2+\dot{x})\delta\dot{x} - k(x-l_0)\delta x - b\dot{x}^3\delta x]\mathrm{d}t$$

$$= \int_{t_0}^{t_1}\left\{\frac{\mathrm{d}}{\mathrm{d}t}[m(v+at^2+\dot{x})\delta x] - \frac{\mathrm{d}}{\mathrm{d}t}[m(v+at^2+\dot{x})]\delta x - k(x-l_0)\delta x - b\dot{x}^3\delta x\right\}\mathrm{d}t$$

$$= m(v+at^2+\dot{x})\delta x\Big|_{t_0}^{t_1} - \int_{t_0}^{t_1}[m(2at+\ddot{x}) + k(x-l_0) + b\,\dot{x}^3]\delta x\mathrm{d}t = 0$$

在 $t=t_0$ 和 $t=t_1$，$\delta x = 0$，积分中被积函数 δx 的系数为零，即得运动微分方程

$$m(2at+\ddot{x}) + k(x-l_0) + b\,\dot{x}^3 = 0$$

11.3.13　一个具有单位质量的质点在外力 $F=-(x+t)$ 作用下沿 x 轴运动，在 $t=0$ 及 $t=1$ 时均位于 $x=0$ 处，用里茨法求出此问题的近似解，并与准确解作比较，比较 $t=0.5$ 时的结果.

提示：近似解可用 $x(t) = t(1-t)\,(\alpha_0 + \alpha_1 t + \cdots + \alpha_n t^n)$ 的形式，仅要求对 $n=0$ 作计算，求精确解可作变换 $y = x + t$.

解

$$T = \frac{1}{2}\dot{x}^2,\quad V = \frac{1}{2}(x+t)^2$$

$$L=\frac{1}{2}\dot{x}^2-\frac{1}{2}(x+t)^2$$

由哈密顿原理或用拉格朗日方程可得运动微分方程为

$$\ddot{x}=-(x+t)$$

先求精确解，令 $y=x+t$，则 $x=y-t$，

$$\dot{x}=\dot{y}-1,\quad \ddot{x}=\ddot{y}$$

$$\ddot{y}=-y$$

$$y=c_1\sin(t+c_2)$$

所以

$$x=c_1\sin(t+c_2)-t$$

用 $t=0$ 及 $t=1$ 时 $x=0$ 定出 c_1、c_2，可得

$$c_1=\frac{1}{\sin 1},\quad c_2=0$$

所以精确解为

$$x=\frac{\sin t}{\sin 1}-t$$

下面用里茨法求近似解：

$$\int L\mathrm{d}t=\int\left[\frac{1}{2}\dot{x}^2-\frac{1}{2}(x+t)^2\right]\mathrm{d}t$$

设

$$x(t)=\alpha_0 t(1-t)$$

$$\dot{x}=\alpha_0-2\alpha_0 t$$

$$\phi(\alpha_0)=\int_0^1\left[\frac{1}{2}(\alpha_0-2\alpha_0 t)^2-\frac{1}{2}(\alpha_0 t-a_0 t^2+t)^2\right]\mathrm{d}t$$

经计算得

$$\phi(\alpha_0)=\frac{3}{20}\alpha_0^2-\frac{1}{12}\alpha_0-\frac{1}{6}$$

由求 $\phi(\alpha_0)$ 的极值确定 α_0 值，

$$\frac{\mathrm{d}\phi}{\mathrm{d}\alpha_0}=\frac{3}{10}\alpha_0-\frac{1}{12}=0$$

$$\alpha_0=\frac{5}{18}$$

近似解为

$$x=\frac{5}{18}t(1-t)$$

$t=0.5$ 时，精确解为 $x=0.0697$，近似解为 $x=0.0694$.

11.3.14　质点运动的拉格朗日函数为

$$L=\frac{1}{2}(\dot{r}^2+r^2\dot{\varphi}^2)$$

已知 $t=0$ 时，$r=2$，$\varphi=0$；$t=2$ 时，$r=3, \varphi=1$. 试用里茨法求 $t=1$ 时的质点位置的近似值，并与精确值作比较.

提示：可采用图 11.8(a)、(b)的折线所示的 $r(t)$ 和 $\varphi(t)$ 计算 $s=\int_0^2 L\mathrm{d}t$，由 $\dfrac{\partial s}{\partial \alpha}=0$，$\dfrac{\partial s}{\partial \beta}=0$ 决定待定的 α、β 值. 这样确定的 $r(t)$、$\varphi(t)$，在 $t\neq 0, 1, 2$ 时，不能得到好的近似值. 多考虑几点，可得更好一点的近似.

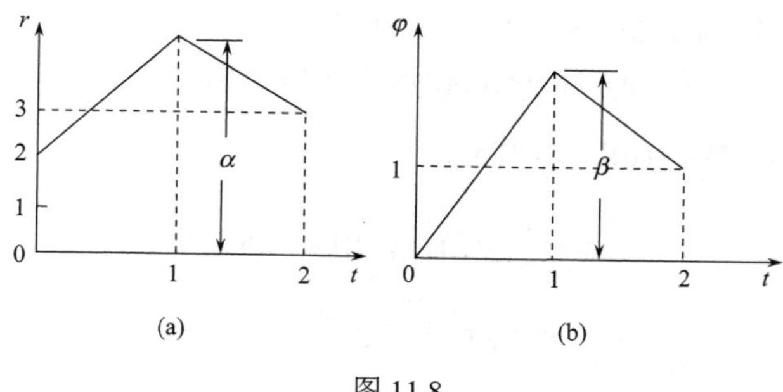

图 11.8

解　采用提示的近似解，

$$r(t)=\begin{cases}(\alpha-2)t+2, & 0\leqslant t\leqslant 1\\(3-\alpha)(t-1)+\alpha, & 1\leqslant t\leqslant 2\end{cases}$$

$$\varphi(t)=\begin{cases}\beta t, & 0\leqslant t\leqslant 1\\(1-\beta)(t-1)+\beta, & 1\leqslant t\leqslant 2\end{cases}$$

$$\dot{r}(t)=\begin{cases}\alpha-2, & 0<t<1\\3-\alpha, & 1<t<2\end{cases}$$

$$\dot{\varphi}(t)=\begin{cases}\beta, & 0<t<1\\1-\beta, & 1<t<2\end{cases}$$

$$\begin{aligned}S&=\int_0^2 L\mathrm{d}t=\int_0^1 L\mathrm{d}t+\int_1^2 L\mathrm{d}t\\&=\int_0^1\frac{1}{2}\{(\alpha-2)^2+[(\alpha-2)t+2]^2\beta^2\}\mathrm{d}t\\&\quad+\int_1^2\frac{1}{2}\{(3-\alpha)^2+[(3-\alpha)(t-1)+\alpha]^2(1-\beta)^2\}\mathrm{d}t\end{aligned}$$

经计算可得

$$S=\frac{1}{2}\left\{16-9\alpha+\frac{7}{3}\alpha^2-2\left(3+\alpha+\frac{1}{3}\alpha^2\right)\beta+\left(\frac{13}{5}+\frac{5}{3}\alpha+\frac{2}{3}\alpha^2\right)\beta^2\right\}$$

由 $\dfrac{\partial S}{\partial \alpha}=0$，$\dfrac{\partial S}{\partial \beta}=0$ 得

$$-27+14\alpha-6\beta-4\alpha\beta+5\beta^2+4\alpha\beta^2=0$$

$$-9-3\alpha-\alpha^2+13\beta+5\alpha\beta+2\alpha^2\beta=0$$

由叠代法解得

$$\alpha=2.2076,\quad \beta=0.6067$$

即在 $t=1$ 时，$r=2.2076$，$\varphi=0.6067$.

下面求精确解. 从所给的拉格朗日函数可以看出，质点未受外力，做匀速直线运动，$t=0$ 时，

$$x=r(0)\cos\varphi(0)=2$$

$$y=r(0)\sin\varphi(0)=0$$

$t=2$ 时，$x=r(2)\cos\varphi(2)=3\cos 1=1.6209$

$$y=r(2)\sin\varphi(2)=3\sin 1=2.5244$$

$t=1$ 时，$x=\dfrac{1}{2}[x(2)+x(0)]=1.8105$

$$y=\frac{1}{2}[y(2)+y(0)]=1.2622$$

$$r=\sqrt{x^2+y^2}=2.2070$$

$$\varphi=\arctan\frac{y}{x}=0.6088$$

11.3.15　用莫培督原理重解 11.3.2 题.

解　用莫培督原理的雅可比形式

$$\Delta W=\delta W=\delta\int_{t_0}^{t_1}\sqrt{2(E-V)}\sqrt{\sum_{i,j=1}^{s}a_{ij}q_i'q_j'}\,\mathrm{d}\tau=0$$

其中 a_{ij} 是采用广义坐标 q_i 时的惯性矩阵的元素，τ 为参量，可取时间、弧长等.

应满足欧拉方程或称雅可比方程

$$\frac{\mathrm{d}}{\mathrm{d}t}\left(\frac{\partial F}{\partial q_i'}\right)-\frac{\partial F}{\partial q_i}=0\quad (i=1,2,\cdots,s)$$

其中

$$F=\sqrt{2(E-V)}\sqrt{\sum_{i,j=1}^{s}a_{ij}q_i'q_j'}$$

今

$$V=mgl(1-\cos\theta)\approx\frac{1}{2}mgl\theta^2$$

$$T=\frac{1}{2}I\dot{\theta}^2$$

$$F=\sqrt{2\left(E-\frac{1}{2}mgl\theta^2\right)}\bullet\sqrt{I\dot{\theta}^2}=\sqrt{2I}\sqrt{E-\frac{1}{2}mgl\theta^2}\,\dot{\theta}$$

今取 $\tau=t$，

$$\frac{\partial F}{\partial\dot{\theta}}=\sqrt{2I}\bullet\sqrt{E-\frac{1}{2}mgl\theta^2}=\sqrt{2I}\sqrt{T}=I\dot{\theta}$$

$$\frac{\partial F}{\partial \theta}=\sqrt{2I}\dot{\theta}\frac{\left(-\frac{1}{2}mgl\right)\cdot 2\theta}{2\sqrt{E-\frac{1}{2}mgl\theta^2}}=-\sqrt{2I}\dot{\theta}\frac{mgl\theta}{2\sqrt{\frac{1}{2}I\,\dot{\theta}^2}}=-mgl\theta$$

由 $\frac{\mathrm{d}}{\mathrm{d}t}\left(\frac{\partial F}{\partial \dot{\theta}}\right)-\frac{\partial F}{\partial \theta}=0$，得

$$I\,\ddot{\theta}+mgl\theta=0$$

$$\omega=\sqrt{\frac{mgl}{I}}$$

周期为

$$\frac{2\pi}{\omega}=2\pi\sqrt{\frac{I}{mgl}}$$

11.3.16　如图 11.9 所示，用莫培督原理重解 7.4.30 题.

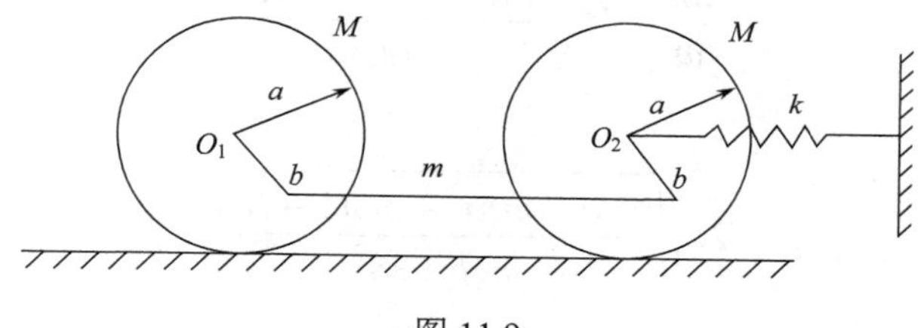

图 11.9

解　用 7.4.30 题已得到的动能和势能，

$$T=\left[\frac{1}{2}m(a-b)^2+2Ma^2\right]\dot{\varphi}^2$$

$$V=\frac{1}{2}(mgb+ka^2)\varphi^2$$

用上题做法，用莫培督原理的雅可比形式和雅可比方程，

$$\Delta W=\delta W=\delta\int_{t_0}^{t_1}\sqrt{2(E-V)}\cdot\sqrt{\sum_{i,j=1}^{s}a_{ij}q_i'q_j'}\,\mathrm{d}\tau=0$$

$$\frac{\mathrm{d}}{\mathrm{d}t}\left(\frac{\partial F}{\partial q_i'}\right)-\frac{\partial F}{\partial q_i}=0\quad(i=1,2,\cdots,s)$$

令

$$F=\sqrt{2\left(E-\frac{1}{2}(mgb+ka^2)\varphi^2\right)}\cdot\sqrt{[m(a-b)^2+4Ma^2]\dot{\varphi}^2}$$

$$\frac{\partial F}{\partial \dot{\varphi}}=\sqrt{2E-(mgb+ka^2)\varphi^2}\cdot\sqrt{m(a-b)^2+4Ma^2}$$

$$=\sqrt{[m(a-b)^2+4Ma^2]\dot{\varphi}^2}\cdot\sqrt{m(a-b)^2+4Ma^2}$$

$$=[m(a-b)^2+4Ma^2]\dot{\varphi}$$

其中用了 $T+V=E$，

$$\frac{\partial F}{\partial \varphi}=\sqrt{m(a-b)^2+4Ma^2}\,\dot{\varphi}\frac{-(mgb+ka^2)\cdot 2\varphi}{2\sqrt{2E-(mgb+ka^2)\varphi^2}}$$

$$=-\sqrt{m(a-b)^2+4Ma^2}\,\dot{\varphi}\frac{mgb+ka^2}{\sqrt{m(a-b)^2+4Ma^2}\,\dot{\varphi}}\varphi$$

$$=-(mgb+ka^2)\varphi$$

所以

$$[m(a-b)^2+4Ma^2]\ddot{\varphi}+(mgb+ka^2)\varphi=0$$

$$\omega=\sqrt{\frac{mgb+ka^2}{m(a-b)^2+4Ma^2}}$$

周期为

$$\frac{2\pi}{\omega}=2\pi\sqrt{\frac{m(a-b)^2+4Ma^2}{mgb+ka^2}}$$

或

$$2\pi\sqrt{\frac{(4M+m)a^2+mb(b-2a)}{mgb+ka^2}}$$

11.3.17　用莫培督原理的雅可比形式推导有心运动的运动微分方程.

解

$$T=\frac{1}{2}m(\dot{r}^2+r^2\dot{\varphi}^2)$$

$$V=V(r)$$

$$F=\sqrt{2(E-V)}\cdot\sqrt{m(\dot{r}^2+r^2\dot{\varphi}^2)}$$

$$\frac{\partial F}{\partial \dot{r}}=\sqrt{2(E-V)}\cdot\frac{m\dot{r}}{\sqrt{m(\dot{r}^2+r^2\dot{\varphi}^2)}}=m\dot{r}$$

这里用了

$$E-V=T=\frac{1}{2}m(\dot{r}^2+r^2\dot{\varphi}^2)$$

$$\frac{\partial F}{\partial r}=\sqrt{m(\dot{r}^2+r^2\dot{\varphi}^2)}\frac{2}{2\sqrt{2(E-V)}}\left(-\frac{\partial V}{\partial r}\right)$$

$$+\sqrt{2(E-V)}\cdot\frac{2mr\dot{\varphi}^2}{2\sqrt{m(\dot{r}^2+r^2\dot{\varphi}^2)}}$$

$$=-\frac{\partial V}{\partial r}+mr\dot{\varphi}^2$$

$$\frac{\partial F}{\partial \dot{\varphi}}=\sqrt{2(E-V)}\frac{2mr^2\dot{\varphi}}{2\sqrt{m(\dot{r}^2+r^2\dot{\varphi}^2)}}=mr^2\dot{\varphi}$$

$$\frac{\mathrm{d}}{\mathrm{d}t}\left(\frac{\partial F}{\partial\dot{\varphi}}\right)=mr^2\ddot{\varphi}+2m\dot{r}\dot{\varphi}$$

由 $\frac{\mathrm{d}}{\mathrm{d}t}\left(\frac{\partial F}{\partial\dot{r}}\right)-\frac{\partial F}{\partial r}=0$ 及 $\frac{\mathrm{d}}{\mathrm{d}t}\left(\frac{\partial F}{\partial\dot{\varphi}}\right)-\frac{\partial F}{\partial\varphi}=0$，可得运动微分方程为

$$m(\ddot{r}-r\dot{\varphi}^2)=-\frac{\partial V}{\partial r}=f(r)$$

$$m(r\ddot{\varphi}+2\dot{r}\dot{\varphi})=0$$

后式也可写成

$$mr^2\dot{\varphi}=\text{常量}$$

11.4　正 则 变 换

11.4.1　试证

$$Q=\ln\left(\frac{1}{q}\sin p\right)$$

$$P=-q\cot p$$

为一正则变换.

证明　用 p、Q 为自变量的正则变换条件

$$-\sum_{i=1}^{s}q_i\mathrm{d}p_i-c\sum_{i=1}^{s}P_i\mathrm{d}Q_i=\mathrm{d}S(\boldsymbol{p},\boldsymbol{Q},t_0)$$

$$Q=\ln\left(\frac{1}{q}\sin p\right)$$

$$\frac{1}{q}\sin p=\mathrm{e}^Q$$

$$q=\sin p\mathrm{e}^{-Q}$$

$$P=-q\cot p=-\sin p\mathrm{e}^{-Q}\cot p=-\cos p\mathrm{e}^{-Q}$$

$$-q\mathrm{d}p-cP\mathrm{d}Q=-\sin p\mathrm{e}^{-Q}\mathrm{d}p+c\cos p\mathrm{e}^{-Q}\mathrm{d}Q$$

是恰当微分，因为

$$\frac{\partial}{\partial Q}(-\sin p\mathrm{e}^{-Q})=\sin p\mathrm{e}^{-Q}$$

$$\frac{\partial}{\partial p}(c\cos p\mathrm{e}^{-Q})=-c\sin p\mathrm{e}^{-Q}$$

选 $c=-1$，有

$$\frac{\partial}{\partial Q}(-\sin p\mathrm{e}^{-Q})=\frac{\partial}{\partial p}(-\cos p\mathrm{e}^{-Q})$$

正则变换条件成立，所给变换是正则变换.

11.4.2　证明下列变换都是正则变换：

(1) $Q=q^2+\dfrac{p^2}{n^2}$， $P=\dfrac{n}{2}\arctan\left(\dfrac{p}{nq}\right)$，式中 n 是一个常数；

(2)
$$Q_1=q_1^2+p_1^2,\quad Q_2=\frac{1}{2}(q_1^2+q_2^2+p_1^2+p_2^2)$$
$$P_1=\frac{1}{2}\arctan\left(\frac{q_2}{p_2}\right)-\frac{1}{2}\arctan\left(\frac{q_1}{p_1}\right)$$
$$P_2=-\arctan\left(\frac{q_2}{p_2}\right)$$

证明　(1)
$$Q=q^2+\frac{p^2}{n^2},P=\frac{n}{2}\arctan\left(\frac{p}{nq}\right)$$

用正则变换条件，
$$p\mathrm{d}q-cP\mathrm{d}Q=\mathrm{d}S$$
$$p=n\sqrt{Q-q^2},\quad P=\frac{n}{2}\arctan\left(\frac{\sqrt{Q-q^2}}{q}\right)$$
$$\frac{\partial p}{\partial Q}=\frac{n}{2\sqrt{Q-q^2}}$$
$$\frac{\partial P}{\partial q}=\frac{n}{2}\frac{1}{1+\left(\frac{\sqrt{Q-q^2}}{q}\right)^2}\left(\frac{1}{q}\frac{-2q}{2\sqrt{Q-q^2}}-\frac{\sqrt{Q-q^2}}{q^2}\right)=-\frac{n}{2\sqrt{Q-q^2}}$$

选 $c=1$，满足 $p\mathrm{d}q-P\mathrm{d}Q=\mathrm{d}S$，所给变换是正则变换.

(2)
$$Q_1=q_1^2+p_1^2,\quad Q_2=\frac{1}{2}(q_1^2+q_2^2+p_1^2+p_2^2)$$
$$P_1=\frac{1}{2}\arctan\left(\frac{q_2}{p_2}\right)-\frac{1}{2}\arctan\left(\frac{q_1}{p_1}\right)$$
$$P_2=-\arctan\left(\frac{q_2}{p_2}\right)$$

用正则变换条件
$$-\sum_i q_i\mathrm{d}p_i-c\sum_i P_i\mathrm{d}Q_i=\mathrm{d}S$$
$$q_1=\sqrt{Q_1-p_1^2}$$
$$q_2=\sqrt{2Q_2-q_1^2-p_1^2-p_2^2}=\sqrt{2Q_2-(Q_1-p_1^2)-p_1^2-p_2^2}=\sqrt{2Q_2-Q_1-p_2^2}$$

$$P_1=\frac{1}{2}\arctan\left(\frac{\sqrt{2Q_2-Q_1-p_2^2}}{p_2}\right)-\frac{1}{2}\arctan\left(\frac{\sqrt{Q_1-p_1^2}}{p_1}\right)$$

$$P_2=-\arctan\left(\frac{\sqrt{2Q_2-Q_1-p_2^2}}{p_2}\right)$$

$$\begin{aligned}
&q_1\mathrm{d}p_1+q_2\mathrm{d}p_2+cP_1\mathrm{d}Q_1+cP_2\mathrm{d}Q_2\\
&=\sqrt{Q_1-p_1^2}\,\mathrm{d}p_1+\sqrt{2Q_2-Q_1-p_2^2}\,\mathrm{d}p_2\\
&\quad+c\left[\frac{1}{2}\arctan\left(\frac{\sqrt{2Q_2-Q_1-p_2^2}}{p_2}\right)-\frac{1}{2}\arctan\left(\frac{\sqrt{Q_1-p_1^2}}{p_1}\right)\right]\mathrm{d}Q_1\\
&\quad-c\arctan\left(\frac{\sqrt{2Q_2-Q_1-p_2^2}}{p_2}\right)\mathrm{d}Q_2
\end{aligned}$$

可得

$$\frac{\partial\sqrt{Q_1-p_1^2}}{\partial p_2}=\frac{\partial\sqrt{2Q_2-Q_1-p_2^2}}{\partial p_1}=0$$

$$\begin{aligned}
\frac{\partial\sqrt{Q_1-p_1^2}}{\partial Q_1}&=\frac{\partial}{\partial p_1}\left[\frac{1}{2}\arctan\left(\frac{\sqrt{2Q_2-Q_1-p_2^2}}{p_2}\right)-\frac{1}{2}\arctan\left(\frac{\sqrt{Q_1-p_1^2}}{p_1}\right)\right]\\
&=\frac{1}{2\sqrt{Q_1-p_1^2}}
\end{aligned}$$

$$\frac{\partial\sqrt{Q_1-p_1^2}}{\partial Q_2}=\frac{\partial}{\partial p_1}\left[-\arctan\left(\frac{\sqrt{2Q_2-Q_1-p_2^2}}{p_2}\right)\right]=0$$

$$\begin{aligned}
\frac{\partial\sqrt{2Q_2-Q_1-p_2^2}}{\partial Q_1}&=\frac{\partial}{\partial p_2}\left[\frac{1}{2}\arctan\left(\frac{\sqrt{2Q_2-Q_1-p_2^2}}{p_2}\right)-\frac{1}{2}\arctan\left(\frac{\sqrt{Q_1-p_1^2}}{p_1}\right)\right]\\
&=-\frac{1}{2\sqrt{2Q_2-Q_1-p_2^2}}
\end{aligned}$$

$$\frac{\partial\sqrt{2Q_2-Q_1-p_2^2}}{\partial Q_2}=\frac{\partial}{\partial p_2}\left[-\arctan\left(\frac{\sqrt{2Q_2-Q_1-p_2^2}}{p_2}\right)\right]=\frac{1}{\sqrt{2Q_2-Q_1-p_2^2}}$$

$$\begin{aligned}
&\frac{\partial}{\partial Q_2}\left[\frac{1}{2}\arctan\left(\frac{\sqrt{2Q_2-Q_1-p_2^2}}{p_2}\right)-\frac{1}{2}\arctan\left(\frac{\sqrt{Q_1-p_1^2}}{p_1}\right)\right]\\
&=\frac{\partial}{\partial Q_1}\left[-\arctan\left(\frac{\sqrt{2Q_2-Q_1-p_2^2}}{p_2}\right)\right]=\frac{p_2^2}{2(2Q_2-Q_1)\sqrt{2Q_2-Q_1-p_2^2}}
\end{aligned}$$

可见，$c=1$，

$$-\sum_{i=1}^{2} q_i \mathrm{d}p_i - \sum_{i=1}^{2} P_i \mathrm{d}Q_i = \mathrm{d}S$$

成立，所给变换为正则变换.

11.4.3 证明 $Q=q+t\mathrm{e}^p$，$P=p$ 是一正则变换，找出 $S(q,\ Q,\ t)$.

解法一

$$Q=q+t\mathrm{e}^p,\quad P=p$$

用

$$p\mathrm{d}q-cP\mathrm{d}Q=\mathrm{d}S(q,Q,t)$$

证明

$$p=\ln\left(\frac{Q-q}{t}\right),\quad P=p=\ln\left(\frac{Q-q}{t}\right)$$

$$p\mathrm{d}q-cP\mathrm{d}Q=\ln\left(\frac{Q-q}{t}\right)\mathrm{d}q-c\ln\left(\frac{Q-q}{t}\right)\mathrm{d}Q$$

$$\frac{\partial}{\partial Q}\left[\ln\left(\frac{Q-q}{t}\right)\right]=\frac{t}{Q-q}\cdot\frac{1}{t}=\frac{1}{Q-q}$$

$$\frac{\partial}{\partial q}\left[-c\ln\left(\frac{Q-q}{t}\right)\right]=-c\frac{t}{Q-q}\cdot\left(-\frac{1}{t}\right)=\frac{c}{Q-q}$$

$c=1$，两偏导数相等，

$$\ln\left(\frac{Q-q}{t}\right)\mathrm{d}q-\ln\left(\frac{Q-q}{t}\right)\mathrm{d}Q=\mathrm{d}S(q,Q,t)$$

成立，变换为正则变换得到证明.

$$\frac{\partial S}{\partial q}=\ln\left(\frac{Q-q}{t}\right),\quad \frac{\partial S}{\partial Q}=-\ln\left(\frac{Q-q}{t}\right)$$

对前式积分，

$$\begin{aligned}
S&=\int\ln\left(\frac{Q-q}{t}\right)\mathrm{d}q+f(Q)\\
&=q\ln\left(\frac{Q-q}{t}\right)-\int q\mathrm{d}\ln\left(\frac{Q-q}{t}\right)+f(Q,t)\\
&=q\ln\left(\frac{Q-q}{t}\right)-\int q\cdot\frac{1}{Q-q}(-\mathrm{d}q)+f(Q,t)\\
&=q\ln\left(\frac{Q-q}{t}\right)+\int\frac{-Q+q}{Q-q}\mathrm{d}q+Q\int\frac{1}{Q-q}\mathrm{d}q+f(Q,t)\\
&=q\ln\left(\frac{Q-q}{t}\right)-q-Q\ln(Q-q)+f(Q,t)
\end{aligned}$$

上式对 Q 求偏导，与后式的 $\dfrac{\partial S}{\partial Q}$ 相等.

$$\frac{q}{Q-q}-\ln(Q-q)-\frac{Q}{Q-q}+\frac{\partial f(Q,t)}{\partial Q}=-\ln\left(\frac{Q-q}{t}\right)$$

$$\frac{\partial f(Q,t)}{\partial Q}=1+\ln t$$

$$f(Q,t)=\int(1+\ln t)\mathrm{d}Q=Q(1+\ln t)$$

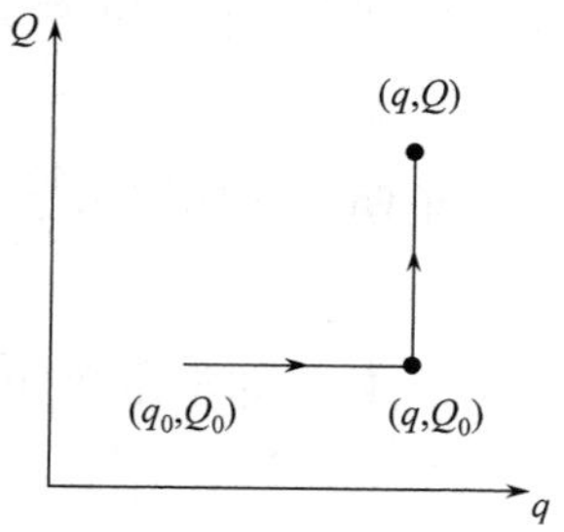

图 11.10

所以

$$S=q\ln\left(\frac{Q-q}{t}\right)-q-Q\ln(Q-q)+Q(1+\ln t)=(Q-q)\left[1-\ln\left(\frac{Q-q}{t}\right)\right]$$

解法二　对于恰当微分，可在由自变量张成的空间内取便于积分的路径积出全微分的函数. 取图 11.10 所示的积分路线，

$$\begin{aligned}
S&=\int\ln\left(\frac{Q-q}{t}\right)\mathrm{d}q-\ln\left(\frac{Q-q}{t}\right)\mathrm{d}Q\\
&=\int_{q_0}^{q}\ln\left(\frac{Q_0-q}{t}\right)\mathrm{d}q-\int_{Q_0}^{Q}\ln\left(\frac{Q-q}{t}\right)\mathrm{d}Q\\
&=q\ln\left(\frac{Q_0-q}{t}\right)\Bigg|_{q_0}^{q}-\int_{q_0}^{q}\frac{q}{Q_0-q}(-\mathrm{d}q)-Q\ln\left(\frac{Q-q}{t}\right)\Bigg|_{Q_0}^{Q}+\int_{Q_0}^{Q}\frac{Q}{Q-q}\mathrm{d}Q\\
&=q\ln\left(\frac{Q_0-q}{t}\right)-q_0\ln\left(\frac{Q_0-q_0}{t}\right)-(q-q_0)-Q_0\ln\left(\frac{Q_0-q}{Q_0-q_0}\right)\\
&\quad-Q\ln\left(\frac{Q-q}{t}\right)+Q_0\ln\left(\frac{Q_0-q}{t}\right)+(Q-Q_0)+q\ln\left(\frac{Q-q}{Q_0-q}\right)\\
&=q\ln\left(\frac{Q-q}{t}\right)-Q\ln\left(\frac{Q-q}{t}\right)+(Q-q)-q_0\ln\left(\frac{Q_0-q_0}{t}\right)\\
&\quad+Q_0\ln\left(\frac{Q_0-q_0}{t}\right)-(Q_0-q_0)\\
&=(Q-q)\left[1-\ln\left(\frac{Q-q}{t}\right)\right]+F(q_0,Q_0,t)
\end{aligned}$$

在作上述积分时，t 是视为常量的，因此上式中的 $F(q_0,\ Q_0,\ t)$ 是常量，可以去掉，但与 Q 或 q 不能分离的 t 为参量，不能去掉，所以

$$S=(Q-q)\left[1-\ln\left(\frac{Q-q}{t}\right)\right]$$

11.4.4　证明

$$Q=\ln(1+q^{1/2}\cos p)$$
$$P=2(1+q^{1/2}\cos p)q^{1/2}\sin p$$

是正则变换，证明产生这正则变换的母函数为

$$S=-(\mathrm{e}^{Q}-1)^2\tan p$$

证明 我们用满足

$$[Q_i,Q_j]=0,\quad [p_i,p_j]=0\quad [Q_i,P_j]=c\delta_{ij}$$

(c 可为任一非零常数)的为正则变换来证明.

$$[Q,Q]=0,\quad [P,P]=0$$

$$[Q,P]=\frac{\partial Q}{\partial q}\frac{\partial P}{\partial p}-\frac{\partial Q}{\partial p}\frac{\partial P}{\partial q}=\frac{\frac{1}{2}q^{-1/2}\cos p}{1+q^{1/2}\cos p}\bullet(-2q\sin^2 p+2q\cos^2 p+2q^{1/2}\cos p)$$

$$+\frac{q^{1/2}\sin p}{1+q^{1/2}\cos p}(2\sin p\cos p+q^{-1/2}\sin p)=1$$

变换是正则变换已得到证明.

因为母函数是以 Q、p 为独立变量，相应的正则变换条件为

$$-q\mathrm{d}p-P\mathrm{d}Q=\mathrm{d}S(p,Q)$$

$$q=-\frac{\partial S}{\partial p}=(\mathrm{e}^{Q}-1)^2\sec^2 p \tag{1}$$

$$P=-\frac{\partial S}{\partial Q}=2\mathrm{e}^{Q}(\mathrm{e}^{Q}-1)\tan p \tag{2}$$

母函数产生的上述正则变换，正是题目要证明的那个正则变换，从式(1)解出 Q，得

$$Q=\ln(1+q^{1/2}\cos p)$$

将它代入式(2)得

$$P=2(1+q^{1/2}\cos p)q^{1/2}\sin p$$

就是题目所给的变换.

11.4.5 用拉格朗日括号检验 11.4.2 题第一问的变换是正则变换.

解 用拉格朗日括号表述的正则变换条件为

$$(q_i,q_j)=0,\quad (p_i,p_j)=0$$

$$(q_i,p_j)=c\delta_{ij}\quad c\text{ 为非零常数.}$$

其中

$$(r_i,r_j)=\sum_k\left[\frac{\partial Q_k(\boldsymbol{q},\boldsymbol{p},t)}{\partial r_i}\bullet\frac{\partial P_k(\boldsymbol{q},\boldsymbol{p},t)}{\partial r_j}-\frac{\partial Q_k(\boldsymbol{q},\boldsymbol{p},t)}{\partial r_j}\bullet\frac{\partial P_k(\boldsymbol{q},\boldsymbol{p},t)}{\partial r_i}\right]$$

今

$$Q=q^2+\frac{p^2}{n^2},\quad P=\frac{n}{2}\arctan\left(\frac{P}{nq}\right)$$

$$(q,q)=\frac{\partial Q}{\partial q}\frac{\partial P}{\partial q}-\frac{\partial Q}{\partial q}\frac{\partial P}{\partial q}=0$$

同样 $(p,p)=0$，

$$(q,p)=\frac{\partial Q}{\partial q}\frac{\partial P}{\partial p}-\frac{\partial Q}{\partial p}\frac{\partial P}{\partial q}$$

$$=2q\cdot\frac{n}{2}\frac{\dfrac{1}{nq}}{1+\left(\dfrac{p}{nq}\right)^2}-\frac{2p}{n^2}\cdot\frac{n}{2}\frac{\left(-\dfrac{p}{nq^2}\right)}{1+\left(\dfrac{p}{nq}\right)^2}=1$$

证毕.

11.4.6　α、β 为何值时，变换

$$Q=q^{\alpha}\cos\beta p,\quad P=q^{\alpha}\sin\beta p$$

为一正则变换.

解法一　用正则变换条件

$$p\mathrm{d}q+cQ\mathrm{d}P=\mathrm{d}S$$

从 $Q=q^{\alpha}\cos\beta p,\quad P=q^{\alpha}\sin\beta p$，得

$$p=\frac{1}{\beta}\arcsin(Pq^{-\alpha})$$

$$Q=q^{\alpha}\sqrt{1-P^2q^{-2\alpha}}$$

$$p\mathrm{d}q+cQ\mathrm{d}P=\frac{1}{\beta}\arcsin(Pq^{-\alpha})\mathrm{d}q+cq^{\alpha}\sqrt{1-P^2q^{-2\alpha}}\,\mathrm{d}P$$

$$\frac{\partial}{\partial P}\left[\frac{1}{\beta}\arcsin(Pq^{-\alpha})\right]=\frac{1}{\beta}\frac{1}{\sqrt{q^{2\alpha}-P^2}}$$

$$\frac{\partial}{\partial q}\left[cq^{\alpha}\sqrt{1-P^2q^{-2\alpha}}\right]=\frac{c\alpha q^{2\alpha-1}}{\sqrt{q^{2\alpha}-P^2}}$$

变换为正则变换，必须两偏导数相等，

$$\frac{1}{\beta}\cdot\frac{1}{\sqrt{q^{2\alpha}-P^2}}=\frac{c\alpha q^{2\alpha-1}}{\sqrt{q^{2\alpha}-P^2}}$$

即

$$\frac{1}{\beta}=c\alpha q^{2\alpha-1}$$

$\alpha=\dfrac{1}{2}$，$\beta=\dfrac{1}{c\alpha}=\dfrac{2}{c}=c'$（$c'$ 为任何非零常数均可）.

解法二　用 11.4.4 题采用的方法.

$$
\begin{aligned}
[Q,P] &= \frac{\partial Q}{\partial q}\frac{\partial P}{\partial p} - \frac{\partial Q}{\partial p}\frac{\partial P}{\partial q} \\
&= \alpha q^{\alpha-1}\cos\beta p \cdot \beta q^{\alpha}\cos\beta p - q^{\alpha}(-\beta\sin\beta p)\cdot \alpha q^{\alpha-1}\sin\beta p \\
&= \alpha\beta q^{2\alpha-1}
\end{aligned}
$$

正则变换要求$[Q,P]=C$（C 为非零常数）也得到$\alpha=\dfrac{1}{2}$，β为任意非零常数的结论.

11.4.7　证明变换

$$
Q_1 = a_{11}q_1 + a_{12}q_2,\quad Q_2 = a_{21}q_1 + a_{22}q_2
$$

$$
P_1 = b_{11}p_1 + b_{12}p_2,\quad P_2 = b_{21}p_1 + b_{22}p_2
$$

在$b_{ij}=|A_{ij}|/|A|$对所有 i、j 均成立，其中$|A|$是矩阵(a_{ij})的行列式，$|A_{ij}|$是矩阵元 a_{ij} 的代数余子式，且所有 a_{ij}和 b_{ij} 都是常数这些条件下是正则变换.

证明

$$
b_{11}=\frac{a_{22}}{|A|},\quad b_{12}=-\frac{a_{21}}{|A|}
$$

$$
b_{21}=-\frac{a_{12}}{|A|},\quad b_{22}=-\frac{a_{11}}{|A|}
$$

$$
P_1=\frac{a_{22}}{|A|}p_1-\frac{a_{21}}{|A|}p_2,\quad P_2=-\frac{a_{12}}{|A|}p_1+\frac{a_{11}}{|A|}p_2
$$

显然有

$$
[Q_i,Q_j]=0,\quad [P_i,P_j]=0
$$

$$
\begin{aligned}
[Q_1,P_1] &= \frac{\partial Q_1}{\partial q_1}\frac{\partial P_1}{\partial p_1}+\frac{\partial Q_1}{\partial q_2}\frac{\partial P_1}{\partial p_2}-\frac{\partial Q_1}{\partial p_1}\frac{\partial P_1}{\partial q_1}-\frac{\partial Q_1}{\partial p_2}\frac{\partial P_1}{\partial q_2} \\
&= a_{11}\frac{a_{22}}{|A|}+a_{12}\left(-\frac{a_{21}}{|A|}\right)=1 \\
[Q_1,P_2] &= \frac{\partial Q_1}{\partial q_1}\frac{\partial P_2}{\partial p_1}+\frac{\partial Q_1}{\partial q_2}\frac{\partial P_2}{\partial p_2}-\frac{\partial Q_1}{\partial p_1}\frac{\partial P_2}{\partial q_1}-\frac{\partial Q_1}{\partial p_2}\frac{\partial P_2}{\partial q_2} \\
&= a_{11}\left(-\frac{a_{12}}{|A|}\right)+a_{12}\frac{a_{11}}{|A|}=0 \\
[Q_2,P_1] &= \frac{\partial Q_2}{\partial q_1}\frac{\partial P_1}{\partial p_1}+\frac{\partial Q_2}{\partial q_2}\frac{\partial P_1}{\partial p_2}-\frac{\partial Q_2}{\partial p_1}\frac{\partial P_1}{\partial q_1}-\frac{\partial Q_2}{\partial p_2}\frac{\partial P_1}{\partial q_2} \\
&= a_{21}\frac{a_{22}}{|A|}+a_{22}\left(-\frac{a_{21}}{|A|}\right)=0 \\
[Q_2,P_2] &= \frac{\partial Q_2}{\partial q_1}\frac{\partial P_2}{\partial p_1}+\frac{\partial Q_2}{\partial q_2}\frac{\partial P_2}{\partial p_2}-\frac{\partial Q_2}{\partial p_1}\frac{\partial P_2}{\partial q_1}-\frac{\partial Q_2}{\partial p_2}\frac{\partial P_2}{\partial q_2} \\
&= a_{21}\left(-\frac{a_{12}}{|A|}\right)+a_{22}\frac{a_{11}}{|A|}=1
\end{aligned}
$$

证毕.

11.4.8 (1)要使

$$Q_1 = q_1^2, \quad Q_2 = q_1 + q_2$$

$$P_1 = P_1(q_1, q_2, p_1, p_2), \quad P_2 = P_2(q_1, q_2, p_1, p_2)$$

为一正则变换，找出 P_1、P_2 最一般的函数形式.

提示：可用拉格朗日括号表述的正则变换条件给出的偏微分方程组求解.

(2)对上述正则变换，作何种特别的选择，可将

$$H = \left(\frac{p_1 - p_2}{2q_1}\right)^2 + p_2 + (q_1 + q_2)^2$$

变换为

$$H^* = P_1^2 + P_2$$

并用此题验证

$$\frac{\mathrm{d}}{\mathrm{d}t}\left(\frac{\partial L^*}{\partial \dot{Q}_i}\right) - \frac{\partial L^*}{\partial Q_i} = 0$$

$$\frac{\mathrm{d}}{\mathrm{d}t}\left(\frac{\partial L^*}{\partial \dot{P}_i}\right) - \frac{\partial L^*}{\partial P_i} = 0$$

成立.

解 (1)用拉格朗日括号表述的正则变换条件：$(q_i, q_j) = 0$，$(p_i, p_j) = 0$，$(q_i, p_j) = c\delta_{ij}$.

$$Q_1 = q_1^2, \quad Q_2 = q_1 + q_2,$$

$$P_1 = P_1(q_1, q_2, p_1, p_2), \quad P_2 = P_2(q_1, q_2, p_1, p_2)$$

由

$$\begin{aligned}(q_1, q_2) &= \frac{\partial Q_1}{\partial q_1}\frac{\partial P_1}{\partial q_2} + \frac{\partial Q_2}{\partial q_1}\frac{\partial P_2}{\partial q_2} - \frac{\partial Q_1}{\partial q_2}\frac{\partial P_1}{\partial q_1} - \frac{\partial Q_2}{\partial q_2}\frac{\partial P_2}{\partial q_1} \\ &= 2q_1\frac{\partial P_1}{\partial q_2} + \frac{\partial P_2}{\partial q_2} - \frac{\partial P_2}{\partial q_1} = 0\end{aligned} \tag{1}$$

$$(p_1, p_2) = \frac{\partial Q_1}{\partial p_1}\frac{\partial P_1}{\partial p_2} + \frac{\partial Q_2}{\partial p_1}\frac{\partial P_2}{\partial p_2} - \frac{\partial Q_1}{\partial p_2}\frac{\partial P_1}{\partial p_1} - \frac{\partial Q_2}{\partial p_2}\frac{\partial P_2}{\partial p_1} = 0$$

因 $\frac{\partial Q_1}{\partial p_1} = \frac{\partial Q_2}{\partial p_1} = \frac{\partial Q_1}{\partial p_2} = \frac{\partial Q_2}{\partial p_2} = 0$，此式没对 $\frac{\partial P_1}{\partial p_1}$、$\frac{\partial P_1}{\partial p_2}$、$\frac{\partial P_2}{\partial p_1}$、$\frac{\partial P_2}{\partial p_2}$ 间给出任何关系.

$$\begin{aligned}(q_1, p_1) &= \frac{\partial Q_1}{\partial q_1}\frac{\partial P_1}{\partial p_1} + \frac{\partial Q_2}{\partial q_1}\frac{\partial P_2}{\partial p_1} - \frac{\partial Q_1}{\partial p_1}\frac{\partial P_1}{\partial q_1} - \frac{\partial Q_2}{\partial p_1}\frac{\partial P_2}{\partial q_1} \\ &= 2q_1\frac{\partial P_1}{\partial p_1} + \frac{\partial P_2}{\partial p_1} = C\end{aligned} \tag{2}$$

$$\begin{aligned}(q_1, p_2) &= \frac{\partial Q_1}{\partial q_1}\frac{\partial P_1}{\partial p_2} + \frac{\partial Q_2}{\partial q_1}\frac{\partial P_2}{\partial p_2} - \frac{\partial Q_1}{\partial p_2}\frac{\partial P_1}{\partial q_1} - \frac{\partial Q_2}{\partial p_2}\frac{\partial P_2}{\partial q_1} \\ &= 2q_1\frac{\partial P_1}{\partial p_2} + \frac{\partial P_2}{\partial p_2} = 0\end{aligned} \tag{3}$$

$$(q_2,p_1)=\frac{\partial Q_1}{\partial q_2}\frac{\partial P_1}{\partial p_1}+\frac{\partial Q_2}{\partial q_2}\frac{\partial P_2}{\partial p_1}-\frac{\partial Q_1}{\partial p_1}\frac{\partial P_1}{\partial q_2}-\frac{\partial Q_2}{\partial p_1}\frac{\partial P_2}{\partial q_2}=\frac{\partial P_2}{\partial p_1}=0 \tag{4}$$

$$(q_2,p_2)=\frac{\partial Q_1}{\partial q_2}\frac{\partial P_1}{\partial p_2}+\frac{\partial Q_2}{\partial q_2}\frac{\partial P_2}{\partial p_2}-\frac{\partial Q_1}{\partial p_2}\frac{\partial P_1}{\partial q_2}-\frac{\partial Q_2}{\partial p_2}\frac{\partial P_2}{\partial q_2}=\frac{\partial P_2}{\partial p_2}=C \tag{5}$$

由(4)、(5)两式，得

$$P_2=Cp_2+f(q_1,q_2) \tag{6}$$

将式(6)代入式(1)，

$$2q_1\frac{\partial P_1}{\partial q_2}+\frac{\partial f}{\partial q_2}-\frac{\partial f}{\partial q_1}=0 \tag{7}$$

将式(4)代入式(2)，

$$2q_1\frac{\partial P_1}{\partial p_1}=C \tag{8}$$

将式(5)代入式(3)，

$$2q_1\frac{\partial P_1}{\partial p_2}=-C \tag{9}$$

由式(7)、(8)、(9)，$\mathrm{d}P_1$可写成

$$\begin{aligned}\mathrm{d}P_1&=\frac{\partial P_1}{\partial q_1}\mathrm{d}q_1+\frac{\partial P_1}{\partial q_2}\mathrm{d}q_2+\frac{\partial P_1}{\partial p_1}\mathrm{d}p_1+\frac{\partial P_1}{\partial p_2}\mathrm{d}p_2\\&=\frac{\partial P_1}{\partial q_1}\mathrm{d}q_1+\frac{1}{2q_1}\left(\frac{\partial f}{\partial q_1}-\frac{\partial f}{\partial q_2}\right)\mathrm{d}q_2+\frac{C}{2q_1}\mathrm{d}p_1-\frac{C}{2q_2}\mathrm{d}p_2\end{aligned} \tag{10}$$

根据式(10)，设想 P_1 为

$$P_1=\frac{C(p_1-p_2)}{2q_1}+\frac{1}{2q_1}\int\left(\frac{\partial f}{\partial q_1}-\frac{\partial f}{\partial q_2}\right)\mathrm{d}q_2+h(q_1) \tag{11}$$

它显然满足式(10). 如能满足恰当微分条件，又满足式(1)，则设想的 P_1 是对的.

$$\begin{aligned}\frac{\partial P_1}{\partial q_1}=&-\frac{C(p_1-p_2)}{2q_1^2}-\frac{1}{2q_1^2}\int\left(\frac{\partial f}{\partial q_1}-\frac{\partial f}{\partial q_2}\right)\mathrm{d}q_2\\&+\frac{1}{2q_1}\int\left(\frac{\partial^2 f}{\partial q_1^2}-\frac{\partial^2 f}{\partial q_1\partial q_2}\right)\mathrm{d}q_2+\frac{\mathrm{d}h}{\mathrm{d}q_1}\end{aligned}$$

$$\frac{\partial}{\partial q_2}\left(\frac{\partial P_1}{\partial q_1}\right)=-\frac{1}{2q_1^2}\left(\frac{\partial f}{\partial q_1}-\frac{\partial f}{\partial q_2}\right)+\frac{1}{2q_1}\left(\frac{\partial^2 f}{\partial q_1^2}-\frac{\partial^2 f}{\partial q_1\partial q_2}\right)$$

$$\frac{\partial P_1}{\partial q_2}=\frac{1}{2q_1}\left(\frac{\partial f}{\partial q_1}-\frac{\partial f}{\partial q_2}\right)$$

$$\frac{\partial}{\partial q_1}\left(\frac{\partial P_1}{\partial q_2}\right)=-\frac{1}{2q_1^2}\left(\frac{\partial f}{\partial q_1}-\frac{\partial f}{\partial q_2}\right)+\frac{1}{2q_1}\left(\frac{\partial^2 f}{\partial q_1^2}-\frac{\partial^2 f}{\partial q_1\partial q_2}\right)$$

有

$$\frac{\partial}{\partial q_2}\left(\frac{\partial P_1}{\partial q_1}\right)=\frac{\partial}{\partial q_1}\left(\frac{\partial P_1}{\partial q_2}\right)$$

$$\frac{\partial}{\partial p_1}\left(\frac{\partial P_1}{\partial q_1}\right)=-\frac{C}{2q_1^2}$$

$$\frac{\partial P_1}{\partial p_1}=\frac{C}{2q_1},\quad \frac{\partial}{\partial q_1}\left(\frac{\partial P_1}{\partial p_1}\right)=-\frac{C}{2q_1^2}$$

有

$$\frac{\partial}{\partial p_1}\left(\frac{\partial P_1}{\partial q_1}\right)=\frac{\partial}{\partial q_1}\left(\frac{\partial P_1}{\partial p_1}\right)$$

$$\frac{\partial}{\partial p_2}\left(\frac{\partial P_1}{\partial q_1}\right)=\frac{C}{2q_1^2},\quad \frac{\partial P_1}{\partial p_2}=-\frac{C}{2q_1},\quad \frac{\partial}{\partial q_1}\left(\frac{\partial P_1}{\partial p_2}\right)=\frac{C}{2q_1^2}$$

有

$$\frac{\partial}{\partial p_2}\left(\frac{\partial P_1}{\partial q_1}\right)=\frac{\partial}{\partial q_1}\left(\frac{\partial P_1}{\partial p_2}\right)$$

其余应相等的偏导数都是 $0=0$ 的恒等式.

式(11)和式(6)也满足式(1)的要求，

$$2q_1\frac{\partial P_1}{\partial q_2}+\frac{\partial P_2}{\partial q_2}-\frac{\partial P_2}{\partial q_1}=2q_1\cdot\frac{1}{2q_1}\left(\frac{\partial f}{\partial q_1}-\frac{\partial f}{\partial q_2}\right)+\frac{\partial f}{\partial q_2}-\frac{\partial f}{\partial q_1}=0$$

所以 P_1、P_2 的最一般表达式分别为式(11)和式(6). 其中 C 是任意的非零常数，f 是 q_1、q_2 的任意函数，h 是 q_1 的任意函数.

(2)
$$p_1\mathrm{d}q_1+p_2\mathrm{d}q_2-P_1\mathrm{d}Q_1-P_2\mathrm{d}Q_2=\mathrm{d}S(\boldsymbol{q},\boldsymbol{Q})$$

因为正则变换中不显含 t，故 S 中也不显含 t. 又取 C=1，正则变换后的哈密顿函数 H^* 与原哈密顿函数 H 相等，

$$H^*=H$$

变换后要求

$$H^*=P_1^2+P_2$$

$$P_1^2+P_2=\left(\frac{p_1-p_2}{2q_1}\right)^2+p_2+(q_1+q_2)^2$$

将式(11)、式(6)的 P_1、P_2 代入上式，

$$C=1,\quad h(q_1)=0,\quad \frac{\partial f}{\partial q_1}-\frac{\partial f}{\partial q_2}=0,\quad f=(q_1+q_2)^2$$

这个 $f=(q_1+q_2)^2$，确有 $\dfrac{\partial f}{\partial q_1}-\dfrac{\partial f}{\partial q_2}=0.$

因此要使变换后 $H^*=P_1^2+P_2$，用的正则变换为

$$P_1=\frac{p_1-p_2}{2q_1},\quad P_2=p_2+(q_1+q_2)^2$$

$$H^*=P_1\dot{Q}_1+P_2\dot{Q}_2-L^*$$

$$L^*=P_1\dot{Q}_1+P_2\dot{Q}_2-H^*=P_1\dot{Q}_1+P_2\dot{Q}_2-P_1^2-P_2$$

由正则方程得

$$\dot{Q}_1=\frac{\partial H^*}{\partial P_1}=2P_1,\quad \dot{Q}_2=\frac{\partial H^*}{\partial P_2}=1$$

$$\dot{P}_1=-\frac{\partial H^*}{\partial Q_1}=0,\quad \dot{P}_2=-\frac{\partial H^*}{\partial Q_2}=0$$

由

$$\frac{\mathrm{d}}{\mathrm{d}t}\left(\frac{\partial L^*}{\partial \dot{Q}_i}\right)-\frac{\partial L^*}{\partial Q_i}=0,\quad \frac{\mathrm{d}}{\mathrm{d}t}\left(\frac{\partial L^*}{\partial \dot{P}_i}\right)-\frac{\partial L^*}{\partial P_i}=0\quad (i=1,2)$$

得

$$\dot{P}_1=0,\quad \dot{P}_2=0$$

$$\dot{Q}_1-2P_1=0,\quad \dot{Q}_2-1=0$$

两组方程结果相同，正则方程成立，可见要验证的 $\dfrac{\mathrm{d}}{\mathrm{d}t}\left(\dfrac{\partial L^*}{\partial \dot{Q}_i}\right)-\dfrac{\partial L^*}{\partial Q_i}=0, \dfrac{\mathrm{d}}{\mathrm{d}t}\left(\dfrac{\partial L^*}{\partial \dot{P}_i}\right)-\dfrac{\partial L^*}{\partial P_i}=0$ 成立.

11.4.9　求出下列母函数产生的正则变换：

(1) $S_1(\boldsymbol{q},\boldsymbol{Q},t)=\sum\limits_{i=1}^{s}q_iQ_i$;

(2) $S_2(p,Q,t)=-\tan p(\mathrm{e}^{Q}-1)$;

(3) $S_3(\boldsymbol{q},\boldsymbol{P},t)=\sum\limits_{i=1}^{s}q_iP_i$;

(4) $S_4(\boldsymbol{p},\boldsymbol{P},t)=\sum\limits_{i=1}^{s}p_iP_i$.

解　(1)

$$S_1(\boldsymbol{q},\boldsymbol{Q},t)=\sum_{i=1}^{s}q_iQ_i$$

由 $\sum\limits_{i=1}^{s}p_i\mathrm{d}q_i-\sum\limits_{i=1}^{s}P_i\mathrm{d}Q_i=\mathrm{d}S_1(\boldsymbol{q},\boldsymbol{Q})$, 得

$$\begin{cases} p_i = \dfrac{\partial S_1}{\partial q_i} = Q_i \\ P_i = -\dfrac{\partial S_1}{\partial Q_i} = -q_i \end{cases} \quad (i = 1, 2, \cdots, s)$$

(2)

$$S_2(p, Q, t) = -\tan p(\mathrm{e}^Q - 1)$$

$$q = -\frac{\partial S_2}{\partial p} = \sec^2 p(\mathrm{e}^Q - 1)$$

$$P = -\frac{\partial S_2}{\partial Q} = \mathrm{e}^Q \tan p$$

也可把变换写成

$$Q = \ln(1 + q\cos^2 p)$$

$$P = (1 + q\cos^2 p)\tan p$$

(3)

$$S_3(\boldsymbol{q}, \boldsymbol{P}, t) = \sum_{i=1}^{s} q_i P_i$$

$$\begin{cases} p_i = \dfrac{\partial S_3}{\partial q_i} = P_i \\ Q_i = \dfrac{\partial S_3}{\partial P_i} = q_i \end{cases} \quad (i = 1, 2, \cdots, s)$$

为恒等变换.

(4)

$$S_4(\boldsymbol{p}, \boldsymbol{P}, t) = \sum_{i=1}^{s} p_i P_i$$

$$\begin{cases} q_i = -\dfrac{\partial S_4}{\partial p_i} = -P_i \\ Q_i = \dfrac{\partial S_4}{\partial P_i} = p_i \end{cases} \quad (i = 1, 2, \cdots, s)$$

11.4.10　证明 $Q_1 = p_1^2$，$Q_2 = p_2^2 + q_2$，$P_1 = -\dfrac{q_1}{2p_1} + t$，$P_2 = p_2 + t$ 是正则变换，并求出产生该正则变换的 $S_1(\boldsymbol{q}, \boldsymbol{Q}, t)$、$S_3(\boldsymbol{q}, \boldsymbol{P}, t)$ 两种形式的母函数.

解　只要能找到母函数，也就证明了变换是正则变换.

先找 $S_1(\boldsymbol{q}, \boldsymbol{Q}, t)$ 形式的母函数：

$$\begin{aligned} & p_1 \mathrm{d}q_1 + p_2 \mathrm{d}q_2 - P_1 \mathrm{d}Q_1 - P_2 \mathrm{d}Q_2 \\ &= p_1 \mathrm{d}q_1 + p_2 \mathrm{d}q_2 - \left(-\frac{q_1}{2p_1} + t\right) 2p_1 \mathrm{d}p_1 - (p_2 + t)(2p_2 \mathrm{d}p_2 + \mathrm{d}q_2) \\ &= p_1 \mathrm{d}q_1 - t\mathrm{d}q_2 + (q_1 - 2p_1 t)\mathrm{d}p_1 - 2p_2(p_2 + t)\mathrm{d}p_2 \\ &= \mathrm{d}(p_1 q_1 - p_1^2 t) + \mathrm{d}(-q_2 t) + \mathrm{d}\left(-\frac{2}{3}p_2^3 - p_2^2 t\right) \end{aligned}$$

在上述演算中，t 视为常量.

再用变换关系，将 p_1、p_2 表示成 q_1、q_2、Q_1、Q_2 和 t 的函数，将

$$p_1 = Q_1^{1/2}, \quad p_2 = (Q_2 - q_2)^{1/2}$$

代入法甫式，即得

$$\begin{aligned} S_1(\boldsymbol{q},\boldsymbol{Q},t) &= Q_1^{1/2}q_1 - Q_1 t - q_2 t - \frac{2}{3}(Q_2 - q_2)^{3/2} - (Q_2 - q_2)t \\ &= Q_1^{1/2}q_1 - \frac{2}{3}(Q_2 - q_2)^{3/2} - (Q_1 + Q_2)t \end{aligned}$$

现找 $S_3(\boldsymbol{q},\boldsymbol{P},t)$，

$$\begin{aligned} & p_1\mathrm{d}q_1 + p_2\mathrm{d}q_2 + Q_1\mathrm{d}P_1 + Q_2\mathrm{d}P_2 \\ &= p_1\mathrm{d}q_1 + p_2\mathrm{d}q_2 + p_1^2\left(\frac{q_1}{2p_1^2}\mathrm{d}p_1 - \frac{1}{2p_1}\mathrm{d}q_1\right) + (p_2^2 + q_2)\mathrm{d}p_2 \\ &= \frac{1}{2}p_1\mathrm{d}q_1 + p_2\mathrm{d}q_2 + \frac{1}{2}q_1\mathrm{d}p_1 + (p_2^2 + q_2)\mathrm{d}p_2 \\ &= \mathrm{d}\left(\frac{1}{2}p_1q_1 + p_2q_2 + \frac{1}{3}p_2^3\right) \end{aligned}$$

也用变换关系将上式中的 p_1、p_2 表示成 q_1、q_2、P_1、P_2 和 t 的函数，代入

$$p_1 = -\frac{q_1}{2(P_1 - t)}, \quad p_2 = P_2 - t$$

$$\begin{aligned} S_3(\boldsymbol{q},\boldsymbol{P},t) &= \frac{1}{2}q_1\left[-\frac{q_1}{2(P_1 - t)}\right] + (P_2 - t)q_2 + \frac{1}{3}(P_2 - t)^3 \\ &= -\frac{q_1^2}{4(P_1 - t)} + (P_2 - t)q_2 + \frac{1}{3}(P_2 - t)^3 \end{aligned}$$

注意：获得 $S_1(\boldsymbol{q},\boldsymbol{Q},t)$ 后，不能用它将其中 Q_1、Q_2 用变换关系换成 $Q_1(\boldsymbol{q},\boldsymbol{P},t)$、$Q_2(\boldsymbol{q},\boldsymbol{P},t)$ 得到 $S_3(\boldsymbol{q},\boldsymbol{P},t)$，原因是 $S_3(\boldsymbol{q},\boldsymbol{P},t)$ 与 $S_1(\boldsymbol{q},\boldsymbol{Q},t)$ 间并不存在下列偏导数关系：

$$\frac{\partial S_3}{\partial P_1} = \frac{\partial S_1}{\partial Q_1}\frac{\partial Q_1}{\partial P_1} + \frac{\partial S_1}{\partial Q_2}\frac{\partial Q_2}{\partial P_1}$$

11.4.11　证明

$$Q = \ln\left(1 + q^{\frac{1}{2}}\cos p\right)$$

$$P = \left(1 + q^{\frac{1}{2}}\cos p\right)q^{\frac{1}{2}}\sin p$$

为正则变换，并求出产生它的母函数.

提示：用 $\mathrm{d}S = -q\mathrm{d}p - cP\mathrm{d}Q$ 时需令 $c = 2$.

解

$$Q = \ln\left(1 + q^{\frac{1}{2}}\cos p\right)$$

$$P=\left(1+q^{\frac{1}{2}}\cos p\right)q^{\frac{1}{2}}\sin p$$

$$\mathrm{d}S=-q\mathrm{d}p-2P\mathrm{d}Q$$

需将式中的 q、P 均表示成 p、Q 的函数(这里变换关系中不显含 t)，

$$q=(\mathrm{e}^Q-1)^2\sec^2 p$$

$$P=\mathrm{e}^Q(\mathrm{e}^Q-1)\tan p$$

$$\begin{aligned}\mathrm{d}S&=-(\mathrm{e}^Q-1)^2\sec^2 p\mathrm{d}p-2\mathrm{e}^Q(\mathrm{e}^Q-1)\tan p\mathrm{d}Q\\&=\mathrm{d}[-(\mathrm{e}^Q-1)^2\tan p]\end{aligned}$$

所以

$$S(p,Q)=-(\mathrm{e}^Q-1)^2\tan p$$

注意：此题与 11.4.4 题就差一个 2 的因子，母函数也与 11.4.4 题相同，说明一般讲采用正则变换条件时应考虑不为零的常数 c 不一定总等于 1.

11.4.12　用母函数 $S_1=Q_1^{1/2}q_1-\frac{2}{3}(Q_2-q_2)^{3/2}-(Q_1+Q_2)t$ 产生的正则变换来求解哈密顿函数为 $H=p_1^2+p_2^2+q_2$ 的系统的运动.

解

$$S_1=Q_1^{1/2}q_1-\frac{2}{3}(Q_2-q_2)^{3/2}-(Q_1+Q_2)t$$

由 $\sum\limits_{i=1}^{s}p_i\mathrm{d}q_i-c\sum\limits_{i=1}^{s}P_i\mathrm{d}Q_i+(cH^*-H)\mathrm{d}t=\mathrm{d}S_1(\boldsymbol{q},\boldsymbol{Q},t)$ 取 $c=1$，

$$p_1=\frac{\partial S_1}{\partial q_1}=Q_1^{1/2}$$

$$p_2=\frac{\partial S_1}{\partial q_2}=(Q_2-q_2)^{1/2}$$

$$P_1=-\frac{\partial S_1}{\partial Q_1}=-\frac{1}{2}Q_1^{-1/2}q_1+t$$

$$P_2=-\frac{\partial S_1}{\partial Q_2}=(Q_2-q_2)^{1/2}+t$$

$$H=p_1^2+p_2^2+q_2$$

$$q_2=Q_2-(P_2-t)^2$$

$$\begin{aligned}H^*=H+\frac{\partial S_1}{\partial t}&=p_1^2+p_2^2+q_2-(Q_1+Q_2)\\&=Q_1+(Q_2-q_2)+q_2-(Q_1+Q_2)=0\end{aligned}$$

由

$$\dot{Q}_i=\frac{\partial H^*}{\partial P_i},\quad \dot{P}_i=-\frac{\partial H^*}{\partial Q_i}\quad(i=1,2)$$

得

$$Q_1 = 常量, \qquad Q_2 = 常量$$

$$P_1 = 常量, \qquad P_2 = 常量$$

$$q_1 = 2Q_1^{1/2}(P_1 - t) = At + B$$

$$q_2 = Q_2 - (P_2 - t)^2 = -t^2 + Ct + D$$

其中 A、B、C、D 均为常量，由初条件确定.

11.4.13 一质量为 m 的质点在势场 $V(q)$ 中做一维运动，质点受到正比于其速度的阻力 $-2m\gamma\dot{q}$.

(1) 证明可由拉格朗日函数 $L = \mathrm{e}^{2\gamma t}\left[\frac{1}{2}m\dot{q}^2 - V(q)\right]$ 得到运动微分方程；

(2) 用母函数 $S_3(q,P,t) = \mathrm{e}^{\gamma t}qP$，求正则变换后的哈密顿函数 $H^*(Q,P,t)$，对于 $V(q) = \frac{1}{2}m\omega^2q^2$，证明变换后的哈密顿函数

$$H^* = \frac{1}{2m}P^2 + \frac{1}{2}m\omega^2Q^2 + \gamma QP$$

为运动常数；

(3) 对于弱阻尼情况 $\gamma < \omega$，由(2)问中的运动常数求阻尼振子的解 $q(t)$.

解 (1) 系统的运动微分方程为

$$m\ddot{q} = -\frac{\partial V}{\partial q} - 2m\gamma\dot{q}$$

若令

$$L = \mathrm{e}^{2\gamma t}\left[\frac{1}{2}m\dot{q}^2 - V(q)\right]$$

由 $\frac{\mathrm{d}}{\mathrm{d}t}\left(\frac{\partial L}{\partial \dot{q}}\right) - \frac{\partial L}{\partial q} = 0$，可得

$$\frac{\mathrm{d}}{\mathrm{d}t}(\mathrm{e}^{2\gamma t}m\dot{q}) + \mathrm{e}^{2\gamma t}\frac{\partial V}{\partial q} = 0$$

$$\mathrm{e}^{2\gamma t}m\ddot{q} + 2\gamma m\mathrm{e}^{2\gamma t}\dot{q} + \mathrm{e}^{2\gamma t}\frac{\partial V}{\partial q} = 0$$

$$m\ddot{q} = -\frac{\partial V}{\partial q} - 2m\gamma\dot{q}$$

证明了由所给的拉格朗日函数可导出运动微分方程.

(2) 先由拉格朗日函数求出正则变换前的哈密顿函数 $H(q,p,t)$，

$$p = \frac{\partial L}{\partial \dot{q}} = m\mathrm{e}^{2\gamma t}\dot{q}, \quad \dot{q} = \frac{1}{m}\mathrm{e}^{-2\gamma t}p$$

$$H = p\dot{q} - L = \frac{1}{m}\mathrm{e}^{-2\gamma t}p^2 - \mathrm{e}^{2\gamma t}\left[\frac{1}{2}m\left(\frac{1}{m}\mathrm{e}^{-2\gamma t}p\right)^2 - V(q)\right]$$

$$= \frac{1}{2m}\mathrm{e}^{-2\gamma t}p^2 + \mathrm{e}^{2\gamma t}V(q)$$

$$p\mathrm{d}q + Q\mathrm{d}P + (H^* - H)\mathrm{d}t = \mathrm{d}S_3(q,P,t)$$

$$p = \frac{\partial S_3}{\partial q} = \frac{\partial}{\partial q}(\mathrm{e}^{\gamma t}qP) = \mathrm{e}^{\gamma t}P$$

$$Q = \frac{\partial S_3}{\partial P} = \frac{\partial}{\partial P}(\mathrm{e}^{\gamma t}qP) = \mathrm{e}^{\gamma t}q$$

$$q = \mathrm{e}^{-\gamma t}Q$$

$$H^* = H + \frac{\partial S_3}{\partial t} = \frac{1}{2m}\mathrm{e}^{-2\gamma t}p^2 + \mathrm{e}^{2\gamma t}V(q) + \gamma\mathrm{e}^{\gamma t}qP$$

$$= \frac{1}{2m}P^2 + \mathrm{e}^{2\gamma t}V(\mathrm{e}^{-\gamma t}Q) + \gamma QP$$

对于$V(q) = \frac{1}{2}m\omega^2q^2$，

$$H^* = \frac{1}{2m}P^2 + \frac{1}{2}m\omega^2q^2 \cdot \mathrm{e}^{2\gamma t} + \gamma QP = \frac{1}{2m}P^2 + \frac{1}{2}m\omega^2Q^2 + \gamma QP$$

因为$\frac{\partial H^*}{\partial t} = 0$，所以$H^*$为运动常数.

(3) 对于(2)问的$V(q) = \frac{1}{2}m\omega^2q^2$，

$$H^* = \frac{1}{2m}P^2 + \frac{1}{2}m\omega^2Q^2 + \gamma QP$$

$$\dot{P} = -\frac{\partial H^*}{\partial Q} = -m\omega^2Q - \gamma P \tag{1}$$

$$\dot{Q} = \frac{\partial H^*}{\partial P} = \frac{1}{m}P + \gamma Q \tag{2}$$

$$P = m(\dot{Q} - \gamma Q)$$

将式(2)两边对t求导，用式(1)消去$\dot{P}$，用式(2)消去P，可得

$$\ddot{Q} + (\omega^2 - \gamma^2)Q = 0$$

对于弱阻尼情况，$\gamma < \omega$，

$$Q = A\sin(\omega_\gamma t + \alpha)$$

其中$\omega_\gamma = \sqrt{\omega^2 - \gamma^2}$，$A$、$\alpha$为积分常数，

$$P = m(\dot{Q} - \gamma Q)$$

$$= m[A\omega_\gamma\cos(\omega_\gamma t + \alpha) - \gamma A\sin(\omega_\gamma t + \alpha)]$$

可得

$$H^* = \frac{1}{2m}P^2 + \frac{1}{2}m\omega^2 Q^2 + \gamma QP = \frac{1}{2}m\omega_\gamma^2 A^2$$

$$A = \frac{1}{\omega_\gamma}\sqrt{\frac{2H^*}{m}}$$

$$q = \mathrm{e}^{-\gamma t}Q = \frac{1}{\omega_\gamma}\sqrt{\frac{2H^*}{m}}\mathrm{e}^{-\gamma t}\sin(\omega_\gamma t + \alpha)$$

其中 $\omega_\gamma = \sqrt{\omega^2 - \gamma^2}$， H^*、α 为常数由初条件确定.

11.5　哈密顿-雅可比方程

11.5.1　一个质量为 m 的质点以初速 v、对水平线仰角为 α 的方向，在不计阻力的空气中抛射，用哈密顿-雅可比方程求其运动规律.

解　取抛射点为坐标原点，x 轴沿水平方向，y 轴竖直向上，质点在 xy 平面内运动，

$$H = \frac{1}{2m}(p_x^2 + p_y^2) + mgy$$

H 中不显含 x，它是循环坐标， $p_x = \alpha'$，H 不显含 t，有能量积分，积分常数为 h，

$$S = -ht + W$$

特性函数 W 满足的哈密顿-雅可比方程为

$$\frac{1}{2m}\left[\alpha'^2 + \left(\frac{\partial W}{\partial y}\right)^2\right] + mgy = h$$

可令 $W = W'(y) + \alpha' x$， $W'(y)$ 满足的方程为

$$\frac{1}{2m}\left[\alpha'^2 + \left(\frac{\mathrm{d}W'}{\mathrm{d}y}\right)^2\right] + mgy = h$$

$$\frac{\mathrm{d}W'}{\mathrm{d}y} = \sqrt{2m}\sqrt{h - \frac{\alpha'^2}{2m} - mgy}$$

$$W'(y) = \sqrt{2m}\int\sqrt{h - \frac{\alpha'^2}{2m} - mgy}\,\mathrm{d}y = -\frac{2\sqrt{2m}}{3mg}\left(h - \frac{\alpha'^2}{2m} - mgy\right)^{3/2}$$

$$W = -\frac{2\sqrt{2m}}{3mg}\left(h - \frac{\alpha'^2}{2m} - mgy\right)^{3/2} + \alpha' x$$

$$\beta = t - \frac{\partial W}{\partial h} = t + \frac{\sqrt{2m}}{mg}\left(h - \frac{\alpha'^2}{2m} - mgy\right)^{1/2}$$

$$h - \frac{\alpha'^2}{2m} - mgy = \left[\frac{mg}{\sqrt{2m}}(\beta - t)\right]^2 = \frac{1}{2}mg^2(\beta - t)^2 \tag{1}$$

代入初条件定常量 h 和 α'，

$$h=\frac{1}{2m}(p_{x0}^2+p_{y0}^2)=\frac{1}{2m}(mv)^2=\frac{1}{2}mv^2$$

$$\alpha'=p_{x0}=mv\cos\alpha$$

代入式(1)，

$$\frac{1}{2}mv^2-\frac{1}{2m}(mv\cos\alpha)^2-mgy=\frac{1}{2}mg^2(\beta-t)^2 \tag{2}$$

由 $t=0$ 时 $y=0$，可定出 $\beta=\frac{1}{g}v\sin\alpha$，代入式(2)，解出

$$y=vt\sin\alpha-\frac{1}{2}gt^2$$

$$p_x=\alpha'=mv\cos\alpha$$

$$\dot{x}=v\cos\alpha$$

$$x=\int_0^t v\cos\alpha\mathrm{d}t=vt\cos\alpha$$

11.5.2　求对称陀螺在重力作用下绕固定点转动时的哈密顿主函数.

解　取固定点为坐标原点，取固连于刚体的惯量主轴为 x、y、z 轴，z 轴为旋转对称轴，I_1、I_2=I_1、I_3 为相应的主转动惯量，以静坐标系为参考系，

$$T=\frac{1}{2}(I_1\omega_x^2+I_1\omega_y^2+I_3\omega_z^2)$$

$$V=mgl\cos\theta$$

用欧拉角 ψ、φ、θ 为广义坐标，

$$\omega_x=\dot{\varphi}\sin\theta\sin\psi+\dot{\theta}\cos\psi$$

$$\omega_y=\dot{\varphi}\sin\theta\cos\psi-\dot{\theta}\sin\psi$$

$$\omega_z=\dot{\varphi}\cos\theta+\dot{\psi}$$

$$L=T-V=\frac{1}{2}[I_1(\dot{\varphi}^2\sin^2\theta+\dot{\theta}^2)+I_3(\dot{\varphi}\cos\theta+\dot{\psi})^2]-mgl\cos\theta$$

$$p_\psi=\frac{\partial L}{\partial\dot{\psi}}=I_3(\dot{\varphi}\cos\theta+\dot{\psi})$$

$$p_\varphi=\frac{\partial L}{\partial\dot{\varphi}}=I_1\dot{\varphi}\sin^2\theta+I_3\dot{\varphi}\cos^2\theta+I_3\dot{\psi}\cos\theta$$

$$p_\theta=\frac{\partial L}{\partial\dot{\theta}}=I_1\dot{\theta}$$

$$\dot{\theta}=\frac{P_\theta}{I_1}$$

$$\dot{\varphi}=\frac{1}{I_1\sin^2\theta}(p_\varphi-p_\psi\cos\theta)$$

$$\dot{\psi}=\frac{p_\psi}{I_3}-\frac{p_\varphi-p_\psi\cos\theta}{I_1\sin^2\theta}\cos\theta$$

动能是广义速度的齐二次函数，

$$H=T+V=\frac{1}{2}\left[\frac{(p_\varphi-p_\psi\cos\theta)^2}{I_1\sin^2\theta}+\frac{p_\theta^2}{I_1}+\frac{p_\psi^2}{I_3}\right]+mgl\cos\theta$$

用机械能守恒的哈密顿-雅可比方程

$$H\left(\psi,\varphi,\theta,\frac{\partial W}{\partial\psi},\frac{\partial W}{\partial\varphi},\frac{\partial W}{\partial\theta}\right)=h$$

$$\frac{1}{2I_1\sin^2\theta}\left(\frac{\partial W}{\partial\varphi}-\frac{\partial W}{\partial\psi}\cos\theta\right)^2+\frac{1}{2I_1}\left(\frac{\partial W}{\partial\theta}\right)^2+\frac{1}{2I_3}\left(\frac{\partial W}{\partial\psi}\right)^2+mgl\cos\theta=h$$

因为$\frac{\partial H}{\partial\varphi}=0$，$\frac{\partial H}{\partial\psi}=0$，$\varphi$、$\psi$ 均是循环坐标，

$$\frac{\partial W}{\partial\varphi}=p_\varphi=\alpha_2,\quad \frac{\partial W}{\partial\psi}=p_\psi=\alpha_3$$

$$W=\alpha_2\varphi+\alpha_3\psi+W'(\theta)$$

$W'(\theta)$ 满足的微分方程为

$$\frac{1}{2I_1\sin^2\theta}(\alpha_2-\alpha_3\cos\theta)^2+\frac{1}{2I_1}\left(\frac{\mathrm{d}W'}{\mathrm{d}\theta}\right)^2+\frac{1}{2I_3}\alpha_3^2+mgl\cos\theta=h$$

$$\frac{\mathrm{d}W'}{\mathrm{d}\theta}=\left[2I_1h-\frac{1}{\sin^2\theta}(\alpha_2-\alpha_3\cos\theta)^2-\frac{I_1}{I_3}\alpha_3^2-2I_1mgl\cos\theta\right]^{1/2}$$

$$W'=\int\left[2I_1h-\frac{1}{\sin^2\theta}(\alpha_2-\alpha_3\cos\theta)^2-\frac{I_1}{I_3}\alpha_3^2-2I_1mgl\cos\theta\right]^{1/2}\mathrm{d}\theta$$

哈密顿主函数为

$$\begin{aligned}S&=-ht+W=-ht+\alpha_2\varphi+\alpha_3\psi+W'\\&=-ht+\alpha_2\varphi+\alpha_3\psi+\int\left[2I_1h-\frac{1}{\sin^2\theta}(\alpha_2-\alpha_3\cos\theta)^2\right.\\&\quad\left.-\frac{I_1}{I_3}\alpha_3^2-2I_1mgl\cos\theta\right]^{1/2}\mathrm{d}\theta\end{aligned}$$

其中 h 是总机械能，α_2 为进动角动量，α_3 为自转角动量，l 是质心在固定点上方离固定点的距离，也是质心的 z 坐标.

11.5.3　用哈密顿-雅可比方程求二维势场 $V=\frac{k}{r}$（k 为常量）中运动的质点的轨道方程，可采用 $u=r+x$ 和 $v=r-x$ 为广义坐标.

解

$$L=\frac{1}{2}m(\dot{r}^2+r^2\dot{\varphi}^2)-\frac{k}{r}$$

改用 u、v 为广义坐标，

$$u=r+x=r(1+\cos\varphi)$$

$$v=r-x=r(1-\cos\varphi)$$

$$r=\frac{1}{2}(u+v),\quad \dot{r}=\frac{1}{2}(\dot{u}+\dot{v})$$

$$\cos\varphi=\frac{x}{r}=\frac{u}{r}-1=\frac{2u}{u+v}-1=\frac{u-v}{u+v}$$

$$\sin\varphi=\sqrt{1-\left(\frac{u-v}{u+v}\right)^2}=\frac{2}{u+v}\sqrt{uv}$$

$$-\sin\varphi\bullet\dot{\varphi}=\frac{\mathrm{d}}{\mathrm{d}t}\left(\frac{u-v}{u+v}\right)=\frac{2}{(u+v)^2}(\dot{u}v-u\dot{v})$$

$$\dot{\varphi}=\frac{u\dot{v}-\dot{u}v}{(u+v)\sqrt{uv}}$$

$$L=\frac{1}{8}m\left[\dot{u}^2+2\dot{u}\dot{v}+\dot{v}^2+\frac{(u\dot{v}-\dot{u}v)^2}{uv}\right]-\frac{2k}{u+v}$$

$$p_u=\frac{\partial L}{\partial\dot{u}}=\frac{m(u+v)}{4u}\dot{u},\quad \dot{u}=\frac{4u}{m(u+v)}p_u$$

$$p_v=\frac{\partial L}{\partial\dot{v}}=\frac{m(u+v)}{4v}\dot{v},\quad \dot{v}=\frac{4v}{m(u+v)}p_v$$

$$H=\frac{2}{m(u+v)}(up_u^2+vp_v^2)+\frac{2k}{u+v}$$

$$\frac{\partial S}{\partial t}+\frac{2}{m(u+v)}\left[u\left(\frac{\partial S}{\partial u}\right)^2+v\left(\frac{\partial S}{\partial v}\right)^2\right]+\frac{2k}{u+v}=0$$

可令

$$S=-ht+W$$

W 满足的偏微分方程为

$$\frac{2}{m(u+v)}\left[u\left(\frac{\partial W}{\partial u}\right)^2+v\left(\frac{\partial W}{\partial v}\right)^2\right]+\frac{2k}{u+v}=h$$

$$\frac{2}{m}\left[u\left(\frac{\partial W}{\partial u}\right)^2+v\left(\frac{\partial W}{\partial v}\right)^2\right]-h(u+v)+2k=0$$

可令

$$W=W_1(u)+W_2(v)$$

$$\frac{2}{m}\left[u\left(\frac{\mathrm{d}W_1}{\mathrm{d}u}\right)^2\right]-hu+k+\frac{2}{m}\left[v\left(\frac{\mathrm{d}W_2}{\mathrm{d}v}\right)^2\right]-hv+k=0$$

令

$$\frac{2}{m}\left[u\left(\frac{\mathrm{d}W_1}{\mathrm{d}u}\right)^2\right]-hu+k=\alpha$$

则

$$\frac{2}{m}\left[v\left(\frac{\mathrm{d}W_2}{\mathrm{d}v}\right)^2\right]-hv+k=-\alpha$$

$$\left[\left(\frac{\mathrm{d}W_1}{\mathrm{d}u}\right)^2-\frac{mh}{2}\right]u=\frac{m(\alpha-k)}{2}$$

$$\frac{\mathrm{d}W_1}{\mathrm{d}u}=\sqrt{\frac{m}{2u}(\alpha-k)+\frac{mh}{2}}$$

$$\frac{\mathrm{d}W_2}{\mathrm{d}v}=\sqrt{\frac{mh}{2}-\frac{m}{2v}(\alpha+k)}$$

$$W_1=\int\sqrt{\frac{1}{2}mh+\frac{m(\alpha-k)}{2u}}\mathrm{d}u$$

$$W_2=\int\sqrt{\frac{1}{2}mh-\frac{m(\alpha+k)}{2v}}\mathrm{d}v$$

$$S=-ht+\int\left[\frac{1}{2}mh+\frac{m(\alpha-k)}{2u}\right]^{1/2}\mathrm{d}u+\int\left[\frac{1}{2}mh-\frac{m(\alpha+k)}{2v}\right]^{1/2}\mathrm{d}v$$

由 $\dfrac{\partial S}{\partial \alpha}=\beta$ 即得轨道方程.

11.5.4　某系统的哈密顿函数为

$$H=\frac{1}{2m}p_1^2+\frac{1}{2m}(p_2-kq_1)^2$$

其中 m、k 均为常量. 用哈密顿正则方程和哈密顿-雅可比方程解此系统的运动轨道.

解

$$H=\frac{1}{2m}p_1^2+\frac{1}{2m}(p_2-kq_1)^2$$

用哈密顿正则方程求解，

$$\dot{q}_1=\frac{\partial H}{\partial p_1}=\frac{p_1}{m}$$

$$\dot{q}_2=\frac{\partial H}{\partial p_2}=\frac{1}{m}(p_2-kq_1)$$

$$\dot{p}_1=-\frac{\partial H}{\partial q_1}=\frac{k}{m}(p_2-kq_1)$$

$$\dot{p}_2 = -\frac{\partial H}{\partial q_2} = 0$$

$$p_2 = \alpha$$

$$\dot{p}_1 = \frac{k}{m}(\alpha - kq_1)$$

$$\ddot{q}_1 = \frac{1}{m}\dot{p}_1 = \frac{k}{m^2}(\alpha - kq_1) = \frac{k^2}{m^2}\left(\frac{\alpha}{k} - q_1\right)$$

令

$$q_1' = q_1 - \frac{\alpha}{k}$$

$$\ddot{q}_1' + \frac{k^2}{m^2}q_1' = 0$$

$$q_1' = A\cos\left(\frac{k}{m}t + \varphi\right)$$

$$q_1 = \frac{\alpha}{k} + A\cos\left(\frac{k}{m}t + \varphi\right)$$

$$\dot{q}_2 = \frac{1}{m}(\alpha - kq_1) = -\frac{k}{m}A\cos\left(\frac{k}{m}t + \varphi\right)$$

$$q_2 = -A\sin\left(\frac{k}{m}t + \varphi\right) + \beta$$

消去 t 得轨道方程

$$\left(q_1 - \frac{\alpha}{k}\right)^2 + (q_2 - \beta)^2 = A^2$$

若用系统的能量 h 来表示振幅 A，则

$$h = \frac{1}{2}m(\dot{q}_1^2 + \dot{q}_2^2) = \frac{A^2k^2}{2m}$$

$$A^2 = \frac{2mh}{k^2}$$

轨道方程可表为

$$\left(q_1 - \frac{\alpha}{k}\right)^2 + (q_2 - \beta)^2 = \frac{2mh}{k^2}$$

用哈密顿-雅可比方程求解，

$$H = \frac{1}{2m}p_1^2 + \frac{1}{2m}(p_2 - kq_1)^2$$

因为

$$\frac{\partial H}{\partial t} = 0, \quad \frac{\partial H}{\partial q_2} = 0$$

可令

$$S=-ht+\alpha q_2+W(q_1)$$

W 满足约化的哈密顿-雅可比方程，

$$\frac{1}{2m}\left[\left(\frac{\mathrm{d}W}{\mathrm{d}q_1}\right)^2+(\alpha-kq_1)^2\right]=h$$

$$\frac{\mathrm{d}W}{\mathrm{d}q_1}=\sqrt{2mh-(\alpha-kq_1)^2}$$

$$W=\int\sqrt{2mh-(\alpha-kq_1)^2}\mathrm{d}q_1$$

$$S=-ht+\alpha q_2+\int\sqrt{2mh-(\alpha-kq_1)^2}\mathrm{d}q_1$$

轨道方程为

$$\beta=\frac{\partial S}{\partial\alpha}=q_2-\frac{1}{2k}\int\frac{-2(\alpha-kq_1)}{\sqrt{2mh-(\alpha-kq_1)^2}}\mathrm{d}(\alpha-kq_1)$$

$$=q_2-\frac{1}{k}\sqrt{2mh-(\alpha-kq_1)^2}$$

$$\left(q_1-\frac{\alpha}{k}\right)^2+(q_2-\beta)^2=\frac{2mh}{k^2}$$

两种方法得到同样的结果.

11.5.5　用哈密顿-雅可比方程求哈密顿函数为

$$H=\frac{1}{2}(p_1^2+p_2^2)(q_1^2+q_2^2)^{-1}+(q_1^2+q_2^2)^{-1}$$

的质点的轨道.

解

$$H=\frac{1}{2}(p_1^2+p_2^2)(q_1^2+q_2^2)^{-1}+(q_1^2+q_2^2)^{-1}$$

$$S=-ht+W$$

W 满足约化了的哈密顿-雅可比方程，

$$\frac{1}{2(q_1^2+q_2^2)}\left[\left(\frac{\partial W}{\partial q_1}\right)^2+\left(\frac{\partial W}{\partial q_2}\right)^2\right]+\frac{1}{q_1^2+q_2^2}=h$$

$$\frac{1}{2}\left[\left(\frac{\partial W}{\partial q_1}\right)^2+\left(\frac{\partial W}{\partial q_2}\right)^2\right]-h(q_1^2+q_2^2)+1=0$$

令

$$W=W_1(q_1)+W_2(q_2)$$

$$\frac{1}{2}\left(\frac{\mathrm{d}W_1}{\mathrm{d}q_1}\right)^2-hq_1^2+\frac{1}{2}=\alpha$$

则

$$\frac{1}{2}\left(\frac{\mathrm{d}W_2}{\mathrm{d}q_2}\right)^2 - hq_2^2 + \frac{1}{2} = -\alpha$$

$$\left(\frac{\mathrm{d}W_1}{\mathrm{d}q_1}\right)^2 = 2\left(hq_1^2 + \alpha - \frac{1}{2}\right)$$

$$\left(\frac{\mathrm{d}W_2}{\mathrm{d}q_2}\right)^2 = 2\left(hq_2^2 - \alpha - \frac{1}{2}\right)$$

$$W_1 = \int\sqrt{2\left(hq_1^2 + \alpha - \frac{1}{2}\right)}\mathrm{d}q_1$$

$$W_2 = \int\sqrt{2\left(hq_2^2 - \alpha - \frac{1}{2}\right)}\mathrm{d}q_2$$

$$S = -ht + \int\sqrt{2\left(hq_1^2 + \alpha - \frac{1}{2}\right)}\mathrm{d}q_1 + \int\sqrt{2\left(hq_2^2 - \alpha - \frac{1}{2}\right)}\mathrm{d}q_2$$

$$\beta' = \frac{\partial S}{\partial \alpha} = \frac{\sqrt{2}}{2}\int\frac{\mathrm{d}q_1}{\sqrt{hq_1^2 - \left(\frac{1}{2} - \alpha\right)}} - \frac{\sqrt{2}}{2}\int\frac{\mathrm{d}q_2}{\sqrt{hq_2^2 - \left(\alpha + \frac{1}{2}\right)}}$$

用积分公式

$$\int\frac{\mathrm{d}x}{\sqrt{x^2 + a^2}} = \ln(x + \sqrt{x^2 + a^2})$$

$$\beta' = \frac{1}{\sqrt{2h}}\left[\ln\left(\sqrt{h}\,q_1 + \sqrt{hq_1^2 + \alpha - \frac{1}{2}}\right) - \ln\left(\sqrt{h}\,q_2 + \sqrt{hq_2^2 - \alpha - \frac{1}{2}}\right)\right]$$

引入另一个常数 $\beta = \exp\left(\sqrt{2h}\beta'\right)$，轨道方程可写为

$$\sqrt{h}q_1 + \sqrt{hq_1^2 + \alpha - \frac{1}{2}} = \beta\left(\sqrt{h}\,q_2 + \sqrt{hq_2^2 - \alpha - \frac{1}{2}}\right)$$

11.5.6 用哈密顿-雅可比方程求哈密顿函数为 $H = p^2 - q$ 的系统的运动.

解法一 用

$$H\left(\boldsymbol{x}, \pm\frac{\partial W}{\partial \boldsymbol{x}}\right) = h$$

现取 $x = p$ ，则 $y = -q$ ，上式中 $\frac{\partial W}{\partial x}$ 前取负号.

$$p^2 + \frac{\mathrm{d}W}{\mathrm{d}p} = h$$

$$\frac{\mathrm{d}W}{\mathrm{d}p} = h - p^2, \quad W = hp - \frac{1}{3}p^3$$

$$S=-ht+W=-ht+hp-\frac{1}{3}p^3$$

$$-q=\frac{\partial S}{\partial p}=h-p^2$$

$$\beta=\frac{\partial S}{\partial h}=-t+p$$

$$p=t+\beta$$

$$q=p^2-h=(t+\beta)^2-h$$

解法二　用 $H\left(\boldsymbol{x},\pm\frac{\partial W}{\partial \boldsymbol{x}}\right)=h$ 时，取 $x=q$，则 $y=p$，$\frac{\partial W}{\partial x}$ 前取正号，

$$\left(\frac{\mathrm{d}W}{\mathrm{d}q}\right)^2-q=h$$

$$\frac{\mathrm{d}W}{\mathrm{d}q}=\sqrt{q+h}$$

$$W=\int\sqrt{q+h}\,\mathrm{d}q=\frac{2}{3}(q+h)^{3/2}$$

$$S=-ht+W=-ht+\frac{2}{3}(q+h)^{3/2}$$

$$\beta=\frac{\partial S}{\partial h}=-t+(q+h)^{1/2}$$

$$q+h=(t+\beta)^2,\quad q=(t+\beta)^2-h$$

11.5.7　(1) 对于一个哈密顿函数为 $H=\frac{1}{2}p^2$ 的粒子的运动，求解母函数 $S(q,\alpha,t)$ 的哈密顿-雅可比方程，求出正则变换 $q=q(\beta,\alpha)$，$p=p(\beta,\alpha)$，其中 β 和 α 分别是变换后的坐标和动量. 说明所得的结果；

(2) 若存在一扰动，哈密顿函数变为 $H=\frac{1}{2}q^2+\frac{1}{2}p^2$，仍用(1)所得的正则变换，用 α、β、t 表示变换后的哈密顿函数 H^*，求解 $\beta(t)$ 和 $\alpha(t)$，并证明扰动后的解是简谐的.

解　(1)

$$\frac{\partial S}{\partial t}+H(q,p,t)=0$$

今要求 $S(q,\alpha,t)$，其中 α 是变换后的动量 P，则

$$p=\frac{\partial S}{\partial q}$$

$$Q=\beta=\frac{\partial S}{\partial P}=\frac{\partial S}{\partial \alpha}$$

今 $H=\frac{1}{2}p^2$，哈密顿-雅可比方程为

$$\frac{\partial S}{\partial t}+\frac{1}{2}\left(\frac{\partial S}{\partial q}\right)^2=0$$

因为$\frac{\partial H}{\partial t}=0$，可令$S=-ht+W$，

$$\frac{\mathrm{d}W}{\mathrm{d}q}=\sqrt{2h},\quad W=\sqrt{2h}q$$

$$S=-ht+\sqrt{2h}q$$

因为$\frac{\partial H}{\partial q}=0$，可令

$$S=-ht+\alpha q$$

比较两个S的式子，可得$\alpha=\sqrt{2h}$，$h=\frac{1}{2}\alpha^2$，所以

$$S=-\frac{1}{2}\alpha^2 t+\alpha q$$

$$p=\frac{\partial S}{\partial q}=\alpha=P$$

$$\beta=Q=\frac{\partial S}{\partial P}=\frac{\partial S}{\partial \alpha}=-\alpha t+q$$

所以

$$q=\beta+\alpha t$$

β、α均为常量，在原参考系中以恒定速度α做匀速运动.

正则变换关系为

$$q=\beta+\alpha t,\quad p=\alpha$$

(2)

$$H=\frac{1}{2}p^2+\frac{1}{2}q^2$$

用(1)问中解得的母函数产生的正则变换，

$$\begin{aligned}H^*&=H+\frac{\partial S}{\partial t}=\frac{1}{2}p^2+\frac{1}{2}q^2-\frac{1}{2}\alpha^2\\&=\frac{1}{2}\alpha^2+\frac{1}{2}(\beta+\alpha t)^2-\frac{1}{2}\alpha^2=\frac{1}{2}(\beta+\alpha t)^2\end{aligned}$$

由哈密顿正则方程，注意到$Q=\beta$，$P=\alpha$，则

$$\dot{\beta}=\frac{\partial H^*}{\partial \alpha}=(\beta+\alpha t)t$$

$$\dot{\alpha}=-\frac{\partial H^*}{\partial \beta}=-(\beta+\alpha t)$$

注意：这里用的正则变换不是解哈密顿-雅可比方程得到的母函数产生的，因此变换后的哈密顿函数$H^*\neq 0$，自然，新正则变量均不再是常数.

$$\ddot{\alpha} = -(\dot{\beta} + \alpha + \dot{\alpha}t)$$
$$= -[(\beta + \alpha t)t + \alpha - (\beta + \alpha t)t] = -\alpha$$

所以

$$\alpha = \alpha_0 \sin(t + \varphi)$$

其中α_0、φ为常量，

$$\beta = -\dot{\alpha} - \alpha t = -\alpha_0[\cos(t + \varphi) + t\sin(t + \varphi)]$$

由坐标变换关系，

$$p = \alpha = \alpha_0 \sin(t + \varphi)$$
$$q = \beta + \alpha t = -\dot{\alpha} = -\alpha_0 \cos(t + \varphi)$$

这就证明了扰动后的解是简谐振动.

11.5.8　一个质量为 m 的质点在 xy 平面内运动，受到力心位于(1，0)和(–1，0)，势能为$V = A_1 r_1^{-1} + A_2 r_2^{-1}$(其中 r_1、r_2 分别是到两个力心的距离，A_1 和 A_2 是常数)的力场作用，用椭圆坐标ξ、η，它与 x、y 的变换关系为

$$x = \cosh\xi \cos\eta, \quad y = \sinh\xi \sin\eta$$

用哈密顿-雅可比方程求质点的运动轨道(用ξ、η表达即可).

解

$$T = \frac{1}{2}m(\dot{x}^2 + \dot{y}^2)$$
$$V = \frac{A_1}{r_1} + \frac{A_2}{r_2}$$
$$r_1 = [(x-1)^2 + y^2]^{1/2}, \quad r_2 = [(x+1)^2 + y^2]^{1/2}$$

作坐标变换，

$$x = \cosh\xi \cos\eta, \quad y = \sinh\xi \sin\eta$$
$$\dot{x} = \dot{\xi}\sinh\xi \cos\eta - \dot{\eta}\cosh\xi \sin\eta$$
$$\dot{y} = \dot{\xi}\cosh\xi \sin\eta + \eta\sinh\xi \cos\eta$$

可得

$$T = \frac{1}{2}m(\dot{\xi}^2 + \dot{\eta}^2)(\cosh^2\xi - \cos^2\eta)$$
$$r_1 = [(\cosh\xi \cos\eta - 1)^2 + (\sinh\xi \sin\eta)^2]^{1/2} = \cosh\xi - \cos\eta$$
$$r_2 = [(\cosh\xi \cos\eta + 1)^2 + (\sinh\xi \sin\eta)^2]^{1/2} = \cosh\xi + \cos\eta$$
$$V = \frac{A_1}{\cosh\xi - \cos\eta} + \frac{A_2}{\cosh\xi + \cos\eta}$$
$$L = \frac{1}{2}m(\dot{\xi}^2 + \dot{\eta}^2)(\cosh^2\xi - \cos^2\eta) - \frac{A_1}{\cosh\xi - \cos\eta} - \frac{A_2}{\cosh\xi + \cos\eta}$$
$$p_\xi = \frac{\partial L}{\partial \dot{\xi}} = m\dot{\xi}(\cosh^2\xi - \cos^2\eta)$$

$$p_\eta = \frac{\partial L}{\partial \dot{\eta}} = m\dot{\eta}(\cosh^2\xi - \cos^2\eta)$$

$$\dot{\xi} = \frac{p_\xi}{m(\cosh^2\xi - \cos^2\eta)}, \quad \dot{\eta} = \frac{p_\eta}{m(\cosh^2\xi - \cos^2\eta)}$$

$$H = T + V = \frac{p_\xi^2 + p_\eta^2}{2m(\cosh^2\xi - \cos^2\eta)} + \frac{A_1}{\cosh\xi - \cos\eta} + \frac{A_2}{\cosh\xi + \cos\eta}$$

哈密顿-雅可比方程为

$$\frac{\partial S}{\partial t} + \frac{1}{2m(\cosh^2\xi - \cos^2\eta)}\left[\left(\frac{\partial S}{\partial \xi}\right)^2 + \left(\frac{\partial S}{\partial \eta}\right)^2\right] + \frac{A_1}{\cosh\xi - \cos\eta} + \frac{A_2}{\cosh\xi + \cos\eta} = 0$$

$$S = -ht + W_1(\xi) + W_2(\eta)$$

$$\frac{1}{2m(\cosh^2\xi - \cos^2\eta)}\left[\left(\frac{\mathrm{d}W_1}{\mathrm{d}\xi}\right)^2 + \left(\frac{\mathrm{d}W_2}{\mathrm{d}\eta}\right)^2\right] + \frac{A_1}{\cosh\xi - \cos\eta} + \frac{A_2}{\cosh\xi + \cos\eta} = h$$

$$\frac{1}{2m}\left[\left(\frac{\mathrm{d}W_1}{\mathrm{d}\xi}\right)^2 + \left(\frac{\mathrm{d}W_2}{\mathrm{d}\eta}\right)^2\right] + A_1(\cosh\xi + \cos\eta) + A_2(\cosh\xi - \cos\eta) = h(\cosh^2\xi - \cos^2\eta)$$

$$\frac{1}{2m}\left(\frac{\mathrm{d}W_1}{\mathrm{d}\xi}\right)^2 + (A_1 + A_2)\cosh\xi - h\cosh^2\xi + \frac{1}{2m}\left(\frac{\mathrm{d}W_2}{\mathrm{d}\eta}\right)^2 + (A_1 - A_2)\cos\eta + h\cos^2\eta = 0$$

令

$$\frac{1}{2m}\left(\frac{\mathrm{d}W_1}{\mathrm{d}\xi}\right)^2 + (A_1 + A_2)\cosh\xi - h\cosh^2\xi = \frac{1}{2m}\alpha$$

则

$$\frac{1}{2m}\left(\frac{\mathrm{d}W_2}{\mathrm{d}\eta}\right)^2 + (A_1 - A_2)\cos\eta + h\cos^2\eta = -\frac{1}{2m}\alpha$$

$$\frac{\mathrm{d}W_1}{\mathrm{d}\xi} = [\alpha + 2mh\cosh^2\xi - 2m(A_1 + A_2)\cosh\xi]^{1/2}$$

$$\frac{\mathrm{d}W_2}{\mathrm{d}\eta} = [-\alpha - 2mh\cos^2\eta - 2m(A_1 - A_2)\cos\eta]^{1/2}$$

$$W_1 = \int [\alpha + 2mh\cosh^2\xi - 2m(A_1 + A_2)\cosh\xi]^{1/2}\,\mathrm{d}\xi$$

$$W_2 = \int [-\alpha - 2mh\cos^2\eta - 2m(A_1 - A_2)\cos\eta]^{1/2}\,\mathrm{d}\eta$$

$$S = -ht + \int [\alpha + 2mh\cosh^2\xi - 2m(A_1 + A_2)\cosh\xi]^{1/2}\,\mathrm{d}\xi + \int [-\alpha - 2mh\cos^2\eta - 2m(A_1 - A_2)\cos\eta]^{1/2}\,\mathrm{d}\eta$$

由 $\dfrac{\partial S}{\partial \alpha} = \beta$ 可得轨道方程.

$$\beta=\int\frac{1}{2}[\alpha+2mh\cosh^2\xi-2m(A_1+A_2)\cosh\xi]^{-1/2}\mathrm{d}\xi$$
$$-\int\frac{1}{2}[-\alpha-2mh\cos^2\eta-2m(A_1-A_2)\cos\eta]^{-1/2}\mathrm{d}\eta$$

11.5.9 一个质量为 m 的质点在球坐标表达的势场中运动，$V=f(r)+\frac{1}{r^2}g(\theta)$，其中 $f(r)$、$g(\theta)$ 是已知的函数，求轨道的一般解.

解
$$L=\frac{1}{2}m(\dot{r}^2+r^2\dot{\theta}^2+r^2\sin^2\theta\dot{\varphi}^2)-f(r)-\frac{1}{r^2}g(\theta)$$
$$p_r=\frac{\partial L}{\partial\dot{r}}=m\dot{r},\quad p_\theta=\frac{\partial L}{\partial\dot{\theta}}=mr^2\dot{\theta}$$
$$p_\varphi=\frac{\partial L}{\partial\dot{\varphi}}=mr^2\sin^2\theta\dot{\varphi}$$
$$H=\frac{1}{2m}\left(p_r^2+\frac{1}{r^2}p_\theta^2+\frac{1}{r^2\sin^2\theta}p_\varphi^2\right)+f(r)+\frac{1}{r^2}g(\theta)$$
$$S=-ht+\alpha_\varphi\varphi+W$$
$$\frac{1}{2m}\left[\left(\frac{\partial W}{\partial r}\right)^2+\frac{1}{r^2}\left(\frac{\partial W}{\partial\theta}\right)^2+\frac{1}{r^2\sin^2\theta}\alpha_\varphi^2\right]+f(r)+\frac{1}{r^2}g(\theta)=h$$
$$r^2\left(\frac{\partial W}{\partial r}\right)^2+2mr^2f(r)-2mhr^2+\left(\frac{\partial W}{\partial\theta}\right)^2+\frac{\alpha_\varphi^2}{\sin^2\theta}+2mg(\theta)=0$$
$$W(r,\theta)=W_1(\theta)+W_2(r)$$

令
$$\left(\frac{\mathrm{d}W_1}{\mathrm{d}\theta}\right)^2+\frac{\alpha_\varphi^2}{\sin^2\theta}+2mg(\theta)=\alpha_\theta$$

则
$$r^2\left(\frac{\mathrm{d}W_2}{\mathrm{d}r}\right)^2+2mr^2f(r)-2mhr^2=-\alpha_\theta$$
$$\left(\frac{\mathrm{d}W_2}{\mathrm{d}r}\right)^2+2mf(r)-2mh=-\frac{\alpha_\theta}{r^2}$$
$$\frac{\mathrm{d}W_1}{\mathrm{d}\theta}=\sqrt{\alpha_\theta-2mg(\theta)-\frac{\alpha_\varphi^2}{\sin^2\theta}}$$
$$\frac{\mathrm{d}W_2}{\mathrm{d}r}=\sqrt{2m[h-f(r)]-\frac{\alpha_\theta}{r^2}}$$

$$W_1=\int\sqrt{\alpha_\theta-2mg(\theta)-\frac{\alpha_\varphi^2}{\sin^2\theta}}\mathrm{d}\theta$$

$$W_2=\int\sqrt{2m[h-f(r)]-\frac{\alpha_\theta}{r^2}}\mathrm{d}r$$

$$S=-ht+\alpha_\varphi\varphi+\int\sqrt{\alpha_\theta-2mg(\theta)-\frac{\alpha_\varphi^2}{\sin^2\theta}}\mathrm{d}\theta+\int\sqrt{2m[h-f(r)]-\frac{\alpha_\theta}{r^2}}\mathrm{d}r$$

由$\dfrac{\partial S}{\partial\alpha_\varphi}=\beta_\varphi$，$\dfrac{\partial S}{\partial\alpha_\theta}=\beta_\theta$给出轨道方程.

11.5.10 一个质量为m的粒子在一个恒力及一个与力心的距离平方成反比的力场中运动，其势能为$V=\dfrac{A}{r}-Bz$（A、B均为常量，r为球坐标），求其运动学方程.

提示：可采用抛物线坐标ξ、η、θ，它与柱坐标ρ、φ、z的关系为

$$\xi=r+z,\quad \eta=r-z,\quad \theta=\varphi,\quad r^2=\rho^2+z^2$$

解 将r、ρ、φ、z表成ξ、η、θ的函数，

$$r=\frac{1}{2}(\xi+\eta),\quad z=\frac{1}{2}(\xi-\eta)$$

$$\rho^2=r^2-z^2=\xi\eta,\quad \varphi=\theta$$

$$L=\frac{1}{2}m(\dot\rho^2+\rho^2\dot\varphi^2+\dot z^2)-\frac{A}{r}+Bz$$

$$=\frac{1}{2}m\left[\frac{(\xi\dot\eta+\dot\xi\eta)^2}{4\xi\eta}+\xi\eta\dot\theta^2+\frac{1}{4}(\dot\xi-\dot\eta)^2\right]-\frac{2A}{\xi+\eta}+\frac{1}{2}B(\xi-\eta)$$

$$p_\xi=\frac{\partial L}{\partial\dot\xi}=\frac{m(\xi+\eta)}{4\xi}\dot\xi,\quad p_\eta=\frac{m(\xi+\eta)}{4\eta}\dot\eta,\quad p_\theta=\frac{\partial L}{\partial\dot\theta}=m\xi\eta\dot\theta$$

$$H=\frac{2}{m(\xi+\eta)}(\xi p_\xi^2+\eta p_\eta^2)+\frac{1}{2m\xi\eta}p_\theta^2+\frac{2A}{\xi+\eta}-\frac{1}{2}B(\xi-\eta)$$

哈密顿-雅可比方程为

$$\frac{\partial S}{\partial t}+\frac{2}{m(\xi+\eta)}\left[\xi\left(\frac{\partial S}{\partial\xi}\right)^2+\eta\left(\frac{\partial S}{\partial\eta}\right)^2\right]+\frac{1}{2m\xi\eta}\left(\frac{\partial S}{\partial\theta}\right)^2+\frac{2A}{\xi+\eta}-\frac{1}{2}B(\xi-\eta)=0$$

因为$\dfrac{\partial H}{\partial t}=0$，$\dfrac{\partial H}{\partial\theta}=0$，可令

$$S=-ht+\alpha_\theta\theta+W(\xi,\eta)$$

W满足的偏微分方程为

$$\frac{2}{m(\xi+\eta)}\left[\xi\left(\frac{\partial W}{\partial\xi}\right)^2+\eta\left(\frac{\partial W}{\partial\eta}\right)^2\right]+\frac{1}{2m\xi\eta}\alpha_\theta^2+\frac{2A}{\xi+\eta}-\frac{1}{2}B(\xi-\eta)=h$$

$$\xi\left(\frac{\partial W}{\partial \xi}\right)^2+\eta\left(\frac{\partial W}{\partial \eta}\right)^2+\frac{\xi+\eta}{4\xi\eta}\alpha_\theta^2+mA-\frac{1}{4}mB(\xi^2-\eta^2)=\frac{1}{2}m(\xi+\eta)h$$

$$\xi\left(\frac{\partial W}{\partial \xi}\right)^2+\frac{1}{4\xi}\alpha_\theta^2-\frac{1}{4}mB\xi^2-\frac{1}{2}mh\xi+\frac{1}{2}mA$$
$$+\eta\left(\frac{\partial W}{\partial \eta}\right)^2+\frac{1}{4\eta}\alpha_\theta^2+\frac{1}{4}mB\eta^2-\frac{1}{2}mh\eta+\frac{1}{2}mA=0$$

可将 W 分离为

$$W(\xi,\eta)=W_1(\xi)+W_2(\eta)$$

令

$$\xi\left(\frac{\mathrm{d}W_1}{\mathrm{d}\xi}\right)^2+\frac{1}{4\xi}\alpha_\theta^2-\frac{1}{4}mB\xi^2-\frac{1}{2}mh\xi+\frac{1}{2}mA=\frac{1}{2}m\alpha$$

则

$$\eta\left(\frac{\mathrm{d}W_2}{\mathrm{d}\eta}\right)^2+\frac{1}{4\eta}\alpha_\theta^2+\frac{1}{4}mB\eta^2-\frac{1}{2}mh\eta+\frac{1}{2}mA=-\frac{1}{2}m\alpha$$

$$\frac{\mathrm{d}W_1}{\mathrm{d}\xi}=\left[\frac{1}{2}mh+\frac{1}{4}mB\xi+\frac{m(\alpha-A)}{2\xi}-\frac{\alpha_\theta^2}{4\xi^2}\right]^{1/2}$$

$$\frac{\mathrm{d}W_2}{\mathrm{d}\eta}=\left[\frac{1}{2}mh-\frac{1}{4}mB\eta-\frac{m(\alpha+A)}{2\eta}-\frac{\alpha_\theta^2}{4\eta^2}\right]^{1/2}$$

$$W_1(\xi)=\int\left[\frac{1}{2}mh+\frac{1}{4}mB\xi+\frac{m(\alpha-A)}{2\xi}-\frac{\alpha_\theta^2}{4\xi^2}\right]^{1/2}\mathrm{d}\xi$$

$$W_2(\eta)=\int\left[\frac{1}{2}mh-\frac{1}{4}mB\eta-\frac{m(\alpha+A)}{2\eta}-\frac{\alpha_\theta^2}{4\eta^2}\right]^{1/2}\mathrm{d}\eta$$

$$S=-ht+\alpha_\theta\theta+\int\left[\frac{1}{2}mh+\frac{1}{4}mB\xi+\frac{m(\alpha-A)}{2\xi}-\frac{\alpha_\theta^2}{4\xi^2}\right]^{1/2}\mathrm{d}\xi$$
$$+\int\left[\frac{1}{2}mh-\frac{1}{4}mB\eta-\frac{m(\alpha+A)}{2\eta}-\frac{\alpha_\theta^2}{4\eta^2}\right]^{1/2}\mathrm{d}\eta$$

运动学方程由

$$\frac{\partial S}{\partial h}=-t_0,\quad \frac{\partial S}{\partial \alpha_\theta}=\beta_\theta,\quad \frac{\partial S}{\partial \alpha}=\beta$$

获得，h、α_θ、α、t_0、β_θ、β 由初始条件确定.

11.5.11　一个质量为 m 的粒子在下列势场中运动

$$V=\frac{\sigma^2}{r_1r_2}\left[f\left(\frac{r_2+r_1}{2\sigma}\right)+g\left(\frac{r_2-r_1}{2\sigma}\right)\right]$$

其中r_1、r_2分别为粒子距两个固定点P_1、P_2的距离，σ是一个常数，$f(x)$、$g(x)$是给定的任意函数. 求用椭圆坐标ξ、η、θ表达的哈密顿主函数. ξ、η、θ和柱坐标的关系为

$$\rho=\sigma[(\xi^2-1)(1-\eta^2)]^{1/2}$$

$$z=\sigma\xi\eta,\quad \varphi=\theta$$

选坐标轴z和σ时使P_1、P_2在z轴上且分别处在$z=\sigma$和$z=-\sigma$两点.

解

$$L=\frac{1}{2}m(\dot{\rho}^2+\rho^2\dot{\varphi}^2+\dot{z}^2)-V$$

$$\rho=\sigma\sqrt{(\xi^2-1)(1-\eta^2)},\quad z=\sigma\xi\eta,\quad \varphi=\theta$$

$$\dot{\rho}=\frac{\sigma}{\sqrt{(\xi^2-1)(1-\eta^2)}}[(1-\eta^2)\xi\dot{\xi}-(\xi^2-1)\eta\dot{\eta}]$$

$$\dot{z}=\sigma(\dot{\xi}\eta+\xi\dot{\eta}),\quad \dot{\varphi}=\dot{\theta}$$

$$r_1=\sqrt{\rho^2+(z-\sigma)^2}=\sigma(\xi-\eta)$$

$$r_2=\sigma(\xi+\eta)$$

$$\frac{r_1+r_2}{2\sigma}=\xi,\quad \frac{r_2-r_1}{2\sigma}=\eta$$

$$T=\frac{1}{2}m\sigma^2(\xi^2-\eta^2)\left(\frac{\dot{\xi}^2}{\xi^2-1}+\frac{\dot{\eta}^2}{1-\eta^2}\right)+\frac{1}{2}m\sigma^2(\xi^2-1)(1-\eta^2)\dot{\theta}^2$$

$$V=\frac{\sigma^2}{r_1r_2}\left[f\left(\frac{r_2+r_1}{2\sigma}\right)+g\left(\frac{r_2-r_1}{2\sigma}\right)\right]=\frac{1}{\xi^2-\eta^2}[f(\xi)+g(\eta)]$$

$$L=\frac{1}{2}m\sigma^2(\xi^2-\eta^2)\left(\frac{\dot{\xi}^2}{\xi^2-1}+\frac{\dot{\eta}^2}{1-\eta^2}\right)+\frac{1}{2}m\sigma^2(\xi^2-1)(1-\eta^2)\dot{\theta}^2$$
$$-\frac{1}{\xi^2-\eta^2}[f(\xi)+g(\eta)]$$

$$p_\xi=\frac{\partial L}{\partial\dot{\xi}}=m\sigma^2\frac{\xi^2-\eta^2}{\xi^2-1}\dot{\xi}$$

$$p_\eta=\frac{\partial L}{\partial\dot{\eta}}=m\sigma^2\frac{\xi^2-\eta^2}{1-\eta^2}\dot{\eta}$$

$$p_\theta=\frac{\partial L}{\partial\dot{\theta}}=m\sigma^2(\xi^2-1)(1-\eta^2)\dot{\theta}$$

$$H=\frac{1}{2m\sigma^2(\xi^2-\eta^2)}\left[(\xi^2-1)p_\xi^2+(1-\eta^2)p_\eta^2+\left(\frac{1}{\xi^2-1}+\frac{1}{1-\eta^2}\right)p_\theta^2\right]$$
$$+\frac{1}{\xi^2-\eta^2}[f(\xi)+g(\eta)]$$

因为 $\frac{\partial H}{\partial t}=0$，$\frac{\partial H}{\partial \theta}=0$，哈密顿主函数可写成

$$S=-ht+\alpha_\theta\theta+W(\xi,\eta)$$

W 满足的偏微分方程为

$$\frac{1}{2m\sigma^2(\xi^2-\eta^2)}\left[(\xi^2-1)\left(\frac{\partial W}{\partial \xi}\right)^2+(1-\eta^2)\left(\frac{\partial W}{\partial \eta}\right)^2\right.$$
$$\left.+\left(\frac{1}{\xi^2-1}+\frac{1}{1-\eta^2}\right)\alpha_\theta^2\right]+\frac{1}{\xi^2-\eta^2}[f(\xi)+g(\eta)]=h$$

$$W(\xi,\eta)=W_1(\xi)+W_2(\eta)$$

$$(\xi^2-1)\left(\frac{\mathrm{d}W_1}{\mathrm{d}\xi}\right)^2+\frac{\alpha_\theta^2}{\xi^2-1}+2m\sigma^2f(\xi)-2m\sigma^2h\xi^2$$
$$+(1-\eta^2)\left(\frac{\mathrm{d}W_2}{\mathrm{d}\eta}\right)^2+\frac{\alpha_\theta^2}{1-\eta^2}+2m\sigma^2g(\eta)+2m\sigma^2h\eta^2=0$$

令

$$(\xi^2-1)\left(\frac{\mathrm{d}W_1}{\mathrm{d}\xi}\right)^2+\frac{\alpha_\theta^2}{\xi^2-1}+2m\sigma^2f(\xi)-2m\sigma^2h\xi^2=\alpha'$$

则

$$(1-\eta^2)\left(\frac{\mathrm{d}W_2}{\mathrm{d}\eta}\right)^2+\frac{\alpha_\theta^2}{1-\eta^2}+2m\sigma^2g(\eta)+2m\sigma^2h\eta^2=-\alpha'$$

$$\frac{\mathrm{d}W_1}{\mathrm{d}\xi}=\left[\frac{2m\sigma^2h\xi^2}{\xi^2-1}+\frac{\alpha'-2m\sigma^2f(\xi)}{\xi^2-1}-\frac{\alpha_\theta^2}{(\xi^2-1)^2}\right]^{1/2}$$
$$=\left[2m\sigma^2h+\frac{\alpha-2m\sigma^2f(\xi)}{\xi^2-1}-\frac{\alpha_\theta^2}{(\xi^2-1)^2}\right]^{1/2}$$

其中 $\alpha=\alpha'+2m\sigma^2h$，也是常数，

$$\frac{\mathrm{d}W_2}{\mathrm{d}\eta}=\left[-\frac{2m\sigma^2h\eta^2}{1-\eta^2}-\frac{\alpha'+2m\sigma^2g(\eta)}{1-\eta^2}-\frac{\alpha_\theta^2}{(1-\eta^2)^2}\right]^{1/2}$$
$$=\left[2m\sigma^2h-\frac{\alpha+2m\sigma^2g(\eta)}{1-\eta^2}-\frac{\alpha_\theta^2}{(1-\eta^2)^2}\right]^{1/2}$$

$$S=-ht+\alpha_\theta\theta+\int\left[2m\sigma^2h+\frac{\alpha-2m\sigma^2f(\xi)}{\xi^2-1}-\frac{\alpha_\theta^2}{(\xi^2-1)^2}\right]^{1/2}\mathrm{d}\xi$$

$$+\int\left[2m\sigma^2h-\frac{\alpha+2m\sigma^2g(\eta)}{1-\eta^2}-\frac{\alpha_\theta^2}{(1-\eta^2)^2}\right]^{1/2}\mathrm{d}\eta$$

11.5.12　用拉格朗日-沙比方法重解 11.5.4 题.

解法一

$$H=\frac{1}{2m}p_1^2+\frac{1}{2m}(p_2-kq_1)^2$$

$$\frac{\partial H}{\partial t}=0,\quad \frac{\partial H}{\partial q_2}=0$$

可令

$$S=-ht+\alpha q_2+W(q_1)$$

W 满足的(偏)微分方程为

$$\frac{1}{2m}\left(\frac{\mathrm{d}W}{\mathrm{d}q_1}\right)^2+\frac{1}{2m}(\alpha-kq_1)^2=h$$

令 $q_1=x$，则 $\frac{\mathrm{d}W}{\mathrm{d}q_1}=p$,

$$F=\frac{1}{2m}p^2+\frac{1}{2m}(\alpha-kx)^2-h$$

$$P=\frac{\partial F}{\partial p}=\frac{1}{m}p$$

$$X=\frac{\partial F}{\partial x}=-\frac{k}{m}(\alpha-kx)$$

由

$$\frac{\mathrm{d}x}{P}=-\frac{\mathrm{d}p}{X}$$

$$\frac{\mathrm{d}x}{\frac{1}{m}p}=-\frac{\mathrm{d}p}{-\frac{k}{m}(\alpha-kx)}$$

$$p\mathrm{d}q=k(\alpha-kx)\mathrm{d}x$$

$$p^2=-(\alpha-kx)^2+\alpha'$$

由 $\frac{\partial H}{\partial t}=0$，$H=h$,

$$\frac{1}{2m}p^2+\frac{1}{2m}(\alpha-kx)^2=h$$

可见

$$\alpha'=2mh$$

又

$$p=\frac{\mathrm{d}W}{\mathrm{d}q_1}$$

所以

$$\left(\frac{\mathrm{d}W}{\mathrm{d}q_1}\right)^2=2mh-(\alpha-kq_1)^2$$

$$W=\int\sqrt{2mh-(\alpha-kq_1)^2}\,\mathrm{d}q_1$$

$$S=-ht+\alpha q_2+\int\sqrt{2mh-(\alpha-kq_1)^2}\,\mathrm{d}q_1$$

与 11.5.4 题求得的哈密顿主函数完全相同，以下同 11.5.4 题.

解法二　仍用拉格朗日-沙比方法，不考虑 q_2 是循环坐标，考虑到 $\frac{\partial H}{\partial t}=0$， $H=h$，

$$\frac{1}{2m}\left(\frac{\partial W}{\partial q_1}\right)^2+\frac{1}{2m}\left(\frac{\partial W}{\partial q_2}-kq_1\right)^2=h$$

令 $q_1=x$， $q_2=y$，则 $\frac{\partial W}{\partial q_1}=p$， $\frac{\partial W}{\partial q_2}=q$，

$$F=\frac{1}{2m}p^2+\frac{1}{2m}(q-kx)^2-h$$

$$X=\frac{\partial F}{\partial x}=-\frac{k}{m}(q-kx)$$

$$Y=\frac{\partial F}{\partial y}=0$$

$$P=\frac{\partial F}{\partial p}=\frac{1}{m}p$$

$$Q=\frac{\partial F}{\partial q}=\frac{1}{m}(q-kx)$$

由 $\frac{\mathrm{d}x}{P}=\frac{\mathrm{d}y}{Q}=-\frac{\mathrm{d}p}{X}=-\frac{\mathrm{d}q}{Y}$，得

$$\frac{\mathrm{d}x}{\frac{1}{m}p}=\frac{\mathrm{d}y}{\frac{1}{m}(q-kx)}=\frac{\mathrm{d}p}{\frac{k}{m}(q-kx)}=-\frac{\mathrm{d}q}{0}$$

由最后一个等号可见， $\mathrm{d}q=0$， $q=\alpha$，

$$\frac{\mathrm{d}x}{\frac{1}{m}p}=\frac{\mathrm{d}p}{\frac{k}{m}(\alpha-kx)}$$

$$p\mathrm{d}p=k(\alpha-kx)\mathrm{d}x$$

$$p^2=-(\alpha-kx)^2+\alpha'$$

由 $H=\frac{1}{2m}p_1^2+\frac{1}{2m}(p_2-kq_1)^2=h$ 以及 $p=p_1$，$q=p_2=\alpha$ 可见，$\alpha'=2mh$，所以

$$p^2=2mh-(\alpha-kx)^2$$

$$p=\sqrt{2mh-(\alpha-kx)^2}$$

$$\frac{\mathrm{d}x}{\frac{1}{m}\sqrt{2mh-(\alpha-kx)^2}}=\frac{\mathrm{d}y}{\frac{1}{m}(\alpha-kx)}$$

$$y=\int\frac{a-kx}{\sqrt{2mh-(\alpha-kx)^2}}\mathrm{d}x+\beta$$

$$=\frac{1}{k}\sqrt{2mh-(\alpha-kx)^2}+\beta$$

$$(y-\beta)^2=\frac{1}{k^2}[2mh-(\alpha-kx)^2]$$

即

$$\left(q_1-\frac{\alpha}{k}\right)^2+(q_2-\beta)^2=\frac{2mh}{k^2}$$

11.5.13　质量为 m 的粒子在势场 $V(r)=\frac{k}{r^2}$($k>0$ 且为常量)中运动，用拉格朗日-沙比方法求轨道方程.

解

$$H=\frac{1}{2m}\left(p_r^2+\frac{1}{r^2}p_\varphi^2\right)+\frac{k}{r^2}$$

因为 $\frac{\partial H}{\partial t}=0$，可令

$$S=-ht+W(r,\varphi)$$

W 满足的偏微分方程为

$$\frac{1}{2m}\left[\left(\frac{\partial W}{\partial r}\right)^2+\frac{1}{r^2}\left(\frac{\partial W}{\partial\varphi}\right)^2\right]+\frac{k}{r^2}=h$$

用拉格朗日-沙比方法，取 $r=x$，$\varphi=y$，则

$$\frac{\partial W}{\partial r}=p,\quad \frac{\partial W}{\partial\varphi}=q$$

$$F=\frac{1}{2m}\left(p^2+\frac{1}{x^2}q^2\right)+\frac{k}{x^2}-h$$

$$X=\frac{\partial F}{\partial x}=-\frac{q^2}{mx^3}-\frac{2k}{x^3}$$

$$Y=\frac{\partial F}{\partial y}=0$$

$$P=\frac{\partial F}{\partial p}=\frac{1}{m}p$$

$$Q=\frac{\partial F}{\partial q}=\frac{1}{mx^2}q$$

由 $\frac{\mathrm{d}x}{P}=\frac{\mathrm{d}y}{Q}=-\frac{\mathrm{d}p}{X}=-\frac{\mathrm{d}q}{Y}$，得

$$\frac{\mathrm{d}x}{\frac{1}{m}p}=\frac{\mathrm{d}y}{\frac{1}{mx^2}q}=\frac{\mathrm{d}p}{\frac{q^2}{mx^3}+\frac{2k}{x^3}}=-\frac{\mathrm{d}q}{0}$$

$$\mathrm{d}q=0$$

所以

$$q=\alpha$$

$$\frac{1}{m}p\mathrm{d}p=\left(\frac{\alpha^2}{mx^3}+\frac{2k}{x^3}\right)\mathrm{d}x=\left(\frac{\alpha^2}{m}+2k\right)\frac{1}{x^3}\mathrm{d}x$$

$$\frac{1}{2m}p^2=-\frac{1}{2}\left(\frac{\alpha^2}{m}+2k\right)\frac{1}{x^2}+h$$

$$p=\frac{1}{x}\sqrt{2mhx^2-(\alpha^2+2mk)}$$

$$\frac{\mathrm{d}x}{\frac{1}{m}\cdot\frac{1}{x}\sqrt{2mhx^2-(\alpha^2+2mk)}}=\frac{\mathrm{d}y}{\frac{1}{mx^2}\alpha}$$

$$\mathrm{d}y=\frac{\alpha}{x\sqrt{2mhx^2-(\alpha^2+2mk)}}\mathrm{d}x$$

令 $x=\frac{1}{u}$，$\mathrm{d}x=-\frac{1}{u^2}\mathrm{d}u$，

$$\mathrm{d}y=-\frac{\alpha}{\sqrt{2mh}}\frac{\mathrm{d}u}{\sqrt{1-\frac{\alpha^2+2mk}{2mh}u^2}}$$

$$\varphi=y=\frac{\alpha}{\sqrt{\alpha^2+2mk}}\left[\arccos\left(\sqrt{\frac{\alpha^2+2mk}{2mh}}u\right)-\frac{\pi}{2}\right]$$

选择适当的极轴，可得上述的积分常数，

$$\sqrt{\frac{\alpha^2+2mk}{2mh}}u=\cos\left(-\sqrt{\frac{\alpha^2+2mk}{\alpha^2}}\varphi+\frac{\pi}{2}\right)=\sin\left(\sqrt{\frac{\alpha^2+2mk}{\alpha^2}}\varphi\right)$$

$$r=\frac{1}{u}=\sqrt{\frac{\alpha^2+2mk}{2mh}}\csc\left(\sqrt{1+\frac{2mk}{\alpha^2}}\varphi\right)$$

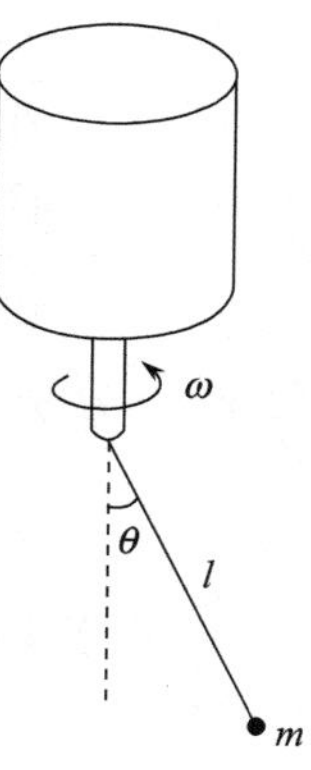

图 11.11

11.5.14　一个电机使一根竖直轴随之旋转，轴的下端挂一个长度为 l、质量为 m 的单摆，单摆被限制在一个平面内运动，这个平面由电动机带动以恒定的角速度 ω 旋转，如图 11.11 所示.

(1) 用拉格朗日-沙比方法得到质点的运动微分方程；

(2) 求出在转动参考系中的平衡位置及绕平衡位置做小振动的频率，说明平衡的稳定条件.

解　(1)

$$T=\frac{1}{2}m(l^2\dot{\theta}^2+l^2\sin^2\theta\omega^2)$$

$$V=mgl(1-\cos\theta)$$

$$L=\frac{1}{2}m(l^2\dot{\theta}^2+l^2\omega^2\sin^2\theta)-mgl(1-\cos\theta)$$

$$p_\theta=\frac{\partial L}{\partial\dot{\theta}}=ml^2\dot{\theta}$$

$$H=\frac{1}{2ml^2}p_\theta^2-\frac{1}{2}ml^2\omega^2\sin^2\theta+mgl(1-\cos\theta)$$

哈密顿-雅可比方程为

$$\frac{\partial S}{\partial t}+\frac{1}{2ml^2}\left(\frac{\partial S}{\partial\theta}\right)^2-\frac{1}{2}ml^2\omega^2\sin^2\theta+mgl(1-\cos\theta)=0$$

用拉格朗日-沙比方法，令 $\theta=x$，$t=y$，则

$$\frac{\partial S}{\partial\theta}=p,\quad \frac{\partial S}{\partial t}=q$$

$$F=q+\frac{1}{2ml^2}p^2-\frac{1}{2}ml^2\omega^2\sin^2 x+mgl(1-\cos x)$$

$$X=\frac{\partial F}{\partial x}=-ml^2\omega^2\sin x\cos x+mgl\sin x$$

$$Y=\frac{\partial F}{\partial y}=0$$

$$P=\frac{\partial F}{\partial p}=\frac{1}{ml^2}p$$

$$Q=\frac{\partial F}{\partial q}=1$$

由 $\frac{\mathrm{d}x}{P}=\frac{\mathrm{d}y}{Q}=-\frac{\mathrm{d}p}{X}=-\frac{\mathrm{d}q}{Y}$，得

$$\frac{\mathrm{d}x}{\frac{1}{ml^2}p}=\frac{\mathrm{d}y}{1}=-\frac{\mathrm{d}q}{0}=\frac{\mathrm{d}p}{ml^2\omega^2\sin x\cos x-mgl\sin x}$$

$$\frac{\mathrm{d}p}{\mathrm{d}y}=ml^2\omega^2\sin x\cos x-mgl\sin x$$

$$\frac{\mathrm{d}x}{\mathrm{d}y}=\frac{1}{ml^2}p$$

$$\frac{\mathrm{d}^2x}{\mathrm{d}y^2}=\frac{1}{ml^2}\frac{\mathrm{d}p}{\mathrm{d}y}=\frac{1}{ml^2}(ml^2\omega^2\sin x\cos x-mgl\sin x)=\left(\omega^2\cos x-\frac{g}{l}\right)\sin x$$

将 x、y 分别换回 θ、t，上式为

$$\ddot{\theta}-\left(\omega^2\cos\theta-\frac{g}{l}\right)\sin\theta=0$$

(2) 平衡位置由

$$\left(\omega^2\cos\theta-\frac{g}{l}\right)\sin\theta=0$$

确定，可能有两个平衡位置，它们是 $\theta=\theta_{10}=0$，$\theta=\theta_{20}=\arccos\left(\frac{g}{l\omega^2}\right)\left(当\frac{g}{l\omega^2}<1时\right)$.

在 $\theta=\theta_{10}=0$ 附近，运动微分方程可近似为

$$\ddot{\theta}-\left(\omega^2-\frac{g}{l}\right)\theta=0$$

当 $\omega^2<\frac{g}{l}$ 时，可在 $\theta=0$ 附近做小振动，小振动的角频率为 $\Omega_1=\sqrt{\frac{g}{l}-\omega^2}$，$\theta=0$ 是稳定平衡位置；当 $\omega^2\geqslant\frac{g}{l}$ 时，运动不可能限在 $\theta=0$ 附近，不能围绕 $\theta=0$ 做小振动，$\theta=0$ 是不稳定平衡位置.

在 $\theta=\theta_{20}=\arccos\left(\frac{g}{l\omega^2}\right)$ 附近（只有在 $\frac{g}{l\omega^2}<1$ 时才存在这个平衡位置），将 $\cos\theta$、$\sin\theta$ 在 θ_{20} 附近作泰勒展开，

$$\cos\theta=\cos\theta_{20}-\sin\theta_{20}(\theta-\theta_{20})+\cdots$$
$$\approx\frac{g}{l\omega^2}-\sqrt{1-\frac{g^2}{l^2\omega^4}}(\theta-\theta_{20})$$
$$\sin\theta=\sin\theta_{20}+\cos\theta_{20}(\theta-\theta_{20})+\cdots$$
$$\approx\sqrt{1-\frac{g^2}{l^2\omega^4}}+\frac{g}{l\omega^2}(\theta-\theta_{20})$$

令 $\theta'=\theta-\theta_{20}$，在 $\theta=\theta_{20}$ 附近的运动微分方程为

$$\ddot{\theta}'-\left[\omega^2\left(\frac{g}{l\omega^2}-\sqrt{1-\frac{g^2}{l^2\omega^4}}\theta'\right)-\frac{g}{l}\right]\left[\sqrt{1-\frac{g^2}{l^2\omega^4}}+\frac{g}{l\omega^2}\theta'\right]=0$$

只保留一级小量，

$$\ddot{\theta}'+\omega^2\left(1-\frac{g^2}{l^2\omega^4}\right)\theta'=0$$

当 $1-\frac{g^2}{l^2\omega^4}>0$，即当 $\omega^2>\frac{g}{l}$ 时，存在着第二个平衡位置，而且是稳定平衡位置，可围绕

它做小振动，小振动的角频率为

$$\Omega_2 = \omega\sqrt{1-\frac{g^2}{l^2\omega^4}}$$

11.5.15　一个质量为 m 的质点在随时间变化的势场中沿直线运动，$V = mAxt^2$，A 为常数. 用拉格朗日–沙比方法求此质点运动的一般解.

解

$$L = \frac{1}{2}m\dot{x}^2 - mAxt^2$$

$$p = \frac{\partial L}{\partial \dot{x}} = m\dot{x}$$

$$H = \frac{p^2}{2m} + mAxt^2$$

$$\frac{\partial S}{\partial t} + \frac{1}{2m}\left(\frac{\partial S}{\partial x}\right)^2 + mAxt^2 = 0$$

用拉格朗日–沙比方法. 令 $x = x$，$t = y$，则 $\dfrac{\partial S}{\partial x} = p$，$\dfrac{\partial S}{\partial t} = q$，

$$F = q + \frac{1}{2m}p^2 + mAxy^2$$

$$X = \frac{\partial F}{\partial x} = mAy^2$$

$$Y = \frac{\partial F}{\partial y} = 2mAxy$$

$$P = \frac{\partial F}{\partial p} = \frac{p}{m}$$

$$Q = \frac{\partial F}{\partial q} = 1$$

由

$$\frac{\mathrm{d}x}{P} = \frac{\mathrm{d}y}{Q} = -\frac{\mathrm{d}p}{X} = -\frac{\mathrm{d}q}{Y}$$

得

$$\frac{\mathrm{d}x}{\frac{p}{m}} = \frac{\mathrm{d}y}{1} = -\frac{\mathrm{d}p}{mAy^2} = -\frac{\mathrm{d}q}{2mAxy}$$

$$\mathrm{d}p = -mAy^2\mathrm{d}y$$

$$p = -\frac{1}{3}mAy^3 + \alpha m$$

$$\mathrm{d}x = \frac{p}{m}\mathrm{d}y = \frac{1}{m}\left(-\frac{1}{3}mAy^3 + \alpha m\right)\mathrm{d}y$$

$$x = -\frac{1}{12}Ay^4 + \alpha y + \beta$$

也即

$$x=-\frac{1}{12}At^4+\alpha t+\beta$$

11.6 作用变量、角变量及其应用

11.6.1 用作用变量和角变量分析一个粒子在下列有心力作用下的运动，这个有心力的势能为

$$V(r)=-\frac{k}{r}-\frac{\beta}{r^2}$$

其中 r 是粒子离力心的距离，k 和 β 是正的常量. 设 $-\frac{mk^2}{2h^2-4m\beta}<E<0$ ，其中 E 是粒子的机械能，h 是粒子对力心的角动量. 在粒子运动所跨越的 r 的范围内有 $\beta\ll kr$.

解

$$H=\frac{p_r^2}{2m}+\frac{p_\varphi^2}{2mr^2}-\frac{k}{r}-\frac{\beta}{r^2}$$

$$\frac{\partial H}{\partial t}=0$$

特性函数 W 满足的哈密顿-雅可比方程为

$$\frac{1}{2m}\left(\frac{\partial W}{\partial r}\right)^2+\frac{1}{2mr^2}\left(\frac{\partial W}{\partial \varphi}\right)^2-\frac{k}{r}-\frac{\beta}{r^2}=E$$

可作变量分离，

$$W=W_r(r,E,h)+W_\varphi(\varphi,E,h)$$

$$\frac{1}{2m}\left(\frac{\mathrm{d}W_r}{\mathrm{d}r}\right)^2+\frac{1}{2mr^2}\left(\frac{\mathrm{d}W_\varphi}{\mathrm{d}\varphi}\right)^2-\frac{k}{r}-\frac{\beta}{r^2}=E$$

因为

$$\frac{\partial H}{\partial \varphi}=0,\quad p_\varphi=h\ (h\text{ 为常量})$$

$$\frac{\mathrm{d}W_\varphi}{\mathrm{d}\varphi}=h$$

$$W_\varphi=h\varphi$$

$$\frac{\mathrm{d}W_r}{\mathrm{d}r}=\sqrt{2m}\left(E+\frac{k}{r}+\frac{\beta}{r^2}-\frac{h^2}{2mr^2}\right)^{1/2}$$

$$W_r=\sqrt{2m}\int\left(E+\frac{k}{r}+\frac{2m\beta-h^2}{2mr^2}\right)^{1/2}\mathrm{d}r$$

在 r-p_r 子相空间中的轨道方程为

$$p_r = \frac{\partial W_r}{\partial r} = \sqrt{2m}\left(E + \frac{k}{r} + \frac{2m\beta - h^2}{2mr^2}\right)^{1/2}$$

在 φ-p_φ 子相空间中的轨道方程为

$$p_\varphi = \frac{\partial W_\varphi}{\partial \varphi} = h$$

在子相空间中如要做周期运动，在 r-p_r 子相空间中必须在 $r_1 \leqslant r \leqslant r_2$ 范围内运动，r_1、r_2 是

$$E + \frac{k}{r} + \frac{2m\beta - h^2}{2mr^2} = 0$$

或

$$2mr^2 E + 2kmr + 2m\beta - h^2 = 0$$

的两个根. $r_1 \neq r_2$，且均为正实数，要求

$$r = \frac{-2km \pm \sqrt{4k^2m^2 - 4 \cdot 2mE(2m\beta - h^2)}}{4mE} = \frac{-km \pm \sqrt{k^2m^2 - 2mE(2m\beta - h^2)}}{2mE}$$

中

(1) $-\dfrac{km}{2mE} > 0$，要求 $E < 0$；

(2) $k^2m^2 - 2mE(2m\beta - h^2) > 0$，由此要求 $k^2m > 2E(2m\beta - h^2)$，如 $E<0$，$2m\beta - h^2 > 0$，r_1、r_2 均为实根，但有一个为负值，如 $E<0$，$2m\beta - h^2 < 0$，$|E| < \dfrac{k^2m}{2h^2 - 4m\beta}$，则 r_1、r_2 均为正实根，题设条件正是这种情况. 因此 r_1 取加号. r_2 取减号.

在 φ-p_φ 子相空间中轨道也是闭合的，φ 运动在 0～2π（p_φ 不变）间.

系统是一个可分离的周期系统，可定义一组作用变量和角变量，

$$J_r(E,h) = \oint \frac{\partial W_r(r,E,h)}{\partial r}\mathrm{d}r = \sqrt{2m}\oint\left(E + \frac{k}{r} + \frac{2m\beta - h^2}{2mr^2}\right)^{1/2}\mathrm{d}r = 2\sqrt{2m}\int_{r_1}^{r_2}\left(E + \frac{k}{r} + \frac{2m\beta - h^2}{2mr^2}\right)^{1/2}\mathrm{d}r$$

这里用了 $p_r(r,E,h)$ 对 r 轴是对称的. 作变换，令

$$r = \frac{1}{u}, \quad \mathrm{d}r = -\frac{1}{u^2}\mathrm{d}u$$

$$J_r(E,h) = -2\sqrt{2m}\int_{u_1}^{u_2}\frac{1}{u^2}\left(E + ku + \frac{2m\beta - h^2}{2m}u^2\right)^{1/2}\mathrm{d}u$$

用积分公式

$$\int\frac{\sqrt{X}}{x^2}\mathrm{d}x=-\frac{\sqrt{X}}{x}+\frac{b}{2}\int\frac{\mathrm{d}x}{x\sqrt{X}}+c\int\frac{\mathrm{d}x}{\sqrt{X}}$$

其中

$$X=a+bx+cx^2$$

$$\int\frac{\mathrm{d}x}{x\sqrt{X}}=\frac{1}{\sqrt{-a}}\arcsin\left(\frac{bx+2a}{x\sqrt{-q}}\right)\quad（当\ a<0,\ q<0\ 时）$$

其中

$$q=4ac-b^2$$

$$\int\frac{\mathrm{d}x}{\sqrt{X}}=-\frac{1}{\sqrt{-c}}\arcsin\left(\frac{2cx+b}{\sqrt{-q}}\right)\quad（当\ c<0,\ q<0\ 时）$$

今

$$a=E<0,\quad b=k,\quad c=\frac{2m\beta-h^2}{2m}<0$$

$$q=4E\frac{2m\beta-h^2}{2m}-k^2=\frac{2E(2m\beta-h^2)-mk^2}{m}<0$$

可用上述三个积分公式，经计算可得

$$J_r(E,h)=-2\pi(h^2-2m\beta)^{1/2}+\pi k\left(-\frac{2m}{E}\right)^{1/2}$$

$$J_\varphi(E,h)=\oint\frac{\partial W_\varphi(\varphi,E,h)}{\partial\varphi}\mathrm{d}\varphi=\oint h\mathrm{d}\varphi=\int_0^{2\pi}h\mathrm{d}\varphi=2\pi h$$

从上述两式解出 E、h，

$$E=-\frac{2m\pi^2k^2}{\left[(J_\varphi^2-8\pi^2m\beta)^{1/2}+J_r\right]^2}$$

$$h=\frac{J_\varphi}{2\pi}$$

$$H^*(J_r,J_\varphi)=E=-\frac{2m\pi^2k^2}{\left[(J_\varphi^2-8\pi^2m\beta)^{1/2}+J_r\right]^2}$$

由哈密顿正则方程

$$\dot{J}_r=-\frac{\partial H^*}{\partial w_r}=0$$

$$\dot{J}_\varphi=-\frac{\partial H^*}{\partial w_\varphi}=0$$

$$\dot{w}_r=\nu_r=\frac{\partial H^*}{\partial J_r}=\frac{4m\pi^2k^2}{[(J_\varphi^2-8\pi^2m\beta)^{1/2}+J_r]^3}=\frac{(-2mE)^{3/2}}{2m^2\pi k}$$

这里用了 $(J_\varphi^2-8\pi^2m\beta)^{1/2}+J_r=\left(\dfrac{2m\pi^2k^2}{-E}\right)^{1/2}=\dfrac{2m\pi k}{(-2mE)^{1/2}}$

$$
\begin{aligned}
\dot{w}_\varphi=\nu_\varphi&=\frac{\partial H^*}{\partial J_\varphi}\\
&=\frac{4m\pi^2k^2}{[(J_\varphi^2-8\pi^2m\beta)^{1/2}+J_r]^3}\cdot\frac{2J_\varphi}{2(J_\varphi^2-8\pi^2m\beta)^{1/2}}\\
&=\frac{J_\varphi}{(J_\varphi^2-8\pi^2m\beta)^{1/2}}\nu_r
\end{aligned}
$$

由

$$
w_i=\sum_{k=1}^{s}\frac{\partial W_k(q_k,\boldsymbol{J})}{\partial J_i}
$$

$$
\begin{aligned}
w_r&=\frac{\partial W_r}{\partial J_r}+\frac{\partial W_\varphi}{\partial J_r}\\
&=\frac{\partial W_r}{\partial E}\frac{\partial E}{\partial J_r}+\frac{\partial W_r}{\partial h}\frac{\partial h}{\partial J_r}+\frac{\partial W_\varphi}{\partial E}\frac{\partial E}{\partial J_r}+\frac{\partial W_\varphi}{\partial h}\frac{\partial h}{\partial J_r}\\
&=\frac{\partial W_r}{\partial E}\nu_r=\nu_rF(r)
\end{aligned}\tag{1}
$$

其中

$$
F(r)=\frac{\partial W_r(r,E,h)}{\partial E}=\sqrt{\frac{m}{2}}\int\left(E+\frac{k}{r}+\frac{2m\beta-h^2}{2mr^2}\right)^{-1/2}\mathrm{d}r
$$

$$
\begin{aligned}
w_\varphi&=\frac{\partial W_r}{\partial J_\varphi}+\frac{\partial W_\varphi}{\partial J_\varphi}\\
&=\frac{\partial W_r}{\partial E}\frac{\partial E}{\partial J_\varphi}+\frac{\partial W_r}{\partial h}\frac{\partial h}{\partial J_\varphi}+\frac{\partial W_\varphi}{\partial E}\frac{\partial E}{\partial J_\varphi}+\frac{\partial W_\varphi}{\partial h}\frac{\partial h}{\partial J_\varphi}\\
&=\nu_\varphi F(r)-G(r)+\frac{\varphi}{2\pi}
\end{aligned}\tag{2}
$$

其中

$$
G(r)=-\frac{\partial W_r}{\partial h}\frac{\partial h}{\partial J_\varphi}=\frac{1}{2\pi}\sqrt{\frac{m}{2}}\int\left(E+\frac{k}{r}+\frac{2m\beta-h^2}{2mr^2}\right)^{-1/2}\left(\frac{h}{mr^2}\right)\mathrm{d}r
$$

从(1)式原则上可以得到

$$
r=r(w_r)\tag{3}
$$

r 是 ω_r 的周期函数，周期为 1，

$$
w_r=\nu_rt+\lambda_r\tag{4}
$$

$$
w_\varphi=\nu_\varphi t+\lambda_\varphi\tag{5}
$$

r 是 t 的周期函数，周期为 $\dfrac{1}{\nu_r}$.

将式(3)代入式(2)，解出 φ，可得

$$\varphi = \varphi(w_r, w_\varphi) \tag{6}$$

φ 是 $(w_r,\ w_\varphi)$ 的双重周期函数，周期单元为(1，0)、(0，1)，时间上改变 $\dfrac{1}{\nu_r}$， ω_r 改变 1，时间上改变 $\dfrac{1}{\nu_\varphi}$， ω_φ 改变 1. 一般讲，φ 不是时间的周期函数，只有存在一对整数 K_r、K_φ，有 $\dfrac{K_r}{\nu_r}=\dfrac{K_\varphi}{\nu_\varphi}$ 时， φ 才是时间的周期函数.

如能获得 $r=r(w_r)$ 和 $\varphi=\varphi(w_r,w_\varphi)$，就能由式(4)、(5)得到 $r(t)$ 和 $\varphi(t)$.

如势能函数中的 $\beta=0$，质点在平方反比律有心力场中运动，

$$\nu_r=\nu_\varphi=\nu=\frac{(-2mE)^{3/2}}{2m^2\pi k}$$

$r(t)$ 和 $\varphi(t)$ 都是时间的周期函数，周期为 $\dfrac{1}{\nu}$. 在这种情况下，在空间的轨道是闭合的，是一个椭圆.

如 β 是非零小量，轨道虽不闭合，但近似一个椭圆，近心点围绕力心缓慢进动，不需求出 $r(t)$ 和 $\varphi(t)$，就能知道进动的速率. 比较式(2)和式(5)，

$$\nu_\varphi F(r)-G(r)+\frac{\varphi}{2\pi}=\nu_\varphi t+\lambda_\varphi$$

$$\varphi=2\pi\nu_\varphi t-2\pi\nu_\varphi F(r)+2\pi G(r)+2\pi\lambda_\varphi$$

因 $r(t)$ 是 t 的周期函数，周期为 $\dfrac{1}{\nu_r}$，在此期间，φ 的改变量

$$\Delta\varphi=2\pi\nu_\varphi\frac{1}{\nu_r}=2\pi\left(\frac{\nu_\varphi}{\nu_r}\right)$$

这里用了 $r\left(t+\dfrac{1}{\nu_r}\right)=r(t)$, 故

$$F\left[r\left(t+\frac{1}{\nu_r}\right)\right]=F[r(t)]$$

$$G\left[r\left(t+\frac{1}{\nu_r}\right)\right]=G[r(t)]$$

如 $\nu_\varphi=\nu_r$， $\Delta\varphi=2\pi$，没有进动；如 $\nu_\varphi\neq\nu_r$， $\Delta\varphi\neq2\pi$，进动角为

$$2\pi(\nu_\varphi/\nu_r)-2\pi$$

进动速率为

$$\frac{2\pi(\nu_\varphi/\nu_r)-2\pi}{1/\nu_r}=2\pi(\nu_\varphi-\nu_r)$$

如对β这个小量作一级近似，

$$\nu_\varphi=\frac{J_\varphi}{(J_\varphi^2-8\pi^2 m\beta)^{1/2}}\nu_r\approx\left(1+\frac{4\pi^2 m\beta}{J_\varphi^2}\right)\nu_r$$

J_φ用$\beta=0$时的值作近似，

$$J_\varphi=2\pi h\approx 2\pi m\cdot\frac{2\pi ab}{T}=\frac{4\pi^2 mab}{T}$$

其中T是椭圆运动的周期，a、b分别是椭圆轨道的长半轴和短半轴，

$$\frac{T^2}{a^3}=\frac{4\pi^2 m}{k}$$

$$J_\varphi^2\approx 4\pi^2 mb^2 k/a$$

$$\nu_\varphi\approx\left(1+\frac{\beta a}{kb^2}\right)\nu_r$$

进动速率近似为$\dfrac{2\pi\beta a}{kb^2}\nu_r$，其中$a$、$b$是$\beta=0$时椭圆轨道的长半轴和短半轴.

11.6.2　一质量为m的质点在势能$V(x)=F|x|$（F是一正值常量）作用下做一维运动，利用作用变量、角变量把运动的周期表达成能量的函数.

解

$$H=\frac{1}{2m}p^2+F|x|$$

即

$$H=\begin{cases}\dfrac{1}{2m}p^2+Fx, & 0\leqslant x\leqslant\dfrac{E}{F}\\[2mm] \dfrac{1}{2m}p^2-Fx, & -\dfrac{E}{F}\leqslant x\leqslant 0\end{cases}$$

关于质点的运动范围为$\left[-\dfrac{E}{F},\dfrac{E}{F}\right]$（$E$为总能量）作如下说明：因为质点的机械能守恒，

$$\frac{1}{2m}p^2+F|x|=E$$

在x的最大值，$p=0$，$x_{\max}=\dfrac{E}{F}$. 同样，在x的最小值，$p=0$，$F(-x_{\min})=E$，$x_{\min}=-\dfrac{E}{F}$，

$$\begin{aligned}J&=\oint p\mathrm{d}x=2\int_{-\frac{E}{F}}^{\frac{E}{F}}\sqrt{2m(E-V)}\mathrm{d}x\\&=2\left[\int_{-\frac{E}{F}}^{0}\sqrt{2m(E+Fx)}\mathrm{d}x+\int_0^{\frac{E}{F}}\sqrt{2m(E-Fx)}\mathrm{d}x\right]\\&=\frac{8\sqrt{2m}}{3F}E^{3/2}\end{aligned}$$

$$E=\left(\frac{3FJ}{8\sqrt{2m}}\right)^{2/3}$$

$$H^*(J)=E=\left(\frac{3FJ}{8\sqrt{2m}}\right)^{2/3}$$

$$\nu=\frac{\partial H^*}{\partial J}=\left(\frac{3F}{8\sqrt{2m}}\right)^{2/3}\cdot\frac{2}{3}J^{-1/3}$$

$$=\left(\frac{3F}{8\sqrt{2m}}\right)^{2/3}\cdot\frac{2}{3}\left(\frac{8\sqrt{2m}}{3F}E^{3/2}\right)^{-1/3}=\frac{F}{4\sqrt{2mE}}$$

$$T=\frac{1}{\nu}=\frac{4\sqrt{2mE}}{F}$$

11.6.3　一质量为 m 的质点在势能 $V=-\dfrac{k}{|x|}$ (k 为正值常量)作用下做一维运动，能量为负值时，运动是有界的和振荡的. 用作用变量、角变量把运动的周期表达成能量的函数.

解

$$H=\frac{1}{2m}p^2-\frac{k}{|x|}$$

即

$$H=\begin{cases}\dfrac{1}{2m}p^2-\dfrac{k}{x}, & 0\leqslant x\leqslant\dfrac{k}{-E}\\[2mm] \dfrac{1}{2m}p^2+\dfrac{k}{x}, & \dfrac{k}{E}\leqslant x\leqslant 0\end{cases}$$

注意 $E<0$,

$$p=\sqrt{2m\left(E+\frac{k}{|x|}\right)}$$

$$J=\oint p\mathrm{d}x=2\left[\int_{\frac{k}{E}}^{0}\sqrt{2m\left(E-\frac{k}{x}\right)}\mathrm{d}x+\int_{0}^{-\frac{k}{E}}\sqrt{2m\left(E+\frac{k}{x}\right)}\mathrm{d}x\right]$$

对于第一个积分，令 $x'=-x$,　$\mathrm{d}x=-\mathrm{d}x'$,

$$\int_{\frac{k}{E}}^{0}\sqrt{2m\left(E-\frac{k}{x}\right)}\mathrm{d}x=-\int_{-\frac{k}{E}}^{0}\sqrt{2m\left(E+\frac{k}{x'}\right)}\mathrm{d}x'=\int_{0}^{-\frac{k}{E}}\sqrt{2m\left(E+\frac{k}{x}\right)}\mathrm{d}x$$

所以

$$J=4\int_{0}^{-\frac{k}{E}}\sqrt{2m\left(E+\frac{k}{x}\right)}\mathrm{d}x$$

作变换，令 $x=u^2$,　$\mathrm{d}x=2u\mathrm{d}u$,

$$J=4\int_0^{\sqrt{-\frac{k}{E}}}\sqrt{2m\left(E+\frac{k}{u^2}\right)}\cdot 2u\mathrm{d}u$$

$$=8\sqrt{2m}\int_0^{\sqrt{-\frac{k}{E}}}\sqrt{k-(\sqrt{-E}u)^2}\mathrm{d}u$$

用积分公式

$$\int\sqrt{a^2-x^2}\mathrm{d}x=\frac{1}{2}\left[x\sqrt{a^2-x^2}+a^2\arcsin\left(\frac{x}{a}\right)\right]$$

$$J=\frac{2\pi\sqrt{2m}}{\sqrt{-E}}k$$

$$E=-\frac{8\pi^2mk^2}{J^2}$$

$$H^*(J)=E=-\frac{8\pi^2mk^2}{J^2}$$

$$\nu=\frac{\partial H^*}{\partial J}=16\pi^2mk^2J^{-3}=\frac{(-E)^{3/2}}{\pi k\sqrt{2m}}$$

$$T=\frac{1}{\nu}=\pi k\sqrt{2m}(-E)^{-3/2}$$

11.6.4　利用作用变量、角变量求力常数各不相同的三维谐振子的频率，并求出笛卡儿坐标以及与之共轭的动量表成作用变量、角变量的函数.

解

$$H=\frac{1}{2m}(p_x^2+p_y^2+p_z^2)+\frac{1}{2}k_1x^2+\frac{1}{2}k_2y^2+\frac{1}{2}k_3z^2$$

$$\frac{1}{2m}p_x^2+\frac{1}{2}k_1x^2+\frac{1}{2m}p_y^2+\frac{1}{2}k_2y^2+\frac{1}{2m}p_z^2+\frac{1}{2}k_3z^2=E$$

设

$$\frac{1}{2m}p_y^2+\frac{1}{2}k_2y^2=\alpha_2\qquad(\alpha_2\text{ 为常量})$$

$$\frac{1}{2m}p_z^2+\frac{1}{2}k_3z^2=\alpha_3\qquad(\alpha_3\text{ 为常量})$$

则

$$\frac{1}{2m}p_x^2+\frac{1}{2}k_1x^2=E-\alpha_2-\alpha_3$$

$$\frac{p_y^2}{2m\alpha_2}+\frac{y^2}{\frac{2\alpha_2}{k_2}}=1$$

在 y-p_y 子相空间，$p_y=p_y(y)$ 是一个椭圆方程，椭圆的长、短半轴分别为 $\sqrt{2m\alpha_2}$ 和 $\sqrt{\frac{2\alpha_2}{k_2}}$，

$$J_2 = \oint p_y \mathrm{d}y = \pi\sqrt{2m\alpha_2} \cdot \sqrt{\frac{2\alpha_2}{k_2}} = 2\pi\alpha_2\sqrt{\frac{m}{k_2}}$$

同理

$$J_3 = 2\pi\alpha_3\sqrt{\frac{m}{k_3}}$$

$$J_1 = 2\pi(E-\alpha_2-\alpha_3)\sqrt{\frac{m}{k_1}}$$

$$\begin{aligned} H^*(J_1,J_2,J_3) = E &= \frac{J_1}{2\pi}\sqrt{\frac{k_1}{m}} + \alpha_2 + \alpha_3 \\ &= \frac{1}{2\pi}\left(J_1\sqrt{\frac{k_1}{m}} + J_2\sqrt{\frac{k_2}{m}} + J_3\sqrt{\frac{k_3}{m}}\right) \end{aligned}$$

$$\nu_1 = \frac{\partial H^*}{\partial J_1} = \frac{1}{2\pi}\sqrt{\frac{k_1}{m}}$$

同理

$$\nu_2 = \frac{1}{2\pi}\sqrt{\frac{k_2}{m}}, \quad \nu_3 = \frac{1}{2\pi}\sqrt{\frac{k_3}{m}}$$

要求新旧正则变量间的变换关系，需找出母函数.

$$W(\boldsymbol{q},\boldsymbol{J}) = \sum_{i=1}^{3} W_i(q_i,\boldsymbol{\alpha}(\boldsymbol{J})) = \sum_{i=1}^{3} W_i(q_i,\boldsymbol{J})$$

W_i满足的微分方程为

$$\frac{1}{2m}\left(\frac{\mathrm{d}W_1}{\mathrm{d}x}\right)^2 + \frac{1}{2}k_1x^2 + \alpha_2 + \alpha_3 = E$$

$$\frac{1}{2m}\left(\frac{\mathrm{d}W_2}{\mathrm{d}y}\right)^2 + \frac{1}{2}k_2y^2 = \alpha_2$$

$$\frac{1}{2m}\left(\frac{\mathrm{d}W_3}{\mathrm{d}z}\right)^2 + \frac{1}{2}k_3z^2 = \alpha_3$$

$$W_1 = \int\sqrt{2m\left[(E-\alpha_2-\alpha_3) - \frac{1}{2}k_1x^2\right]}\mathrm{d}x = \int\sqrt{2m\left[\left(\frac{J_1}{2\pi}\sqrt{\frac{k_1}{m}}\right) - \frac{1}{2}k_1x^2\right]}\mathrm{d}x$$

$$W_2 = \int\sqrt{2m\left[\left(\frac{J_2}{2\pi}\sqrt{\frac{k_2}{m}}\right) - \frac{1}{2}k_2y^2\right]}\mathrm{d}y$$

$$W_3 = \int\sqrt{2m\left[\left(\frac{J_3}{2\pi}\sqrt{\frac{k_3}{m}}\right) - \frac{1}{2}k_2z^2\right]}\mathrm{d}z$$

由

$$w_i = \frac{\partial W(\boldsymbol{q},\boldsymbol{J})}{\partial J_i} = \sum_{k=1}^{s} \frac{\partial W_k(q_k,\boldsymbol{J})}{\partial J_i}$$

$$w_1 = \frac{\partial W_1}{\partial J_1} + \frac{\partial W_2}{\partial J_1} + \frac{\partial W_3}{\partial J_1} = \frac{\partial W_1}{\partial J_1}$$

$$= \sqrt{2m}\int \frac{\frac{1}{2\pi}\sqrt{\frac{k_1}{m}}}{2\left(\sqrt{\frac{J_1}{2\pi}\sqrt{\frac{k_1}{m}} - \frac{1}{2}k_1x^2}\right)}\mathrm{d}x = \frac{1}{2\pi}\arcsin\left(\sqrt{\frac{\pi}{J_1}\sqrt{k_1 m}}\,x\right)$$

$$x = \frac{1}{\sqrt{\frac{\pi}{J_1}\sqrt{mk_1}}}\sin(2\pi w_1)$$

同样可得

$$y = \frac{1}{\sqrt{\frac{\pi}{J_2}\sqrt{mk_2}}}\sin(2\pi w_2)$$

$$z = \frac{1}{\sqrt{\frac{\pi}{J_3}\sqrt{mk_3}}}\sin(2\pi w_3)$$

$$p_x = \frac{\partial W_1}{\partial x} = \sqrt{2m\left(\frac{J_1}{2\pi}\sqrt{\frac{k_1}{m}} - \frac{1}{2}k_1x^2\right)} = \sqrt{\frac{J_1}{\pi}\sqrt{mk_1}}\cos(2\pi w_1)$$

同样可得

$$p_y = \sqrt{\frac{J_2}{\pi}\sqrt{mk_2}}\cos(2\pi w_2)$$

$$p_z = \sqrt{\frac{J_3}{\pi}\sqrt{mk_3}}\cos(2\pi w_3)$$

如将 $w_1 = \nu_1 t + \varphi_1$，$w_2 = \nu_2 t + \varphi_2$，$w_3 = \nu_3 t + \varphi_3$ 代入，可得 x、y、z、p_x、p_y、p_z 与 t 的函数关系，其中 φ_1、φ_2、φ_3、E、α_2、α_3 六个积分常数由初始条件确定.

11.6.5　一个力常数为 k 的线性谐振子，它的质量突然增加一个小量 ε，用正则微扰论求振子的频率增量 $\nu-\nu^0$，算到 ε 的二次方为止. 证明在 ε 的同级近似下所得结果与增量的严格预期值是一致的.

解

$$H = \frac{1}{2(m+\varepsilon)}p^2 + \frac{1}{2}kq^2 = \frac{1}{2m\left(1+\frac{\varepsilon}{m}\right)}p^2 + \frac{1}{2}kq^2$$

$$= \frac{1}{2m}\left(1 - \frac{\varepsilon}{m} + \frac{\varepsilon^2}{m^2}\right)p^2 + \frac{1}{2}kq^2 = H_0 + \varepsilon H_1 + \varepsilon^2 H_2 \tag{1}$$

$$H_0=\frac{1}{2m}p^2+\frac{1}{2}kq^2,\quad H_1=-\frac{1}{2m^2}p^2,\quad H_2=\frac{1}{2m^3}p^2$$

方法一：用作用量、角变量求精确解.

$$\frac{1}{2(m+\varepsilon)}p^2+\frac{1}{2}kq^2=E$$

$$\frac{p^2}{2(m+\varepsilon)E}+\frac{q^2}{2E/k}=1$$

$$J=\oint p\mathrm{d}q=\pi\sqrt{2(m+\varepsilon)E}\cdot\sqrt{\frac{2E}{k}}=2\pi E\sqrt{\frac{m+\varepsilon}{k}}$$

$$H^*=E=\frac{1}{2\pi}\sqrt{\frac{k}{m+\varepsilon}}J$$

$$\nu=\dot{w}=\frac{\partial H^*}{\partial J}=\frac{1}{2\pi}\sqrt{\frac{k}{m+\varepsilon}}$$

$$\dot{J}=-\frac{\partial H^*}{\partial\omega}=0$$

$$w=\nu t+\beta$$

$$\nu=\frac{1}{2\pi}\sqrt{\frac{k}{m+\varepsilon}}$$

展开到ε的二次方项

$$\nu=\frac{1}{2\pi}\sqrt{\frac{k}{m}}\left(1-\frac{\varepsilon}{2m}+\frac{3\varepsilon^2}{8m^2}\right)$$

零级近似

$$\nu^0=\nu|_{\varepsilon=0}=\frac{1}{2\pi}\sqrt{\frac{k}{m}}$$

$$\begin{aligned}\nu-\nu^0&=\frac{1}{2\pi}\sqrt{\frac{k}{m}}\left(-\frac{\varepsilon}{2m}+\frac{3\varepsilon^2}{8m^2}\right)\\&=-\frac{1}{4\pi}\varepsilon k^{1/2}m^{-3/2}+\frac{3}{16\pi}\varepsilon^2k^{1/2}m^{-5/2}\end{aligned}$$

方法二：用正则微扰论解.

先求$\varepsilon=0$的情况，

$$H(q,p,0)=H_0(q,p)$$

特征函数W^0满足的方程为

$$\frac{1}{2m}\left(\frac{\mathrm{d}W^0}{\mathrm{d}p}\right)^2+\frac{1}{2}kq^2=E$$

$$W^0=\int\sqrt{2m\left(E-\frac{1}{2}kq^2\right)}\mathrm{d}q$$

用方法一得到的 E 和 J 的函数关系，令 $\varepsilon=0$，即得这里 E 和 J^0 的函数关系，

$$J^0=2\pi E\sqrt{\frac{m}{k}}$$

$$E=\frac{J^0}{2\pi}\sqrt{\frac{k}{m}}$$

$$w^0=\frac{\partial W^0}{\partial J^0}=\frac{\partial W^0}{\partial E}\frac{\partial E}{\partial J^0}$$

$$=\frac{1}{2\pi}\sqrt{\frac{k}{m}}\int\frac{\sqrt{2m}}{2\sqrt{E-\frac{1}{2}kq^2}}\mathrm{d}q=\frac{1}{2\pi}\arcsin\left(\sqrt{\frac{\pi\sqrt{km}}{J^0}}q\right)$$

$$q=\sqrt{\frac{J^0}{\pi\sqrt{km}}}\sin(2\pi w^0)$$

$$H_0^*=E=\frac{1}{2\pi}\sqrt{\frac{k}{m}}J^0$$

$$\dot{w}^0=\nu^0=\frac{\partial H_0^*}{\partial J^0}=\frac{1}{2\pi}\sqrt{\frac{k}{m}}$$

$$\sqrt{\frac{J^0}{\pi\sqrt{km}}}=\sqrt{\frac{2J^0}{k}\cdot\frac{1}{2\pi}\sqrt{\frac{k}{m}}}=\sqrt{\frac{2J^0\nu^0}{k}}$$

所以

$$q=\sqrt{\frac{2J^0\nu^0}{k}}\sin(2\pi w^0)$$

$$p=m\,\dot{q}=m\sqrt{\frac{2J^0\nu^0}{k}}2\pi\dot{w}^0\cos(2\pi w^0)$$

$$=2\pi m\nu^0\sqrt{\frac{2J^0\nu^0}{k}}\cos(2\pi w^0)$$

将上述 q、p 代入式(1)，即得 $H^*(\omega^0,J^0,\varepsilon)$，

$$H^*(\omega^0,J^0,\varepsilon)=\frac{1}{2m}\left(1-\frac{\varepsilon}{m}+\frac{\varepsilon^2}{m^2}\right)4\pi^2m^2(\nu^0)^2\,\frac{2J^0\nu^0}{k}\cos^2(2\pi w^0)$$

$$+\frac{1}{2}k\frac{2J^0\nu^0}{k}\sin^2(2\pi w^0)$$

$$=J^0\nu^0+J^0\nu^0\left(-\frac{\varepsilon}{m}+\frac{\varepsilon^2}{m^2}\right)\cos^2(2\pi w^0)$$

可见

$$\begin{cases} H_0^*(J^0)=\nu^0 J^0 \\ H_1^*(w^0,J^0)=-\dfrac{J^0\nu^0}{m}\cos^2(2\pi w^0)=-\dfrac{J^0\nu^0}{2m}[1-\cos(4\pi w^0)] \\ H_2^*(w^0,J^0)=\dfrac{J^0\nu^0}{2m^2}[1-\cos(4\pi w^0)] \end{cases} \tag{2}$$

由(2)式，可直接写出

$$H_0^*(J)=\nu^0 J \tag{3}$$

$$H_1^*(w^0,J)=-\frac{J\nu^0}{2m}[1-\cos(4\pi w^0)]$$

$$H_2^*(w^0,J)=-\frac{J\nu^0}{2m^2}[1-\cos(4\pi w^0)]$$

$$H_1^*(J)=\overline{H_1^*(w^0,J)}=\int_0^1\left(-\frac{J\nu^0}{2m}\right)[1-\cos(4\pi w^0)]\mathrm{d}w^0=-\frac{1}{2m}\nu^0 J \tag{4}$$

$$\overline{H_2^*}=\overline{H_2^*(w^0,J)}=\int_0^1 H_2^*(w^0,J)\,\mathrm{d}w^0=\frac{J\nu^0}{2m^2}$$

$$\overline{\frac{\partial H_1^*}{\partial J}}=\overline{\frac{\partial H_1^*(w^0,J)}{\partial J}}=\int_0^1\left(-\frac{1}{2m}\nu^0\right)[1-\cos(4\pi w^0)]\mathrm{d}w^0=-\frac{\nu^0}{2m}$$

$$\begin{aligned}\overline{\left(\frac{\partial H_1^*}{\partial J}H_1^*\right)}&=\overline{\left[\frac{\partial H_1^*(w^0,J)}{\partial J}H_1^*(w^0,J)\right]}\\&=\int_0^1\left(-\frac{\nu^0}{2m}\right)[1-\cos(4\pi w^0)]\left(-\frac{J\nu^0}{2m}\right)[1-\cos(4\pi w^0)]\mathrm{d}w^0\\&=\frac{3J(\nu^0)^2}{8m}\end{aligned}$$

$$\frac{\partial\nu^0}{\partial J}=0$$

$$\begin{aligned}H_2^*(J)&=\overline{H_2^*}+\frac{1}{\nu^0(J)}\left[\overline{\frac{\partial H_1^*}{\partial J}}\bullet\overline{H_1^*}-\overline{\left(\frac{\partial H_1^*}{\partial J}H_1^*\right)}\right]\\&\quad+\frac{1}{2\nu^{02}}\frac{\partial\nu^0}{\partial J}[\overline{(H_1^*)^2}-\overline{(H_1^*)}^2]\\&=\frac{J\nu^0}{2m^2}+\frac{1}{\nu^0}\left[\left(-\frac{\nu^0}{2m}\right)\left(-\frac{1}{2m}\nu^0 J\right)-\frac{3J\nu^{0^2}}{8m^2}\right]\\&=\frac{3J\nu^0}{8m^2}\end{aligned} \tag{5}$$

由(1)、(3)、(4)、(5)式，

$$H^*(J)=H_0^*(J)+\varepsilon H_1^*(J)+\varepsilon^2 H_2^*(J)$$

$$=\nu^0 J-\frac{\varepsilon}{2m}\nu^0 J+\varepsilon^2\frac{3\nu^0 J}{8m^2}$$

由哈密顿正则方程，

$$\nu=\dot{w}=\frac{\partial H^*(J,\varepsilon)}{\partial J}=\nu^0-\frac{\varepsilon}{2m}\nu^0+\frac{3\varepsilon^2\nu^0}{8m^2}$$

$$\nu-\nu^0=-\frac{\varepsilon}{2m}\nu^0+\frac{3\varepsilon^2}{8m^2}\nu^0=\frac{1}{2\pi}\sqrt{\frac{k}{m}}\left(-\frac{\varepsilon}{2m}+\frac{3\varepsilon^2}{8m^2}\right)$$

在同级近似下，两种方法所得结果完全相同.

11.6.6　用正则微扰论求有限振幅振动的单摆运动，设总能量 $E\ll mgl$，求振子较之小振幅振动的频率增量，只考虑一级近似.

提示：

$$H=\frac{1}{2ml^2}p^2+\frac{1}{2}mgl\theta^2-\frac{1}{24}mgl\theta^4$$

前两项为 H_0，最后一项为 H_1.

解

$$T=\frac{1}{2}ml^2\dot{\theta}^2$$

$$V=mgl(1-\cos\theta)=mgl\left[1-\left(1-\frac{1}{2}\theta^2+\frac{1}{4!}\theta^4\right)\right]$$

$$=\frac{1}{2}mgl\theta^2-\frac{1}{24}mgl\theta^4$$

$$H=\frac{1}{2ml^2}p^2+\frac{1}{2}mgl\theta^2-\frac{\lambda}{24}mgl\theta^4 \tag{1}$$

（以后令 $\lambda=1$）

$$H_0=\frac{1}{2ml^2}p^2+\frac{1}{2}mgl\theta^2$$

$$H_1=-\frac{1}{24}mgl\theta^4$$

$$\frac{1}{2ml^2}p^2+\frac{1}{2}mgl\theta^2=E$$

$$\frac{p^2}{2ml^2E}+\frac{\theta^2}{(2E/mgl)}=1$$

$$J^0=\oint p\mathrm{d}\theta=\pi\sqrt{2ml^2E}\cdot\sqrt{\frac{2E}{mgl}}=2\pi E\sqrt{\frac{l}{g}}$$

$$H_0^*=E=\frac{J^0}{2\pi}\sqrt{\frac{g}{l}}$$

$$\nu^0=\dot{w}^0=\frac{\partial H_0^*}{\partial J^0}=\frac{1}{2\pi}\sqrt{\frac{g}{l}}$$

$$\frac{1}{2ml^2}\left(\frac{\mathrm{d}W^0}{\mathrm{d}\theta}\right)^2+\frac{1}{2}mgl\theta^2=E$$

$$W^0=\int\sqrt{2ml^2}\sqrt{E-\frac{1}{2}mgl\theta^2}\,\mathrm{d}\theta$$

$$w^0=\frac{\partial W^0}{\partial J^0}=\frac{\partial W^0}{\partial E}\frac{\partial E}{\partial J^0}=\frac{1}{2\pi}\sqrt{\frac{g}{l}}\int\sqrt{2ml^2}\cdot\frac{\mathrm{d}\theta}{2\sqrt{E-\frac{1}{2}mgl\theta^2}}$$

$$=\frac{1}{2\pi}\arcsin\left(\sqrt{\frac{mgl}{2E}}\theta\right)=\frac{1}{2\pi}\arcsin\left(\sqrt{\frac{\pi ml\sqrt{gl}}{J_0}}\theta\right)$$

得最后一个等式时用了 $E=\frac{J^0}{2\pi}\sqrt{\frac{g}{l}}$，

$$\theta=\sqrt{\frac{J^0}{\pi ml\sqrt{gl}}}\sin(2\pi w^0)$$

$$\dot{\theta}=\sqrt{\frac{J^0}{\pi ml\sqrt{gl}}}2\pi\nu^0\cos(2\pi w^0)=\sqrt{\frac{J^0}{\pi ml^2}\sqrt{\frac{g}{l}}}\cos(2\pi w^0)$$

或

$$\dot{\theta}=\sqrt{\frac{2J^0\nu^0}{ml^2}}\cos(2\pi w^0)$$

$$p=ml^2\dot{\theta}=\sqrt{2ml^2J^0\nu^0}\cos(2\pi w^0)$$

将θ、p 代入式(1)，得

$$H^*(w^0,J^0,\lambda)=J^0\nu^0-\frac{\lambda J^{0^2}\nu^{0^2}}{6mgl}\sin^4(2\pi w^0)$$

在上述计算中用了 $\nu^0=\frac{1}{2\pi}\sqrt{\frac{g}{l}}$,

$$H_0^*(J^0)=J^0\nu^0$$

$$H_1^*(w^0,J^0)=-\frac{J^{0^2}\nu^{0^2}}{6mgl}\sin^4(2\pi w^0)$$

$$=-\frac{J^{0^2}\nu^{0^2}}{6mgl}\left[\frac{1-\cos(4\pi w^0)}{2}\right]^2$$

$$=-\frac{J^{0^2}\nu^{0^2}}{24mgl}\left[\frac{3}{2}-2\cos(4\pi w^0)+\frac{1}{2}\cos(8\pi w^0)\right]$$

$$H_1^*(J)=\overline{H_1^*(w^0,J)}=\overline{H_1^*(w^0,J^0)}\big|_{J^0\to J}=-\frac{1}{16mgl}J^2\nu^{0^2}$$

$$H^*(J,\lambda)=H_0^*(J)+\lambda H_1^*(J)=J\nu^0-\frac{\lambda}{16mgl}J^2{\nu^0}^2$$

$$\nu=\left.\frac{\partial H^*(J,\lambda)}{\partial J}\right|_{\lambda=1}=\nu^0-\frac{J{\nu^0}^2}{8mgl}$$

$$\nu-\nu^0=-\frac{J{\nu^0}^2}{8mgl}$$

其中$\nu^0=\frac{1}{2\pi}\sqrt{\frac{g}{l}}$.

$$S_1(w^0,J)=\int\frac{\overline{H_1^*(w^0,J)}-H_1^*(w^0,J)}{\nu^0(J)}\mathrm{d}\omega^0$$

$$=\int\left\{-\frac{J^2\nu^0}{16mgl}+\frac{J^2\nu^0}{24mgl}\left[\frac{3}{2}-2\cos(4\pi w^0)+\frac{1}{2}\cos(8\pi w^0)\right]\right\}\mathrm{d}w^0$$

$$=\frac{J^2\nu^0}{24mgl}\left[-\frac{1}{2\pi}\sin(4\pi w^0)+\frac{1}{16\pi}\sin(8\pi w^0)\right]$$

$$S_0(w^0,J)=w^0J$$

$$S(w^0,J,\lambda)=S_0(w^0,J)+\lambda S_1(w^0,J)$$

$$=w^0J+\lambda\frac{J^2\nu^0}{24mgl}\left[-\frac{1}{2\pi}\sin(4\pi w^0)+\frac{1}{16\pi}\sin(8\pi w^0)\right]$$

由正则变换条件

$$p_i=\frac{\partial S(\boldsymbol{q},\boldsymbol{P},t)}{\partial q_i},\quad Q_i=\frac{\partial S(\boldsymbol{q},\boldsymbol{P},t)}{\partial P_i}$$

$$J^0=\left.\frac{\partial S}{\partial w^0}\right|_{\lambda=1}=J-\frac{J^2\nu^0}{12mgl}\left[\cos(4\pi w^0)-\frac{1}{4}\cos(8\pi w^0)\right]$$

$$w=\left.\frac{\partial S}{\partial J}\right|_{\lambda=1}=w^0+\frac{J\nu^0}{12mgl}\left[-\frac{1}{2\pi}\sin(4\pi w^0)+\frac{1}{16\pi}\sin(8\pi w^0)\right]$$

$$=w^0-\frac{J\nu^0}{192\pi mgl}[8\sin(4\pi w^0)-\sin(8\pi w^0)]$$

由$H^*(J,\lambda)$用哈密顿正则方程，

$$\dot{J}=-\left.\frac{\partial H^*}{\partial w}\right|_{\lambda=1}=0,\quad J=C_1$$

$$\dot{w}=\nu=\left.\frac{\partial H^*}{\partial J}\right|_{\lambda=1}=\nu^0-\frac{J{\nu^0}^2}{8mgl}$$

$$w=\nu t+C_2$$

θ，p 与 w^0，J^0 的变换关系前已求得，

$$\theta=\sqrt{\frac{J^0}{\pi ml\sqrt{gl}}}\sin(2\pi w^0)$$

或

$$\theta=\sqrt{\frac{2J^0\nu^0}{mgl}}\sin(2\pi w^0)$$

$$p=\sqrt{2ml^2J^0\nu^0}\cos(2\pi w^0)$$

或

$$p=2\pi ml^2\nu^0\sqrt{\frac{2J^0\nu^0}{mgl}}\cos(2\pi w^0)$$

11.6.7 如图 11.12 所示，一质量为 m 的质点被约束在一直线上运动，并被系于劲度系数均为 k、原长为 b 的两弹簧的端点，另一端固定. 质点运动轨道离弹簧的固定端点的最短距离为 a，$a>b$. 由正则微扰论，考虑一级微扰，求有限振幅的振荡频率的最低级修正.

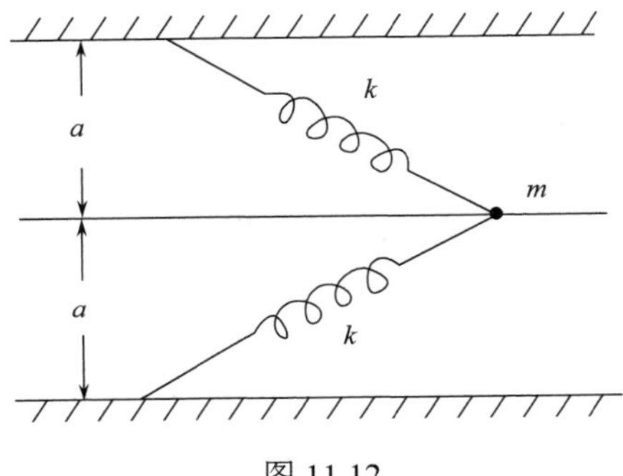

图 11.12

解

$$T=\frac{1}{2}m\dot{x}^2$$

$$\begin{aligned}V&=2\times\frac{1}{2}k(\sqrt{a^2+x^2}-b)^2-2\times\frac{1}{2}k(a-b)^2\\&=kx^2+2kab\left(1-\sqrt{1+\frac{x^2}{a^2}}\right)\\&\approx kx^2+2kab\left[1-\left(1+\frac{x^2}{2a^2}-\frac{x^4}{8a^4}\right)\right]\\&=k\left(1-\frac{b}{a}\right)x^2+\frac{kb}{4a^3}x^4\end{aligned}$$

$$H=\frac{p^2}{2m}+k\left(1-\frac{b}{a}\right)x^2+\lambda\frac{kb}{4a^3}x^4 \tag{1}$$

以后令 $\lambda=1$,

$$H_0=\frac{p^2}{2m}+k\left(1-\frac{b}{a}\right)x^2$$

$$H_1=\frac{kb}{4a^3}x^4$$

$$\frac{p^2}{2m}+k\left(1-\frac{b}{a}\right)x^2=E$$

$$\frac{p^2}{2mE}+\frac{x^2}{\dfrac{E}{k\left(1-\dfrac{b}{a}\right)}}=1$$

$$J^0=\oint p\mathrm{d}x=\pi\sqrt{2mE}\cdot\sqrt{\frac{E}{k\left(1-\dfrac{b}{a}\right)}}=\pi E\sqrt{\frac{2ma}{k(a-b)}}$$

$$H_0^*=E=\frac{J^0}{\pi}\sqrt{\frac{k(a-b)}{2ma}}$$

特征函数 W^0 满足的方程为

$$\frac{1}{2m}\left(\frac{\mathrm{d}W^0}{\mathrm{d}x}\right)^2+\frac{k(a-b)}{a}x^2=E$$

$$W^0=\int\sqrt{2m\left[E-\frac{k(a-b)}{a}x^2\right]}\mathrm{d}x$$

$$\nu^0=\dot{w}^0=\frac{\partial H_0^*}{\partial J^0}=\frac{1}{\pi}\sqrt{\frac{k(a-b)}{2ma}} \tag{2}$$

$$\begin{aligned}w^0&=\frac{\partial W^0}{\partial J^0}=\frac{\partial W^0}{\partial E}\frac{\partial E}{\partial J^0}\\&=\frac{1}{\pi}\sqrt{\frac{k(a-b)}{2ma}}\cdot\sqrt{2m}\int\frac{\mathrm{d}x}{2\sqrt{E-\dfrac{k(a-b)}{a}x^2}}\\&=\frac{1}{2\pi}\arcsin\left(\sqrt{\frac{k(a-b)}{aJ^0\nu^0}}x\right)\end{aligned}$$

得最后一步用了

$$E=\frac{J^0}{\pi}\sqrt{\frac{k(a-b)}{2ma}}=J^0\nu^0$$

所以

$$x=\sqrt{\frac{J^0\nu^0a}{k(a-b)}}\sin(2\pi w^0)$$

$$p = m\dot{x} = \sqrt{2mJ^0\nu^0}\cos(2\pi w^0)$$

将 x，p 代入式(1)，得

$$H^*(w^0, J^0, \lambda) = J^0\nu^0 + \lambda\frac{kb}{4a^3}\left[\frac{J^0\nu^0 a}{k(a-b)}\right]^2\sin^4(2\pi w^0)$$

$$H_0^*(J^0) = J^0\nu^0$$

$$\begin{aligned}H_1^*(w^0, J^0) &= \frac{kb}{4a(a-b)^2}\left(\frac{J^0\nu^0}{k}\right)^2\sin^4(2\pi w^0)\\ &= \frac{kb}{4a(a-b)^2}\left(\frac{J^0\nu^0}{k}\right)^2\cdot\frac{1}{4}\left[\frac{3}{2} - 2\cos(4\pi w^0) + \frac{1}{2}\cos(8\pi w^0)\right]\end{aligned}$$

$$H_0^*(J) = J\nu^0$$

$$H_1^*(w^0, J) = \frac{kb}{16a(a-b)^2}\left(\frac{J\nu^0}{k}\right)^2\left[\frac{3}{2} - 2\cos(4\pi w^0) + \frac{1}{2}\cos(8\pi w^0)\right] \tag{3}$$

$$H_1^*(J) = \overline{H_1^*(w^0, J)} = \int_0^1 H_1^*(w^0, J)\mathrm{d}w^0 = \frac{3kb}{32a(a-b)^2}\left(\frac{J\nu^0}{k}\right)^2 \tag{4}$$

$$H^*(J) = H_0^*(J) + H_1^*(J) = J\nu^0 + \frac{3kb}{32a(a-b)^2}\left(\frac{J\nu^0}{k}\right)^2$$

$$\nu = \frac{\partial H^*(J)}{\partial J} = \nu^0 + \frac{3kb}{16a(a-b)^2}\frac{J(\nu^0)^2}{k^2}$$

$$\nu - \nu^0 = \frac{3bJ(\nu^0)^2}{16a(a-b)^2 k} = \frac{3bJ}{32\pi^2 ma^2(a-b)}$$

$$\dot{J} = -\frac{\partial H^*}{\partial w} = 0$$

$$J = C_1 \quad (常量)$$

$$\dot{w} = \nu = \frac{\partial H^*}{\partial J}$$

$$w = \nu t + C_2, \quad C_2 为常量$$

为求 J^0、w^0 与 J、w 间的变换关系，需求出母函数 $S(w^0, J)$，

$$S_0(w^0, J) = w^0 J$$

$$S_1(w^0, J) = \int\frac{H_1^*(J) - H_1^*(w^0, J)}{\nu^0(J)}\mathrm{d}w^0$$

代入式(2)、(3)、(4)，经计算可得

$$S_1(w^0,J)=\frac{bJ^2\nu^0}{256\pi ka(a-b)^2}[8\sin(4\pi w^0)-\sin(8\pi w^0)]$$

$$S(w^0,J)=S_0(w^0,J)+S_1(w^0,J)=w^0J+\frac{bJ^2\nu^0}{256\pi ka(a-b)^2}[8\sin(4\pi w^0)-\sin(8\pi w^0)]$$

$$J^0=\frac{\partial S}{\partial w^0}=J+\frac{bJ^2\nu^0}{32ka(a-b)^2}[4\cos(4\pi w^0)-\cos(8\pi w^0)]$$

$$w=\frac{\partial S}{\partial J}=w^0+\frac{bJ\nu^0}{128\pi ka(a-b)^2}[8\sin(4\pi w^0)-\sin(8\pi w^0)]$$

x、p 与 w^0、J^0 的变换关系前面已经得到，不再重述.

11.6.8　一个非线性谐振子的势能为

$$V(x)=\frac{1}{2}kx^2-\frac{1}{3}m\lambda x^3$$

其中 λ 是个小量，求受扰的作用、角变量与未受扰的线性谐振子的作用、角变量间的变换关系.

解

$$H=\frac{1}{2m}p^2+\frac{1}{2}kx^2-\frac{1}{3}m\lambda x^3 \tag{1}$$

$$H_0=\frac{1}{2m}p^2+\frac{1}{2}kx^2$$

$$H_1=-\frac{1}{3}m\lambda x^3$$

$$\frac{1}{2m}p^2+\frac{1}{2}kx^2=E$$

$$\frac{p^2}{2mE}+\frac{x^2}{\frac{2E}{k}}=1$$

$$J^0=\oint p\mathrm{d}q=\pi\sqrt{2mE}\cdot\sqrt{\frac{2E}{k}}=2\pi E\sqrt{\frac{m}{k}}$$

$$H_0^*(J^0)=E=\frac{J^0}{2\pi}\sqrt{\frac{k}{m}}$$

$$\nu^0=\dot{\omega}^0=\frac{\partial H_0^*}{\partial J^0}=\frac{1}{2\pi}\sqrt{\frac{k}{m}}$$

$$H_0^*(J^0)=\nu^0J^0$$

$$\frac{1}{2m}\left(\frac{\mathrm{d}W^0}{\mathrm{d}x}\right)^2+\frac{1}{2}kx^2=E$$

$$W^0=\int\sqrt{2m}\sqrt{E-\frac{1}{2}kx^2}\mathrm{d}x$$

$$w^0=\frac{\partial W^0}{\partial J^0}=\frac{\partial W^0}{\partial E}\frac{\partial E}{\partial J^0}=\frac{1}{2\pi}\sqrt{\frac{k}{m}}\sqrt{2m}\int\frac{\mathrm{d}x}{2\sqrt{E-\frac{1}{2}kx^2}}=\frac{1}{2\pi}\arcsin\left(\sqrt{\frac{k}{2E}}x\right)$$

$$x=\sqrt{\frac{2E}{k}}\sin(2\pi w^0)=\sqrt{\frac{2\nu^0J^0}{k}}\sin(2\pi w^0)$$

$$p=m\dot{x}=m\sqrt{\frac{2\nu^0J^0}{k}}\cdot 2\pi\nu^0\cos(2\pi w^0)=\sqrt{2m\nu^0J^0}\cos(2\pi w^0)$$

将 x、p 代入(1)式，得

$$H^*(w^0,J^0,\lambda)=J^0\nu^0-\frac{1}{3}m\lambda\left(\frac{2\nu^0J^0}{k}\right)^{3/2}\sin^3(2\pi w^0)$$

$$H_0^*(J^0)=J^0\nu^0$$

$$H_1^0(w^0,J^0)=-\frac{1}{3}m\lambda\left(\frac{2\nu^0J^0}{k}\right)^{3/2}\sin^3(2\pi w^0)$$

$$\begin{aligned}H_1^*(J)&=\overline{H_1^*(w^0,J)}=\overline{H_1^*(w^0,J^0)|_{J^0\to J}}\\&=-\frac{1}{3}m\lambda\left(\frac{2\nu^0J}{k}\right)^{3/2}\int_0^1\sin^3(2\pi w^0)\mathrm{d}w^0=0\end{aligned}$$

$$H_0^*(J)=\nu^0J$$

$$H^*(J,\lambda)=H_0^*(J)+H_1^*(J)=\nu^0J$$

$$\dot{w}=\nu=\frac{\partial H^*(J,\lambda)}{\partial J}=\nu^0$$

$$\begin{aligned}S_1(w^0,J)&=\int\frac{H_1^*(J)-H_1^*(w^0,J)}{\nu^0(J)}\mathrm{d}w^0\\&=\frac{\lambda}{3}m\nu^{0\,1/2}\left(\frac{2J}{k}\right)^{3/2}\int\sin^3(2\pi w^0)\mathrm{d}w^0\\&=-\frac{\lambda}{18\pi}m\nu^{0\,1/2}\left(\frac{2J}{k}\right)^{3/2}[3\cos(2\pi w^0)-\cos^3(2\pi w^0)]\end{aligned}$$

$$S_0(w^0,J)=w^0J$$

$$\begin{aligned}S(w^0,J)&=S_0(w^0,J)+S_1(w^0,J)\\&=w^0J-\frac{1}{18\pi}m\nu^{0\,1/2}\left(\frac{2J}{k}\right)^{3/2}[3\cos(2\pi w^0)-\cos^3(2\pi w^0)]\end{aligned}$$

$$\begin{aligned}w=\frac{\partial S}{\partial J}&=w^0-\frac{1}{18\pi}m\nu^{0\,1/2}\cdot\frac{3}{2}\left(\frac{2J}{k}\right)^{1/2}\cdot\frac{2}{k}[3\cos(2\pi w^0)-\cos^3(2\pi w^0)]\\&=w^0-\frac{\lambda m}{6\pi k}\left(\frac{2J\nu^0}{k}\right)^{1/2}[3\cos(2\pi w^0)-\cos^3(2\pi w^0)]\end{aligned}$$

$$J^0 = \frac{\partial S}{\partial w^0} = J + \frac{\lambda}{3} m\nu^{0\,1/2} \left(\frac{2J}{k}\right)^{3/2} \sin^3(2\pi w^0)$$

其中$\nu^0 = \dfrac{1}{2\pi}\sqrt{\dfrac{k}{m}}$.

11.6.9　如图 11.13 所示，一个质量为 m、绳长为 l 的平面摆被约束在一斜面上做小振动，当平面的倾角 α 缓慢变化时，它的振幅和能量将如何变化？如 $\alpha=\alpha_1$ 时，振幅为 A_1，缓慢变到 $\alpha=\alpha_2$ 时，振动的振幅 A_2 多大？在此过程中，对系统做了多少功？

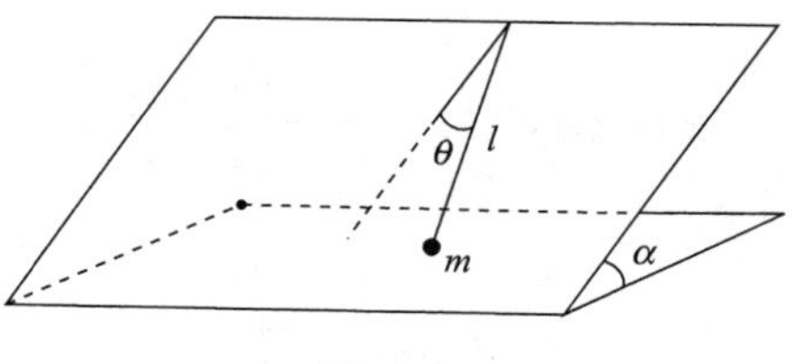

图 11.13

解

$$T = \frac{1}{2} ml^2 \dot{\theta}^2$$

$$V = mgl(1-\cos\theta)\sin\alpha \approx \frac{1}{2} mgl\theta^2 \sin\alpha$$

$$H = \frac{1}{2ml^2} p^2 + \frac{1}{2} mgl\theta^2 \sin\alpha = E$$

$$\frac{p^2}{2ml^2 E} + \frac{\theta^2}{\dfrac{2E}{mgl\sin\alpha}} = 1$$

$$J = \oint p\mathrm{d}\theta = \pi\sqrt{2ml^2 E} \cdot \sqrt{\frac{2E}{mgl\sin\alpha}} = 2\pi E\sqrt{\frac{l}{g\sin\alpha}}$$

$$E = \frac{J}{2\pi}\sqrt{\frac{g\sin\alpha}{l}}$$

$$H^* = E = \frac{J}{2\pi}\sqrt{\frac{g\sin\alpha}{l}}$$

$$\nu = \frac{\partial H^*}{\partial J} = \frac{1}{2\pi}\sqrt{\frac{g\sin\alpha}{l}}$$

$$\frac{1}{2ml^2}\left(\frac{\mathrm{d}W}{\mathrm{d}\theta}\right)^2 + \frac{1}{2} mgl\theta^2 \sin\alpha = E$$

$$\frac{\mathrm{d}W}{\mathrm{d}\theta} = \sqrt{2ml^2}\sqrt{E - \frac{1}{2} mgl\theta^2 \sin\alpha}$$

$$W = \sqrt{2ml^2}\int\sqrt{E - \frac{1}{2} mgl\theta^2 \sin\alpha}\,\mathrm{d}\theta$$

$$w=\frac{\partial W}{\partial J}=\frac{\partial W}{\partial E}\frac{\partial E}{\partial J}=\frac{1}{2\pi}\arcsin\left(\sqrt{\frac{mgl\sin\alpha}{2E}}\theta\right)$$

$$\theta=\sqrt{\frac{2E}{mgl\sin\alpha}}\sin(2\pi w)$$

$$A=\sqrt{\frac{2E}{mgl\sin\alpha}}=\sqrt{\frac{2}{mgl\sin\alpha}\frac{J}{2\pi}\sqrt{\frac{g\sin\alpha}{l}}}$$

因为 J 是不变量，

$$A\propto(\sin\alpha)^{-1/4},\quad \frac{A_2}{A_1}=\left(\frac{\sin\alpha_1}{\sin\alpha_2}\right)^{1/4}$$

所以

$$A_2=\left(\frac{\sin\alpha_1}{\sin\alpha_2}\right)^{1/4}A_1$$

前已求得

$$E=\frac{J}{2\pi}\sqrt{\frac{g\sin\alpha}{l}}$$

在倾角 α 从 α_1 缓慢变到 α_2 的过程中，需对系统做的功为

$$W=E_2-E_1=\frac{J}{2\pi}\left(\sqrt{\frac{g\sin\alpha_2}{l}}-\sqrt{\frac{g\sin\alpha_1}{l}}\right)$$

$$=E_1\sqrt{\frac{l}{g\sin\alpha_1}}\sqrt{\frac{g}{l}}\left(\sqrt{\sin\alpha_2}-\sqrt{\sin\alpha_1}\right)$$

$$=\frac{E_1}{\sqrt{\sin\alpha_1}}\left(\sqrt{\sin\alpha_2}-\sqrt{\sin\alpha_1}\right)$$

$$A_1^2=\frac{2E_1}{mgl\sin\alpha_1},\quad E_1=\frac{1}{2}mglA_1^2\sin\alpha_1$$

$$W=\frac{1}{2}mglA_1^2\sqrt{\sin\alpha_1}\left(\sqrt{\sin\alpha_2}-\sqrt{\sin\alpha_1}\right)$$

11.6.10　考虑 11.6.2 题所述系统，假定参量 F 从初始值缓慢变化，质点的能量、振动周期和振动振幅将如何变化？

解　11.6.2 题所述系统是一质量为 m 的质点，在势能 $V(x)=F|x|$（F 是正值常量）的力作用下做一维运动.

方法一：用 11.6.2 题已得的一些式子，

$$J=\frac{8\sqrt{2m}}{3F}E^{3/2}$$

$$H^*(J)=E=\left(\frac{3FJ}{8\sqrt{2m}}\right)^{2/3}$$

$$\nu = \frac{\partial H^*}{\partial J} = \left(\frac{3F}{8\sqrt{2m}}\right)^{2/3} \bullet \frac{2}{3} J^{-1/3}$$

周期

$$T = \frac{1}{\nu} = \left(\frac{3F}{8\sqrt{2m}}\right)^{-2/3} \bullet \frac{3}{2} J^{1/3}$$

J 是绝热不变量，从 $E(F)$ 的函数关系可见，$E \propto F^{2/3}$.

从 $T(F)$ 的函数关系可见，

$$T \propto F^{-2/3}$$

特征函数 W 满足的方程为

$$\frac{1}{2m}\left(\frac{\mathrm{d}W}{\mathrm{d}x}\right)^2 + F|x| = E$$

$$W = \int \sqrt{2m(E - F|x|)}\mathrm{d}x$$

$$w = \frac{\partial W}{\partial J} = \frac{\partial W}{\partial E}\frac{\partial E}{\partial J} = \nu \frac{\partial W}{\partial E}$$

$$= \nu \int \frac{\sqrt{2m}\mathrm{d}x}{2\sqrt{E - F|x|}}$$

$$= \begin{cases} \sqrt{2m}\dfrac{\nu}{F}(\sqrt{E} - \sqrt{E - Fx}), & x \geqslant 0 \\ \sqrt{2m}\dfrac{\nu}{F}(\sqrt{E + Fx} - \sqrt{E}), & x \leqslant 0 \end{cases}$$

注意：积分常数可以任取，这里取 $w(0) = 0$，

$$\dot{w} = \nu = \frac{\partial H^*}{\partial J}$$

$$w = \nu t + C$$

从 $x \geqslant 0$ 的 $w(x) = \nu t + C$ 解出 x，得

$$x = \frac{1}{F}\left[E - \frac{F^2}{2m\nu^2}\left(\nu t + C - \frac{\nu}{F}\sqrt{2mE}\right)^2\right]$$

从 $x \leqslant 0$ 的 $w(x) = \nu t + C$ 解出 x，得

$$x = \frac{1}{F}\left[-E + \frac{F^2}{2m\nu^2}\left(\nu t + C + \frac{\nu}{F}\sqrt{2mE}\right)^2\right]$$

$$x_{\max} = \frac{E}{F}, \quad x_{\min} = -\frac{E}{F}$$

振幅

$$A = \frac{1}{2}(x_{\max} - x_{\min}) = \frac{E}{F}$$

因为

$$E \propto F^{2/3}$$

所以

$$A \propto F^{2/3-1}, \quad 即\ A \propto F^{-1/3}$$

方法二：用矢量力学的方法讨论 $A \propto F^{-1/3}$ 的问题：

$$V(x) = F|x| = \begin{cases} Fx, & x \geqslant 0 \\ -Fx, & x \leqslant 0 \end{cases}$$

$$f(x) = -\frac{\mathrm{d}V}{\mathrm{d}x} = \begin{cases} -F, & x>0 \\ F, & x<0 \end{cases}$$

$$m\ddot{x} = \begin{cases} -F, & x>0 \\ F, & x<0 \end{cases}$$

设质点运动的初始条件为

$$t=0\ 时，\quad x = x_0 > 0\ ，\quad \dot{x} = v_0 > 0$$

在 $x \geqslant 0$ 的区域内，

$$\dot{x} = v_0 - \frac{F}{m}t$$

$$\begin{aligned} x &= x_0 + v_0 t - \frac{F}{2m}t^2 \\ &= x_0 + \frac{mv_0^2}{2F} - \left(\frac{mv_0^2}{2F} - v_0 t + \frac{F}{2m}t^2\right) \\ &= x_0 + \frac{mv_0^2}{2F} - \left(\sqrt{\frac{F}{2m}}t - \sqrt{\frac{m}{2F}}v_0\right)^2 \end{aligned}$$

$$x_{\max} = x_0 + \frac{mv_0^2}{2F}$$

为求 $x_{\min}$，先求出 $x=0$ 时的 $\dot{x}$，$x=0$ 时的 t_1 满足

$$x_0 + v_0 t_1 - \frac{F}{2m}t_1^2 = 0$$

$$t_1 = \frac{m}{F}\left(v_0 + \sqrt{v_0^2 + \frac{2Fx_0}{m}}\right)$$

因为 $t_1>0$ ，另一个 $t_1<0$ 的根已舍去.

$$\dot{x} = v_0 - \frac{F}{m}t_1 = -\sqrt{v_0^2 + \frac{2Fx_0}{m}}$$

$$m\ddot{x} = F \quad (x<0)$$

令 $t' = t - t_1$，则仍有

$$m\frac{\mathrm{d}^2 x}{\mathrm{d}t'^2} = F \quad (x<0)$$

初始条件

$$t'=0,\quad x=0,\quad \frac{\mathrm{d}x}{\mathrm{d}t'}=-\sqrt{v_0^2+\frac{2Fx_0}{m}}$$

$$\frac{\mathrm{d}x}{\mathrm{d}t'}=-\sqrt{v_0^2+\frac{2Fx_0}{m}}+\frac{F}{m}t'$$

$$\begin{aligned}x&=-\sqrt{v_0^2+\frac{2Fx_0}{m}}t'+\frac{F}{2m}t'^2\\&=-\frac{m}{2F}\left(v_0^2+\frac{2Fx_0}{m}\right)+\frac{m}{2F}\left(v_0^2+\frac{2Fx_0}{m}\right)-\sqrt{v_0^2+\frac{2Fx_0}{m}}t'+\frac{F}{2m}t'^2\\&=-\frac{m}{2F}\left(v_0^2+\frac{2Fx_0}{m}\right)+\left[\sqrt{\frac{F}{2m}}t'-\sqrt{\frac{m}{2F}\left(v_0^2+\frac{2Fx_0}{m}\right)}\right]^2\end{aligned}$$

$$x_{\min}=-\frac{m}{2F}\left(v_0^2+\frac{2Fx_0}{m}\right)=-\left(x_0+\frac{mv_0^2}{2F}\right)$$

$$E=T+V=(T+V)|_{t=0}=\frac{1}{2}mv_0^2+Fx_0$$

所以

$$x_{\max}=\frac{E}{F},\quad x_{\min}=-\frac{E}{F}$$

$$A=\frac{1}{2}(x_{\max}-x_{\min})=\frac{E}{F}$$

仔细比较两种方法，可以看出结果是相同的.

说明：此系统并不做简谐振动，但是周期运动，最大值与平衡位置间的距离仍等于最小值与平衡位置间的距离，从画势能V-x图可以看出这一点，且$x=0$为平衡位置，所以$A=x_{\max}$.

11.6.11　考虑 11.6.3 题所述系统，假定参量k从初始值开始缓慢变化，质点的能量、振动周期和振动振幅将如何变化？

解　11.6.3 题所述系统是一个质量为m的质点，在势能$V=-\dfrac{k}{|x|}$(k为正值常量)的力作用下做一维运动，能量为负值.

解　11.6.3 题已得

$$J=\frac{2\pi\sqrt{2mk}}{\sqrt{-E}}$$

$$-E=\frac{8\pi^2mk^2}{J^2}$$

$$H^*=E=-\frac{8\pi^2mk^2}{J^2}$$

$$\nu = \frac{\partial H^*}{\partial J} = 16\pi^2 mk^2 J^{-3}$$

周期

$$T = \nu^{-1} = \frac{J^3}{16\pi^2 mk^2}$$

因为 J 是绝热不变量，由 $E(k)$ 及 $T(k)$ 的函数关系可知，

$$-E \propto k^2, \quad T \propto k^{-2}$$

$$\frac{1}{2m}\left(\frac{\mathrm{d}W}{\mathrm{d}x}\right)^2 - \frac{k}{|x|} = E$$

$$\frac{\mathrm{d}W}{\mathrm{d}x} = \sqrt{2m}\sqrt{E + \frac{k}{|x|}}$$

$$W = \int \sqrt{2m}\sqrt{E + \frac{k}{|x|}}\mathrm{d}x$$

$$w = \frac{\partial W}{\partial J} = \frac{\partial W}{\partial E}\frac{\partial E}{\partial J} = \nu \cdot \sqrt{2m}\int \frac{1}{2\sqrt{E + \frac{k}{|x|}}}\mathrm{d}x$$

先考虑 $x \geqslant 0$ 部分的运动，

$$w = \nu\sqrt{2m}\int \frac{1}{2\sqrt{E + \frac{k}{x}}}\mathrm{d}x$$

令 $x = u^2$，$\mathrm{d}x = 2u\mathrm{d}u$，则

$$\begin{aligned} w &= \frac{1}{2}\nu\sqrt{2m}\int \frac{u}{\sqrt{k + Eu^2}} \cdot 2u\mathrm{d}u \\ &= \frac{\nu\sqrt{2m}}{E}\left[\int \frac{k + Eu^2}{\sqrt{k + Eu^2}}\mathrm{d}u - k\int \frac{\mathrm{d}u}{\sqrt{k + Eu^2}}\right] \\ &= \frac{\nu\sqrt{2m}}{E\sqrt{-E}}\left[\int \sqrt{k - (\sqrt{-E}u)^2}\mathrm{d}(\sqrt{-E}u) - k\int \frac{\mathrm{d}(\sqrt{-E}u)}{\sqrt{k - (\sqrt{-E}u)^2}}\right] \end{aligned}$$

用积分公式

$$\int \sqrt{a^2 - x^2}\mathrm{d}x = \frac{1}{2}\left[x\sqrt{a^2 - x^2} + a^2 \arcsin\left(\frac{x}{a}\right)\right]$$

则

$$w = -\frac{\nu\sqrt{2m}}{2(-E)^{3/2}}\left[\sqrt{-Ex}\sqrt{k + Ex} - k\arcsin\sqrt{\frac{-Ex}{k}}\right]$$

经计算可得

$$\dot{w}=\frac{\nu\sqrt{2m}}{2\sqrt{k+Ex}}\sqrt{x}\,\dot{x}$$

又有

$$\dot{w}=\frac{\partial H^*}{\partial J}=\nu$$

所以

$$\nu=\frac{\nu\sqrt{2m}}{2\sqrt{k+Ex}}\sqrt{x}\,\dot{x}$$

$$\dot{x}=\frac{2\sqrt{k+Ex}}{\sqrt{2mx}}$$

$x=x_{\max}$ 时，$\dot{x}=0$，$k+Ex_{\max}=0$，

$$x_{\max}=\frac{k}{-E}$$

再考虑 $x<0$ 部分的运动.

$$w=\nu\sqrt{2m}\int\frac{1}{2\sqrt{E-\dfrac{k}{x}}}\mathrm{d}x$$

令 $x=u^2$，和上面的计算相仿，可得

$$w=\frac{\nu\sqrt{2m}}{2(-E)^{3/2}}\left[\sqrt{Ex}\sqrt{x-Ex}-k\arcsin\sqrt{\frac{Ex}{k}}\right]$$

$$\dot{w}=-\frac{\nu\sqrt{2m}}{2\sqrt{k-Ex}}\sqrt{-x}\,\dot{x}=\nu$$

$$\dot{x}=-\frac{2\sqrt{k-Ex}}{\sqrt{2m}\sqrt{-x}}$$

$x=x_{\min}$ 时，$\dot{x}=0$，由此得到

$$x_{\min}=\frac{k}{E}$$

振幅

$$A=\frac{1}{2}(x_{\max}-x_{\min})=\frac{k}{-E}$$

因为

$$-E\propto k^2$$

所以

$$A\propto k^{-1}$$

说明：(1) 上题所作的说明也适用于本题，因此，$x_{\min}$ 可以不作计算，$A=x_{\max}$.

(2) $\frac{\mathrm{d}W}{\mathrm{d}x}=\pm\sqrt{2m}\sqrt{E+\frac{k}{|x|}}$，不是只能取正号，因此在 $x>0$ 的区域，$\dot{x}>0$、$\dot{x}<0$ 均是可能的；在 $x<0$ 的区域，$\dot{x}>0$，$\dot{x}<0$ 也均是可能的.

11.6.12　一个完全弹性的球在两个平行的墙之间做一维运动，设两墙相距为 l，问：

(1) 当一个墙缓慢地移动时；

(2) 当球的质量缓慢变化时，球的能量、振动周期将如何变化？

解

$$J=\oint p\mathrm{d}x=2pl$$

$$E=\frac{1}{2m}p^2,\quad p=\sqrt{2mE}$$

$$J=2\sqrt{2mE}l$$

$$H^*=E=\frac{1}{2m}\left(\frac{J}{2l}\right)^2=\frac{1}{8ml^2}J^2$$

$$\nu=\frac{\partial H^*}{\partial J}=\frac{1}{4ml^2}J$$

$$T=\nu^{-1}=\frac{4ml^2}{J}$$

由 $E=\frac{1}{2ml^2}J^2$，$T=\frac{4ml^2}{J}$ 可见：

(1) l 缓慢变化时，$E\propto l^{-2}$，$T\propto l^2$；

(2) m 缓慢变化时，$E\propto m^{-1}$，$T\propto m$.

11.6.13　在小振动极限下，考虑一个质量为 m 的单摆，假定长为 l 的摆线非常缓慢地被缩短(通过在支承点处一个无摩擦小孔向上拉摆线，如图 11.14 所示)，使 l 在一个周期内的相对变化很小. 问振动幅度怎样随 l 改变？

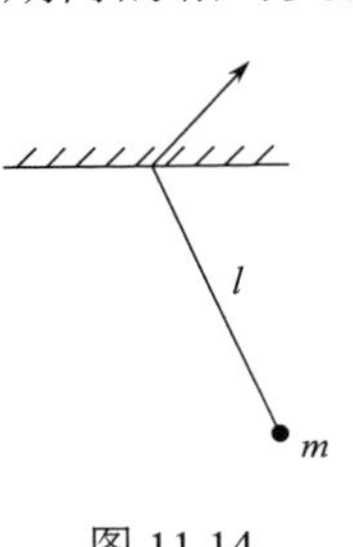

图 11.14

解

$$H=\frac{1}{2ml^2}p^2+\frac{1}{2}mgl\theta^2=E$$

$$\frac{p^2}{2ml^2}+\frac{\theta^2}{\frac{2E}{mgl}}=1$$

$$J=\oint p\mathrm{d}\theta=\pi\sqrt{2ml^2E}\cdot\sqrt{\frac{2E}{mgl}}=2\pi E\sqrt{\frac{l}{g}}$$

$$H^*=E=\frac{J}{2\pi}\sqrt{\frac{g}{l}}$$

$$\nu=\frac{\partial H^*}{\partial J}=\frac{1}{2\pi}\sqrt{\frac{g}{l}}$$

$$\frac{1}{2ml^2}\left(\frac{\mathrm{d}W}{\mathrm{d}\theta}\right)^2+\frac{1}{2}mgl\theta^2=E$$

$$W = \sqrt{2ml^2}\int\sqrt{E - \frac{1}{2}mgl\theta^2}\,\mathrm{d}\theta$$

$$w = \frac{\partial W}{\partial J} = \frac{\partial W}{\partial E}\frac{\partial E}{\partial J} = \nu\cdot\sqrt{2ml^2}\int\frac{\mathrm{d}\theta}{2\sqrt{E - \frac{1}{2}mgl\theta^2}}$$

$$= \frac{1}{2\pi}\sqrt{\frac{g}{l}}\cdot\sqrt{2ml^2}\cdot\frac{1}{2\sqrt{\frac{1}{2}mgl}}\int\frac{\mathrm{d}\left(\sqrt{\frac{1}{2}mgl}\theta\right)}{\sqrt{E - \frac{1}{2}mgl\theta^2}}$$

$$= \frac{1}{2\pi}\arcsin\left(\sqrt{\frac{mgl}{2E}}\theta\right)$$

$$\theta = \sqrt{\frac{2E}{mgl}}\sin(2\pi w)$$

振幅

$$A = \sqrt{\frac{2E}{mgl}} = \sqrt{\frac{2}{mgl}\cdot\frac{J}{2\pi}\sqrt{\frac{g}{l}}} = \sqrt{\frac{J}{\pi m\sqrt{g}}}l^{-3/4}$$

所以

$$A \propto l^{-3/4}$$

11.6.14　一个质量为 m 的粒子，被限制在一个盒子里仅能沿 x 轴运动，盒子的两端的面以比粒子的速率小得多的速率 v 向中心移动，如图 11.15 所示.

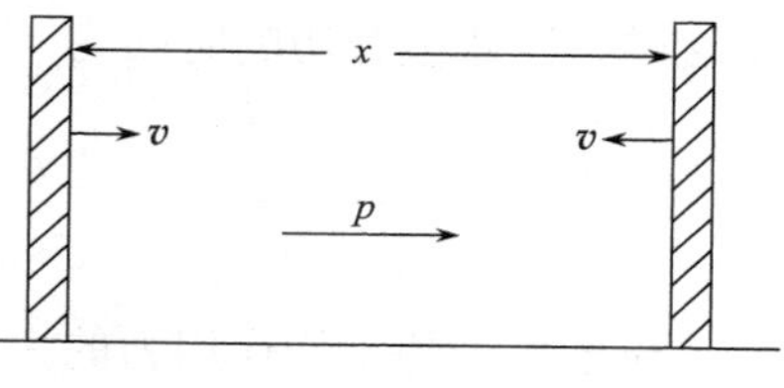

图 11.15

(1) 若盒壁相距 x_0 时粒子的动量为 p_0，求出以后任何时候粒子的动量(粒子和盒壁的碰撞是完全弹性的，并设在所考虑的时间内粒子的速率都远小于光速)；

(2) 当盒壁相距 x 时，为使两壁以恒定速率 v 运动，必须施加在每一盒壁平均外力多大?

解　因为两壁的速率 v 比粒子的速率小得多，可认为两壁间的距离缓慢地变小，对粒子而言，是一个绝热不变量问题.

(1) 粒子的作用变量 J 为不变量，

$$J = \oint p\mathrm{d}x = p\cdot 2x = p_0\cdot 2x_0$$

$$p = \frac{p_0 x_0}{x}$$

取两壁相距为 x_0 时为 $t=0$，则 $x = x_0 - 2vt$ ，

$$p = \frac{p_0 x_0}{x_0 - 2vt}$$

(2) 粒子对两壁的作用只在发生碰撞时存在. 现考虑平均作用力, 可以视为连续作用. 以两盒壁与粒子为系统, 设作用于两壁的平均外力大小均为$\overline{F}$, 方向均与其速度相同.

方法一: 对系统用动能定理, 注意两壁动能不变,

$$\frac{\mathrm{d}}{\mathrm{d}t}\left(\frac{1}{2m}p^2\right)=2\overline{F}v$$

$$\frac{\mathrm{d}}{\mathrm{d}t}\left[\frac{1}{2m}\frac{p_0^2x_0^2}{(x_0-2vt)^2}\right]=2\overline{F}v$$

$$\frac{1}{2m}p_0^2x_0^2(-2)\frac{(-2v)}{(x_0-2vt)^3}=2\overline{F}v$$

所以

$$\overline{F}=\frac{p_0^2x_0^2}{m(x_0-2vt)^3}=\frac{p_0^2x_0^2}{mx^3}$$

方法二: 考虑粒子与盒壁发生碰撞时动量的增量. 以盒壁为参考系, 在两壁相距为 x 时, 粒子对静参考系的速率为$\dfrac{p}{m}$, 对盒壁参考系, 速率为$\dfrac{p}{m}+v$, 做弹性碰撞, 碰撞使粒子动量的增量(绝对值)为

$$\Delta p=m\left(\frac{p}{m}+v\right)-\left[-m\left(\frac{p}{m}+v\right)\right]=2(p+mv)$$

做这样一次碰撞经历的时间为

$$\Delta t=\frac{2x}{\dfrac{p}{m}}=\frac{2mx}{p}$$

粒子所受的平均作用力的大小也就是一个盒壁所受的平均作用力的大小,

$$\overline{F}=\frac{\Delta p}{\Delta t}=\frac{2(p+mv)}{\dfrac{2mx}{p}}\approx\frac{p^2}{mx}$$

这里用了 $p\gg mv$. 代入 $p=\dfrac{p_0x_0}{x}$, 即得

$$\overline{F}=\frac{p_0^2x_0^2}{mx^3}$$

11.6.15 一摆由一根长为 L、质量为 M 均质刚性杆和一个质量为$\dfrac{1}{3}M$ 沿杆爬动的昆虫组成, 如图 11.16 所示. 杆的一端安上轴, 在竖直平面内摆动. 当 $t=0$ 时, 杆偏离铅垂线的角度为θ_0, 处于静止, 昆虫爬在杆上有轴的那一端以固定速率 v 慢慢爬向杆的底端, 假设 $\theta_0\ll 1\mathrm{rad}$.

(1) 求当昆虫沿杆爬了 l 时摆的摆动频率；

(2) 求当昆虫爬到杆的底端时摆的振幅；

(3) 为了使(1)、(2)中的结论有效，昆虫的爬动应该多慢？

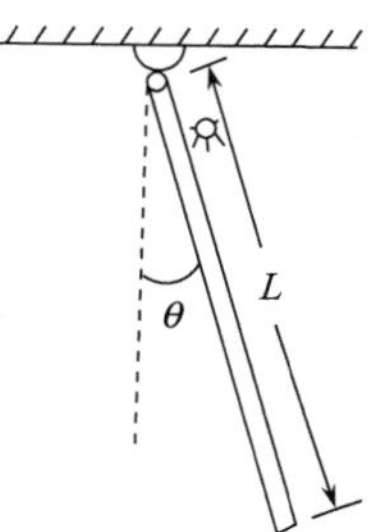

图 11.16

解　(1)

$$T=\frac{1}{2}\left(\frac{1}{3}ML^2+\frac{1}{3}Ml^2\right)\dot{\theta}^2+\frac{1}{2}\times\frac{1}{3}Mv^2$$

$$\approx\frac{1}{6}M(L^2+l^2)\dot{\theta}^2$$

$$V=\left(\frac{1}{2}MgL+\frac{1}{3}Mgl\right)(1-\cos\theta)\approx\frac{1}{12}Mg(3L+2l)\theta^2$$

$$L=\frac{1}{6}M(L^2+l^2)\dot{\theta}^2-\frac{1}{12}Mg(3L+2l)\theta^2$$

$$p=\frac{\partial L}{\partial\dot{\theta}}=\frac{1}{3}M(L^2+l^2)\dot{\theta}$$

$$H=p\dot{\theta}-L=\frac{3p^2}{2M(L^2+l^2)}+\frac{1}{12}Mg(3L+2l)\theta^2=E$$

$$\frac{p^2}{\frac{2}{3}M(L^2+l^2)E}+\frac{\theta^2}{\frac{12E}{Mg(3L+2l)}}=1$$

$$J=\oint p\mathrm{d}\theta=\pi\sqrt{\frac{2M(L^2+l^2)E}{3}}\cdot\sqrt{\frac{12E}{Mg(3L+2l)}}$$

$$=2\pi E\sqrt{\frac{2(L^2+l^2)}{(3L+2l)g}}$$

$$H^*=E=\frac{J}{2\pi}\sqrt{\frac{(3L+2l)g}{2(L^2+l^2)}}$$

$$\nu=\frac{\partial H^*}{\partial J}=\frac{1}{2\pi}\sqrt{\frac{(3L+2l)g}{2(L^2+l^2)}}$$

(2)

$$\frac{3}{2M(L^2+l^2)}\left(\frac{\mathrm{d}W}{\mathrm{d}\theta}\right)^2+\frac{1}{12}Mg(3L+2l)\theta^2=E$$

$$\frac{\mathrm{d}W}{\mathrm{d}\theta}=\sqrt{\frac{2M(L^2+l^2)}{3}\left[E-\frac{1}{12}Mg(3L+2l)\theta^2\right]}$$

$$W=\sqrt{\frac{2M(L^2+l^2)}{3}}\int\sqrt{E-\frac{1}{12}Mg(3L+2l)\theta^2}\,\mathrm{d}\theta$$

$$w=\frac{\partial W}{\partial J}=\frac{\partial W}{\partial E}\frac{\partial E}{\partial J}$$

$$=\frac{1}{2\pi}\sqrt{\frac{(3L+2l)g}{2(L^2+l^2)}}\cdot\sqrt{\frac{2M(L^2+l^2)}{3}}\int\frac{\mathrm{d}\theta}{2\sqrt{E-\frac{1}{12}Mg(3L+2l)\theta^2}}$$

$$=\frac{1}{2\pi}\int\frac{1}{\sqrt{E-\frac{1}{12}Mg(3L+2l)\theta^2}}\mathrm{d}\left(\sqrt{\frac{1}{12}Mg(3L+2l)}\theta\right)$$

$$=\frac{1}{2\pi}\arcsin\left(\sqrt{\frac{Mg(3L+2l)}{12E}}\theta\right)$$

$$\theta=\sqrt{\frac{12E}{Mg(3L+2l)}}\sin(2\pi\omega)$$

振幅

$$A=\sqrt{\frac{12E}{Mg(3L+2l)}}=\sqrt{\frac{12}{Mg(3L+2l)}\frac{J}{2\pi}\sqrt{\frac{(3L+2l)g}{2(L^2+l^2)}}}=\sqrt{\frac{6J}{\pi Mg\sqrt{2(3L+2l)(L^2+l^2)}}}$$

对于一个缓变系统，作用变量 J 非常近似为常量，所以振幅 A 与参量 l 的关系为

$$A\propto[(3L+2l)(L^2+l^2)]^{-1/4}$$

在 $l=0$ 时， $A=\theta_0$. 设 $l=L$ 时， $A=\theta_1$，则

$$\frac{\theta_1}{\theta_0}=\left[\frac{3L\cdot L^2}{(3L+2L)(L^2+L^2)}\right]^{1/4}=\left(\frac{3}{10}\right)^{1/4}$$

所以

$$\theta_1=\left(\frac{3}{10}\right)^{1/4}\theta_0$$

(3) 为使(1)、(2)的结果有效，必须满足绝热不变量要求的条件，要求昆虫的爬动速率 $v=\dot{l}$ 很慢，要求

$$\frac{\dot{l}}{l}\ll\nu\quad 即\quad\frac{v}{l}\ll\nu$$

$$v\ll\frac{1}{2\pi}l\sqrt{\frac{(3L+2l)g}{2(L^2+l^2)}}\quad 或\quad v\ll\frac{l}{2\pi}\sqrt{\frac{3g}{2L}}$$

l 可以很小，但不能严格等于零. 上式才有可能满足.